上海市建筑标准设计

# 排水管道通用图集

DBJT 08–123–2024

图集号：2024 沪 S204

同济大学出版社

2025　上海

图书在版编目（CIP）数据

排水管道通用图集 / 上海市城市建设设计研究总院（集团）有限公司主编 . -- 上海：同济大学出版社，2025. 3. -- ISBN 978-7-5765-1525-1

Ⅰ. TU992.4-64

中国国家版本馆 CIP 数据核字第 2025LH4892 号

**排水管道通用图集**

上海市城市建设设计研究总院（集团）有限公司　主编

责任编辑　朱　勇
责任校对　徐逢乔
封面设计　陈益平
出版发行　同济大学出版社　www.tongjipress.com.cn
（地址：上海市四平路 1239 号　邮编：200092　电话：021-65985622）
经　　销　全国各地新华书店
印　　刷　常熟市华顺印刷有限公司
开　　本　787mm × 1092mm　1/16
印　　张　20.75
字　　数　498 000
版　　次　2025 年 3 月第 1 版
印　　次　2025 年 3 月第 1 次印刷
书　　号　ISBN 978-7-5765-1525-1
定　　价　198.00 元

上海市住房和城乡建设管理委员会文件

沪建标定〔2024〕348号

# 上海市住房和城乡建设管理委员会关于批准《排水管道通用图集》为上海市建筑标准设计的通知

各有关单位：

由上海市城市建设设计研究总院（集团）有限公司主编的《排水管道通用图集》，经审核，现批准为上海市建筑标准设计，统一编号为DBJT 08–123–2024，图集号为2024沪S204，自2024年10月1日起实施。原《排水管道图集》（DBJT 08–123–2016，图集号2016沪S204）同时废止。

本标准设计由上海市住房和城乡建设管理委员会负责管理，由上海市城市建设设计研究总院（集团）有限公司负责解释。

特此通知。

上海市住房和城乡建设管理委员会

2024年7月10日

# 前　言

根据上海市住房和城乡建设管理委员会《关于印发〈2020 年上海市工程建设规范、建筑标准设计编制计划〉的通知》（沪建标定〔2019〕752 号）的要求，由上海市城市建设设计研究总院（集团）有限公司为主编单位，对原上海市建筑标准设计《排水管道图集》DBJT 08-123-2016 进行修订。新版排水管道通用图集，吸纳整合了《上海市排水管道通用图》（1992 年版）的内容，执行新的设计标准和规范，采纳了新技术、新材料，适用的范围更广，充分体现了上海地区的工程实践经验。

本次主要修订内容有：

（1）对管道规格系列、管道基础、接口、管道与检查井之间的接口等进行了更新；

（2）增加了防沉降井盖井座和防坠落设施；

（3）增加了预制井和高架排水系统；

（4）按照最新的设计标准和规范对通用图进行修编。

各有关单位及相关人员在使用本图集过程中，如有意见或建议，请反馈至上海市城市建设设计研究总院（集团）有限公司（地址：上海市东方路 3447 号；邮编：200125；E-mail：daidongchao@sucdri.com），上海市排水管理事务中心（地址：上海市厦门路 180 号；邮编：200001；E-mail：pscghk306@163.com），上海市建筑建材业市场管理总站（地址：上海市小木桥路 683 号；邮编：200032；E-mail：shgcbz@163.com），以供今后修订时参考。

主编单位：上海市城市建设设计研究总院（集团）有限公司

参编单位：上海市排水管理事务中心

修编人员：朱浩川　戴栋超　庄敏捷　朱霞雁　陈　轶　张达石　邹丽敏　彭香葱　陈建明　陈　新
朱　明　吕　顺　何　黎　边小宇　杨文亮　倪　洋　姜　莉　张　宸　张晨光　朱懿俊

审查人员：鞠春芳　崔丽芳　徐　扬　胡嘉娣　周质炎　季敏捷　何文章

# 排水管道通用图集

主编单位负责人：
主编单位技术负责人：
技术审定人：
设计负责人：
参编人员：

批准部门：上海市住房和城乡建设管理委员会　　批准文号：沪建标定〔2024〕348号

主编单位：上海市城市建设设计研究总院（集团）有限公司　　统一编号：DBJT 08-123-2024

施行日期：2024年10月1日　　图集号：2024沪S204

## 目　录

第二册　直线检查井、二通转折检查井

第三册　三通交汇检查井



# 目录

第四册　四通交汇检查井



第五册　成品检查井、高架排水系统

# 总说明

一、编制依据

本图集按照上海市住房和城乡建设管理委员会《关于印发〈2020年上海市工程建设规范、建筑标准设计编制计划〉的通知》(沪建标定〔2019〕752号)的要求进行编制。

二、图集分册

第一册 管材成品系列、管道基座、管道接口、管道加固、沟管出口、井盖装置等

第二册 直线检查井、二通转折检查井

第三册 三通交汇检查井

第四册 四通交汇检查井

第五册 成品检查井、高架排水系统

三、设计所依据的标准和规范

|  |  |
| --- | --- |
| 《城乡排水工程项目规范》 | GB 55027 |
| 《室外排水设计标准》 | GB 50014 |
| 《建筑给水排水设计标准》 | GB 50015 |
| 《建筑给水排水与节水通用规范》 | GB 55020 |
| 《给水排水工程管道结构设计规范》 | GB 50332 |
| 《混凝土结构设计规范》 | GB 50010 |
| 《建筑结构可靠性设计统一标准》 | GB 50068 |
| 《建筑结构荷载规范》 | GB 50009 |
| 《工程结构通用规范》 | GB 55001 |
| 《建筑与市政地基基础通用规范》 | GB 55003 |
| 《混凝土结构通用规范》 | GB 55008 |
| 《给水排水工程构筑物结构设计规范》 | GB 50069 |
| 《混凝土结构耐久性设计标准》 | GB/T 50476 |
| 《给水排水管道工程施工及验收规范》 | GB 50268 |
| 《混凝土结构工程施工质量验收规范》 | GB 50204 |
| 《给水排水构筑物工程施工及验收规范》 | GB 50141 |
| 《建筑地基基础工程施工质量验收标准》 | GB 50202 |
| 《地基基础设计标准》 | DGJ 08-11 |
| 《基坑工程技术标准》 | DG/TJ 08-61 |
| 《道路、排水管道成品与半成品施工及验收规程》 | DG/TJ 08-87 |
| 《城镇排水工程施工质量验收规范》 | DG/TJ 08-2110 |
| 《给水排水工程钢筋混凝土水池结构设计规程》 | CECS 138：2002 |
| 《给水排水工程埋地预制混凝土圆形管管道结构设计规程》 | CECS 143：2002 |
| 《钢筋焊接及验收规程》 | JGJ 18 |
| 《混凝土和钢筋混凝土排水管》 | GB/T 11836 |
| 《埋地排水用硬聚氯乙烯（PVC-U）结构壁管道系统 第1部分：双壁波纹管材》 | GB/T 18477.1 |
| 《埋地排水用硬聚氯乙烯（PVC-U）结构壁管道系统 第2部分：加筋管材》 | GB/T 18477.2 |
| 《埋地用聚乙烯（PE）结构壁管道系统 第1部分：聚乙烯双壁波纹管材》 | GB/T 19472.1 |
| 《埋地用聚乙烯（PE）结构壁管道系统 第2部分：聚乙烯缠绕结构壁管材》 | GB/T 19472.2 |
| 《玻璃纤维增强塑料夹砂管》 | GB/T 21238 |
| 《玻璃纤维增强塑料顶管》 | GB/T 21492 |
| 《污水用球墨铸铁管、管件和附件》 | GB/T 26081 |
| 《球墨铸铁管和管件水泥砂浆内衬》 | GB/T 17457 |
| 《橡胶密封件给排水管及污水管道用接口密封圈材料规范》 | GB/T 21873 |

《检查井盖》　GB/T 23858

《埋地塑料排水管道工程技术标准》　DG/TJ 08-308

《埋地硬聚乙烯排水管道工程技术规程》　CECS 122：2001

《埋地聚乙烯排水管管道工程技术规程》　CECS 164：2004

《埋地塑料排水管道工程技术规程》　CJJ 143

《排水球墨铸铁管道工程技术规程》　T/CEC S823

《上海市排水检查井塑料防坠格板应用技术规程》　SSH/Z 10018

《排水管道图集》　DBJT 08-123

《道路检查井通用图集》　DBJT 08-119

《雨水口标准图》　DBJT 08-120

四、适用范围

本图集适用于上海地区软土地基的市政、民用与公共建筑等各类室外排水管道及附属设施工程；在材料的耐化学性和耐温性符合要求时，也适用于工业企业排水工程。

五、设计标准

1.结构安全等级：二级，结构重要性系数1.0。

2.地基基础安全等级：二级。

3.抗浮工程设计等级：乙级，抗浮稳定安全系数1.05。

4.主体结构设计使用年限：50年。

5.抗震设防烈度7度（0.1$g$），抗震设防类别丙类，抗震等级三级。

6.钢筋混凝土构筑物构件最大裂缝宽度0.2mm。

六、设计参数

1.混凝土重度25kN/m$^3$，回填土重度18kN/m$^3$。

2.地下水位：地面以下0.5m。

3.侧向压力采用水土分算，侧向土压力系数取0.5。

4.地面荷载：位于机动车道时取20kN/m$^2$，位于绿化带和人非道时取10kN/m$^2$。

5.荷载工况：考虑自重、竖向土压力、侧向土压力、外水压力、地面荷载及其他可变作用和偶然作用的不利组合，不考虑纯内水工况。

6.按照现行国家标准《给水排水工程构筑物结构设计规范》GB 50069进行结构构件的承载能力极限状态和正常使用极限状态验算。

7.保护层厚度：顶板、井壁为35mm，底板顶为35mm，底板底为40mm。

七、材　料

1.混凝土：结构混凝土强度等级C35，抗渗等级S6；垫层C20；流槽C20。

2.钢筋：ϕ-HPB300级，$f_y$=270N/mm$^2$；ϕ-HRB400级，$f_y$=360N/mm$^2$。钢筋的强度标准值应具有不小于95%的保证率。受力钢筋的锚固长度及搭接长度详见现行国家建筑标准设计图集《混凝土结构施工图平面整体表示方法制图规则和构造详图（现浇混凝土框架、剪力墙、梁、板）》22G101。

3.焊条：E43系列焊条焊接HPB300级钢筋，E55系列焊条焊接HRB400级钢筋。

八、计　算

采用有限元软件整体建模计算顶板施加结构自重、覆土自重、地面荷载作用，井壁施加侧向水压力、侧向土压力和地面荷载产生的侧向压力作用，底板上施加底板净反力。

九、施工要求

1.地基承载力特征值不应低于80kPa，当地基承载力不满足时应进行地基处理。

2.基坑不属于本图集范围，施工过程中应确保基坑围护体系安全和周边环境的安全。

3.基坑回填要求：基坑回填时，坑内不得积水，严禁带水回填。填土材料可采用粉质黏土、中粗砂，填土中不得含有石块、碎石、灰渣及有机杂物。回填土应采用分层压实，分层厚度不超过30cm，压实系数不小于0.94。回填时不得使用重型及振动压实机碾压。

十、雨水进水口

雨水口相关内容及要求详见现行上海市建筑标准设计《雨水口标准图》DBJT 08-120。

十一、管道及检查井防腐

对于腐蚀的污水管道以及合流污水管道，应采取适当防腐措施，具体措施应根据工程要求而定。

# 第一册

# 管材成品系列、管道基座、管道接口、管道加固、沟管出口、井盖装置等

# 第一册说明

一、图集内容

本册图集包括管材成品系列、管道基座、管道接口、管道加固、沟管出口、井盖装置等内容。

二、适用范围

1.适用于管径系列范围为 $\phi$600~$\phi$4000、管顶最大覆土厚度小于或等于 6.0m 的钢筋混凝土排水管道设计、施工、验收及保养，以及管径系列范围为 DN300~DN3000、管顶最大覆土厚度不超过 5.5m 的化学建材排水管及球墨铸铁管管道施工；管顶覆土厚度大于 5.5m 的化学建材排水管及球墨铸铁管，需经计算后确定管道的技术参数。

2.适用于一般地质条件下的排水管道施工。当地基土为淤泥、淤泥质土、冲填土等软土地基时，应根据相关规范进行地基处理，达到本图集规定的设计条件和施工要求。

3.排入市政排水管道的水质应符合现行国家标准《污水排入城镇下水道水质标准》GB/T 31962 的有关规定。

4.适用于抗震设防烈度为 7 度及 7 度以下、地震动峰值加速度为小于或等于 0.10$g$ 的地区。

5.地面荷载：汽车荷载城 -A 级或地面荷载 10kN/m$^2$。

三、管材系列

1.钢筋混凝土管

1）类型

承插式钢筋混凝土管：$\phi$600、$\phi$800、$\phi$1000、$\phi$1200；

企口式钢筋混凝土管：$\phi$1350、$\phi$1500、$\phi$1650、$\phi$1800、$\phi$2000、$\phi$2200、$\phi$2400；

F 型钢承口式钢筋混凝土管：$\phi$600、$\phi$800、$\phi$1000、$\phi$1200、$\phi$1350、$\phi$1500、$\phi$1650、$\phi$1800、$\phi$2000、$\phi$2200、$\phi$2400、$\phi$2700、$\phi$3000、$\phi$3500、$\phi$4000。

2）成品管混凝土强度等级

$\phi$600~$\phi$1200 承插式钢筋混凝土管：C35；

$\phi$1350~$\phi$2400 企口式钢筋混凝土管：C40；

$\phi$600~$\phi$4000 F 型钢承口式钢筋混凝土管：开槽 C40，顶管 C50。

3）最大覆土厚度

承插式钢筋混凝土管：$\phi$600~$\phi$1000 为 4.0m，$\phi$1200 为 4.5m；

企口式钢筋混凝土管：$\phi$1350~$\phi$1650 为 5.5m，$\phi$1800~$\phi$2400 为 6.0m；

F 型钢承口式钢筋混凝土管：$\phi$600~$\phi$4000 为 4.0m（开槽）、6.0m（顶管）。

凡超过最大覆土厚度的，须采用结构加强措施另行设计。

2.化学建材管

1）类型

（1）硬聚氯乙烯（PVC-U）加筋管

公称内径系列（DN/ID）：300、400、500。

（2）硬聚氯乙烯（PVC-U）双壁波纹管

公称内径系列（DN/ID）：300、400、500；

公称外径系列（DN/OD）：315、400、500。

（3）聚乙烯（PE）双壁波纹管

公称内径系列（DN/ID）：300、400、500、600、800、1000、1200；

公称外径系列（DN/OD）：315、400、500、630、800、1000、1200。

（4）聚乙烯（PE）缠绕结构壁管

（结构形式分为 A 型、B 型和 C 型三种，上海地区一般采用 A 型）

公称内径系列（DN/ID）：300、400、500、600、800、1000、1200、1400、

1600、1800、2000、2200、2400。

（5）聚乙烯（PE）直壁管

公称外径系列（DN/OD）：315、355、400、450、500、630、800、900、1000、1200。

（6）玻璃纤维增强塑料夹砂管（RPM，也称玻璃钢夹砂管）

公称直径DN：300、400、500、600、800、1000、1200、1400、1500、1600、1800、2000、2200、2400、2600、2800、3000。

注：公称外径管材的标准外径，相当于管材的最小平均外径；公称内径管材的标准内径，相当于管材的最小平均内径；公称直径等同于管材内径。

2）环刚度等级（括号内数字为非首选）

（1）硬聚氯乙烯（PVC-U）加筋管：（SN6.3）、SN8、SN10、（SN12.5）。

（2）硬聚氯乙烯（PVC-U）双壁波纹管：（SN6.3）、SN8、SN10、（SN12.5）。

（3）聚乙烯（PE）双壁波纹管：（SN6.3）、SN8、SN10、（SN12.5）、SN16。

（4）聚乙烯（PE）缠绕结构壁管：（SN6.3）、SN8、SN10、（SN12.5）、SN16。

（5）玻璃纤维增强塑料夹砂管：SN5、（SN7.5）、SN10、SN12、SN15。

（6）玻璃纤维增强塑料顶管：SN20、SN30、SN50、SN100。

3）环刚度的选用

工程人员应根据管道覆土厚度、地面荷载等级、路面结构情况、回填材料及其密度和管侧原状土的变形模量等，通过验算来综合选定设计所需管材的环刚度值。在上海地区，一般可按下列要求进行选用：

（1）当管道敷设在绿地中，可选用环刚度SN6.3（SN5.0）的管道。

（2）当管道覆土厚度小于4.0m时，可选用环刚度SN8（SN7.5）的管道。

（3）当管道覆土厚度为4.00m~4.49m时，可选用环刚度SN10（SN10）的管道。

（4）当管道覆土厚度为4.50m~4.99m时，可选用环刚度SN12.5（SN12）的管道。

（5）当管道覆土厚度为5.00m~5.49m时，可选用环刚度SN16（SN15）的管道。

（6）当管道覆土厚度大于或等于5.5m时，需经计算后确定管道的环刚度。

注：括号内数值为玻璃纤维增强塑料夹砂管环刚度。

3.球墨铸铁管

1）类型

（1）开槽埋管法球墨铸铁管

公称外径系列：DE326、DE378、DE429、DE480、DE532、DE635、DE738、DE842、DE945、DE1048、DE1152、DE1255、DE1462、DE1565、DE1668、DE1875、DE2288、DE2495、DE2702、DE2908、DE3115。

公称内径系列：DN300、DN350、DN400、DN450、DN500、DN600、DN1000、DN1100、DN1200、DN1400、DN1500、DN1600、DN1800、DN2000、DN2200、DN2400、DN2600、DN2800、DN3000。

（2）顶管法球墨铸铁管

公称外径系列：DN300、DN350、DN400、DN450、DN500、DN600、DN800、DN1000、DN1100、DN1200、DN1400、DN1500、DN1600、DN1800、DN2000、DN2200、DN2400、DN2600

四、管道接口

1.硬聚氯乙烯（PVC-U）加筋管

硬聚氯乙烯（PVC-U）加筋管采用承插式接口，设有弹性橡胶圈，属柔性接口，适用于开槽埋管施工方法。

2. 硬聚氯乙烯（PVC-U）双壁波纹管

硬聚氯乙烯（PVC-U）采用承插式接口，设有弹性橡胶圈，属柔性接口，适用于开槽埋管施工方法。

3. 聚乙烯（PE）缠绕结构壁管

聚乙烯（PE）缠绕结构壁管采用承插式接口或管件连接方式，设弹性橡胶圈，属柔性接口，适用于开槽埋管施工方法。

4. 玻璃纤维增强塑料夹砂管

玻璃纤维增强塑料夹砂管（定长缠绕工艺）：采用承插式接口，设双道弹性橡胶圈，属柔性接口，适用于开槽埋管施工方法。

玻璃纤维增强塑料夹砂管（离心浇铸工艺）：采用FWC管接头，设唇形弹性橡胶圈，属柔性接口，既适用于顶管施工方法，也适用于开槽埋管施工方法。

玻璃纤维增强塑料夹砂管（连续缠绕工艺）：采用整体式套筒接头，设唇形橡胶圈，属柔性接口，适用于开槽埋管施工方法。

5. 玻璃纤维增强塑料顶管

玻璃纤维增强塑料顶管（连续缠绕工艺）：有压管采用整体式套筒接头、设唇形橡胶圈，无压管采用玻璃钢套环接头、设楔形橡胶圈，属柔性接口，通常多用于顶管施工方法，也可应用于开槽埋管。

玻璃纤维增强塑料顶管（离心浇铸工艺）：有压管采用玻璃钢材质套筒接头、设唇形橡胶圈，无压管采用玻璃钢套筒接头、设楔形橡胶圈，属柔性接口，通常多用于顶管施工方法，也可应用于开槽埋管。

玻璃纤维增强塑料顶管（立式振动工艺）：有压管采用FWC玻璃钢全宽式套筒接头、设唇形橡胶圈，无压管采用玻璃钢套筒接头、设L形橡胶圈或弧形橡胶圈，属柔性接口，通常多用于顶管施工方法，也可应用于开槽埋管。

6. 球墨铸铁管

1）管道接口一般采用柔性接口、法兰接口、自锚接口。

2）接口性能应符合现行国家标准《污水用球墨铸铁管、管件和附件》GB/T 26081和《球墨铸铁管线用自锚接口系统设计规定与型式试验》GB/T 36173的有关规定。

7. 管道接口密封

弹性密封胶圈材质应符合现行国家标准《橡胶密封件给、排水管及污水管道用接口密封圈材料规范》GB/T 21873的有关规定，并采用具有耐酸、碱、污水腐蚀性能的三元乙丙橡胶或氯丁橡胶。弹性密封胶圈的外观应光滑平整，不得有气孔、裂缝、卷褶、破损、重皮等缺陷。

五、管道加固措施

1. 浅覆土的管道加固措施：管道覆土厚度在车行道下小于0.7m、人行道下小于0.6m的情况下，应采用C20混凝土外包加固措施。

2. 管道交叉净距若不足基础厚度，应采取加固措施。

六、沟管出口

排水沟管出水口构筑物分护坡和挡土墙两种，在一般情况下：当直径小于或等于800mm时，采用护坡；当直径大于或等于1000mm时，采用挡土墙。

七、井盖装置

1. 井盖装置包括井盖、井座、基座等构件。

2. 井盖承载等级

1）车行道采用D400。

2）人行道采用C250。

3）绿化带采用B125。

3. 基座承载等级

1）车行道：城 -A 级。

2）车行道：城 -B 级、公路 - Ⅰ级、公路 - Ⅱ级。

3）人行道：5kPa。

4）绿化带：2kPa。

4. 检查井顶板（盖板）埋置深度

1）车行道上仅设防沉降井盖，不小于 350mm。

2）车行道上设防沉降井盖和分离式防沉降基座，不小于 1500mm。

3）人行道上不小于 280mm。

5. 井盖材料

1）车行道：铸铁井盖、钢纤维混凝土井盖。

2）人行道：铸铁井盖、铸铁填充井盖、钢纤维混凝土井盖。

3）绿化带：不做具体规定。

4）复合材料井盖若用于车行道，应符合相关规范关于材料性能的要求，并满足耐久性和强度的要求；其他区域可根据使用者要求选用复合材料井盖。

6. 井盖形状及尺寸

1）车行道：圆形 $\phi$710。

2）人行道：圆形 $\phi$710。

3）绿化带：可参照人行道。

7. 基座结构设计

1）设计原则：设计使用年限 50 年，构件安全等级为二级，重要性系数为 1.0；抗震设防烈度为 7 度，地震动峰值加速度为 0.10$g$，场地土类别为 Ⅳ 类，设计特征周期为 0.9s。

2）检查井开挖的回填材料应采用性能良好的黏性土或砂性土，密实度不应小于 0.95，承载力特征值不应小于 80kPa，人行道、车行道的道路结构应按照道路的设计要求。

3）材料要求：

（1）结构混凝土强度等级：C30。

（2）钢筋：ϕ-HPB300，强度设计值 $f_y$=270N/mm$^2$；⌀-HRB400，强度设计值 $f_y$=360N/mm$^2$。

4）混凝土保护层：基座基础下层为 40mm，其余均为 30mm。

5）混凝土构件内钢筋应均匀分布，现浇时吊钩可取消。

6）混凝土预制构件就位时均应采用 1：2 水泥砂浆坐浆，并抄平。

7）铸铁座就位时均应采用 1：2 水泥砂浆坐浆，使井盖与道路标高一致（二者标高相差较大时，应采用 C20 细石混凝土先做调整）。

8）混凝土预制构件的制作尺寸误差不应大于 5mm，安装时的中心偏差不应大于 5mm。

9）未尽事项见现行上海市建筑标准设计《分离式窨井盖座》DBJT 08-100。

8. 防沉降及普通检查井盖

1）防沉降及普通检查井盖依据现行国家标准《检查井盖》GB/T 23858，检查井盖应具有防盗、防沉降、防响动的功能。除本图集注明的尺寸外，其他技术要求依照 GB/T 23858 执行。国家有其他强制性规定的，按其规定执行。

2）材质要求：

（1）球墨铸铁井盖、井座材质须符合国标 QT500-7，满足现行国家标准《球墨铸铁件》GB/T 1348 的要求。

（2）防震响胶条（如有）应具有良好的耐磨损、耐腐蚀、耐油、耐候性性能。胶条应保证安装牢固，不易脱落。

（3）井盖铰链（如有）或其他部位所使用的五金件材质应具有良好的耐

腐蚀性。

（4）钢纤维混凝土井盖所用混凝土强度等级为C50，内掺抗拉强度为700MPa铣削钢纤维，掺量大于40kg/m。如采用其他型号钢纤维，掺量按试验结果确定。混凝土用钢筋为HRB400，直径10mm。

3）构造结构要求：

（1）防沉降检查井盖的井框应具有法兰式上盘面结构，通过承插方式与路面结合，具备一定的高度调节功能。普通检查井盖的井框为下法兰结构。

（2）防沉降井盖上法兰盘面外边缘应设一定反扣结构，使井座能与路面紧密结合为一体。

（3）井座与井盖接触面应设有胶垫圈，胶垫圈安装后高度需高出井座或井盖安装面约2mm。

（4）球墨铸铁井盖底面应设有锁定装置，当井盖闭合时可使井盖与井座紧扣，防止井盖脱离井座。井盖打开后仰角不得小于100°。

（5）球墨铸铁井盖应设置防水平位移结构，如井盖边缘设置4个及以上限位凸块，限位凸块应与支座侧壁紧密接触，防止井盖水平移动，井盖板闭合后不得有晃动。

（6）钢纤维混凝土检查井盖必须能够依靠自重使车辆行驶通过井盖时井盖不会跳起或脱离井座。

4）外观要求及标识、承载能力检测与检验规则：

井盖装置的外观及标识要求、承载能力及允许残留变形检验方式及判定标准、检查井盖的检验项目及规则参见现行上海市建筑设计标准《道路检查井通用图集》DBJT 08-119及现行国家标准《检查井盖》GB/T 23858。

9.防坠落装置

检查井内的防坠落装置按现行上海市水务局标准化指导性技术文件《上海市排水检查井塑料防坠格板应用技术规程》SSH/Z 10018的要求采用防坠落格板，承重能力大于或等于200kg。

八、回填土压实要求

1.钢筋混凝土管

钢筋混凝土管回填土压实度应符合设计要求；设计无要求时，应符合表1的规定。

表1 钢筋混凝土管回填土压实度

| 序号 | 项目 | | | | 最低压实度（%） | |
|---|---|---|---|---|---|---|
| | | | | | 重型击实标准 | 轻型击实标准 |
| 1 | 沟槽在路基范围外 | 胸腔部分 | | 管侧 | 87 | 90 |
| | | | | 管顶以上500mm | 87±2（轻型） | |
| | | 其余部分 | | | ≥90（轻型）或按设计要求 | |
| | | 农田或绿地范围表层500mm范围内 | | | 不宜压实，预留沉降量，表面整平 | |
| 2 | 沟槽在路基范围内 | 胸腔部分 | | 管侧 | 87 | 90 |
| | | | | 管顶以上250mm | 87±2（轻型） | |
| | | 由路槽底算起的深度范围（mm） | ≤800 | 快速路及主干路 | 95 | 98 |
| | | | | 次干路 | 93 | 95 |
| | | | | 支路 | 90 | 92 |
| | | | 800~1500 | 快速路及主干路 | 93 | 95 |
| | | | | 次干路 | 90 | 92 |
| | | | | 支路 | 87 | 90 |
| | | | >1500 | 快速路及主干路 | 87 | 90 |
| | | | | 次干路 | 87 | 90 |
| | | | | 支路 | 87 | 90 |

2. 化学建材管、球墨铸铁管

化学建材管、球墨铸铁管回填土压实度应符合图 1 的规定。

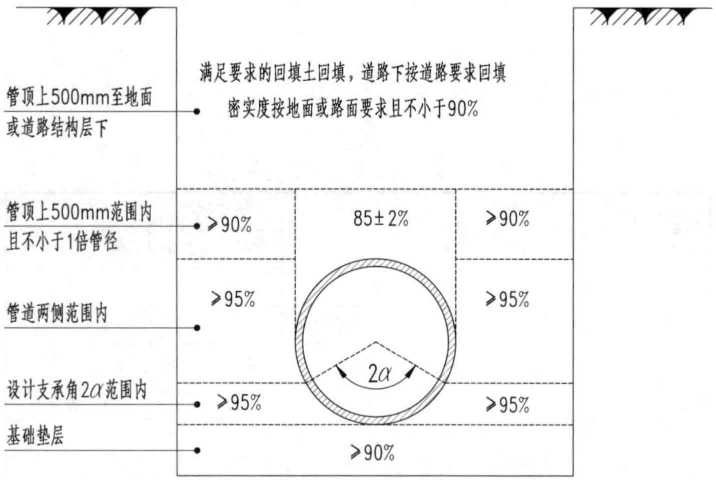


图 1　化学建材管、球墨铸铁管回填土压实度

注：1. 一般情况下，柔性管道施工时采用砂石基础。

2. 管道基础垫层根据土质决定，当地基承载力特征值 $f_{ak}\geq 80$kPa 时，垫层厚度为 150mm，分为两层，下面铺 100mm 厚的碎石或砾石砂，上面再铺一层 50mm 厚砂垫层（中粗砂）。

当地基承载力特征值 60kPa $\leq f_{ak} <$ 80kPa 时，垫层厚度为 200mm，下面铺 150mm 厚的碎石或砾石砂，上面再铺一层 50mm 厚砂垫层（中、粗砂）。

当地基承载力特征值 $f_{ak} <$ 60kPa 时，应对现场施工及使用实际情况分析核算后，对地基进行加固处理，达到规定地基承载力后，再采用上述基础形式。基础表面应平整，其密实度不应小于 90%。碎石的粒径为 5mm~40mm，砾石砂的粒径≤ 40mm。

3. 管道两侧范围内（管顶以下部分）可采用碎石屑、粒径小于 40mm 的砂砾、中粗砂等，密实度不小于 95%。回填时分层回填密实，夯实每层厚 100mm~200mm。

4. 管顶上 500mm 范围内可采用原土或碎石屑、粒径小于 40mm 的砂砾、中粗砂、粉煤灰回填，其中两侧密实度不小于 90%，管道上部密实度不小于 85%±2%。

5. 管顶上 500mm 至地面可采用原土分层回填，密实度按地面或道路要求，如无具体要求，一般不小于 90%；路基范围内管道沟槽回填土密实度按道路工程相关要求执行。

## 九、其他说明

原上海市建筑标准设计《排水管道图集》主编单位为上海市城市建设设计研究总院，参编人员为唐建国、谢勇、季洪金、朱霞雁。

| 编号 | 管材 | 管径 (mm) | 壁厚 (mm) | 每节长度 (mm) | 覆土厚度(m) | | 管道接口 | | 混凝土强度等级 | 适用施工方法 | 备注 |
|---|---|---|---|---|---|---|---|---|---|---|---|
| | | | | | 最小 | 最大 | 接口方式 | 止水材料 | | | |
| 1 | 承插式钢筋混凝土管 | ϕ600 | 75 | 2500 | 0.7 | 4.0 | 承插式 | O形橡胶圈 | C35 | 开槽 | — |
| 2 | | ϕ800 | 92 | | | | | | | | |
| 3 | | ϕ1000 | 110 | | | | | | | | |
| 4 | | ϕ1200 | 125 | | | 4.5 | | | | | |
| 5 | 企口式钢筋混凝土管 | ϕ1350 | 165 | 2000 | 0.7 | 5.5 | 企口式 | q形橡胶圈 | C40 | 开槽 | — |
| 6 | | ϕ1500 | 175 | | | | | | | | |
| 7 | | ϕ1650 | 190 | | | | | | | | |
| 8 | | ϕ1800 | 200 | | | 6.0 | | | | | |
| 9 | | ϕ2000 | 210 | | | | | | | | |
| 10 | | ϕ2200 | 220 | | | | | | | | |
| 11 | | ϕ2400 | 230 | | | | | | | | |
| 12 | F型钢承口式钢筋混凝土管 | ϕ600 | 80 | 2000 | 0.7 | 4.0（开槽）<br>6.0（顶管） | F型钢套环 | 楔形橡胶圈 | C40（开槽）<br>C50（顶管） | 开槽、顶管 | — |
| 13 | | ϕ800 | 82.5 | | | | | | | | |
| 14 | | ϕ1000 | 110 | | | | | | | | |
| 15 | | ϕ1200 | 125 | | | | | | | | |

<table>
<tr><th rowspan="2">编号</th><th rowspan="2">管材</th><th rowspan="2">管径<br>(mm)</th><th rowspan="2">壁厚<br>(mm)</th><th rowspan="2">每节长度<br>(mm)</th><th colspan="2">覆土厚度(m)</th><th colspan="2">管道接口</th><th rowspan="2">混凝土<br>强度等级</th><th rowspan="2">适用施工<br>方法</th><th rowspan="2">备注</th></tr>
<tr><th>最小</th><th>最大</th><th>接口方式</th><th>止水材料</th></tr>
<tr><td>16</td><td rowspan="11">F型钢承口式<br>钢筋混凝土管</td><td>φ1350</td><td>165</td><td rowspan="7">2000</td><td rowspan="11">0.7</td><td rowspan="11">4.0（开槽）<br>6.0（顶管）</td><td rowspan="11">F型<br>钢套环</td><td rowspan="11">楔形橡胶圈</td><td rowspan="11">C40（开槽）<br>C50（顶管）</td><td rowspan="11">开槽、顶管</td><td rowspan="11">—</td></tr>
<tr><td>17</td><td>φ1500</td><td>175</td></tr>
<tr><td>18</td><td>φ1650</td><td>190</td></tr>
<tr><td>19</td><td>φ1800</td><td>200(180)</td></tr>
<tr><td>20</td><td>φ2000</td><td>210(200)</td></tr>
<tr><td>21</td><td>φ2200</td><td>220</td></tr>
<tr><td>22</td><td>φ2400</td><td>240</td></tr>
<tr><td>23</td><td>φ2700</td><td>250</td><td rowspan="4">2500</td></tr>
<tr><td>24</td><td>φ3000</td><td>270</td></tr>
<tr><td>25</td><td>φ3500</td><td>320</td></tr>
<tr><td>26</td><td>φ4000</td><td>320</td></tr>
</table>

说明：

1. 带括号的数据取决于不同的制管工艺。
2. 表中所示最小覆土厚度为管道位于车行道下的数值，若管道位于人行道下，其最小覆土厚度为0.6m。
3. 顶管最小覆土厚度需满足现行上海市工程建设规范《顶管工程设计标准》DG/TJ 08-2268及《顶管工程施工规程》DG/TJ 08-2049等的相关规定。
4. 表中每节长度为有效长度，具体每节长度可根据厂家产品系列确定。

| 钢筋混凝土管管材系列表（二） | 图集号 | 2024沪S204 |
|---|---|---|
| | 页 | 16 |

| 沟槽宽度(mm) 管径(mm) / 深度(m) | ø600 | ø800 | ø1000 | ø1200 | ø1350 | ø1500 | ø1650 | ø1800 | ø2000 | ø2200 | ø2400 | ø2700 | ø3000 | ø3500 | ø4000 |
|---|---|---|---|---|---|---|---|---|---|---|---|---|---|---|---|
| ≤2.00 | 2000 | 2200 | | | | | | | | | | | | | |
| 2.00~2.49 | 2000 | 2200 | 2500 | 2700 | | | | | | | | | | | |
| 2.50~2.99 | 2000 | 2200 | 2500 | 2700 | 2800 | 3000 | 3200 | 3400 | | | | | | | |
| 3.00~3.49 | 2000 | 2200 | 2500 | 2700 | 2800 | 3000 | 3200 | 3400 | 3700 | 3900 | | | | | |
| 3.50~3.99 | 2000 | 2200 | 2500 | 2700 | 2800 | 3000 | 3200 | 3400 | 3700 | 3900 | 4100 | | | | |
| 4.00~4.49 | 2000 | 2200 | 2500 | 2700 | 2800 | 3000 | 3200 | 3400 | 3700 | 3900 | 4100 | 4600 | | | |
| 4.50~4.99 | 2000 | 2200 | 2600 | 2800 | 2900 | 3100 | 3300 | 3500 | 3800 | 4000 | 4200 | 4700 | 4900 | | |
| 5.00~5.49 | 2000 | 2200 | 2600 | 2800 | 2900 | 3100 | 3300 | 3500 | 3800 | 4000 | 4200 | 4700 | 4900 | 5700 | |
| 5.50~5.99 | | | 2600 | 2800 | 2900 | 3100 | 3300 | 3500 | 3800 | 4000 | 4200 | 4700 | 4900 | 5700 | 6700 |
| 6.00~6.49 | | | | 2800 | 2900 | 3100 | 3300 | 3500 | 3800 | 4000 | 4200 | 4700 | 4900 | 5700 | 6700 |
| ≥6.50 | | | | | 3000 | 3200 | 3400 | 3600 | 3900 | 4100 | 4300 | 4800 | 5000 | 5800 | 6800 |

说明：

表中所列深度为地面至沟槽底的垂直距离，沟槽宽度指开槽后的槽底挖土宽度。

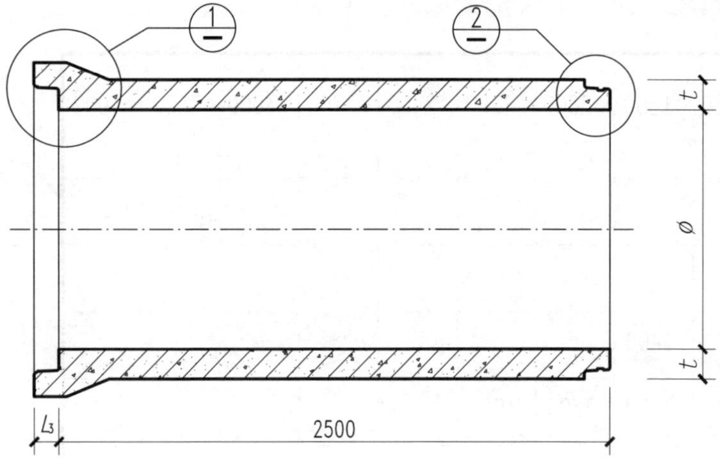


承插式钢筋混凝土管

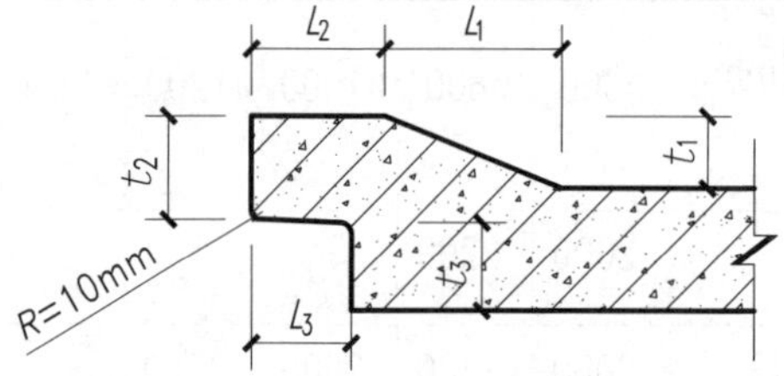


节点1详图

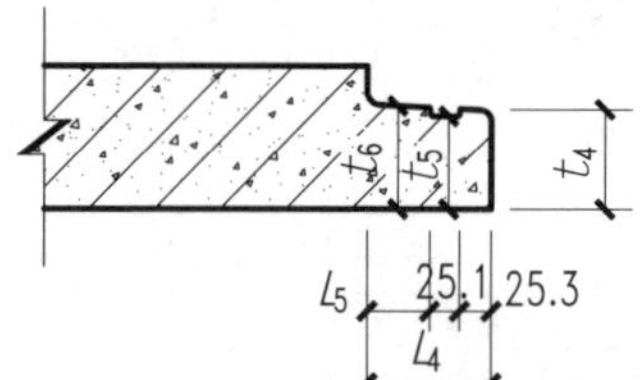


节点2详图

承插式钢筋混凝土管尺寸表

| 管径 (mm) | $t$ (mm) | $t_1$ (mm) | $t_2$ (mm) | $t_3$ (mm) | $t_4$ (mm) | $t_5$ (mm) | $t_6$ (mm) | $L_1$ (mm) | $L_2$ (mm) | $L_3$ (mm) | $L_4$ (mm) | $L_5$ (mm) | 重量 (kg) |
|---|---|---|---|---|---|---|---|---|---|---|---|---|---|
| ø600 | 75 | 59 | 70 | 60.8 | 57.6 | 52.5 | 62.5 | 149.8 | 140 | 99 | 102 | 51.6 | 1083 |
| ø800 | 92 | 66.5 | 85 | 70.3 | 67.1 | 62.0 | 72 | 168.8 | 140 | 99 | 102 | 51.6 | 1750 |
| ø1000 | 110 | 75.5 | 100 | 82.1 | 78.9 | 73.8 | 84 | 191.7 | 140 | 106 | 110 | 59.6 | 2600 |
| ø1200 | 125 | 73 | 105 | 89.6 | 86.4 | 81.3 | 91.5 | 185.3 | 156 | 106 | 110 | 59.6 | 3510 |

说明：

1. 图中所注尺寸单位为mm。
2. 成品管混凝土设计强度等级为C35。
3. 最大覆土厚度：$\phi$600~$\phi$1000为4.0m，$\phi$1200为4.5m。
4. 最小覆土厚度：车行道下为0.7m，人行道下为0.6m。
5. 施工方法：开槽埋管。
6. 工作内压：$\phi$600~$\phi$1000为0.04MPa，$\phi$1200为0.05MPa。

| 承插式钢筋混凝土管 ( $\phi$600~$\phi$1200 ) | 图集号 | 2024沪S204 |
|---|---|---|
| | 页 | 18 |

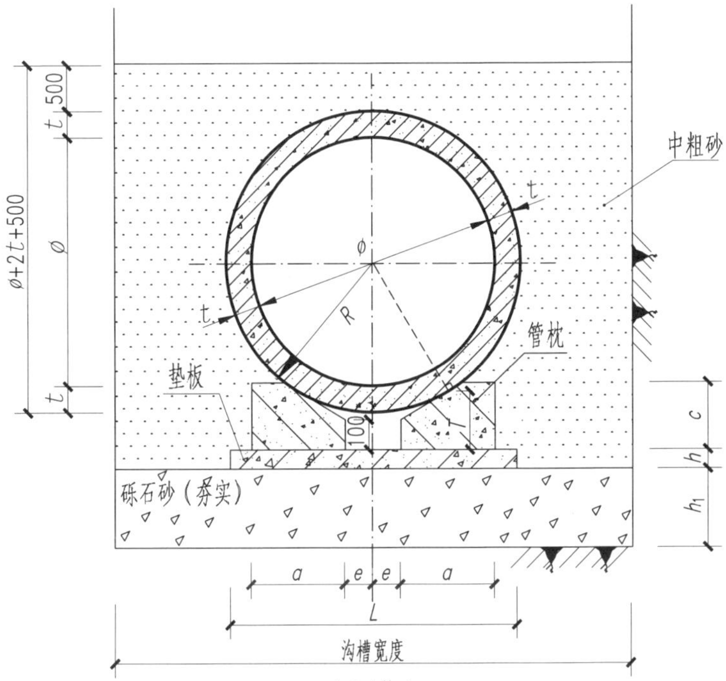


砾石砂基础

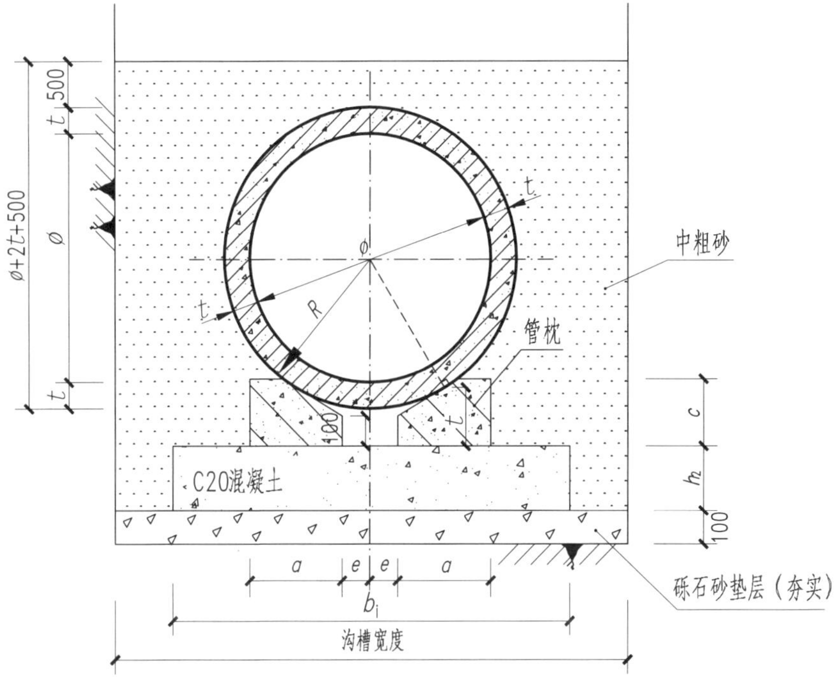


混凝土基础

说明：

1. 承插式钢筋混凝土管道基础应根据地质及降水效果选用基础形式。槽底土基较好、基本无扰动软化且易排除积水的地方，可采用砾石砂基础；当槽底土基较差时，不易排除积水且易扰动软化的地方，则采用C20混凝土基础。
2. 管道基础分为砾石砂基础和C20混凝土基础。其中，砾石砂基础包括管枕、垫板和砾石砂，C20混凝土基础包括管枕、C20混凝土基础和砾石砂垫层。
3. 管枕与垫板均为钢筋混凝土结构，混凝土强度等级为C25。
4. 管道覆土：车行道下的排水管道，施工后立即进行道路路基施工的工程，应用中粗砂回填至管顶以上500mm处；不立即进行道路施工的工程，采用中粗砂仅回填至管道半径高。中粗砂干重度不小于16kN/m$^3$。
5. $R$、$L$、$h$、$c$、$a$、$e$、$T$的尺寸详见第20页管枕、垫板尺寸表。

基础尺寸表

| 尺寸(mm) \ 管径(mm) | ⌀600 | ⌀800 | ⌀1000 | ⌀1200 |
|---|---|---|---|---|
| $h_1$ | 200 | 200 | 250 | 250 |
| $h_2$ | 150 | 150 | 150 | 150 |
| $b_i$ | 1350 | 1600 | 1850 | 2100 |

| 承插式钢筋混凝土管道基础 | 图集号 | 2024沪S204 |
|---|---|---|
| | 页 | 19 |

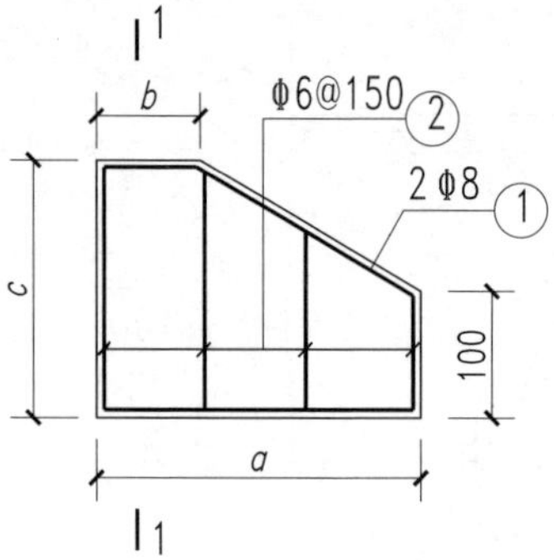


管枕

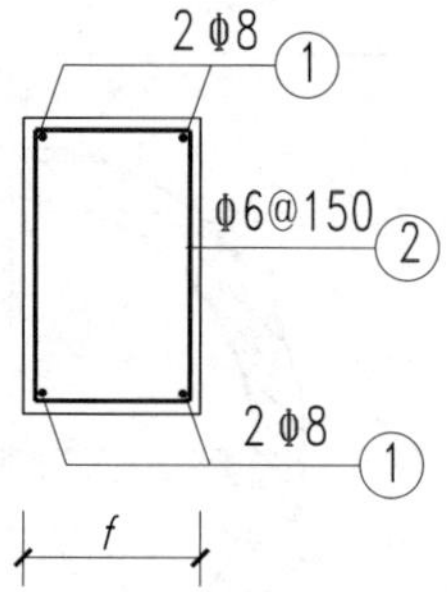


1-1 断面

## 管枕、垫板尺寸表

| 管径(mm) | 管枕(mm) | | | | | | | 垫板(mm) | | |
|---|---|---|---|---|---|---|---|---|---|---|
| | $R$ | $a$ | $b$ | $c$ | $e$ | $f$ | $T$ | $L$ | $h$ | $k$ |
| ϕ600 | 375 | 265 | 80 | 200 | 75 | 120 | 160 | 850 | 50 | 350 |
| ϕ800 | 492 | 295 | 80 | 200 | 85 | 120 | 160 | 950 | 50 | 350 |
| ϕ1000 | 610 | 320 | 80 | 200 | 95 | 150 | 160 | 1050 | 50 | 350 |
| ϕ1200 | 725 | 345 | 80 | 200 | 105 | 150 | 160 | 1150 | 50 | 350 |

## 管枕、垫板钢筋表

| 编号 | 简图 | 直径(mm) | 每根钢筋长度(mm) | 根数 | 总长(mm) | 备注 |
|---|---|---|---|---|---|---|
| 1 | $b-20$, $s$, $c+55$, $80$, $a+55$ | Φ8 | $a+b+c+s+170$ | 2 | $\frac{2}{1000}a+b+c+s+170$ | $s=\sqrt{(c-100)^2+(a-b)^2}$ 每块管枕 |
| 2 | $f+55$, $135\sim(c+55)$, $60\sim(c-20)$, $f-20$ | Φ6 | $2f+230\sim2f+c+35$ | $\frac{a+205}{150}$ | $\frac{a(2f+c+15)-40(f+c+2b)-140}{150000}$ | |
| 3 | $L-20$ | Φ8 | $L+80$ | 3 | $\frac{3}{1000}L+80$ | 每块垫板 |
| 4 | $k-20$ | Φ6 | $k+60$ | $\frac{L}{150}+1$ | $\frac{k+60}{1000}\frac{L}{150}+1$ | |
| 5 | $k+200$ | Φ8 | $k+200$ | 2 | $\frac{2}{1000}k+200$ | |

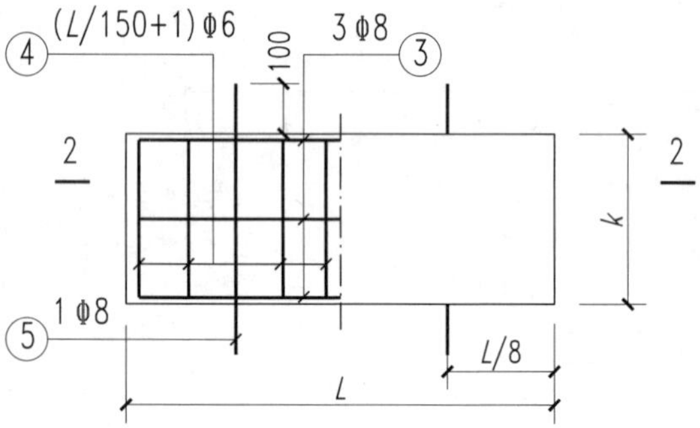


垫板

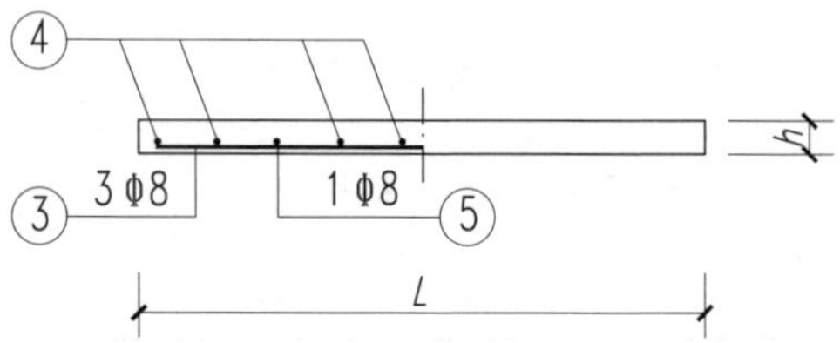


2-2断面

说明:

1. 本图尺寸单位为 mm。
2. 管枕、垫板混凝土强度等级为 C25。钢材:ϕ 表示 HPB300 钢筋。
3. 管枕、垫板主筋保护层为 10mm。

| 承插式钢筋混凝土管管枕、垫板 | 图集号 | 2024沪S204 |
|---|---|---|
| | 页 | 20 |

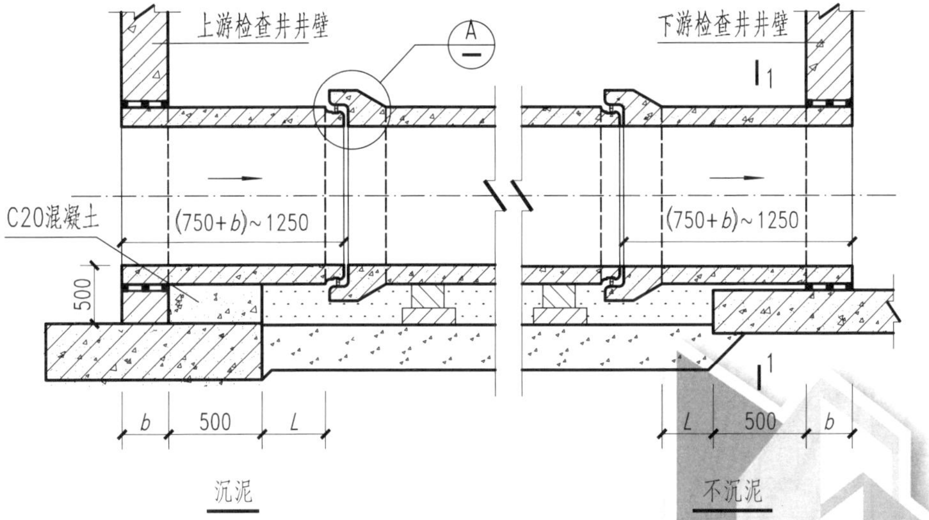


承插式钢筋混凝土管接口及与检查井连接

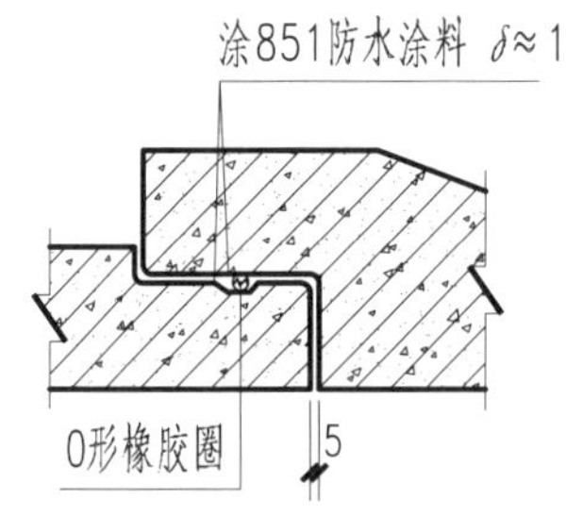


节点A详图

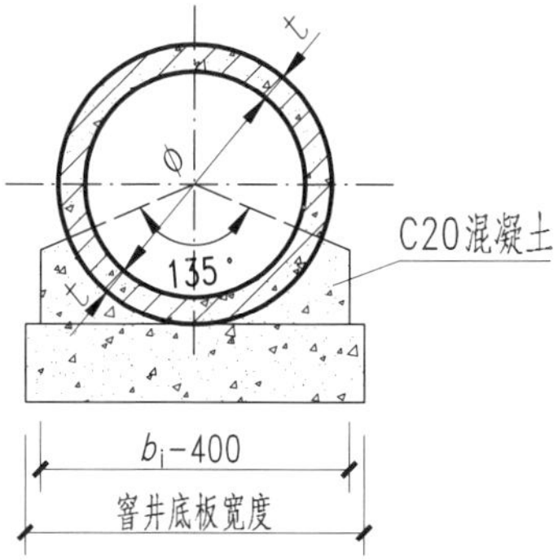


1-1断面

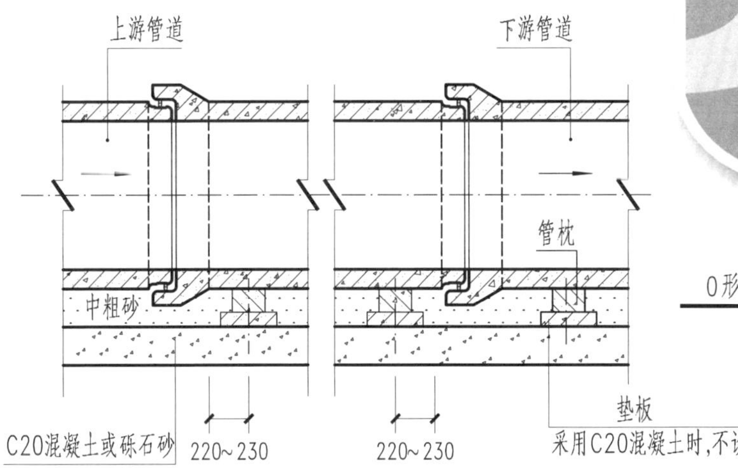


管道纵向布置

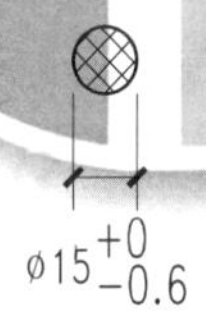


O形橡胶圈断面

说明:

1. 本图尺寸单位为 mm。
2. 管道与检查井连接处采用短管，带承口的短管应排在检查井的进水方向，带插口的短管应排在检查井的出水方向。短管长度为（750+$b$）~1250m。
3. 当 $L \leq 250$mm 时，可不设管枕；当 $L > 250$mm 时，则需设管枕及垫板。
4. 当检查井底板与管道基础深度不一致时，需对受扰动的土基用 C20 混凝土填实。
5. 管道接口采用弹性密封橡胶圈，橡胶圈材料为具有耐酸、碱、污水腐蚀性能的三元乙丙橡胶或氯丁橡胶。

| 承插式钢筋混凝土管道纵向布置、接口及与检查井连接 | 图集号 | 2024沪S204 |
|---|---|---|
| | 页 | 21 |

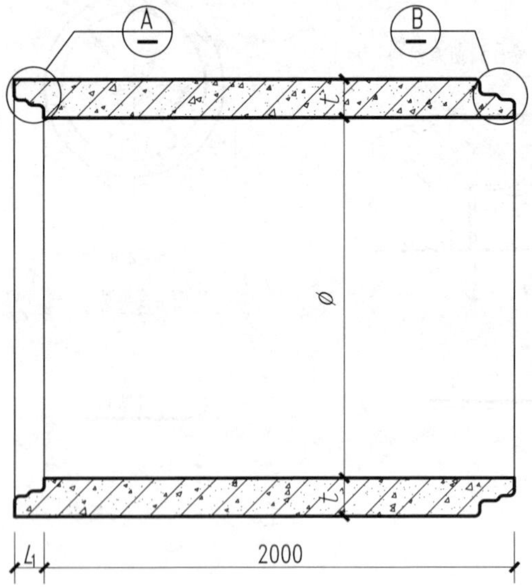

企口式钢筋混凝土管

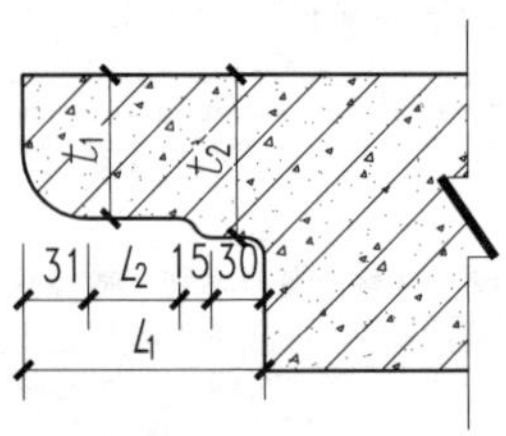

节点A详图

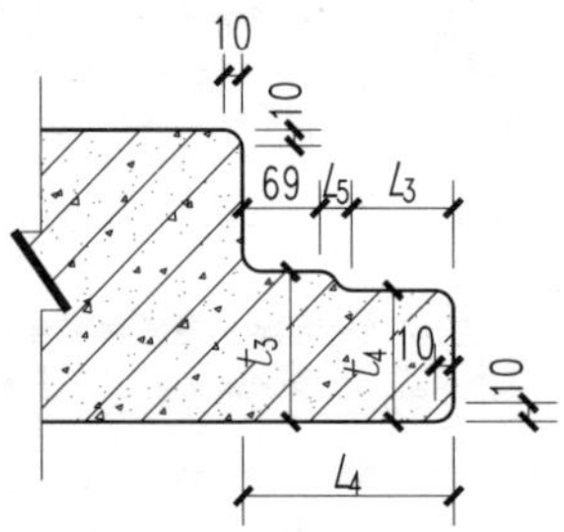

节点B详图

企口式钢筋混凝土管尺寸表

| ø (mm) | $t$ (mm) | $L_1$ (mm) | $L_2$ (mm) | $L_3$ (mm) | $L_4$ (mm) | $L_5$ (mm) | $t_1$ (mm) | $t_2$ (mm) | $t_3$ (mm) | $t_4$ (mm) | 重量 (kg) |
|---|---|---|---|---|---|---|---|---|---|---|---|
| ø1350 | 165 | 135 | 59 | 69.7 | 140 | 1.3 | 81.5 | 89.3 | 80.1 | 70 | 4084 |
| ø1500 | 175 | | | 69.5 | | 1.5 | 82.5 | 90.3 | 89.1 | 79 | 4940 |
| ø1650 | 190 | | | 69.7 | | 1.3 | 88.2 | 96.0 | 98.4 | 88.3 | 5712 |
| ø1800 | 200 | | | | | | 90.2 | 98.0 | 106.4 | 96.3 | 6530 |
| ø2000 | 210 | 140 | 64 | 74.4 | 145 | 1.6 | 99.0 | 106.9 | 106.6 | 95 | 7582 |
| ø2200 | 220 | | | | | | 108.6 | 116.6 | 107.0 | 95.4 | 8698 |
| ø2400 | 230 | | | | | | 115.6 | 123.6 | 110.0 | 98.4 | 9882 |

说明:

1. 本图尺寸单位除标注外，其余均为mm。
2. 成品管混凝土设计强度等级为C40。
3. 最大覆土厚度：ϕ1350~ϕ1650为5.5m；ϕ1800~ϕ2400为6.0m。
4. 最小覆土厚度：车行道下为0.7m；人行道下为0.6m。
5. 施工方法：开槽埋管。
6. 工作内压：ϕ1350~ϕ1650为0.05MPa；ϕ1800~ϕ2400为0.06MPa。

| 企口式钢筋混凝土管<br>（ϕ1350~ϕ2400） | 图集号 | 2024沪S204 |
|---|---|---|
| | 页 | 22 |

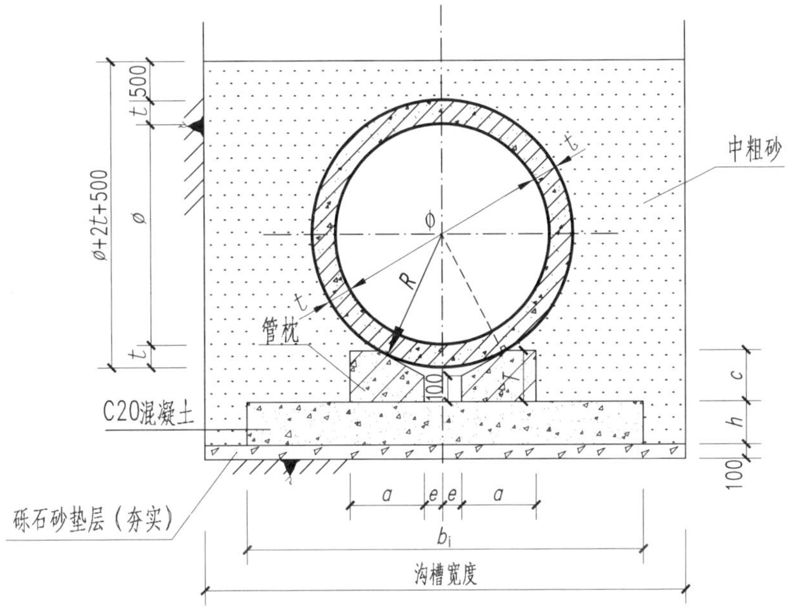


混凝土基础

说明：

1. 管道基础包括砾石砂垫层、C20 混凝土基础和管枕。
2. 管枕为钢筋混凝土结构，混凝土强度等级为 C25。
3. 管道覆土：车行道下的排水管道，施工后立即进行道路路基施工的工程，须用中粗砂并回填至管顶以上 500mm 处；不立即进行道路施工的工程，采用中粗砂仅回填至管道中心标高。中粗砂干重度不小于 $16kN/m^3$。
4. $R$、$c$、$a$、$e$、$T$ 的尺寸详见第 24 页管枕尺寸表。

基础尺寸表

| 尺寸(mm) \ 管径(mm) | ϕ1350 | ϕ1500 | ϕ1650 | ϕ1800 | ϕ2000 | ϕ2200 | ϕ2400 |
|---|---|---|---|---|---|---|---|
| $h$ | 200 | 200 | 200 | 200 | 200 | 200 | 200 |
| $b_i$ | 2300 | 2450 | 2650 | 2800 | 3050 | 3250 | 3500 |

| 企口式钢筋混凝土管道基础 | 图集号 | 2024沪S204 |
|---|---|---|
| | 页 | 23 |

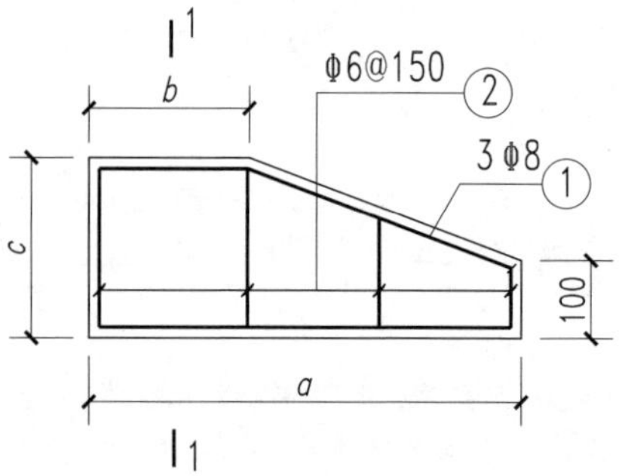


管枕

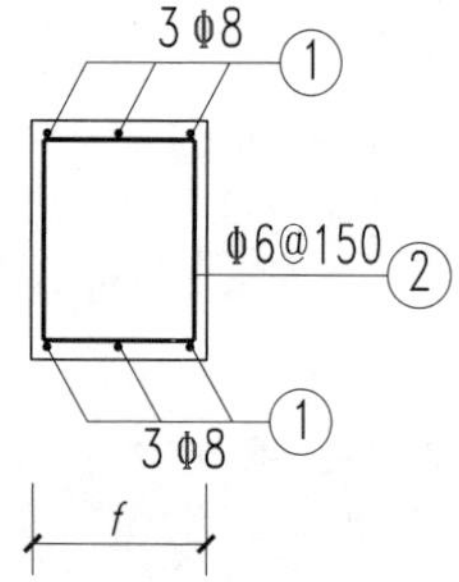


1-1断面

管枕尺寸表

| 管径(mm) | 管枕(mm) | | | | | | |
|---|---|---|---|---|---|---|---|
| | *R* | *a* | *b* | *c* | *e* | *f* | *T* |
| φ1350 | 840 | 445 | 100 | 250 | 115 | 200 | 200 |
| φ1500 | 925 | 460 | 100 | 250 | 120 | 200 | 200 |
| φ1650 | 1015 | 480 | 100 | 250 | 125 | 200 | 200 |
| φ1800 | 1100 | 495 | 100 | 250 | 135 | 200 | 200 |
| φ2000 | 1210 | 515 | 100 | 250 | 140 | 250 | 200 |
| φ2200 | 1320 | 535 | 100 | 250 | 145 | 250 | 200 |
| φ2400 | 1430 | 555 | 100 | 250 | 150 | 250 | 200 |

钢筋表

| 编号 | 简图 | 直径(mm) | 每根钢筋长度(mm) | 根数 | 总长(m) | 备注 |
|---|---|---|---|---|---|---|
| 1 | 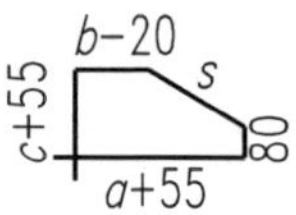  | Φ8 | $a+b+c+s+170$ | 3 | $\frac{3}{1000}(a+b+c+s+170)$ | $s=\sqrt{(c-100)^2+(a-b)^2}$ 每块管枕 |
| 2 | 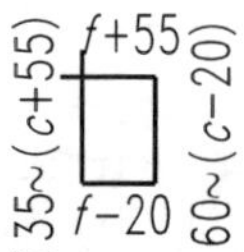  | Φ6 | $2f+230\sim 2f+c+35$ | $\frac{a+205}{150}$ | $\frac{a(2f+c+15)-40(f+c+2b)-140}{150000}$ | |

说明：

1. 本图未标注尺寸单位为mm。
2. 管枕混凝土强度等为C25。钢材：$\phi$ 表示HPB300钢筋。
3. 管枕主筋净保护层为10mm。

| 企口式钢筋混凝土管管枕 | 图集号 | 2024沪S204 |
|---|---|---|
| | 页 | 24 |

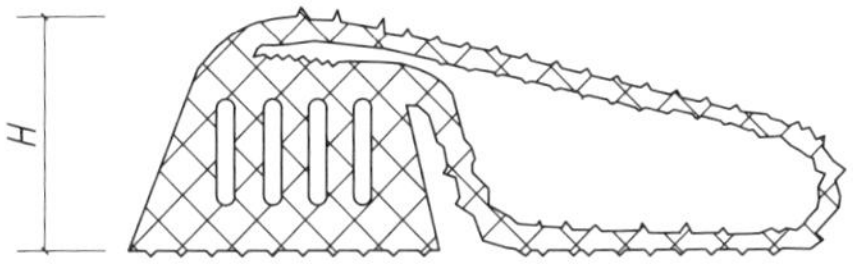


q形橡胶圈断面示意图

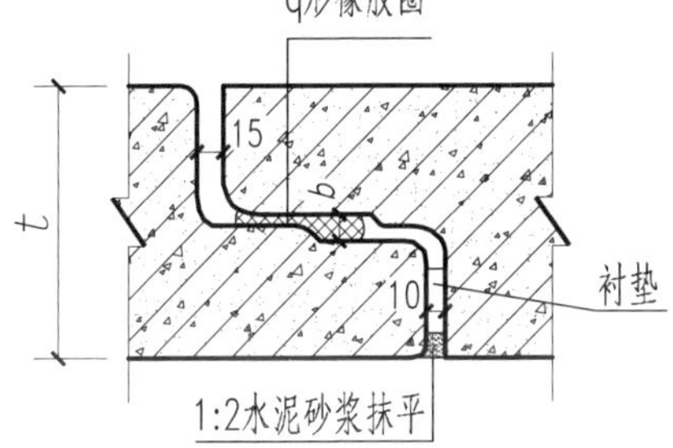


接口详图

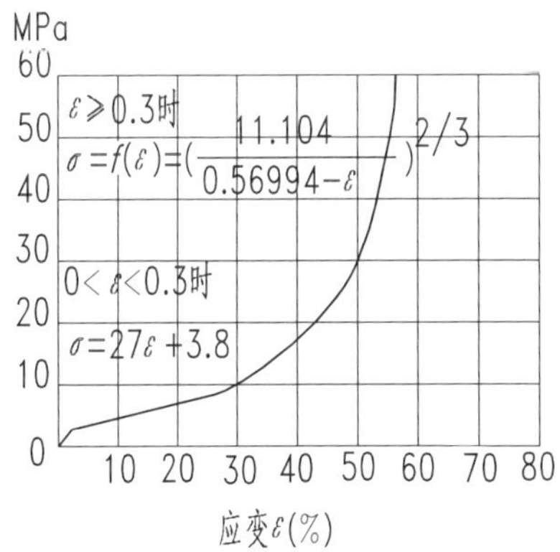


胶合板应力－应变关系

接口参数表

| 管径 (mm) | $t$ (mm) | $R_1$ (mm) | $R_2$ (mm) | $h$ (mm) | $\theta$ (DEG) | 每个接口衬垫数 | $H$ (mm) | 环向间隙$b$ (mm) |
|---|---|---|---|---|---|---|---|---|
| ϕ1350 | 165 | 686 | 730 | 44 | 90 | 4 | 20 | 12.2 |
| ϕ1500 | 175 | 761 | 815 | 54 | 90 | 4 | | |
| ϕ1650 | 190 | 836 | 898 | 62 | 72 | 5 | | |
| ϕ1800 | 200 | 911 | 981 | 70 | 72 | 5 | | |
| ϕ2000 | 210 | 1011 | 1081 | 70 | 60 | 6 | 24 | 14.65 |
| ϕ2200 | 220 | 1111 | 1181 | 70 | 60 | 6 | | |
| ϕ2400 | 230 | 1211 | 1283 | 72 | 51.4 | 7 | | |

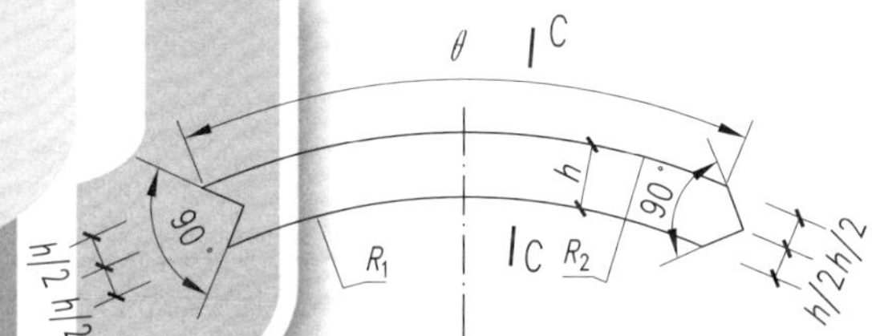


衬垫尺寸图

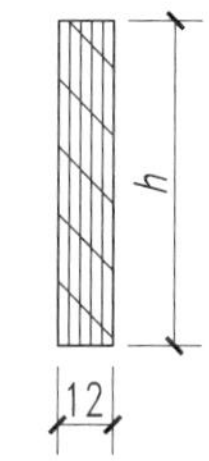


C－C

说明：

1. q形橡胶圈材料为三元乙丙橡胶或氯丁橡胶。
2. 在外环的滑动部分内表面应匀布硅油薄层。
3. 橡胶圈外观和任何断面都应致密、均匀，无裂纹、气泡、孔隙、凹痕或其他缺陷。橡胶圈为企口式钢筋混凝土管生产厂配套产品。
4. 衬垫材料为多层胶合板，其应力－应变关系应符合试验曲线要求，误差 ±5%。
5. 开槽埋管时采用上述衬垫厚 9mm、长 100mm 四块，均匀分布。

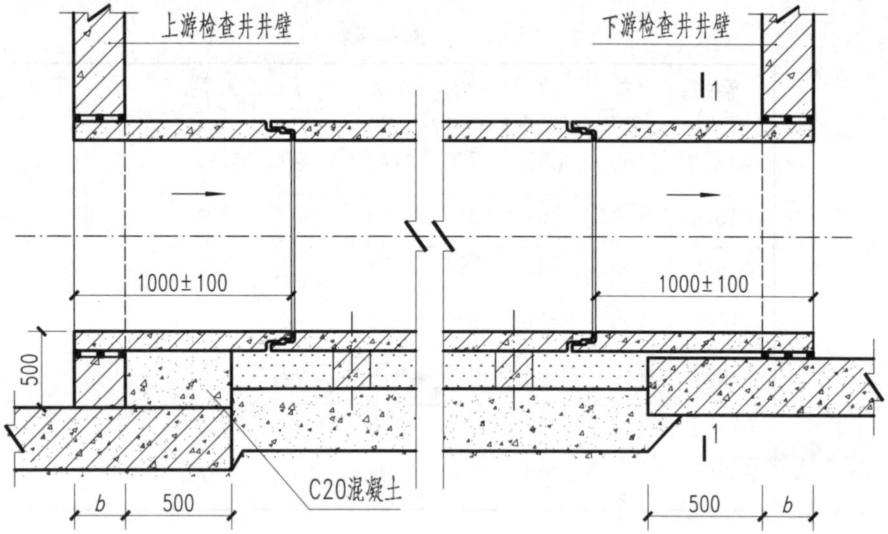

沉泥 不沉泥

企口式钢筋混凝土管与检查井连接

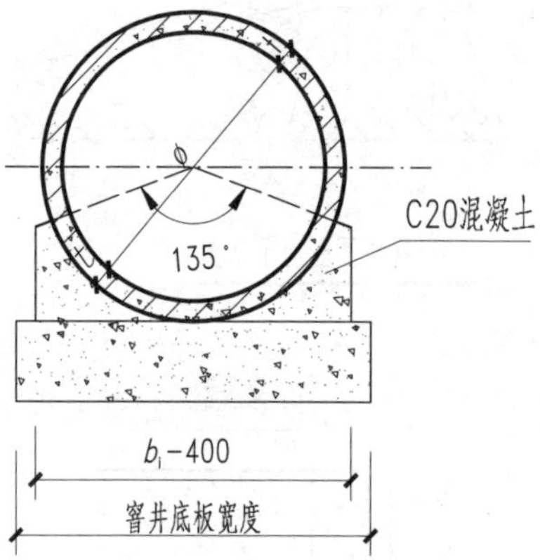

1-1断面

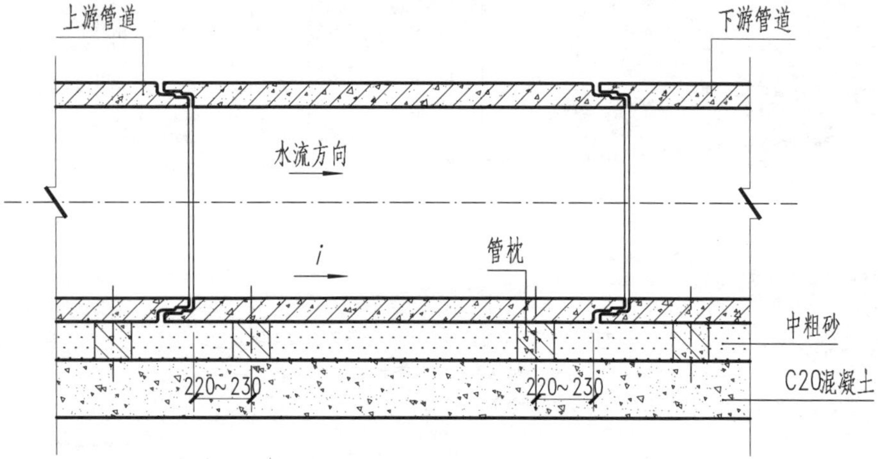

管道纵向布置

说明：

1. 本图尺寸单位为mm。
2. 管道与检查井连接处采用短管，带承口的短管应排在检查井的进水方向，带插口的短管应排在检查井的出水方向，短管长度为1000mm±100mm。
3. 当检查井底板与管道基础深度不一致时，需对受扰动的土基用C20混凝土填实。

| 企口式钢筋混凝土管道纵向布置及检查井连接 | 图集号 | 2024沪S204 |
|---|---|---|
| | 页 | 26 |

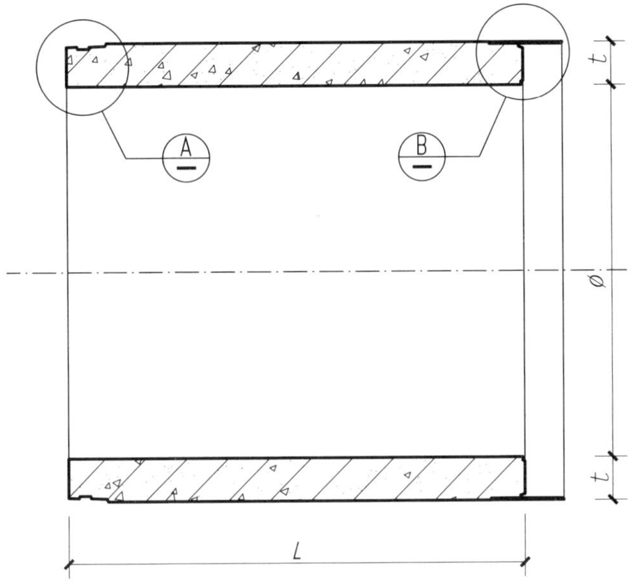


F型钢承口式钢筋混凝土管

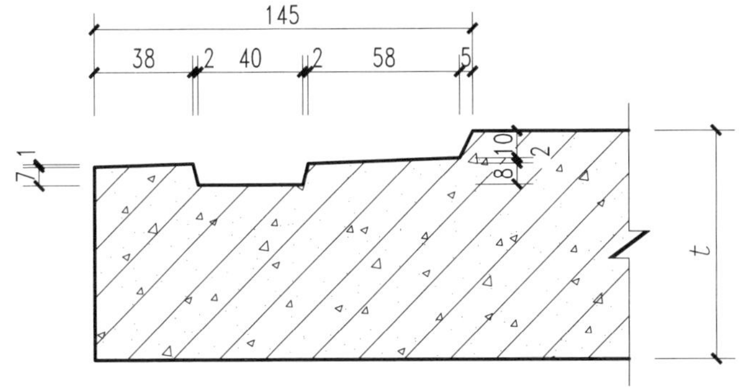


节点A详图

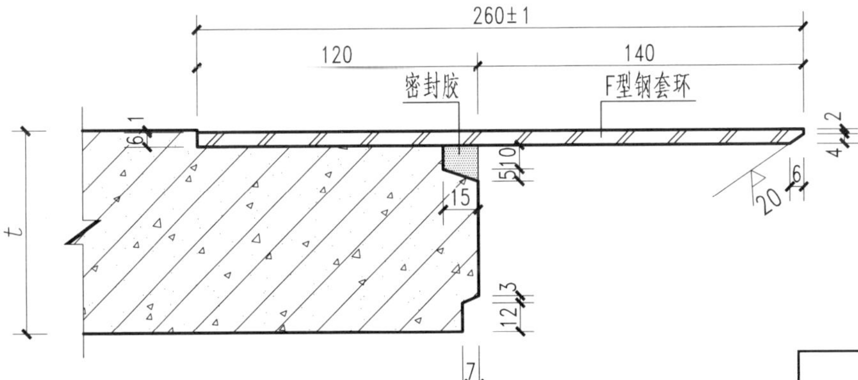


节点B详图

说明：

1. 本图尺寸单位为mm。
2. 成品管混凝土设计强度等级：顶管为C50，开槽为C40。
3. 最大覆土厚度：顶管为6.0m，开槽为4.0m。
4. 最小覆土厚度：车行道下为0.7m，人行道下为0.6m。
5. 施工方法：顶管、开槽埋管。
6. 工作内压：0.10MPa。

| F型钢承口式钢筋混凝土管（$\phi$600~$\phi$1200） | 图集号 | 2024沪S204 |
|---|---|---|
| | 页 | 27 |

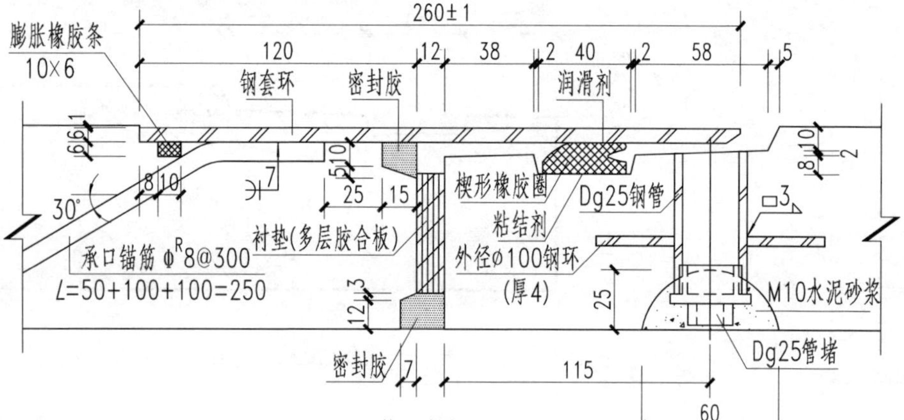


接口详图 1:2

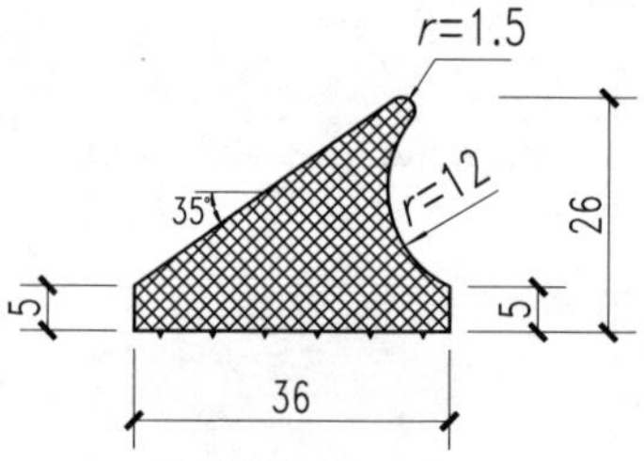


楔形橡胶圈断面图

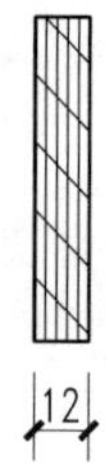


C–C

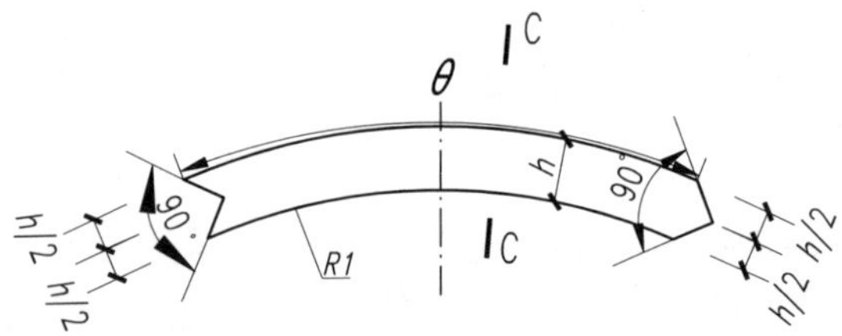


衬垫尺寸图

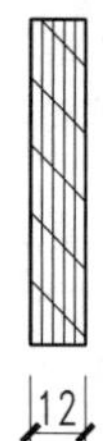


C–C

说明：

1. 本图尺寸单位为mm。
2. 楔形橡胶圈材料采用具有耐酸、碱、污水腐蚀性能的三元乙丙橡胶或氯丁橡胶。
3. 粘结剂、润滑剂用量另计。
4. 衬垫材料为多层胶合板，其应力－应变关系应符合试验曲线要求（详见第25页），误差 ±5%，开槽埋管时衬垫取消。
5. 密封胶应在安装多层胶合板衬垫时同步粘贴，待顶进压紧后与管内壁齐平。
6. 钢套环及钢环材料为Q345锰钢，采用环氧富锌底漆二度、每度30μm，环氧沥青漆二度、每度80μm，钢套环接头内侧应磨平。

| F型钢承口式钢筋混凝土管道接口（ϕ600~ϕ1200） | 图集号 | 2024沪S204 |
|---|---|---|
| | 页 | 28 |

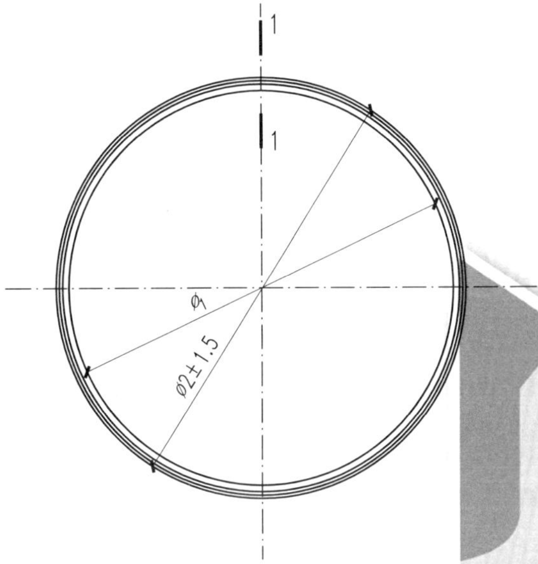


钢套环立面

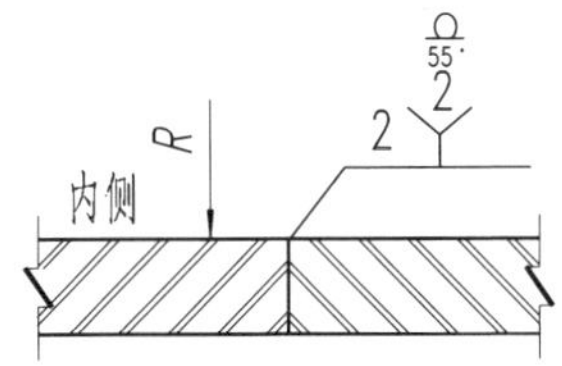


F型管道钢套环钢板接头

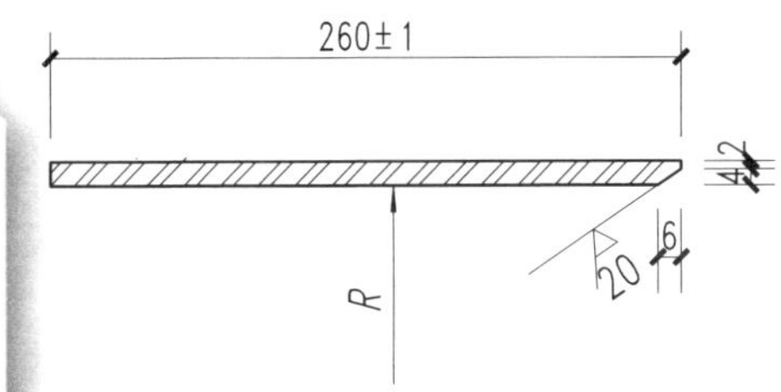


1-1断面

说明：

1. 钢套环接头内侧应磨平。
2. 钢套环及钢环材料为Q345锰钢，采用环氧富锌底漆二度、每度30μm，环氧沥青漆二度、每度80μm，钢套环接头内侧应磨平。

| F型管道接口钢套环（$\phi$600~$\phi$1200） | 图集号 | 2024沪S204 |
|---|---|---|
| | 页 | 29 |

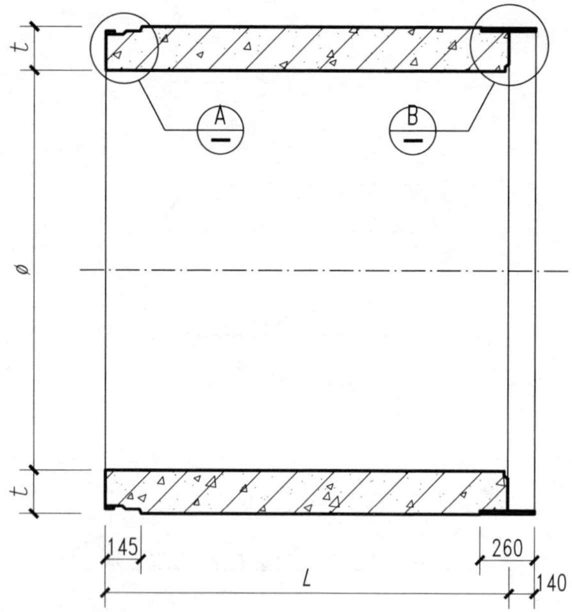


F型钢承口式钢筋混凝土管

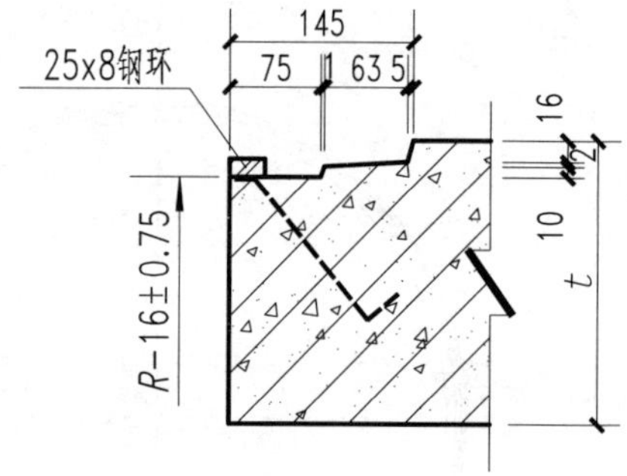


节点A详图

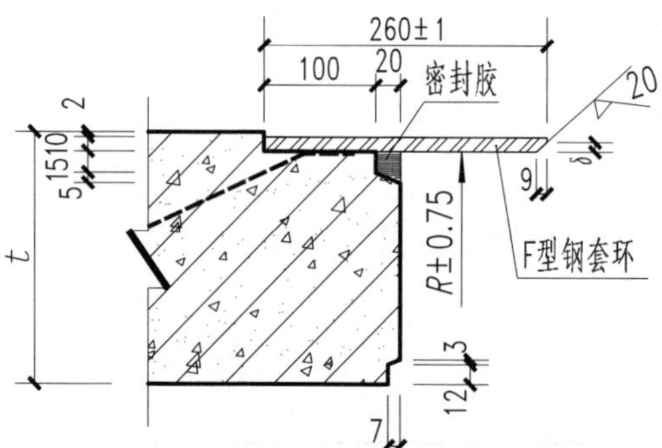


节点B详图

说明：

1. 本图尺寸单位为 mm。
2. 成品管混凝土设计强度等级：顶管为 C50，开槽为 C40。
3. 最大覆土厚度：顶管为 6.0m，开槽为 4.0m。
4. 最小覆土厚度：车行道下为 0.7m，人行道下为 0.6m。
5. 施工方法：顶管、开槽埋管。
6. 工作内压：0.10MPa。

| F 型钢承口式钢筋混凝土管（$\phi$1350~$\phi$4000） | 图集号 | 2024沪S204 |
| --- | --- | --- |
| | 页 | 30 |

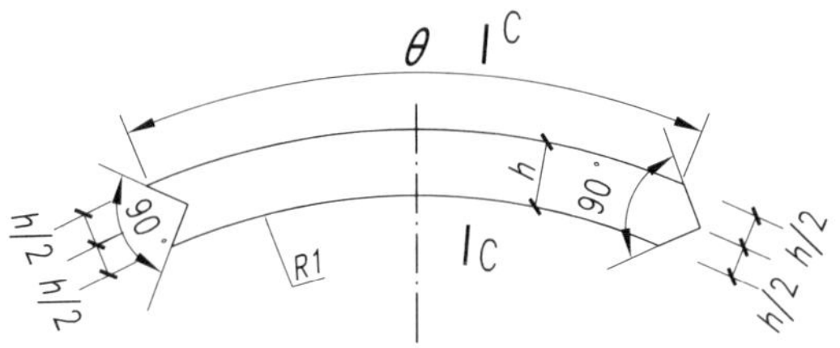


衬垫尺寸图

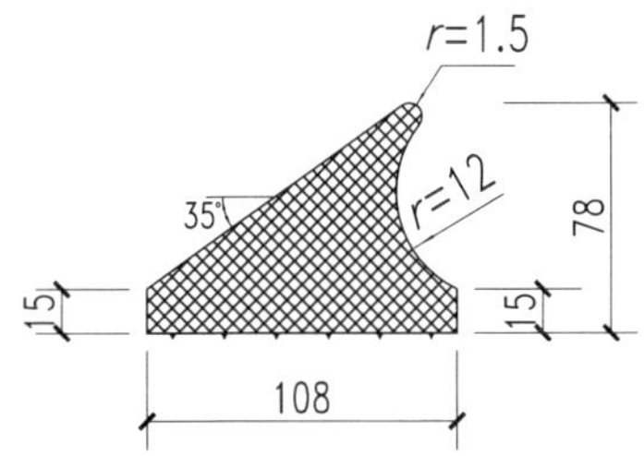


楔形橡胶圈断面图

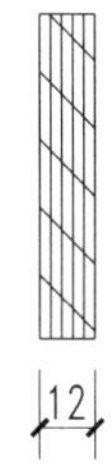


C−C

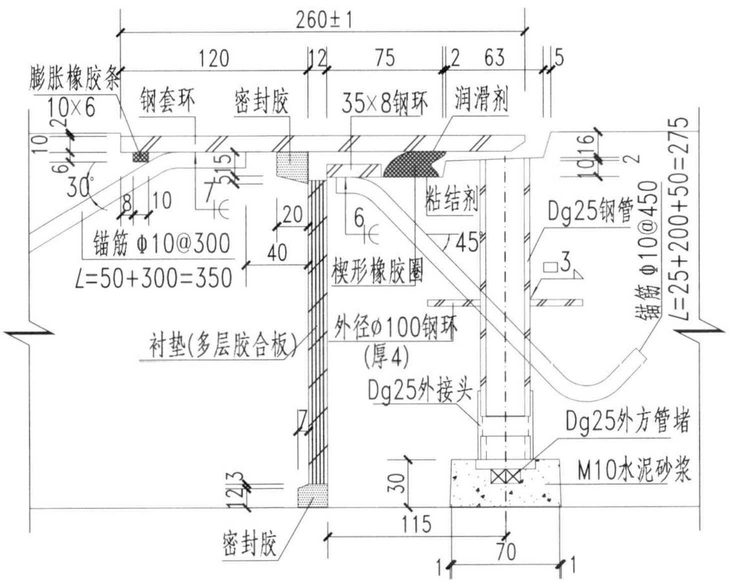


接口详图

说明：

1. 本图尺寸单位为mm。
2. 衬垫材料为多层胶合板，其应力－应变关系应符合试验曲线要求（详见第25页），误差 ±5%，开槽埋管时衬垫取消。
3. 粘结剂、润滑剂用量另计。
4. 钢套环及钢环材料为Q345锰钢，采用环氧富锌底漆二度、每30μm，环氧沥青漆二度、每度80μm，钢套环接头内侧应磨平。
5. 楔形橡胶圈材料采用具有耐酸、碱、污水腐蚀性能的三元乙丙橡胶或氯丁橡胶。
6. 密封胶应在安装多层胶合板衬垫时同步粘贴，待顶进压紧后与管内壁齐平。

| F型钢承口式钢筋混凝土管道接口（$\phi$1350~$\phi$4000） | 图集号 | 2024沪S204 |
|---|---|---|
| | 页 | 31 |

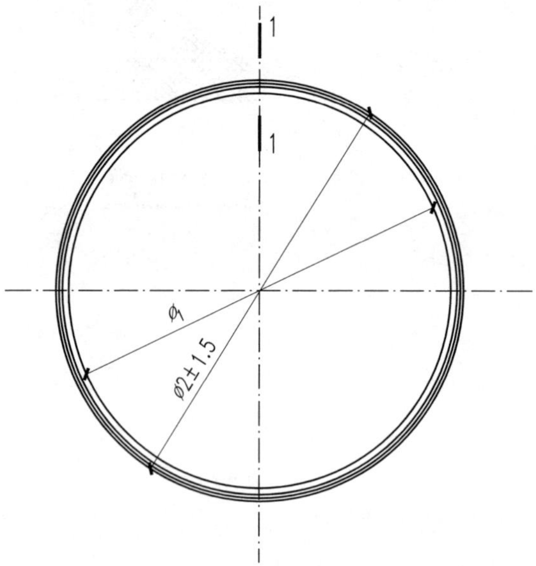


钢套环立面

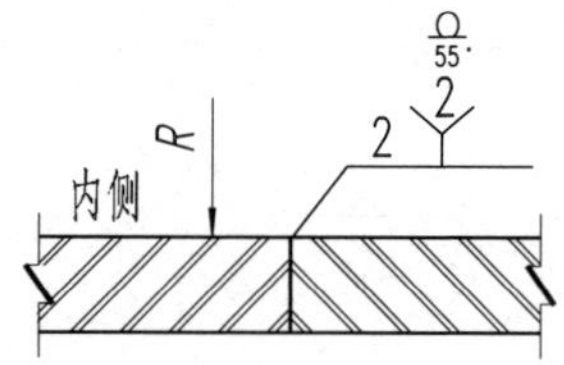


F型管道钢套环钢板接头

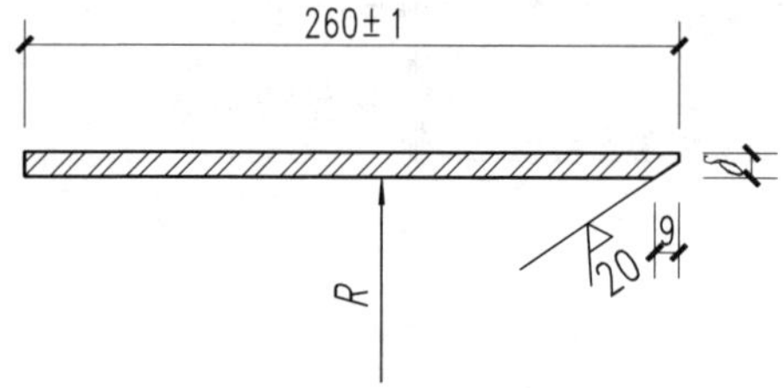


1-1断面

说明：

1. 钢套环接头内侧应磨平。
2. 钢套环及钢环材料为Q345锰钢，采用环氧富锌底漆二度、每度30μm，环氧沥青漆二度、每度80μm，钢套环接头内侧应磨平。

| F 型管道接口钢套环（$\phi$1350~$\phi$4000） | 图集号 | 2024沪S204 |
| --- | --- | --- |
| | 页 | 32 |

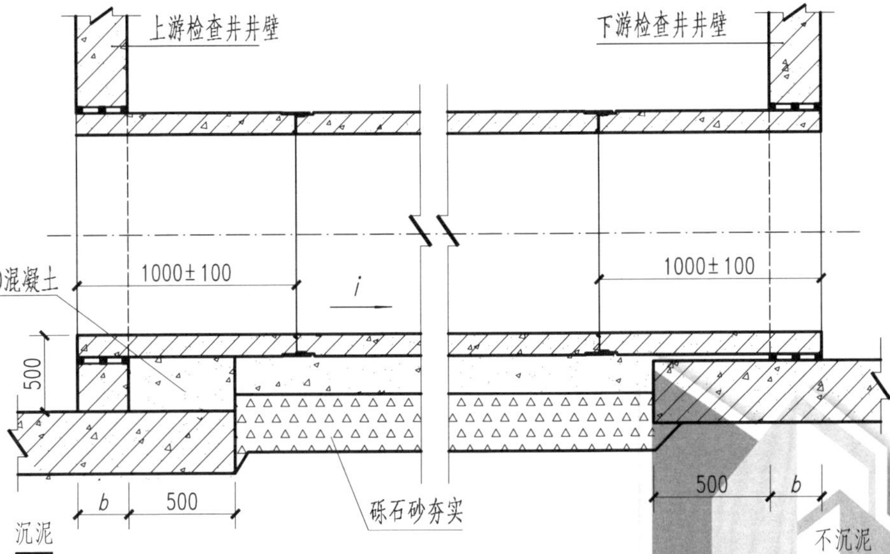


管道纵向布置——混凝土基础

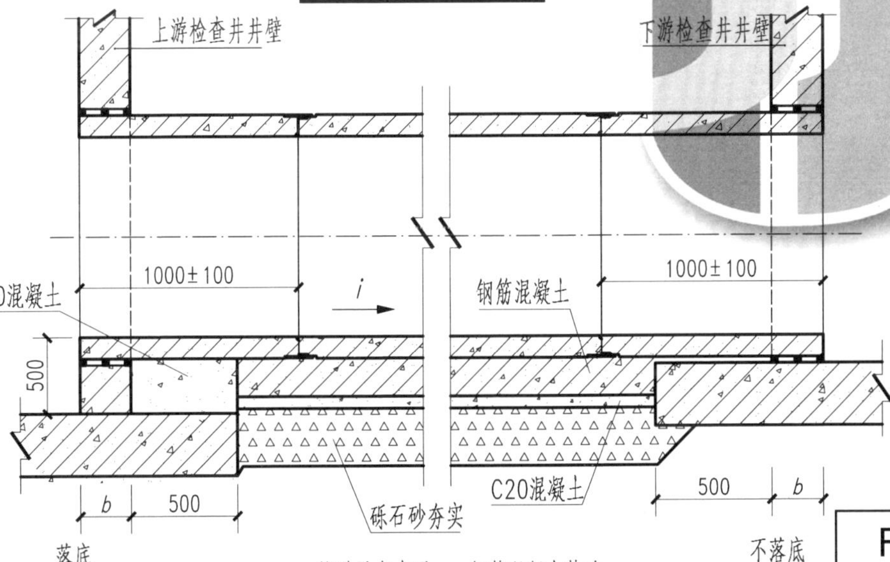


管道纵向布置——钢筋混凝土基础

说明:

1. 本图尺寸单位为mm。
2. 管道与检查井连接处采用短管，带承口的短管应排在检查井的进水方向，带插口的短管应排在检查井的出水方向。短管长度为1000mm±100mm。
3. 当检查井底板与管道基础深度不一致时，需对受扰动的土基用C20混凝土填实。

| F型钢承口式钢筋混凝土管道纵向布置及检查井连接 | 图集号 | 2024沪S204 |
| --- | --- | --- |
| | 页 | 33 |

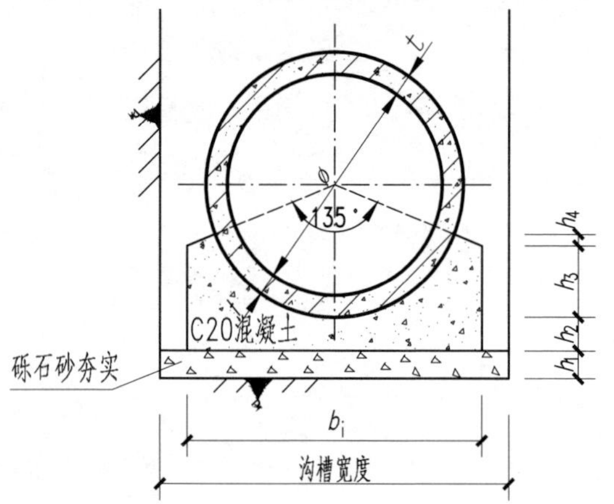


混凝土基础

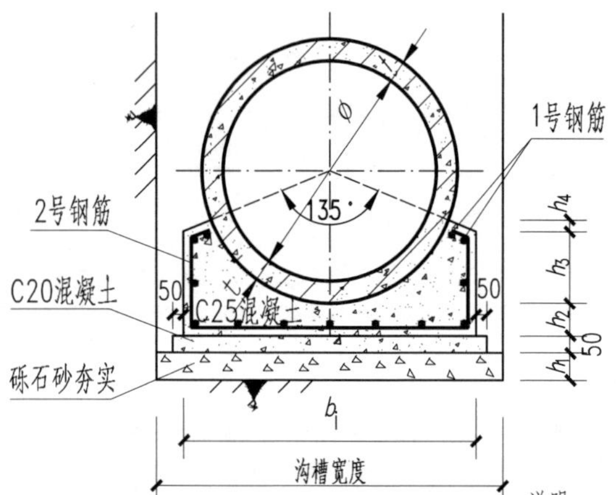


钢筋混凝土基础

混凝土保护层厚度20mm

基础尺寸及工程数量表

| ϕ (mm) | $t$ (mm) | $h_1$ (mm) | $h_2$ (mm) | $h_3$ (mm) | $h_4$ (mm) | $b_i$ (mm) | 每米管道基础 | | | | | |
|---|---|---|---|---|---|---|---|---|---|---|---|---|
| | | | | | | | 砾石砂 ($m^3$) | C20混凝土 ($m^3$) | C20混凝土或C25混凝土 ($m^3$) | 1号钢筋 | 2号钢筋 | 钢筋重量 (kg) |
| ϕ600 | 80 | 100 | 200 | 181 | 53 | 960 | 0.195 | 0.053 | 0.292 | 12Ф10 | 5Ф10 | 12.95 |
| ϕ800 | 82.5 | 100 | 200 | 240 | 57 | 1160 | 0.220 | 0.063 | 0.378 | 13Ф10 | 5Ф10 | 14.62 |
| ϕ1000 | 110 | 100 | 200 | 310 | 60 | 1400 | 0.255 | 0.075 | 0.493 | 14Ф10 | 5Ф10 | 16.45 |
| ϕ1200 | 125 | 100 | 250 | 380 | 64 | 1640 | 0.275 | 0.087 | 0.702 | 15Ф10 | 5Ф10 | 18.62 |
| ϕ1350 | 165 | 100 | 250 | 438 | 80 | 1940 | 0.290 | 0.102 | 0.894 | 17Ф10 | 5Ф10 | 21.39 |
| ϕ1500 | 175 | 100 | 250 | 488 | 83 | 2110 | 0.310 | 0.111 | 1.010 | 18Ф12 | 5Ф10 | 27.77 |
| ϕ1650 | 190 | 100 | 250 | 528 | 98 | 2350 | 0.325 | 0.123 | 1.187 | 19Ф12 | 5Ф10 | 29.89 |
| ϕ1800 | 200 (180) | 100 (100) | 300 (300) | 578 (566) | 101 (100) | 2520 (2480) | 0.345 (0.345) | 0.131 (0.129) | 1.445 (1.411) | 22Ф12 (22Ф12) | 5Ф10 (5Ф10) | 33.74 (33.53) |
| ϕ2000 | 210 (200) | 100 (100) | 300 (300) | 643 (637) | 104 (104) | 2740 (2720) | 0.375 (0.375) | 0.142 (0.141) | 1.635 (1.617) | 23Ф12 (23Ф12) | 5Ф10 (5Ф10) | 35.76 (35.66) |
| ϕ2200 | 220 | 100 | 350 | 707 | 108 | 2960 | 0.395 | 0.153 | 1.983 | 24Ф12 | 5Ф10 | 38.09 |
| ϕ2400 | 240 | 100 | 350 | 777 | 112 | 3200 | 0.420 | 0.165 | 2.225 | 25Ф14 | 5Ф10 | 48.21 |
| ϕ2700 | 250 | 100 | 390 | 875 | 113 | 3500 | 0.480 | 0.180 | 2.681 | 27Ф14 | 5Ф10 | 52.42 |
| ϕ3000 | 270 | 100 | 430 | 962 | 130 | 3900 | 0.500 | 0.200 | 3.314 | 29Ф14 | 5Ф10 | 57.13 |
| ϕ3500 | 320 | 100 | 470 | 1138 | 140 | 4500 | 0.550 | 0.230 | 4.285 | 32Ф14 | 5Ф10 | 64.10 |
| ϕ4000 | 320 | 100 | 510 | 1264 | 168 | 5100 | 0.670 | 0.260 | 5.399 | 36Ф14 | 5Ф10 | 70.33 |

说明：

1. 本图适用于 $\phi$600~$\phi$3500 的 F 型钢承口管的开槽埋管。在黏性土质中，采用 C20 混凝土基础；在粉性土质和砂性土质中，采用 C25 钢筋混凝土基础。
2. 基础在管节接缝处设置伸缩缝，伸缩缝间距同管节长度，缝宽 2cm 用沥青麻丝填实。
3. 带括号的数据取决于不同的制管工艺。
4. 钢材：Ф表示钢筋 HRB400。

| F型钢承口式钢筋混凝土管道基础 | 图集号 | 2024沪S204 |
|---|---|---|
| | 页 | 34 |

F型钢承口式钢筋混凝土管尺寸表

| 管径(mm) | $t$ (mm) | $L$ (mm) | $R$ (mm) | 管重(kg) |
|---|---|---|---|---|
| φ600 | 80 | 2000 | | 855 |
| φ800 | 82.5 | 2000 | | 1183 |
| φ1000 | 110 | 2000 | | 1728 |
| φ1200 | 125 | 2000 | | 2488 |
| φ1350 | 165 | 2000 | 828 | 3928 |
| φ1500 | 175 | 2000 | 913 | 4538 |
| φ1650 | 190 | 2000 | 1003 | 5418 |
| φ1800 | 200(180) | 2000 | 1088 | 6283 |
| φ2000 | 210(200) | 2000 | 1198 | 7290 |
| φ2200 | 220 | 2000 | 1308 | 8265 |
| φ2400 | 240 | 2000 | 1428 | 12441 |
| φ2700 | 250 | 2500 | 1588 | 14353 |
| φ3000 | 270 | 2500 | 1758 | 17883 |
| φ3500 | 320 | 2500 | 2058 | 24002 |
| φ4000 | 320 | 2500 | 2308 | 27499 |

F型钢承口式管道接口钢套环参数表

| 管径(mm) | φ1 | φ2 | $R$ | $\delta$ | 钢套环重量(kg) |
|---|---|---|---|---|---|
| φ600 | 630 | 758 | 373 | | 28.93 |
| φ800 | 830 | 958 | 473 | | 36.63 |
| φ1000 | 1030 | 1798 | 593 | | 45.86 |
| φ1200 | 1230 | 1438 | 713 | | 55.09 |
| φ1350 | 1380 | 1676 | 828 | 10 | 106.82 |
| φ1500 | 1530 | 1846 | 913 | 10 | 117.72 |
| φ1650 | 1680 | 2026 | 1003 | 10 | 129.27 |
| φ1800 | 1830 | 2196 | 1088 | 10 | 140.17 |
| φ2000 | 2030 | 2416 | 1198 | 10 | 154.27 |
| φ2200 | 2230 | 2636 | 1308 | 10 | 168.38 |
| φ2400 | 2430 | 2876 | 1428 | 10 | 183.77 |
| φ2700 | 2730 | 3196 | 1588 | 10 | 204.29 |
| φ3000 | 3030 | 3536 | 1758 | 10 | 226.09 |
| φ3500 | 3530 | 4136 | 2058 | 10 | 264.56 |
| φ4000 | 4030 | 4636 | 2308 | 12 | 355.79 |

F型钢承口式钢筋混凝土管道接口参数表

| 管径 (mm) | $t$ (mm) | $R_1$ (mm) | $h$ (mm) | $\theta$ (deg) | 每个接口衬垫数 | $R$ (mm) | 钢套环重量 (kg) | 橡胶圈单长 (mm) | 百米管道接口工程量 | |
|---|---|---|---|---|---|---|---|---|---|---|
| | | | | | | | | | 衬垫($m^2$) | 密封胶($m^3$) |
| ϕ600 | 80 | 315 | 45 | 90 | 4 | | 28.93 | 2000 | 4.77 | 0.05 |
| ϕ800 | 82.5 | 415 | 45 | 90 | 4 | | 36.63 | 2550 | 6.19 | 0.06 |
| ϕ1000 | 110 | 515 | 65 | 90 | 4 | | 45.86 | 3200 | 11.18 | 0.08 |
| ϕ1200 | 125 | 615 | 85 | 90 | 4 | | 55.09 | 3850 | 17.56 | 0.10 |
| ϕ1350 | 165 | 690 | 120 | 90 | 4 | 828 | 106.82 | 4480 | 28.27 | 0.15 |
| ϕ1500 | 175 | 765 | 130 | 90 | 4 | 913 | 117.72 | 4950 | 33.90 | 0.17 |
| ϕ1650 | 190 | 840 | 145 | 72 | 5 | 1003 | 129.27 | 5440 | 41.57 | 0.18 |
| ϕ1800 | 200(180) | 915 | 155 | 72 | 5 | 1088 | 140.17 | 5900 | 48.33 | 0.20 |
| ϕ2000 | 210(200) | 1015 | 165 | 60 | 6 | 1198 | 154.27 | 6500 | 56.89 | 0.22 |
| ϕ2200 | 220 | 1115 | 175 | 60 | 6 | 1308 | 168.38 | 7100 | 66.11 | 0.24 |
| ϕ2400 | 240 | 1215 | 195 | 60 | 6 | 1428 | 183.77 | 7760 | 80.41 | 0.26 |
| ϕ2700 | 250 | 1365 | 205 | 45 | 8 | 1588 | 204.29 | 8640 | 75.61 | 0.23 |
| ϕ3000 | 270 | 1515 | 225 | 45 | 8 | 1758 | 226.09 | 9570 | 92.03 | 0.26 |
| ϕ3500 | 320 | 1765 | 275 | 45 | 8 | 2058 | 264.56 | 11200 | 131.49 | 0.30 |
| ϕ4000 | 320 | 2015 | 275 | 45 | 8 | 2306 | 355.79 | 12800 | 150.28 | 0.35 |

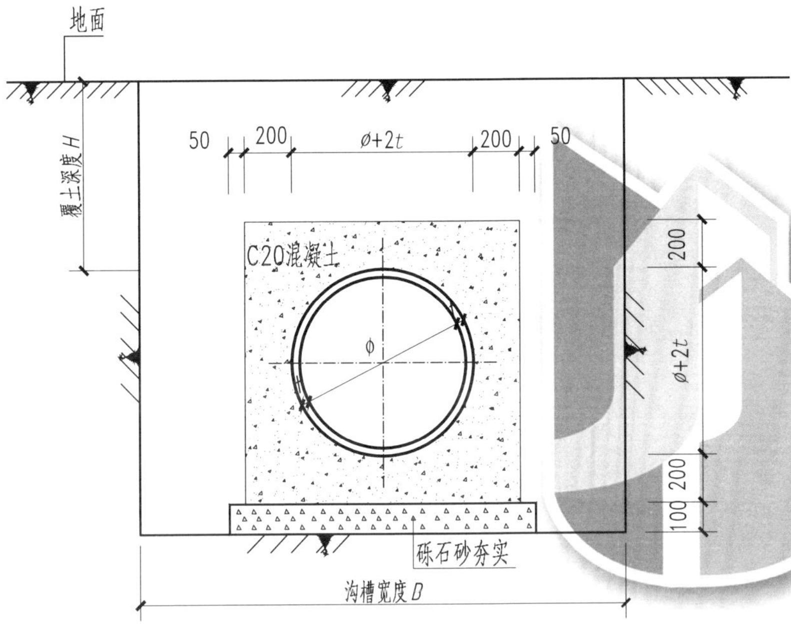


管道加固措施

每米管道工程数量表

| 管径(mm) | C20混凝土($m^3$) | 砾石砂垫层($m^3$) |
|---|---|---|
| ø600 | 0.892 | 0.126 |
| ø800 | 1.126 | 0.146 |

说明：

1. 本图适用于$\phi$600~$\phi$800排水管道。当覆土深度$H$在车行道下不足0.7m和人行道下不足0.6m时，采取加固措施。
2. 本图尺寸单位为mm。
3. $B$为管道的沟槽宽度。
4. 管道加固也可采用管径大于混凝土管最大外径的中压铸铁管代替。

| 钢筋混凝土<br>管道加固（管道浅埋） | 图集号 | 2024沪S204 |
|---|---|---|
| | 页 | 37 |

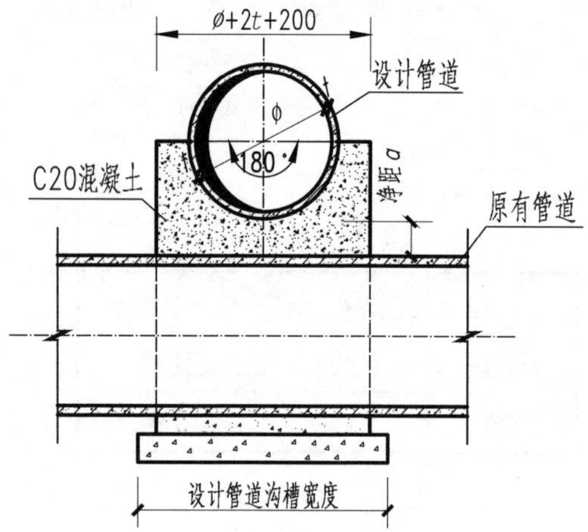


1-1剖面

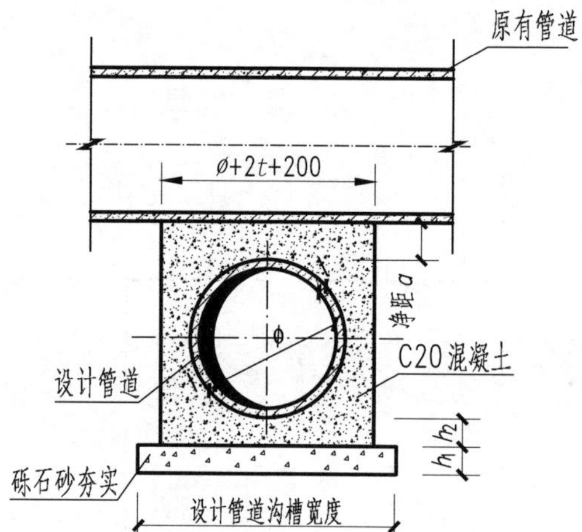


2-2剖面

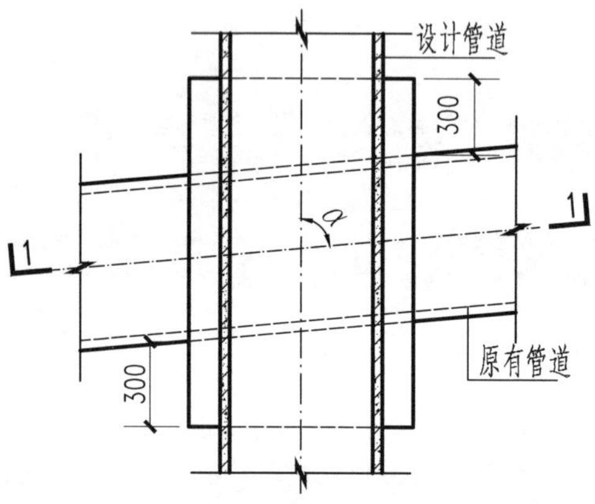


平面图
（设计管道位于上方）

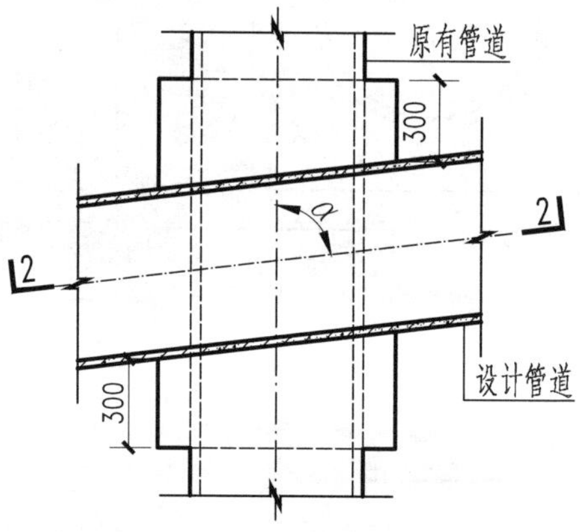


平面图
（设计管道位于下方）

说明：

1. 本图适用于管道上下交叉而两管壁之间净距 $a$ 大于0，且小于管道基础厚度的情况。
2. 对原有管道基础的加固措施，应视具体情况尽可能加以利用。
3. $h_1$、$h_2$ 分别为设计管道的垫层与基础厚度。
4. 位于上方的管道在交叉处的两端应做好柔性接口。
5. 应避免管道接口放在交叉处理范围内。

| 钢筋混凝土<br>管道加固（管道交叉） | 图集号 | 2024沪S204 |
|---|---|---|
| | 页 | 38 |

| 沟槽宽度(mm) / 管径(mm) / 深度(m) | 300 (315) | 400 | 500 | 600 (630) | 800 | 1000 | 1200 | 1400 | 1500 | 1600 | 1800 | 2000 | 2200 | 2400 |
|---|---|---|---|---|---|---|---|---|---|---|---|---|---|---|
| ≤2.00 | 1300 | 1400 | 1600 | 1800 | | | | | | | | | | |
| 2.00~2.49 | 1300 | 1400 | 1600 | 1800 | 2000 | 2200 | 2600 | | | | | | | |
| 2.50~2.99 | 1300 | 1400 | 1600 | 1800 | 2000 | 2200 | 2600 | 2800 | 3000 | 3200 | | | | |
| 3.00~3.49 | 1300 | 1400 | 1600 | 1800 | 2000 | 2200 | 2600 | 2800 | 3000 | 3200 | 3400 | 3700 | 3900 | |
| 3.50~3.99 | 1300 | 1400 | 1600 | 1800 | 2000 | 2200 | 2600 | 2800 | 3000 | 3200 | 3400 | 3700 | 3900 | 4100 |
| 4.00~4.49 | | | 1600 | 1800 | 2000 | 2200 | 2600 | 2800 | 3000 | 3200 | 3400 | 3700 | 3900 | 4100 |
| 4.50~4.99 | | | 1700 | 1900 | 2100 | 2300 | 2700 | 2900 | 3100 | 3300 | 3500 | 3800 | 4000 | 4200 |
| 5.00~5.49 | | | | | | 2300 | 2700 | 2900 | 3100 | 3300 | 3500 | 3800 | 4000 | 4200 |
| 5.50~5.99 | | | | | | 2300 | 2700 | 2900 | 3100 | 3300 | 3500 | 3800 | 4000 | 4200 |
| 6.00~6.49 | | | | | | | | 2900 | 3100 | 3300 | 3500 | 3800 | 4000 | 4200 |
| >6.50 | | | | | | | | | | 3400 | 3600 | 3800 | 4000 | 4200 |

说明：

1. 本表适用于硬聚氯乙烯（PVC-U）管、聚乙烯（PE）管材。
2. 表中所列深度为地面至沟槽底的垂直距离，沟槽宽度指开槽后的槽底挖土宽度。
3. 管径栏中括号内所列数字为公称外径。

## 化学建材管有支撑沟槽宽度表（一）

| 沟槽宽度(mm) 管径(mm) 深度(m) | 300 | 400 | 500 | 600 | 800 | 1000 | 1200 | 1400 | 1500 | 1600 | 1800 | 2000 | 2200 | 2400 | 2600 | 2800 | 3000 |
|---|---|---|---|---|---|---|---|---|---|---|---|---|---|---|---|---|---|
| ≤2.00、 | 1300 | 1400 | 1700 | 1800 | | | | | | | | | | | | | |
| 2.00~2.49 | 1300 | 1400 | 1700 | 1800 | 2000 | 2400 | 2600 | | | | | | | | | | |
| 2.50~2.99 | 1300 | 1400 | 1700 | 1800 | 2000 | 2400 | 2600 | 2800 | 3200 | 3300 | | | | | | | |
| 3.00~3.49 | 1300 | 1400 | 1700 | 1800 | 2000 | 2400 | 2600 | 2800 | 3200 | 3300 | 3500 | 3700 | | | | | |
| 3.50~3.99 | 1300 | 1400 | 1700 | 1800 | 2000 | 2400 | 2600 | 2800 | 3200 | 3300 | 3500 | 3700 | 4000 | 4200 | 4400 | | |
| 4.00~4.49 | | | 1700 | 1800 | 2000 | 2400 | 2600 | 2800 | 3200 | 3300 | 3500 | 3700 | 4000 | 4200 | 4400 | 4700 | 4900 |
| 4.50~4.99 | | | | | 2100 | 2500 | 2700 | 2900 | 3300 | 3400 | 3600 | 3800 | 4100 | 4300 | 4500 | 4800 | 5000 |
| 5.00~5.49 | | | | | | 2500 | 2700 | 2900 | 3300 | 3400 | 3600 | 3800 | 4100 | 4300 | 4500 | 4800 | 5000 |
| 5.50~5.99 | | | | | | | | 2900 | 3300 | 3400 | 3600 | 3800 | 4100 | 4300 | 4500 | 4800 | 5000 |
| 6.00~6.49 | | | | | | | | | | 3400 | 3600 | 3800 | 4100 | 4300 | 4500 | 4800 | 5000 |
| >6.50 | | | | | | | | | | | | 3800 | 4100 | 4300 | 4500 | 4800 | 5000 |

说明：

1. 本表适用于玻璃纤维增强塑料夹砂管。当采用立式振动玻璃纤维增强塑料顶管进行开槽埋管施工时，在表中所列数字基础上加100mm。
2. 表中所列深度为地面至沟槽底的垂直距离，沟槽宽度指开槽后的槽底挖土宽度。

# 化学建材管有支撑沟槽宽度表（二）

| 沟槽宽度（mm）＼管径（mm）<br>深度（m） | 300 | 400 | 500 | 600 | 800 | 1000 | 1200 | 1400 | 1500 | 1600 | 1800 | 2000 | 2200 | 2400 | 2600 | 2800 | 3000 |
|---|---|---|---|---|---|---|---|---|---|---|---|---|---|---|---|---|---|
| ≤2.00 | 1300 | 1400 | 1700 | 1800 | | | | | | | | | | | | | |
| 2.00~2.49 | 1300 | 1400 | 1700 | 1800 | 2000 | 2400 | 2600 | | | | | | | | | | |
| 2.50~2.99 | 1300 | 1400 | 1700 | 1800 | 2000 | 2400 | 2600 | 2800 | 3200 | 3300 | | | | | | | |
| 3.00~3.49 | 1300 | 1400 | 1700 | 1800 | 2000 | 2400 | 2600 | 2800 | 3200 | 3300 | 3500 | 3700 | | | | | |
| 3.50~3.99 | 1300 | 1400 | 1700 | 1800 | 2000 | 2400 | 2600 | 2800 | 3200 | 3300 | 3500 | 3700 | 4000 | 4200 | 4400 | | |
| 4.00~4.49 | | | 1700 | 1800 | 2000 | 2400 | 2600 | 2800 | 3200 | 3300 | 3500 | 3700 | 4000 | 4200 | 4400 | 4700 | 4900 |
| 4.50~4.99 | | | | | 2100 | 2500 | 2700 | 2900 | 3300 | 3400 | 3600 | 3800 | 4100 | 4300 | 4500 | 4800 | 5000 |
| 5.00~5.49 | | | | | | 2500 | 2700 | 2900 | 3300 | 3400 | 3600 | 3800 | 4100 | 4300 | 4500 | 4800 | 5000 |
| 5.50~5.99 | | | | | | | | 2900 | 3300 | 3400 | 3600 | 3800 | 4100 | 4300 | 4500 | 4800 | 5000 |
| 6.00~6.49 | | | | | | | | | | 3400 | 3600 | 3800 | 4100 | 4300 | 4500 | 4800 | 5000 |
| >6.50 | | | | | | | | | | | | 3800 | 4100 | 4300 | 4500 | 4800 | 5000 |

说明：

1. 本表适用于球墨铸铁管材。
2. 表中所列深度为地面至沟槽底的垂直距离，沟槽宽度指开槽后的槽底挖土宽度。

# 球墨铸铁管有支撑沟槽宽度表

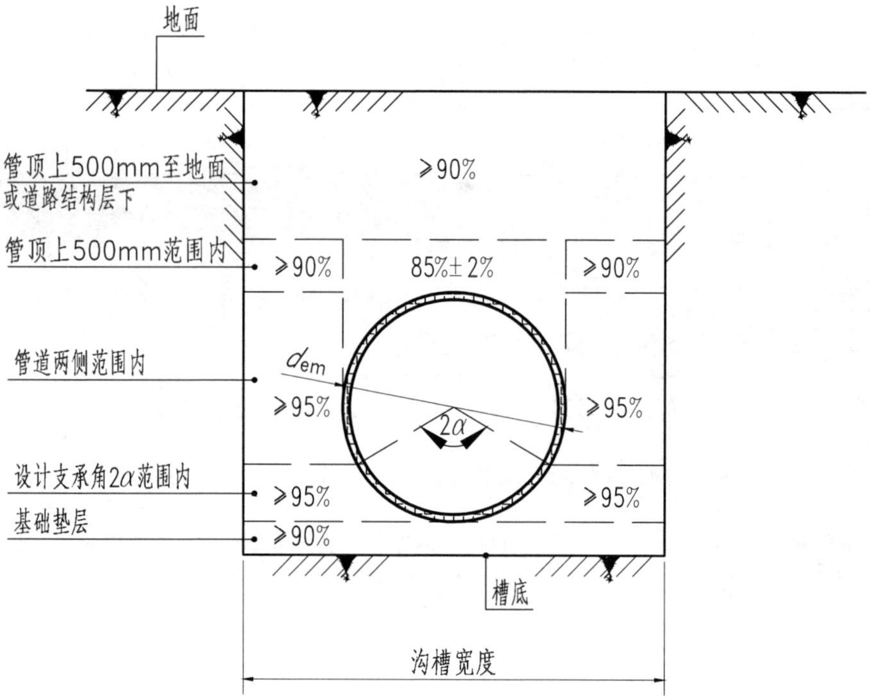


化学建材管及球墨铸铁管沟槽回填示意图

说明：

1. 一般情况下，上海地区化学建材管施工时采用砂石基础。
2. 管道基础垫层根据土质决定，当地基承载力特征值 $f_{ak} \geq 80$kPa 时，垫层厚度为 150mm，分为两层，下面铺 100mm 厚的碎石或砾石砂，上面再铺一层 50mm 厚砂垫层（中、粗砂）；当地基承载力特征值 60kPa $\leq f_{ak} <$ 80kPa 时，垫层厚度为 200mm，下面铺 150mm 厚的碎石或砾石砂，上面再铺一层 50mm 厚砂垫层（中、粗砂）；当地基承载力特征值 $f_{ak} <$ 60kPa 时，应在对现场施工及使用实际情况进行分析核算的基础上，对地基进行加固处理，达到规定地基承载力后，再采用上述基础形式。基础表面应平整，其密实度不应小于 90%。碎石的粒径为 5mm~40mm，砾石砂的粒径≤ 40mm。
3. 管道两侧范围内（管顶以下部分）可采用碎石屑、粒径小于 40mm 的砂砾、中粗砂等，密实度不小于 95%。回填时分层回填密实，夯实后每层 100mm~200mm 厚。
4. 管顶上 500mm 范围内可采用原土或碎石屑、粒径小于 40mm 的砂砾、中粗砂、粉煤灰回填，其中两侧密实度不小于 90%，管道上部密实度不小于 85%±2%。
5. 管顶上 500mm 至地面可采用原土分层回填，密实度按地面或道路要求，如无具体要求，一般不小于 90%；路基范围内管道沟槽回填土密实度按道路工程相关要求执行。

| 化学建材管及球墨铸铁管沟槽回填示意图 | 图集号 | 2024沪S204 |
|---|---|---|
| | 页 | 42 |

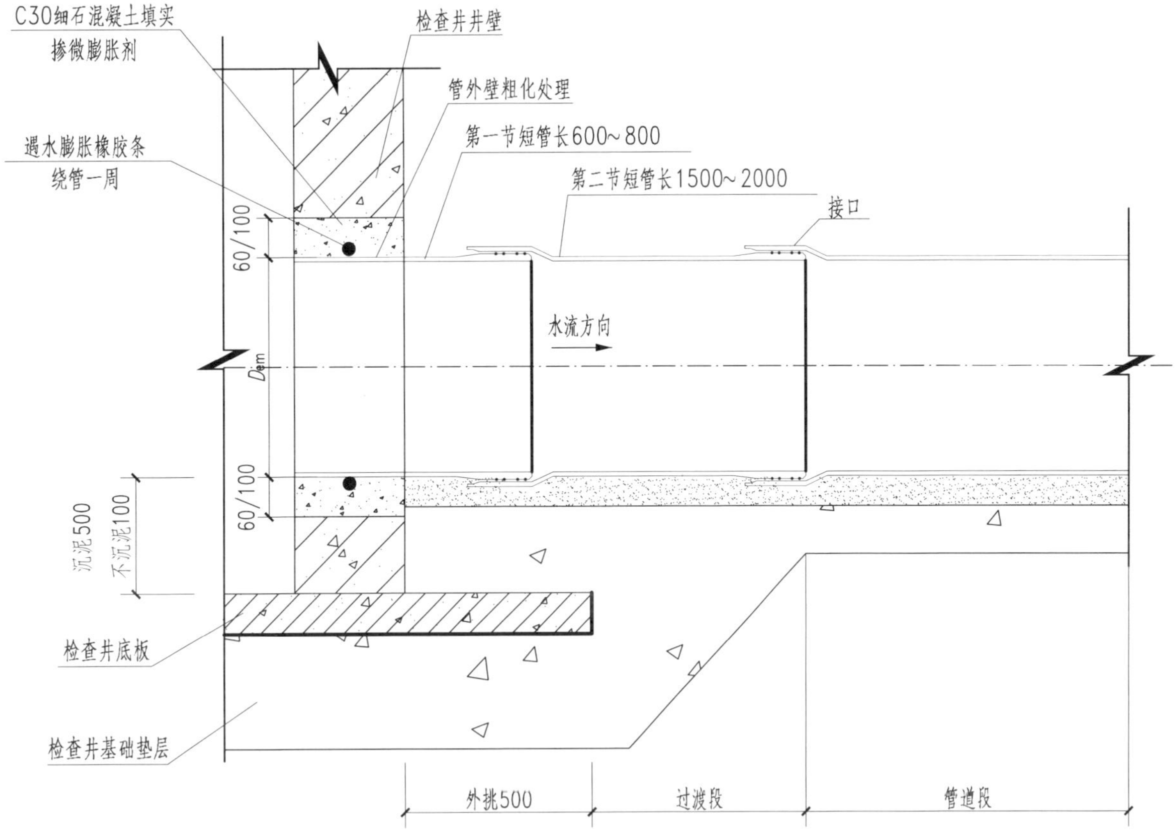


化学建材管与检查井连接示意图

说明：

1. 本图尺寸单位为mm。
2. 化学建材管与检查井连接采用短管过渡，过渡段由不少于2节短管柔性连接而成，第一节短管长600mm~800mm，第二节短管长1500mm~2000mm。柔性连接可采用承插式、套筒式等橡胶密封圈接口。过渡段与检查井采用刚性连接。
3. 管道与检查井连接时，管外壁应进行粗化处理，粗化段长度与井壁厚度相同，并采用遇水膨胀橡胶圈增强密封效果。可在浇筑混凝土前将橡胶圈套插入井壁管端的中间部位。

| 化学建材管与检查井连接示意图 | 图集号 | 2024沪S204 |
|---|---|---|
| | 页 | 43 |

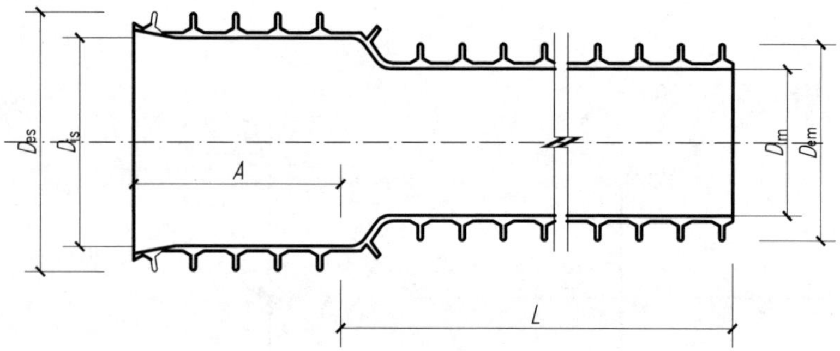


硬聚氯乙烯（PVC-U）加筋管示意图

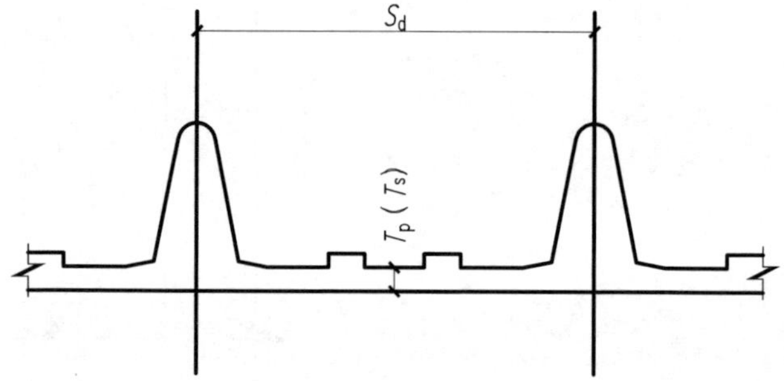


管肋大样图

管材规格尺寸表(mm)

| 管道规格DN/ID | 300 | 400 | 500 |
|---|---|---|---|
| 管道内径$D_{im}$ | 300.2 | 402.1 | 492.1 |
| 管道外径$D_{em}$ | 335.0 | 450.0 | 549.7 |
| 管道壁厚$T_p$ | 2.6 | 3.0 | 4.5 |
| 承口内径$D_{is}$ | 337.1 | 453.0 | 552.5 |
| 承口外径$D_{es}$ | 385.0 | 515.0 | 604.0 |
| 承口壁厚$T_s$ | 2.0 | 2.6 | 4.0 |
| 承口深度$A$ | 162~172 | 203~213 | 208 |
| 管肋间距$S_d$ | 31 | 38 | 38 |
| 管道有效长度$L$ | 3000或6000 | | |

说明：

1. 本图尺寸单位为mm。
2. 施工方法为开槽埋管。
3. 最大覆土为5.5m，最小覆土车行道下为0.7m、人行道下为0.6m。
4. 管道压力等级0.1MPa。

| 硬聚氯乙烯（PVC-U）加筋管 | 图集号 | 2024沪S204 |
|---|---|---|
| | 页 | 44 |

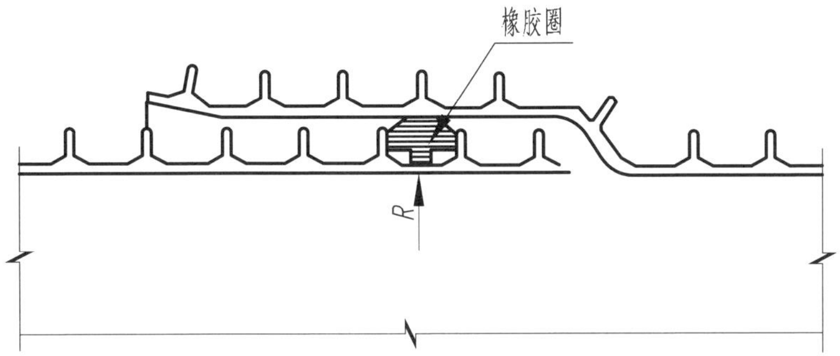


管道接口图

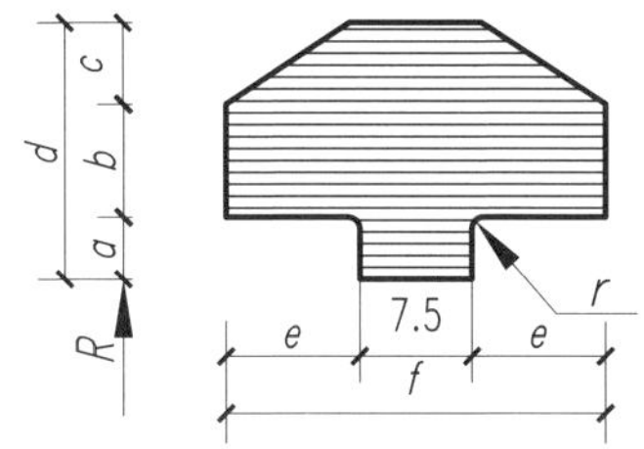


橡胶圈截面图

橡胶圈尺寸表 (mm)

| 管道规格DN/ID | 300 | 400 | 500 |
|---|---|---|---|
| $a$ | 5.0 | 6.8 | 8.6 |
| $b$ | 8.2 | 11.2 | 15.4 |
| $c$ | 5.3 | 7.25 | 7.33 |
| $d$ | 18.5 | 25.25 | 31.33 |
| $e$ | 9.35 | 12.6 | 12.25 |
| $f$ | 26.2 | 32.7 | 32.0 |
| $r$ | 1.2 | 1.5 | 1.75 |
| $R$ | 151.75 | 203.65 | 248.5 |

说明:

1. 本图尺寸单位为mm。
2. 弹性密封橡胶圈的外观应光滑平整，不得有气孔、裂缝、卷褶、破损、重皮等缺陷。
3. 弹性密封橡胶圈采用具有耐酸、碱、污水腐蚀性能的三元乙丙橡胶或氯丁橡胶，其性能应符合现行国家标准《橡胶密封件给、排水管及污水管道用接口密封圈材料规范》GB/T 21873的相关要求。

| 硬聚氯乙烯（PVC-U）加筋管接口及橡胶圈 | 图集号 | 2024沪S204 |
|---|---|---|
| | 页 | 45 |

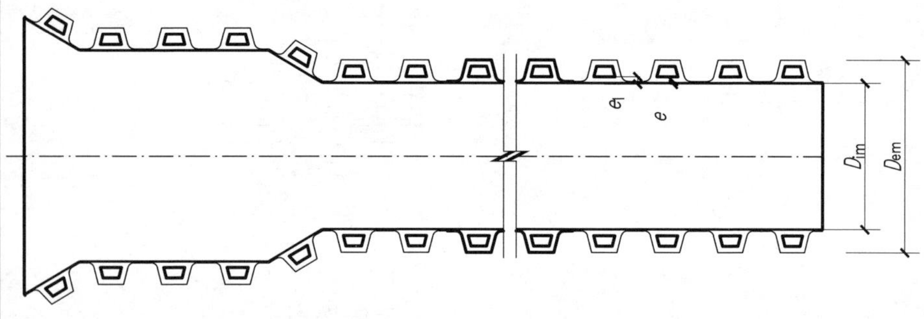


硬聚氯乙烯（PVC-U）双壁波纹管示意图

公称内径管材规格尺寸表(mm)

| 公称尺寸 DN/ID | 最小平均内径 $D_{im,min}$ | 最小层压壁厚 $e_{em,min}$ | 最小内层壁厚 $e_{1,min}$ | 最小承口接合长度 $A_{min}$ |
|---|---|---|---|---|
| 300 | 294 | 2.0 | 1.7 | 64 |
| 400 | 392 | 2.5 | 2.3 | 74 |
| 500 | 490 | 3.0 | 3.0 | 85 |

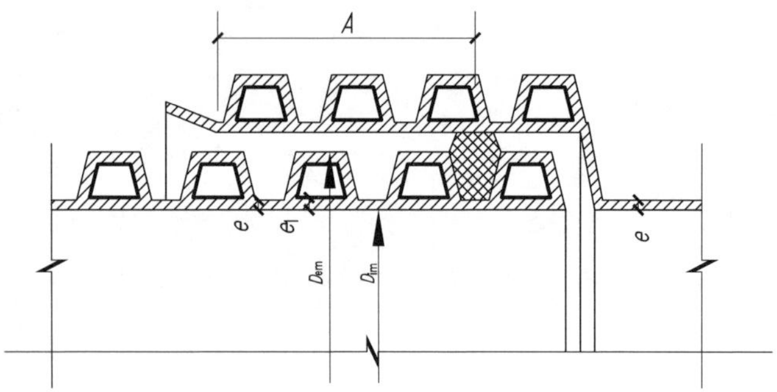


管材承插口示意图

公称外径管材规格尺寸表(mm)

| 公称尺寸 DN/OD | 最小平均外径 $D_{em,min}$ | 最大平均外径 $D_{em,max}$ | 最小平均内径 $D_{im,min}$ | 最小层压壁厚 $e_{em,min}$ | 最小内层壁厚 $e_{1,min}$ | 最小承口接合长度 $A_{min}$ |
|---|---|---|---|---|---|---|
| 315 | 313.2 | 316.0 | 270 | 1.9 | 1.6 | 62 |
| 400 | 397.6 | 401.2 | 340 | 2.3 | 2.0 | 70 |
| 500 | 497.0 | 501.5 | 432 | 2.8 | 2.8 | 80 |

说明：

1. 本图尺寸单位为mm。
2. 施工方法为开槽埋管。
3. 最大覆土为5.5m，最小覆土车行道下为0.7m，人行道下为0.6m。
4. 管道压力等级0.1MPa。

| 硬聚氯乙烯（PVC-U）双壁波纹管 | 图集号 | 2024沪S204 |
|---|---|---|
| | 页 | 46 |

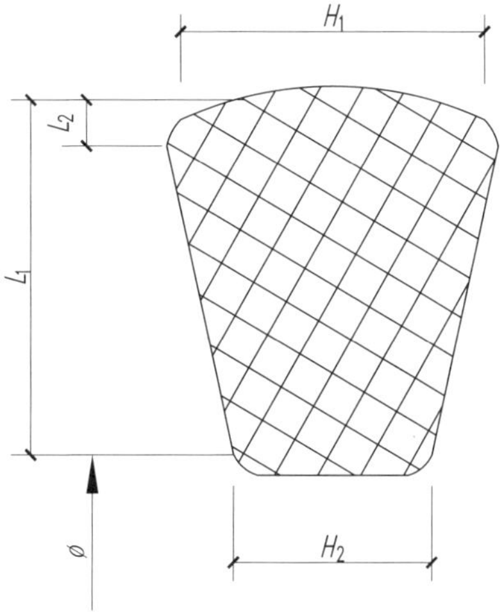


橡胶圈截面图

说明：

1. 本图尺寸单位为mm。
2. 弹性密封橡胶圈的外观应光滑平整，不得有气孔、裂缝、卷褶、破损、重皮等缺陷。
3. 弹性密封橡胶圈采用具有耐酸、碱、污水腐蚀性能的三元乙丙橡胶或氯丁橡胶，其性能应符合现行国家标准《橡胶密封件给、排水管及污水管道用接口密封圈材料规范》GB/T 21873的相关要求。

橡胶圈尺寸表(mm)

| 公称外径 | $\phi$ | $L_1$ | $L_2$ | $H_1$ | $H_2$ |
|---|---|---|---|---|---|
| 200 | 180 | 7.2 | 1.6 | 7.6 | 5.4 |
| 250 | 225 | 9.3 | 1.8 | 9.0 | 5.6 |
| 315 | 282 | 13.0 | 2.0 | 13.0 | 8.6 |
| 400 | 355 | 17.6 | 2.2 | 15.6 | 10.0 |
| 500 | 439 | 23.5 | 3.0 | 21.7 | 14.7 |

| 硬聚氯乙烯（PVC–U）双壁波纹管橡胶圈 | 图集号 | 2024沪S204 |
|---|---|---|
| | 页 | 47 |

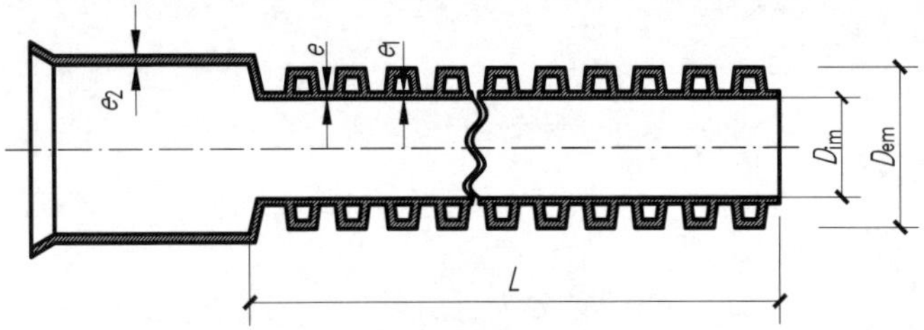


a）带扩口管材结构示意图

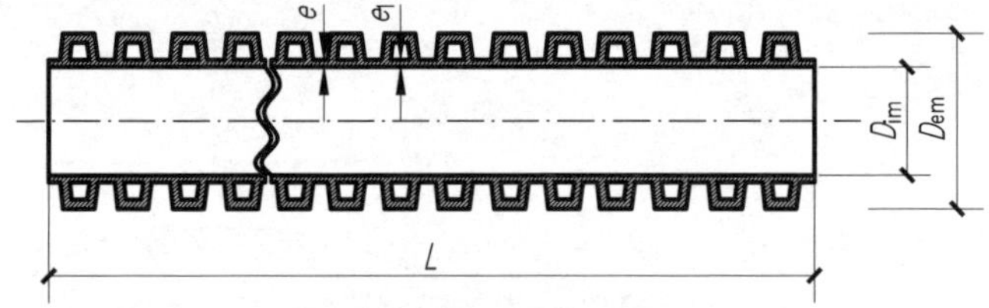


b）不带扩口管材结构示意图

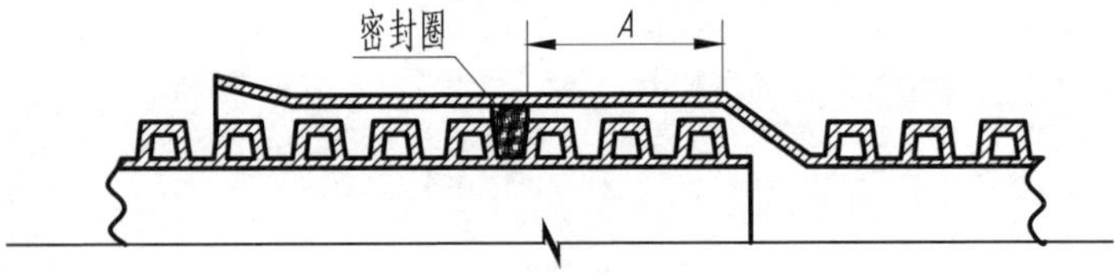


c）承接式连接示意图

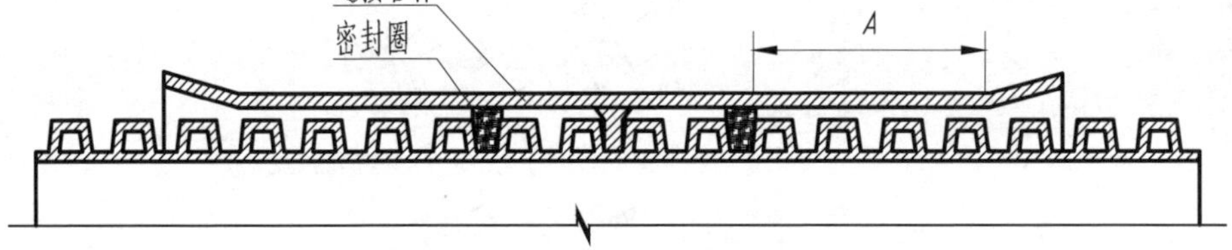


d）管件连接示意图

内径系列管材尺寸表(mm)

| 公称内径 DN/ID | 最小平均内径 $D_{im,min}$ | 最小层压壁厚 $e_{min}$ | 最小内层壁厚 $e_{1,min}$ | 接合长度 $A_{min}$ |
|---|---|---|---|---|
| 300 | 294 | 2.0 | 1.7 | 64 |
| 400 | 392 | 2.5 | 2.3 | 74 |
| 500 | 490 | 3.0 | 3.0 | 85 |
| 600 | 588 | 3.5 | 3.5 | 96 |
| 800 | 785 | 4.5 | 4.5 | 118 |
| 1000 | 985 | 5.0 | 5.0 | 140 |
| 1200 | 1185 | 5.0 | 5.0 | 162 |
| 注：管材承口的最小平均内径应不小于管材的最大平均外径，*L*为管材有效长度 | | | | |

外径系列管材尺寸表(mm)

| 公称外径 DN/OD | 最小平均外径 $D_{em,min}$ | 最大平均外径 $D_{em,max}$ | 最小平均内径 $D_{im,min}$ | 最小层压壁厚 $e_{min}$ | 最小内层壁厚 $e_{1,min}$ | 接合长度 $A_{min}$ |
|---|---|---|---|---|---|---|
| 315 | 313.2 | 316.0 | 263 | 1.9 | 1.6 | 62 |
| 400 | 397.6 | 401.2 | 335 | 2.3 | 2.0 | 70 |
| 500 | 497.0 | 501.5 | 418 | 2.8 | 2.8 | 80 |
| 630 | 626.3 | 631.9 | 527 | 3.3 | 3.3 | 93 |
| 800 | 795.2 | 802.4 | 669 | 4.1 | 4.1 | 110 |
| 1000 | 994.0 | 1003.0 | 837 | 5.0 | 5.0 | 130 |
| 1200 | 1192.8 | 1203.6 | 1005 | 5.0 | 5.0 | 150 |
| 注：管材承口的最小平均内径应不小于管材的最大平均外径，*L*为管材有效长度 | | | | | | |

说明：

1. 本图尺寸单位为mm。
2. 施工方法为开槽埋管。
3. 最大覆土为5.5m，最小覆土车行道下为0.7m、人行道下为0.6m。
4. 管道压力等级0.1MPa。

| 聚乙烯（PE）双壁波纹管 | 图集号 | 2024沪S204 |
|---|---|---|
| | 页 | 48 |

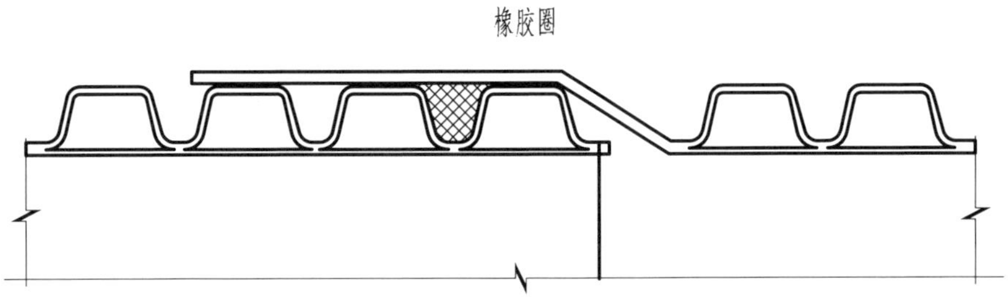


管材承插口示意图

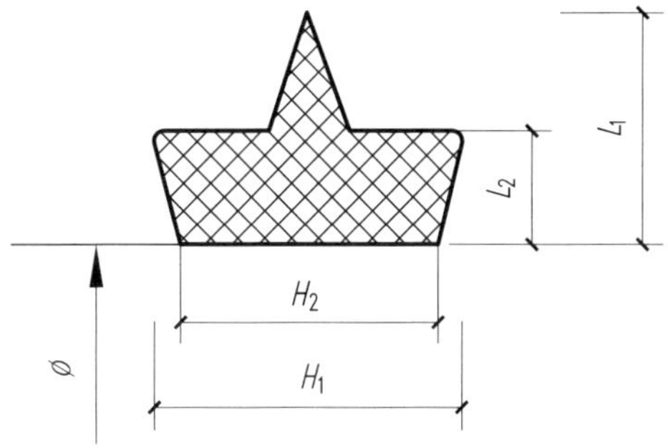


DN200～DN300橡胶圈截面图

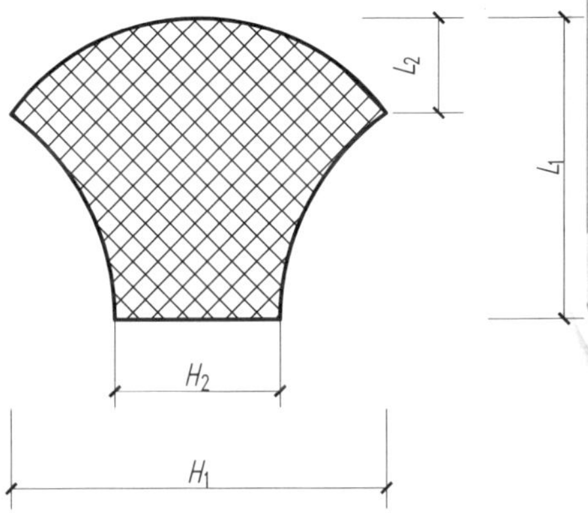


DN400～DN800橡胶圈截面图

Ⅰ型橡胶圈截面尺寸表（一）（mm）

| 公称直径 | ø | $L_1$ | $L_2$ | $H_1$ | $H_2$ |
|---|---|---|---|---|---|
| 300 | 285 | 16.0 | 11.0 | 14.0 | 10.0 |

Ⅰ型橡胶圈截面尺寸表（二）（mm）

| 公称直径 | ø | $L_1$ | $L_2$ | $H_1$ | $H_2$ |
|---|---|---|---|---|---|
| 400 | 354.0 | 22.5 | 9.5 | 30.5 | 14.1 |
| 500 | 452.0 | 26.5 | 9.0 | 35.5 | 14.0 |
| 600 | 566.0 | 31.5 | 10.0 | 45.0 | 23.0 |
| 800 | 725.0 | 31.5 | 16.5 | 58.5 | 24.0 |

说明：

1. 本图尺寸单位为mm。
2. 弹性密封橡胶圈的外观应光滑平整，不得有气孔、裂缝、卷褶、破损、重皮等缺陷。
3. 弹性密封橡胶圈采用具有耐酸、碱、污水腐蚀性能的三元乙丙橡胶或氯丁橡胶，其性能应符合现行国家标准《橡胶密封件给、排水管及污水管道用接口密封圈材料规范》GB/T 21873的相关要求。

| 聚乙烯（PE）双壁波纹管<br>接口及橡胶圈（Ⅰ型） | 图集号 | 2024沪S204 |
|---|---|---|
| | 页 | 49 |

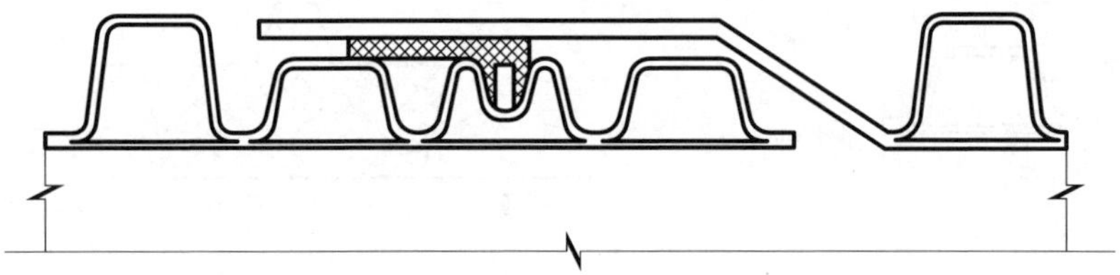

承插口示意图

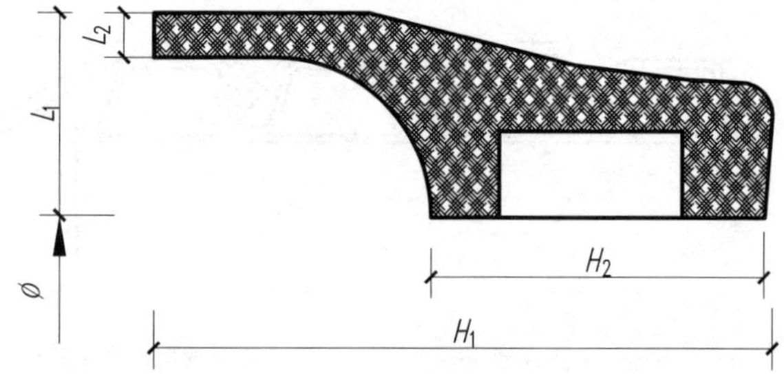


橡胶圈截面图

Ⅱ型橡胶圈截面尺寸表（mm）

| 公称直径 | $\phi$ | $L_1$ | $L_2$ | $H_1$ | $H_2$ |
|---|---|---|---|---|---|
| 400 | 415.0 | 32.0 | 10.0 | 51.0 | 23.0 |
| 500 | 520.0 | 37.0 | 10.0 | 59.5 | 26.5 |
| 600 | 635.0 | 42.0 | 12.0 | 77.0 | 34.0 |
| 800 | 885.0 | 38.0 | 11.0 | 99.0 | 51.0 |
| 1000 | 1105.0 | 44.0 | 12.0 | 118.0 | 60.5 |
| 1200 | 1220.0 | 87.0 | 12.0 | 142.0 | 55.0 |

说明：

1. 本图尺寸单位为mm。
2. 弹性密封橡胶圈的外观应光滑平整，不得有气孔、裂缝、卷褶、破损、重皮等缺陷。
3. 弹性密封橡胶圈采用具有耐酸、碱、污水腐蚀性能的三元乙丙橡胶或氯丁橡胶，其性能应符合现行国家标准《橡胶密封件给、排水管及污水管道用接口密封圈材料规范》GB/T 21873的相关要求。

| 聚乙烯（PE）双壁波纹管接口及橡胶圈（Ⅱ型） | 图集号 | 2024沪S204 |
|---|---|---|
| | 页 | 50 |

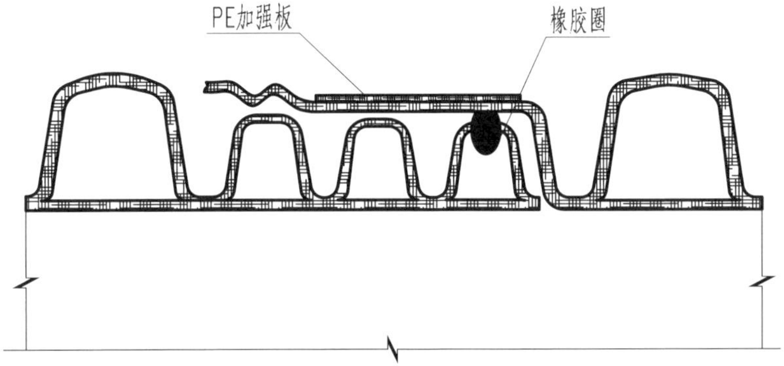


承插口示意图

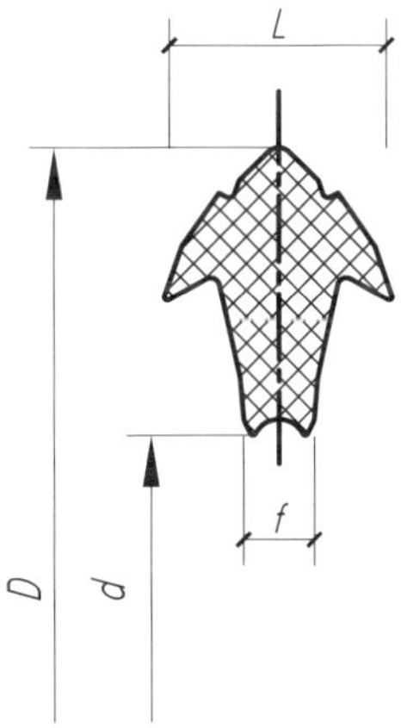


橡胶圈截面图

说明：

1. 本图尺寸单位为mm。
2. 弹性密封橡胶圈的外观应光滑平整，不得有气孔、裂缝、卷褶、破损、重皮等缺陷。
3. 弹性密封橡胶圈采用具有耐酸、碱、污水腐蚀性能的三元乙丙橡胶或氯丁橡胶，其性能应符合现行国家标准《橡胶密封件给、排水管及污水管道用接口密封圈材料规范》GB/T 21873的相关要求。

Ⅲ型橡胶圈截面尺寸表（mm）

| 公称内径DN/ID | $d$ | $D$ | $f$ | $L$ |
|---|---|---|---|---|
| 500 | 460 | 504 | 6 | 18 |
| 600 | 548 | 602 | 7 | 22 |
| 800 | 742 | 808 | 9 | 27 |
| 1000 | 948 | 1016 | 9 | 27 |

| 聚乙烯（PE）双壁波纹管<br>接口及橡胶圈（Ⅲ型） | 图集号 | 2024沪S204 |
|---|---|---|
| | 页 | 51 |

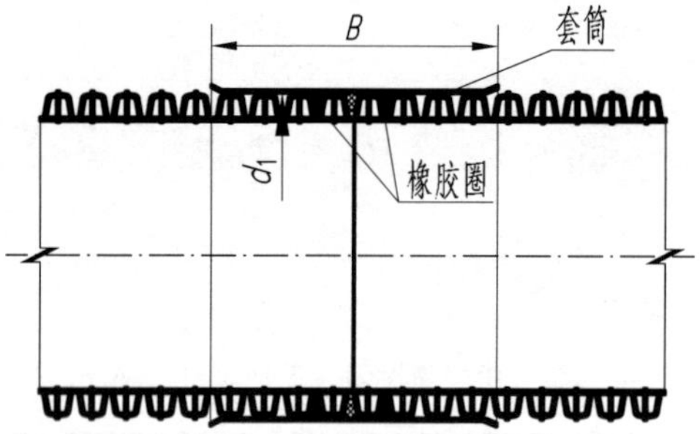


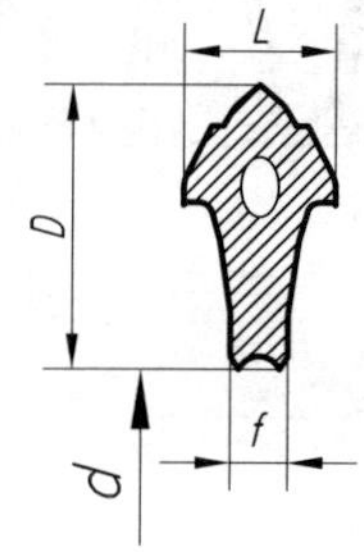


橡胶圈截面

套筒尺寸表（mm）

| 公称内径DN/ID | 500 | 600 | 800 | 1000 |
|---|---|---|---|---|
| $d_1$ | 590 | 710 | 945 | 1180 |
| $B$ | 365 | 460 | 580 | 747 |

Ⅳ型橡胶圈截面尺寸（mm）

| 公称内径DN/ID | $d$ | $D$ | $f$ | $L$ |
|---|---|---|---|---|
| 500 | 450 | 550 | 14 | 36 |
| 600 | 535 | 638 | 16 | 40 |
| 800 | 718 | 868 | 19 | 60 |
| 1000 | 898 | 1084 | 25 | 65 |

说明：

1. 本图尺寸单位为mm。
2. 弹性密封橡胶圈的外观应光滑平整，不得有气孔、裂缝、卷褶、破损、重皮等缺陷。
3. 弹性密封橡胶圈采用具有耐酸、碱、污水腐蚀性能的三元乙丙橡胶或氯丁橡胶，其性能应符合现行国家标准《橡胶密封件给、排水管及污水管道用接口密封圈材料规范》GB/T 21873的相关要求。

| 聚乙烯（PE）双壁波纹管接口及橡胶圈（Ⅳ型） | 图集号 | 2024沪S204 |
|---|---|---|
| | 页 | 52 |

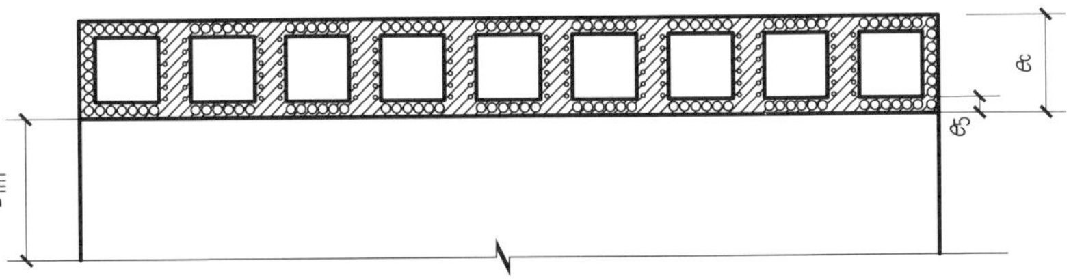


A型结构壁管的典型示例1

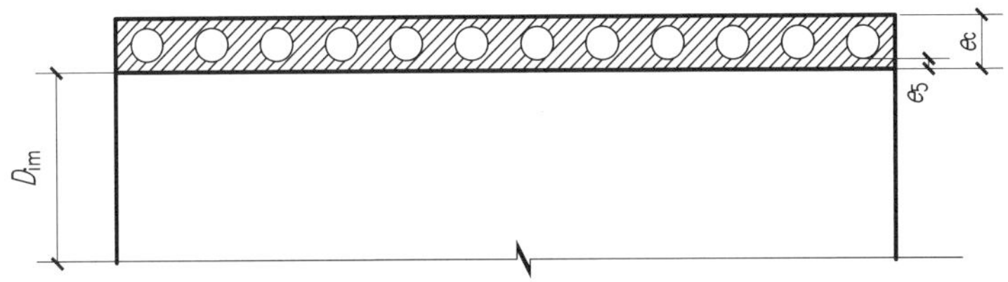


A型结构壁管的典型示例2

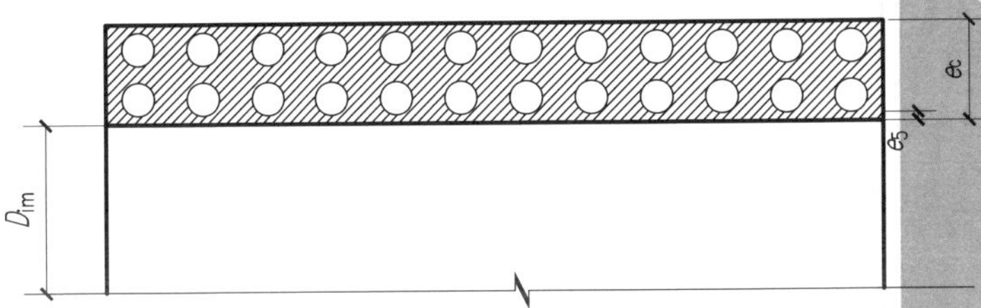


A型结构壁管的典型示例3

说明：

1. A 型结构壁管：
   （1）具有平整的内外表面，在内外壁之间由内部的螺旋形肋连接的管材（典型示例 1）；
   （2）内表面光滑，外表面平整，管壁中埋螺旋形中空腔的管材（典型示例 2），该中空腔可为多层（典型示例 3）；
   （3）$e_{5,\ min}$ 为空腔部分下最小内层壁厚，$e_c$ 为结构高度，$D_{im}$ 为管道内径。
2. 上海地区较少采用 B 型、C 型结构壁管，本图集未予收录。

聚乙烯（PE）缠绕结构壁管管材尺寸表（mm）

| 公称内径 DN/ID | 最小平均内径 $D_{im,min}$ | 最小壁厚 A型 $e_{5,min}$ | 公称内径 DN/ID | 最小平均内径 $D_{im,min}$ | 最小壁厚 A型 $e_{5,min}$ | 公称内径 DN/ID | 最小平均内径 $D_{im,min}$ | 最小壁厚 A型 $e_{5,min}$ |
|---|---|---|---|---|---|---|---|---|
| 300 | 294 | 1.7 | 1000 | 985 | 5.0 | 1800 | 1785 | 6.0 |
| 400 | 392 | 2.3 | 1200 | 1185 | 5.0 | 2000 | 1985 | 6.0 |
| 500 | 490 | 3.0 | 1400 | 1385 | 6.0 | 2200 | 2185 | 7.0 |
| 600 | 588 | 3.5 | 1500 | 1485 | 6.0 | 2400 | 2385 | 9.0 |
| 800 | 785 | 4.5 | 1600 | 1685 | 6.0 | | | |

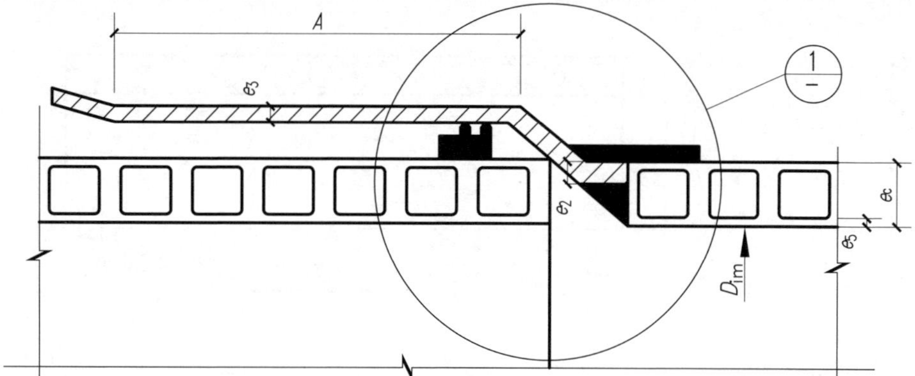


管道承口示意图

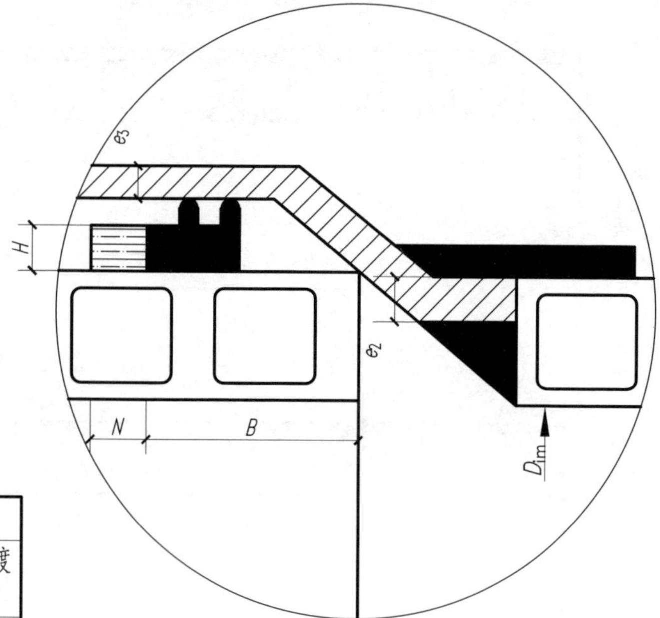


节点1详图

管道承口尺寸表（mm）

| 公称内径 DN/ID | 最小平均内径 $D_{im}$ | 最小内层壁厚 $e_{5,min}$ | 最小结构壁厚 $e_{c,min}$ | 最小熔接段壁厚 $e_{2,min}$ | 最小承口壁厚 $e_{3,min}$ | 最小承口深度 $A_{min}$ | 最小定位端距 $B_{min}$ | 止动点 | |
|---|---|---|---|---|---|---|---|---|---|
| | | | | | | | | 最小高度 $H_{min}$ | 最小宽度 $N_{min}$ |
| 300 | 294 | 1.7 | 6.0 | 17 | 11.4 | 180 | 70 | 8 | 12 |
| 400 | 392 | 2.3 | 8.0 | 17 | 11.4 | 180 | 70 | 8 | 12 |
| 500 | 490 | 3.0 | 9.0 | 17 | 11.4 | 180 | 100 | 8 | 12 |
| 600 | 588 | 3.5 | 10.0 | 17 | 11.4 | 180 | 100 | 16 | 20 |
| 800 | 785 | 4.5 | 11.0 | 17 | 11.4 | 180 | 100 | 16 | 20 |
| 1000 | 985 | 5.0 | 12.0 | 17 | 11.4 | 180 | 100 | 16 | 20 |
| 1200 | 1185 | 5.0 | 12.0 | 17 | 11.4 | 300 | 150 | 20 | 30 |
| 1400 | 1385 | 6.0 | 14.0 | 29 | 22 | 350 | 150 | 20 | 30 |
| 1600 | 1585 | 6.0 | 14.0 | 29 | 22 | 350 | 200 | 30 | 40 |
| 1800 | 1785 | 6.0 | 14.0 | 29 | 22 | 350 | 200 | 30 | 40 |
| 2000 | 1985 | 6.0 | 14.0 | 29 | 22 | 350 | 200 | 30 | 40 |

说明：

1. 本图尺寸单位为 mm。
2. F 型弹性密封橡胶圈的外观应光滑平整，不得有气孔、裂缝、卷褶、破损、重皮等缺陷。
3. F 型弹性密封橡胶圈采用具有耐酸、碱、污水腐蚀性能的三元乙丙橡胶或氯丁橡胶，其性能应符合现行国家标准《高分子防水材料第3部分：遇水膨胀橡胶》GB/T 18173.3 的技术要求。
4. $e_{5,min}$ 为空腔部分下最小内层壁厚；$e_c$ 为结构高度；$D_{im}$ 为管道内径。

| 聚乙烯（PE）缠绕结构壁管承口 | 图集号 | 2024沪S204 |
|---|---|---|
| | 页 | 54 |

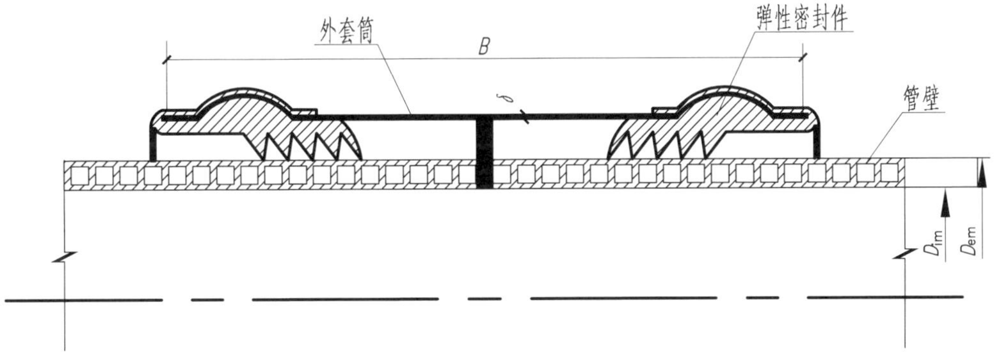


外套筒承插接口示意图

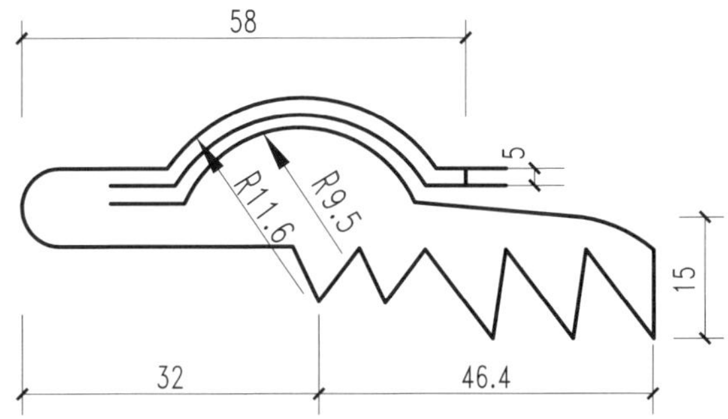


弹性密封件尺寸图

外套筒尺寸表（mm）

| 公称内径 DN/ID | 300 | 400 | 500 | 600 | 800 | 1000 | 1200 |
|---|---|---|---|---|---|---|---|
| 宽度 $B$ | 250 | 250 | 250 | 300 | 300 | 300 | 300 |
| 厚度 $\delta$ | 1.5 | 1.5 | 1.5 | 1.5 | 1.5 | 1.5 | 1.5 |

说明：

1. 本图尺寸单位为mm。
2. 弹性密封橡胶圈的外观应光滑平整，不得有气孔、裂缝、卷褶、破损、重皮等缺陷。
3. 弹性密封橡胶圈采用具有耐酸、碱、污水腐蚀性能的三元乙丙橡胶或氯丁橡胶，其性能应符合现行国家标准《橡胶密封件给、排水管及污水管道用接口密封圈材料规范》GB/T 21873的相关要求。
4. 外套筒承插弹性橡胶圈密封接口一般适用于管径小于或等于DN1200的管道连接。

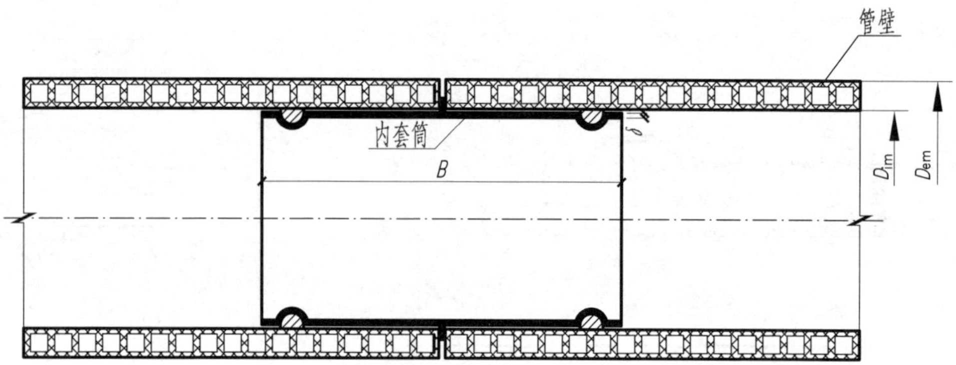


内套筒承插接口示意图

内套筒尺寸表（mm）

| 公称内径 DN/ID | 1400 | 1500 | 1600 | 1800 | 2000 | 2200 | 2400 |
|---|---|---|---|---|---|---|---|
| 宽度 $B$ | ≥400 | ≥400 | ≥400 | ≥500 | ≥500 | ≥500 | ≥500 |
| 厚度 $\delta$ | 1.5 | 1.5 | 1.5 | 1.5 | 1.5 | 1.5 | 1.5 |

说明：

1. 本图尺寸单位为 mm。
2. 弹性密封橡胶圈的外观应光滑平整，不得有气孔、裂缝、卷褶、破损、重皮等缺陷。
3. 弹性密封橡胶圈采用具有耐酸、碱、污水腐蚀性能的三元乙丙橡胶或氯丁橡胶，其性能应符合现行国家标准《橡胶密封件给、排水管及污水管道用接口密封圈材料规范》GB/T 21873 的相关要求。
4. 内套筒承插弹性橡胶圈密封接口一般适用于管径大于或等于 DN1400 的管道连接，采用不锈钢材质。

| 聚乙烯（PE）缠绕结构壁管<br>内套筒承插接口 | 图集号 | 2024沪S204 |
|---|---|---|
| | 页 | 56 |

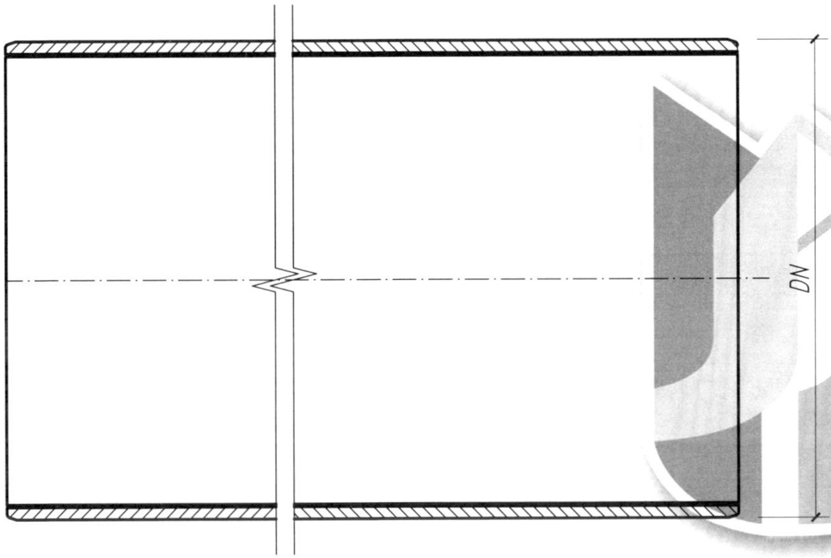


直壁管示例

聚乙烯（PE）直壁管技术参数

| 公称外径 | 公称壁厚 $e_n$ | | 最小平均外径 | 最小平均外径 |
| --- | --- | --- | --- | --- |
| $DN$ | SN8 | SN16 | $d_{em,min}$ | $d_{em,max}$ |
| 315 | 15.0 | 18.7 | 315 | 316.9 |
| 355 | 16.9 | 21.1 | 355 | 357.2 |
| 400 | 19.1 | 23.7 | 400 | 402.4 |
| 450 | 21.5 | 26.7 | 450 | 452.7 |
| 500 | 23.9 | 29.7 | 500 | 503.0 |
| 630 | 30.0 | 37.4 | 630 | 633.8 |
| 800 | 38.1 | 47.4 | 800 | 807.2 |
| 900 | 42.9 | 53.3 | 900 | 908.1 |
| 1000 | 47.7 | 59.3 | 1000 | 1009.0 |
| 1200 | 57.2 | 67.9 | 1200 | 1210.8 |

说明：

1. 本图尺寸单位为mm。
2. 管道连接采用热熔连接。
3. 本管材与其他化学管材不同，适用于管线定向钻进技术管道施工，其材质为PE100。

| 聚乙烯（PE）直壁管 | 图集号 | 2024沪S204 |
| --- | --- | --- |
| | 页 | 57 |

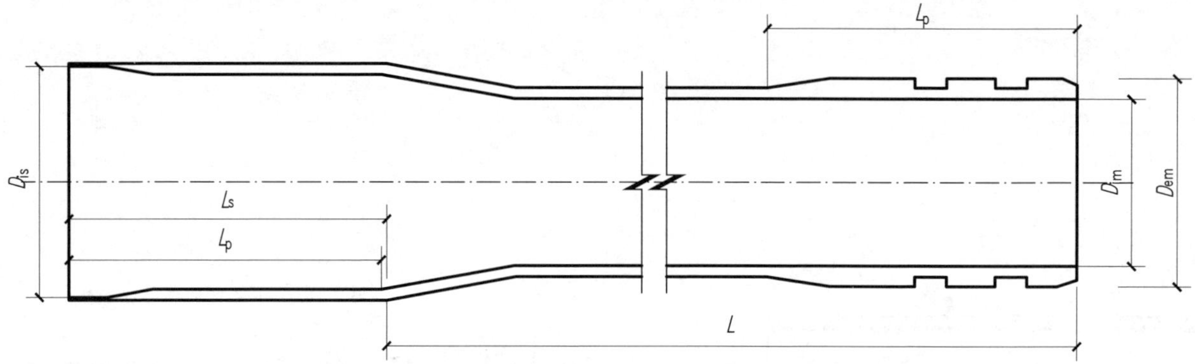


玻璃纤维增强塑料夹砂管（PRM）示意图
（定长缠绕生产工艺）

定长缠绕玻璃纤维增强塑料夹砂管管材规格尺寸表（mm）

| 公称直径 | DN300 | DN400 | DN500 | DN600 | DN800 | DN1000 | DN1200 | DN1400 | DN1500 | DN1600 | DN1800 | DN2000 | DN2200 | DN2400 | DN2600 |
|---|---|---|---|---|---|---|---|---|---|---|---|---|---|---|---|
| 管道内径 $D_{im}$ | 300 | 400 | 500 | 600 | 800 | 1000 | 1200 | 1400 | 1500 | 1600 | 1800 | 2000 | 2200 | 2400 | 2600 |
| 承口内径 $D_{is}$ | 330 | 442 | 552 | 652 | 853 | 1068 | 1266 | 1469 | 1576 | 1693 | 1893 | 2113 | 2309 | 2512 | 2730 |
| 插口外径 $D_{em}$ | 327 | 439 | 548 | 648 | 849 | 1064 | 1261 | 1464 | 1570 | 1687 | 1887 | 2106 | 2302 | 2505 | 2723 |
| 承口深度 $L_s$ | 200 | 230 | 250 | 250 | 250 | 250 | 250 | 260 | 260 | 260 | 320 | 320 | 320 | 320 | 370 |
| 插口插入深度 $L_p$ | 195 | 225 | 240 | 240 | 240 | 240 | 240 | 250 | 250 | 250 | 305 | 305 | 305 | 305 | 360 |
| 管道有效长度 $L$ | 3000、6000或12000 | | | | | | | | | | | | | | |

说明：

1. 本图尺寸单位为 mm。
2. 管道内外表面应无对使用性能有影响的龟裂、分层、针孔、杂质、贫胶区及气泡；接触补强部分无未浸润、曝聚、气泡、分层等缺陷。
3. DN300~DN2000 为常用管道，当管径大于或等于 DN2200 时，应根据实际情况采用定制。

| 玻璃纤维增强塑料夹砂（PRM）管（定长缠绕工艺） | 图集号 | 2024沪S204 |
|---|---|---|
| | 页 | 58 |

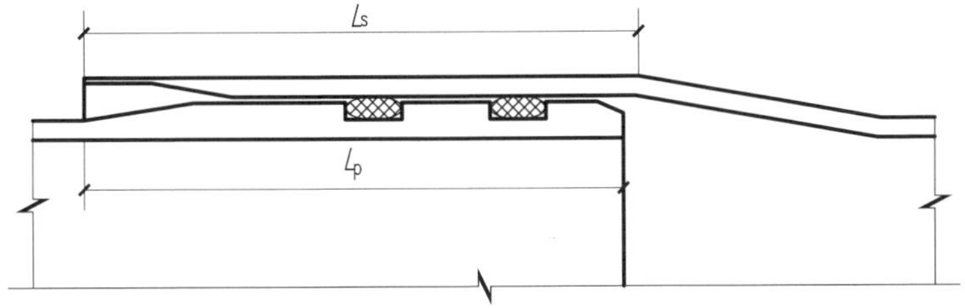


管道接口图

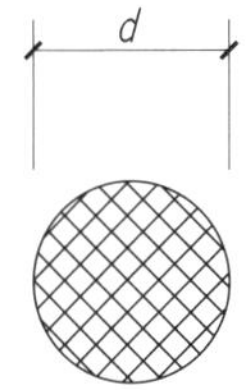


O形橡胶圈断面图

橡胶圈尺寸表（mm）

| 公称内径 | DN300 | DN400 | DN500 | DN600 | DN800 | DN1000 | DN1200 | DN1400 | DN1500 | DN1600 | DN1800 | DN2000 | DN2200 | DN2400 | DN2600 |
|---|---|---|---|---|---|---|---|---|---|---|---|---|---|---|---|
| O形橡胶圈直径 $d$ | 12 | 17 | 20 | 20 | 20 | 20 | 25 | 25 | 25 | 34 | 34 | 34 | 34 | 34 | 34 |
| O形橡胶圈成形内径 $D$ | 283 | 382 | 485 | 567 | 740 | 927 | 1108 | 1292 | 1449 | 1548 | 1716 | 1921 | 2114 | 2268 | 2415 |

说明：

1. 本图尺寸单位为mm。
2. 弹性密封橡胶圈的外观应光滑平整，不得有气孔、裂缝、卷褶、破损、重皮等缺陷。
3. 弹性密封橡胶圈采用具有耐酸、碱、污水腐蚀性能的三元乙丙橡胶或氯丁橡胶，其性能应符合现行国家标准《橡胶密封件给、排水管及污水管道用接口密封圈材料规范》GB/T 21873的相关要求。

| 玻璃纤维增强塑料夹砂（PRM）管接口（定长缠绕工艺） | 图集号 | 2024沪S204 |
|---|---|---|
| | 页 | 59 |

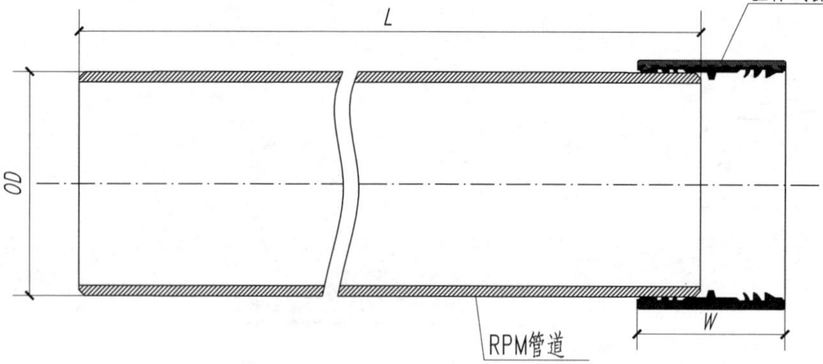


玻璃纤维增强塑料夹砂管（PRM）示意图
（连续缠绕生产工艺）

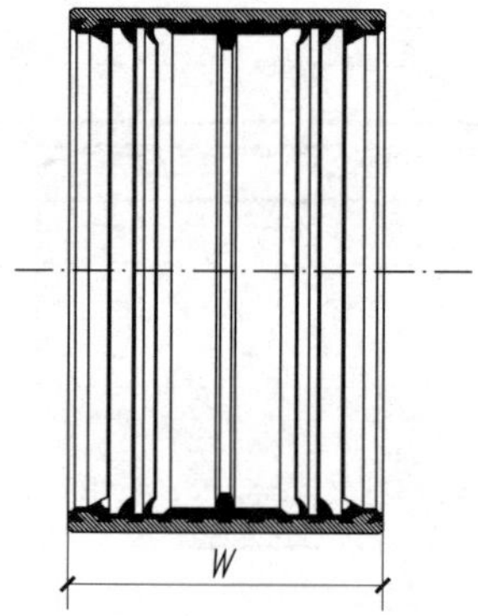


整体式套筒接头

唇形橡胶圈

玻璃纤维增强塑料夹砂管（连续缠绕工艺）参数表（mm）

| 公称直径*DN* | 300 | 400 | 500 | 600 | 700 | 800 | 900 | 1000 | 1200 | 1400 | 1500 | 1600 | 1800 | 2000 | 2200 | 2400 | 2600 | 2800 | 3000 |
|---|---|---|---|---|---|---|---|---|---|---|---|---|---|---|---|---|---|---|---|
| 管道外径*OD* | 310 | 412 | 514 | 616 | 718 | 820 | 924 | 1026 | 1229 | 1434 | 1536 | 1638 | 1842 | 2046 | 2250 | 2453 | 2658 | 2861 | 3066 |
| 套筒接头宽度*W* | 200 | 200 | 200 | 250 | 250 | 250 | 300 | 300 | 300 | 300 | 300 | 300 | 350 | 350 | 350 | 350 | 350 | 350 | 350 |

说明：

1. 本图尺寸单位为mm。
2. 执行标准：现行国家标准《玻璃纤维增强塑料夹砂管》GB/T 21238。
3. 连接方式：整体式套筒接头连接。
4. 单节管道的标准长度为6m、12m；如有特殊要求，可由供需双方商定。

| 玻璃纤维增强塑料夹砂（PRM）管及接口（连续缠绕工艺） | 图集号 | 2024沪S204 |
|---|---|---|
| | 页 | 60 |

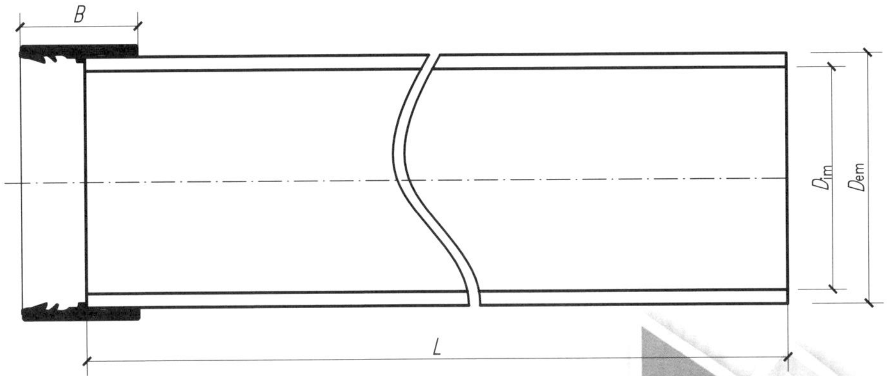


玻璃纤维增强塑料夹砂管（PRM）示意图

（离心浇铸生产工艺）

FWC管接头

唇形橡胶圈

离心浇铸玻璃纤维增强塑料夹砂管管材规格尺寸表（mm）

| 公称直径 | DN300 | DN400 | DN500 | DN600 | DN700 | DN800 | DN900 | DN1000 | DN1100 | DN1200 | DN1400 | DN1500 | DN1600 | DN1800 | DN2000 | DN2200 | DN2400 |
|---|---|---|---|---|---|---|---|---|---|---|---|---|---|---|---|---|---|
| 管道外径 $D_{em}$ | 323.8 | 426.6 | 514 | 616 | 718 | 820 | 924 | 1026 | 1127 | 1229 | 1434 | 1536 | 1638 | 1842 | 2046 | 2250 | 2453 |
| 管道内径 $D_{im}$ | 根据管材设计确定 | | | | | | | | | | | | | | | | |
| 套筒宽度 $B$ | 200 | 200 | 200 | 200 | 200 | 250 | 250 | 250 | 250 | 250 | 250 | 290 | 290 | 290 | 290 | 290 | 290 |
| 管道长度 $L$ | 1000、2000、3000、6000 | | | | | | | | | | | | | | | | |
| 接口方式 | FWC套筒接口，唇形整体橡胶圈 | | | | | | | | | | | | | | | | |

说明：

1. 本图尺寸单位为mm。
2. 管道内外表面应无对使用性能有影响的龟裂、分层、针孔、杂质、贫胶区及气泡；接触补强部分无未浸润、曝聚、气泡、分层等缺陷。
3. 离心浇铸玻璃纤维增强塑料夹砂管管径DN300~DN2400，其中DN300~DN2000为常用管道。
4. 弹性密封橡胶圈采用具有耐酸、碱、污水腐蚀性能的三元乙丙橡胶或氯丁橡胶，其性能应符合现行国家标准《橡胶密封件给、排水管及污水管道用接口密封圈材料规范》GB/T 21873的相关要求。
5. FWC套筒式接头适用于有内压或无内压开挖埋管。

| 玻璃纤维增强塑料夹砂（PRM）管及接口（离心浇铸工艺） | 图集号 | 2024沪S204 |
|---|---|---|
| | 页 | 61 |

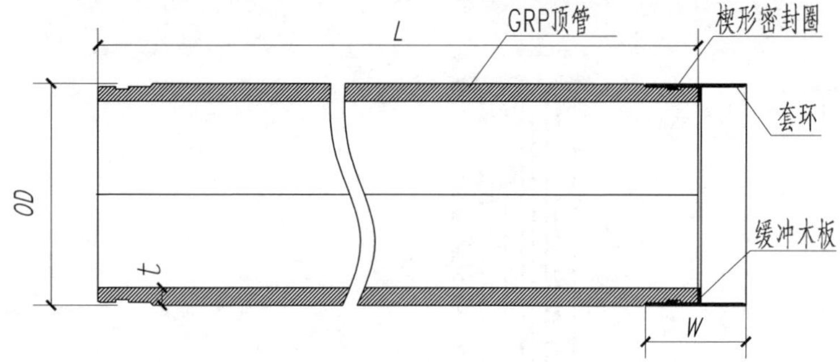


玻璃纤维增强塑料顶管（无压管）示意图

（连续缠绕生产工艺）

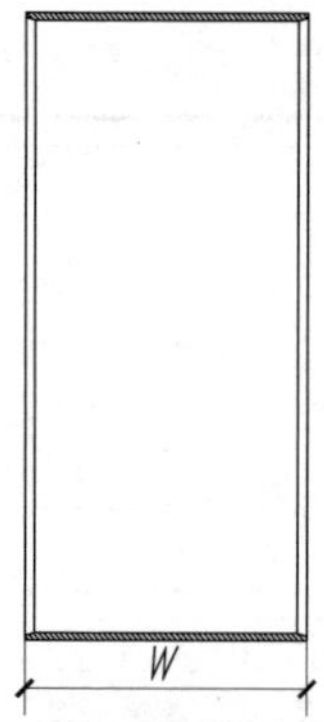


玻璃钢套环接头

楔形橡胶圈

说明：

1. 本图尺寸单位为mm。
2. 执行标准：现行国家标准《玻璃纤维增强塑料顶管》GB/T 21492。
3. 生产工艺：连续缠绕工艺。
4. 连接方式：玻璃钢套环连接。
5. 压力等级PN（MPa）：0.1（无压管）。
6. 单节管道的标准长度为1m、2m、3m；如有特殊要求，可由供需双方商定。

玻璃纤维增强塑料顶管（连续缠绕工艺）参数表

| 公称直径*DN*(mm) | 300 | 400 | 500 | 600 | 700 | 800 | 900 | 1000 | 1200 | 1400 | 1500 | 1600 | 1800 | 2000 | 2200 | 2400 | 2600 | 2800 | 3000 |
|---|---|---|---|---|---|---|---|---|---|---|---|---|---|---|---|---|---|---|---|
| 管道外径*OD*(mm) | 372 | 474 | 576 | 678 | 780 | 882 | 984 | 1086 | 1290 | 1494 | 1596 | 1698 | 1902 | 2106 | 2310 | 2514 | 2718 | 2922 | 3126 |
| 套筒接头宽度*W*(mm) | 240 | 240 | 240 | 240 | 240 | 240 | 240 | 240 | 280 | 280 | 280 | 280 | 310 | 310 | 310 | 310 | 310 | 310 | 310 |
| 增强型管壁厚度*t*(mm) | 38 | 39 | 43 | 44 | 45 | 46 | 48 | 49 | 51 | 53 | 54 | 57 | 64 | 66 | 70 | 72 | 74 | 76 | 78 |
| 增强型许用顶力（kN） | 670 | 920 | 1300 | 1600 | 1920 | 2190 | 2600 | 2970 | 3550 | 4370 | 4680 | 5240 | 6380 | 7250 | 8690 | 9470 | 10690 | 11730 | 12810 |
| 标准型管壁厚度*t*(mm) | 33 | 34 | 38 | 39 | 40 | 41 | 42 | 43 | 45 | 47 | 48 | 49 | 56 | 58 | 60 | 62 | 64 | 66 | 68 |
| 标准型许用顶力（kN） | 550 | 760 | 1100 | 1360 | 1640 | 1870 | 2170 | 2490 | 2980 | 3700 | 3960 | 4210 | 5230 | 5970 | 6930 | 7550 | 8600 | 9490 | 10410 |

注：$OD=DN\times1.02+66$。

| 玻璃纤维增强塑料顶管（无内压）及接口（连续缠绕工艺） | 图集号 | 2024沪S204 |
|---|---|---|
| | 页 | 62 |

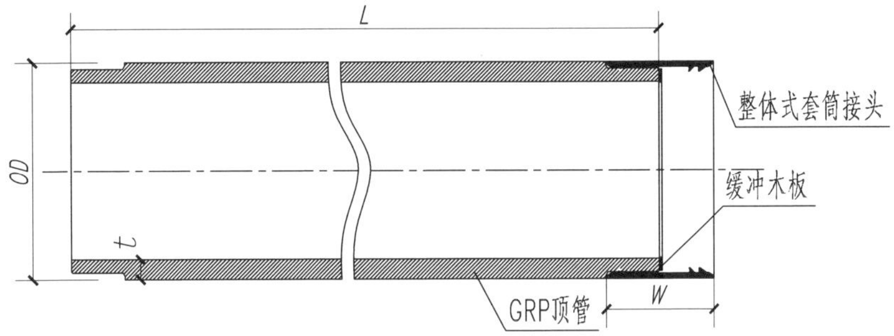


玻璃纤维增强塑料顶管（压力管）示意图

（连续缠绕生产工艺）

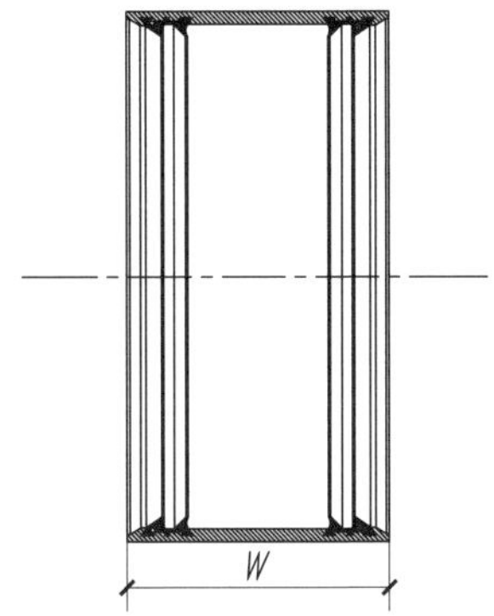


一体式套筒接头

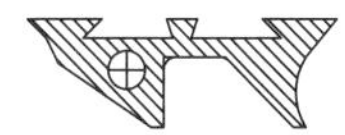

唇形橡胶圈

玻璃纤维增强塑料顶管（连续缠绕工艺）参数表

| 公称直径*DN*(mm) | 300 | 400 | 500 | 600 | 700 | 800 | 900 | 1000 | 1200 | 1400 | 1500 | 1600 | 1800 | 2000 | 2200 | 2400 | 2600 | 2800 | 3000 |
|---|---|---|---|---|---|---|---|---|---|---|---|---|---|---|---|---|---|---|---|
| 管道外径*OD*(mm) | 372 | 474 | 576 | 678 | 780 | 882 | 984 | 1086 | 1290 | 1494 | 1596 | 1698 | 1902 | 2106 | 2310 | 2514 | 2718 | 2922 | 3126 |
| 套筒接头宽度*W*(mm) | 200 | 200 | 200 | 250 | 250 | 250 | 300 | 300 | 300 | 300 | 300 | 300 | 300 | 300 | 300 | 300 | 300 | 300 | 300 |
| 标准型管壁厚度*t*(mm) | 38 | 39 | 43 | 44 | 45 | 46 | 48 | 49 | 51 | 53 | 54 | 57 | 64 | 66 | 70 | 72 | 74 | 76 | 78 |
| 许用顶力（kN） | 630 | 860 | 1230 | 1520 | 1770 | 2020 | 2330 | 2670 | 3170 | 3700 | 3960 | 4440 | 5710 | 6500 | 7500 | 8180 | 8860 | 9540 | 10460 |

注：*OD*=*DN*×1.02+66。

说明：

1. 本图尺寸单位为mm。
2. 执行标准：现行国家标准《玻璃纤维增强塑料顶管》GB/T 21492。
3. 生产工艺：连续缠绕工艺。
4. 连接方式：一体式套筒接头连接。
5. 压力等级PN（MPa）：0.4、0.6、1.0、1.6、2.0、2.5。
6. 单节管道的标准长度为1m、2m、3m；如有特殊要求，可由供需双方商定。

| 玻璃纤维增强塑料顶管（有内压）及接口（连续缠绕工艺） | 图集号 | 2024沪S204 |
|---|---|---|
| | 页 | 63 |

## 离心浇铸玻璃纤维增强塑料顶管管材系列表

| 管材 | 管径 | 最低刚度 (kN/m²) | 允许顶力 (kN) | 管径 | 最低刚度 (kN/m²) | 最小许用顶力 (kN) |
|---|---|---|---|---|---|---|
| 离心浇铸玻璃纤维增强塑料顶管 | DN300 | 250 | 480 | DN1200 | 20 | 2000 |
| | DN400 | 500 | 820 | | 40 | 2730 |
| | | 320 | 1020 | | 60 | 3370 |
| | DN500 | 320 | 1150 | | 80 | 3730 |
| | | 320 | 1490 | | 120 | 4630 |
| | DN600 | 250 | 1480 | DN1400 | 20 | 2830 |
| | | 160 | 1820 | | 30 | 3370 |
| | DN700 | 50 | 950 | | 40 | 3910 |
| | | 80 | 1160 | | 60 | 4980 |
| | | 120 | 1470 | | 80 | 5500 |
| | | 160 | 1730 | DN1500 | 15 | 2920 |
| | | 250 | 1930 | | 20 | 3270 |
| | DN800 | 50 | 1240 | | 30 | 3970 |
| | | 80 | 1550 | | 50 | 5120 |
| | | 120 | 1900 | | 80 | 6490 |
| | | 160 | 2140 | DN1600 | 15 | 2980 |
| | | 250 | 2480 | | 20 | 3480 |
| | DN900 | 40 | 1400 | | 30 | 4320 |
| | | 60 | 1820 | | 50 | 5450 |
| | | 80 | 1960 | | 80 | 6900 |
| | | 120 | 2500 | DN1800 | 15 | 4220 |
| | | 160 | 2830 | | 20 | 4780 |
| | DN1000 | 20 | 1420 | | 30 | 5620 |
| | | 30 | 1650 | | 50 | 7000 |
| | | 50 | 2110 | | 80 | 8370 |
| | | 100 | 2870 | DN2000 | 15 | 5160 |
| | | 160 | 3600 | | 20 | 5800 |
| | DN1100 | 20 | 1740 | | 30 | 7030 |
| | | 30 | 2000 | | 40 | 7950 |
| | | 50 | 2590 | | 50 | 8570 |
| | | 100 | 3580 | | | |
| | | 160 | 4310 | | | |

(续表)

| 管材 | 管径 | 最低刚度 (kN/m²) | 允许顶力 (kN) |
|---|---|---|---|
| 离心浇铸玻璃纤维增强塑料顶管 | DN2200 | 15 | 6566 |
| | | 20 | 7425 |
| | | 30 | 8959 |
| | DN2400 | 15 | 7920 |
| | | 20 | 8856 |

说明：

1. 本图尺寸单位为mm。
2. 顶管的最低环刚度等级不应小于表格所列数值要求，同时还应根据验算综合确定设计所需环刚度值。
3. 单节管道的标准长度为1m、2m、3m；如有特殊要求，可由供需双方商定。
4. 管顶覆土厚度：在不稳定土层中宜大于管道外径的1.5倍，且应大于1.5m；穿越江河水底时，覆盖层最小厚度不宜小于外径的1.5倍，且不宜小于2.5m；穿越江河水底时，应能满足航运要求并考虑河道水流冲刷的影响；在有地下水地区及穿越江河时，还应能满足管道抗浮要求。
5. 管道各项性能指标执行现行国家标准《玻璃纤维增强塑料顶管》GB/T 21492。管体与管端为一体材料，轴向抗压强度不应小于90MPa。

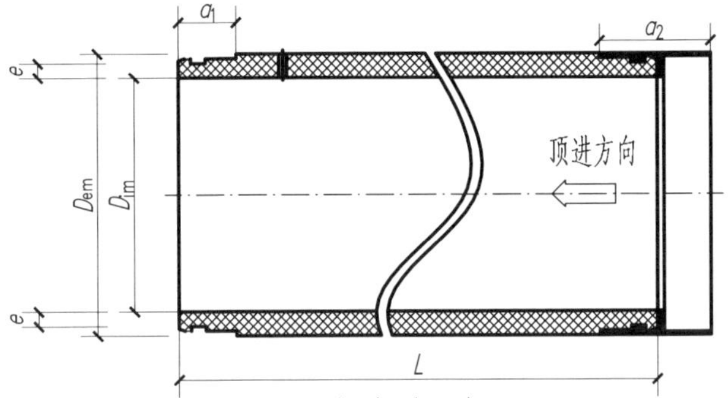


顶管（无内压）示意图

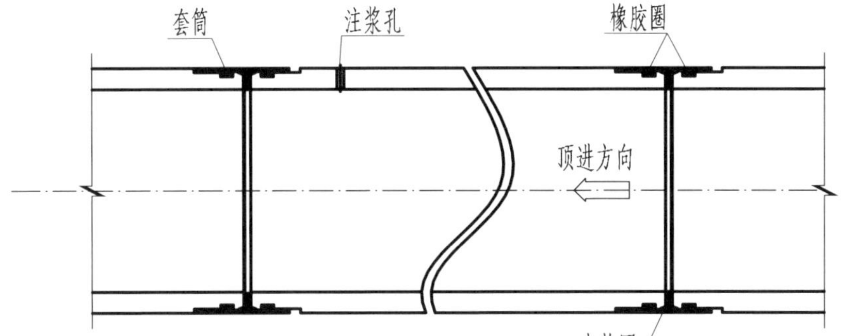


顶管（无内压）接口示意图

离心浇铸玻璃纤维增强塑料顶管管材规格尺寸表

| 公称直径（mm） | 外径 $D_{em}$（mm） | 内径 $D_{im}$（mm） | 插入深度 $a_1$（mm） | 套筒长度 $a_2$（mm） |
|---|---|---|---|---|
| DN300 | 376 | 根据工程设计顶力确定 | 103 | 200 |
| DN400 | 478 | | 103 | 200 |
| DN500 | 590 | | 103 | 200 |
| DN600 | 692 | | 103 | 200 |
| DN700 | 718 | | 100 | 200 |
| DN800 | 820 | | 100 | 200 |
| DN900 | 924 | | 100 | 200 |
| DN1000 | 1026 | | 100 | 200 |
| DM1100 | 1127 | | 100 | 200 |
| DN1200 | 1229 | | 125 | 250 |
| DN1400 | 1434 | | 125 | 250 |
| DN1500 | 1536 | | 125 | 250 |
| DN1600 | 1638 | | 145 | 290 |
| DN1800 | 1842 | | 145 | 290 |
| DN2000 | 2046 | | 145 | 290 |
| DN2200 | 2250 | | 145 | 290 |
| DN2400 | 2453 | | 145 | 290 |

楔形橡胶圈断面示意图

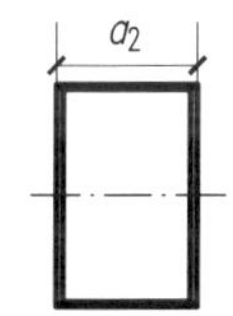


套筒（无内压）示意图

说明：

1. 本图适用于重力流或不承受内压顶管。
2. 单节管道的标准长度为1m、2m、3m；如有特殊要求，可由供需双方商定。
3. 套筒宜选用玻璃钢材质。
4. 顶管内外表面无对使用性能有影响的龟裂、分层、针孔等缺陷；玻璃钢套筒无未浸润、噻聚、分层、气泡、分层等缺陷。
5. 顶管顶进时，应在与顶铁及中继间接触面加设木垫圈，木垫圈厚度宜大于或等于10mm。
6. 顶管外表面平直度应小于3mm。
7. 设计时，应根据管壁压缩强度外对应的最小壁厚 $e$ 进行顶力的相关计算。
8. 如无特殊要求，注浆孔沿管身圆周方向120°均布。注浆孔尺寸及布置方案由供需双方确定。
9. 橡胶密封圈应符合现行国家标准《橡胶密封件给、排水管及污水管道用接口密封圈材料规范》GB/T 21873 的相关要求。

| 玻璃纤维增强塑料顶管（无内压）接口及橡胶圈（离心浇铸工艺） | 图集号 | 2024沪S204 |
|---|---|---|
| | 页 | 65 |

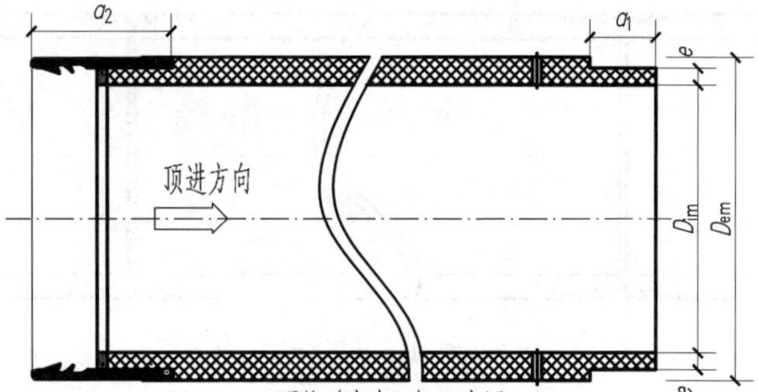


顶管（有内压）示意图

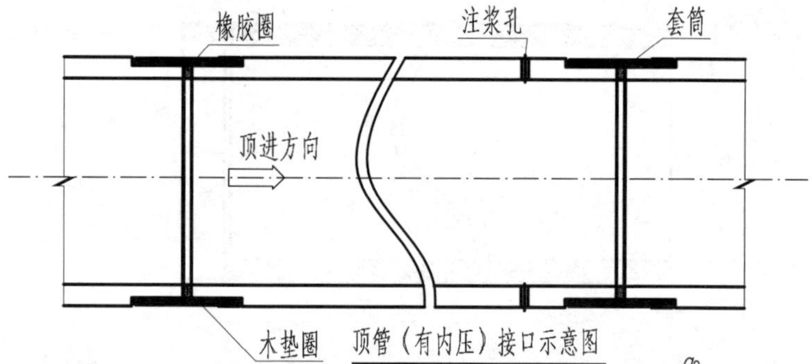


顶管（有内压）接口示意图

唇形橡胶圈断面示意图

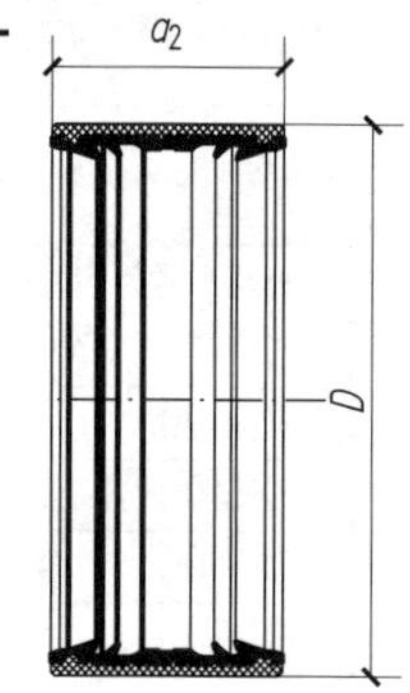


套筒（有内压）示意图

离心浇铸玻璃纤维增强塑料顶管管材规格尺寸表

| 公称直径（mm） | 外径 $D_{em}$（mm） | 内径 $D_{im}$（mm） | 插入深度 $a_1$（mm） | 套筒长度 $a_2$（mm） |
|---|---|---|---|---|
| DN700 | 718 | 根据工程设计顶力确定 | 100 | 200 |
| DN800 | 820 | | 125 | 250 |
| DN900 | 924 | | 125 | 250 |
| DN1000 | 1026 | | 125 | 250 |
| DN1100 | 1127 | | 125 | 250 |
| DN1200 | 1229 | | 125 | 250 |
| DN1400 | 1434 | | 125 | 250 |
| DN1500 | 1536 | | 145 | 250 |
| DN1600 | 1638 | | 145 | 290 |
| DN1800 | 1842 | | 145 | 290 |
| DN2000 | 2046 | | 145 | 290 |
| DN2200 | 2250 | | 145 | 290 |
| DN2400 | 2453 | | 145 | 290 |

说明：

1. 本图适用于压力等级 0.25MPa~1.6MPa 的承受内压顶管。
2. 单节管道的标准长度为 1m、2m、3m；如有特殊要求，可由供需双方商定。
3. 套筒宜选用玻璃钢或不锈钢材质。
4. 顶管内外表面无对使用性能有影响的龟裂、分层、针孔等缺陷；玻璃钢套筒无未浸润、曝聚、分层、气泡、分层等缺陷。
5. 顶管顶进时，应在与顶铁及中继间接触面加设木垫圈，木垫圈厚度宜大于或等于 10mm。
6. 顶管外表面平直度应小于 3mm。
7. 如无特殊要求，注浆孔沿管身圆周方向 120° 均布。注浆孔尺寸及布置方案由供需双方确定。
8. 橡胶密封圈应符合现行国家标准《橡胶密封件给、排水管及污水管道用接密封圈材料规范》GB/T 21873 的相关要求。

| 玻璃纤维增强塑料顶管（有内压）接口及橡胶圈（离心浇铸工艺） | 图集号 | 2024沪S204 |
|---|---|---|
| | 页 | 66 |

立式振动玻璃纤维增强塑料顶管管材系列表

| 管材 | 管径 | 最低刚度 (kN/m$^2$) | 最小许用顶力 (kN) | 管道接口 | |
|---|---|---|---|---|---|
| | | | | 接口方式 | 止水材料 |
| 立式振动玻璃纤维增强塑料顶管 | DN300 | 200 | 700 | 套筒式 | L形橡胶圈、弧形橡胶圈（无内压）<br>唇形橡胶圈（有内压） |
| | DN400 | 200 | 1000 | | |
| | DN500 | 200 | 1500 | | |
| | DN600 | 200 | 1800 | | |
| | DN800 | 100 | 2000 | | |
| | | 200 | 3000 | | |
| | DN1000 | 40 | 2500 | | |
| | | 70 | 3200 | | |
| | | 150 | 4500 | | |
| | DN1200 | 40 | 4500 | | |
| | | 60 | 5000 | | |
| | | 100 | 6000 | | |
| | | 150 | 7000 | | |
| | DN1400 | 40 | 5000 | | |
| | | 70 | 6500 | | |
| | | 100 | 8000 | | |
| | | 150 | 9000 | | |
| | DN1500 | 40 | 5700 | | |
| | | 60 | 7000 | | |
| | | 100 | 9000 | | |
| | | 150 | 11000 | | |
| | DN1600 | 40 | 6000 | | |
| | | 60 | 9000 | | |
| | | 100 | 10000 | | |
| | | 150 | 12000 | | |
| | DN1800 | 30 | 6800 | | |
| | | 60 | 9500 | | |
| | | 100 | 12000 | | |
| | | 150 | 15000 | | |
| | DN2000 | 20 | 9000 | | |
| | | 40 | 12000 | | |
| | | 60 | 15000 | | |
| | | 100 | 18000 | | |

（续表）

| 管材 | 管径 | 最低刚度 (kN/m$^2$) | 最小许用顶力 (kN) | 管道接口 | |
|---|---|---|---|---|---|
| | | | | 接口方式 | 止水材料 |
| 立式振动玻璃纤维增强塑料顶管 | DN2200 | 20 | 9000 | 套筒式 | L形橡胶圈、弧形橡胶圈（无内压）<br>唇形橡胶圈（有内压） |
| | | 40 | 14000 | | |
| | | 60 | 16000 | | |
| | | 100 | 20000 | | |
| | DN2400 | 15 | 9500 | | |
| | | 20 | 14000 | | |
| | | 40 | 16000 | | |
| | | 100 | 25000 | | |
| | DN2600 | 15 | 10500 | | |
| | | 20 | 15000 | | |
| | | 40 | 18000 | | |
| | | 100 | 30000 | | |
| | DN2800 | 15 | 13000 | | |
| | | 20 | 17000 | | |
| | | 40 | 20000 | | |
| | | 100 | 38000 | | |

说明：

1. 本图尺寸单位为mm。
2. 顶管的最低环刚度等级不应小于表格所列数值要求，同时还应根据验算综合确定设计所需环刚度值。
3. 单节管道的标准长度为1m、2m、3m；如有特殊要求，可由供需双方商定。
4. 管顶覆土厚度：在不稳定土层中宜大于管道外径的1.5倍，应大于1.5m；穿越江河水底时，宜大于管道外径的1.5倍并应大于2.5m；穿越河道时的埋设深度，应满足河道的规划要求，并应布置在河床的冲刷线以下。
5. 管道各项性能指标可参照执行现行国家标准《玻璃纤维增强塑料顶管》GB/T 21492。管体与管端为一体材料，轴向抗压强度不应小于80MPa。

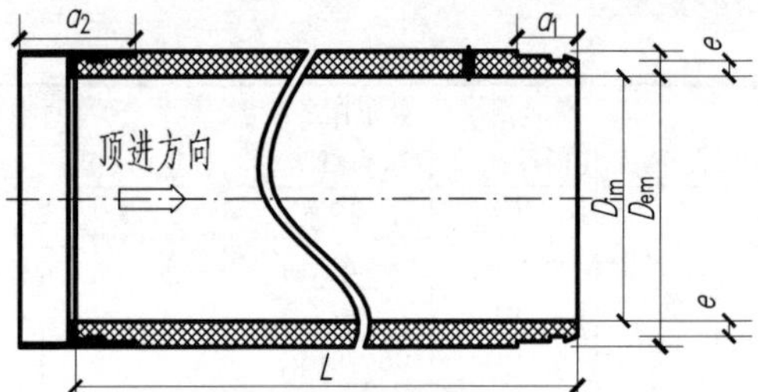


顶管（无内压）示意图

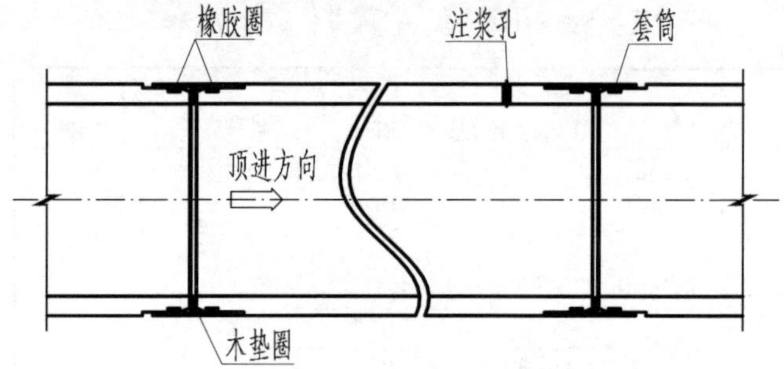


顶管（无内压）接口示意图

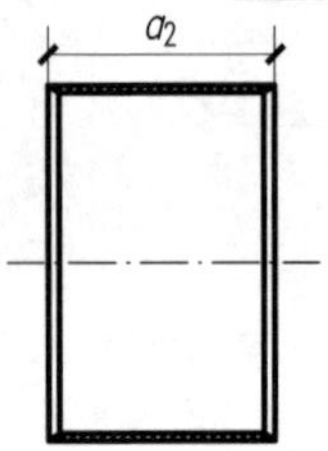


套筒（无内压）示意图

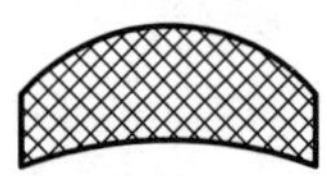

弧形橡胶圈断面示意图

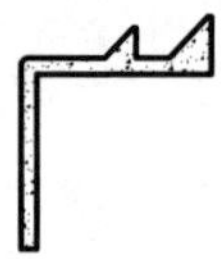

L形橡胶圈断面图

立式振动玻璃纤维增强塑料顶管管材规格尺寸表

| 公称直径（mm） | 内径 $D_{im}$（mm） | 外径 $D_{em}$（mm） | 插入深度 $a_1$（mm） | 套筒长度 $a_2$（mm） |
|---|---|---|---|---|
| DN300 | 300 | 根据工程设计顶力确定 | 80 | 160 |
| DN400 | 400 | | 90 | 180 |
| DN500 | 500 | | 100 | 200 |
| DN600 | 600 | | 105 | 210 |
| DN800 | 800 | | 110 | 220 |
| DN1000 | 1000 | | 120 | 240 |
| DN1200 | 1200 | | 120 | 240 |
| DN1400 | 1400 | | 120 | 240 |
| DN1500 | 1500 | | 130 | 260 |
| DN1600 | 1600 | | 130 | 260 |
| DN1800 | 1800 | | 140 | 280 |
| DN2000 | 2000 | | 140 | 280 |
| DN2200 | 2200 | | 150 | 300 |
| DN2400 | 2400 | | 150 | 300 |
| DN2600 | 2600 | | 160 | 320 |
| DN2800 | 2800 | | 160 | 320 |

说明：

1. 本图适用于压力等级小于或等于 0.2MPa 的重力流或不承受内压顶管。
2. 单节管道的标准长度为 1m、1.5m、2m；如有特殊要求，可由供需双方商定。
3. 套筒宜选用玻璃钢材质。
4. 顶管内外表面无对使用性能有影响的龟裂、分层、针孔等缺陷；玻璃钢套筒无未浸润、曝聚、分层、气泡、分层等缺陷。
5. 顶管顶进时，应在与顶铁及中继间接触面加设木垫圈，木垫圈厚度宜大于或等于 10mm。
6. 顶管外表面平直度应小于 3mm。
7. 如无特殊要求，注浆孔沿管身圆周方向 120°均布。注浆孔尺寸及布置方案由供需双方确定。
8. 弧形橡胶圈材质选用遇水膨胀橡胶，物理性能参照现行国家标准《高分子防水材料　第 3 部分：遇水膨胀橡胶》GB/T 18173.3 执行。

| 玻璃纤维增强塑料顶管（无内压）接口及橡胶圈（立式振动工艺） | 图集号 | 2024沪S204 |
|---|---|---|
| | 页 | 68 |

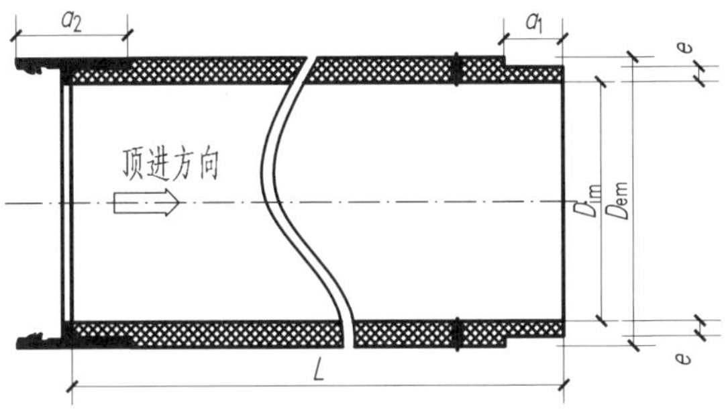


顶管（有内压）示意图

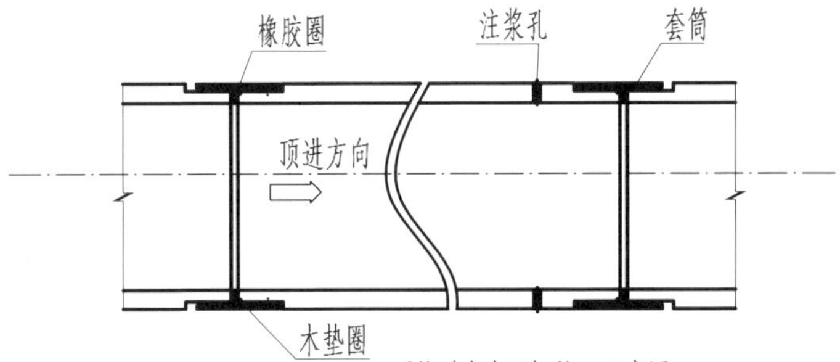


顶管（有内压）接口示意图

唇形橡胶圈断面示意图

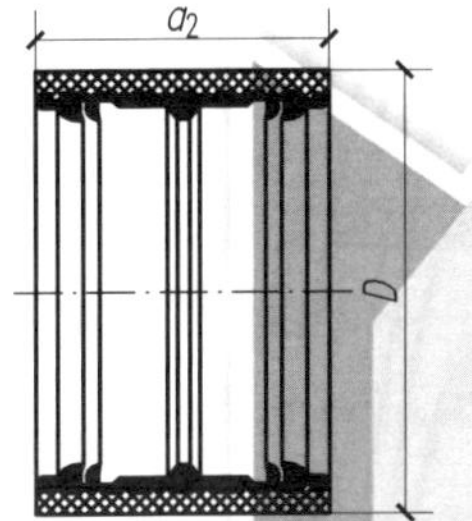


套筒（有内压）示意图

立式振动玻璃纤维增强塑料顶管管材规格尺寸表（mm）

| 公称直径 | 内径 $D_{im}$ | 外径 $D_{em}$ | 插入深度 $a_1$ | 套筒长度 $a_2$ | 最小壁厚 $e_{min}$ |
|---|---|---|---|---|---|
| DN300 | 300 | 根据工程设计顶力确定 | 125 | 250 | 27.5 |
| DN400 | 400 | | 125 | 250 | 27.5 |
| DN500 | 500 | | 125 | 250 | 32.5 |
| DN600 | 600 | | 125 | 250 | 32.5 |
| DN800 | 800 | | 125 | 250 | 32.5 |
| DN1000 | 1000 | | 150 | 300 | 32.5 |
| DN1200 | 1200 | | 150 | 300 | 42.5 |
| DN1400 | 1400 | | 150 | 300 | 47.5 |
| DN1500 | 1500 | | 150 | 300 | 52.5 |
| DN1600 | 1600 | | 150 | 300 | 52.5 |
| DN1800 | 1800 | | 175 | 350 | 57.5 |
| DN2000 | 2000 | | 175 | 350 | 62.5 |
| DN2200 | 2200 | | 175 | 350 | 56.5 |
| DN2400 | 2400 | | 175 | 350 | 56.5 |
| DN2600 | 2600 | | 175 | 350 | 61.5 |
| DN2800 | 2800 | | 175 | 350 | 69.5 |

说明：

1. 本图适用于压力等级0.25MPa~1.6MPa的承受内压顶管。
2. 单节管道的标准长度为1m、1.5m、2m；如有特殊要求，可由供需双方商定。
3. 套筒宜选用FWC玻璃钢全宽式套筒。
4. 顶管内外表面无对使用性能有影响的龟裂、分层、针孔等缺陷；玻璃钢套筒无未浸润、曝聚、分层、气泡、分层等缺陷。
5. 顶管顶进时，应在与顶铁及中继间接触面加设木垫圈，木垫圈厚度宜大于或等于10mm。
6. 顶管外表面平直度应小于3mm。
7. 设计时应根据管壁压缩强度外对应的最小壁厚 $e_{min}$ 进行顶力相关计算。
8. 如无特殊要求，注浆孔沿管身圆周方向120°均布。注浆孔尺寸及布置方案由供需双方确定。
9. 橡胶圈质地密实，表面平整无气泡、气孔等缺陷。外观及性能应符合现行国家标准《橡胶密封件给、排水管及污水管道用接口密封圈材料规范》GB/T 21873的相关要求。

| 玻璃纤维增强塑料顶管（有内压）接口及橡胶圈（立式振动工艺） | 图集号 | 2024沪S204 |
|---|---|---|
| | 页 | 69 |

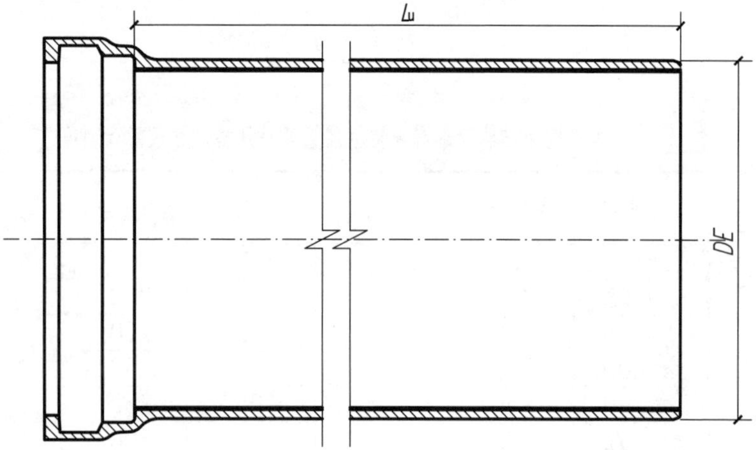


球墨铸铁管承插管管材系列表

| DN | DE | DN | DE |
|---|---|---|---|
| 300 | 326 | 1200 | 1255 |
| 350 | 378 | 1400 | 1462 |
| 400 | 429 | 1500 | 1565 |
| 450 | 480 | 1600 | 1668 |
| 500 | 532 | 1800 | 1875 |
| 600 | 635 | 2000 | 2082 |
| 700 | 738 | 2200 | 2288 |
| 800 | 842 | 2400 | 2495 |
| 900 | 945 | 2600 | 2702 |
| 1000 | 1048 | 2800 | 2908 |
| 1100 | 1152 | 3000 | 3115 |

| 承插管的标准长度(m) | |
|---|---|
| DN | 标准长度Lu |
| 300~1000 | 1、2、3、4、5、5.5、6 |
| 1100~3000 | 1、2、3、4、5、5.5、6、7、8、15 |

说明：

1. 球墨铸铁承插管，接口型式可为滑入式柔性接口、机械柔性接口、法兰接口和自锚接口。
2. 承插管长度具体应根据厂家要求制造。

# 承插式球墨铸铁管（开槽埋管）

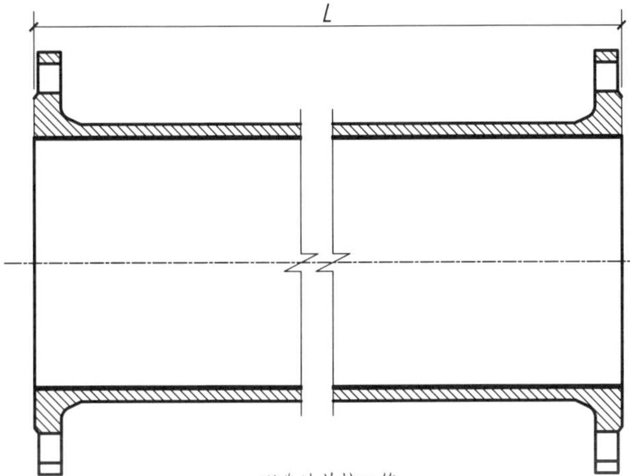


双盘法兰接口管

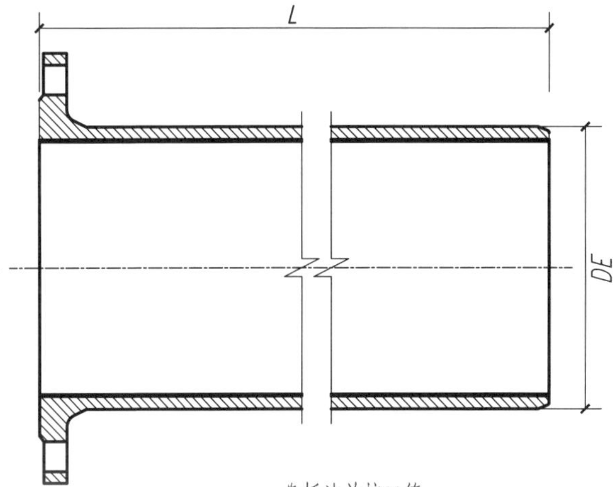


盘插法兰接口管

开槽埋管法球墨铸铁管管材系列表

| DN | DE | DN | DE | DN | DE | DN | DE |
|---|---|---|---|---|---|---|---|
| 300 | 326 | 700 | 738 | 1400 | 1462 | 2400 | 2495 |
| 350 | 378 | 800 | 842 | 1500 | 1565 | 2600 | 2702 |
| 400 | 429 | 900 | 945 | 1600 | 1668 | 2800 | 2908 |
| 450 | 480 | 1000 | 1048 | 1800 | 1875 | 3000 | 3115 |
| 500 | 532 | 1100 | 1152 | 2000 | 2082 | | |
| 600 | 635 | 1200 | 1255 | 2200 | 2288 | | |

法兰接口管的标准长度(m)

| 管道类型 | DN | 标准长度L |
|---|---|---|
| 整体铸造法兰 | 300~3000 | 0.5、1、2、3 |
| 松套法兰、螺纹连接或焊接法兰 | 300~500 | 2、3、4、5、6 |
| | 600~1000 | 2、3、4、5、6 |
| | 1100~3000 | 3、4、5、6、8、15 |
| 注：经供需双方协商，可供应其他长度的法兰接口管 | | |

说明：

1. 球墨铸铁双盘法兰接口管，管道两端均为法兰接口。
2. 球墨铸铁盘插法兰接口管，管道一端为法兰接口，另一端为插口。
3. 法兰接口管的长度具体应根据厂家要求制造。

# 法兰式球墨铸铁管（开槽埋管）

顶管法用球墨铸铁管技术参数

| 公称直径（mm） | 插口外径（mm） | 承口外径（mm） | 承口长度（mm） | 标准长度（mm） | 允许顶推力（kN） | |
|---|---|---|---|---|---|---|
| $DN$ | $D_E$ | $D_1$ | $P$ | $L_u$ | $K_8$ | $K_9$ |
| 300 | 326 | 399 | 110 | 4000或6000 | 750 | 1240 |
| 350 | 378 | 450 | 110 | 4000或6000 | 770 | 1270 |
| 400 | 429 | 502 | 110 | 4000或6000 | 810 | 1350 |
| 450 | 480 | 553 | 120 | 4000或6000 | 940 | 1560 |
| 500 | 532 | 618 | 120 | 4000或6000 | 1150 | 1910 |
| 600 | 635 | 728 | 120 | 4000或6000 | 1640 | 2720 |
| 700 | 738 | 853 | 150 | 4000或6000 | 1640 | 2720 |
| 800 | 842 | 959 | 160 | 4000或6000 | 1980 | 3300 |
| 900 | 945 | 1067 | 175 | 4000或6000 | 2490 | 4140 |
| 1000 | 1048 | 1173 | 185 | 4000或6000 | 3050 | 5080 |
| 1100 | 1152 | 1274 | 202 | 6000或8150 | 3670 | 6110 |
| 1200 | 1255 | 1400 | 217 | 6000或8150 | 4350 | 7240 |
| 1400 | 1462 | 1604 | 242 | 6000或8150 | 5420 | 9020 |
| 1500 | 1565 | 1714 | 253 | 6000或8150 | 6810 | 11350 |
| 1600 | 1668 | 1825 | 266 | 6000或8150 | 7420 | 12360 |
| 1800 | 1875 | 2047 | 297 | 6000或8150 | 7420 | 12360 |
| 2000 | 2082 | 2266 | 319 | 6000或8150 | 10190 | 16970 |
| 2200 | 2288 | 2486 | 328 | 6000或8150 | 10190 | 16970 |
| 2400 | 2495 | 2706 | 346.5 | 6000或8150 | 10190 | 16970 |
| 2600 | 2702 | 2926 | 365 | 6000或8150 | 14010 | 23340 |

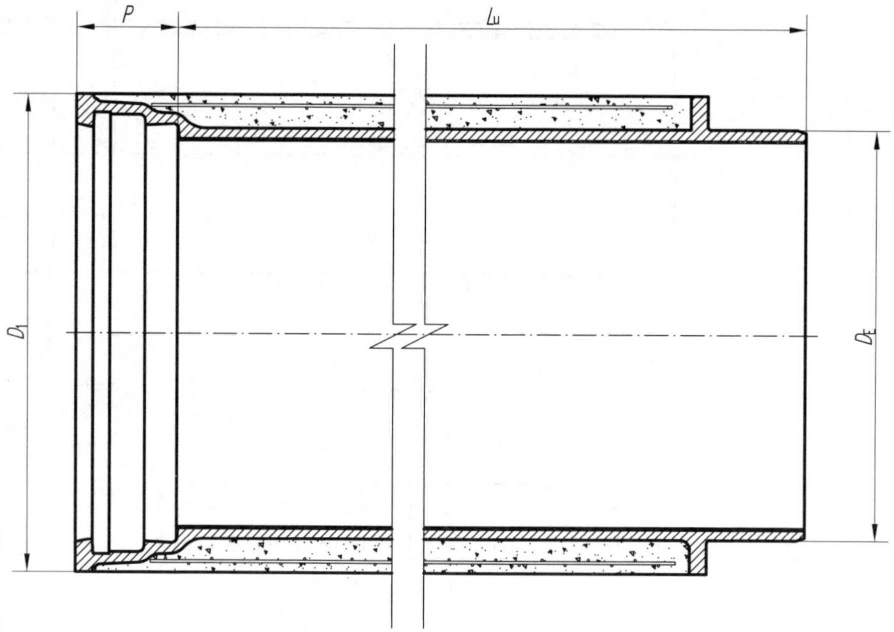


| 球墨铸铁管（顶管） | 图集号 | 2024沪S204 |
|---|---|---|
| | 页 | 72 |

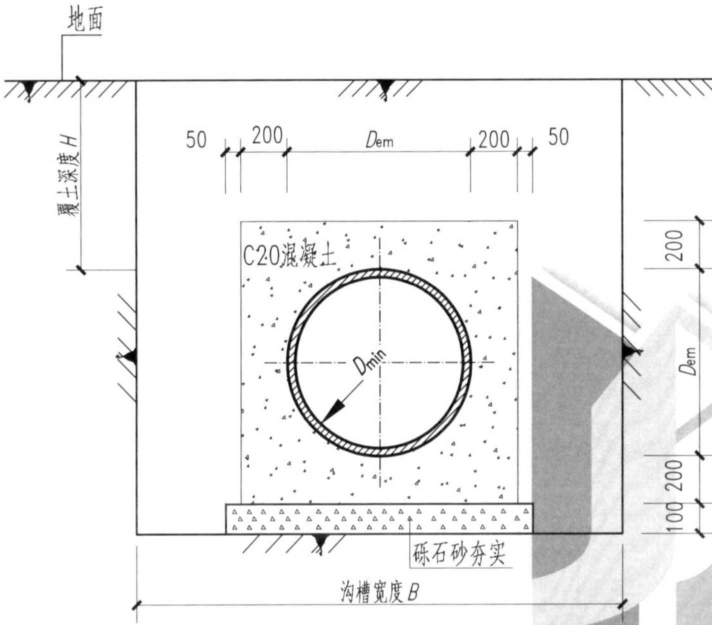


覆土深度过小管道加固措施

每米管道工程数量表

| 管径(mm) | C20混凝土($m^3$) | 砾石砂垫层($m^3$) |
|---|---|---|
| DN300 | 0.470 | 0.083 |
| DN400 | 0.592 | 0.095 |
| DN500 | 0.698 | 0.105 |
| DN600 | 0.843 | 0.118 |
| DN800 | 1.107 | 0.140 |

注：因化学建材规格随环刚度等级略有变化，表格中数据仅供参考。

说明：

1. 本图尺寸单位为mm。
2. 本图适用于DN300~DN800排水管道。当覆土深度*H*在车行道下不足0.7m和人行道下不足0.6m的情况下采用加固措施。
3. 覆土深度过小的管道加固也可采用大于化学建材管外径的中压铸铁管代替。

| 化学建材管、球墨铸铁管<br>管道加固（管道浅埋） | 图集号 | 2024沪S204 |
|---|---|---|
| | 页 | 73 |

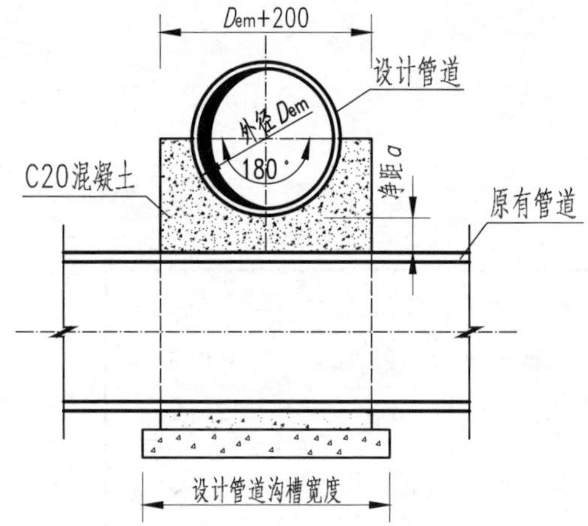


1-1剖面

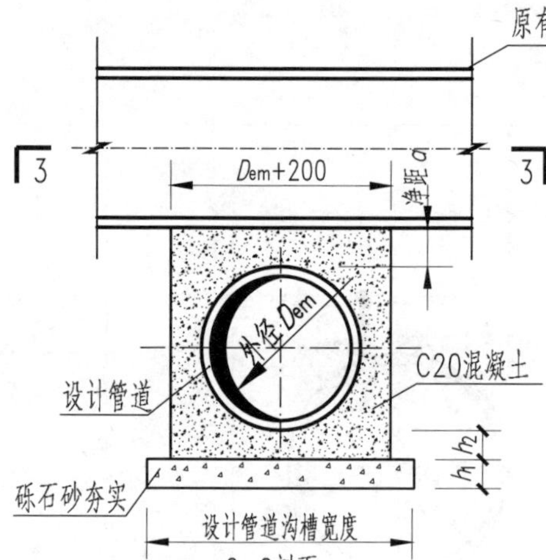


2-2剖面

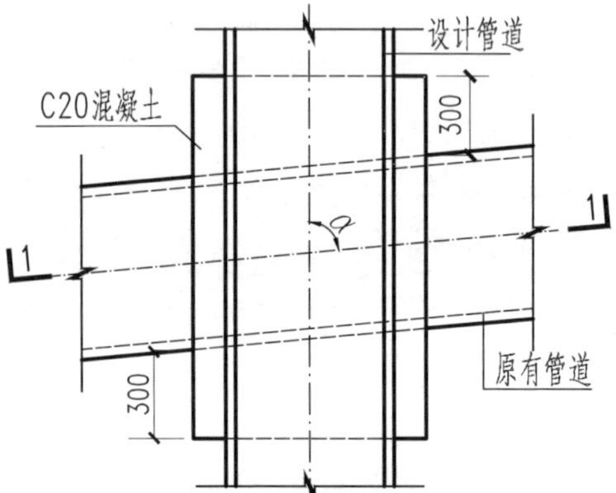


平面图
（设计管道位于上方）

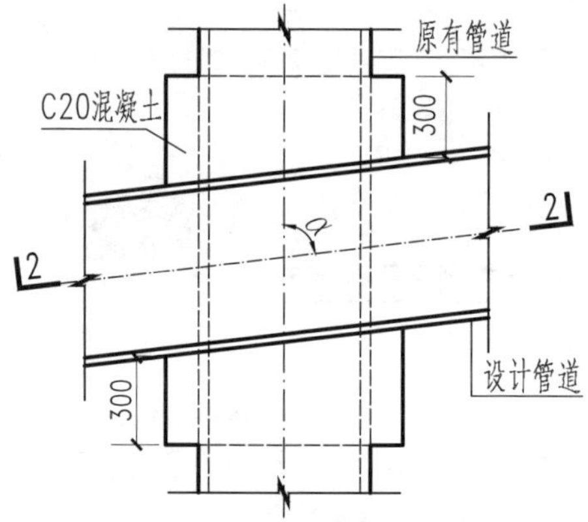


平面图
（设计管道位于下方）

说明：

1. 本图适用于管道上下交叉而两管壁之间净距 $a$ 大于0，且小于管道基础厚度的情况。
2. 对原有管道基础的加固措施，应视具体情况尽可能加以利用。
3. 位于上方的管道在交叉处的两端应做好柔性接口。
4. 应避免管道接口放在交叉处理范围内。

| 化学建材管、球墨铸铁管管道加固（管道交叉） | 图集号 | 2024沪S204 |
|---|---|---|
| | 页 | 74 |

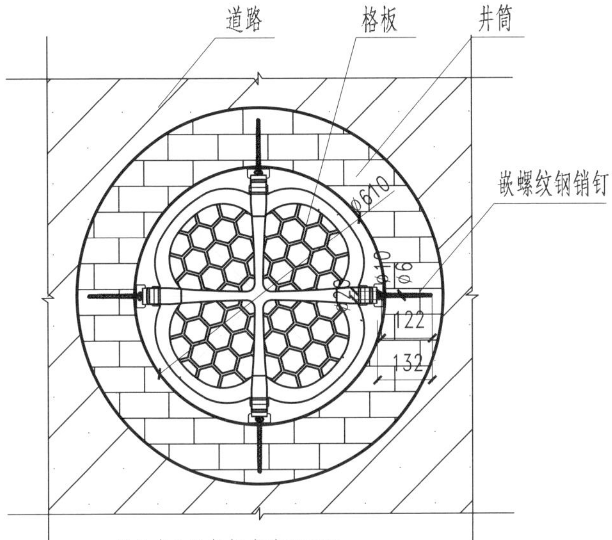


悬挂式防坠格板安装平面图 1:10

注：本图所示为防坠格板安装平面图，嵌钢销钉数量仅为示意，具体嵌钢销钉数量应根据现场情况确定。

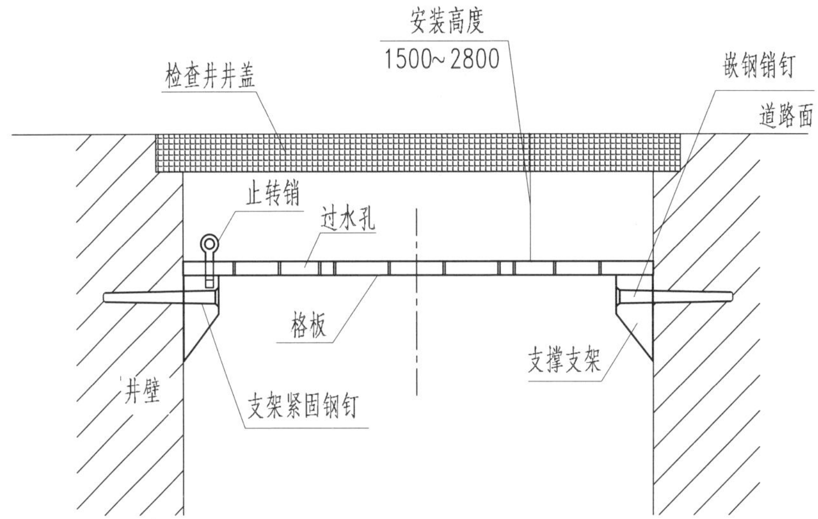


搁置式塑料防坠格板施工示意图

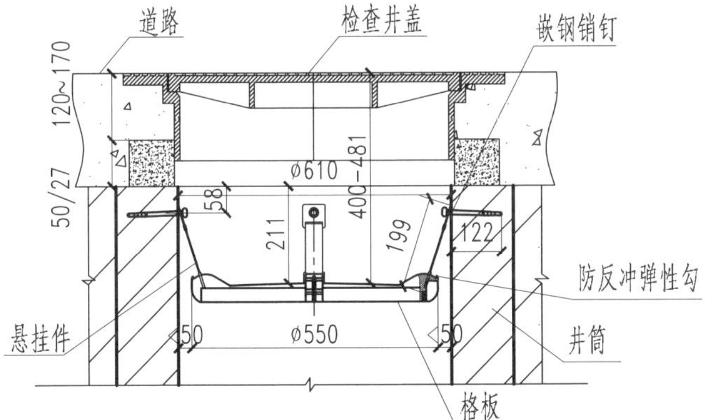


悬挂式防坠格板安装立面图 1:10

注：本图所示为防坠格板安装立面图，两侧销钉位置对称仅为示意。

说明：

1. 本图尺寸单位为 mm。
2. 防坠格板的尺寸为 350mm、450mm、550mm、600mm、650mm，与之对应的检查井口径为 400mm~800mm。
3. 格板厚度宜大于 20mm，重量宜小于 3kg；过水孔面积比应在 50% ~ 70% 之间，最大孔径应小于 70mm。
4. 防坠落装置承载能力应大于或等于 200kg。
5. 格板材质及其他安装事宜应满足现行上海市水务局标准化指导性技术文件《上海市排水检查井塑料防坠格板技术规程》SSH/Z 10018 的要求。

| 防坠格板安装示意图 | 图集号 | 2024沪S204 |
|---|---|---|
| | 页 | 75 |

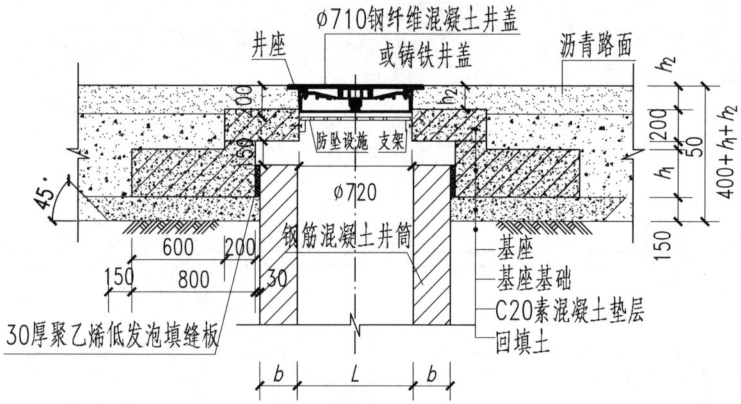


盖座剖面图 1:30

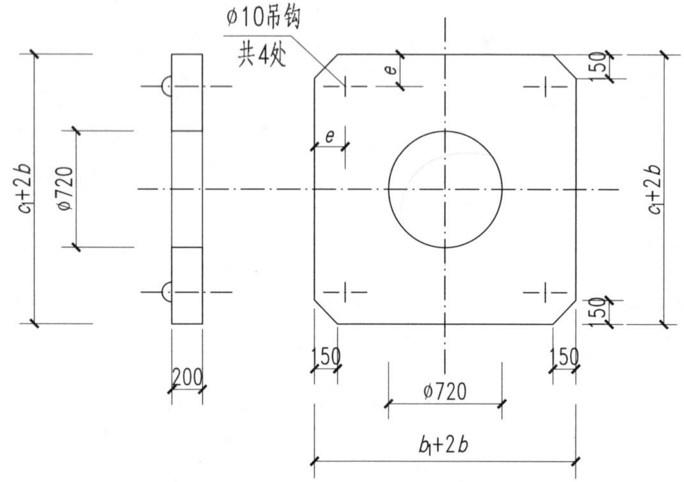


基座详图 1:50

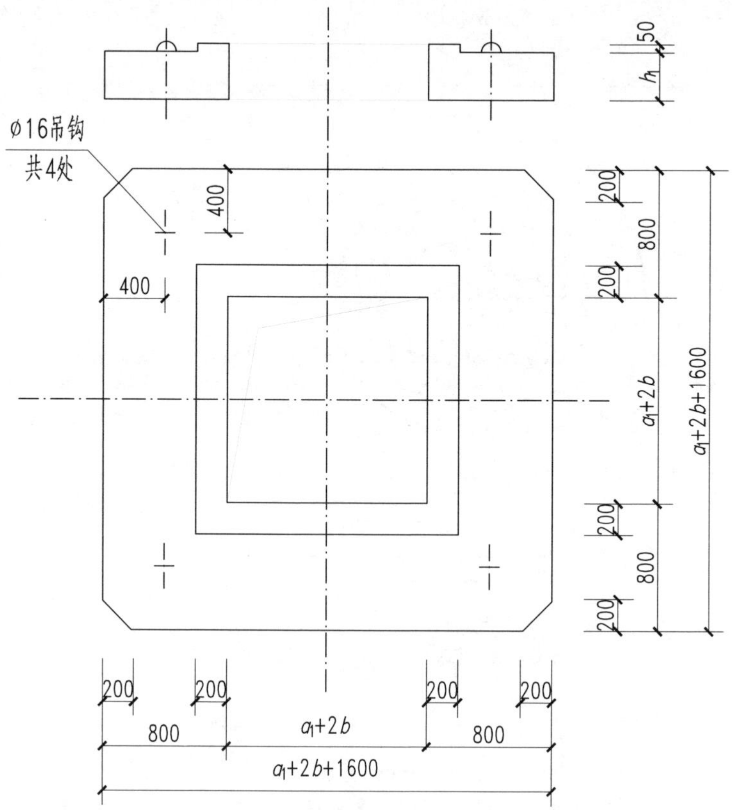


基座基础详图 1:50

尺寸表(mm)

| $L$ | $a_1$ | $b_1$ | $e$ | $c_1$ |
|---|---|---|---|---|
| 750×750 | 810 | 1210 | 200 | 1210 |
| 1000×1000 | 1060 | 1460 | 250 | 1460 |

道路类别(mm)

| $h_1$ | $h_2$ | 道路类别 |
|---|---|---|
| 300 | 150 | 城－A级 |
| 250 | 120 | 城－B级、公路－Ⅰ级、公路－Ⅱ级 |

说明：

基座、基座基础配筋参见现行上海市建筑标准设计《分离式窨井盖座》DBJT 08-100，混凝土强度等级为C30，图集中HPB235、HRB335钢筋分别替换为HPB300、HRB400。

| 排水 φ710 防沉降井盖井座结构图（钢筋混凝土井筒） | 图集号 | 2024沪S204 |
|---|---|---|
| | 页 | 76 |

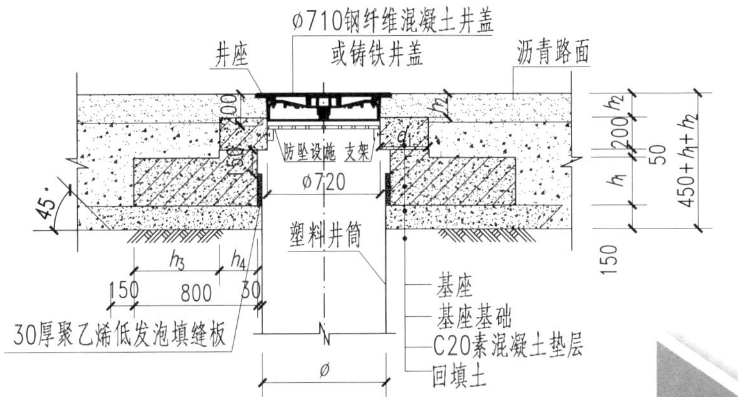


盖座剖面图 1:30

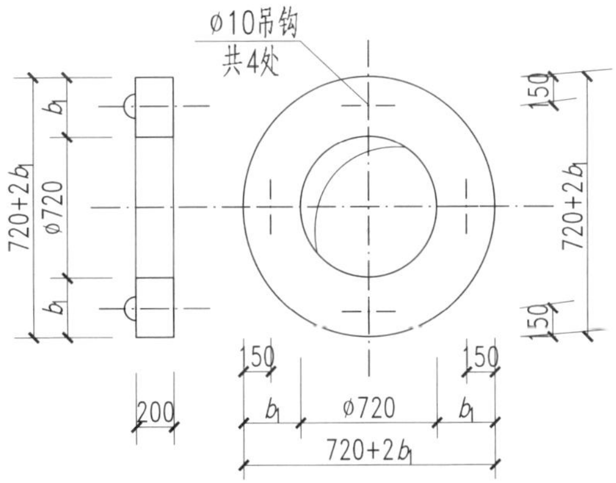


基座详图 1:40

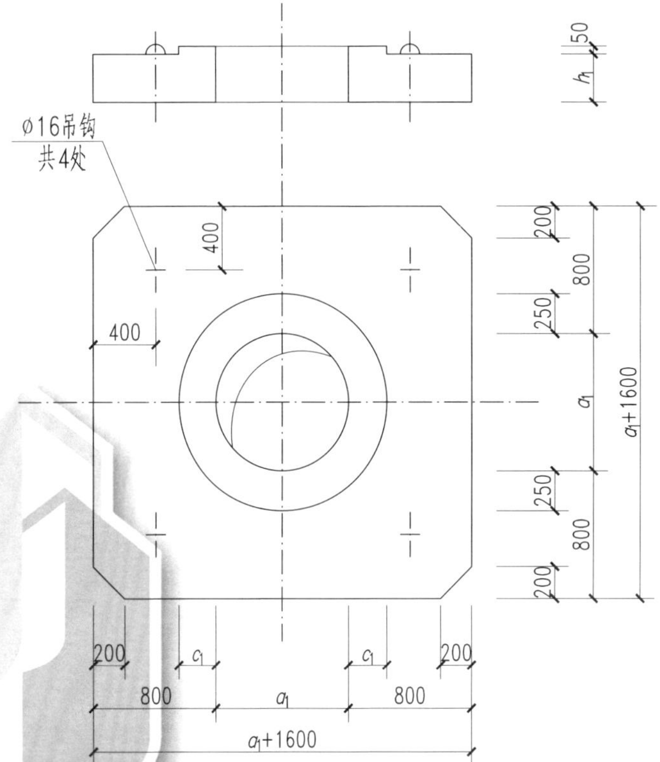


基座基础详图 1:50

尺寸表(mm)

| ø | $a_1$ | $b_1$ | $d_1$ | $c_1$ | $h_3$ | $h_4$ |
|---|---|---|---|---|---|---|
| 700 | 760 | 310 | 310 | 250 | 550 | 250 |
| 800 | 860 | 310 | 310 | 250 | 550 | 250 |
| 1000 | 1060 | 360 | 360 | 200 | 600 | 200 |

道路类别(mm)

| $h_1$ | $h_2$ | 道路类别 |
|---|---|---|
| 300 | 150 | 城–A级 |
| 250 | 120 | 城–B级、公路–Ⅰ级、公路–Ⅱ级 |

说明：

基座、基座基础配筋参见现行上海市建筑标准设计《分离式窨井盖座》DBJT 08-100，混凝土强度等级为C30，图集中HPB235、HRB335钢筋分别替换为HPB300、HRB400。

| 排水 $\phi$710 防沉降井盖井座结构图（塑料井筒） | 图集号 | 2024沪S204 |
|---|---|---|
| | 页 | 77 |

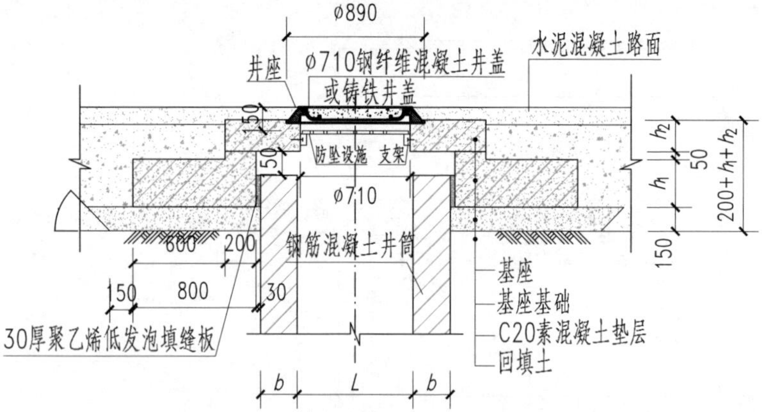


盖座剖面图 1:30

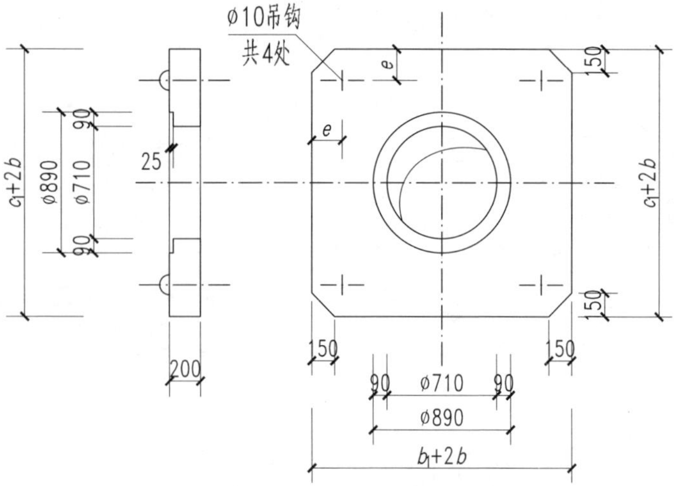


基座详图 1:50

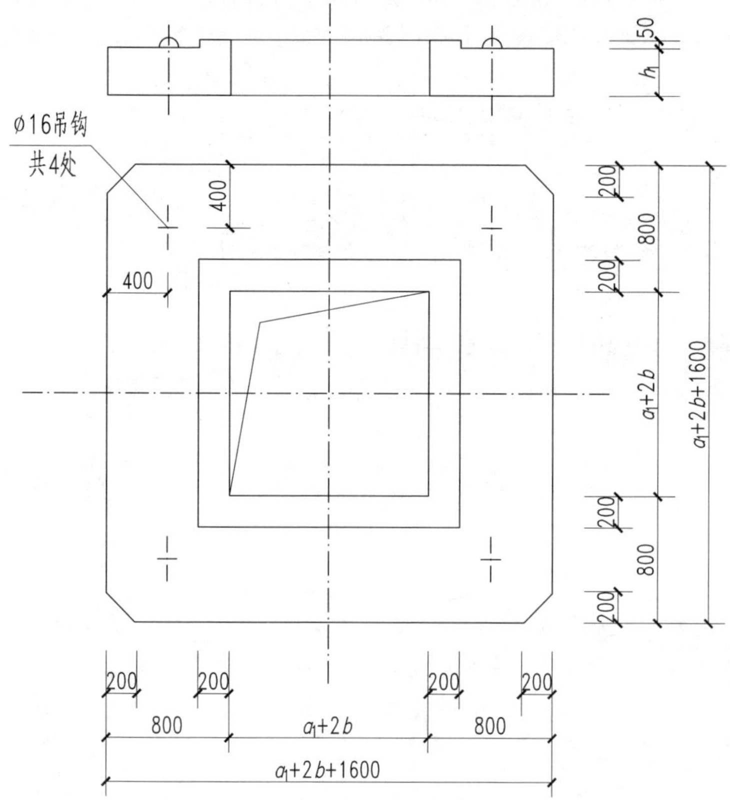


基座基础详图 1:50

尺寸表–单位(mm)

| $L$ | $a_1$ | $b_1$ | $e$ | $c_1$ |
|---|---|---|---|---|
| 750×750 | 810 | 1210 | 200 | 1210 |
| 1000×1000 | 1060 | 1460 | 250 | 1460 |

道路类别(mm)

| $h_1$ | $h_2$ | 道路类别 |
|---|---|---|
| 300 | 200 | 城–A级 |
| 250 | 200 | 城–B级、公路–Ⅰ级、公路–Ⅱ级 |

说明：

基座、基座基础配筋参见现行上海市建筑标准设计《分离式窨井盖座》DBJT 08-100，混凝土强度等级为C30，图集中HPB235、HRB335钢筋分别替换为HPB300、HRB400。

# 排水 φ710 普通井盖井座结构图（钢筋混凝土井筒）

| 图集号 | 2024沪S204 |
|---|---|
| 页 | 78 |

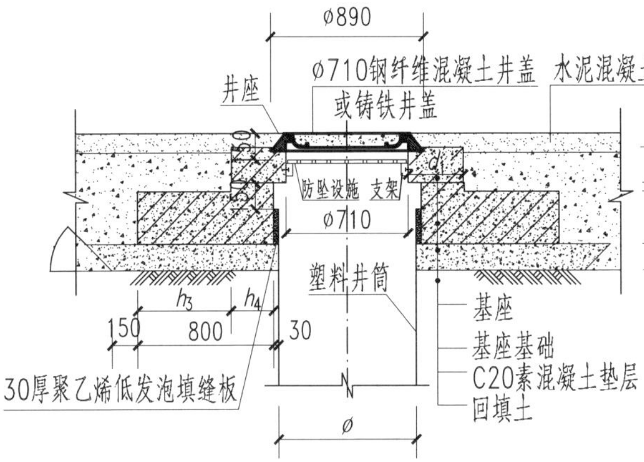


盖座剖面图 1:30

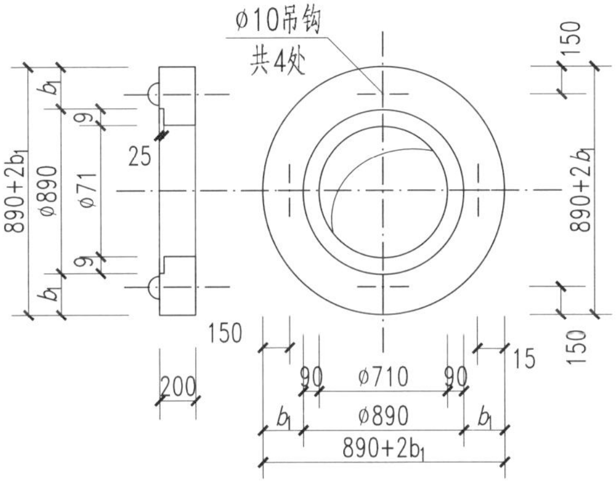


基座详图 1:40

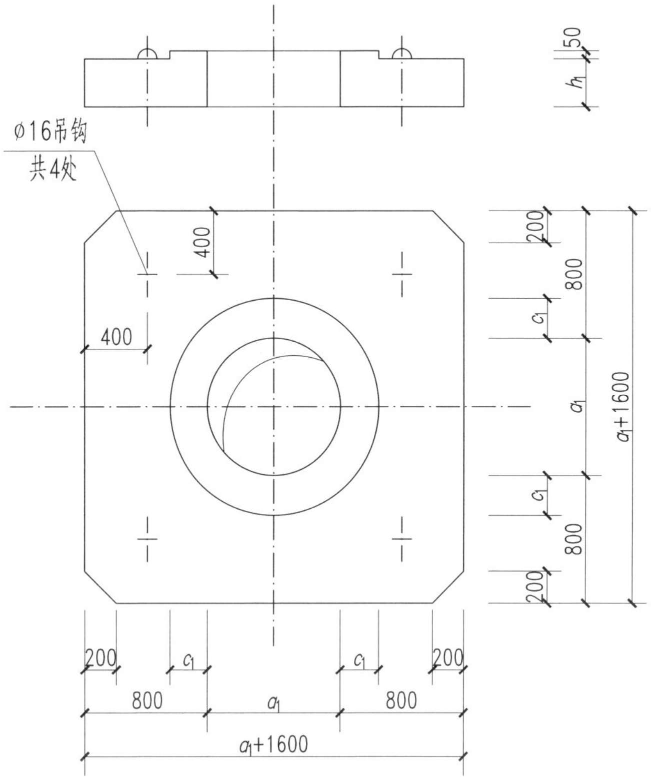


基座基础详图 1:50

尺寸表(mm)

| ø | $a_1$ | $b_1$ | $d_1$ | $c_1$ | $h_3$ | $h_4$ |
|---|---|---|---|---|---|---|
| 700 | 760 | 225 | 315 | 250 | 550 | 250 |
| 800 | 860 | 225 | 315 | 250 | 550 | 250 |
| 1000 | 1060 | 275 | 365 | 200 | 600 | 200 |

道路类别(mm)

| $h_1$ | $h_2$ | 道路类别 |
|---|---|---|
| 300 | 200 | 城-A级 |
| 250 | 200 | 城-B级、公路-Ⅰ级、公路-Ⅱ级 |

说明：

基座、基座基础配筋参见现行上海市建筑标准设计《分离式窨井盖座》DBJT 08-100，混凝土强度等级为C30，图集中HPB235、HRB335钢筋分别替换为HPB300、HRB400。

| 排水 ϕ710 普通井盖井座结构图（塑料井筒） | 图集号 | 2024沪S204 |
|---|---|---|
| | 页 | 79 |

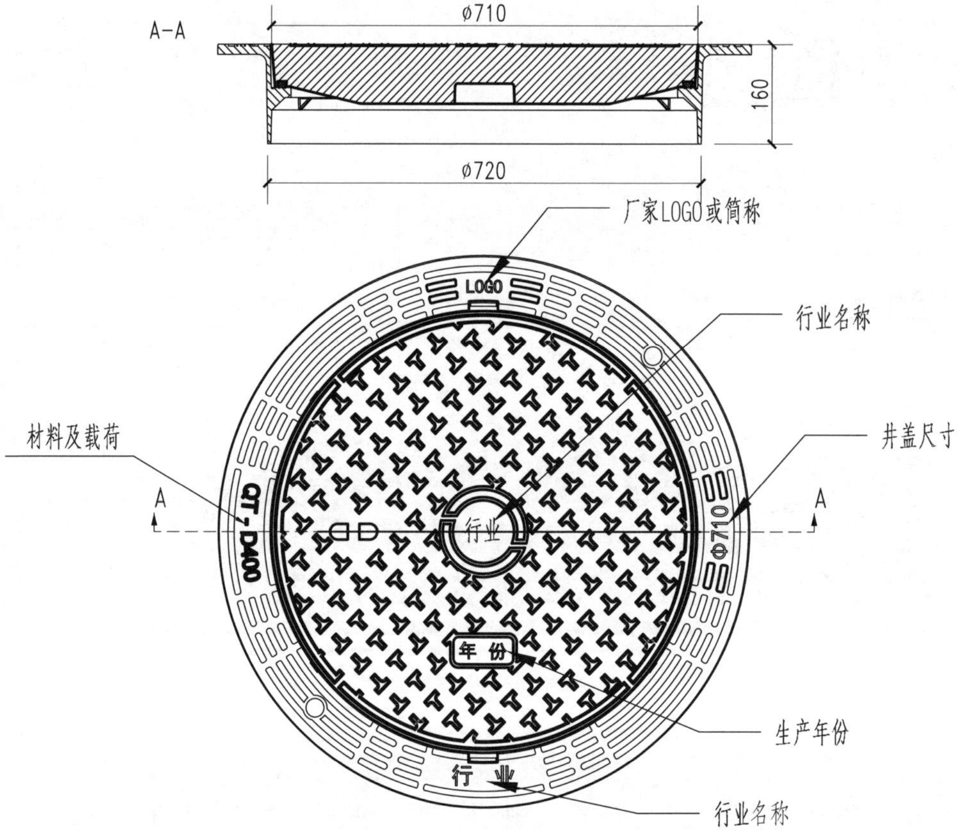


| D400–ϕ710 铸铁防沉降井盖 | 图集号 | 2024沪S204 |
|---|---|---|
| | 页 | 80 |

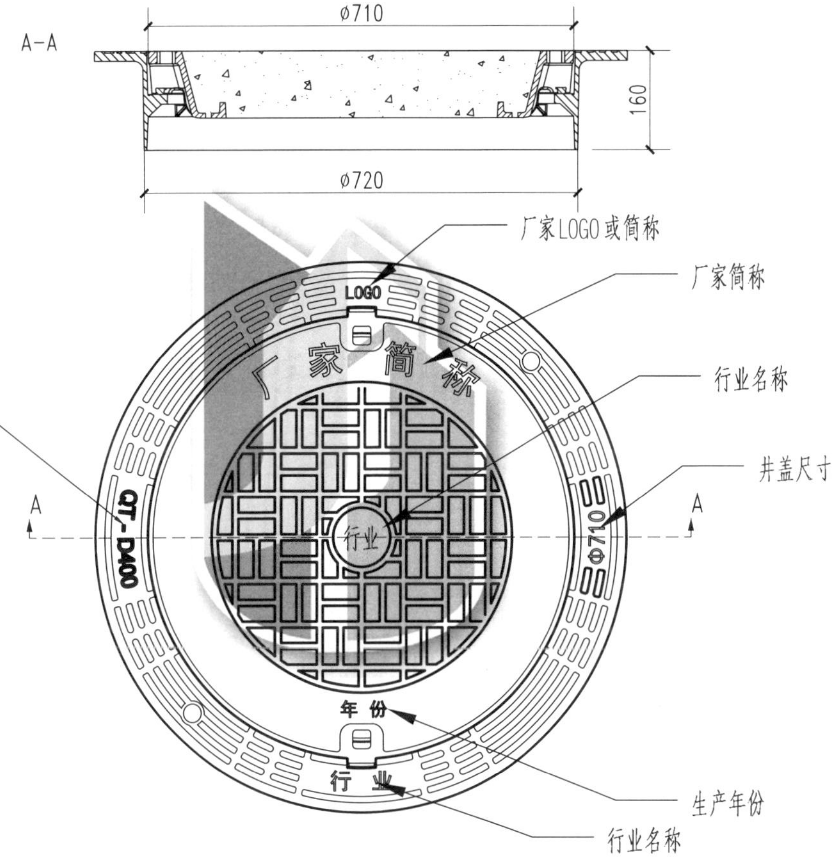


| D400-$\phi$710 钢纤维混凝土防沉降井盖 | 图集号 | 2024沪S204 |
|---|---|---|
| | 页 | 81 |

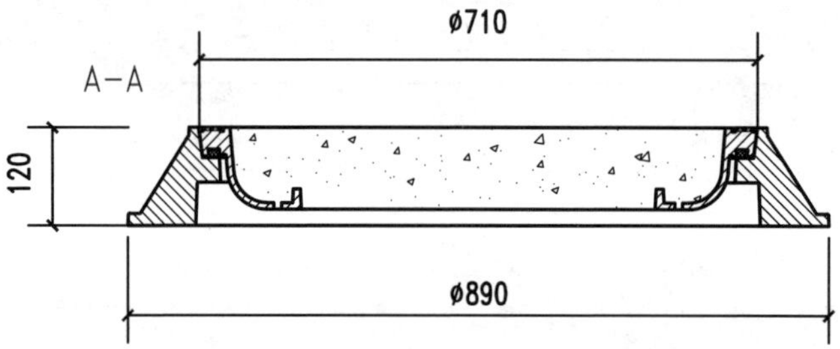


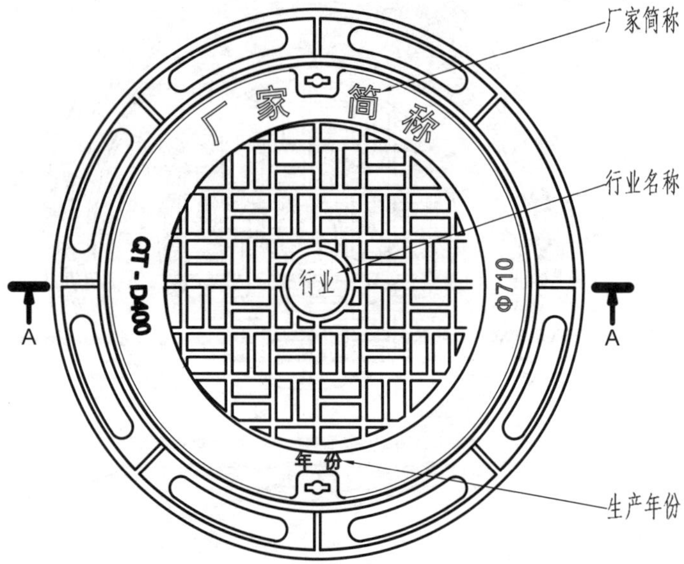


| D400-$\phi$710 钢纤维混凝土普通井盖 | 图集号 | 2024沪S204 |
|---|---|---|
| | 页 | 82 |

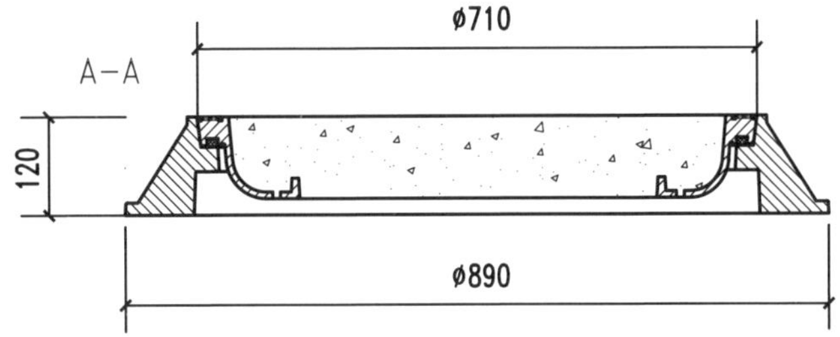


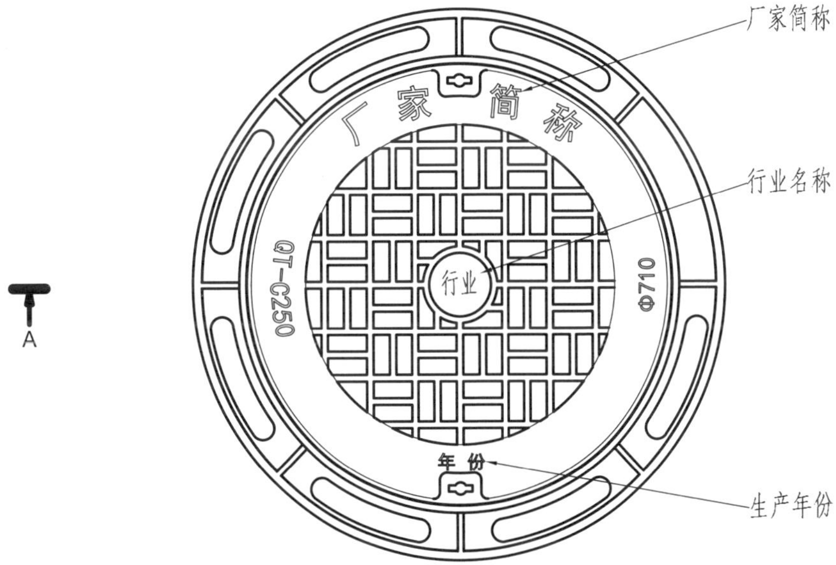


| C250–$\phi$710 钢纤维混凝土普通井盖 | 图集号 | 2024沪S204 |
|---|---|---|
| | 页 | 83 |

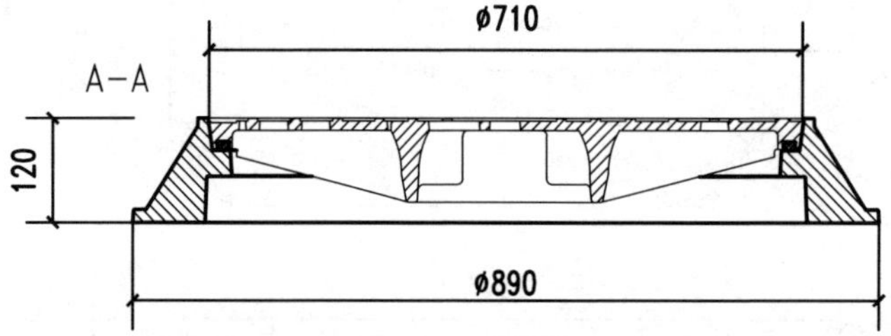

| D400/C250−ϕ710 铸铁普通井盖 | 图集号 | 2024沪S204 |
|---|---|---|
| | 页 | 84 |

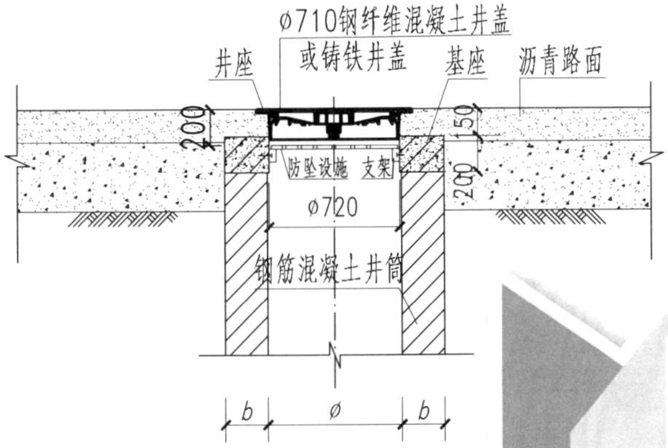


盖座剖面图 1:30

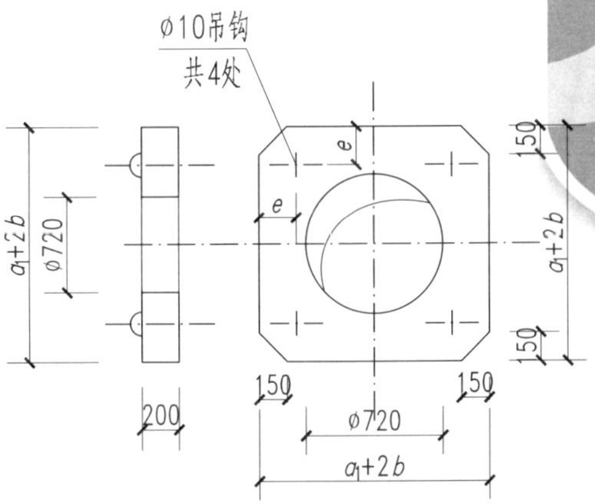


基座详图 1:30

尺寸表

| ϕ (mm) | $a_1$ (mm) | e (mm) |
|---|---|---|
| 750×750 | 750 | 200 |
| 1000×1000 | 1000 | 250 |

说明：

1. 防坠设施设置参见现行上海市水务局标准化指导性技术文件《上海市排水检查井塑料防坠设施技术规程》SSH/Z 10018。
2. 基座、基座基础配筋参见现行上海市建筑标准设计《分离式窨井盖座》DBJT 08-100，混凝土强度等级为C30，钢筋采用HPB300、HRB400。

| 排水 ϕ710 防沉降井盖结构图（钢筋混凝土井筒） | 图集号 | 2024沪S204 |
|---|---|---|
| | 页 | 85 |

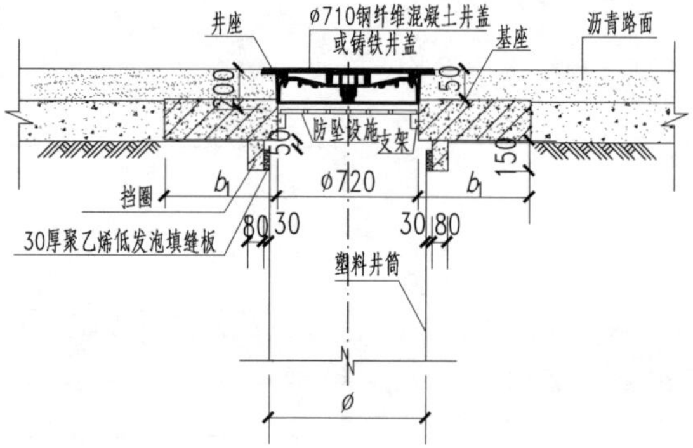


盖座剖面图 1:30

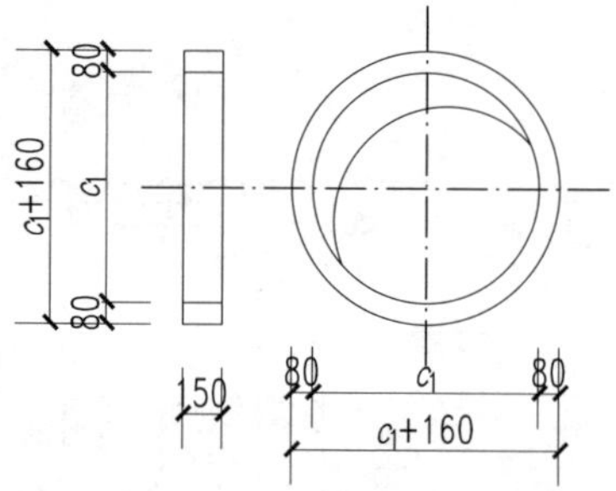


挡圈详图 1:30

尺寸表

| φ (mm) | $a_1$ (mm) | $b_1$ (mm) | e (mm) |
|---|---|---|---|
| 700 | 570 | 570 | 250 |
| 800 | 570 | 570 | 250 |
| 1000 | 670 | 670 | 300 |

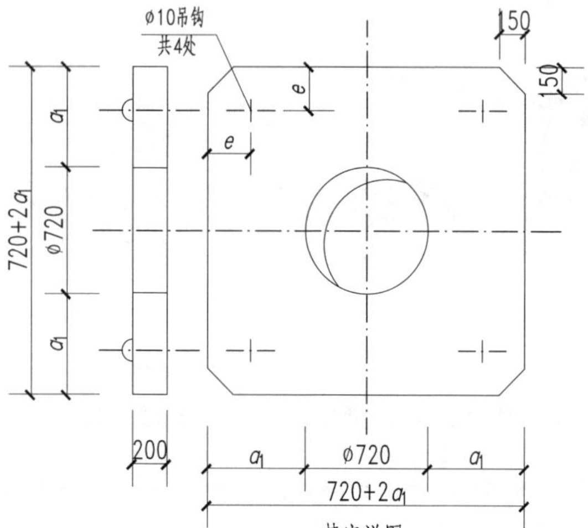


基座详图 1:30

说明：

1. 防坠设施设置参见现行上海市水务局标准化指导性技术文件《上海市排水检查井塑料防坠设施技术规程》SSH/Z 10018。
2. 基座、基座基础配筋参见现行上海市建筑标准设计《分离式窨井盖座》DBJT 08-100，混凝土强度等级为C30，钢筋采用HPB300、HRB400。

| 排水 φ710 防沉降井盖结构图（塑料井筒） | 图集号 | 2024沪S204 |
|---|---|---|
| | 页 | 86 |

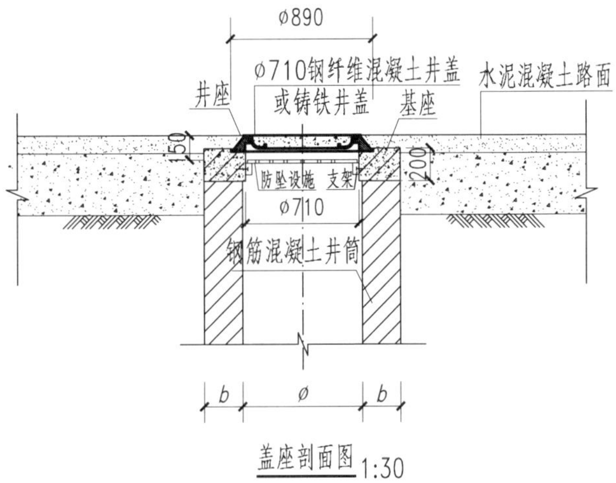


盖座剖面图 1:30

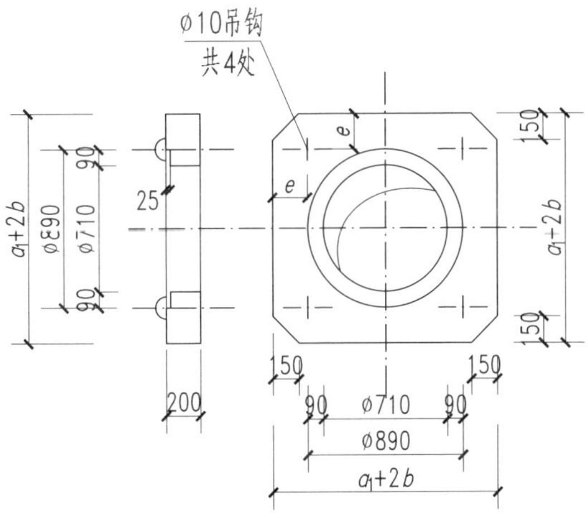


基座详图 1:30

尺寸表

| ϕ (mm) | $a_1$ (mm) | $e$ (mm) |
|---|---|---|
| 750×750 | 750 | 200 |
| 1000×1000 | 1000 | 250 |

说明：

1. 防坠设施设置参见现行上海市水务局标准化指导性技术文件《上海市排水检查井塑料防坠设施技术规程》SSH/Z 10018。
2. 基座、基座基础配筋参见现行上海市建筑标准设计《分离式窨井盖座》DBJT 08-100，混凝土强度等级为C30，钢筋采用HPB300、HRB400。

| 排水 $\phi$710 普通井盖结构图（钢筋混凝土井筒） | 图集号 | 2024沪S204 |
|---|---|---|
| | 页 | 87 |

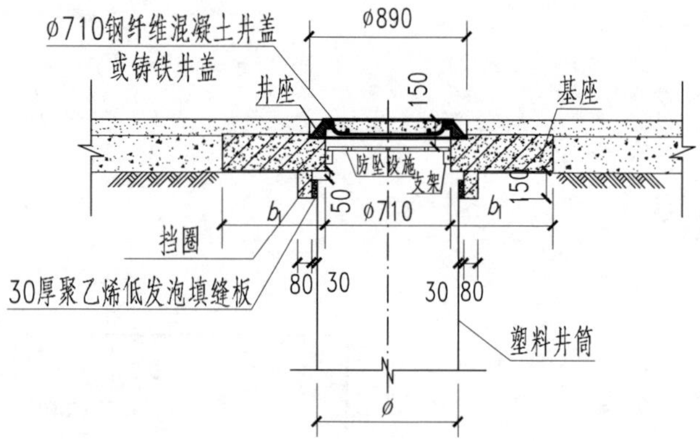


盖座剖面图 1:30

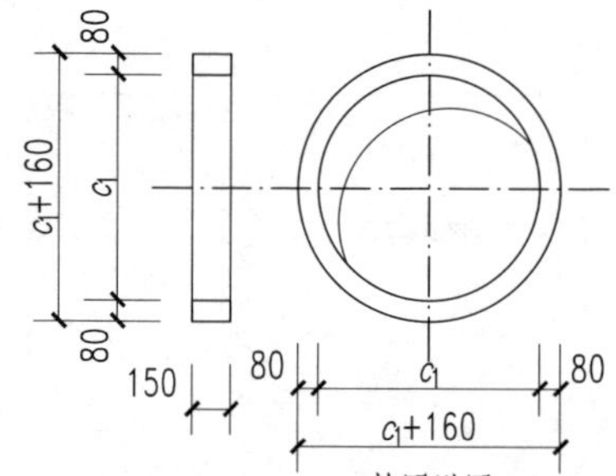


挡圈详图 1:30

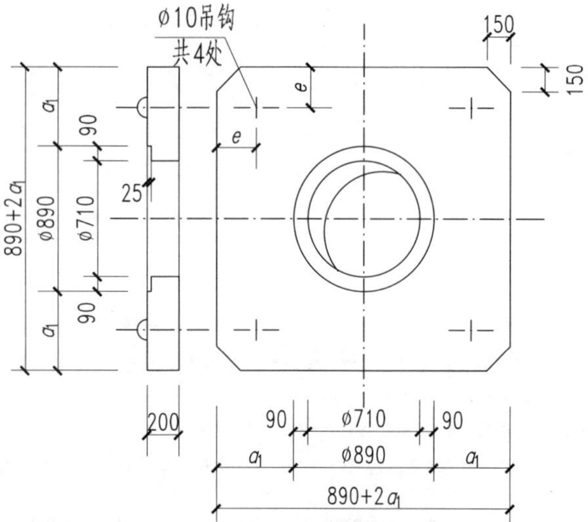


基座详图 1:30

尺寸表

| ϕ (mm) | $a_1$ (mm) | $b_1$ (mm) | e (mm) |
|---|---|---|---|
| 700 | 485 | 575 | 250 |
| 800 | 485 | 575 | 250 |
| 1000 | 585 | 675 | 300 |

说明：

1. 防坠设施设置参见现行上海市水务局标准化指导性技术文件《上海市排水检查井塑料防坠设施技术规程》SSH/Z 10018。
2. 基座、基座基础配筋参见现行上海市建筑标准设计《分离式窨井盖座》DBJT 08-100，混凝土强度等级为C30，钢筋采用HPB300、HRB400。

| 排水 ϕ710 普通井盖结构图（塑料井筒） | 图集号 | 2024沪S204 |
|---|---|---|
| | 页 | 88 |

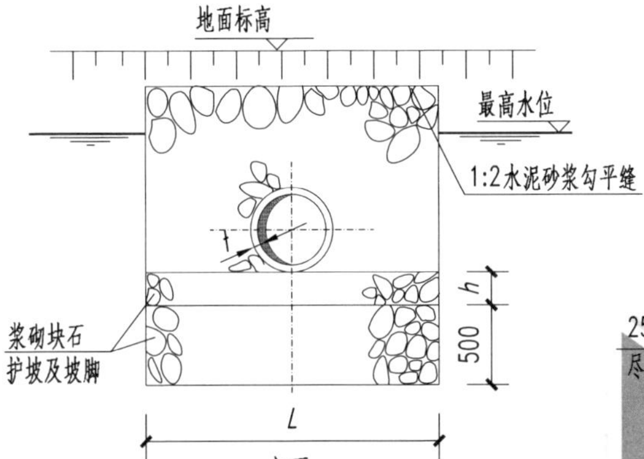


立面

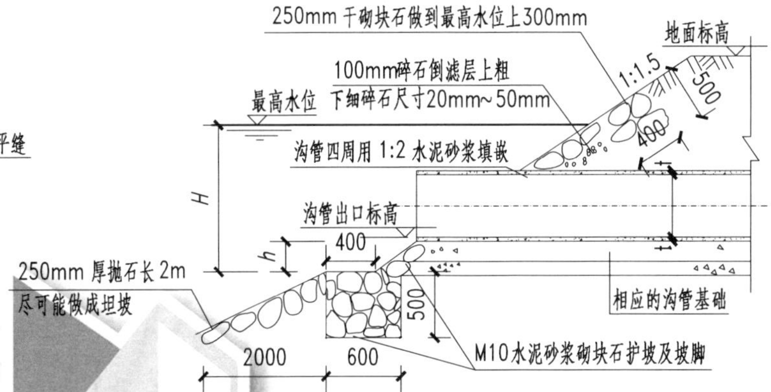


1-1剖面

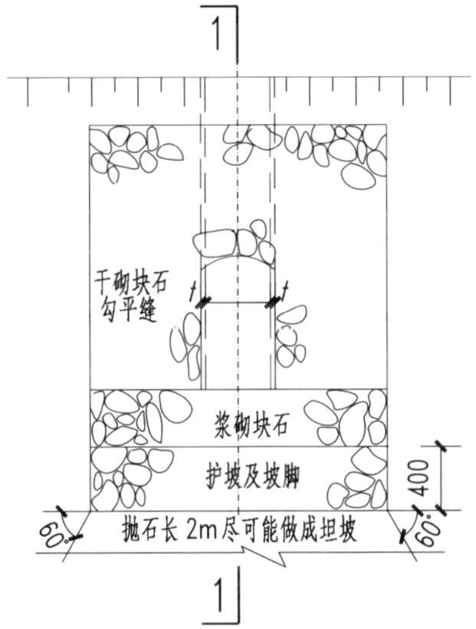


平面

| 管径(mm) | Ø300 | Ø400 | Ø500 | Ø600 | Ø800 |
|---|---|---|---|---|---|
| $L$ (mm) | 1500 | 1800 | 2100 | 2500 | 3000 |

说明:

1. 本图管道出口，在一般情况下适用于出口处无泵站抽泄的重力排水管道，管径小于或等于800mm。
2. 护坡坡脚需做至最低水位线下，并位于实土上。对较浅河道，坡脚一般可接近河底。当最低水位高于管道出口标高时，$h$ 可等于0。

| 管道出口护坡 | 图集号 | 2024沪S204 |
|---|---|---|
| | 页 | 89 |

| 管径(mm) | 项目 | 单位 | 深度（m） | | | | | |
|---|---|---|---|---|---|---|---|---|
| | | | $H$=1.5 | $H$=2.0 | $H$=2.5 | $H$=3.0 | $H$=3.5 | $H$=4.0 |
| φ300 | 干砌块石护坡 | $m^3$ | 1.084 | 1.422 | 1.759 | 2.097 | 2.434 | 2.772 |
| | 碎石倒滤层 | $m^3$ | 0.319 | 0.445 | 0.580 | 0.715 | 0.850 | 0.985 |
| | 浆砌块石坡脚 | $m^3$ | 0.450 | 0.450 | 0.450 | 0.450 | 0.450 | 0.450 |
| | 抛石 | $m^3$ | 1.433 | 1.433 | 1.433 | 1.433 | 1.433 | 1.433 |
| φ400 | 干砌块石护坡 | $m^3$ | 1.242 | 1.647 | 2.053 | 2.459 | 2.840 | 3.270 |
| | 碎石倒滤层 | $m^3$ | 0.331 | 0.493 | 0.656 | 0.818 | 0.970 | 1.142 |
| | 浆砌块石坡脚 | $m^3$ | 0.540 | 0.540 | 0.540 | 0.540 | 0.540 | 0.540 |
| | 抛石 | $m^3$ | 1.590 | 1.590 | 1.590 | 1.590 | 1.590 | 1.590 |
| φ500 | 干砌块石护坡 | $m^3$ | 1.380 | 1.853 | 2.330 | 2.800 | 3.245 | 3.746 |
| | 碎石倒滤层 | $m^3$ | 0.341 | 0.530 | 0.719 | 0.909 | 1.087 | 1.287 |
| | 浆砌块石坡脚 | $m^3$ | 0.630 | 0.630 | 0.630 | 0.630 | 0.630 | 0.630 |
| | 抛石 | $m^3$ | 1.748 | 1.748 | 1.748 | 1.748 | 1.748 | 1.748 |
| φ600 | 干砌块石护坡 | $m^3$ | 1.423 | 1.955 | 2.548 | 3.111 | 3.673 | 4.236 |
| | 碎石倒滤层 | $m^3$ | 0.365 | 0.590 | 0.815 | 1.040 | 1.265 | 1.490 |
| | 浆砌块石坡脚 | $m^3$ | 0.750 | 0.750 | 0.750 | 0.750 | 0.750 | 0.750 |
| | 抛石 | $m^3$ | 1.960 | 1.960 | 1.960 | 1.960 | 1.960 | 1.960 |
| φ800 | 干砌块石护坡 | $m^3$ | 1.284 | 1.959 | 2.634 | 3.309 | 3.984 | 4.659 |
| | 碎石倒滤层 | $m^3$ | 0.278 | 0.548 | 0.818 | 1.088 | 1.358 | 1.628 |
| | 浆砌块石坡脚 | $m^3$ | 0.900 | 0.900 | 0.900 | 0.900 | 0.900 | 0.900 |
| | 抛石 | $m^3$ | 2.223 | 2.223 | 2.223 | 2.223 | 2.223 | 2.223 |

说明：

1. 上表“干砌块石护坡”一项，系指 $h$=0 时的数量。若 $h>0$，则当：管径为 $\phi$300 时，其中 0.68$h$（$m^3$）应为浆砌块石，其余仍为干砌块石。
管径为 $\phi$400 时，其中 0.82$h$（$m^3$）应为浆砌块石，其余仍为干砌块石。
管径为 $\phi$500 时，其中 0.96$h$（$m^3$）应为浆砌块石，其余仍为干砌块石。
管径为 $\phi$600 时，其中 1.13$h$（$m^3$）应为浆砌块石，其余仍为干砌块石。
管径为 $\phi$800 时，其中 1.35$h$（$m^3$）应为浆砌块石，其余仍为干砌块石。

2. 抛石工程量计算，设 $i$=1：3。

| 管道工程护坡工程数量表 | 图集号 | 2024沪S204 |
|---|---|---|
| | 页 | 90 |

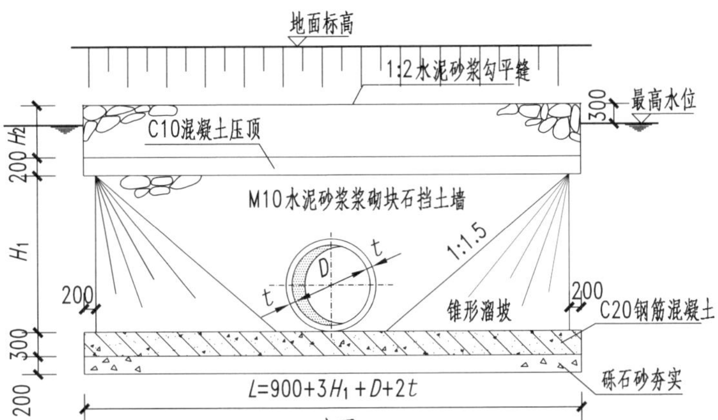


立面

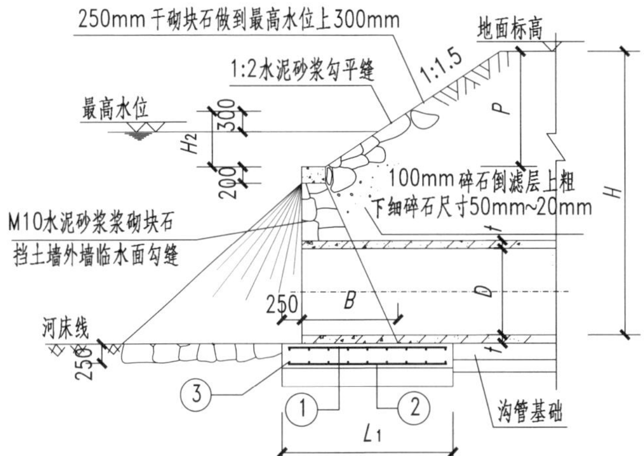


1-1剖面

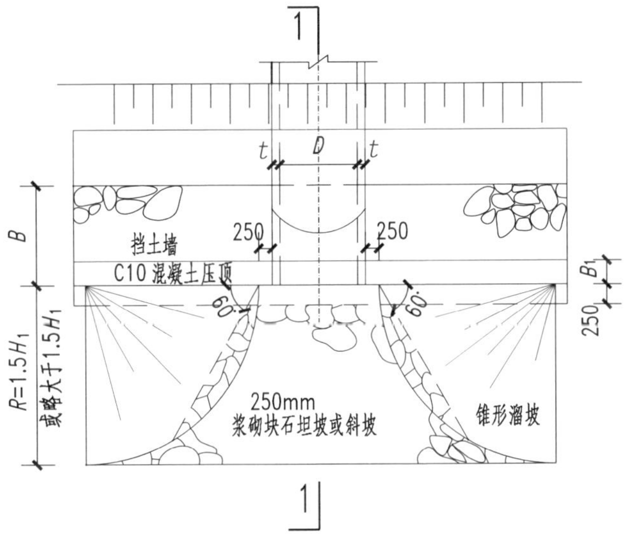


平面

**管道出口挡土墙工程尺寸表（mm）**

| 出口管埋深 $H$ | ≤3000 | | 3001~3500 | | 3501~4000 | | 4001~4500 | | 4501~5000 | |
|---|---|---|---|---|---|---|---|---|---|---|
| 墙顶离地面高 $P$ | ≤1000 | 1010~1500 | ≤1000 | 1010~1500 | ≤1000 | 1010~1500 | ≤1000 | 1010~1500 | ≤1000 | 1010~1500 |
| 墙顶宽度 $B_1$ | 300 | | 300 | | 500 | | 500 | | 500 | |
| 墙底宽度 $B$ | 1000 | | 1300 | | 1500 | | 1900 | 1700 | 2200 | 2000 |
| 基础宽度 $L_1$ | 2000 | | 2300 | | 2500 | | 3100 | 2900 | 3600 | 3300 |
| 钢筋① | ϕ8@150 | | | | | | Φ10@150 | | Φ12@140 | |
| 钢筋② | ϕ8@150 | | | | | | ϕ8@150 | | | |
| 钢筋③ | ϕ6@250 | | | | | | | | | |

注：$H_1=H+t-P-200$。

说明：

1. 本图管道出口，一般适用于管径大于或等于$\phi$1000管道的情况。
2. 挡土墙基础必须建筑在实土上，如土质松软，应将砾石砂垫层加厚，或改块石。
3. 采用本图需先决定$P$及$H_1$值，然后求取其他各有关数据。
4. 锥形溜坡及回填土需用好土分层回填夯实。
5. 挡土墙基础$L_1$的里端，施工中应注意使其与出口沟管接缝岔开。

# 管道出口挡土墙

| 图集号 | 2024沪S204 |
|---|---|
| 页 | 91 |

| 埋深(m) / 管径(mm) / 材料名称 | $H$=2.5 | | | | | | $H$=3.0 | | | | | | | | | | $H$=3.5 | | |
|---|---|---|---|---|---|---|---|---|---|---|---|---|---|---|---|---|---|---|---|
| | $H_1$=1.5 | $H_1$=2.0 | | $H_1$=2.5 | | | $H_1$=1.5 | $H_1$=2.0 | | $H_1$=2.5 | | | $H_1$=3.0 | | | | $H_1$=2.0 | | $H_1$=2.5 |
| | ø1000~ø1200 | ø1000~ø1200 | ø1350~ø1650 | ø1000~ø1200 | ø1350~ø1650 | ø1800~ø2000 | ø1000~ø1200 | ø1350~ø1650 | ø1800~ø2000 | ø1000~ø1200 | ø1350~ø1650 | ø1800~ø2000 | ø1000~ø1200 | ø1350~ø1650 | ø1800~ø2000 | ø2200~ø2400 | ø1000~ø1200 | ø1350~ø1650 | ø1000~ø1200 |
| 砾石砂垫层($m^3$) | 2.74 | 3.34 | 3.55 | 3.94 | 4.15 | 4.32 | 2.74 | 3.34 | 3.55 | 3.94 | 4.15 | 4.32 | 4.54 | 4.75 | 4.92 | 5.11 | 3.84 | 4.08 | 4.53 |
| C20钢筋混凝土底板($m^3$) | 4.11 | 5.01 | 5.33 | 5.91 | 6.23 | 6.48 | 4.11 | 5.01 | 5.33 | 5.91 | 6.23 | 6.48 | 6.81 | 7.13 | 7.38 | 7.67 | 5.76 | 6.12 | 6.80 |
| C10混凝土压顶($m^3$) | 0.41 | 0.50 | 0.53 | 0.59 | 0.62 | 0.65 | 0.41 | 0.50 | 0.53 | 0.59 | 0.62 | 0.65 | 0.68 | 0.71 | 0.74 | 0.77 | 0.50 | 0.53 | 0.59 |
| 浆砌块石挡土墙($m^3$) | 5.20 | 9.10 | 9.01 | 14.04 | 13.99 | 13.90 | 5.20 | 9.10 | 9.01 | 14.04 | 13.99 | 13.90 | 19.98 | 20.02 | 19.95 | 19.81 | 11.17 | 11.09 | 17.23 |
| 挡土墙外面勾缝($m^3$) | 4.66 | 8.25 | 7.88 | 12.60 | 12.50 | 12.10 | 4.66 | 8.25 | 7.88 | 12.60 | 12.50 | 12.10 | 17.69 | 17.86 | 17.68 | 17.13 | 8.25 | 7.88 | 12.60 |
| 浆砌块石坦坡($m^3$) | 1.86 | 2.83 | 3.23 | 3.96 | 4.47 | 4.86 | 1.86 | 2.83 | 3.23 | 3.96 | 4.47 | 4.86 | 5.27 | 5.88 | 6.35 | 6.89 | 2.83 | 3.23 | 3.96 |
| 土锥形溜坡($m^3$) | 3.98 | 9.42 | 9.42 | 18.41 | 18.41 | 18.41 | 3.98 | 9.42 | 9.42 | 18.41 | 18.41 | 18.41 | 31.81 | 31.81 | 31.81 | 31.81 | 9.42 | 9.42 | 18.41 |
| 修正溜坡($m^2$) | 9.56 | 16.99 | 16.99 | 26.55 | 26.55 | 26.55 | 9.56 | 16.99 | 16.99 | 26.55 | 26.55 | 26.55 | 38.23 | 38.23 | 38.23 | 38.23 | 16.99 | 16.99 | 26.55 |
| 干砌块石护坡($H_2$=1m时) ($m^3/m$) | 3.08 | 3.76 | 4.00 | 4.43 | 4.68 | 4.87 | 3.08 | 3.76 | 4.00 | 4.43 | 4.68 | 4.87 | 5.11 | 5.35 | 5.54 | 5.76 | 3.76 | 4.00 | 4.43 |
| 碎石倒滤层($H_2$=1m时) ($m^3/m$) | 1.23 | 1.50 | 1.60 | 1.77 | 1.87 | 1.95 | 1.23 | 1.50 | 1.60 | 1.77 | 1.87 | 1.95 | 2.04 | 2.14 | 2.22 | 2.30 | 1.50 | 1.60 | 1.77 |

| 埋深(m) / 管径(mm) / 材料名称 | $H$=3.5 | | | | | | | | | | $H$=4.0 | | | | | | | | |
|---|---|---|---|---|---|---|---|---|---|---|---|---|---|---|---|---|---|---|---|
| | $H_1$=2.5 | | $H_1$=3.0 | | | | $H_1$=3.5 | | | | $H_1$=2.5 | | | $H_1$=3.0 | | | | $H_1$=3.5 | |
| | ø1350~ø1650 | ø1800~ø2000 | ø1000~ø1200 | ø1350~ø1650 | ø1800~ø2000 | ø2200~ø2400 | ø1000~ø1200 | ø1350~ø1650 | ø1800~ø2000 | ø2200~ø2400 | ø1000~ø1200 | ø1350~ø1650 | ø1800~ø2000 | ø1000~ø1200 | ø1350~ø1650 | ø1800~ø2000 | ø2200~ø2400 | ø1000~ø1200 | ø1350~ø1650 |
| 砾石砂垫层($m^3$) | 4.77 | 4.97 | 5.22 | 5.46 | 5.66 | 5.88 | 5.91 | 6.15 | 6.35 | 6.57 | 4.92 | 5.19 | 5.40 | 5.67 | 5.94 | 6.15 | 6.39 | 6.42 | 6.69 |
| C20钢筋混凝土底板($m^3$) | 7.16 | 7.46 | 7.83 | 8.19 | 8.49 | 8.82 | 8.87 | 9.23 | 9.53 | 9.86 | 7.38 | 7.79 | 8.10 | 8.51 | 8.91 | 9.23 | 9.59 | 9.63 | 10.04 |
| C10混凝土压顶($m^3$) | 0.62 | 0.65 | 0.68 | 0.71 | 0.74 | 0.77 | 0.77 | 0.80 | 0.83 | 0.86 | 0.98 | 1.04 | 1.08 | 1.13 | 1.19 | 1.23 | 1.28 | 1.28 | 1.34 |
| 浆砌块石挡土墙($m^3$) | 17.18 | 17.09 | 24.53 | 24.57 | 24.49 | 24.36 | 33.05 | 33.21 | 33.19 | 33.08 | 21.63 | 21.55 | 21.39 | 30.77 | 30.84 | 30.72 | 30.50 | 41.43 | 41.68 |
| 挡土墙外面勾缝($m^3$) | 12.50 | 12.10 | 17.69 | 17.86 | 17.68 | 17.13 | 23.54 | 23.98 | 24.00 | 23.69 | 12.60 | 12.50 | 12.10 | 17.69 | 17.86 | 17.68 | 17.13 | 23.54 | 23.98 |
| 浆砌块石坦坡($m^3$) | 4.47 | 4.86 | 5.27 | 5.88 | 6.35 | 6.89 | 6.75 | 7.46 | 8.01 | 8.64 | 3.96 | 4.47 | 4.86 | 5.27 | 5.88 | 6.35 | 6.89 | 6.75 | 7.46 |
| 土锥形溜坡($m^3$) | 18.41 | 18.41 | 31.81 | 31.81 | 31.81 | 31.81 | 50.51 | 50.51 | 50.51 | 50.51 | 18.41 | 18.41 | 18.41 | 31.81 | 31.81 | 31.81 | 31.81 | 50.51 | 50.51 |
| 修正溜坡($m^2$) | 26.55 | 26.55 | 38.23 | 38.23 | 38.23 | 38.23 | 52.03 | 52.03 | 52.03 | 52.03 | 26.55 | 26.55 | 26.55 | 38.23 | 38.23 | 38.23 | 38.23 | 52.03 | 52.03 |
| 干砌块石护坡($H_2$=1m时) ($m^3/m$) | 4.68 | 4.87 | 5.11 | 5.35 | 5.54 | 5.76 | 5.79 | 6.03 | 6.22 | 6.44 | 4.43 | 4.68 | 4.87 | 5.11 | 5.35 | 5.54 | 5.76 | 5.79 | 6.03 |
| 碎石倒滤层($H_2$=1m时) ($m^3/m$) | 1.87 | 1.95 | 2.04 | 2.14 | 2.22 | 2.30 | 2.32 | 2.41 | 2.49 | 2.57 | 1.77 | 1.87 | 1.95 | 2.04 | 2.14 | 2.22 | 2.30 | 2.32 | 2.41 |

| 管道出口挡土墙工程数量表（一） | 图集号 | 2024沪S204 |
|---|---|---|
| | 页 | 92 |

| 埋深(m) | $H$=4.0 | | | | | | $H$=4.5 | | | | | | | | | | | | |
|---|---|---|---|---|---|---|---|---|---|---|---|---|---|---|---|---|---|---|---|
| | $H_1$=3.5 | | $H_1$=4.0 | | | | $H_1$=3.0 | | | | $H_1$=3.5 | | | | $H_1$=4.0 | | | | $H_1$=4.5 |
| 材料名称 \ 管径(mm) | ø1800~ø2000 | ø2200~ø2400 | ø1000~ø1200 | ø1350~ø1650 | ø1800~ø2000 | ø2200~ø2400 | ø1000~ø1200 | ø1350~ø1650 | ø1800~ø2000 | ø2200~ø2400 | ø1000~ø1200 | ø1350~ø1650 | ø1800~ø2000 | ø2200~ø2400 | ø1000~ø1200 | ø1350~ø1650 | ø1800~ø2000 | ø2200~ø2400 | ø1000~ø1200 |
| 砾石砂垫层($m^3$) | 6.90 | 7.14 | 7.17 | 7.44 | 7.65 | 7.89 | 6.58 | 6.89 | 7.13 | 7.41 | 7.96 | 8.30 | 8.56 | 8.85 | 8.89 | 9.23 | 9.49 | 9.78 | 9.82 |
| C20钢筋混凝土底板($m^3$) | 10.35 | 10.17 | 10.76 | 11.16 | 11.48 | 11.84 | 9.87 | 10.34 | 10.70 | 11.12 | 11.94 | 12.45 | 12.84 | 13.28 | 13.34 | 13.85 | 14.24 | 14.67 | 14.73 |
| C10混凝土压顶($m^3$) | 1.38 | 1.43 | 1.43 | 1.49 | 1.53 | 1.58 | 1.13 | 1.19 | 1.23 | 1.28 | 1.28 | 1.34 | 1.38 | 1.43 | 1.43 | 1.49 | 1.53 | 1.58 | 1.58 |
| 浆砌块石挡土墙($m^3$) | 41.67 | 41.49 | 53.16 | 54.06 | 54.17 | 54.09 | 33.80 | 33.87 | 33.75 | 33.53 | 49.62 | 49.89 | 49.86 | 49.67 | 64.23 | 64.72 | 64.82 | 64.73 | 80.65 |
| 挡土墙外面勾缝($m^3$) | 24.00 | 23.69 | 30.13 | 30.84 | 31.08 | 31.01 | 17.69 | 17.86 | 17.68 | 17.13 | 23.54 | 23.98 | 24.00 | 23.69 | 30.13 | 30.84 | 31.08 | 31.01 | 37.48 |
| 浆砌块石坦坡($m^3$) | 8.01 | 8.64 | 8.40 | 9.21 | 9.84 | 10.56 | 5.27 | 5.88 | 6.35 | 6.89 | 6.75 | 7.46 | 8.01 | 8.64 | 8.40 | 9.21 | 9.84 | 10.56 | 10.23 |
| 土锥形溜坡($m^3$) | 50.51 | 50.51 | 75.40 | 75.40 | 75.40 | 75.40 | 31.81 | 31.81 | 31.81 | 31.81 | 50.51 | 50.51 | 50.51 | 50.51 | 75.40 | 75.40 | 75.40 | 75.40 | 107.35 |
| 修正溜坡($m^2$) | 52.03 | 52.03 | 67.96 | 67.96 | 67.96 | 67.96 | 38.23 | 38.23 | 38.23 | 38.23 | 52.03 | 52.03 | 52.03 | 52.03 | 67.96 | 67.96 | 67.96 | 67.96 | 86.02 |
| 干砌块石护坡($H_2$=1m时) ($m^3/m$) | 6.22 | 6.44 | 6.46 | 6.71 | 6.90 | 7.11 | 5.11 | 5.35 | 5.54 | 5.76 | 5.79 | 6.03 | 6.22 | 6.44 | 6.46 | 6.71 | 6.90 | 7.11 | 7.14 |
| 碎石倒滤层($H_2$=1m时) ($m^3/m$) | 2.49 | 2.57 | 2.59 | 2.68 | 2.76 | 2.85 | 2.04 | 2.14 | 2.22 | 2.30 | 2.32 | 2.41 | 2.49 | 2.57 | 2.59 | 2.68 | 2.76 | 2.85 | 2.86 |

| 埋深(m) | $H$=4.5 | | | $H$=5.0 | | | | | | | | | | | | | | | |
|---|---|---|---|---|---|---|---|---|---|---|---|---|---|---|---|---|---|---|---|
| | $H_1$=4.5 | | | $H_1$=3.5 | | | | $H_1$=4.0 | | | | $H_1$=4.5 | | | | $H_1$=5.0 | | | |
| 材料名称 \ 管径(mm) | ø1350~ø1650 | ø1800~ø2000 | ø2200~ø2400 | ø1000~ø1200 | ø1350~ø1650 | ø1800~ø2000 | ø2200~ø2400 | ø1000~ø1200 | ø1350~ø1650 | ø1800~ø2000 | ø2200~ø2400 | ø1000~ø1200 | ø1350~ø1650 | ø1800~ø2000 | ø2200~ø2400 | ø1000~ø1200 | ø1350~ø1650 | ø1800~ø2000 | ø2200~ø2400 |
| 砾石砂垫层($m^3$) | 10.16 | 10.24 | 10.17 | 8.47 | 8.83 | 9.11 | 9.42 | 10.32 | 10.71 | 11.02 | 11.36 | 11.04 | 11.79 | 12.10 | 12.44 | 12.48 | 12.87 | 13.18 | 13.52 |
| C20钢筋混凝土底板($m^3$) | 15.24 | 15.63 | 16.07 | 12.71 | 13.25 | 13.67 | 14.13 | 15.48 | 16.07 | 16.53 | 17.04 | 17.10 | 17.69 | 18.15 | 18.66 | 18.72 | 19.31 | 19.77 | 20.28 |
| C10混凝土压顶($m^3$) | 1.64 | 1.68 | 1.73 | 1.28 | 1.34 | 1.38 | 1.43 | 1.43 | 1.49 | 1.53 | 1.58 | 1.58 | 1.64 | 1.68 | 1.73 | 1.73 | 1.79 | 1.83 | 1.88 |
| 浆砌块石挡土墙($m^3$) | 81.39 | 81.65 | 81.69 | 51.67 | 51.94 | 51.90 | 51.72 | 72.19 | 72.71 | 72.81 | 72.71 | 90.66 | 91.46 | 91.73 | 91.76 | 111.16 | 112.25 | 112.72 | 112.92 |
| 挡土墙外面勾缝($m^3$) | 38.46 | 38.90 | 39.07 | 23.54 | 23.98 | 24.00 | 23.69 | 30.13 | 30.84 | 31.08 | 31.01 | 37.48 | 38.46 | 38.90 | 39.07 | 45.57 | 46.82 | 47.48 | 47.89 |
| 浆砌块石坦坡($m^3$) | 11.14 | 11.85 | 12.66 | 6.75 | 7.46 | 8.01 | 8.64 | 8.40 | 9.21 | 9.84 | 10.56 | 10.23 | 11.14 | 11.85 | 12.66 | 12.22 | 13.23 | 14.02 | 14.92 |
| 土锥形溜坡($m^3$) | 107.35 | 107.35 | 107.35 | 50.51 | 50.51 | 50.51 | 50.51 | 75.40 | 75.40 | 75.40 | 75.04 | 107.35 | 107.35 | 107.35 | 107.35 | 147.26 | 147.26 | 147.26 | 147.26 |
| 修正溜坡($m^2$) | 86.02 | 86.02 | 86.02 | 52.03 | 52.03 | 52.03 | 52.03 | 67.96 | 67.96 | 67.96 | 67.96 | 86.02 | 86.02 | 86.02 | 86.02 | 106.19 | 106.19 | 106.19 | 106.19 |
| 干砌块石护坡($H_2$=1m时) ($m^3/m$) | 7.38 | 7.57 | 7.79 | 5.79 | 6.03 | 6.22 | 6.44 | 6.46 | 6.71 | 6.90 | 7.11 | 7.14 | 7.38 | 7.57 | 7.79 | 7.82 | 8.06 | 8.25 | 8.46 |
| 碎石倒滤层($H_2$=1m时) ($m^3/m$) | 2.95 | 3.03 | 3.12 | 2.32 | 2.41 | 2.49 | 2.57 | 2.59 | 2.68 | 2.76 | 2.85 | 2.86 | 2.95 | 3.03 | 3.12 | 3.13 | 3.22 | 3.30 | 3.39 |

# 管道出口挡土墙工程数量表（二）

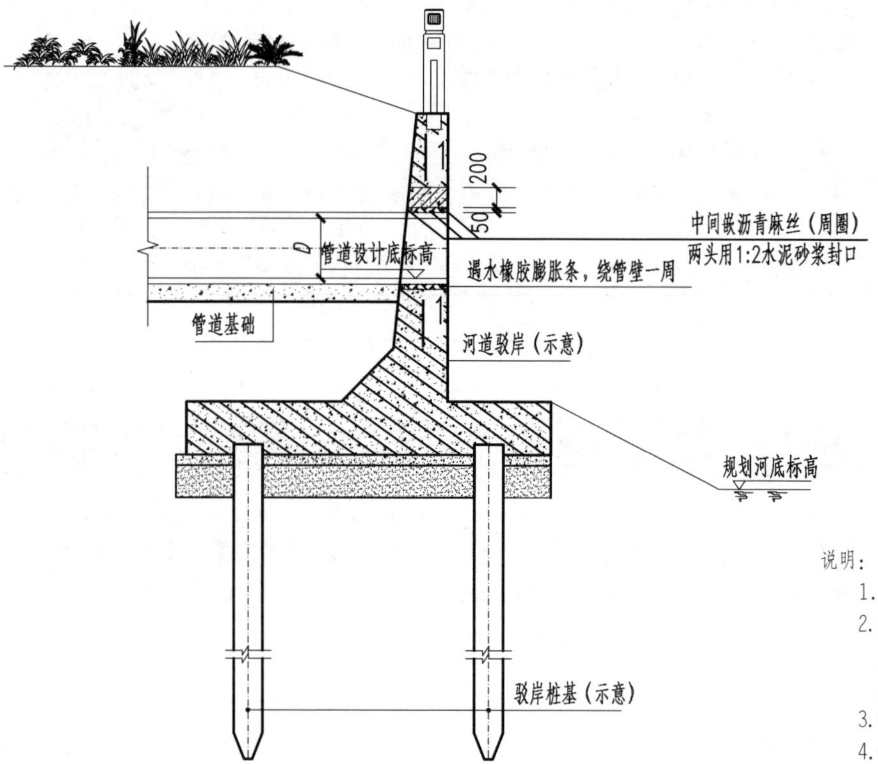


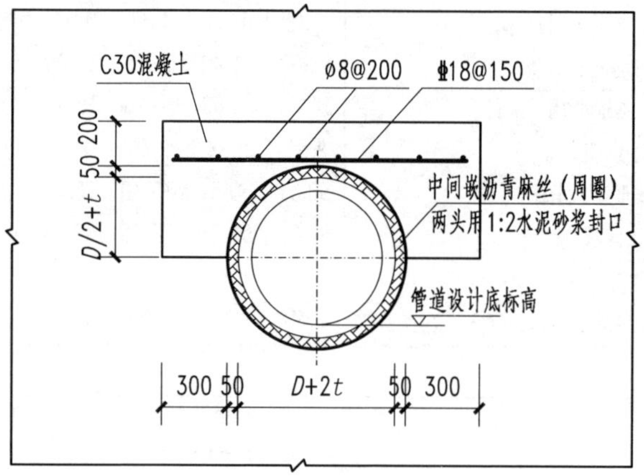


1—1剖面

说明：

1. 图中尺寸以毫米计，标高以米计。
2. 本图需结合水工专业驳岸设计图纸一并适用，河道驳岸仅为示意，以水工专业驳岸断面为准。若排出口处有现状驳岸，则施工排出口时凿开现状驳岸，排出口施工完成后原样恢复。
3. 钢筋：ϕ-HPB300，ф-HRB400。
4. 钢筋保护层厚度为35mm。

| 管道驳岸出口图 | 图集号 | 2024沪S204 |
|---|---|---|
| | 页 | 94 |

# 第二册

# 直线检查井、二通转折检查井

# 第三章

## [illegible]

# 第二册说明

一、图集内容

本册图集包括直线检查井、二通转折检查井等内容。

二、适用范围

1.适用于上海地区市政、民用与公共建筑等室外无内压的排水检查井的设计与施工。

2.适用于管径系列范围为DN300~DN3000的化学建材管和$\phi$600~$\phi$4000钢筋混凝土管，埋深不超过8.5m的排水检查井施工。

3.适用于一般地质条件下的排水检查井施工。当地基土为淤泥、淤泥质土、冲填土等软土地基时，应根据相关规范进行地基处理，达到本图集规定的设计条件和施工要求。

三、直线检查井

1.类型：850×850、1150×1150、1000×1150~1000×1800、1100×2050~1100×5050。

2.直线检查井分沉泥和不沉泥两种。沉泥井沉泥深度除特殊要求外，一般均采用500mm。

3.井座、井盖构件选型见本图集第一册内容（第75~88页）。

4.雨水井除沉泥井外，流槽砌筑至0.5倍大管管径高。污水井流槽砌筑至0.5倍大管管径高。流槽采用C20混凝土浇筑。

四、二通转折检查井

1.类型：管道管径大于或等于$\phi$800的二通转折井（90°~125°）、管道管径为$\phi$800的二通转折井（126°~145°）、管道管径大于或等于$\phi$1000的二通转折井（126°~165°）。

2.土重度：$\gamma$=18kN/m$^3$。

3.抗震设防烈度为7度，地震动峰值加速度为0.10$g$，抗震设防类别丙类，抗震等级三级。

4.地下水位取地面以下0.5m，侧向压力采用水土分算。

5.地面荷载：位于机动车道时取20kPa；位于绿化带和人非道时取10kPa。

6.材料要求

1）直线井及二通转折井材质均采用钢筋混凝土。

2）结构混凝土强度等级C35，抗渗等级S6；垫层采用C20混凝土；流槽采用C20混凝土。符合混凝土结构设计规范及给排水工程构筑物结构设计规范中对混凝土的相关要求。

3）钢筋：ϕ-HPB300，$f_y$=270N/mm$^2$；ⅱ-HPB335，$f_y$=360N/mm$^2$。钢筋保护层厚度：顶板、井壁为35mm，底板顶为35mm，底板底为40mm。

7.施工要求

1）一般情况下，地基承载力特征值不应低于80kPa。当地基承载力不满足时，应进行地基处理。

2）基坑不属于本图集范围，施工过程中应确保基坑围护体系安全和周边环境的安全。

3）基坑回填要求：基坑回填时，坑内不得积水，严禁带水回填。填土材料可采用粉质黏土、中粗砂回填，填土中不得含有石块、碎石、灰渣及有机杂物。回填土应采用分层压实，分层厚度不超过30cm，压实系数不小于0.94。回填时，不得使用重型及振动压实机碾压。人行道、车行道的道路结构应按照道路的设计要求。

4）施工及验收应满足如下标准、规范：

《混凝土结构工程施工质量验收规范》 GB 50204

《给水排水构筑物工程施工及验收规范》 GB 50141

《建筑地基基础工程施工质量验收标准》 GB 50202

《给水排水管道工程施工及验收规范》 GB 50268

《钢筋焊接及验收规程》 JGJ 18

《城镇排水工程施工质量验收规范》 DG/TJ 08-2110

五、直线检查井与二通转折检查井同样适用于化学建材管，其检查井结构尺寸按照下表对应关系选用。

| 化学建材管公称直径（mm） | 参见的钢筋混凝土管内径（mm） | 化学建材管公称直径（mm） | 参见的钢筋混凝土管内径（mm） | 化学建材管公称直径（mm） | 参见的钢筋混凝土管内径（mm） |
|---|---|---|---|---|---|
| DN400 | $\phi$600 | DN1000 | $\phi$1000 | DN2000 | $\phi$2000 |
| DN500 | $\phi$600 | DN1200 | $\phi$1200 | DN2200 | $\phi$2200 |
| DN600 | $\phi$600 | DN1400 | $\phi$1350 | DN2400 | $\phi$2400 |
| DN700 | $\phi$800 | DN1500 | $\phi$1500 | DN2600 | $\phi$2400 |
| DN800 | $\phi$800 | DN1600 | $\phi$1500 | DN2800 | $\phi$2700 |
| DN900 | $\phi$1000 | DN1800 | $\phi$1800 | DN3000 | $\phi$3000 |

<table>
<tr><th>井深 $H$(m)<br>尺寸(mm)<br>管径(mm)</th><th>$H \leqslant 2.5$</th><th>$2.5 < H \leqslant 3.0$</th><th>$3.0 < H \leqslant 3.5$</th><th>$3.5 < H \leqslant 4.0$</th><th>$4.0 < H \leqslant 4.5$</th><th>$4.5 < H \leqslant 5.0$</th><th>$5.0 < H \leqslant 5.5$</th><th>$5.5 < H \leqslant 7.0$</th><th>$7.0 < H \leqslant 8.5$</th></tr>
<tr><td>φ600(141°~180°)</td><td colspan="7">1000×1150</td><td></td><td></td></tr>
<tr><td>φ600( 90°~125°)</td><td colspan="7">1150×1150</td><td></td><td></td></tr>
<tr><td>φ600(126°~140°)</td><td colspan="7">1000×1350</td><td></td><td></td></tr>
<tr><td>φ800(146°~180°)</td><td colspan="8">1000×1350</td><td></td></tr>
<tr><td>φ1000</td><td colspan="8">1000×1550</td><td></td></tr>
<tr><td>φ1200</td><td colspan="8">1000×1800</td><td></td></tr>
<tr><td>φ1350</td><td></td><td colspan="8">1100×2050</td></tr>
<tr><td>φ1500</td><td></td><td colspan="8">1100×2250</td></tr>
<tr><td>φ1650</td><td></td><td colspan="8">1100×2400</td></tr>
<tr><td>φ1800</td><td></td><td colspan="8">1100×2600</td></tr>
<tr><td>φ2000</td><td></td><td></td><td colspan="7">1100×2800</td></tr>
<tr><td>φ2200</td><td></td><td></td><td colspan="7">1100×3050</td></tr>
<tr><td>φ2400</td><td></td><td></td><td></td><td colspan="6">1100×3250</td></tr>
<tr><td>φ2700</td><td></td><td></td><td></td><td></td><td colspan="5">1100×3600</td></tr>
<tr><td>φ3000</td><td></td><td></td><td></td><td></td><td></td><td colspan="4">1100×3950</td></tr>
<tr><td>φ3500</td><td></td><td></td><td></td><td></td><td></td><td></td><td colspan="3">1100×4550</td></tr>
<tr><td>φ4000</td><td></td><td></td><td></td><td></td><td></td><td></td><td></td><td colspan="2">1100×5050</td></tr>
</table>

说明：

1. 以上表格中 φ600~φ4000 为钢筋混凝土管道。
2. 凡井深超出表中范围，检查井须另行设计。

# 直线检查井深度适用范围表（一）

| 图集号 | 2024沪S204 |
|---|---|
| 页 | 99 |

<table>
<tr><th>井深 H(m)<br>尺寸(mm)<br>管径(mm)</th><th>H≤2.5</th><th>2.5<H≤3.0</th><th>3.0<H≤3.5</th><th>3.5<H≤4.0</th><th>4.0<H≤4.5</th><th>4.5<H≤5.0</th><th>5.0<H≤5.5</th><th>5.5<H≤7.0</th><th>7.0<H≤8.5</th></tr>
<tr><td>DN300( 90°~125°)</td><td colspan="4">850×850</td><td colspan="5"></td></tr>
<tr><td>DN300(126°~180°)</td><td colspan="4">850×850</td><td colspan="5"></td></tr>
<tr><td>DN400、500、600(141°~180°)</td><td colspan="7">1000×1150</td><td colspan="2"></td></tr>
<tr><td>DN400、500、600( 90°~125°)</td><td colspan="7">1150×1150</td><td colspan="2"></td></tr>
<tr><td>DN400、500、600(126°~140°)</td><td colspan="7">1000×1350</td><td colspan="2"></td></tr>
<tr><td>DN700、800(146°~180°)</td><td colspan="8">1000×1350</td><td></td></tr>
<tr><td>DN900、1000</td><td colspan="8">1000×1550</td><td></td></tr>
<tr><td>DN1200</td><td colspan="8">1000×1800</td><td></td></tr>
<tr><td>DN1400</td><td></td><td colspan="8">1100×2050</td></tr>
<tr><td>DN1500、1600</td><td></td><td colspan="8">1100×2250</td></tr>
<tr><td>DN1800</td><td></td><td colspan="8">1100×2600</td></tr>
<tr><td>DN2000</td><td colspan="2"></td><td colspan="7">1100×2800</td></tr>
<tr><td>DN2200</td><td colspan="2"></td><td colspan="7">1100×3050</td></tr>
<tr><td>DN2400、2600</td><td colspan="3"></td><td colspan="6">1100×3250</td></tr>
<tr><td>DN2800</td><td colspan="4"></td><td colspan="5">1100×3600</td></tr>
<tr><td>DN3000</td><td colspan="5"></td><td colspan="4">1100×3950</td></tr>
</table>

说明：

1. 以上表格中 DN300~DN3000 为化学建材管。
2. 凡井深超出表中范围，检查井须另行设计。

| 直线检查井深度适用范围表（二） | 图集号 | 2024沪S204 |
|---|---|---|
| | 页 | 100 |

| 转折角度α(°) 检查井尺寸(mm) 管径(mm) | 邻边转折角度 α | 对边转折角度 α | | | | | | |
|---|---|---|---|---|---|---|---|---|
| | 1150x1150 | 1000x1150 | 1000x1350 | 1000x1550 | 1000x1800 | 1100x2050 | 1100x2250 | 1100x2400 |
| ϕ600 | 90~125 | 141~180 | 126~140 | | | | | |
| ϕ800 | | | 146~180 | | | | | |
| ϕ1000 | | | | 166~180 | | | | |
| ϕ1200 | | | | | 166~180 | | | |
| ϕ1350 | | | | | | 166~180 | | |
| ϕ1500 | | | | | | | 166~180 | |
| ϕ1650 | | | | | | | | 166~180 |

说明：

1. 以上表格中$\phi$600~$\phi$4000为钢筋混凝土管道。
2. $\phi$800管道对边转折角度90°~145°见二通转折井。
3. $\phi$1000~$\phi$4000管道对边转折角度90°~165°见二通转折井。

| 钢筋混凝土管直线检查井转折角度适用范围表（一） | 图集号 | 2024沪S204 |
|---|---|---|
| | 页 | 101 |

| 检查井尺寸(mm) 转折角度α(°) 管径(mm) | 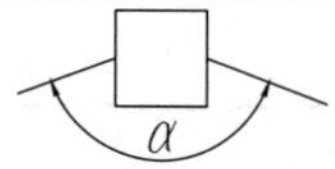 对边转折角度 | | | | | | | |
|---|---|---|---|---|---|---|---|---|
| | 1100x2600 | 1100x2800 | 1100x3050 | 1100x3250 | 1100x3600 | 1100x3950 | 1100x4550 | 1100x5050 |
| φ1800 | 166~180 | | | | | | | |
| φ2000 | | 166~180 | | | | | | |
| φ2200 | | | 166~180 | | | | | |
| φ2400 | | | | 166~180 | | | | |
| φ2700 | | | | | 166~180 | | | |
| φ3000 | | | | | | 166~180 | | |
| φ3500 | | | | | | | 166~180 | |
| φ4000 | | | | | | | | 166~180 |

说明：

1. 以上表格中φ600~φ4000为钢筋混凝土管道。
2. φ800管道对边转折角度90°~145°见二通转折井。
3. φ1000~φ4000管道对边转折角度90°~165°见二通转折井。

**钢筋混凝土管直线检查井转折角度适用范围表（二）**

| 图集号 | 2024沪S204 |
|---|---|
| 页 | 102 |

| 转折角度α(°) \ 检查井尺寸(mm) / 管径(mm) | 邻边转折角度 | | 对边转折角度 | | | | | | | |
|---|---|---|---|---|---|---|---|---|---|---|
| | 850x850 | 1150x1150 | 850x850 | 1000x1150 | 1000x1350 | 1000x1550 | 1000x1800 | 1100x2050 | 1100x2250 | 1100x2400 |
| DN300 | 90~125 | | 126~180 | | | | | | | |
| DN400、DN500、DN600 | | 90~125 | | 141~180 | 126~140 | | | | | |
| DN700、DN800 | | | | | 146~180 | | | | | |
| DN900、DN1000 | | | | | | 166~180 | | | | |
| DN1200 | | | | | | | 166~180 | | | |
| DN1400 | | | | | | | | 166~180 | | |
| DN1500、DN1600 | | | | | | | | | 166~180 | |

说明：

1. 以上表格中 DN300~DN3000 为化学建材管。
2. DN700、DN800 管道对边转折角度 90°~145°参见二通转折井。
3. DN1000~DN3000 管道对边转折角度 90°~165°参见二通转折井。

| 化学建材管直线检查井转折角度适用范围表（一） | 图集号 | 2024沪S204 |
|---|---|---|
| | 页 | 103 |

| 检查井尺寸(mm)<br>转折角度$\alpha$(°)<br>管径(mm) | 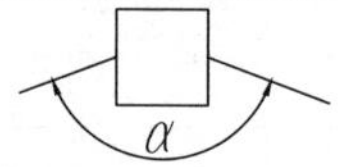 对边转折角度 | | | | | | | |
|---|---|---|---|---|---|---|---|---|
| | 1100x2600 | 1100x2800 | 1100x3050 | 1100x3250 | 1100x3600 | 1100x3950 | 1100x4550 | 1100x5050 |
| DN1800 | 166~180 | | | | | | | |
| DN2000 | | 166~180 | | | | | | |
| DN2200 | | | 166~180 | | | | | |
| DN2400、DN2600 | | | | 166~180 | | | | |
| DN2800 | | | | | 166~180 | | | |
| DN3000 | | | | | | 166~180 | | |

说明：

1. 以上表格中DN300~DN3000为化学建材管。
2. DN700、DN800管道对边转折角度90°~145°参见二通转折井。
3. DN1000~DN3000管道对边转折角度90°~165°参见二通转折井。

| 化学建材管直线检查井转折角度适用范围表（二） | 图集号 | 2024沪S204 |
|---|---|---|
| | 页 | 104 |

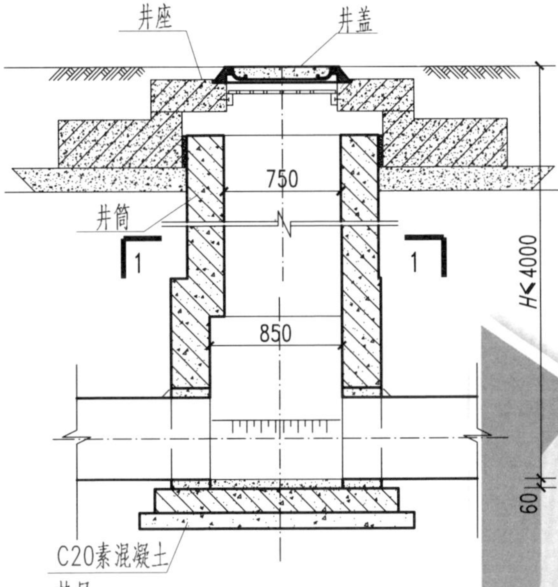


2-2 剖面

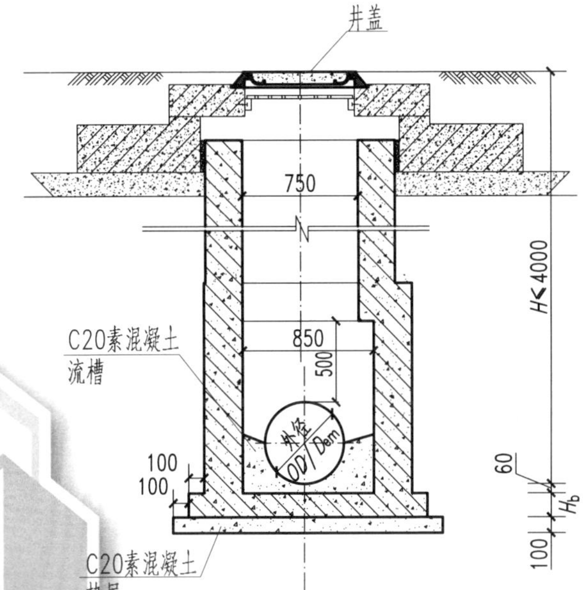


3-3 剖面

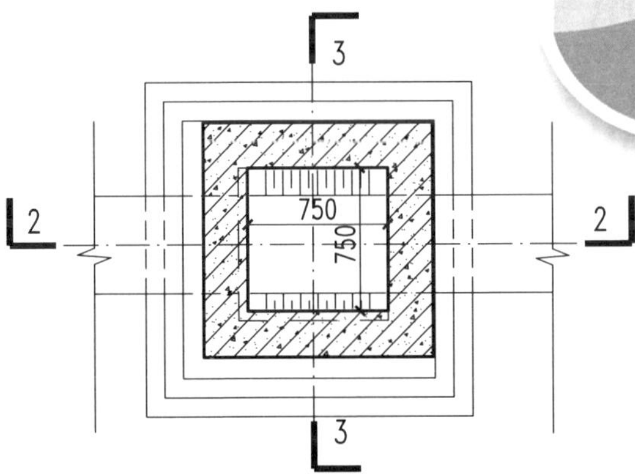


1-1 剖面

说明：

本图检查井适用于埋深不大于 4.0m、管径 DN300 不沉泥的化学建材排水管道。

| 850×850<br>不沉泥钢筋混凝土检查井 | 图集号 | 2024沪S204 |
|---|---|---|
| | 页 | 105 |

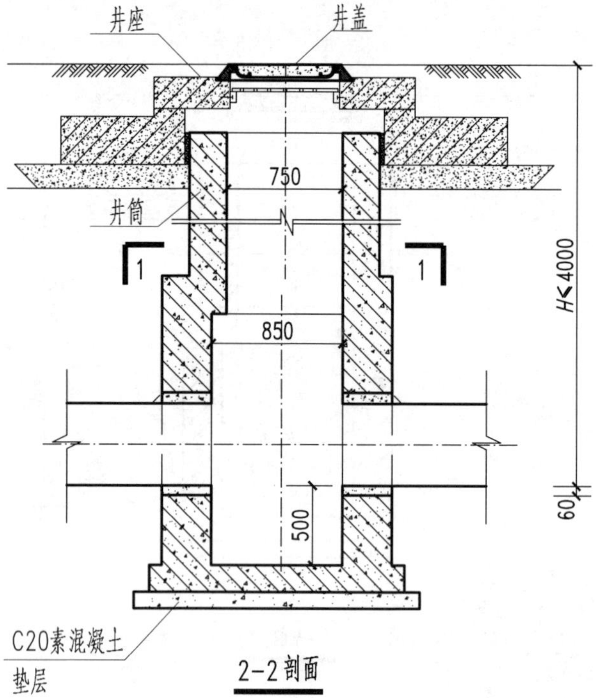


2-2 剖面

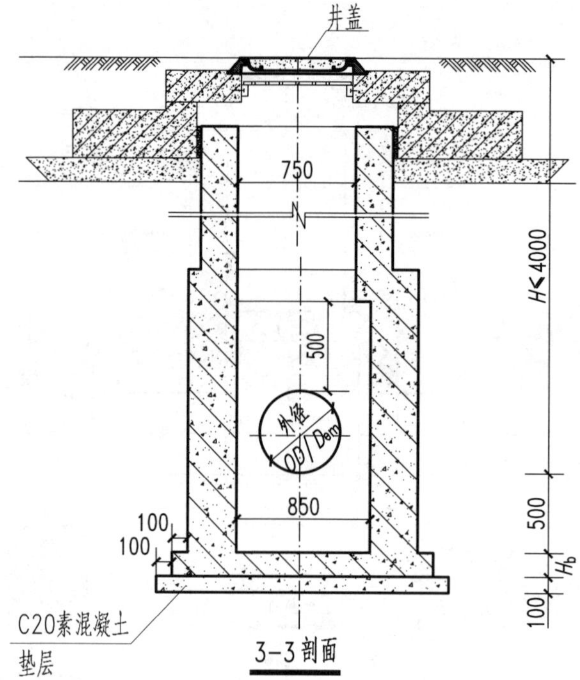


3-3 剖面

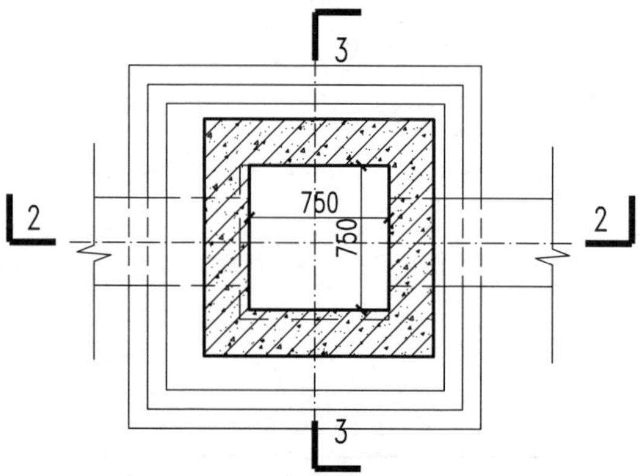


1-1 剖面

说明:

本图检查井适用于埋深不大于4.0m、管径DN300沉泥的化学建材雨水管道。

| 850×850 沉泥钢筋混凝土检查井 | 图集号 | 2024沪S204 |
|---|---|---|
| | 页 | 106 |

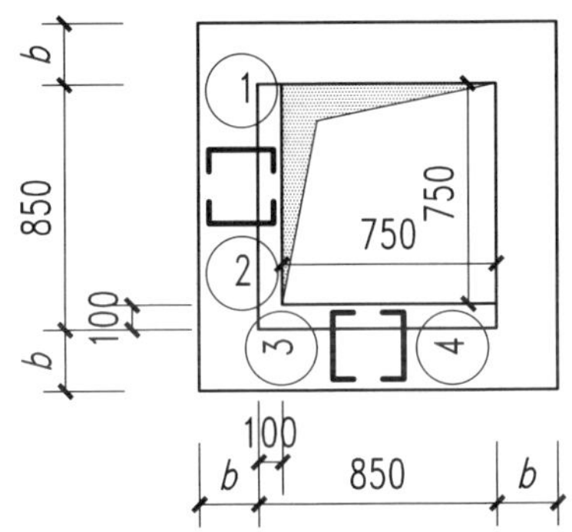


顶板配筋图 1:50

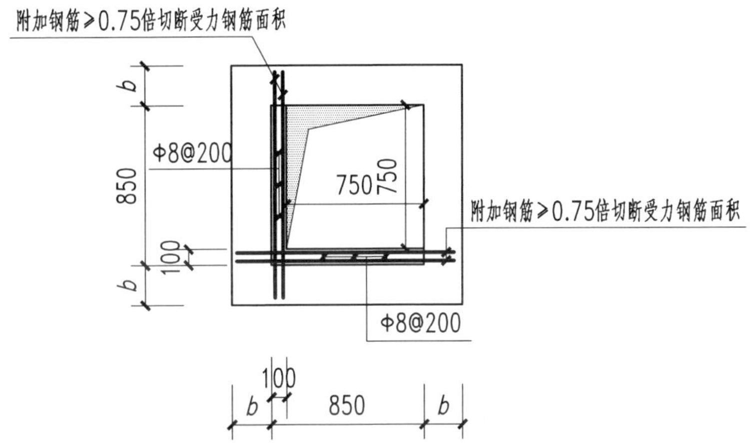


顶板孔口加固图 1:50

| 850×850 钢筋混凝土检查井 顶板配筋图 | 图集号 | 2024沪S204 |
|---|---|---|
| | 页 | 107 |

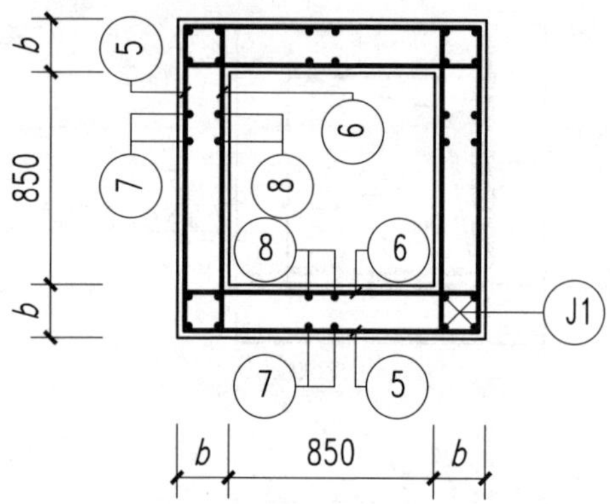


侧壁配筋图 1:50

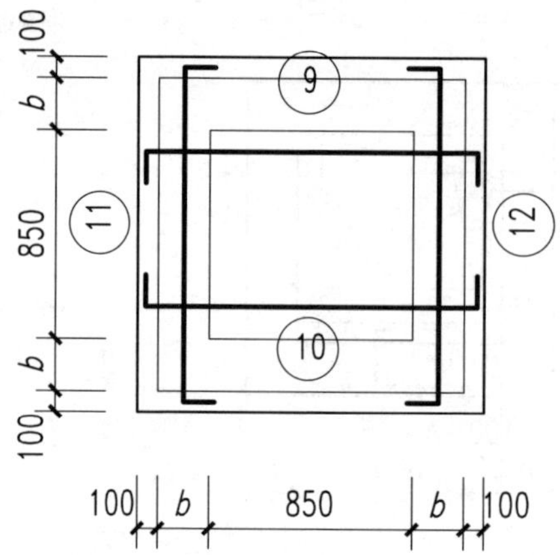


底板配筋图 1:50

| 850×850 钢筋混凝土检查井<br>底板、井壁配筋图 | 图集号 | 2024沪S204 |
| --- | --- | --- |
| | 页 | 108 |

| 检查井尺寸 | 管径DN (mm) | 转折角度 $\alpha$(°) | 深度$H$ (m) | 顶板厚$H_2$ (mm) | 15$d$ 按实 ① | 15$d$ 按实 ② | 15$d$ 按实 ③ | 15$d$ 按实 ④ |
|---|---|---|---|---|---|---|---|---|
| 850×850 | DN300 | 90～125 | 4.0 | 200 | Φ10@150 | Φ10@150 | Φ10@150 | Φ10@150 |
| | | | 5.5 | | | | | |
| | | | 7.0 | | | | | |
| | | | 8.5 | | | | | |
| 850×850 | DN300 | 126～180 | 4.0 | 200 | Φ10@150 | Φ10@150 | Φ10@150 | Φ10@150 |
| | | | 5.5 | | | | | |
| | | | 7.0 | | | | | |
| | | | 8.5 | | | | | |

| 检查井尺寸 | 管径ø (mm) | 转折角度 $\alpha$(°) | 深度$H$ (m) | 顶板厚$H_2$ (mm) | 15$d$ 按实 ① | 15$d$ 按实 ② | 15$d$ 按实 ③ | 15$d$ 按实 ④ |
|---|---|---|---|---|---|---|---|---|
| | | | | | | | | |

# 850×850 钢筋混凝土检查井顶板配筋表

| 图集号 | 2024沪S204 |
|---|---|
| 页 | 109 |

| 检查井尺寸 | 管径DN(mm) | 转折角度α(°) | 深度$H$(m) | 侧壁厚$b$(mm) | 按实 15$d$ ⑤ | 按实 15$d$ ⑥ | 按实 15$d$ ⑦ | 按实 15$d$ ⑧ | 检查井尺寸 | 管径ø(mm) | 转折角度α(°) | 深度$H$(m) | 侧壁厚$b$(mm) | 按实 15$d$ ⑤ | 按实 15$d$ ⑥ | 按实 15$d$ ⑦ | 按实 15$d$ ⑧ |
|---|---|---|---|---|---|---|---|---|---|---|---|---|---|---|---|---|---|
| 850×850 | DN300 | 90~125 | 4.0 | 250 | Φ10@150 | Φ10@150 | Φ10@150 | Φ10@150 | | | | | | | | | |
| | | | 5.5 | | | | | | | | | | | | | | |
| | | | 7.0 | | | | | | | | | | | | | | |
| | | | 8.5 | | | | | | | | | | | | | | |
| 850×850 | DN300 | 126~180 | 4.0 | 250 | Φ10@150 | Φ10@150 | Φ10@150 | Φ10@150 | | | | | | | | | |
| | | | 5.5 | | | | | | | | | | | | | | |
| | | | 7.0 | | | | | | | | | | | | | | |
| | | | 8.5 | | | | | | | | | | | | | | |
| | | | | | | | | | | | | | | | | | |
| | | | | | | | | | | | | | | | | | |
| | | | | | | | | | | | | | | | | | |
| | | | | | | | | | | | | | | | | | |
| | | | | | | | | | | | | | | | | | |
| | | | | | | | | | | | | | | | | | |
| | | | | | | | | | | | | | | | | | |
| | | | | | | | | | | | | | | | | | |
| | | | | | | | | | | | | | | | | | |
| | | | | | | | | | | | | | | | | | |
| | | | | | | | | | | | | | | | | | |
| | | | | | | | | | | | | | | | | | |
| | | | | | | | | | | | | | | | | | |
| | | | | | | | | | | | | | | | | | |
| | | | | | | | | | | | | | | | | | |
| | | | | | | | | | | | | | | | | | |

# 850×850钢筋混凝土检查井井壁配筋表

| 检查井尺寸 | 管径DN (mm) | 转折角度 α(°) | 深度$H$ (m) | 底板厚$H_b$ (mm) | 按实 200 ⑨ | 按实 200 ⑩ | 按实 200 ⑪ | 按实 200 ⑫ | 检查井尺寸 | 管径ø (mm) | 转折角度 α(°) | 深度$H$ (m) | 底板厚$H_b$ (mm) | 按实 200 ⑨ | 按实 200 ⑩ | 按实 200 ⑪ | 按实 200 ⑫ |
|---|---|---|---|---|---|---|---|---|---|---|---|---|---|---|---|---|---|
| 850×850 | DN300 | 90~125 | 4.0 | 300 | Φ12@150 | Φ12@150 | Φ12@150 | Φ12@150 | | | | | | | | | |
| | | | 5.5 | | | | | | | | | | | | | | |
| | | | 7.0 | | | | | | | | | | | | | | |
| | | | 8.5 | | | | | | | | | | | | | | |
| 850×850 | DN300 | 126~180 | 4.0 | 300 | Φ12@150 | Φ12@150 | Φ12@150 | Φ12@150 | | | | | | | | | |
| | | | 5.5 | | | | | | | | | | | | | | |
| | | | 7.0 | | | | | | | | | | | | | | |
| | | | 8.5 | | | | | | | | | | | | | | |
| | | | | | | | | | | | | | | | | | |
| | | | | | | | | | | | | | | | | | |
| | | | | | | | | | | | | | | | | | |
| | | | | | | | | | | | | | | | | | |
| | | | | | | | | | | | | | | | | | |
| | | | | | | | | | | | | | | | | | |
| | | | | | | | | | | | | | | | | | |
| | | | | | | | | | | | | | | | | | |
| | | | | | | | | | | | | | | | | | |
| | | | | | | | | | | | | | | | | | |
| | | | | | | | | | | | | | | | | | |
| | | | | | | | | | | | | | | | | | |
| | | | | | | | | | | | | | | | | | |
| | | | | | | | | | | | | | | | | | |
| | | | | | | | | | | | | | | | | | |
| | | | | | | | | | | | | | | | | | |

# 850×850钢筋混凝土检查井底板配筋表

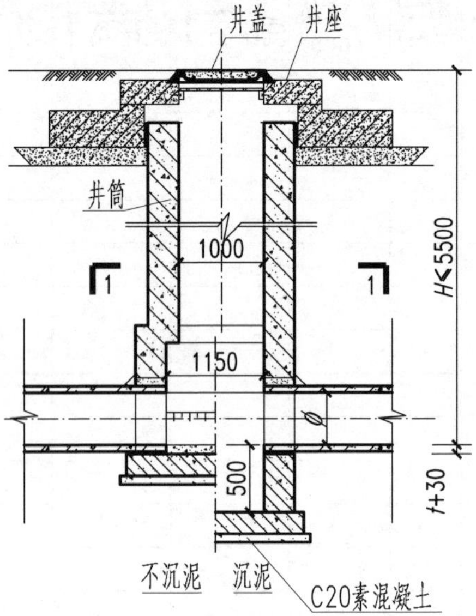


2-2剖面

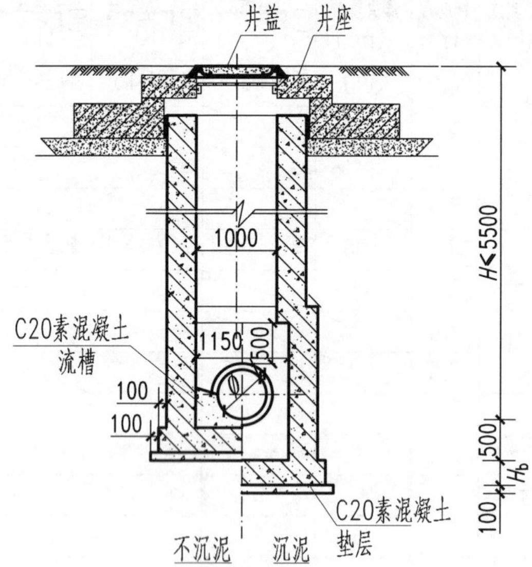


3-3剖面

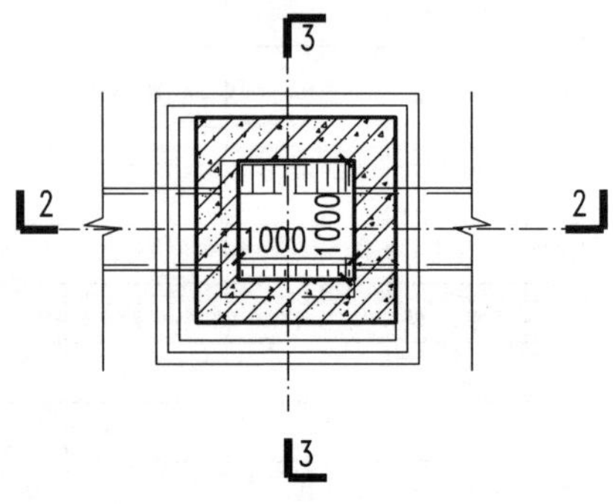


1-1剖面

说明：

1. 本图检查井适用于管径为$\phi$600的钢筋混凝土排水管道。
2. 化学建材管管径DN400~DN600，可参见本检查井。

| 1150×1150<br>钢筋混凝土检查井 | 图集号 | 2024沪S204 |
| --- | --- | --- |
| | 页 | 112 |

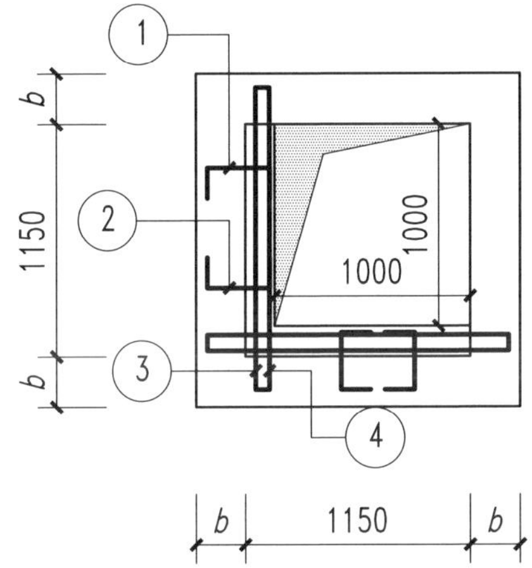


顶板配筋图 1:50

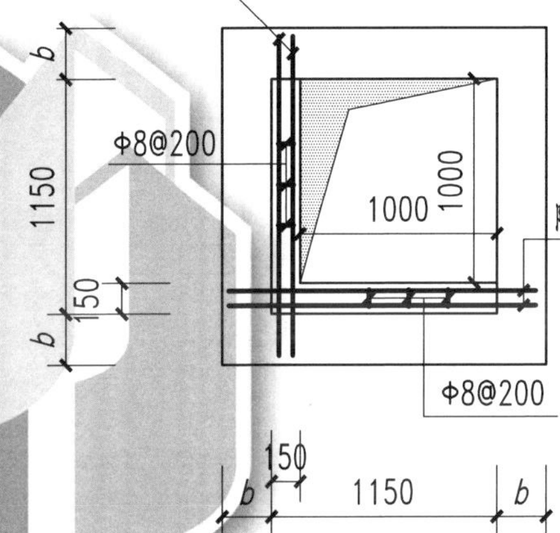


顶板孔口加固图 1:50

| 1150×1150 钢筋混凝土检查井<br>顶板配筋图 | 图集号 | 2024沪S204 |
|---|---|---|
| | 页 | 113 |

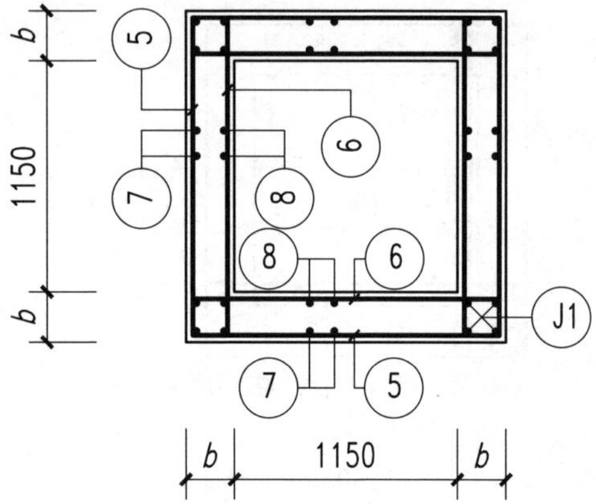


侧壁配筋图 1:50

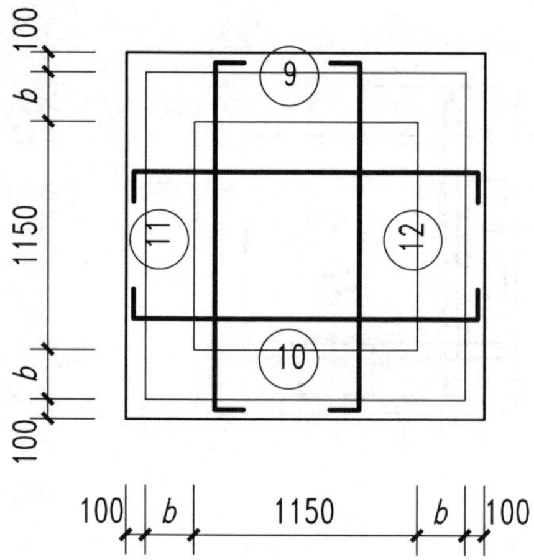


底板配筋图 1:50

| 1150×1150 钢筋混凝土检查井<br>底板、井壁配筋图 | 图集号 | 2024沪S204 |
|---|---|---|
| | 页 | 114 |

| 检查井尺寸 | 管径ø (mm) | 转折角度 $\alpha$(°) | 深度$H$ (m) | 顶板厚$H_2$ (mm) | 15d 按实 ① | 15d 按实 ② | 15d 按实 ③ | 15d 按实 ④ | 检查井尺寸 | 管径ø (mm) | 转折角度 $\alpha$(°) | 深度$H$ (m) | 顶板厚$H_2$ (mm) | 15d 按实 ① | 15d 按实 ② | 15d 按实 ③ | 15d 按实 ④ |
|---|---|---|---|---|---|---|---|---|---|---|---|---|---|---|---|---|---|
| 1150×1150 | ø600 | 90~125 | 4.0 | 200 | Φ10@150 | Φ10@150 | Φ10@150 | Φ10@150 | | | | | | | | | |
| | | | 5.5 | 200 | Φ10@150 | Φ10@150 | Φ10@150 | Φ10@150 | | | | | | | | | |
| | | | 7.0 | | | | | | | | | | | | | | |
| | | | 8.5 | | | | | | | | | | | | | | |
| | | | | | | | | | | | | | | | | | |
| | | | | | | | | | | | | | | | | | |
| | | | | | | | | | | | | | | | | | |
| | | | | | | | | | | | | | | | | | |
| | | | | | | | | | | | | | | | | | |
| | | | | | | | | | | | | | | | | | |
| | | | | | | | | | | | | | | | | | |
| | | | | | | | | | | | | | | | | | |
| | | | | | | | | | | | | | | | | | |
| | | | | | | | | | | | | | | | | | |
| | | | | | | | | | | | | | | | | | |
| | | | | | | | | | | | | | | | | | |
| | | | | | | | | | | | | | | | | | |
| | | | | | | | | | | | | | | | | | |
| | | | | | | | | | | | | | | | | | |
| | | | | | | | | | | | | | | | | | |

# 1150×1150 钢筋混凝土检查井顶板配筋表

| 检查井尺寸 | 管径ø (mm) | 转折角度 α(°) | 深度H (m) | 侧壁厚b (mm) | 15d 按实 ⑤ | 15d 按实 ⑥ | 15d 按实 ⑦ | 15d 按实 ⑧ | 检查井尺寸 | 管径ø (mm) | 转折角度 α(°) | 深度H (m) | 侧壁厚b (mm) | 15d 按实 ⑤ | 15d 按实 ⑥ | 15d 按实 ⑦ | 15d 按实 ⑧ |
|---|---|---|---|---|---|---|---|---|---|---|---|---|---|---|---|---|---|
| 1150×1150 | ø600 | 90~125 | 4.0 | 250 | Φ10@150 | Φ10@150 | Φ10@150 | Φ10@150 | | | | | | | | | |
| | | | 5.5 | 250 | Φ10@150 | Φ10@150 | Φ10@150 | Φ10@150 | | | | | | | | | |
| | | | 7.0 | | | | | | | | | | | | | | |
| | | | 8.5 | | | | | | | | | | | | | | |
| | | | | | | | | | | | | | | | | | |
| | | | | | | | | | | | | | | | | | |
| | | | | | | | | | | | | | | | | | |
| | | | | | | | | | | | | | | | | | |
| | | | | | | | | | | | | | | | | | |
| | | | | | | | | | | | | | | | | | |
| | | | | | | | | | | | | | | | | | |
| | | | | | | | | | | | | | | | | | |
| | | | | | | | | | | | | | | | | | |
| | | | | | | | | | | | | | | | | | |
| | | | | | | | | | | | | | | | | | |
| | | | | | | | | | | | | | | | | | |
| | | | | | | | | | | | | | | | | | |
| | | | | | | | | | | | | | | | | | |
| | | | | | | | | | | | | | | | | | |
| | | | | | | | | | | | | | | | | | |
| | | | | | | | | | | | | | | | | | |
| | | | | | | | | | | | | | | | | | |
| | | | | | | | | | | | | | | | | | |
| | | | | | | | | | | | | | | | | | |

# 1150×1150钢筋混凝土检查井井壁配筋表

| 图集号 | 2024沪S204 |
|---|---|
| 页 | 116 |

| 检查井尺寸 | 管径ø (mm) | 转折角度 $\alpha$(°) | 深度$H$ (m) | 底板厚$H_b$ (mm) | 按实 200 ⑨ | 按实 200 ⑩ | 按实 200 ⑪ | 按实 200 ⑫ | 检查井尺寸 | 管径ø (mm) | 转折角度 $\alpha$(°) | 深度$H$ (m) | 底板厚$H_b$ (mm) | 按实 200 ⑨ | 按实 200 ⑩ | 按实 200 ⑪ | 按实 200 ⑫ |
|---|---|---|---|---|---|---|---|---|---|---|---|---|---|---|---|---|---|
| 1150×1150 | ø600 | 90~125 | 4.0 | 300 | Φ12@150 | Φ12@150 | Φ12@150 | Φ12@150 | | | | | | | | | |
| | | | 5.5 | 300 | Φ12@150 | Φ12@150 | Φ12@150 | Φ12@150 | | | | | | | | | |
| | | | 7.0 | | | | | | | | | | | | | | |
| | | | 8.5 | | | | | | | | | | | | | | |
| | | | | | | | | | | | | | | | | | |
| | | | | | | | | | | | | | | | | | |
| | | | | | | | | | | | | | | | | | |
| | | | | | | | | | | | | | | | | | |
| | | | | | | | | | | | | | | | | | |
| | | | | | | | | | | | | | | | | | |
| | | | | | | | | | | | | | | | | | |
| | | | | | | | | | | | | | | | | | |
| | | | | | | | | | | | | | | | | | |
| | | | | | | | | | | | | | | | | | |
| | | | | | | | | | | | | | | | | | |
| | | | | | | | | | | | | | | | | | |
| | | | | | | | | | | | | | | | | | |
| | | | | | | | | | | | | | | | | | |
| | | | | | | | | | | | | | | | | | |
| | | | | | | | | | | | | | | | | | |
| | | | | | | | | | | | | | | | | | |
| | | | | | | | | | | | | | | | | | |
| | | | | | | | | | | | | | | | | | |
| | | | | | | | | | | | | | | | | | |

# 1150×1150钢筋混凝土检查井底板配筋表

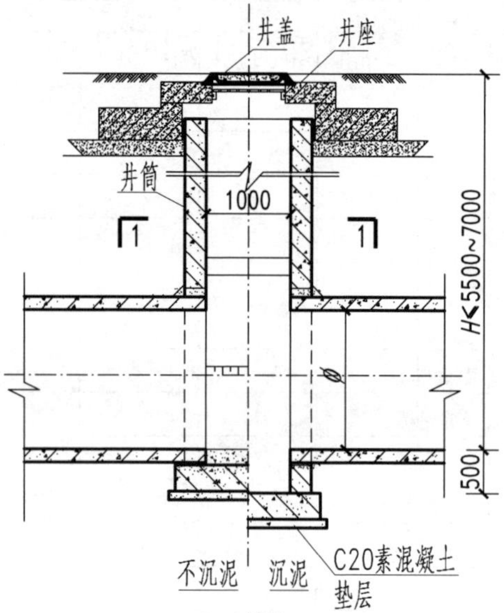


2-2剖面

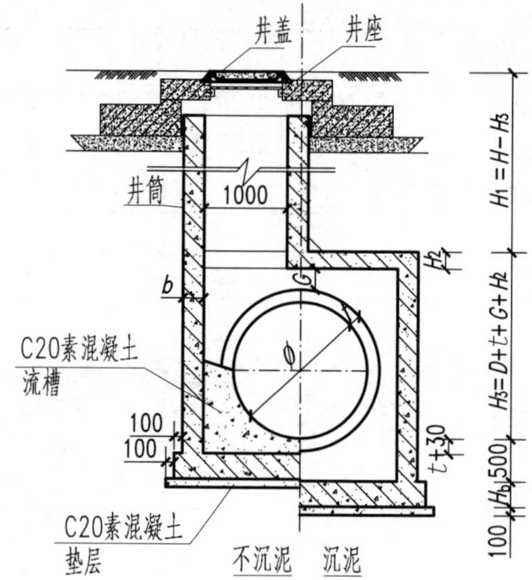


3-3剖面

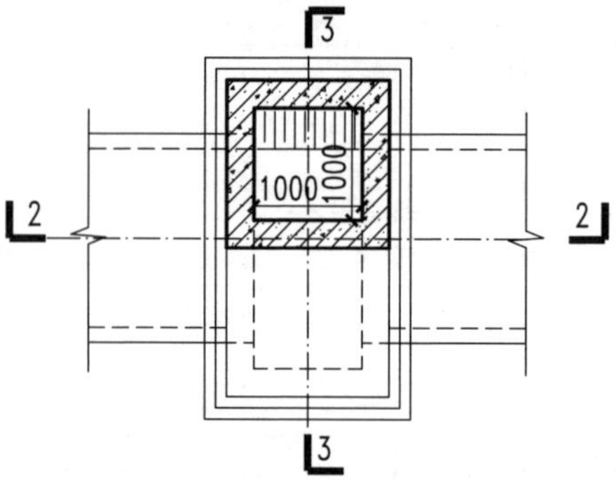


1-1剖面

钢筋混凝土直线井尺寸表

| 序号 | Ø | t | G | b | $H_2$ | $H_3$ | $H_b$ |
|---|---|---|---|---|---|---|---|
| 1 | ø600 | 75 | 500 | 250 | 200 | 1375 | 300 |
| 2 | ø800 | 92 | 500 | 250 | 200 | 1592 | 300 |
| 3 | ø1000 | 110 | 500 | 250 | 200 | 1810 | 300 |
| 4 | ø1200 | 125 | 500 | 250 | 200 | 2025 | 300 |

说明：

1. 本图检查井适用于管径为 $\phi$600~$\phi$1200 的钢筋混凝土排水管道。
2. 1000×1150、1000×1350（$\phi$600）尺寸的钢筋混凝土检查井，$H \leq 5500$；1000×1550、1000×1800（$\phi$800）尺寸的钢筋混凝土检查井，$H \leq 7000$。
3. 化学建材管管径 DN400~DN1200，可参见本检查井。

| 1000×1150~1000×1800 钢筋混凝土检查井 | 图集号 | 2024沪S204 |
|---|---|---|
| | 页 | 118 |

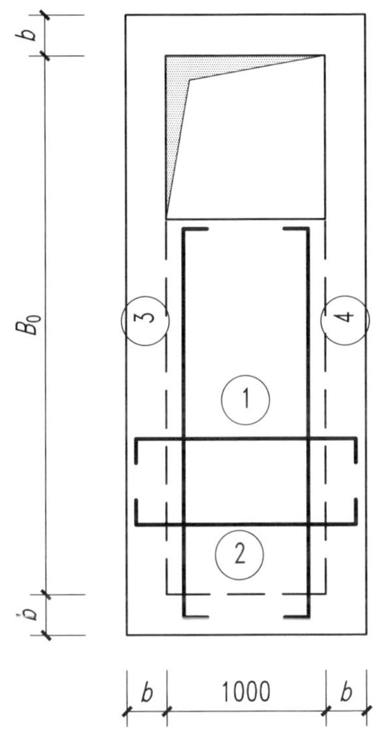


顶板配筋图 1:50

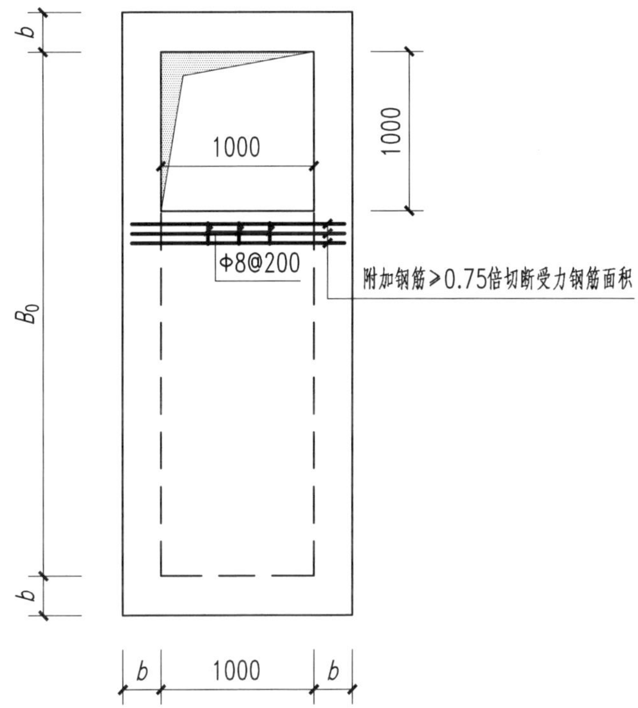


顶板孔口加固图 1:50

| 1000×1150~1000×1800 钢筋混凝土检查井顶板配筋图 | 图集号 | 2024沪S204 |
| --- | --- | --- |
| | 页 | 119 |

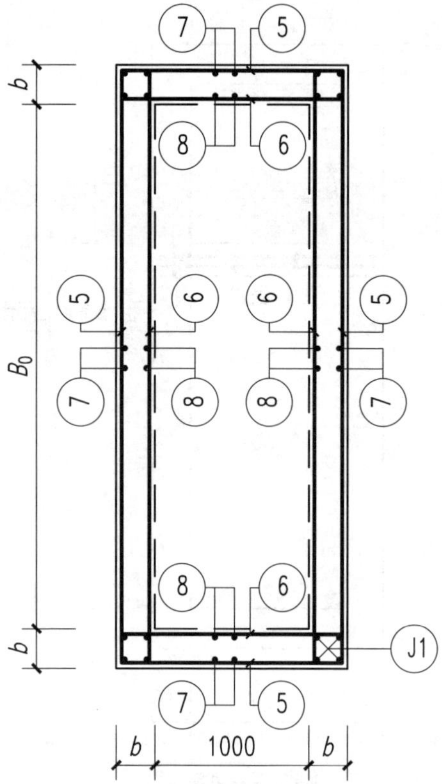


侧壁配筋图 1:50

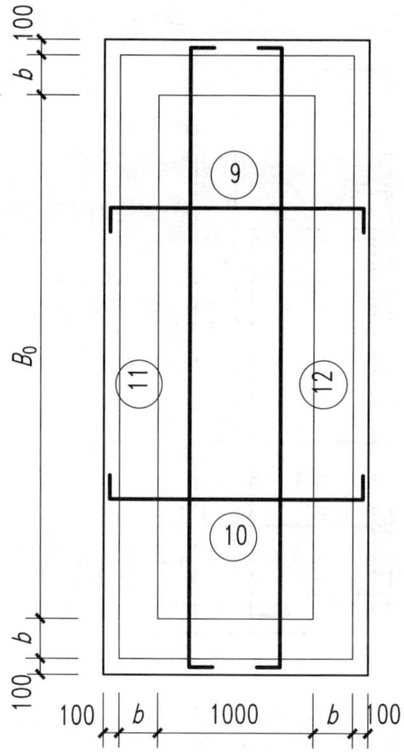


底板配筋图 1:50

| 1000×1150~1000×1800 钢筋混凝土检查井底板、井壁配筋图 | 图集号 | 2024沪S204 |
|---|---|---|
| | 页 | 120 |

| 检查井尺寸 | 管径ø (mm) | 转折角度 α(°) | 深度H (m) | 顶板厚$H_2$ (mm) | 15d 按实 ① | 15d 按实 ② | 15d 按实 ③ | 15d 按实 ④ | 检查井尺寸 | 管径ø (mm) | 转折角度 α(°) | 深度H (m) | 顶板厚$H_2$ (mm) | 15d 按实 ① | 15d 按实 ② | 15d 按实 ③ | 15d 按实 ④ |
|---|---|---|---|---|---|---|---|---|---|---|---|---|---|---|---|---|---|
| 1000×1150 | ø600 | 141~180 | 4.0 | 200 | Φ10@150 | Φ10@150 | Φ10@150 | Φ10@150 | | | | | | | | | |
| | | | 5.5 | 200 | Φ10@150 | Φ10@150 | Φ10@150 | Φ10@150 | | | | | | | | | |
| | | | 7.0 | | | | | | | | | | | | | | |
| | | | 8.5 | | | | | | | | | | | | | | |
| 1000×1350 | ø600 | 126~140 | 4.0 | 200 | Φ10@150 | Φ10@150 | Φ10@150 | Φ10@150 | | | | | | | | | |
| | | | 5.5 | 200 | Φ10@150 | Φ10@150 | Φ10@150 | Φ10@150 | | | | | | | | | |
| | | | 7.0 | | | | | | | | | | | | | | |
| | | | 8.5 | | | | | | | | | | | | | | |
| 1000×1350 | ø800 | 146~180 | 4.0 | 200 | Φ10@150 | Φ10@150 | Φ10@150 | Φ10@150 | | | | | | | | | |
| | | | 5.5 | 200 | Φ10@150 | Φ10@150 | Φ10@150 | Φ10@150 | | | | | | | | | |
| | | | 7.0 | 200 | Φ12@150 | Φ10@150 | Φ10@150 | Φ10@150 | | | | | | | | | |
| | | | 8.5 | | | | | | | | | | | | | | |
| 1000×1550 | ø1000 | 166~180 | 4.0 | 200 | Φ10@150 | Φ10@150 | Φ10@150 | Φ10@150 | | | | | | | | | |
| | | | 5.5 | 200 | Φ10@150 | Φ10@150 | Φ10@150 | Φ10@150 | | | | | | | | | |
| | | | 7.0 | 200 | Φ12@150 | Φ10@150 | Φ10@150 | Φ10@150 | | | | | | | | | |
| | | | 8.5 | | | | | | | | | | | | | | |
| 1000×1800 | ø1200 | 166~180 | 4.0 | 200 | Φ10@150 | Φ10@150 | Φ10@150 | Φ10@150 | | | | | | | | | |
| | | | 5.5 | 200 | Φ10@150 | Φ10@150 | Φ10@150 | Φ10@150 | | | | | | | | | |
| | | | 7.0 | 200 | Φ10@150 | Φ10@150 | Φ10@150 | Φ10@150 | | | | | | | | | |
| | | | 8.5 | | | | | | | | | | | | | | |
| | | | | | | | | | | | | | | | | | |
| | | | | | | | | | | | | | | | | | |
| | | | | | | | | | | | | | | | | | |
| | | | | | | | | | | | | | | | | | |

# 1000×1150~1000×1800 钢筋混凝土检查井顶板配筋表

| 检查井尺寸 | 管径ø (mm) | 转折角度 α(°) | 深度H (m) | 侧壁厚b (mm) | 15d 按实 ⑤ | 15d 按实 ⑥ | 15d 按实 ⑦ | 15d 按实 ⑧ |
|---|---|---|---|---|---|---|---|---|
| 1000×1150 | ø600 | 141~180 | 4.0 | 250 | ⏀10@150 | ⏀10@150 | ⏀10@150 | ⏀10@150 |
| | | | 5.5 | 250 | ⏀10@150 | ⏀10@150 | ⏀10@150 | ⏀10@150 |
| | | | 7.0 | | | | | |
| | | | 8.5 | | | | | |
| 1000×1350 | ø600 | 126~140 | 4.0 | 250 | ⏀10@150 | ⏀10@150 | ⏀10@150 | ⏀10@150 |
| | | | 5.5 | 250 | ⏀10@150 | ⏀10@150 | ⏀10@150 | ⏀10@150 |
| | | | 7.0 | | | | | |
| | | | 8.5 | | | | | |
| 1000×1350 | ø800 | 146~180 | 4.0 | 250 | ⏀10@150 | ⏀10@150 | ⏀10@150 | ⏀10@150 |
| | | | 5.5 | 250 | ⏀10@150 | ⏀10@150 | ⏀10@150 | ⏀10@150 |
| | | | 7.0 | 250 | ⏀10@150 | ⏀10@150 | ⏀10@150 | ⏀10@150 |
| | | | 8.5 | | | | | |
| 1000×1550 | ø1000 | 166~180 | 4.0 | 250 | ⏀10@150 | ⏀10@150 | ⏀10@150 | ⏀10@150 |
| | | | 5.5 | 250 | ⏀10@150 | ⏀10@150 | ⏀10@150 | ⏀10@150 |
| | | | 7.0 | 250 | ⏀10@150 | ⏀10@150 | ⏀10@150 | ⏀10@150 |
| | | | 8.5 | | | | | |
| 1000×1800 | ø1200 | 166~180 | 4.0 | 250 | ⏀10@150 | ⏀10@150 | ⏀10@150 | ⏀10@150 |
| | | | 5.5 | 250 | ⏀10@150 | ⏀10@150 | ⏀10@150 | ⏀10@150 |
| | | | 7.0 | 250 | ⏀10@150 | ⏀10@150 | ⏀10@150 | ⏀10@150 |
| | | | 8.5 | | | | | |

| 检查井尺寸 | 管径ø (mm) | 转折角度 α(°) | 深度H (m) | 侧壁厚b (mm) | 15d 按实 ⑤ | 15d 按实 ⑥ | 15d 按实 ⑦ | 15d 按实 ⑧ |
|---|---|---|---|---|---|---|---|---|
| | | | | | | | | |

| 1000×1150~1000×1800 钢筋混凝土检查井井壁配筋表 | 图集号 | 2024沪S204 |
|---|---|---|
| | 页 | 122 |

| 检查井尺寸 | 管径ø (mm) | 转折角度 $\alpha$(°) | 深度 $H$ (m) | 底板厚 $H_b$ (mm) | 200 按实 ⑨ | 200 按实 ⑩ | 200 按实 ⑪ | 200 按实 ⑫ | 检查井尺寸 | 管径ø (mm) | 转折角度 $\alpha$(°) | 深度 $H$ (m) | 底板厚 $H_b$ (mm) | 200 按实 ⑨ | 200 按实 ⑩ | 200 按实 ⑪ | 200 按实 ⑫ |
|---|---|---|---|---|---|---|---|---|---|---|---|---|---|---|---|---|---|
| 1000×1150 | ø600 | 141~180 | 4.0 | 300 | Φ12@150 | Φ12@150 | Φ12@150 | Φ12@150 | | | | | | | | | |
| | | | 5.5 | 300 | Φ12@150 | Φ12@150 | Φ12@150 | Φ12@150 | | | | | | | | | |
| | | | 7.0 | | | | | | | | | | | | | | |
| | | | 8.5 | | | | | | | | | | | | | | |
| 1000×1350 | ø600 | 126~140 | 4.0 | 300 | Φ12@150 | Φ12@150 | Φ12@150 | Φ12@150 | | | | | | | | | |
| | | | 5.5 | 300 | Φ12@150 | Φ12@150 | Φ12@150 | Φ12@150 | | | | | | | | | |
| | | | 7.0 | | | | | | | | | | | | | | |
| | | | 8.5 | | | | | | | | | | | | | | |
| 1000×1350 | ø800 | 146~180 | 4.0 | 300 | Φ12@150 | Φ12@150 | Φ12@150 | Φ12@150 | | | | | | | | | |
| | | | 5.5 | 300 | Φ12@150 | Φ12@150 | Φ12@150 | Φ12@150 | | | | | | | | | |
| | | | 7.0 | 300 | Φ12@150 | Φ12@150 | Φ12@150 | Φ12@150 | | | | | | | | | |
| | | | 8.5 | | | | | | | | | | | | | | |
| 1000×1550 | ø1000 | 166~180 | 4.0 | 300 | Φ12@150 | Φ12@150 | Φ12@150 | Φ12@150 | | | | | | | | | |
| | | | 5.5 | 300 | Φ12@150 | Φ12@150 | Φ12@150 | Φ12@150 | | | | | | | | | |
| | | | 7.0 | 300 | Φ12@150 | Φ12@150 | Φ12@150 | Φ12@150 | | | | | | | | | |
| | | | 8.5 | | | | | | | | | | | | | | |
| 1000×1800 | ø1200 | 166~180 | 4.0 | 300 | Φ12@150 | Φ12@150 | Φ12@150 | Φ12@150 | | | | | | | | | |
| | | | 5.5 | 300 | Φ12@150 | Φ12@150 | Φ12@150 | Φ12@150 | | | | | | | | | |
| | | | 7.0 | 300 | Φ12@150 | Φ12@150 | Φ12@150 | Φ12@150 | | | | | | | | | |
| | | | 8.5 | | | | | | | | | | | | | | |
| | | | | | | | | | | | | | | | | | |
| | | | | | | | | | | | | | | | | | |
| | | | | | | | | | | | | | | | | | |
| | | | | | | | | | | | | | | | | | |

| 1000×1150~1000×1800 钢筋混凝土检查井底板配筋表 | 图集号 | 2024沪S204 |
|---|---|---|
| | 页 |  |

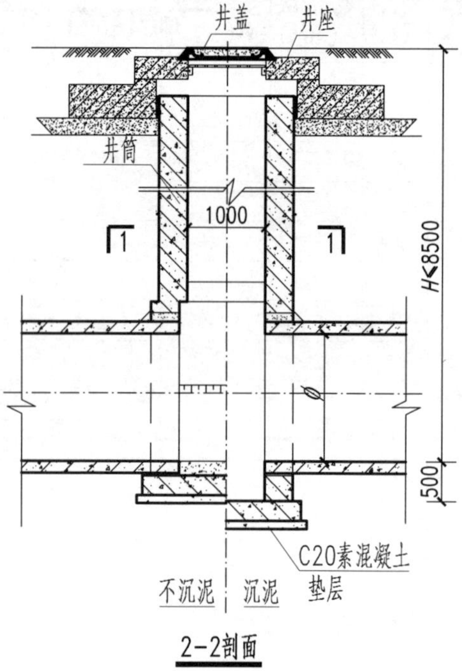


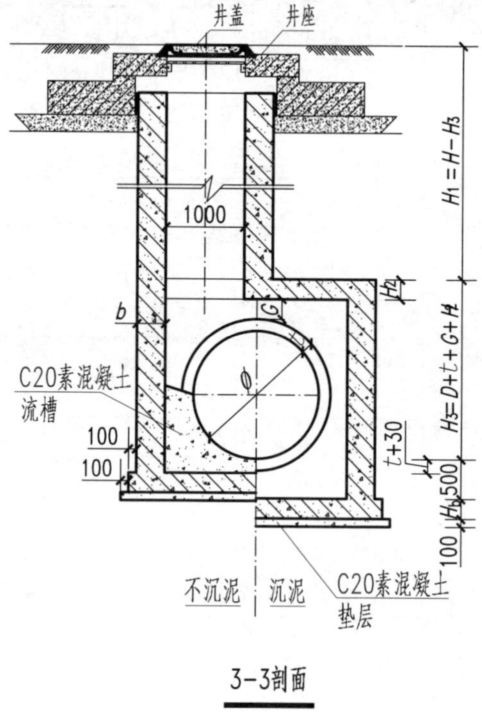


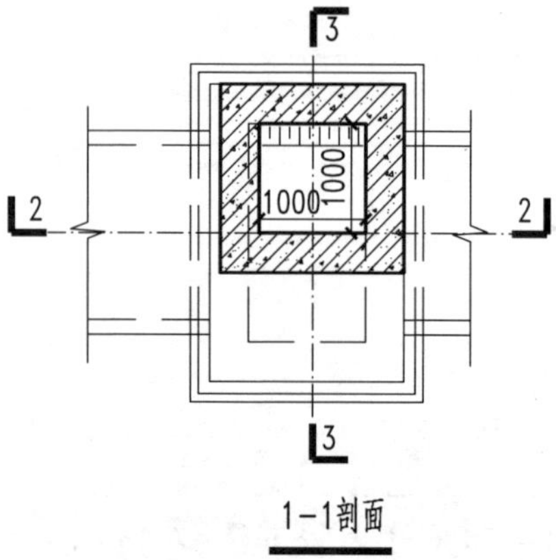


说明:

1. 本图检查井适用于管径为$\phi1350$~$\phi4000$的钢筋混凝土排水管道。
2. 化学建材管管径DN1400~DN3000,可参见本检查井。

| 1100×2050~1100×5050<br>钢筋混凝土检查井 | 图集号 | 2024沪S204 |
|---|---|---|
| | 页 | 124 |

| 序号 | ∅ | $t$ | $G$ | $b$ | | | | $H_2$ | | | | $H_3$ | | | | $H_b$ | | | |
|---|---|---|---|---|---|---|---|---|---|---|---|---|---|---|---|---|---|---|---|
| | | | | $H$=4m | $H$=5.5m | $H$=7m | $H$=8.5m | $H$=4m | $H$=5.5m | $H$=7m | $H$=8.5m | $H$=4m | $H$=5.5m | $H$=7m | $H$=8.5m | $H$=4m | $H$=5.5m | $H$=7m | $H$=8.5m |
| 1 | ∅1350 | 165 | 500 | 250 | 250 | 250 | 250 | 200 | 200 | 200 | 200 | 2215 | 2215 | 2215 | 2215 | 300 | 300 | 300 | 300 |
| 2 | ∅1500 | 175 | 500 | 250 | 250 | 250 | 250 | 200 | 200 | 200 | 200 | 2375 | 2375 | 2375 | 2375 | 300 | 300 | 300 | 300 |
| 3 | ∅1650 | 190 | 500 | 250 | 250 | 250 | 250 | 200 | 200 | 200 | 200 | 2540 | 2540 | 2540 | 2540 | 300 | 300 | 300 | 300 |
| 4 | ∅1800 | 200 | 500 | 250 | 250 | 250 | 250 | 200 | 200 | 200 | 200 | 2700 | 2700 | 2700 | 2700 | 300 | 300 | 300 | 300 |
| 5 | ∅2000 | 210 | 500 | 250 | 250 | 250 | 250 | 200 | 200 | 200 | 200 | 2910 | 2910 | 2910 | 2910 | 300 | 300 | 300 | 300 |
| 6 | ∅2200 | 220 | 500 | 250 | 250 | 250 | 250 | 200 | 200 | 200 | 200 | 3120 | 3120 | 3120 | 3120 | 300 | 300 | 300 | 300 |
| 7 | ∅2400 | 240 | 500 | 250 | 250 | 250 | 300 | 200 | 200 | 200 | 200 | 3340 | 3340 | 3340 | 3340 | 300 | 300 | 300 | 360 |
| 8 | ∅2700 | 250 | 500 | | 250 | 300 | 300 | | 200 | 200 | 250 | | 3650 | 3650 | 3700 | | 300 | 360 | 360 |
| 9 | ∅3000 | 270 | 500 | | 250 | 300 | 300 | | 200 | 200 | 250 | | 3970 | 3970 | 4020 | | 300 | 360 | 360 |
| 10 | ∅3500 | 320 | 500 | | 300 | 300 | 400 | | 200 | 250 | 250 | | 4520 | 4570 | 4570 | | 360 | 360 | 480 |
| 11 | ∅4000 | 320 | 500 | | | 350 | 400 | | | 250 | 300 | | | 5120 | 5170 | | | 420 | 480 |

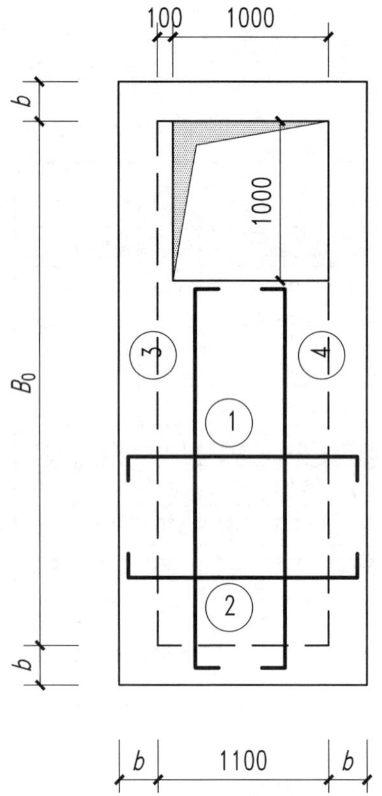


顶板配筋图 1:50

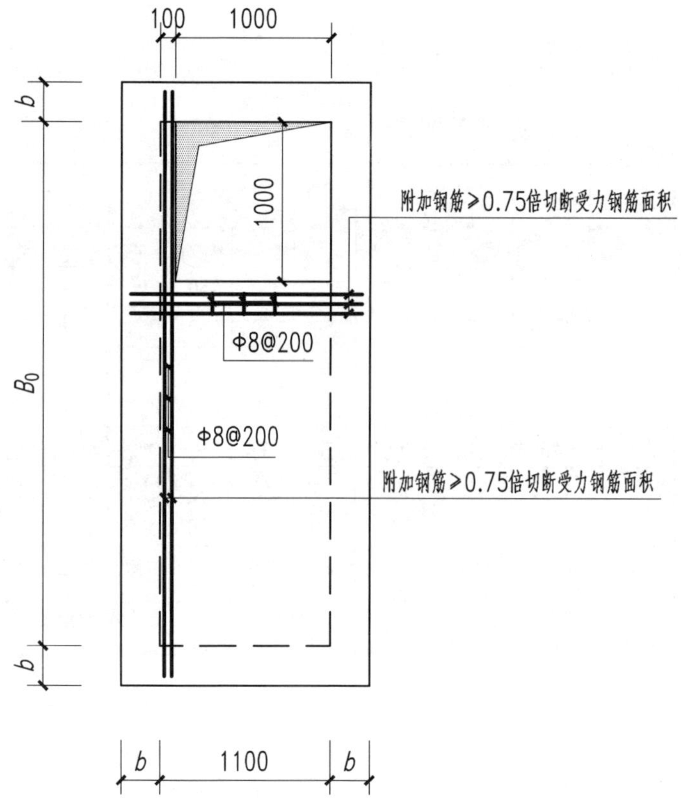


顶板孔口加固图 1:50

| 1100×2050~1100×5050 钢筋混凝土检查井顶板配筋图 | 图集号 | 2024沪S204 |
|---|---|---|
| | 页 | 126 |

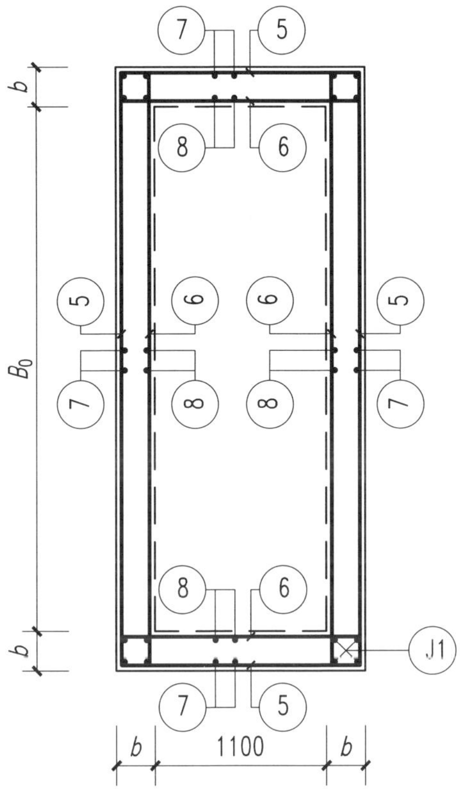


侧壁配筋图 1:50

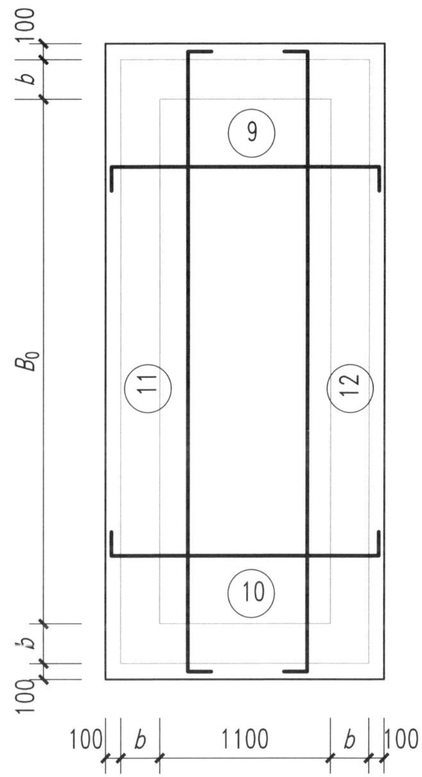


底板配筋图 1:50

| 1100×2050~1100×5050 钢筋混凝土检查井底板、井壁配筋图 | 图集号 | 2024沪S204 |
|---|---|---|
| | 页 | 127 |

| 检查井尺寸 | 管径ø (mm) | 转折角度 $\alpha$(°) | 深度 $H$ (m) | 顶板厚 $H_2$ (mm) | 按实 15d ① | 按实 15d ② | 按实 15d ③ | 按实 15d ④ |
|---|---|---|---|---|---|---|---|---|
| 1100×2050 | ø1350 | 166~180 | 4.0 | 200 | Φ10@150 | Φ10@150 | Φ10@150 | Φ10@150 |
| | | | 5.5 | 200 | Φ10@150 | Φ10@150 | Φ10@150 | Φ10@150 |
| | | | 7.0 | 200 | Φ10@150 | Φ10@150 | Φ10@150 | Φ10@150 |
| | | | 8.5 | 200 | Φ12@150 | Φ10@150 | Φ12@150 | Φ10@150 |
| 1100×2250 | ø1500 | 166~180 | 4.0 | 200 | Φ10@150 | Φ10@150 | Φ10@150 | Φ10@150 |
| | | | 5.5 | 200 | Φ10@150 | Φ10@150 | Φ10@150 | Φ10@150 |
| | | | 7.0 | 200 | Φ10@150 | Φ10@150 | Φ10@150 | Φ10@150 |
| | | | 8.5 | 200 | Φ12@150 | Φ12@150 | Φ10@150 | Φ10@150 |
| 1100×2400 | ø1650 | 166~180 | 4.0 | 200 | Φ10@150 | Φ10@150 | Φ10@150 | Φ10@150 |
| | | | 5.5 | 200 | Φ10@150 | Φ10@150 | Φ10@150 | Φ10@150 |
| | | | 7.0 | 200 | Φ12@150 | Φ10@150 | Φ10@150 | Φ10@150 |
| | | | 8.5 | 200 | Φ12@150 | Φ12@150 | Φ10@150 | Φ10@150 |
| 1100×2600 | ø1800 | 166~180 | 4.0 | 200 | Φ10@150 | Φ10@150 | Φ10@150 | Φ10@150 |
| | | | 5.5 | 200 | Φ10@150 | Φ10@150 | Φ10@150 | Φ10@150 |
| | | | 7.0 | 200 | Φ12@150 | Φ10@150 | Φ10@150 | Φ10@150 |
| | | | 8.5 | 200 | Φ10@100 | Φ10@150 | Φ10@150 | Φ10@150 |
| 1100×2800 | ø2000 | 166~180 | 4.0 | 200 | Φ10@150 | Φ10@150 | Φ10@150 | Φ10@150 |
| | | | 5.5 | 200 | Φ10@150 | Φ10@150 | Φ10@150 | Φ10@150 |
| | | | 7.0 | 200 | Φ12@150 | Φ10@150 | Φ10@150 | Φ10@150 |
| | | | 8.5 | 200 | Φ14@150 | Φ10@150 | Φ10@150 | Φ10@150 |
| 1100×3050 | ø2200 | 166~180 | 4.0 | 200 | Φ10@150 | Φ10@150 | Φ10@150 | Φ10@150 |
| | | | 5.5 | 200 | Φ12@150 | Φ10@150 | Φ10@150 | Φ10@150 |
| | | | 7.0 | 200 | Φ10@100 | Φ10@150 | Φ10@150 | Φ10@150 |
| | | | 8.5 | 200 | Φ12@100 | Φ10@150 | Φ10@150 | Φ10@150 |

| 检查井尺寸 | 管径ø (mm) | 转折角度 $\alpha$(°) | 深度 $H$ (m) | 顶板厚 $H_2$ (mm) | 按实 15d ① | 按实 15d ② | 按实 15d ③ | 按实 15d ④ |
|---|---|---|---|---|---|---|---|---|
| 1100×3250 | ø2400 | 166~180 | 4.0 | 200 | Φ10@150 | Φ10@150 | Φ10@150 | Φ10@150 |
| | | | 5.5 | 200 | Φ12@150 | Φ10@150 | Φ10@150 | Φ10@150 |
| | | | 7.0 | 200 | Φ14@150 | Φ10@150 | Φ10@150 | Φ10@150 |
| | | | 8.5 | 200 | Φ12@100 | Φ10@150 | Φ10@150 | Φ10@150 |
| 1100×3600 | ø2700 | 166~180 | 4.0 | | | | | |
| | | | 5.5 | 200 | Φ12@150 | Φ10@150 | Φ10@150 | Φ10@150 |
| | | | 7.0 | 200 | Φ14@150 | Φ10@150 | Φ10@150 | Φ10@150 |
| | | | 8.5 | 250 | Φ14@150 | Φ10@150 | Φ10@150 | Φ10@150 |
| 1100×3950 | ø3000 | 166~180 | 4.0 | | | | | |
| | | | 5.5 | 200 | Φ12@150 | Φ10@150 | Φ10@150 | Φ10@150 |
| | | | 7.0 | 200 | Φ12@100 | Φ10@150 | Φ10@150 | Φ10@150 |
| | | | 8.5 | 250 | Φ12@100 | Φ10@150 | Φ10@150 | Φ10@150 |
| 1100×4550 | ø3500 | 166~180 | 4.0 | | | | | |
| | | | 5.5 | 200 | Φ10@100 | Φ10@150 | Φ10@150 | Φ10@150 |
| | | | 7.0 | 250 | Φ14@150 | Φ10@150 | Φ10@150 | Φ10@150 |
| | | | 8.5 | 250 | Φ14@100 | Φ10@150 | Φ10@150 | Φ10@150 |
| 1100×5050 | ø4000 | 166~180 | 4.0 | | | | | |
| | | | 5.5 | | | | | |
| | | | 7.0 | 250 | Φ12@100 | Φ10@150 | Φ10@150 | Φ10@150 |
| | | | 8.5 | 300 | Φ16@150 | Φ12@150 | Φ12@150 | Φ12@150 |

# 1100×2050~1100×5050 钢筋混凝土检查井顶板配筋表

| 检查井尺寸 | 管径ø (mm) | 转折角度 α(°) | 深度H (m) | 侧壁厚b (mm) | 15d ⑤ 按实 | 15d ⑥ 按实 | 15d ⑦ 按实 | 15d ⑧ 按实 |
|---|---|---|---|---|---|---|---|---|
| 1100×2050 | ø1350 | 166~180 | 4.0 | 250 | Φ10@150 | Φ10@150 | Φ10@150 | Φ10@150 |
| | | | 5.5 | 250 | Φ10@150 | Φ10@150 | Φ10@150 | Φ10@150 |
| | | | 7.0 | 250 | Φ10@150 | Φ10@150 | Φ12@150 | Φ10@150 |
| | | | 8.5 | 250 | Φ10@150 | Φ10@150 | Φ12@150 | Φ10@150 |
| 1100×2250 | ø1500 | 166~180 | 4.0 | 250 | Φ10@150 | Φ10@150 | Φ10@150 | Φ10@150 |
| | | | 5.5 | 250 | Φ10@150 | Φ10@150 | Φ10@150 | Φ10@150 |
| | | | 7.0 | 250 | Φ10@150 | Φ10@150 | Φ12@150 | Φ10@150 |
| | | | 8.5 | 250 | Φ12@150 | Φ10@150 | Φ12@150 | Φ10@150 |
| 1100×2400 | ø1650 | 166~180 | 4.0 | 250 | Φ10@150 | Φ10@150 | Φ10@150 | Φ10@150 |
| | | | 5.5 | 250 | Φ10@150 | Φ10@150 | Φ12@150 | Φ10@150 |
| | | | 7.0 | 250 | Φ10@150 | Φ10@150 | Φ12@150 | Φ10@150 |
| | | | 8.5 | 250 | Φ12@150 | Φ10@150 | Φ14@150 | Φ10@150 |
| 1100×2600 | ø1800 | 166~180 | 4.0 | 250 | Φ10@150 | Φ10@150 | Φ10@150 | Φ10@150 |
| | | | 5.5 | 250 | Φ10@150 | Φ10@150 | Φ12@150 | Φ10@150 |
| | | | 7.0 | 250 | Φ12@150 | Φ10@150 | Φ10@100 | Φ10@150 |
| | | | 8.5 | 250 | Φ12@150 | Φ12@150 | Φ12@100 | Φ10@150 |
| 1100×2800 | ø2000 | 166~180 | 4.0 | 250 | Φ10@150 | Φ10@150 | Φ12@150 | Φ10@150 |
| | | | 5.5 | 250 | Φ10@150 | Φ10@150 | Φ12@150 | Φ10@150 |
| | | | 7.0 | 250 | Φ12@150 | Φ10@150 | Φ14@150 | Φ10@150 |
| | | | 8.5 | 250 | Φ12@150 | Φ12@150 | Φ16@150 | Φ12@150 |
| 1100×3050 | ø2200 | 166~180 | 4.0 | 250 | Φ10@150 | Φ10@150 | Φ12@150 | Φ10@150 |
| | | | 5.5 | 250 | Φ10@150 | Φ10@150 | Φ14@150 | Φ10@150 |
| | | | 7.0 | 250 | Φ12@150 | Φ12@150 | Φ12@100 | Φ10@150 |
| | | | 8.5 | 250 | Φ10@100 | Φ12@150 | Φ14@100 | Φ12@150 |

| 检查井尺寸 | 管径ø (mm) | 转折角度 α(°) | 深度H (m) | 侧壁厚b (mm) | 15d ⑤ 按实 | 15d ⑥ 按实 | 15d ⑦ 按实 | 15d ⑧ 按实 |
|---|---|---|---|---|---|---|---|---|
| 1100×3250 | ø2400 | 166~180 | 4.0 | 250 | Φ10@150 | Φ10@150 | Φ12@150 | Φ10@150 |
| | | | 5.5 | 250 | Φ12@150 | Φ10@150 | Φ14@150 | Φ10@150 |
| | | | 7.0 | 250 | Φ12@150 | Φ12@150 | Φ14@100 | Φ12@150 |
| | | | 8.5 | 300 | Φ10@100 | Φ12@150 | Φ14@100 | Φ12@150 |
| 1100×3600 | ø2700 | 166~180 | 4.0 | | | | | |
| | | | 5.5 | 250 | Φ12@150 | Φ12@150 | Φ12@100 | Φ10@150 |
| | | | 7.0 | 300 | Φ12@150 | Φ12@150 | Φ16@150 | Φ12@150 |
| | | | 8.5 | 300 | Φ10@100 | Φ10@100 | Φ16@100 | Φ12@150 |
| 1100×3950 | ø3000 | 166~180 | 4.0 | | | | | |
| | | | 5.5 | 250 | Φ12@150 | Φ12@150 | Φ14@100 | Φ12@150 |
| | | | 7.0 | 300 | Φ10@100 | Φ12@150 | Φ14@100 | Φ12@150 |
| | | | 8.5 | 300 | Φ14@150 | Φ10@100 | Φ16@100 | Φ10@100 |
| 1100×4550 | ø3500 | 166~180 | 4.0 | | | | | |
| | | | 5.5 | 300 | Φ12@150 | Φ12@150 | Φ14@100 | Φ12@150 |
| | | | 7.0 | 300 | Φ14@150 | Φ10@100 | Φ16@100 | Φ10@100 |
| | | | 8.5 | 400 | Φ12@100 | Φ14@150 | Φ16@100 | Φ14@150 |
| 1100×5050 | ø4000 | 166~180 | 4.0 | | | | | |
| | | | 5.5 | | | | | |
| | | | 7.0 | 350 | Φ14@150 | Φ14@150 | Φ16@100 | Φ10@100 |
| | | | 8.5 | 400 | Φ12@100 | Φ12@100 | Φ18@100 | Φ14@150 |

# 1100×2050~1100×5050 钢筋混凝土检查井井壁配筋表

| 检查井尺寸 | 管径ø (mm) | 转折角度 α(°) | 深度H (m) | 底板厚$H_b$ (mm) | 按实 200 ⑨ | 按实 200 ⑩ | 按实 200 ⑪ | 按实 200 ⑫ |
|---|---|---|---|---|---|---|---|---|
| 1100×2050 | ø1350 | 166~180 | 4.0 | 300 | Φ12@150 | Φ12@150 | Φ12@150 | Φ12@150 |
| | | | 5.5 | 300 | Φ12@150 | Φ12@150 | Φ12@150 | Φ12@150 |
| | | | 7.0 | 300 | Φ12@150 | Φ12@150 | Φ12@150 | Φ12@150 |
| | | | 8.5 | 300 | Φ12@150 | Φ12@150 | Φ12@150 | Φ12@150 |
| 1100×2250 | ø1500 | 166~180 | 4.0 | 300 | Φ12@150 | Φ12@150 | Φ12@150 | Φ12@150 |
| | | | 5.5 | 300 | Φ12@150 | Φ12@150 | Φ12@150 | Φ12@150 |
| | | | 7.0 | 300 | Φ12@150 | Φ12@150 | Φ12@150 | Φ12@150 |
| | | | 8.5 | 300 | Φ12@150 | Φ12@150 | Φ12@150 | Φ12@150 |
| 1100×2400 | ø1650 | 166~180 | 4.0 | 300 | Φ12@150 | Φ12@150 | Φ12@150 | Φ12@150 |
| | | | 5.5 | 300 | Φ12@150 | Φ12@150 | Φ12@150 | Φ12@150 |
| | | | 7.0 | 300 | Φ12@150 | Φ12@150 | Φ12@150 | Φ12@150 |
| | | | 8.5 | 300 | Φ12@150 | Φ10@100 | Φ12@150 | Φ10@100 |
| 1100×2600 | ø1800 | 166~180 | 4.0 | 300 | Φ12@150 | Φ12@150 | Φ12@150 | Φ12@150 |
| | | | 5.5 | 300 | Φ12@150 | Φ12@150 | Φ12@150 | Φ12@150 |
| | | | 7.0 | 300 | Φ12@150 | Φ12@150 | Φ12@150 | Φ12@150 |
| | | | 8.5 | 300 | Φ12@150 | Φ10@100 | Φ12@150 | Φ10@100 |
| 1100×2800 | ø2000 | 166~180 | 4.0 | 300 | Φ12@150 | Φ12@150 | Φ12@150 | Φ12@150 |
| | | | 5.5 | 300 | Φ12@150 | Φ12@150 | Φ12@150 | Φ12@150 |
| | | | 7.0 | 300 | Φ12@150 | Φ10@100 | Φ12@150 | Φ10@100 |
| | | | 8.5 | 300 | Φ10@100 | Φ14@150 | Φ12@150 | Φ14@150 |
| 1100×3050 | ø2200 | 166~180 | 4.0 | 300 | Φ12@150 | Φ12@150 | Φ12@150 | Φ12@150 |
| | | | 5.5 | 300 | Φ12@150 | Φ10@100 | Φ12@150 | Φ10@100 |
| | | | 7.0 | 300 | Φ12@150 | Φ14@150 | Φ12@150 | Φ14@150 |
| | | | 8.5 | 300 | Φ10@100 | Φ12@100 | Φ12@150 | Φ12@100 |

| 检查井尺寸 | 管径ø (mm) | 转折角度 α(°) | 深度H (m) | 底板厚$H_b$ (mm) | 按实 200 ⑨ | 按实 200 ⑩ | 按实 200 ⑪ | 按实 200 ⑫ |
|---|---|---|---|---|---|---|---|---|
| 1100×3250 | ø2400 | 166~180 | 4.0 | 300 | Φ12@150 | Φ12@150 | Φ12@150 | Φ12@150 |
| | | | 5.5 | 300 | Φ12@150 | Φ10@100 | Φ12@150 | Φ10@100 |
| | | | 7.0 | 300 | Φ12@150 | Φ14@150 | Φ12@150 | Φ14@150 |
| | | | 8.5 | 360 | Φ10@100 | Φ12@100 | Φ12@150 | Φ12@100 |
| 1100×3600 | ø2700 | 166~180 | 4.0 | / | / | / | / | / |
| | | | 5.5 | 300 | Φ12@150 | Φ14@150 | Φ12@150 | Φ14@150 |
| | | | 7.0 | 360 | Φ12@150 | Φ12@100 | Φ12@150 | Φ12@100 |
| | | | 8.5 | 360 | Φ10@100 | Φ16@150 | Φ12@150 | Φ16@150 |
| 1100×3950 | ø3000 | 166~180 | 4.0 | / | / | / | / | / |
| | | | 5.5 | 300 | Φ12@150 | Φ12@100 | Φ12@150 | Φ12@100 |
| | | | 7.0 | 360 | Φ12@150 | Φ12@100 | Φ12@150 | Φ12@100 |
| | | | 8.5 | 360 | Φ10@100 | Φ14@100 | Φ12@150 | Φ14@100 |
| 1100×4550 | ø3500 | 166~180 | 4.0 | / | / | / | / | / |
| | | | 5.5 | 360 | Φ12@150 | Φ12@100 | Φ12@150 | Φ12@100 |
| | | | 7.0 | 360 | Φ12@150 | Φ14@100 | Φ12@150 | Φ14@100 |
| | | | 8.5 | 480 | Φ14@150 | Φ14@100 | Φ14@150 | Φ14@100 |
| 1100×5050 | ø4000 | 166~180 | 4.0 | / | / | / | / | / |
| | | | 5.5 | / | / | / | / | / |
| | | | 7.0 | 420 | Φ14@150 | Φ14@100 | Φ14@150 | Φ14@100 |
| | | | 8.5 | 480 | Φ14@150 | Φ16@100 | Φ14@150 | Φ16@100 |

| 1100×2050~1100×5050 钢筋混凝土检查井底板配筋表 | 图集号 | 2024沪S204 |
|---|---|---|
| | 页 | 130 |

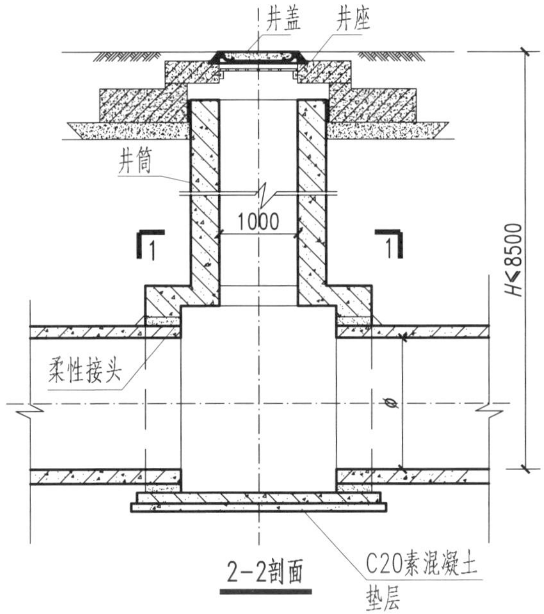


2-2剖面

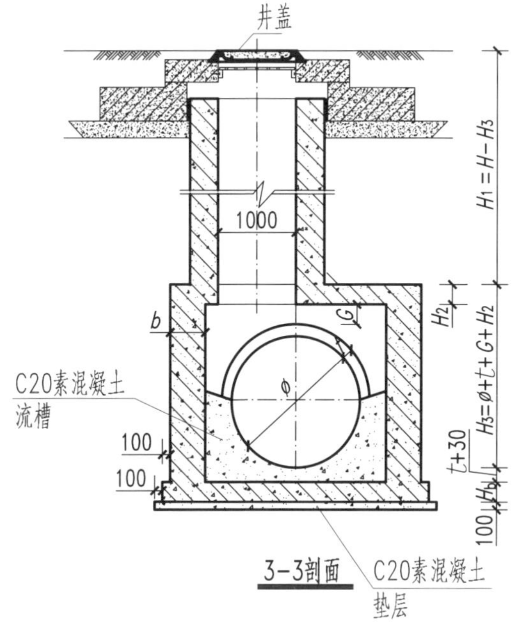


3-3剖面

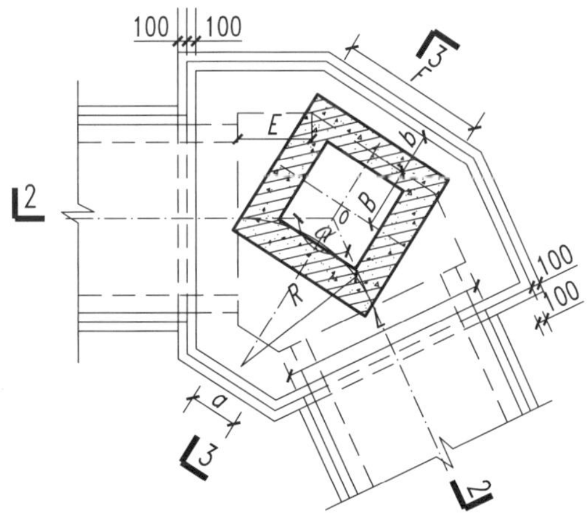


1-1剖面

说明：

1. 本图二通转折井适用于管道管径大于或等于$\phi$800的钢筋混凝土排水管道，交汇角度为90°~125°。大于125°时，采用与管径相应的另一种形式的二通转折窨井。
2. 本图二通转折井共分为两档，各以交汇角90°、115°为标准情况，但各档的适用交汇角为90°~105°、106°~125°。
3. 当交汇角不为90°、115°时，井的$O$点应按90°、115°的交汇角放样确定。
4. 井深的选用：凡超过设计图表中$H$值时，应选高一档标准使用。
5. 化学建材管管径大于或等于DN700且交汇角度为90°~125°时，可参见本检查井。

| 钢筋混凝土二通转折井 (90°~125°) | 图集号 | 2024沪S204 |
| --- | --- | --- |
| | 页 | 131 |

| 交汇角α | 序号 | ø (mm) | t (mm) | L (mm) | R (mm) | M (mm) | a (mm) | E (mm) | F (mm) | G (mm) | b (mm) | | | | $H_2$ (mm) | | | | $H_3$ (mm) | | | | $H_b$ (mm) | | | |
|---|---|---|---|---|---|---|---|---|---|---|---|---|---|---|---|---|---|---|---|---|---|---|---|---|---|---|
| | | | | | | | | | | | H=4m | H=5.5m | H=7m | H=8.5m | H=4m | H=5.5m | H=7m | H=8.5m | H=4m | H=5.5m | H=7m | H=8.5m | H=4m | H=5.5m | H=7m | H=8.5m |
| 90°~105°(90°) | 1 | ø800 | 92 | 1320 | 1170 | 1170 | 721 | 758 | 1516 | 500 | 250 | 250 | 250 | 250 | 200 | 200 | 200 | 200 | 1592 | 1592 | 1592 | 1592 | 300 | 300 | 300 | 300 |
| | 2 | ø1000 | 110 | 1550 | 1055 | 1055 | 396 | 758 | 1516 | 500 | 250 | 250 | 250 | 250 | 200 | 200 | 200 | 200 | 1810 | 1810 | 1810 | 1810 | 300 | 300 | 300 | 300 |
| | 3 | ø1200 | 125 | 1860 | 1200 | 1200 | 382 | 882 | 1765 | 500 | 250 | 250 | 250 | 250 | 200 | 200 | 200 | 200 | 2025 | 2025 | 2025 | 2025 | 300 | 300 | 300 | 300 |
| | 4 | ø1350 | 165 | 2040 | 1350 | 1350 | 467 | 982 | 1963 | 500 | 250 | 250 | 250 | 250 | 200 | 200 | 200 | 200 | 2215 | 2215 | 2215 | 2215 | 300 | 300 | 300 | 300 |
| | 5 | ø1500 | 175 | 2210 | 1500 | 1500 | 559 | 1079 | 2158 | 500 | 250 | 250 | 250 | 250 | 200 | 200 | 200 | 250 | 2375 | 2375 | 2375 | 2425 | 300 | 300 | 300 | 300 |
| | 6 | ø1650 | 190 | 2390 | 1650 | 1650 | 643 | 1178 | 2357 | 500 | 250 | 250 | 250 | 250 | 200 | 200 | 200 | 250 | 2540 | 2540 | 2540 | 2590 | 300 | 300 | 300 | 300 |
| | 7 | ø1800 | 200 | 2560 | 1800 | 1800 | 735 | 1276 | 2552 | 500 | 250 | 250 | 250 | 250 | 200 | 200 | 250 | 250 | 2700 | 2700 | 2750 | 2750 | 300 | 300 | 300 | 300 |
| | 8 | ø2000 | 210 | 2780 | 2000 | 2000 | 863 | 1404 | 2808 | 500 | 250 | 250 | 250 | 250 | 200 | 200 | 250 | 250 | 2910 | 2910 | 2960 | 2960 | 300 | 300 | 300 | 350 |
| | 9 | ø2200 | 220 | 3060 | 2200 | 2200 | 948 | 1545 | 3090 | 500 | 250 | 250 | 250 | 300 | 200 | 200 | 250 | 300 | 3120 | 3120 | 3170 | 3220 | 300 | 300 | 300 | 360 |
| | 10 | ø2400 | 240 | 3260 | 2400 | 2400 | 1089 | 1669 | 3339 | 500 | 250 | 250 | 250 | 300 | 200 | 250 | 250 | 300 | 3340 | 3390 | 3390 | 3440 | 300 | 300 | 300 | 360 |
| | 11 | ø2700 | 250 | 3570 | 2700 | 2700 | 1294 | 1858 | 3715 | 500 | / | 250 | 300 | 300 | / | 250 | 300 | 300 | / | 3700 | 3750 | 3750 | / | 300 | 360 | 400 |
| | 12 | ø3000 | 270 | 3910 | 3000 | 3000 | 1478 | 2052 | 4105 | 500 | / | 250 | 300 | 350 | / | 250 | 300 | 350 | / | 4020 | 4070 | 4120 | / | 300 | 400 | 420 |
| | 13 | ø3500 | 320 | 4520 | 3500 | 3500 | 1754 | 2386 | 4772 | 500 | / | 300 | 350 | 400 | / | 250 | 300 | 400 | / | 4570 | 4620 | 4720 | / | 360 | 420 | 480 |
| | 14 | ø4000 | 320 | 5060 | 4000 | 4000 | 2079 | 2705 | 5410 | 500 | / | / | 400 | 400 | / | / | 300 | 400 | / | / | 5170 | 5270 | / | / | 480 | 480 |

| 钢筋混凝土二通转折井尺寸表（90° ~105°） | 图集号 | 2024沪S204 |
|---|---|---|
| | 页 | 132 |

| 交汇角α | 序号 | ø (mm) | t (mm) | L (mm) | R (mm) | M (mm) | a (mm) | E (mm) | F (mm) | G (mm) | b (mm) | | | | $H_2$ (mm) | | | | $H_3$ (mm) | | | | $H_b$ (mm) | | | |
|---|---|---|---|---|---|---|---|---|---|---|---|---|---|---|---|---|---|---|---|---|---|---|---|---|---|---|
| | | | | | | | | | | | H=4m | H=5.5m | H=7m | H=8.5m | H=4m | H=5.5m | H=7m | H=8.5m | H=4m | H=5.5m | H=7m | H=8.5m | H=4m | H=5.5m | H=7m | H=8.5m |
| 106°~125° (115°) | 15 | ø800 | 92 | 1320 | 1620 | 1032 | 1032 | 665 | 1329 | 500 | 250 | 250 | 250 | 250 | 200 | 200 | 200 | 200 | 1592 | 1592 | 1592 | 1592 | 300 | 300 | 300 | 300 |
| | 16 | ø1000 | 110 | 1550 | 1505 | 959 | 784 | 665 | 1329 | 500 | 250 | 250 | 250 | 250 | 200 | 200 | 200 | 200 | 1810 | 1810 | 1810 | 1810 | 300 | 300 | 300 | 300 |
| | 17 | ø1200 | 125 | 1860 | 1350 | 860 | 451 | 665 | 1329 | 500 | 250 | 250 | 250 | 250 | 200 | 200 | 200 | 200 | 2025 | 2025 | 2025 | 2025 | 300 | 300 | 300 | 300 |
| | 18 | ø1350 | 165 | 2040 | 1350 | 860 | 355 | 691 | 1382 | 500 | 250 | 250 | 250 | 250 | 200 | 200 | 200 | 200 | 2215 | 2215 | 2215 | 2215 | 300 | 300 | 300 | 300 |
| | 19 | ø1500 | 175 | 2210 | 1500 | 956 | 424 | 759 | 1519 | 500 | 250 | 250 | 250 | 250 | 200 | 200 | 200 | 200 | 2375 | 2375 | 2375 | 2375 | 300 | 300 | 300 | 300 |
| | 20 | ø1650 | 190 | 2390 | 1650 | 1051 | 489 | 829 | 1658 | 500 | 250 | 250 | 250 | 250 | 200 | 200 | 200 | 200 | 2540 | 2540 | 2540 | 2540 | 300 | 300 | 300 | 300 |
| | 21 | ø1800 | 200 | 2560 | 1800 | 1147 | 559 | 898 | 1795 | 500 | 250 | 250 | 250 | 250 | 200 | 200 | 200 | 200 | 2700 | 2700 | 2700 | 2700 | 300 | 300 | 300 | 300 |
| | 22 | ø2000 | 210 | 2780 | 2000 | 1274 | 656 | 988 | 1976 | 500 | 250 | 250 | 250 | 250 | 200 | 200 | 200 | 250 | 2910 | 2910 | 2910 | 2960 | 300 | 300 | 300 | 300 |
| | 23 | ø2200 | 220 | 3060 | 2200 | 1402 | 720 | 1087 | 2174 | 500 | 250 | 250 | 250 | 300 | 200 | 200 | 250 | 250 | 3120 | 3120 | 3170 | 3170 | 300 | 300 | 300 | 300 |
| | 24 | ø2400 | 240 | 3260 | 2400 | 1529 | 827 | 1175 | 2349 | 500 | 250 | 250 | 250 | 300 | 200 | 200 | 250 | 250 | 3340 | 3340 | 3390 | 3390 | 300 | 300 | 300 | 360 |
| | 25 | ø2700 | 250 | 3570 | 2700 | 1720 | 983 | 1307 | 2615 | 500 | | 250 | 300 | 300 | | 200 | 250 | 250 | | 3650 | 3700 | 3700 | | 300 | 360 | 360 |
| | 26 | ø3000 | 270 | 3910 | 3000 | 1911 | 1123 | 1444 | 2889 | 500 | | 250 | 300 | 300 | | 200 | 250 | 300 | | 3970 | 4020 | 4070 | | 300 | 360 | 400 |
| | 27 | ø3500 | 320 | 4520 | 3500 | 2230 | 1333 | 1679 | 3358 | 500 | | 300 | 300 | 400 | | 200 | 250 | 300 | | 4520 | 4570 | 4620 | | 360 | 400 | 480 |
| | 28 | ø4000 | 320 | 5060 | 4000 | 2548 | 1580 | 1903 | 3807 | 500 | | | 350 | 400 | | | 250 | 300 | | | 5120 | 5170 | | | 420 | 480 |

| 钢筋混凝土二通转折井尺寸表 (106° ~125° ) | 图集号 | 2024沪S204 |
|---|---|---|
| | 页 | 133 |

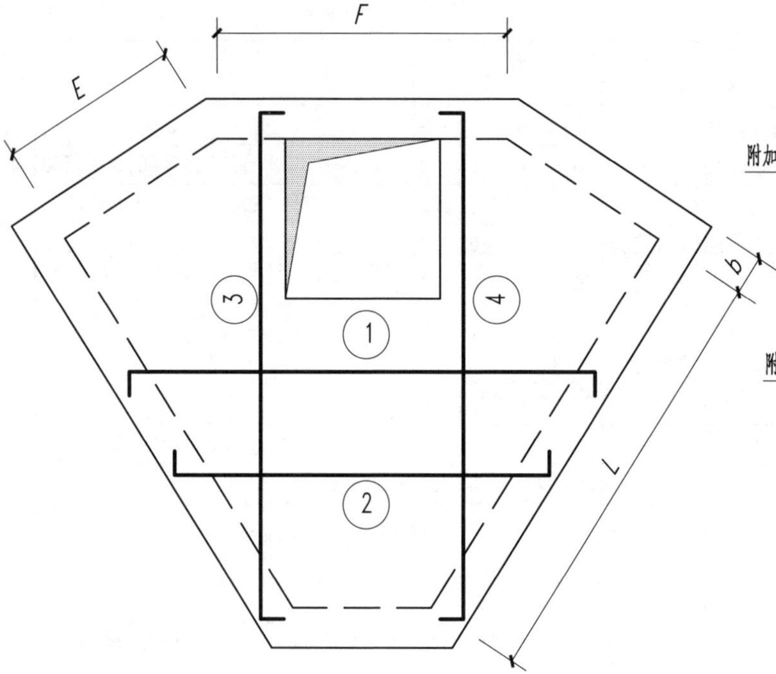


顶板配筋图 1:50

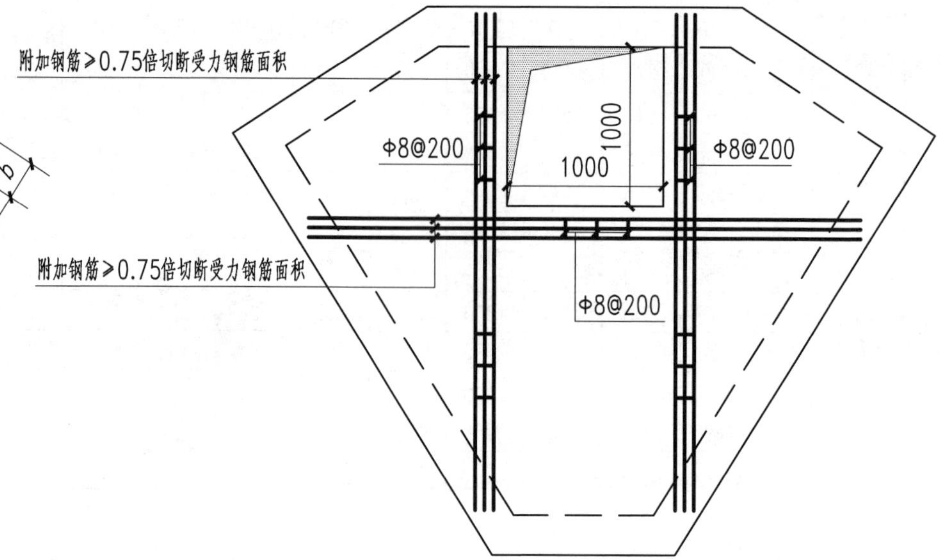


顶板孔口加固图 1:50

| 钢筋混凝土二通转折井（90°~125°）<br>顶板配筋图 | 图集号 | 2024沪S204 |
| --- | --- | --- |
| | 页 | 134 |

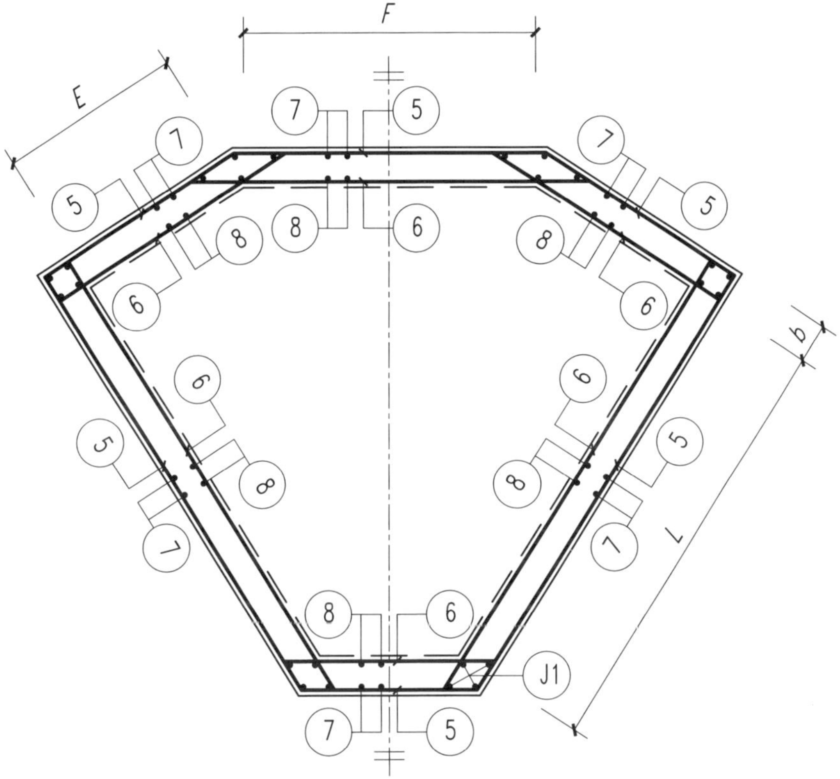


侧壁配筋图 1:50

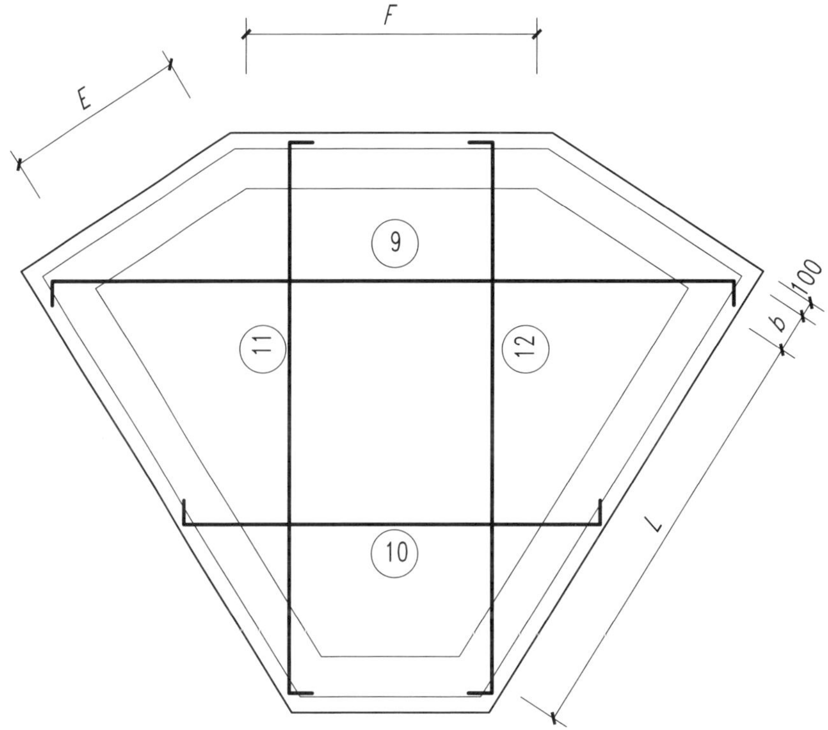


底板配筋图 1:50

| 钢筋混凝土二通转折井（90°~125°）<br>底板、井壁配筋图 | 图集号 | 2024沪S204 |
|---|---|---|
| | 页 | 135 |

| 井编号 | 深度$H$（m） | 顶板厚$H_2$（mm） | 15d 按实 ① | 15d 按实 ② | 15d 按实 ③ | 15d 按实 ④ | 井编号 | 深度$H$（m） | 顶板厚$H_2$（mm） | 15d 按实 ① | 15d 按实 ② | 15d 按实 ③ | 15d 按实 ④ |
|---|---|---|---|---|---|---|---|---|---|---|---|---|---|
| 1 | 4.0 | 200 | Φ10@150 | Φ10@150 | Φ10@150 | Φ10@150 | 7 | 4.0 | 200 | Φ10@150 | Φ10@150 | Φ12@150 | Φ10@150 |
| | 5.5 | 200 | Φ10@150 | Φ10@150 | Φ10@150 | Φ10@150 | | 5.5 | 200 | Φ10@150 | Φ10@150 | Φ14@150 | Φ10@150 |
| | 7.0 | 200 | Φ10@150 | Φ10@150 | Φ10@150 | Φ10@150 | | 7.0 | 250 | Φ12@150 | Φ10@150 | Φ14@150 | Φ12@150 |
| | 8.5 | 200 | Φ10@150 | Φ10@150 | Φ12@150 | Φ10@150 | | 8.5 | 250 | Φ12@150 | Φ12@150 | Φ12@100 | Φ12@150 |
| 2 | 4.0 | 200 | Φ10@150 | Φ10@150 | Φ10@150 | Φ10@150 | 8 | 4.0 | 200 | Φ10@150 | Φ10@150 | Φ12@150 | Φ10@150 |
| | 5.5 | 200 | Φ10@150 | Φ10@150 | Φ10@150 | Φ10@150 | | 5.5 | 200 | Φ12@150 | Φ10@150 | Φ14@150 | Φ12@150 |
| | 7.0 | 200 | Φ10@150 | Φ10@150 | Φ12@150 | Φ10@150 | | 7.0 | 250 | Φ12@150 | Φ12@150 | Φ12@100 | Φ12@150 |
| | 8.5 | 200 | Φ10@150 | Φ10@150 | Φ12@150 | Φ10@150 | | 8.5 | 250 | Φ12@150 | Φ12@150 | Φ14@100 | Φ10@100 |
| 3 | 4.0 | 200 | Φ10@150 | Φ10@150 | Φ10@150 | Φ10@150 | 9 | 4.0 | 200 | Φ10@150 | Φ10@150 | Φ12@150 | Φ10@150 |
| | 5.5 | 200 | Φ10@150 | Φ10@150 | Φ10@150 | Φ10@150 | | 5.5 | 200 | Φ12@150 | Φ10@150 | Φ12@100 | Φ12@150 |
| | 7.0 | 200 | Φ10@150 | Φ10@150 | Φ12@150 | Φ10@150 | | 7.0 | 250 | Φ12@150 | Φ12@150 | Φ16@150 | Φ12@150 |
| | 8.5 | 200 | Φ10@150 | Φ10@150 | Φ14@150 | Φ10@150 | | 8.5 | 300 | Φ10@100 | Φ12@150 | Φ14@100 | Φ10@100 |
| 4 | 4.0 | 200 | Φ10@150 | Φ10@150 | Φ10@150 | Φ10@150 | 10 | 4.0 | 200 | Φ10@150 | Φ10@150 | Φ12@150 | Φ10@150 |
| | 5.5 | 200 | Φ10@150 | Φ10@150 | Φ12@150 | Φ10@150 | | 5.5 | 250 | Φ12@150 | Φ10@150 | Φ14@150 | Φ12@150 |
| | 7.0 | 200 | Φ10@150 | Φ10@150 | Φ14@150 | Φ10@150 | | 7.0 | 250 | Φ12@150 | Φ12@150 | Φ14@100 | Φ12@150 |
| | 8.5 | 200 | Φ12@150 | Φ10@150 | Φ12@100 | Φ12@150 | | 8.5 | 300 | Φ10@100 | Φ10@100 | Φ14@100 | Φ14@150 |
| 5 | 4.0 | 200 | Φ10@150 | Φ10@150 | Φ10@150 | Φ10@150 | 11 | 4.0 | | | | | |
| | 5.5 | 200 | Φ10@150 | Φ10@150 | Φ12@150 | Φ10@150 | | 5.5 | 250 | Φ12@150 | Φ10@150 | Φ14@150 | Φ12@150 |
| | 7.0 | 200 | Φ10@150 | Φ10@150 | Φ14@150 | Φ12@150 | | 7.0 | 300 | Φ10@100 | Φ12@150 | Φ16@150 | Φ12@150 |
| | 8.5 | 250 | Φ12@150 | Φ10@150 | Φ14@150 | Φ12@150 | | 8.5 | 300 | Φ14@150 | Φ10@100 | Φ16@100 | Φ14@150 |
| 6 | 4.0 | 200 | Φ10@150 | Φ10@150 | Φ10@150 | Φ10@150 | 12 | 4.0 | | | | | |
| | 5.5 | 200 | Φ10@150 | Φ10@150 | Φ10@100 | Φ10@150 | | 5.5 | 250 | Φ12@150 | Φ10@150 | Φ12@100 | Φ12@150 |
| | 7.0 | 200 | Φ12@150 | Φ10@150 | Φ12@100 | Φ12@150 | | 7.0 | 300 | Φ10@100 | Φ12@150 | Φ14@100 | Φ10@100 |
| | 8.5 | 250 | Φ12@150 | Φ12@150 | Φ12@100 | Φ12@150 | | 8.5 | 350 | Φ14@150 | Φ10@100 | Φ16@100 | Φ14@150 |

| 井编号 | 深度$H$（m） | 顶板厚$H_2$（mm） | 15d 按实 ① | 15d 按实 ② | 15d 按实 ③ | 15d 按实 ④ |
|---|---|---|---|---|---|---|
| 13 | 4.0 | | | | | |
| | 5.5 | 250 | Φ12@150 | Φ10@150 | Φ16@150 | Φ12@150 |
| | 7.0 | 300 | Φ14@150 | Φ12@150 | Φ16@100 | Φ14@150 |
| | 8.5 | 400 | Φ12@100 | Φ14@150 | Φ16@100 | Φ12@100 |
| 14 | 4.0 | | | | | |
| | 5.5 | | | | | |
| | 7.0 | 300 | Φ14@150 | Φ12@150 | Φ16@100 | Φ14@150 |
| | 8.5 | 400 | Φ12@100 | Φ14@150 | Φ16@100 | Φ12@100 |
| 15 | 4.0 | 200 | Φ10@150 | Φ10@150 | Φ10@150 | Φ10@150 |
| | 5.5 | 200 | Φ10@150 | Φ10@150 | Φ10@150 | Φ10@150 |
| | 7.0 | 200 | Φ10@150 | Φ10@150 | Φ10@150 | Φ10@150 |
| | 8.5 | 200 | Φ10@150 | Φ10@150 | Φ12@150 | Φ10@150 |
| 16 | 4.0 | 200 | Φ10@150 | Φ10@150 | Φ10@150 | Φ10@150 |
| | 5.5 | 200 | Φ10@150 | Φ10@150 | Φ10@150 | Φ10@150 |
| | 7.0 | 200 | Φ10@150 | Φ10@150 | Φ12@150 | Φ10@150 |
| | 8.5 | 200 | Φ10@150 | Φ10@150 | Φ12@150 | Φ10@150 |
| 17 | 4.0 | 200 | Φ10@150 | Φ10@150 | Φ10@150 | Φ10@150 |
| | 5.5 | 200 | Φ10@150 | Φ10@150 | Φ10@150 | Φ10@150 |
| | 7.0 | 200 | Φ10@150 | Φ10@150 | Φ12@150 | Φ10@150 |
| | 8.5 | 200 | Φ10@150 | Φ10@150 | Φ12@150 | Φ10@150 |
| 18 | 4.0 | 200 | Φ10@150 | Φ10@150 | Φ10@150 | Φ10@150 |
| | 5.5 | 200 | Φ10@150 | Φ10@150 | Φ10@150 | Φ10@150 |
| | 7.0 | 200 | Φ10@150 | Φ10@150 | Φ12@150 | Φ10@150 |
| | 8.5 | 200 | Φ12@150 | Φ10@150 | Φ12@150 | Φ10@150 |

| 井编号 | 深度$H$（m） | 顶板厚$H_2$（mm） | 15d 按实 ① | 15d 按实 ② | 15d 按实 ③ | 15d 按实 ④ |
|---|---|---|---|---|---|---|
| 19 | 4.0 | 200 | Φ10@150 | Φ10@150 | Φ10@150 | Φ10@150 |
| | 5.5 | 200 | Φ10@150 | Φ10@150 | Φ10@150 | Φ10@150 |
| | 7.0 | 200 | Φ10@150 | Φ10@150 | Φ12@150 | Φ10@150 |
| | 8.5 | 200 | Φ12@150 | Φ10@150 | Φ14@150 | Φ10@150 |
| 20 | 4.0 | 200 | Φ10@150 | Φ10@150 | Φ10@150 | Φ10@150 |
| | 5.5 | 200 | Φ10@150 | Φ10@150 | Φ12@150 | Φ10@150 |
| | 7.0 | 200 | Φ12@150 | Φ10@150 | Φ12@150 | Φ10@150 |
| | 8.5 | 200 | Φ12@150 | Φ10@150 | Φ14@150 | Φ10@150 |
| 21 | 4.0 | 200 | Φ10@150 | Φ10@150 | Φ10@150 | Φ10@150 |
| | 5.5 | 200 | Φ10@150 | Φ10@150 | Φ12@150 | Φ10@150 |
| | 7.0 | 200 | Φ12@150 | Φ10@150 | Φ14@150 | Φ10@150 |
| | 8.5 | 200 | Φ14@150 | Φ12@150 | Φ12@100 | Φ12@150 |
| 22 | 4.0 | 200 | Φ10@150 | Φ10@150 | Φ10@150 | Φ10@150 |
| | 5.5 | 200 | Φ12@150 | Φ10@150 | Φ12@150 | Φ10@150 |
| | 7.0 | 200 | Φ12@150 | Φ10@150 | Φ14@150 | Φ10@150 |
| | 8.5 | 250 | Φ12@150 | Φ12@150 | Φ14@150 | Φ12@150 |
| 23 | 4.0 | 200 | Φ10@150 | Φ10@150 | Φ10@150 | Φ10@150 |
| | 5.5 | 200 | Φ12@150 | Φ10@150 | Φ10@100 | Φ10@150 |
| | 7.0 | 250 | Φ12@150 | Φ10@150 | Φ14@150 | Φ10@150 |
| | 8.5 | 250 | Φ14@150 | Φ12@150 | Φ12@100 | Φ12@150 |
| 24 | 4.0 | 200 | Φ10@150 | Φ10@150 | Φ10@150 | Φ10@150 |
| | 5.5 | 200 | Φ12@150 | Φ10@150 | Φ14@150 | Φ10@150 |
| | 7.0 | 250 | Φ12@150 | Φ12@150 | Φ14@150 | Φ10@150 |
| | 8.5 | 250 | Φ12@100 | Φ12@150 | Φ14@100 | Φ12@150 |

| 井编号 | 深度$H$ (m) | 顶板厚$H_2$ (mm) | 15d 按实 ① | 15d 按实 ② | 15d 按实 ③ | 15d 按实 ④ | 井编号 | 深度$H$ (m) | 顶板厚$H_2$ (mm) | 15d 按实 ① | 15d 按实 ② | 15d 按实 ③ | 15d 按实 ④ |
|---|---|---|---|---|---|---|---|---|---|---|---|---|---|
| 25 | 4.0 | | | | | | | | | | | | |
| | 5.5 | 200 | Φ10@100 | Φ10@150 | Φ14@150 | Φ10@150 | | | | | | | |
| | 7.0 | 250 | Φ14@150 | Φ12@150 | Φ12@100 | Φ12@150 | | | | | | | |
| | 8.5 | 250 | Φ16@150 | Φ12@150 | Φ14@100 | Φ12@150 | | | | | | | |
| 26 | 4.0 | | | | | | | | | | | | |
| | 5.5 | 200 | Φ14@150 | Φ10@150 | Φ14@150 | Φ10@150 | | | | | | | |
| | 7.0 | 250 | Φ14@150 | Φ12@150 | Φ16@150 | Φ12@150 | | | | | | | |
| | 8.5 | 300 | Φ12@100 | Φ12@150 | Φ14@100 | Φ12@150 | | | | | | | |
| 27 | 4.0 | | | | | | | | | | | | |
| | 5.5 | 200 | Φ14@150 | Φ10@150 | Φ12@100 | Φ10@150 | | | | | | | |
| | 7.0 | 250 | Φ16@150 | Φ12@150 | Φ14@100 | Φ12@150 | | | | | | | |
| | 8.5 | 300 | Φ14@100 | Φ10@100 | Φ16@100 | Φ10@100 | | | | | | | |
| 28 | 4.0 | | | | | | | | | | | | |
| | 5.5 | | | | | | | | | | | | |
| | 7.0 | 250 | Φ14@100 | Φ12@150 | Φ14@100 | Φ12@150 | | | | | | | |
| | 8.5 | 300 | Φ14@100 | Φ14@150 | Φ16@100 | Φ14@150 | | | | | | | |
| | | | | | | | | | | | | | |
| | | | | | | | | | | | | | |
| | | | | | | | | | | | | | |
| | | | | | | | | | | | | | |
| | | | | | | | | | | | | | |
| | | | | | | | | | | | | | |
| | | | | | | | | | | | | | |
| | | | | | | | | | | | | | |

| 井编号 | 深度$H$ (m) | 顶板厚$H_2$ (mm) | 15d 按实 ⑤ | 15d 按实 ⑥ | 15d 按实 ⑦ | 15d 按实 ⑧ | 井编号 | 深度$H$ (m) | 顶板厚$H_2$ (mm) | 15d 按实 ⑤ | 15d 按实 ⑥ | 15d 按实 ⑦ | 15d 按实 ⑧ |
|---|---|---|---|---|---|---|---|---|---|---|---|---|---|
| 1 | 4.0 | 250 | Φ10@150 | Φ10@150 | Φ10@150 | Φ10@150 | 7 | 4.0 | 250 | Φ10@150 | Φ10@150 | Φ10@150 | Φ10@150 |
| | 5.5 | 250 | Φ10@150 | Φ10@150 | Φ10@150 | Φ10@150 | | 5.5 | 250 | Φ10@150 | Φ10@150 | Φ12@150 | Φ10@150 |
| | 7.0 | 250 | Φ10@150 | Φ10@150 | Φ10@150 | Φ10@150 | | 7.0 | 250 | Φ12@150 | Φ10@150 | Φ14@150 | Φ10@150 |
| | 8.5 | 250 | Φ10@150 | Φ10@150 | Φ12@150 | Φ10@150 | | 8.5 | 250 | Φ12@150 | Φ10@150 | Φ12@100 | Φ12@150 |
| 2 | 4.0 | 250 | Φ10@150 | Φ10@150 | Φ10@150 | Φ10@150 | 8 | 4.0 | 250 | Φ10@150 | Φ10@150 | Φ12@150 | Φ10@150 |
| | 5.5 | 250 | Φ10@150 | Φ10@150 | Φ10@150 | Φ10@150 | | 5.5 | 250 | Φ12@150 | Φ10@150 | Φ12@150 | Φ10@150 |
| | 7.0 | 250 | Φ10@150 | Φ10@150 | Φ10@150 | Φ10@150 | | 7.0 | 250 | Φ12@150 | Φ10@150 | Φ12@100 | Φ12@150 |
| | 8.5 | 250 | Φ10@150 | Φ10@150 | Φ12@150 | Φ10@150 | | 8.5 | 250 | Φ10@100 | Φ12@150 | Φ14@100 | Φ12@150 |
| 3 | 4.0 | 250 | Φ10@150 | Φ10@150 | Φ10@150 | Φ10@150 | 9 | 4.0 | 250 | Φ10@150 | Φ10@150 | Φ12@150 | Φ10@150 |
| | 5.5 | 250 | Φ10@150 | Φ10@150 | Φ10@150 | Φ10@150 | | 5.5 | 250 | Φ12@150 | Φ10@150 | Φ14@150 | Φ10@150 |
| | 7.0 | 250 | Φ10@150 | Φ10@150 | Φ12@150 | Φ10@150 | | 7.0 | 250 | Φ12@150 | Φ10@150 | Φ16@150 | Φ12@150 |
| | 8.5 | 250 | Φ10@150 | Φ10@150 | Φ12@150 | Φ10@150 | | 8.5 | 300 | Φ10@100 | Φ12@150 | Φ14@100 | Φ12@150 |
| 4 | 4.0 | 250 | Φ10@150 | Φ10@150 | Φ10@150 | Φ10@150 | 10 | 4.0 | 250 | Φ10@150 | Φ10@150 | Φ12@150 | Φ10@150 |
| | 5.5 | 250 | Φ10@150 | Φ10@150 | Φ10@150 | Φ10@150 | | 5.5 | 250 | Φ12@150 | Φ10@150 | Φ12@100 | Φ10@150 |
| | 7.0 | 250 | Φ10@150 | Φ10@150 | Φ12@150 | Φ10@150 | | 7.0 | 250 | Φ10@100 | Φ12@150 | Φ14@100 | Φ12@150 |
| | 8.5 | 250 | Φ12@150 | Φ10@150 | Φ12@150 | Φ10@150 | | 8.5 | 300 | Φ14@150 | Φ12@150 | Φ14@100 | Φ12@150 |
| 5 | 4.0 | 250 | Φ10@150 | Φ10@150 | Φ10@150 | Φ10@150 | 11 | 4.0 | | | | | |
| | 5.5 | 250 | Φ10@150 | Φ10@150 | Φ12@150 | Φ10@150 | | 5.5 | 250 | Φ12@150 | Φ10@150 | Φ16@150 | Φ12@150 |
| | 7.0 | 250 | Φ10@150 | Φ10@150 | Φ12@150 | Φ10@150 | | 7.0 | 300 | Φ10@100 | Φ12@150 | Φ14@100 | Φ12@150 |
| | 8.5 | 250 | Φ12@150 | Φ10@150 | Φ14@150 | Φ10@150 | | 8.5 | 300 | Φ14@150 | Φ12@150 | Φ16@100 | Φ10@100 |
| 6 | 4.0 | 250 | Φ10@150 | Φ10@150 | Φ10@150 | Φ10@150 | 12 | 4.0 | | | | | |
| | 5.5 | 250 | Φ10@150 | Φ10@150 | Φ12@150 | Φ10@150 | | 5.5 | 250 | Φ10@100 | Φ12@150 | Φ14@100 | Φ12@150 |
| | 7.0 | 250 | Φ12@150 | Φ10@150 | Φ10@100 | Φ10@150 | | 7.0 | 300 | Φ14@150 | Φ12@150 | Φ16@100 | Φ10@100 |
| | 8.5 | 250 | Φ12@150 | Φ10@150 | Φ12@100 | Φ10@150 | | 8.5 | 350 | Φ12@100 | Φ12@150 | Φ16@100 | Φ10@100 |

| 钢筋混凝土二通转折井（90°~125°）井壁配筋表（一） | 图集号 | 2024沪S204 |
|---|---|---|
| | 页 | 139 |

| 井编号 | 深度$H$ (m) | 顶板厚$H_2$ (mm) | 15d 按实 ⑤ | 15d 按实 ⑥ | 15d 按实 ⑦ | 15d 按实 ⑧ | 井编号 | 深度$H$ (m) | 顶板厚$H_2$ (mm) | 15d 按实 ⑤ | 15d 按实 ⑥ | 15d 按实 ⑦ | 15d 按实 ⑧ |
|---|---|---|---|---|---|---|---|---|---|---|---|---|---|
| 13 | 4.0 | | | | | | 19 | 4.0 | 250 | Φ10@150 | Φ10@150 | Φ10@150 | Φ10@150 |
| | 5.5 | 300 | Φ10@100 | Φ12@150 | Φ14@100 | Φ12@150 | | 5.5 | 250 | Φ10@150 | Φ10@150 | Φ12@150 | Φ10@150 |
| | 7.0 | 350 | Φ12@100 | Φ12@150 | Φ16@100 | Φ10@100 | | 7.0 | 250 | Φ10@150 | Φ10@150 | Φ12@150 | Φ10@150 |
| | 8.5 | 400 | Φ12@100 | Φ14@150 | Φ16@100 | Φ14@150 | | 8.5 | 250 | Φ12@150 | Φ10@150 | Φ12@150 | Φ10@150 |
| 14 | 4.0 | | | | | | 20 | 4.0 | 250 | Φ10@150 | Φ10@150 | Φ10@150 | Φ10@150 |
| | 5.5 | | | | | | | 5.5 | 250 | Φ10@150 | Φ10@150 | Φ12@150 | Φ10@150 |
| | 7.0 | 400 | Φ12@100 | Φ14@150 | Φ16@100 | Φ14@150 | | 7.0 | 250 | Φ12@150 | Φ10@150 | Φ12@150 | Φ10@150 |
| | 8.5 | 400 | Φ14@100 | Φ14@150 | Φ18@100 | Φ12@100 | | 8.5 | 250 | Φ12@150 | Φ10@150 | Φ14@150 | Φ10@150 |
| 15 | 4.0 | 250 | Φ10@150 | Φ10@150 | Φ10@150 | Φ10@150 | 21 | 4.0 | 250 | Φ10@150 | Φ10@150 | Φ10@150 | Φ10@150 |
| | 5.5 | 250 | Φ10@150 | Φ10@150 | Φ10@150 | Φ10@150 | | 5.5 | 250 | Φ10@150 | Φ10@150 | Φ12@150 | Φ10@150 |
| | 7.0 | 250 | Φ10@150 | Φ10@150 | Φ10@150 | Φ10@150 | | 7.0 | 250 | Φ12@150 | Φ10@150 | Φ10@100 | Φ10@150 |
| | 8.5 | 250 | Φ10@150 | Φ10@150 | Φ12@150 | Φ10@150 | | 8.5 | 250 | Φ12@150 | Φ10@150 | Φ14@150 | Φ10@150 |
| 16 | 4.0 | 250 | Φ10@150 | Φ10@150 | Φ10@150 | Φ10@150 | 22 | 4.0 | 250 | Φ10@150 | Φ10@150 | Φ12@150 | Φ10@150 |
| | 5.5 | 250 | Φ10@150 | Φ10@150 | Φ10@150 | Φ10@150 | | 5.5 | 250 | Φ12@150 | Φ10@150 | Φ12@150 | Φ10@150 |
| | 7.0 | 250 | Φ10@150 | Φ10@150 | Φ10@150 | Φ10@150 | | 7.0 | 250 | Φ12@150 | Φ10@150 | Φ14@150 | Φ10@150 |
| | 8.5 | 250 | Φ10@150 | Φ10@150 | Φ12@150 | Φ10@150 | | 8.5 | 250 | Φ10@100 | Φ12@150 | Φ12@100 | Φ12@150 |
| 17 | 4.0 | 250 | Φ10@150 | Φ10@150 | Φ10@150 | Φ10@150 | 23 | 4.0 | 250 | Φ10@150 | Φ10@150 | Φ12@150 | Φ10@150 |
| | 5.5 | 250 | Φ10@150 | Φ10@150 | Φ10@150 | Φ10@150 | | 5.5 | 250 | Φ12@150 | Φ10@150 | Φ14@150 | Φ10@150 |
| | 7.0 | 250 | Φ10@150 | Φ10@150 | Φ12@150 | Φ10@150 | | 7.0 | 250 | Φ12@150 | Φ10@150 | Φ12@100 | Φ12@150 |
| | 8.5 | 250 | Φ10@150 | Φ10@150 | Φ12@150 | Φ10@150 | | 8.5 | 250 | Φ14@150 | Φ12@150 | Φ14@100 | Φ12@150 |
| 18 | 4.0 | 250 | Φ10@150 | Φ10@150 | Φ10@150 | Φ10@150 | 24 | 4.0 | 250 | Φ10@150 | Φ10@150 | Φ12@150 | Φ10@150 |
| | 5.5 | 250 | Φ10@150 | Φ10@150 | Φ10@150 | Φ10@150 | | 5.5 | 250 | Φ12@150 | Φ10@150 | Φ14@150 | Φ10@150 |
| | 7.0 | 250 | Φ10@150 | Φ10@150 | Φ12@150 | Φ10@150 | | 7.0 | 250 | Φ14@150 | Φ12@150 | Φ14@100 | Φ12@150 |
| | 8.5 | 250 | Φ12@150 | Φ10@150 | Φ12@150 | Φ10@150 | | 8.5 | 300 | Φ14@150 | Φ12@150 | Φ14@100 | Φ12@150 |

| 钢筋混凝土二通转折井（90°~125°）井壁配筋表（二） | 图集号 | 2024沪S204 |
|---|---|---|
| | 页 | 140 |

| 井编号 | 深度$H$ (m) | 顶板厚$H_2$ (mm) | 15d 按实 ⑤ | 15d 按实 ⑥ | 15d 按实 ⑦ | 15d 按实 ⑧ | 井编号 | 深度$H$ (m) | 顶板厚$H_2$ (mm) | 15d 按实 ⑤ | 15d 按实 ⑥ | 15d 按实 ⑦ | 15d 按实 ⑧ |
|---|---|---|---|---|---|---|---|---|---|---|---|---|---|
| 25 | 4.0 | | | | | | | | | | | | |
| | 5.5 | 250 | Φ12@150 | Φ10@150 | Φ12@100 | Φ12@150 | | | | | | | |
| | 7.0 | 300 | Φ10@100 | Φ12@150 | Φ16@150 | Φ12@150 | | | | | | | |
| | 8.5 | 300 | Φ14@150 | Φ12@150 | Φ16@100 | Φ10@100 | | | | | | | |
| 26 | 4.0 | | | | | | | | | | | | |
| | 5.5 | 250 | Φ14@150 | Φ12@150 | Φ14@100 | Φ12@150 | | | | | | | |
| | 7.0 | 300 | Φ14@150 | Φ12@150 | Φ14@100 | Φ12@150 | | | | | | | |
| | 8.5 | 300 | Φ12@100 | Φ10@100 | Φ16@100 | Φ10@100 | | | | | | | |
| 27 | 4.0 | | | | | | | | | | | | |
| | 5.5 | 300 | Φ10@100 | Φ12@150 | Φ14@100 | Φ12@150 | | | | | | | |
| | 7.0 | 300 | Φ12@100 | Φ10@100 | Φ16@100 | Φ10@100 | | | | | | | |
| | 8.5 | 400 | Φ12@100 | Φ14@150 | Φ16@100 | Φ14@150 | | | | | | | |
| 28 | 4.0 | | | | | | | | | | | | |
| | 5.5 | | | | | | | | | | | | |
| | 7.0 | 350 | Φ12@100 | Φ10@100 | Φ16@100 | Φ14@150 | | | | | | | |
| | 8.5 | 400 | Φ14@100 | Φ14@150 | Φ18@100 | Φ12@100 | | | | | | | |
| | | | | | | | | | | | | | |
| | | | | | | | | | | | | | |
| | | | | | | | | | | | | | |
| | | | | | | | | | | | | | |
| | | | | | | | | | | | | | |
| | | | | | | | | | | | | | |
| | | | | | | | | | | | | | |
| | | | | | | | | | | | | | |

| 钢筋混凝土二通转折井（90°~125°）井壁配筋表（三） | 图集号 | 2024沪S204 |
|---|---|---|
| | 页 | 141 |

| 井编号 | 深度 $H$（m） | 底板厚 $H_b$（mm） | 按实 200 ⑨ | 按实 200 ⑩ | 按实 200 ⑪ | 按实 200 ⑫ | 井编号 | 深度 $H$（m） | 底板厚 $H_b$（mm） | 按实 200 ⑨ | 按实 200 ⑩ | 按实 200 ⑪ | 按实 200 ⑫ |
|---|---|---|---|---|---|---|---|---|---|---|---|---|---|
| 1 | 4.0 | 300 | Φ12@150 | Φ12@150 | Φ12@150 | Φ12@150 | 7 | 4.0 | 300 | Φ12@150 | Φ12@150 | Φ12@150 | Φ12@150 |
|  | 5.5 | 300 | Φ12@150 | Φ12@150 | Φ12@150 | Φ12@150 |  | 5.5 | 300 | Φ14@150 | Φ12@150 | Φ14@150 | Φ12@150 |
|  | 7.0 | 300 | Φ12@150 | Φ12@150 | Φ12@150 | Φ12@150 |  | 7.0 | 300 | Φ14@100 | Φ10@100 | Φ12@100 | Φ10@100 |
|  | 8.5 | 300 | Φ12@150 | Φ12@150 | Φ10@100 | Φ12@150 |  | 8.5 | 300 | Φ16@100 | Φ14@150 | Φ14@100 | Φ14@150 |
| 2 | 4.0 | 300 | Φ12@150 | Φ12@150 | Φ12@150 | Φ12@150 | 8 | 4.0 | 300 | Φ10@100 | Φ12@150 | Φ12@150 | Φ12@150 |
|  | 5.5 | 300 | Φ12@150 | Φ12@150 | Φ12@150 | Φ12@150 |  | 5.5 | 300 | Φ16@150 | Φ12@150 | Φ14@150 | Φ12@150 |
|  | 7.0 | 300 | Φ12@150 | Φ12@150 | Φ12@150 | Φ12@150 |  | 7.0 | 300 | Φ16@100 | Φ14@150 | Φ14@100 | Φ14@150 |
|  | 8.5 | 300 | Φ12@150 | Φ12@150 | Φ10@100 | Φ12@150 |  | 8.5 | 350 | Φ16@100 | Φ14@150 | Φ14@100 | Φ14@150 |
| 3 | 4.0 | 300 | Φ12@150 | Φ12@150 | Φ12@150 | Φ12@150 | 9 | 4.0 | 300 | Φ14@150 | Φ10@100 | Φ10@100 | Φ10@100 |
|  | 5.5 | 300 | Φ12@150 | Φ12@150 | Φ12@150 | Φ12@150 |  | 5.5 | 300 | Φ14@100 | Φ14@150 | Φ16@150 | Φ14@150 |
|  | 7.0 | 300 | Φ12@150 | Φ12@150 | Φ10@100 | Φ12@150 |  | 7.0 | 300 | Φ16@100 | Φ14@100 | Φ16@100 | Φ14@100 |
|  | 8.5 | 300 | Φ10@100 | Φ12@150 | Φ14@150 | Φ12@150 |  | 8.5 | 360 | Φ16@100 | Φ14@100 | Φ16@100 | Φ14@100 |
| 4 | 4.0 | 300 | Φ12@150 | Φ12@150 | Φ12@150 | Φ12@150 | 10 | 4.0 | 300 | Φ14@150 | Φ12@150 | Φ14@150 | Φ12@150 |
|  | 5.5 | 300 | Φ12@150 | Φ12@150 | Φ12@150 | Φ12@150 |  | 5.5 | 300 | Φ14@100 | Φ12@100 | Φ14@100 | Φ12@100 |
|  | 7.0 | 300 | Φ10@100 | Φ12@150 | Φ10@100 | Φ12@150 |  | 7.0 | 300 | Φ16@100 | Φ14@100 | Φ16@100 | Φ14@100 |
|  | 8.5 | 300 | Φ14@150 | Φ12@150 | Φ14@150 | Φ12@150 |  | 8.5 | 360 | Φ16@100 | Φ14@100 | Φ16@100 | Φ14@100 |
| 5 | 4.0 | 300 | Φ12@150 | Φ12@150 | Φ12@150 | Φ12@150 | 11 | 4.0 |  |  |  |  |  |
|  | 5.5 | 300 | Φ12@150 | Φ12@150 | Φ10@100 | Φ12@150 |  | 5.5 | 300 | Φ16@150 | Φ14@100 | Φ14@100 | Φ14@100 |
|  | 7.0 | 300 | Φ10@100 | Φ12@150 | Φ14@150 | Φ12@150 |  | 7.0 | 360 | Φ14@100 | Φ14@100 | Φ16@100 | Φ14@100 |
|  | 8.5 | 300 | Φ14@150 | Φ10@100 | Φ12@100 | Φ10@100 |  | 8.5 | 400 | Φ16@100 | Φ16@100 | Φ16@100 | Φ16@100 |
| 6 | 4.0 | 300 | Φ12@150 | Φ12@150 | Φ12@150 | Φ12@150 | 12 | 4.0 |  |  |  |  |  |
|  | 5.5 | 300 | Φ14@150 | Φ12@150 | Φ10@100 | Φ12@150 |  | 5.5 | 300 | Φ16@100 | Φ14@100 | Φ16@100 | Φ14@100 |
|  | 7.0 | 300 | Φ12@100 | Φ10@100 | Φ14@150 | Φ10@100 |  | 7.0 | 400 | Φ14@100 | Φ14@100 | Φ16@100 | Φ14@100 |
|  | 8.5 | 300 | Φ14@100 | Φ14@150 | Φ14@100 | Φ14@150 |  | 8.5 | 420 | Φ16@100 | Φ16@100 | Φ18@100 | Φ16@100 |

| 钢筋混凝土二通转折井（90°~125°）底板配筋表（一） | 图集号 | 2024沪S204 |
|---|---|---|
|  | 页 | 142 |

| 井编号 | 深度$H$（m） | 底板厚$H_b$（mm） | 按实 200 ⑨ | 按实 200 ⑩ | 按实 200 ⑪ | 按实 200 ⑫ | 井编号 | 深度$H$（m） | 底板厚$H_b$（mm） | 按实 200 ⑨ | 按实 200 ⑩ | 按实 200 ⑪ | 按实 200 ⑫ |
|---|---|---|---|---|---|---|---|---|---|---|---|---|---|
| 13 | 4.0 | | | | | | 19 | 4.0 | 300 | Φ12@150 | Φ12@150 | Φ12@150 | Φ12@150 |
| | 5.5 | 360 | Φ16@100 | Φ14@100 | Φ16@100 | Φ14@100 | | 5.5 | 300 | Φ12@150 | Φ12@150 | Φ12@150 | Φ12@150 |
| | 7.0 | 420 | Φ18@100 | Φ16@100 | Φ18@100 | Φ16@100 | | 7.0 | 300 | Φ10@100 | Φ12@150 | Φ10@100 | Φ12@150 |
| | 8.5 | 480 | Φ18@100 | Φ18@100 | Φ18@100 | Φ18@100 | | 8.5 | 300 | Φ14@150 | Φ12@150 | Φ10@100 | Φ12@150 |
| 14 | 4.0 | | | | | | 20 | 4.0 | 300 | Φ12@150 | Φ12@150 | Φ12@150 | Φ12@150 |
| | 5.5 | | | | | | | 5.5 | 300 | Φ12@150 | Φ12@150 | Φ12@150 | Φ12@150 |
| | 7.0 | 480 | Φ16@100 | Φ14@100 | Φ16@100 | Φ14@100 | | 7.0 | 300 | Φ10@100 | Φ12@150 | Φ10@100 | Φ12@150 |
| | 8.5 | 480 | Φ20@100 | Φ18@100 | Φ20@100 | Φ18@100 | | 8.5 | 300 | Φ14@150 | Φ10@100 | Φ14@150 | Φ10@100 |
| 15 | 4.0 | 300 | Φ12@150 | Φ12@150 | Φ12@150 | Φ12@150 | 21 | 4.0 | 300 | Φ12@150 | Φ12@150 | Φ12@150 | Φ12@150 |
| | 5.5 | 300 | Φ12@150 | Φ12@150 | Φ12@150 | Φ12@150 | | 5.5 | 300 | Φ10@100 | Φ12@150 | Φ12@150 | Φ12@150 |
| | 7.0 | 300 | Φ12@150 | Φ12@150 | Φ12@150 | Φ12@150 | | 7.0 | 300 | Φ14@150 | Φ12@150 | Φ10@100 | Φ12@150 |
| | 8.5 | 300 | Φ12@150 | Φ12@150 | Φ10@100 | Φ12@150 | | 8.5 | 300 | Φ12@100 | Φ10@100 | Φ14@150 | Φ10@100 |
| 16 | 4.0 | 300 | Φ12@150 | Φ12@150 | Φ12@150 | Φ12@150 | 22 | 4.0 | 300 | Φ12@150 | Φ12@150 | Φ12@150 | Φ12@150 |
| | 5.5 | 300 | Φ12@150 | Φ12@150 | Φ12@150 | Φ12@150 | | 5.5 | 300 | Φ10@100 | Φ12@150 | Φ10@100 | Φ12@150 |
| | 7.0 | 300 | Φ12@150 | Φ12@150 | Φ12@150 | Φ12@150 | | 7.0 | 300 | Φ14@150 | Φ10@100 | Φ14@150 | Φ10@100 |
| | 8.5 | 300 | Φ12@150 | Φ12@150 | Φ10@100 | Φ12@150 | | 8.5 | 300 | Φ12@100 | Φ14@150 | Φ12@100 | Φ14@150 |
| 17 | 4.0 | 300 | Φ12@150 | Φ12@150 | Φ12@150 | Φ12@150 | 23 | 4.0 | 300 | Φ12@150 | Φ12@150 | Φ12@150 | Φ12@150 |
| | 5.5 | 300 | Φ12@150 | Φ12@150 | Φ12@150 | Φ12@150 | | 5.5 | 300 | Φ14@150 | Φ10@100 | Φ10@100 | Φ10@100 |
| | 7.0 | 300 | Φ12@150 | Φ12@150 | Φ12@150 | Φ12@150 | | 7.0 | 300 | Φ12@100 | Φ14@150 | Φ12@100 | Φ14@150 |
| | 8.5 | 300 | Φ10@100 | Φ12@150 | Φ10@100 | Φ12@150 | | 8.5 | 300 | Φ14@100 | Φ12@100 | Φ14@100 | Φ12@100 |
| 18 | 4.0 | 300 | Φ12@150 | Φ12@150 | Φ12@150 | Φ12@150 | 24 | 4.0 | 300 | Φ12@150 | Φ12@150 | Φ12@150 | Φ12@150 |
| | 5.5 | 300 | Φ12@150 | Φ12@150 | Φ12@150 | Φ12@150 | | 5.5 | 300 | Φ14@150 | Φ10@100 | Φ14@150 | Φ10@100 |
| | 7.0 | 300 | Φ12@150 | Φ12@150 | Φ12@150 | Φ12@150 | | 7.0 | 300 | Φ16@150 | Φ14@150 | Φ16@150 | Φ14@150 |
| | 8.5 | 300 | Φ10@100 | Φ12@150 | Φ10@100 | Φ12@150 | | 8.5 | 360 | Φ16@150 | Φ12@100 | Φ16@150 | Φ12@100 |

| 井编号 | 深度$H$（m） | 底板厚$H_b$（mm） | 按实 200 ⑨ | 按实 200 ⑩ | 按实 200 ⑪ | 按实 200 ⑫ | 井编号 | 深度$H$（m） | 底板厚$H_b$（mm） | 按实 200 ⑨ | 按实 200 ⑩ | 按实 200 ⑪ | 按实 200 ⑫ |
|---|---|---|---|---|---|---|---|---|---|---|---|---|---|
| 25 | 4.0 | | | | | | | | | | | | |
| | 5.5 | 300 | Φ12@100 | Φ14@150 | Φ14@150 | Φ14@150 | | | | | | | |
| | 7.0 | 360 | Φ16@150 | Φ12@100 | Φ12@100 | Φ12@100 | | | | | | | |
| | 8.5 | 360 | Φ16@100 | Φ16@150 | Φ14@100 | Φ16@150 | | | | | | | |
| 26 | 4.0 | | | | | | | | | | | | |
| | 5.5 | 300 | Φ14@100 | Φ14@150 | Φ12@100 | Φ14@150 | | | | | | | |
| | 7.0 | 360 | Φ14@100 | Φ12@100 | Φ16@150 | Φ12@100 | | | | | | | |
| | 8.5 | 400 | Φ16@100 | Φ14@100 | Φ14@100 | Φ14@100 | | | | | | | |
| 27 | 4.0 | | | | | | | | | | | | |
| | 5.5 | 360 | Φ14@100 | Φ16@150 | Φ12@100 | Φ16@150 | | | | | | | |
| | 7.0 | 400 | Φ18@100 | Φ14@100 | Φ14@100 | Φ14@100 | | | | | | | |
| | 8.5 | 480 | Φ18@100 | Φ16@100 | Φ14@100 | Φ16@100 | | | | | | | |
| 28 | 4.0 | | | | | | | | | | | | |
| | 5.5 | | | | | | | | | | | | |
| | 7.0 | 420 | Φ18@100 | Φ16@100 | Φ14@100 | Φ16@100 | | | | | | | |
| | 8.5 | 480 | Φ18@100 | Φ18@100 | Φ16@100 | Φ18@100 | | | | | | | |

| 钢筋混凝土二通转折井（90°~125°）底板配筋表（三） | 图集号 | 2024沪S204 |
|---|---|---|
| | 页 | 144 |

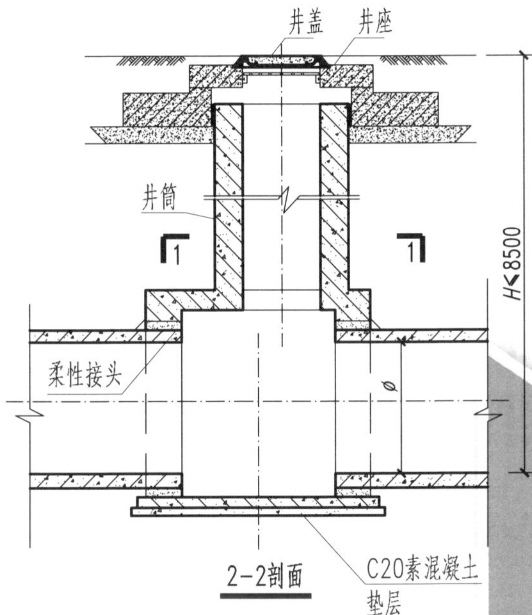


2-2剖面

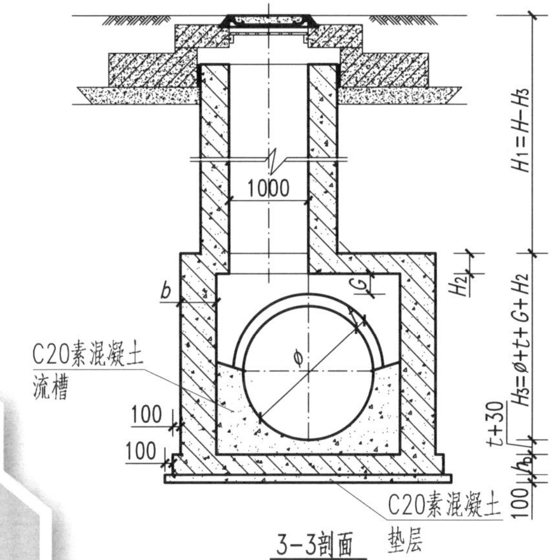


3-3剖面

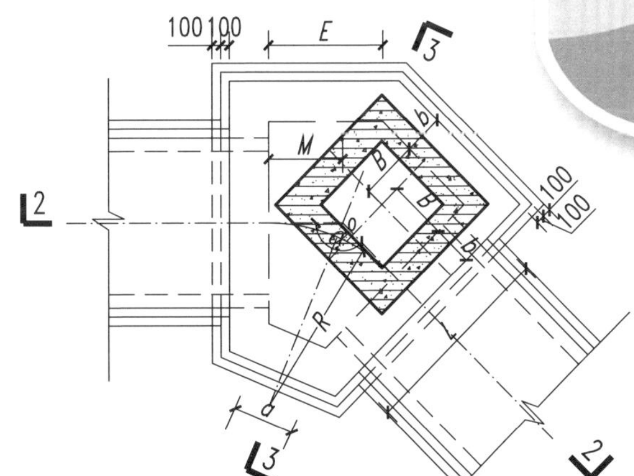


1-1剖面

说明：

1. 本图二通转折井适用于管道管径大于或等于$\phi$800的钢筋混凝土排水管道。
   管径$\phi$800的二通转折井，交汇角度为126°~145°；大于145°时，采用与管径相应的直线井。
   管径大于或等于$\phi$1000的二通转折井，交汇角度为126°~165°；大于165°时，采用与管径相应的直线井。
2. 本图管径$\phi$800二通转折井以交汇角135°为标准情况，但适用交汇角为126°~145°。
3. 本图管径大于或等于$\phi$1000二通转折井共分为两档，各以交汇角135°、155°为标准情况，但各档的适用交汇角为126°~145°、146°~165°。
4. 当交汇角不为135°、155°时，井的$O$点应按135°、155°的交汇角放样确定。
5. 井深的选用：凡超过设计图表中$H$值时，应选高一档标准使用。
6. 化学建材管管径大于或等于DN700且交汇角度为126°~165°时，可参见本检查井。

| 钢筋混凝土二通转折井（126°~165°） | 图集号 | 2024沪S204 |
| --- | --- | --- |
| | 页 | 145 |

| 交汇角α | 序号 | ø (mm) | t (mm) | L (mm) | R (mm) | M (mm) | a (mm) | E (mm) | F (mm) | G (mm) | b (mm) | | | | $H_2$ (mm) | | | | $H_3$ (mm) | | | | $H_b$ (mm) | | | |
|---|---|---|---|---|---|---|---|---|---|---|---|---|---|---|---|---|---|---|---|---|---|---|---|---|---|---|
| | | | | | | | | | | | H=4m | H=5.5m | H=7m | H=8.5m | H=4m | H=5.5m | H=7m | H=8.5m | H=4m | H=5.5m | H=7m | H=8.5m | H=4m | H=5.5m | H=7m | H=8.5m |
| 126°～145°（135°） | 1 | ø800 | 92 | 1320 | 2170 | 899 | 1156 | 1172 | — | 500 | 250 | 250 | 250 | 250 | 200 | 200 | 200 | 200 | 1592 | 1592 | 1592 | 1592 | 300 | 300 | 300 | 300 |
| | 2 | ø1000 | 110 | 1550 | 2055 | 851 | 980 | 1172 | — | 500 | 250 | 250 | 250 | 250 | 200 | 200 | 200 | 200 | 1810 | 1810 | 1810 | 1810 | 300 | 300 | 300 | 300 |
| | 3 | ø1200 | 125 | 1860 | 1900 | 787 | 742 | 1172 | — | 500 | 250 | 250 | 250 | 250 | 200 | 200 | 200 | 200 | 2025 | 2025 | 2025 | 2025 | 300 | 300 | 300 | 300 |
| | 4 | ø1350 | 165 | 2040 | 1810 | 750 | 605 | 1172 | — | 500 | 250 | 250 | 250 | 250 | 200 | 200 | 200 | 200 | 2215 | 2215 | 2215 | 2215 | 300 | 300 | 300 | 300 |
| | 5 | ø1500 | 175 | 2210 | 1725 | 715 | 475 | 1172 | — | 500 | 250 | 250 | 250 | 250 | 200 | 200 | 200 | 200 | 2375 | 2375 | 2375 | 2425 | 300 | 300 | 300 | 300 |
| | 6 | ø1650 | 190 | 2390 | 1650 | 683 | 348 | 1178 | — | 500 | 250 | 250 | 250 | 250 | 200 | 200 | 200 | 200 | 2540 | 2540 | 2540 | 2540 | 300 | 300 | 300 | 300 |
| | 7 | ø1800 | 200 | 2560 | 1800 | 746 | 398 | 1276 | — | 500 | 250 | 250 | 250 | 250 | 200 | 200 | 200 | 200 | 2700 | 2700 | 2700 | 2700 | 300 | 300 | 300 | 300 |
| | 8 | ø2000 | 210 | 2780 | 2000 | 828 | 467 | 1404 | — | 500 | 250 | 250 | 250 | 250 | 200 | 200 | 200 | 200 | 2910 | 2910 | 2910 | 2910 | 300 | 300 | 300 | 300 |
| | 9 | ø2200 | 220 | 3060 | 2200 | 911 | 513 | 1545 | — | 500 | 250 | 250 | 250 | 250 | 200 | 200 | 200 | 250 | 3120 | 3120 | 3120 | 3170 | 300 | 300 | 300 | 300 |
| | 10 | ø2400 | 240 | 3260 | 2400 | 994 | 589 | 1669 | — | 500 | 250 | 250 | 250 | 300 | 200 | 200 | 200 | 250 | 3340 | 3340 | 3340 | 3390 | 300 | 300 | 300 | 360 |
| | 11 | ø2700 | 250 | 3570 | 2700 | 1118 | 700 | 1858 | — | 500 | | 250 | 300 | 300 | | 200 | 200 | 250 | | 3650 | 3650 | 3700 | | 300 | 360 | 360 |
| | 12 | ø3000 | 270 | 3910 | 3000 | 1243 | 800 | 2052 | — | 500 | | 250 | 300 | 300 | | 200 | 250 | 250 | | 3970 | 4020 | 4020 | | 300 | 360 | 400 |
| | 13 | ø3500 | 320 | 4520 | 3500 | 1450 | 949 | 2386 | — | 500 | | 300 | 300 | 400 | | 200 | 250 | 300 | | 4520 | 4570 | 4620 | | 360 | 400 | 480 |
| | 14 | ø4000 | 320 | 5060 | 4000 | 1657 | 1125 | 2705 | — | 500 | | | 350 | 400 | | | 250 | 300 | | | 5120 | 5170 | | | 420 | 480 |

| 钢筋混凝土二通转折井尺寸表（126°~145°） | 图集号 | 2024沪S204 |
|---|---|---|
| | 页 | 146 |

| 交汇角$\alpha$ | 序号 | ø (mm) | $t$ (mm) | $L$ (mm) | $R$ (mm) | $M$ (mm) | $a$ (mm) | $E$ (mm) | $F$ (mm) | $G$ (mm) | $b$ (mm) | | | | $H_2$ (mm) | | | | $H_3$ (mm) | | | | $H_b$ (mm) | | | |
|---|---|---|---|---|---|---|---|---|---|---|---|---|---|---|---|---|---|---|---|---|---|---|---|---|---|---|
| | | | | | | | | | | | $H$=4m | $H$=5.5m | $H$=7m | $H$=8.5m | $H$=4m | $H$=5.5m | $H$=7m | $H$=8.5m | $H$=4m | $H$=5.5m | $H$=7m | $H$=8.5m | $H$=4m | $H$=5.5m | $H$=7m | $H$=8.5m |
| 146°~165°(155°) | 15 | ø1000 | 110 | 1550 | 4255 | 943 | 1506 | 1115 | — | 500 | 250 | 250 | 250 | 250 | 200 | 200 | 200 | 200 | 1810 | 1810 | 1810 | 1810 | 300 | 300 | 300 | 300 |
| | 16 | ø1200 | 125 | 1860 | 4100 | 909 | 1372 | 1115 | — | 500 | 250 | 250 | 250 | 250 | 200 | 200 | 200 | 200 | 2025 | 2025 | 2025 | 2025 | 300 | 300 | 300 | 300 |
| | 17 | ø1350 | 165 | 2040 | 4010 | 889 | 1294 | 1115 | — | 500 | 250 | 250 | 250 | 250 | 200 | 200 | 200 | 200 | 2215 | 2215 | 2215 | 2215 | 300 | 300 | 300 | 300 |
| | 18 | ø1500 | 175 | 2210 | 3925 | 870 | 1221 | 1115 | — | 500 | 250 | 250 | 250 | 250 | 200 | 200 | 200 | 200 | 2375 | 2375 | 2375 | 2375 | 300 | 300 | 300 | 300 |
| | 19 | ø1650 | 190 | 2390 | 3835 | 850 | 1143 | 1115 | — | 500 | 250 | 250 | 250 | 250 | 200 | 200 | 200 | 200 | 2540 | 2540 | 2540 | 2540 | 300 | 300 | 300 | 300 |
| | 20 | ø1800 | 200 | 2560 | 3750 | 831 | 1069 | 1115 | — | 500 | 250 | 250 | 250 | 250 | 200 | 200 | 200 | 200 | 2700 | 2700 | 2700 | 2700 | 300 | 300 | 300 | 300 |
| | 21 | ø2000 | 210 | 2780 | 3640 | 807 | 974 | 1115 | — | 500 | 250 | 250 | 250 | 250 | 200 | 200 | 200 | 200 | 2910 | 2910 | 2910 | 2910 | 300 | 300 | 300 | 300 |
| | 22 | ø2200 | 220 | 3060 | 3500 | 776 | 853 | 1115 | — | 500 | 250 | 250 | 250 | 300 | 200 | 200 | 200 | 200 | 3120 | 3120 | 3120 | 3120 | 300 | 300 | 300 | 360 |
| | 23 | ø2400 | 240 | 3260 | 3400 | 754 | 766 | 1115 | — | 500 | 250 | 250 | 250 | 300 | 200 | 200 | 200 | 250 | 3340 | 3340 | 3340 | 3390 | 300 | 300 | 300 | 360 |
| | 24 | ø2700 | 250 | 3570 | 3245 | 719 | 632 | 1115 | — | 500 | / | 250 | 300 | 300 | / | 200 | 200 | 250 | / | 3650 | 3650 | 3700 | / | 300 | 360 | 360 |
| | 25 | ø3000 | 270 | 3910 | 3000 | 665 | 452 | 1098 | — | 500 | / | 250 | 300 | 350 | / | 200 | 200 | 250 | / | 3970 | 3970 | 4020 | / | 300 | 360 | 420 |
| | 26 | ø3500 | 320 | 4520 | 3500 | 776 | 537 | 1277 | — | 500 | / | 300 | 350 | 400 | / | 200 | 250 | 250 | / | 4520 | 4570 | 4620 | / | 360 | 420 | 480 |
| | 27 | ø4000 | 320 | 5060 | 4000 | 887 | 636 | 1448 | — | 500 | / | / | 400 | 400 | / | / | 250 | 300 | / | / | 5120 | 5170 | / | | 480 | 480 |

| 钢筋混凝土二通转折井尺寸表（146°~165°） | 图集号 | 2024沪S204 |
|---|---|---|
| | 页 | 147 |

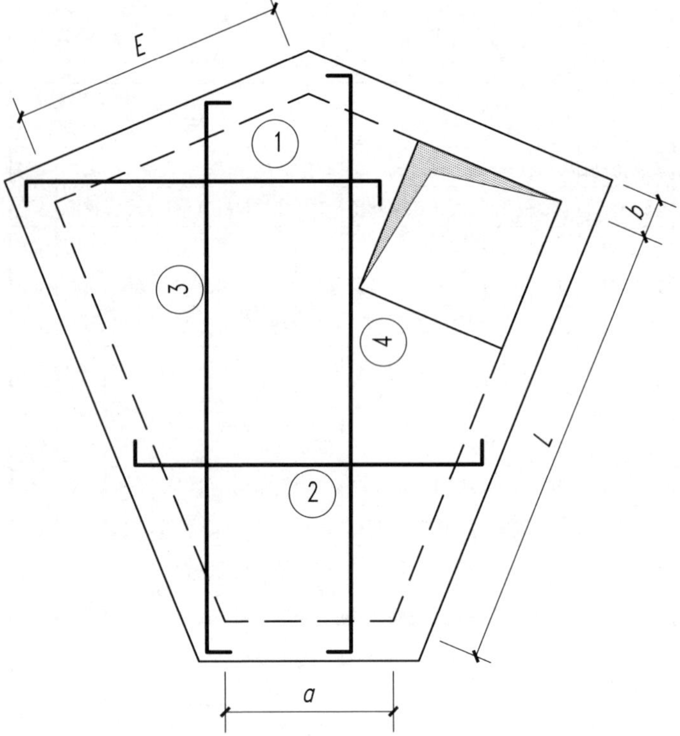


顶板配筋图 1:50

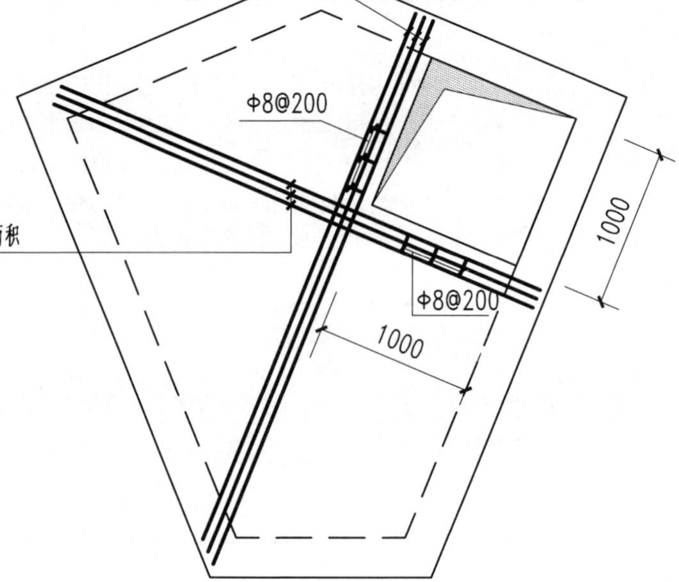


顶板孔口加固图 1:50

| 钢筋混凝土二通转折井（126°~165°）顶板配筋图 | 图集号 | 2024沪S204 |
|---|---|---|
| | 页 | 148 |

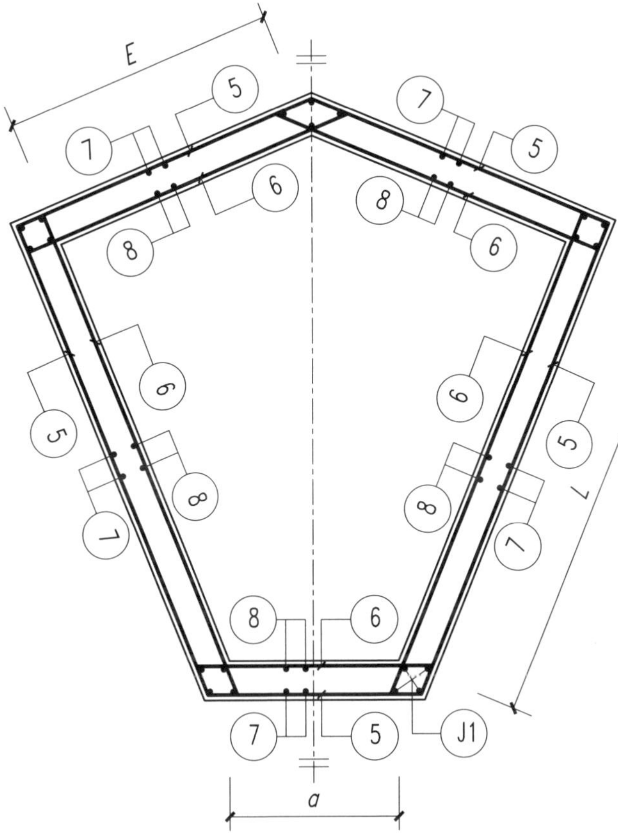


侧壁配筋图 1:50

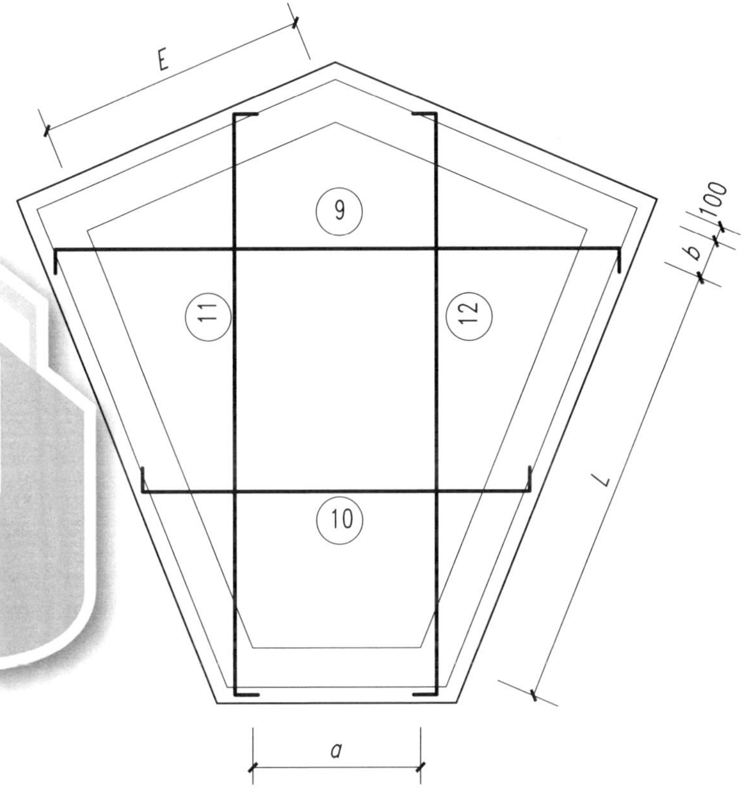


底板配筋图 1:50

| 钢筋混凝土二通转折井（126°~165°）<br>底板、井壁配筋图 | 图集号 | 2024沪S204 |
| --- | --- | --- |
| | 页 | 149 |

| 井编号 | 深度$H$ (m) | 顶板厚$H_2$ (mm) | 15d 按实 ① | 15d 按实 ② | 15d 按实 ③ | 15d 按实 ④ |
|---|---|---|---|---|---|---|
| 1 | 4.0 | 200 | Φ10@150 | Φ10@150 | Φ10@150 | Φ10@150 |
| | 5.5 | 200 | Φ10@150 | Φ10@150 | Φ10@150 | Φ10@150 |
| | 7.0 | 200 | Φ10@150 | Φ10@150 | Φ10@150 | Φ10@150 |
| | 8.5 | 200 | Φ10@150 | Φ10@150 | Φ10@150 | Φ10@150 |
| 2 | 4.0 | 200 | Φ10@150 | Φ10@150 | Φ10@150 | Φ10@150 |
| | 5.5 | 200 | Φ10@150 | Φ10@150 | Φ10@150 | Φ10@150 |
| | 7.0 | 200 | Φ10@150 | Φ10@150 | Φ10@150 | Φ10@150 |
| | 8.5 | 200 | Φ10@150 | Φ10@150 | Φ10@150 | Φ10@150 |
| 3 | 4.0 | 200 | Φ10@150 | Φ10@150 | Φ10@150 | Φ10@150 |
| | 5.5 | 200 | Φ10@150 | Φ10@150 | Φ10@150 | Φ10@150 |
| | 7.0 | 200 | Φ10@150 | Φ10@150 | Φ10@150 | Φ10@150 |
| | 8.5 | 200 | Φ12@150 | Φ10@150 | Φ10@150 | Φ10@150 |
| 4 | 4.0 | 200 | Φ10@150 | Φ10@150 | Φ10@150 | Φ10@150 |
| | 5.5 | 200 | Φ10@150 | Φ10@150 | Φ10@150 | Φ10@150 |
| | 7.0 | 200 | Φ10@150 | Φ10@150 | Φ10@150 | Φ10@150 |
| | 8.5 | 200 | Φ12@150 | Φ10@150 | Φ10@150 | Φ10@150 |
| 5 | 4.0 | 200 | Φ10@150 | Φ10@150 | Φ10@150 | Φ10@150 |
| | 5.5 | 200 | Φ10@150 | Φ10@150 | Φ10@150 | Φ10@150 |
| | 7.0 | 200 | Φ12@150 | Φ10@150 | Φ10@150 | Φ10@150 |
| | 8.5 | 200 | Φ12@150 | Φ10@150 | Φ10@150 | Φ10@150 |
| 6 | 4.0 | 200 | Φ10@150 | Φ10@150 | Φ10@150 | Φ10@150 |
| | 5.5 | 200 | Φ10@150 | Φ10@150 | Φ10@150 | Φ10@150 |
| | 7.0 | 200 | Φ12@150 | Φ10@150 | Φ10@150 | Φ10@150 |
| | 8.5 | 200 | Φ12@150 | Φ10@150 | Φ10@150 | Φ10@150 |

| 井编号 | 深度$H$ (m) | 顶板厚$H_2$ (mm) | 15d 按实 ① | 15d 按实 ② | 15d 按实 ③ | 15d 按实 ④ |
|---|---|---|---|---|---|---|
| 7 | 4.0 | 200 | Φ10@150 | Φ10@150 | Φ10@150 | Φ10@150 |
| | 5.5 | 200 | Φ10@150 | Φ10@150 | Φ10@150 | Φ10@150 |
| | 7.0 | 200 | Φ12@150 | Φ10@150 | Φ10@150 | Φ10@150 |
| | 8.5 | 200 | Φ14@150 | Φ10@150 | Φ10@150 | Φ10@150 |
| 8 | 4.0 | 200 | Φ10@150 | Φ10@150 | Φ10@150 | Φ10@150 |
| | 5.5 | 200 | Φ10@150 | Φ10@150 | Φ10@150 | Φ10@150 |
| | 7.0 | 200 | Φ12@150 | Φ10@150 | Φ10@150 | Φ10@150 |
| | 8.5 | 200 | Φ14@150 | Φ10@150 | Φ10@150 | Φ10@150 |
| 9 | 4.0 | 200 | Φ10@150 | Φ10@150 | Φ10@150 | Φ10@150 |
| | 5.5 | 200 | Φ12@150 | Φ10@150 | Φ10@150 | Φ10@150 |
| | 7.0 | 200 | Φ14@150 | Φ10@150 | Φ10@150 | Φ10@150 |
| | 8.5 | 250 | Φ14@150 | Φ10@150 | Φ10@150 | Φ10@150 |
| 10 | 4.0 | 200 | Φ10@150 | Φ10@150 | Φ10@150 | Φ10@150 |
| | 5.5 | 200 | Φ12@150 | Φ10@150 | Φ10@150 | Φ10@150 |
| | 7.0 | 200 | Φ14@150 | Φ10@150 | Φ10@150 | Φ10@150 |
| | 8.5 | 250 | Φ14@150 | Φ10@150 | Φ12@150 | Φ10@150 |
| 11 | 4.0 | / | / | / | / | / |
| | 5.5 | 200 | Φ12@150 | Φ10@150 | Φ10@150 | Φ10@150 |
| | 7.0 | 200 | Φ12@100 | Φ10@150 | Φ12@150 | Φ10@150 |
| | 8.5 | 250 | Φ12@100 | Φ12@150 | Φ12@150 | Φ10@150 |
| 12 | 4.0 | / | / | / | / | / |
| | 5.5 | 200 | Φ14@150 | Φ10@150 | Φ10@150 | Φ10@150 |
| | 7.0 | 250 | Φ14@150 | Φ10@150 | Φ10@150 | Φ10@150 |
| | 8.5 | 250 | Φ14@100 | Φ12@150 | Φ12@150 | Φ10@150 |

| 井编号 | 深度$H$ (m) | 顶板厚$H_2$ (mm) | 15d 按实 ① | 15d 按实 ② | 15d 按实 ③ | 15d 按实 ④ | 井编号 | 深度$H$ (m) | 顶板厚$H_2$ (mm) | 15d 按实 ① | 15d 按实 ② | 15d 按实 ③ | 15d 按实 ④ |
|---|---|---|---|---|---|---|---|---|---|---|---|---|---|
| 13 | 4.0 | | | | | | 19 | 4.0 | 200 | Φ10@150 | Φ10@150 | Φ10@150 | Φ10@150 |
| | 5.5 | 200 | Φ14@150 | Φ10@150 | Φ10@150 | Φ10@150 | | 5.5 | 200 | Φ10@150 | Φ10@150 | Φ10@150 | Φ10@150 |
| | 7.0 | 250 | Φ12@100 | Φ10@150 | Φ12@150 | Φ10@150 | | 7.0 | 200 | Φ12@150 | Φ10@150 | Φ10@150 | Φ10@150 |
| | 8.5 | 300 | Φ16@150 | Φ12@150 | Φ12@150 | Φ12@150 | | 8.5 | 200 | Φ14@150 | Φ10@150 | Φ12@150 | Φ10@150 |
| 14 | 4.0 | | | | | | 20 | 4.0 | 200 | Φ10@150 | Φ10@150 | Φ10@150 | Φ10@150 |
| | 5.5 | | | | | | | 5.5 | 200 | Φ12@150 | Φ10@150 | Φ10@150 | Φ10@150 |
| | 7.0 | 250 | Φ16@150 | Φ10@150 | Φ12@150 | Φ10@150 | | 7.0 | 200 | Φ12@150 | Φ10@150 | Φ10@150 | Φ10@150 |
| | 8.5 | 300 | Φ14@100 | Φ12@150 | Φ12@150 | Φ12@150 | | 8.5 | 200 | Φ12@100 | Φ10@150 | Φ12@150 | Φ10@150 |
| 15 | 4.0 | 200 | Φ10@150 | Φ10@150 | Φ10@150 | Φ10@150 | 21 | 4.0 | 200 | Φ10@150 | Φ10@150 | Φ10@150 | Φ10@150 |
| | 5.5 | 200 | Φ10@150 | Φ10@150 | Φ10@150 | Φ10@150 | | 5.5 | 200 | Φ12@150 | Φ10@150 | Φ10@150 | Φ10@150 |
| | 7.0 | 200 | Φ10@150 | Φ10@150 | Φ10@150 | Φ10@150 | | 7.0 | 200 | Φ10@100 | Φ10@150 | Φ10@150 | Φ10@150 |
| | 8.5 | 200 | Φ12@150 | Φ10@150 | Φ12@150 | Φ10@150 | | 8.5 | 200 | Φ12@100 | Φ10@150 | Φ12@150 | Φ10@150 |
| 16 | 4.0 | 200 | Φ10@150 | Φ10@150 | Φ10@150 | Φ10@150 | 22 | 4.0 | 200 | Φ10@150 | Φ10@150 | Φ10@150 | Φ10@150 |
| | 5.5 | 200 | Φ10@150 | Φ10@150 | Φ10@150 | Φ10@150 | | 5.5 | 200 | Φ12@150 | Φ10@150 | Φ10@150 | Φ10@150 |
| | 7.0 | 200 | Φ12@150 | Φ10@150 | Φ12@150 | Φ10@150 | | 7.0 | 200 | Φ14@150 | Φ10@150 | Φ10@150 | Φ10@150 |
| | 8.5 | 200 | Φ12@150 | Φ10@150 | Φ12@150 | Φ10@150 | | 8.5 | 250 | Φ14@150 | Φ10@150 | Φ10@150 | Φ10@150 |
| 17 | 4.0 | 200 | Φ10@150 | Φ10@150 | Φ10@150 | Φ10@150 | 23 | 4.0 | 200 | Φ10@150 | Φ10@150 | Φ10@150 | Φ10@150 |
| | 5.5 | 200 | Φ10@150 | Φ10@150 | Φ10@150 | Φ10@150 | | 5.5 | 200 | Φ12@150 | Φ10@150 | Φ10@150 | Φ10@150 |
| | 7.0 | 200 | Φ12@150 | Φ10@150 | Φ12@150 | Φ10@150 | | 7.0 | 200 | Φ14@150 | Φ10@150 | Φ10@150 | Φ10@150 |
| | 8.5 | 200 | Φ14@150 | Φ10@150 | Φ12@150 | Φ10@150 | | 8.5 | 250 | Φ14@150 | Φ10@150 | Φ10@150 | Φ10@150 |
| 18 | 4.0 | 200 | Φ10@150 | Φ10@150 | Φ10@150 | Φ10@150 | 24 | 4.0 | | | | | |
| | 5.5 | 200 | Φ10@150 | Φ10@150 | Φ10@150 | Φ10@150 | | 5.5 | 200 | Φ12@150 | Φ10@150 | Φ10@150 | Φ10@150 |
| | 7.0 | 200 | Φ12@150 | Φ10@150 | Φ10@150 | Φ10@150 | | 7.0 | 200 | Φ14@150 | Φ10@150 | Φ10@150 | Φ10@150 |
| | 8.5 | 200 | Φ14@150 | Φ10@150 | Φ12@150 | Φ10@150 | | 8.5 | 250 | Φ14@150 | Φ10@150 | Φ10@150 | Φ10@150 |

| 钢筋混凝土二通转折井（126°~165°）顶板配筋表（二） | 图集号 | 2024沪S204 |
|---|---|---|
| | 页 | 151 |

| 井编号 | 深度 $H$ (m) | 顶板厚 $H_2$ (mm) | 15d 按实 ① | 15d 按实 ② | 15d 按实 ③ | 15d 按实 ④ |
|---|---|---|---|---|---|---|
| 25 | 4.0 | | | | | |
| | 5.5 | 200 | Φ12@150 | Φ10@150 | Φ10@150 | Φ10@150 |
| | 7.0 | 200 | Φ12@100 | Φ10@150 | Φ10@150 | Φ10@150 |
| | 8.5 | 250 | Φ12@100 | Φ10@150 | Φ10@150 | Φ10@150 |
| 26 | 4.0 | | | | | |
| | 5.5 | 200 | Φ10@100 | Φ10@150 | Φ10@150 | Φ10@150 |
| | 7.0 | 250 | Φ14@150 | Φ10@150 | Φ10@150 | Φ10@150 |
| | 8.5 | 250 | Φ14@100 | Φ10@150 | Φ12@150 | Φ10@150 |
| 27 | 4.0 | | | | | |
| | 5.5 | | | | | |
| | 7.0 | 250 | Φ12@100 | Φ10@150 | Φ10@150 | Φ10@150 |
| | 8.5 | 300 | Φ16@150 | Φ12@150 | Φ12@150 | Φ12@150 |

| 井编号 | 深度$H$ (m) | 顶板厚$H_2$ (mm) | 15d 按实 ⑤ | 15d 按实 ⑥ | 15d 按实 ⑦ | 15d 按实 ⑧ | 井编号 | 深度$H$ (m) | 顶板厚$H_2$ (mm) | 15d 按实 ⑤ | 15d 按实 ⑥ | 15d 按实 ⑦ | 15d 按实 ⑧ |
|---|---|---|---|---|---|---|---|---|---|---|---|---|---|
| 1 | 4.0 | 250 | Φ10@150 | Φ10@150 | Φ10@150 | Φ10@150 | 7 | 4.0 | 250 | Φ10@150 | Φ10@150 | Φ10@150 | Φ10@150 |
| | 5.5 | 250 | Φ10@150 | Φ10@150 | Φ10@150 | Φ10@150 | | 5.5 | 250 | Φ10@150 | Φ10@150 | Φ12@150 | Φ10@150 |
| | 7.0 | 250 | Φ10@150 | Φ10@150 | Φ10@150 | Φ10@150 | | 7.0 | 250 | Φ12@150 | Φ10@150 | Φ10@100 | Φ10@150 |
| | 8.5 | 250 | Φ10@150 | Φ10@150 | Φ10@150 | Φ10@150 | | 8.5 | 250 | Φ12@150 | Φ10@150 | Φ12@100 | Φ10@150 |
| 2 | 4.0 | 250 | Φ10@150 | Φ10@150 | Φ10@150 | Φ10@150 | 8 | 4.0 | 250 | Φ10@150 | Φ10@150 | Φ12@150 | Φ10@150 |
| | 5.5 | 250 | Φ10@150 | Φ10@150 | Φ10@150 | Φ10@150 | | 5.5 | 250 | Φ12@150 | Φ10@150 | Φ12@150 | Φ10@150 |
| | 7.0 | 250 | Φ10@150 | Φ10@150 | Φ10@150 | Φ10@150 | | 7.0 | 250 | Φ12@150 | Φ10@150 | Φ14@150 | Φ10@150 |
| | 8.5 | 250 | Φ10@150 | Φ10@150 | Φ12@150 | Φ10@150 | | 8.5 | 250 | Φ10@100 | Φ12@150 | Φ16@150 | Φ12@150 |
| 3 | 4.0 | 250 | Φ10@150 | Φ10@150 | Φ10@150 | Φ10@150 | 9 | 4.0 | 250 | Φ10@150 | Φ10@150 | Φ12@150 | Φ10@150 |
| | 5.5 | 250 | Φ10@150 | Φ10@150 | Φ10@150 | Φ10@150 | | 5.5 | 250 | Φ12@150 | Φ10@150 | Φ14@150 | Φ10@150 |
| | 7.0 | 250 | Φ10@150 | Φ10@150 | Φ12@150 | Φ10@150 | | 7.0 | 250 | Φ12@150 | Φ12@150 | Φ12@100 | Φ12@150 |
| | 8.5 | 250 | Φ10@150 | Φ10@150 | Φ12@150 | Φ10@150 | | 8.5 | 250 | Φ14@150 | Φ12@150 | Φ14@100 | Φ12@150 |
| 4 | 4.0 | 250 | Φ10@150 | Φ10@150 | Φ10@150 | Φ10@150 | 10 | 4.0 | 250 | Φ10@150 | Φ10@150 | Φ12@150 | Φ10@150 |
| | 5.5 | 250 | Φ10@150 | Φ10@150 | Φ10@150 | Φ10@150 | | 5.5 | 250 | Φ12@150 | Φ10@150 | Φ14@150 | Φ10@150 |
| | 7.0 | 250 | Φ10@150 | Φ10@150 | Φ12@150 | Φ10@150 | | 7.0 | 250 | Φ14@150 | Φ12@150 | Φ14@100 | Φ12@150 |
| | 8.5 | 250 | Φ12@150 | Φ10@150 | Φ12@150 | Φ10@150 | | 8.5 | 300 | Φ14@150 | Φ12@150 | Φ14@100 | Φ12@150 |
| 5 | 4.0 | 250 | Φ10@150 | Φ10@150 | Φ10@150 | Φ10@150 | 11 | 4.0 | | | | | |
| | 5.5 | 250 | Φ10@150 | Φ10@150 | Φ12@150 | Φ10@150 | | 5.5 | 250 | Φ12@150 | Φ10@150 | Φ12@100 | Φ12@150 |
| | 7.0 | 250 | Φ10@150 | Φ10@150 | Φ12@150 | Φ10@150 | | 7.0 | 300 | Φ10@100 | Φ12@150 | Φ16@150 | Φ12@150 |
| | 8.5 | 250 | Φ12@150 | Φ10@150 | Φ10@100 | Φ10@150 | | 8.5 | 300 | Φ12@100 | Φ12@150 | Φ16@100 | Φ10@100 |
| 6 | 4.0 | 250 | Φ10@150 | Φ10@150 | Φ10@150 | Φ10@150 | 12 | 4.0 | | | | | |
| | 5.5 | 250 | Φ10@150 | Φ10@150 | Φ12@150 | Φ10@150 | | 5.5 | 250 | Φ14@150 | Φ12@150 | Φ14@100 | Φ12@150 |
| | 7.0 | 250 | Φ12@150 | Φ10@150 | Φ12@150 | Φ10@150 | | 7.0 | 300 | Φ14@150 | Φ12@150 | Φ14@100 | Φ12@150 |
| | 8.5 | 250 | Φ12@150 | Φ10@150 | Φ14@150 | Φ10@150 | | 8.5 | 300 | Φ16@150 | Φ10@100 | Φ16@100 | Φ10@100 |

| 井编号 | 深度$H$ (m) | 顶板厚$H_2$ (mm) | 15d 按实 ⑤ | 15d 按实 ⑥ | 15d 按实 ⑦ | 15d 按实 ⑧ |
|---|---|---|---|---|---|---|
| 13 | 4.0 | | | | | |
| | 5.5 | 300 | Φ14@150 | Φ12@150 | Φ14@100 | Φ12@150 |
| | 7.0 | 300 | Φ12@100 | Φ10@100 | Φ16@100 | Φ10@100 |
| | 8.5 | 400 | Φ12@100 | Φ14@150 | Φ16@100 | Φ14@150 |
| 14 | 4.0 | | | | | |
| | 5.5 | | | | | |
| | 7.0 | 350 | Φ12@100 | Φ10@100 | Φ16@100 | Φ14@150 |
| | 8.5 | 400 | Φ14@100 | Φ14@150 | Φ18@100 | Φ12@100 |
| 15 | 4.0 | 250 | Φ10@150 | Φ10@150 | Φ10@150 | Φ10@150 |
| | 5.5 | 250 | Φ10@150 | Φ10@150 | Φ10@150 | Φ10@150 |
| | 7.0 | 250 | Φ10@150 | Φ10@150 | Φ10@150 | Φ10@150 |
| | 8.5 | 250 | Φ10@150 | Φ10@150 | Φ12@150 | Φ10@150 |
| 16 | 4.0 | 250 | Φ10@150 | Φ10@150 | Φ10@150 | Φ10@150 |
| | 5.5 | 250 | Φ10@150 | Φ10@150 | Φ10@150 | Φ10@150 |
| | 7.0 | 250 | Φ10@150 | Φ10@150 | Φ12@150 | Φ10@150 |
| | 8.5 | 250 | Φ10@150 | Φ10@150 | Φ12@150 | Φ10@150 |
| 17 | 4.0 | 250 | Φ10@150 | Φ10@150 | Φ10@150 | Φ10@150 |
| | 5.5 | 250 | Φ10@150 | Φ10@150 | Φ10@150 | Φ10@150 |
| | 7.0 | 250 | Φ10@150 | Φ10@150 | Φ12@150 | Φ10@150 |
| | 8.5 | 250 | Φ12@150 | Φ10@150 | Φ12@150 | Φ10@150 |
| 18 | 4.0 | 250 | Φ10@150 | Φ10@150 | Φ10@150 | Φ10@150 |
| | 5.5 | 250 | Φ10@150 | Φ10@150 | Φ12@150 | Φ10@150 |
| | 7.0 | 250 | Φ12@150 | Φ10@150 | Φ12@150 | Φ10@150 |
| | 8.5 | 250 | Φ12@150 | Φ10@150 | Φ12@150 | Φ10@150 |

| 井编号 | 深度$H$ (m) | 顶板厚$H_2$ (mm) | 15d 按实 ⑤ | 15d 按实 ⑥ | 15d 按实 ⑦ | 15d 按实 ⑧ |
|---|---|---|---|---|---|---|
| 19 | 4.0 | 250 | Φ10@150 | Φ10@150 | Φ10@150 | Φ10@150 |
| | 5.5 | 250 | Φ10@150 | Φ10@150 | Φ12@150 | Φ10@150 |
| | 7.0 | 250 | Φ12@150 | Φ10@150 | Φ12@150 | Φ10@150 |
| | 8.5 | 250 | Φ12@150 | Φ10@150 | Φ14@150 | Φ10@150 |
| 20 | 4.0 | 250 | Φ10@150 | Φ10@150 | Φ10@150 | Φ10@150 |
| | 5.5 | 250 | Φ10@150 | Φ10@150 | Φ12@150 | Φ10@150 |
| | 7.0 | 250 | Φ12@150 | Φ10@150 | Φ10@100 | Φ10@150 |
| | 8.5 | 250 | Φ12@150 | Φ10@150 | Φ14@150 | Φ10@150 |
| 21 | 4.0 | 250 | Φ10@150 | Φ10@150 | Φ12@150 | Φ10@150 |
| | 5.5 | 250 | Φ12@150 | Φ10@150 | Φ12@150 | Φ10@150 |
| | 7.0 | 250 | Φ12@150 | Φ10@150 | Φ14@150 | Φ10@150 |
| | 8.5 | 250 | Φ14@150 | Φ12@150 | Φ16@150 | Φ12@150 |
| 22 | 4.0 | 250 | Φ10@150 | Φ10@150 | Φ12@150 | Φ10@150 |
| | 5.5 | 250 | Φ12@150 | Φ10@150 | Φ14@150 | Φ10@150 |
| | 7.0 | 250 | Φ12@150 | Φ12@150 | Φ16@150 | Φ12@150 |
| | 8.5 | 300 | Φ10@100 | Φ12@150 | Φ12@100 | Φ12@150 |
| 23 | 4.0 | 250 | Φ10@150 | Φ10@150 | Φ12@150 | Φ10@150 |
| | 5.5 | 250 | Φ12@150 | Φ10@150 | Φ14@150 | Φ10@150 |
| | 7.0 | 250 | Φ10@100 | Φ12@150 | Φ14@100 | Φ12@150 |
| | 8.5 | 300 | Φ10@100 | Φ12@150 | Φ14@100 | Φ12@150 |
| 24 | 4.0 | | | | | |
| | 5.5 | 250 | Φ12@150 | Φ10@150 | Φ16@150 | Φ12@150 |
| | 7.0 | 300 | Φ10@100 | Φ12@150 | Φ14@100 | Φ12@150 |
| | 8.5 | 300 | Φ14@150 | Φ10@100 | Φ16@100 | Φ10@100 |

| 井编号 | 深度 $H$ (m) | 顶板厚 $H_2$ (mm) | 15d 按实 ⑤ | 15d 按实 ⑥ | 15d 按实 ⑦ | 15d 按实 ⑧ | 井编号 | 深度 $H$ (m) | 顶板厚 $H_2$ (mm) | 15d 按实 ⑤ | 15d 按实 ⑥ | 15d 按实 ⑦ | 15d 按实 ⑧ |
|---|---|---|---|---|---|---|---|---|---|---|---|---|---|
| 25 | 4.0 | | | | | | | | | | | | |
| | 5.5 | 250 | ⌀12@150 | ⌀12@150 | ⌀14@100 | ⌀12@150 | | | | | | | |
| | 7.0 | 300 | ⌀10@100 | ⌀12@150 | ⌀14@100 | ⌀12@150 | | | | | | | |
| | 8.5 | 350 | ⌀14@150 | ⌀10@100 | ⌀16@100 | ⌀10@100 | | | | | | | |
| 26 | 4.0 | | | | | | | | | | | | |
| | 5.5 | 300 | ⌀10@100 | ⌀12@150 | ⌀14@100 | ⌀12@150 | | | | | | | |
| | 7.0 | 350 | ⌀14@150 | ⌀10@100 | ⌀16@100 | ⌀10@100 | | | | | | | |
| | 8.5 | 400 | ⌀12@100 | ⌀14@150 | ⌀16@100 | ⌀14@150 | | | | | | | |
| 27 | 4.0 | | | | | | | | | | | | |
| | 5.5 | | | | | | | | | | | | |
| | 7.0 | 400 | ⌀12@100 | ⌀14@150 | ⌀16@100 | ⌀14@150 | | | | | | | |
| | 8.5 | 400 | ⌀16@150 | ⌀12@100 | ⌀18@100 | ⌀12@100 | | | | | | | |
| | | | | | | | | | | | | | |
| | | | | | | | | | | | | | |
| | | | | | | | | | | | | | |
| | | | | | | | | | | | | | |
| | | | | | | | | | | | | | |
| | | | | | | | | | | | | | |
| | | | | | | | | | | | | | |
| | | | | | | | | | | | | | |
| | | | | | | | | | | | | | |
| | | | | | | | | | | | | | |
| | | | | | | | | | | | | | |
| | | | | | | | | | | | | | |

| 钢筋混凝土二通转折井（126°~165°）井壁配筋表（三） | 图集号 | 2024沪S204 |
|---|---|---|
| | 页 | 155 |

| 井编号 | 深度$H$（m） | 底板厚$H_b$（mm） | 200 按实 ⑨ | 200 按实 ⑩ | 200 按实 ⑪ | 200 按实 ⑫ | 井编号 | 深度$H$（m） | 底板厚$H_b$（mm） | 200 按实 ⑨ | 200 按实 ⑩ | 200 按实 ⑪ | 200 按实 ⑫ |
|---|---|---|---|---|---|---|---|---|---|---|---|---|---|
| 1 | 4.0 | 300 | Φ12@150 | Φ12@150 | Φ12@150 | Φ12@150 | 7 | 4.0 | 300 | Φ12@150 | Φ12@150 | Φ12@150 | Φ12@150 |
| | 5.5 | 300 | Φ12@150 | Φ12@150 | Φ12@150 | Φ12@150 | | 5.5 | 300 | Φ12@150 | Φ12@150 | Φ12@150 | Φ12@150 |
| | 7.0 | 300 | Φ12@150 | Φ12@150 | Φ12@150 | Φ12@150 | | 7.0 | 300 | Φ10@100 | Φ12@150 | Φ12@150 | Φ12@150 |
| | 8.5 | 300 | Φ12@150 | Φ12@150 | Φ10@100 | Φ12@150 | | 8.5 | 300 | Φ14@150 | Φ10@100 | Φ10@100 | Φ10@100 |
| 2 | 4.0 | 300 | Φ12@150 | Φ12@150 | Φ12@150 | Φ12@150 | 8 | 4.0 | 300 | Φ12@150 | Φ12@150 | Φ12@150 | Φ12@150 |
| | 5.5 | 300 | Φ12@150 | Φ12@150 | Φ12@150 | Φ12@150 | | 5.5 | 300 | Φ12@150 | Φ12@150 | Φ12@150 | Φ12@150 |
| | 7.0 | 300 | Φ12@150 | Φ12@150 | Φ12@150 | Φ12@150 | | 7.0 | 300 | Φ10@100 | Φ10@100 | Φ12@150 | Φ10@100 |
| | 8.5 | 300 | Φ12@150 | Φ12@150 | Φ12@150 | Φ12@150 | | 8.5 | 300 | Φ14@150 | Φ14@150 | Φ10@100 | Φ14@150 |
| 3 | 4.0 | 300 | Φ12@150 | Φ12@150 | Φ12@150 | Φ12@150 | 9 | 4.0 | 300 | Φ12@150 | Φ12@150 | Φ12@150 | Φ12@150 |
| | 5.5 | 300 | Φ12@150 | Φ12@150 | Φ12@150 | Φ12@150 | | 5.5 | 300 | Φ10@100 | Φ10@100 | Φ12@150 | Φ10@100 |
| | 7.0 | 300 | Φ12@150 | Φ12@150 | Φ12@150 | Φ12@150 | | 7.0 | 300 | Φ14@150 | Φ14@150 | Φ10@100 | Φ14@150 |
| | 8.5 | 300 | Φ10@100 | Φ12@150 | Φ12@150 | Φ12@150 | | 8.5 | 300 | Φ12@100 | Φ12@100 | Φ14@150 | Φ12@100 |
| 4 | 4.0 | 300 | Φ12@150 | Φ12@150 | Φ12@150 | Φ12@150 | 10 | 4.0 | 300 | Φ12@150 | Φ12@150 | Φ12@150 | Φ12@150 |
| | 5.5 | 300 | Φ12@150 | Φ12@150 | Φ12@150 | Φ12@150 | | 5.5 | 300 | Φ10@100 | Φ10@100 | Φ12@150 | Φ10@100 |
| | 7.0 | 300 | Φ12@150 | Φ12@150 | Φ12@150 | Φ12@150 | | 7.0 | 300 | Φ14@150 | Φ12@100 | Φ10@100 | Φ12@100 |
| | 8.5 | 300 | Φ10@100 | Φ12@150 | Φ12@150 | Φ12@150 | | 8.5 | 360 | Φ12@100 | Φ12@100 | Φ14@150 | Φ12@100 |
| 5 | 4.0 | 300 | Φ12@150 | Φ12@150 | Φ12@150 | Φ12@150 | 11 | 4.0 | / | / | / | / | / |
| | 5.5 | 300 | Φ12@150 | Φ12@150 | Φ12@150 | Φ12@150 | | 5.5 | 300 | Φ14@150 | Φ14@150 | Φ12@150 | Φ14@150 |
| | 7.0 | 300 | Φ12@150 | Φ12@150 | Φ12@150 | Φ12@150 | | 7.0 | 360 | Φ12@100 | Φ12@100 | Φ10@100 | Φ12@100 |
| | 8.5 | 300 | Φ10@100 | Φ12@150 | Φ12@150 | Φ12@150 | | 8.5 | 360 | Φ12@100 | Φ16@150 | Φ12@100 | Φ16@150 |
| 6 | 4.0 | 300 | Φ12@150 | Φ12@150 | Φ12@150 | Φ12@150 | 12 | 4.0 | / | / | / | / | / |
| | 5.5 | 300 | Φ12@150 | Φ12@150 | Φ12@150 | Φ12@150 | | 5.5 | 300 | Φ14@150 | Φ12@100 | Φ10@100 | Φ12@100 |
| | 7.0 | 300 | Φ12@150 | Φ12@150 | Φ12@150 | Φ12@150 | | 7.0 | 360 | Φ12@100 | Φ12@100 | Φ14@150 | Φ12@100 |
| | 8.5 | 300 | Φ10@100 | Φ10@100 | Φ12@150 | Φ10@100 | | 8.5 | 400 | Φ16@150 | Φ14@100 | Φ12@100 | Φ14@100 |

| 井编号 | 深度$H$ (m) | 底板厚$H_b$ (mm) | 按实 200 ⑨ | 按实 200 ⑩ | 按实 200 ⑪ | 按实 200 ⑫ | 井编号 | 深度$H$ (m) | 底板厚$H_b$ (mm) | 按实 200 ⑨ | 按实 200 ⑩ | 按实 200 ⑪ | 按实 200 ⑫ |
|---|---|---|---|---|---|---|---|---|---|---|---|---|---|
| 13 | 4.0 | | | | | | 19 | 4.0 | 300 | Φ12@150 | Φ12@150 | Φ12@150 | Φ12@150 |
| | 5.5 | 360 | Φ12@100 | Φ12@100 | Φ14@150 | Φ12@100 | | 5.5 | 300 | Φ12@150 | Φ12@150 | Φ12@150 | Φ12@150 |
| | 7.0 | 400 | Φ14@100 | Φ14@100 | Φ12@100 | Φ14@100 | | 7.0 | 300 | Φ10@100 | Φ12@150 | Φ12@150 | Φ12@150 |
| | 8.5 | 480 | Φ14@100 | Φ14@100 | Φ14@100 | Φ14@100 | | 8.5 | 300 | Φ14@150 | Φ10@100 | Φ10@100 | Φ10@100 |
| 14 | 4.0 | | | | | | 20 | 4.0 | 300 | Φ12@150 | Φ12@150 | Φ12@150 | Φ12@150 |
| | 5.5 | | | | | | | 5.5 | 300 | Φ12@150 | Φ12@150 | Φ12@150 | Φ12@150 |
| | 7.0 | 420 | Φ16@100 | Φ14@100 | Φ14@100 | Φ14@100 | | 7.0 | 300 | Φ10@100 | Φ12@150 | Φ12@150 | Φ12@150 |
| | 8.5 | 480 | Φ16@100 | Φ16@100 | Φ14@100 | Φ16@100 | | 8.5 | 300 | Φ14@150 | Φ10@100 | Φ10@100 | Φ10@100 |
| 15 | 4.0 | 300 | Φ12@150 | Φ12@150 | Φ12@150 | Φ12@150 | 21 | 4.0 | 300 | Φ12@150 | Φ12@150 | Φ12@150 | Φ12@150 |
| | 5.5 | 300 | Φ12@150 | Φ12@150 | Φ12@150 | Φ12@150 | | 5.5 | 300 | Φ12@150 | Φ12@150 | Φ12@150 | Φ12@150 |
| | 7.0 | 300 | Φ12@150 | Φ12@150 | Φ12@150 | Φ12@150 | | 7.0 | 300 | Φ10@100 | Φ10@100 | Φ12@150 | Φ10@100 |
| | 8.5 | 300 | Φ12@150 | Φ12@150 | Φ10@100 | Φ12@150 | | 8.5 | 300 | Φ14@150 | Φ14@150 | Φ10@100 | Φ14@150 |
| 16 | 4.0 | 300 | Φ12@150 | Φ12@150 | Φ12@150 | Φ12@150 | 22 | 4.0 | 300 | Φ12@150 | Φ12@150 | Φ12@150 | Φ12@150 |
| | 5.5 | 300 | Φ12@150 | Φ12@150 | Φ12@150 | Φ12@150 | | 5.5 | 300 | Φ12@150 | Φ10@100 | Φ12@150 | Φ10@100 |
| | 7.0 | 300 | Φ12@150 | Φ12@150 | Φ12@150 | Φ12@150 | | 7.0 | 300 | Φ10@100 | Φ14@150 | Φ12@150 | Φ14@150 |
| | 8.5 | 300 | Φ10@100 | Φ12@150 | Φ10@100 | Φ12@150 | | 8.5 | 360 | Φ14@150 | Φ12@100 | Φ12@150 | Φ12@100 |
| 17 | 4.0 | 300 | Φ12@150 | Φ12@150 | Φ12@150 | Φ12@150 | 23 | 4.0 | 300 | Φ12@150 | Φ12@150 | Φ12@150 | Φ12@150 |
| | 5.5 | 300 | Φ12@150 | Φ12@150 | Φ12@150 | Φ12@150 | | 5.5 | 300 | Φ12@150 | Φ10@100 | Φ12@150 | Φ10@100 |
| | 7.0 | 300 | Φ10@100 | Φ12@150 | Φ12@150 | Φ12@150 | | 7.0 | 300 | Φ10@100 | Φ12@100 | Φ12@150 | Φ12@100 |
| | 8.5 | 300 | Φ14@150 | Φ12@150 | Φ10@100 | Φ12@150 | | 8.5 | 360 | Φ14@150 | Φ12@100 | Φ12@150 | Φ12@100 |
| 18 | 4.0 | 300 | Φ12@150 | Φ12@150 | Φ12@150 | Φ12@150 | 24 | 4.0 | | | | | |
| | 5.5 | 300 | Φ12@150 | Φ12@150 | Φ12@150 | Φ12@150 | | 5.5 | 300 | Φ12@150 | Φ14@150 | Φ12@150 | Φ14@150 |
| | 7.0 | 300 | Φ10@100 | Φ12@150 | Φ12@150 | Φ12@150 | | 7.0 | 360 | Φ10@100 | Φ12@100 | Φ12@150 | Φ12@100 |
| | 8.5 | 300 | Φ14@150 | Φ12@150 | Φ10@100 | Φ12@150 | | 8.5 | 360 | Φ14@150 | Φ16@150 | Φ12@150 | Φ16@150 |

| 井编号 | 深度 $H$ (m) | 底板厚 $H_b$ (mm) | 按实 200 ⑨ | 按实 200 ⑩ | 按实 200 ⑪ | 按实 200 ⑫ |
|---|---|---|---|---|---|---|
| 25 | 4.0 | | | | | |
| | 5.5 | 300 | Φ12@150 | Φ12@100 | Φ12@150 | Φ12@100 |
| | 7.0 | 360 | Φ10@100 | Φ12@100 | Φ12@150 | Φ12@100 |
| | 8.5 | 420 | Φ14@150 | Φ14@100 | Φ14@150 | Φ14@100 |
| 26 | 4.0 | | | | | |
| | 5.5 | 360 | Φ10@100 | Φ12@100 | Φ12@150 | Φ12@100 |
| | 7.0 | 420 | Φ14@150 | Φ14@100 | Φ14@150 | Φ14@100 |
| | 8.5 | 480 | Φ12@100 | Φ14@100 | Φ14@150 | Φ14@100 |
| 27 | 4.0 | | | | | |
| | 5.5 | | | | | |
| | 7.0 | 480 | Φ14@150 | Φ14@100 | Φ14@150 | Φ14@100 |
| | 8.5 | 480 | Φ12@100 | Φ16@100 | Φ14@150 | Φ16@100 |
| | | | | | | |
| | | | | | | |
| | | | | | | |
| | | | | | | |
| | | | | | | |
| | | | | | | |
| | | | | | | |
| | | | | | | |
| | | | | | | |
| | | | | | | |
| | | | | | | |
| | | | | | | |

| 井编号 | 深度 $H$ (m) | 底板厚 $H_b$ (mm) | 按实 200 ⑨ | 按实 200 ⑩ | 按实 200 ⑪ | 按实 200 ⑫ |
|---|---|---|---|---|---|---|
| | | | | | | |

| 钢筋混凝土二通转折井（126°~165°）底板配筋表（三） | 图集号 | 2024沪S204 |
|---|---|---|
| | 页 | 158 |

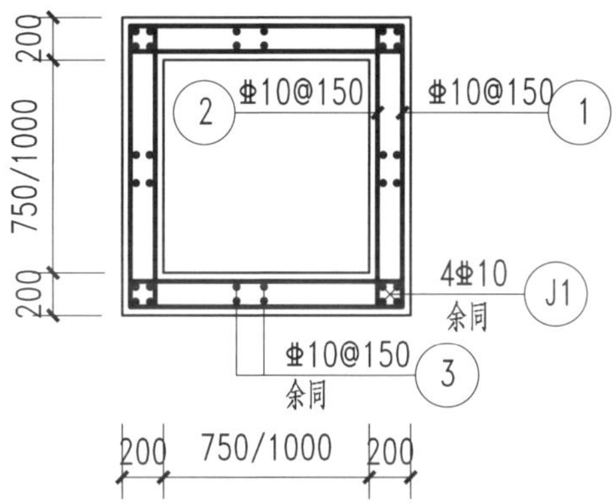


井筒配筋图 1:50

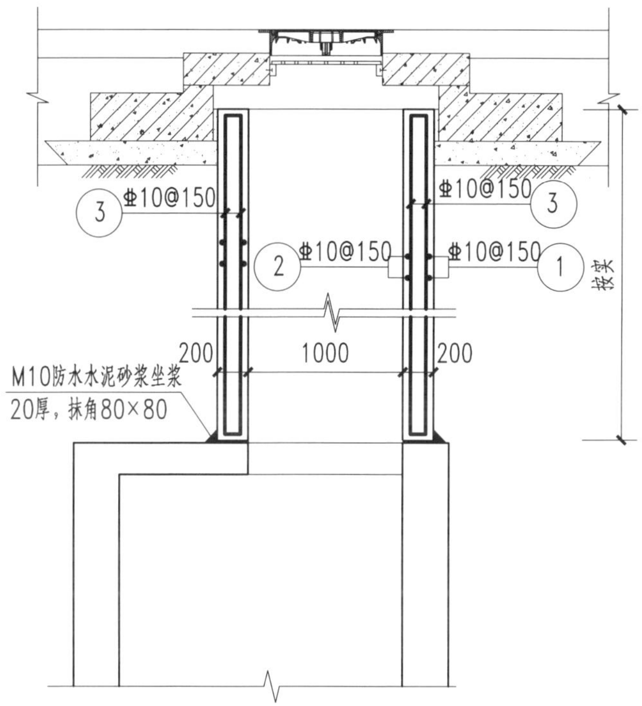


井筒剖面配筋图 1:50

| 现浇井筒设计图 | 图集号 | 2024沪S204 |
|---|---|---|
| | 页 | 159 |

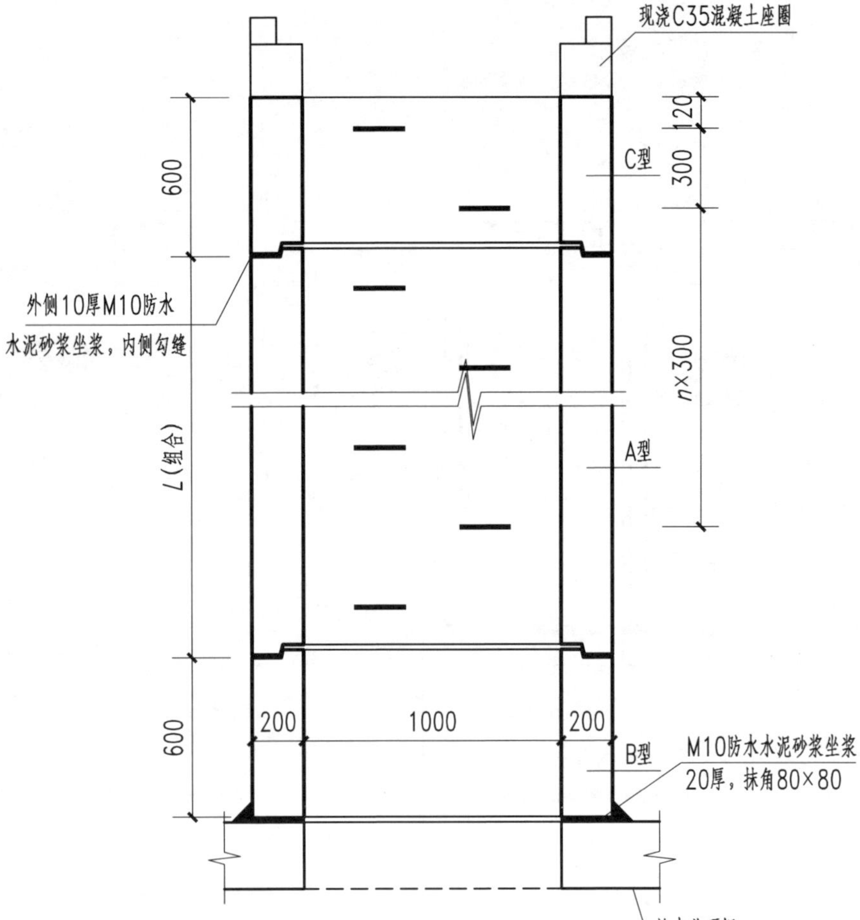


预制井筒安装大样1:30

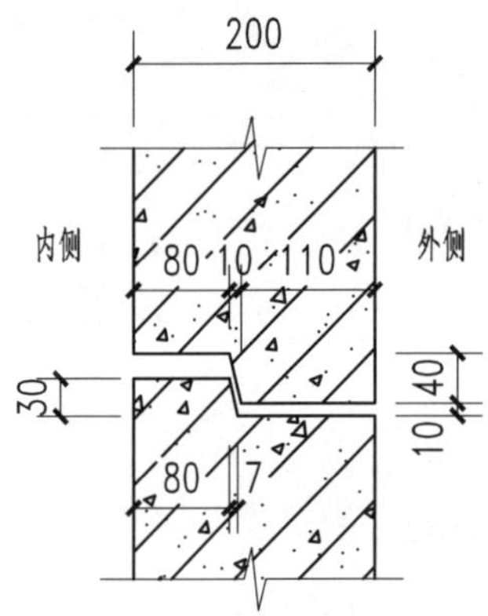


企口尺寸大样图 1:10

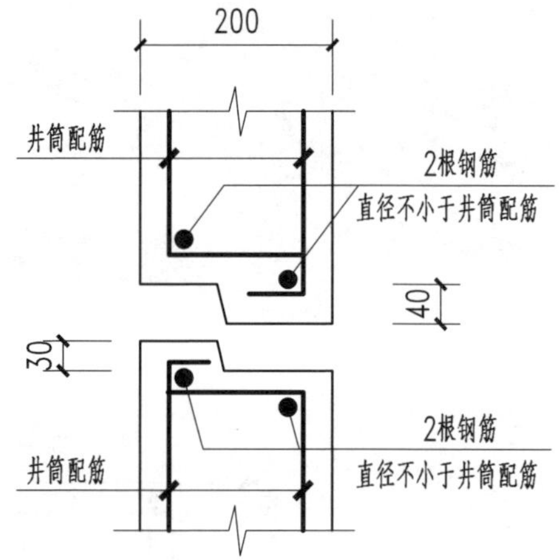


企口配筋图 1:10

预制混凝土井筒型号

| 井筒长度 $L$(mm) | 型号 | | | |
|---|---|---|---|---|
| | A型（上下企口） | B型（上企下平） | C型（上平下企） | D型（上平下平） |
| 600 | √ | √ | √ | √ |
| 1200 | √ | | | √ |
| 1500 | √ | | | |

注：当井筒为单节时，整个预制井筒为D型。

说明：

1. 预制混凝土井筒材料：C35。
2. 预制井筒可利用管厂模具生产，预制构件上应设置吊环(孔)。
3. 预制混凝土井筒与踏步配套使用，踏步应安装在井筒上成套供应。
4. 踏步做法见现行国家建筑标准设计图集《市政排水管道工程及附属设施》06MS201。
5. 预制井筒配筋可参考现浇井筒配筋。

| 预制井筒设计图 | 图集号 | 2024沪S204 |
|---|---|---|
| | 页 | 160 |

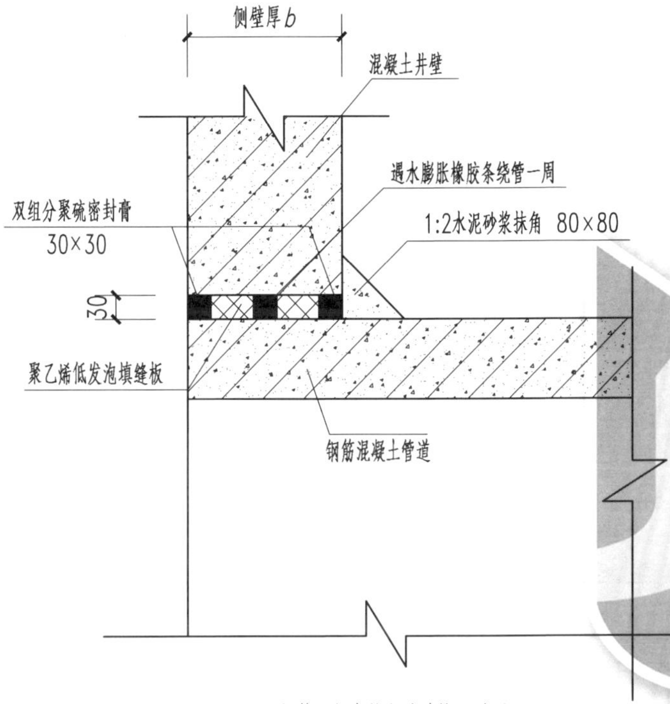


钢筋混凝土管与井壁接口详图 1:10

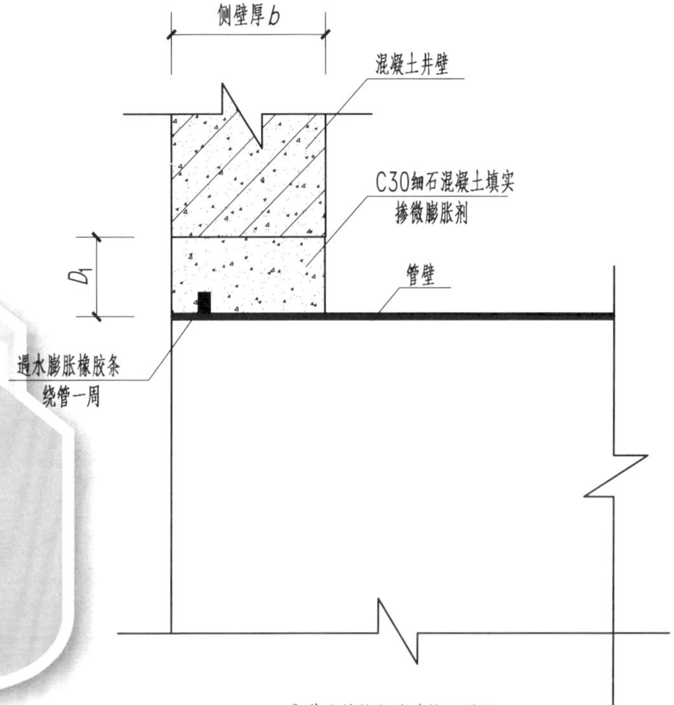


化学建材管与井壁接口详图 1:10

注：当化学管材公称直径小于或等于 DN1000 时，$D_1$=60mm；
当化学管材公称直径大于 DN1000 时，$D_1$=100mm。

说明：

钢管、球墨铸铁管与井壁连接做法见现行国家建筑标准设计图集《防水套管》02S404。

| 管道与井壁接口设计图 | 图集号 | 2024沪S204 |
|---|---|---|
| | 页 | 161 |

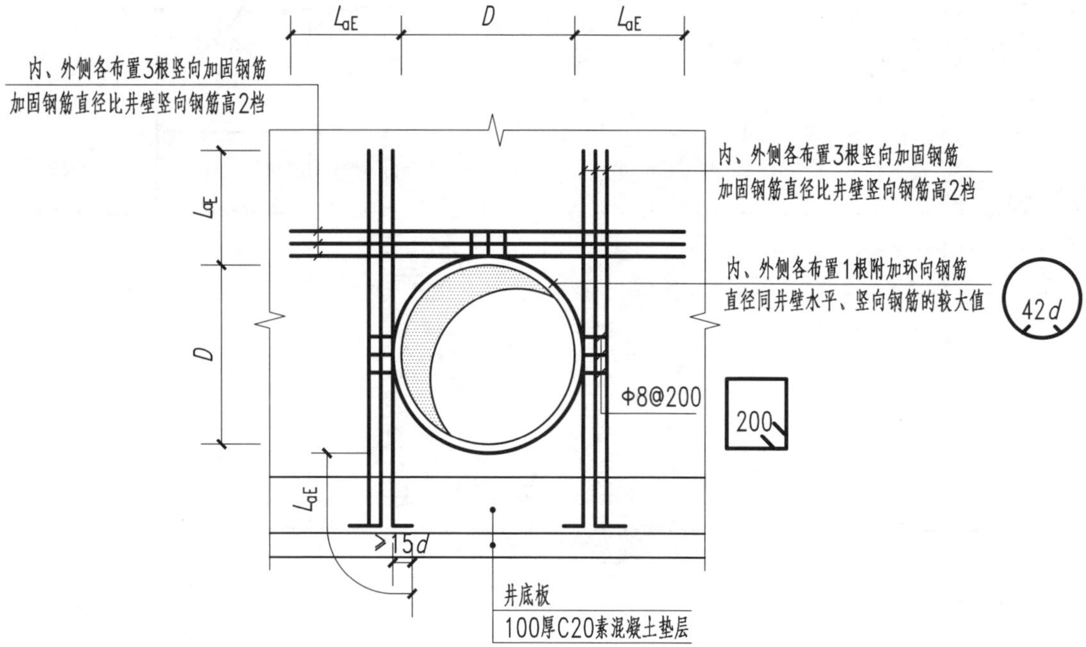


井壁孔口加固图

| 井壁孔口加固详图 | 图集号 | 2024沪S204 |
| --- | --- | --- |
| | 页 | 162 |

# 第三册

# 三通交汇检查井

# 第三册说明

一、本册图集内容为三通交汇检查井等。

二、适用范围

1.适用于上海地区市政、民用与公共建筑等室外无内压的排水检查井的设计和施工。

2.适用于管径系列范围为$\phi$800~$\phi$4000、埋深不超过8.5m的排水检查井设计和施工；支管管径小于$\phi$800时，参照与主管管径相应的二通转折井和直线井。

3.适用于一般地质条件下的排水检查井施工。当地基土为淤泥、淤泥质土、冲填土等软土地基时，应根据相关规范进行地基处理，达到本图集规定的设计条件和施工要求。

4.适用于抗震设防烈度为7度、设计基本地震加速度值为0.10$g$及以下的地区。

三、三通交汇井

1.类型：管道管径大于或等于$\phi$800的甲式三通交汇检查井；
管道管径大于或等于$\phi$800的乙式三通交汇检查井；
管道管径大于或等于$\phi$800的丙式三通交汇检查井。

2.井座、井盖构件选型见本图集第一册内容（第75~88页）。

3.雨、污水井流槽砌筑至0.5倍大管管径高。

四、结构设计

1.设计使用年限50年，构件安全等级为二级，重要性系数为1.0。

2.土重度：$\gamma$=18kN/m$^3$。

3.抗震设防烈度为7度，地震动峰值加速度为0.10$g$，抗震设防类别丙类，抗震等级三级。

4.地下水位取地面以下0.5m，侧向压力采用水土分算。

5.地面荷载：位于机动车道时取20kPa；位于绿化带和人非道时取10kPa。

6.材料要求：

（1）三通交汇检查井均采用钢筋混凝土。

（2）结构混凝土强度等级C35，抗渗等级S6；垫层采用C20，流槽采用C20。应符合现行国家标准《混凝土结构设计规范》GB 50010及《给水排水工程构筑物结构设计规范》GB 50069中对混凝土的相关要求。

（3）钢筋：$\phi$-HPB300，$f_y$=270N/mm$^2$；$\Phi$-HRB400，$f_y$=360N/mm$^2$。钢筋保护层厚度：顶板、井壁为35mm，底板顶为35mm，底板底为40mm。

7.施工要求：

（1）一般情况下，地基承载力特征值不应低于80kPa；当地基承载力不满足时，应进行地基处理。

（2）基坑不属于本图集范围，施工过程中应确保基坑围护体系安全和周边环境的安全。

（3）基坑回填要求：基坑回填时，坑内不得积水，严禁带水回填。填土材料可采用粉质黏土、中粗砂回填，填土中不得含有石块、碎石、灰渣及有机杂物。回填土应采用分层压实，分层厚度不超过30cm，压实系数不小于0.94。回填时，不得使用重型及振动压实机碾压。人行道、车行道的道路结构应按照道路的设计要求。

（4）施工及验收应满足如下标准、规范：

| | |
|---|---|
| 《混凝土结构工程施工质量验收规范》 | GB 50204 |
| 《给水排水构筑物工程施工及验收规范》 | GB 50141 |
| 《建筑地基基础工程施工质量验收标准》 | GB 50202 |
| 《给水排水管道工程施工及验收规范》 | GB 50268 |
| 《钢筋焊接及验收规程》 | JGJ 18 |
| 《城镇排水工程施工质量验收规范》 | DG/TJ 08-2110 |

五、三通交汇检查井同样适用于化学建材管，其检查井结构尺寸按照下表对应关系选用。

| 化学建材管公称直径（mm） | 参见的钢筋混凝土管内径（mm） | 化学建材管公称直径（mm） | 参见的钢筋混凝土管内径（mm） | 化学建材管公称直径（mm） | 参见的钢筋混凝土管内径（mm） |
|---|---|---|---|---|---|
| DN700 | $\phi$800 | DN1400 | $\phi$1350 | DN2200 | $\phi$2200 |
| DN800 | $\phi$800 | DN1500 | $\phi$1500 | DN2400 | $\phi$2400 |
| DN900 | $\phi$1000 | DN1600 | $\phi$1500 | DN2600 | $\phi$2400 |
| DN1000 | $\phi$1000 | DN1800 | $\phi$1800 | DN2800 | $\phi$2700 |
| DN1200 | $\phi$1200 | DN2000 | $\phi$2000 | DN3000 | $\phi$3000 |

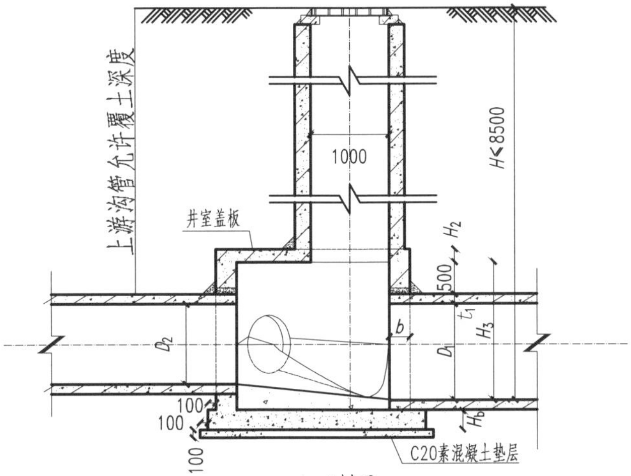


1-1剖面

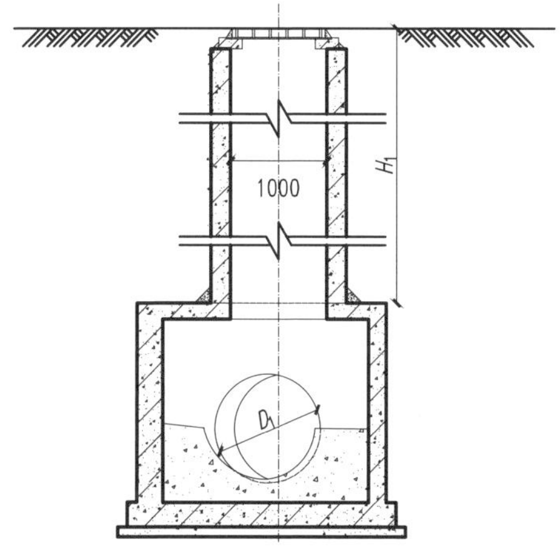


2-2剖面

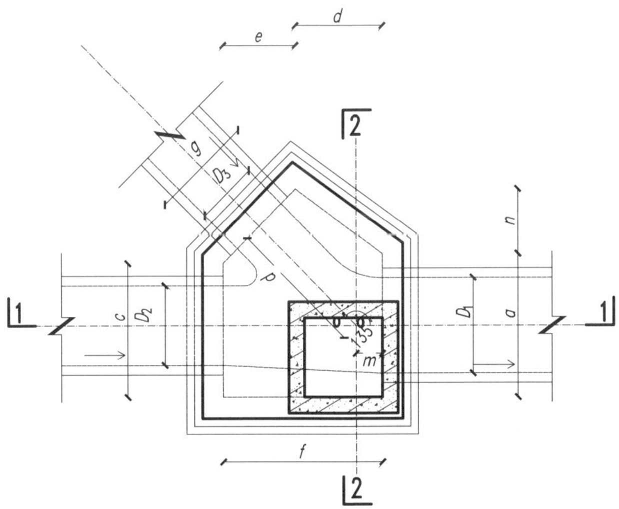


平面图

说明：

1. 本图适用于钢筋混凝土管且支管管径大于或等于$\phi$800的三通交汇检查井，其中一根支管与干管成直线，另一根支管与干管作120°~150°的交叉。
2. 本图三通检查井干管及支管的最大管径均为$\phi$4000，以管内顶相平为正常情况，不设沉泥。
3. 工作室高度$H_3$按干管支管的管径标高及井深采用，即$H_3=D_1+t_1+500$。
4. 井筒高度$H_1=H-H_2-H_3$。
5. $H_b$详见配筋表格。
6. 采用化学建材管且支管管径大于或等于DN700时，参照本检查井。

| 钢筋混凝土甲式三通交汇检查井（$\phi$800~$\phi$4000） | 图集号 | 2024沪S204 |
| --- | --- | --- |
| | 页 | 167 |

| 井编号 | $D_3$ (mm) | $D_2$ (mm) | $D_1$ (mm) | $a$ (mm) | $n$ (mm) | $c$ (mm) | $d$ (mm) | $e$ (mm) | $f$ (mm) | $g$ (mm) | $p$ (mm) | $m$ (mm) | $H_2$ (mm) | | | | $b$ (mm) | | | |
|---|---|---|---|---|---|---|---|---|---|---|---|---|---|---|---|---|---|---|---|---|
| | | | | | | | | | | | | | $H$=4m | $H$=5.5m | $H$=7m | $H$=8.5m | $H$=4m | $H$=5.5m | $H$=7m | $H$=8.5m |
| 1 | 800 | 800~1000 | 1000~1200 | 1800 | 810 | 1675 | 1115 | 935 | 2050 | 1320 | 1756 | 340 | 200 | 200 | 200 | 200 | 250 | 250 | 250 | 250 |
| 2 | | 1200~1350 | 1200~1650 | 2390 | 760 | 2215 | 1365 | | 2300 | | 2102 | | 200 | 200 | 200 | 250 | 250 | 250 | 250 | 250 |
| 3 | | 1500~1800 | 1650~2000 | 2780 | 825 | 2670 | 1625 | | 2560 | | 2470 | | 200 | 200 | 250 | 250 | 250 | 250 | 250 | 250 |
| 4 | | 2000~2400 | 2000~2400 | 3250 | 935 | 3250 | 1965 | | 2900 | | 2958 | | 200 | 200 | 250 | 300 | 250 | 250 | 250 | 300 |
| 5 | | 2700 | 2700 | 3570 | | 3570 | 2125 | | 3060 | | 3184 | | 200 | 200 | 250 | 300 | 250 | 250 | 300 | 300 |
| 6 | | 3000 | 3000 | 3910 | | 3910 | 2295 | | 3230 | | 3425 | | / | 250 | 250 | 300 | / | 250 | 300 | 300 |
| 7 | | 3500 | 3500 | 4520 | | 4520 | 2605 | | 3540 | | 3856 | | / | 250 | 250 | 300 | / | 300 | 300 | 400 |
| 8 | | 4000 | 4000 | 5020 | | 5020 | 2855 | | 3790 | | 4210 | | / | / | 300 | 300 | / | / | 350 | 400 |
| 9 | 1000 | 800~1000 | 1200~1350 | 2040 | 855 | 1795 | 1200 | 1100 | 2300 | 1550 | 1871 | 420 | 200 | 200 | 200 | 200 | 250 | 250 | 250 | 250 |
| 10 | | 1200~1350 | 1350~1800 | 2560 | 840 | 2300 | 1440 | | 2540 | | 2217 | | 200 | 200 | 200 | 250 | 250 | 250 | 250 | 250 |
| 11 | | 1500~1800 | 1650~2200 | 3010 | 875 | 2785 | 1700 | | 2800 | | 2585 | | 200 | 200 | 250 | 250 | 250 | 250 | 250 | 250 |
| 12 | | 2000~2400 | 2000~2400 | 3250 | 1100 | 3250 | 2050 | | 3150 | | 3073 | | 200 | 200 | 250 | 300 | 250 | 250 | 250 | 300 |
| 13 | | 2700 | 2700 | 3570 | | 3570 | 2210 | | 3310 | | 3299 | | 200 | 250 | 250 | 300 | 250 | 250 | 250 | 300 |
| 14 | | 3000 | 3000 | 3910 | | 3910 | 2380 | | 3480 | | 3540 | | / | 250 | 250 | 300 | / | 250 | 300 | 300 |
| 15 | | 3500 | 3500 | 4520 | | 4520 | 2680 | | 3780 | | 3971 | | / | 250 | 250 | 300 | / | 300 | 300 | 400 |
| 16 | | 4000 | 4000 | 5020 | | 5020 | 2930 | | 4030 | | 4325 | | / | / | 300 | 350 | / | / | 350 | 400 |
| 17 | 1200 | 800~1000 | 1200~1650 | 2390 | 855 | 1970 | 1275 | 1275 | 2550 | 1800 | 1996 | 500 | 200 | 200 | 200 | 250 | 250 | 250 | 250 | 250 |
| 18 | | 1200~1350 | 1350~1800 | 2560 | 1015 | 2300 | 1525 | | 2800 | | 2342 | | 200 | 200 | 250 | 250 | 250 | 250 | 250 | 250 |

| 钢筋混凝土甲式三通交汇检查井组合及尺寸表（一） | 图集号 | 2024沪S204 |
|---|---|---|
| | 页 | 168 |

| 井编号 | $D_3$ (mm) | $D_2$ (mm) | $D_1$ (mm) | $a$ (mm) | $n$ (mm) | $c$ (mm) | $d$ (mm) | $e$ (mm) | $f$ (mm) | $g$ (mm) | $p$ (mm) | $m$ (mm) | $H_2$ (mm) | | | | $b$ (mm) | | | |
|---|---|---|---|---|---|---|---|---|---|---|---|---|---|---|---|---|---|---|---|---|
| | | | | | | | | | | | | | $H$=4m | $H$=5.5m | $H$=7m | $H$=8.5m | $H$=4m | $H$=5.5m | $H$=7m | $H$=8.5m |
| 19 | 1200 | 1500~1800 | 1650~2200 | 3010 | 1050 | 2785 | 1785 | 1275 | 3060 | 1800 | 2710 | 500 | 200 | 200 | 250 | 250 | 250 | 250 | 250 | 250 |
| 20 | | 2000~2400 | 2000~2400 | 3250 | 1275 | 3250 | 2125 | | 3400 | | 3198 | | 200 | 250 | 250 | 300 | 250 | 250 | 250 | 300 |
| 21 | | 2700 | 2700 | 3570 | | 3570 | 2285 | | 3560 | | 3424 | | 200 | 250 | 250 | 300 | 250 | 250 | 250 | 300 |
| 22 | | 3000 | 3000 | 3910 | | 3910 | 2455 | | 3730 | | 3665 | | | 250 | 250 | 300 | | 250 | 300 | 300 |
| 23 | | 3500 | 3500 | 4520 | | 4520 | 2765 | | 4040 | | 4096 | | | 250 | 300 | 300 | | 300 | 300 | 350 |
| 24 | | 4000 | 4000 | 5020 | | 5020 | 3015 | | 4290 | | 4450 | | | | 300 | 350 | | | 350 | 400 |
| 25 | 1350 | 800~1000 | 1350~1800 | 2560 | 940 | 2055 | 1335 | 1445 | 2780 | 2040 | 2116 | 560 | 200 | 200 | 250 | 250 | 250 | 250 | 250 | 250 |
| 26 | | 1200~1350 | 1650~2000 | 2780 | 1075 | 2410 | 1585 | | 3030 | | 2462 | | 200 | 200 | 250 | 250 | 250 | 250 | 250 | 250 |
| 27 | | 1500~1800 | 1800~2400 | 3250 | 1100 | 2905 | 1845 | | 3290 | | 2830 | | 200 | 200 | 250 | 300 | 250 | 250 | 250 | 300 |
| 28 | | 2000~2400 | 2000~2400 | | 1445 | 3250 | 2185 | | 3630 | | 3318 | | 200 | 200 | 250 | 300 | 250 | 250 | 250 | 300 |
| 29 | | 2700 | 2700 | 3570 | | 3570 | 2345 | | 3790 | | 3544 | | 200 | 250 | 250 | 300 | 250 | 250 | 250 | 300 |
| 30 | | 3000 | 3000 | 3910 | | 3910 | 2515 | | 3960 | | 3785 | | | 250 | 250 | 300 | | 250 | 300 | 300 |
| 31 | | 3500 | 3500 | 4520 | | 4520 | 2825 | | 4270 | | 4216 | | | 250 | 300 | 350 | | 300 | 300 | 350 |
| 32 | | 4000 | 4000 | 5020 | | 5020 | 3075 | | 4520 | | 4570 | | | | 300 | 350 | | | 350 | 400 |
| 33 | 1500 | 800~1000 | 1500~1800 | 2560 | 1060 | 2055 | 1405 | 1565 | 2970 | 2210 | 2201 | 630 | 200 | 200 | 250 | 250 | 250 | 250 | 250 | 250 |
| 34 | | 1200~1350 | 1650~2000 | 2780 | 1195 | 2410 | 1655 | | 3220 | | 2547 | | 200 | 200 | 250 | 250 | 250 | 250 | 250 | 250 |
| 35 | | 1500~1800 | 1800~2400 | 3250 | 1220 | 2905 | 1915 | | 3480 | | 2915 | | 200 | 200 | 250 | 300 | 250 | 250 | 250 | 300 |
| 36 | | 2000~2400 | 2200~2400 | | 1565 | 3250 | 2255 | | 3820 | | 3403 | | 200 | 250 | 250 | 300 | 250 | 250 | 250 | 300 |

| 井编号 | $D_3$ (mm) | $D_2$ (mm) | $D_1$ (mm) | $a$ (mm) | $n$ (mm) | $c$ (mm) | $d$ (mm) | $e$ (mm) | $f$ (mm) | $g$ (mm) | $p$ (mm) | $m$ (mm) | $H_2$ (mm) | | | | $b$ (mm) | | | |
|---|---|---|---|---|---|---|---|---|---|---|---|---|---|---|---|---|---|---|---|---|
| | | | | | | | | | | | | | $H$=4m | $H$=5.5m | $H$=7m | $H$=8.5m | $H$=4m | $H$=5.5m | $H$=7m | $H$=8.5m |
| 37 | 1500 | 2700 | 2700 | 3570 | 1565 | 3570 | 2415 | 1565 | 3980 | 2210 | 3629 | 630 | 200 | 250 | 250 | 300 | 250 | 250 | 300 | 300 |
| 38 | | 3000 | 3000 | 3910 | | 3910 | 2585 | | 4150 | | 3870 | | / | 250 | 300 | 350 | / | 250 | 300 | 300 |
| 39 | | 3500 | 3500 | 4520 | | 4520 | 2895 | | 4460 | | 4301 | | / | 250 | 300 | 350 | / | 300 | 300 | 350 |
| 40 | | 4000 | 4000 | 5020 | | 5020 | 3145 | | 4710 | | 4655 | | / | / | 300 | 350 | / | / | 350 | 400 |
| 41 | 1650 | 800~1000 | 1650~2000 | 2780 | 1075 | 2165 | 1450 | 1690 | 3140 | 2390 | 2291 | 670 | 200 | 200 | 250 | 250 | 250 | 250 | 250 | 250 |
| 42 | | 1200~1350 | 1650~2200 | 3010 | 1205 | 2525 | 1690 | | 3380 | | 2637 | | 200 | 200 | 250 | 300 | 250 | 250 | 250 | 300 |
| 43 | | 1500~1800 | 1800~2400 | 3250 | 1345 | 2905 | 1950 | | 3640 | | 3005 | | 200 | 200 | 250 | 300 | 250 | 250 | 250 | 300 |
| 44 | | 2000~2400 | 2200~2400 | | 1690 | 3250 | 2300 | | 3990 | | 3493 | | 200 | 250 | 250 | 300 | 250 | 250 | 250 | 300 |
| 45 | | 2700 | 2700 | 3570 | | 3570 | 2460 | | 4150 | | 3719 | | 200 | 250 | 300 | 300 | 250 | 250 | 300 | 300 |
| 46 | | 3000 | 3000 | 3910 | | 3910 | 2630 | | 4320 | | 3960 | | / | 250 | 300 | 300 | / | 250 | 300 | 300 |
| 47 | | 3500 | 3500 | 4520 | | 4520 | 2930 | | 4620 | | 4391 | | / | 250 | 300 | 350 | / | 300 | 300 | 350 |
| 48 | | 4000 | 4000 | 5020 | | 5020 | 3180 | | 4870 | | 4745 | | / | / | 300 | 350 | / | / | 350 | 400 |
| 49 | 1800 | 800~1000 | 1800~2200 | 3010 | 1080 | 2280 | 1530 | 1810 | 3340 | 2560 | 2376 | 750 | 200 | 200 | 250 | 300 | 250 | 250 | 250 | 300 |
| 50 | | 1200~1350 | 1800~2400 | 3250 | 1205 | 2645 | 1770 | | 3580 | | 2722 | | 200 | 200 | 250 | 300 | 250 | 250 | 250 | 300 |
| 51 | | 1500~1800 | 2000~2400 | | 1465 | 2905 | 2030 | | 3840 | | 3090 | | 200 | 250 | 250 | 300 | 250 | 250 | 250 | 300 |
| 52 | | 2000~2400 | 2200~2400 | | 1810 | 3250 | 2380 | | 4190 | | 3578 | | 200 | 250 | 300 | 300 | 250 | 250 | 300 | 300 |
| 53 | | 2700 | 3000 | 3910 | 1640 | 3740 | 2540 | | 4350 | | 3804 | | / | 250 | 300 | 300 | / | 250 | 300 | 300 |
| 54 | | 3000 | 3500 | 4520 | 1505 | 4215 | 2710 | | 4520 | | 4045 | | / | 250 | 300 | 350 | / | 300 | 300 | 350 |

| 钢筋混凝土甲式三通交汇检查井组合及尺寸表（三） | 图集号 | 2024沪S204 |
|---|---|---|
| | 页 | 170 |

| 井编号 | $D_3$ (mm) | $D_2$ (mm) | $D_1$ (mm) | $a$ (mm) | $n$ (mm) | $c$ (mm) | $d$ (mm) | $e$ (mm) | $f$ (mm) | $g$ (mm) | $p$ (mm) | $m$ (mm) | $H_2$ (mm) | | | | $b$ (mm) | | | |
|---|---|---|---|---|---|---|---|---|---|---|---|---|---|---|---|---|---|---|---|---|
| | | | | | | | | | | | | | $H$=4m | $H$=5.5m | $H$=7m | $H$=8.5m | $H$=4m | $H$=5.5m | $H$=7m | $H$=8.5m |
| 55 | 1800 | 3500 | 4000 | 5020 | 1560 | 4770 | 3010 | 1810 | 4820 | 2560 | 4476 | 750 | | | 300 | 350 | | | 350 | 400 |
| 56 | | 4000 | 4000 | | 1810 | 5020 | 3260 | | 5070 | | 4830 | | | | 300 | 350 | | | 350 | 400 |
| 57 | 2000 | 800~1000 | 2000~2400 | 3250 | 1120 | 2400 | 1610 | 1970 | 3580 | 2780 | 2486 | 830 | 200 | 200 | 250 | 300 | 250 | 250 | 250 | 300 |
| 58 | | 1200~1350 | 2000~2400 | | 1365 | 2645 | 1850 | | 3820 | | 2832 | | 200 | 250 | 250 | 300 | 250 | 250 | 250 | 300 |
| 59 | | 1500~1800 | 2200~2400 | | 1625 | 2905 | 2110 | | 4080 | | 3200 | | 200 | 250 | 300 | 300 | 250 | 250 | 300 | 300 |
| 60 | | 2000~2200 | 2400~2700 | 3570 | 1690 | 3290 | 2340 | | 4310 | | 3518 | | 200 | 250 | 300 | 300 | 250 | 250 | 300 | 300 |
| 61 | | 2400 | 2700 | | 1810 | 3410 | 2460 | | 4430 | | 3688 | | 200 | 250 | 300 | 350 | 250 | 250 | 300 | 350 |
| 62 | | 2700 | 3000 | 3910 | 1800 | 3740 | 2620 | | 4590 | | 3914 | | | 250 | 300 | 350 | | 250 | 300 | 350 |
| 63 | | 3000 | 3500 | 4520 | 1665 | 4215 | 2790 | | 4760 | | 4155 | | | 250 | 300 | 350 | | 300 | 300 | 400 |
| 64 | | 3500~4000 | 4000 | 5020 | 1970 | 5020 | 3340 | | 5310 | | 4940 | | | | 300 | 400 | | | 350 | 400 |
| 65 | 2200 | 800~1000 | 2200~2400 | 3250 | 1280 | 2400 | 1700 | 3130 | 3830 | 3010 | 2601 | 920 | 200 | 200 | 250 | 300 | 250 | 250 | 250 | 300 |
| 66 | | 1200~1350 | 2200~2400 | | 1525 | 2645 | 1940 | | 4070 | | 2947 | | 200 | 250 | 250 | 300 | 250 | 250 | 250 | 300 |
| 67 | | 1500~1800 | 2200~2400 | | 1785 | 2905 | 2200 | | 4330 | | 3315 | | 200 | 250 | 300 | 300 | 250 | 250 | 300 | 300 |
| 68 | | 2000 | 2700 | 3570 | 1735 | 3175 | 2310 | | 4440 | | 3471 | | 200 | 250 | 300 | 300 | 250 | 250 | 300 | 300 |
| 69 | | 2400~2700 | 3000 | 3910 | 1960 | 3740 | 2710 | | 4840 | | 4029 | | | 250 | 300 | 350 | | 250 | 300 | 350 |
| 70 | | 3000 | 3500 | 4520 | 1825 | 4215 | 2880 | | 5010 | | 4270 | | | 250 | 300 | 350 | | 300 | 300 | 400 |
| 71 | | 3500 | 3500~4000 | 5020 | 1880 | 4770 | 3180 | | 5310 | | 4701 | | | | 300 | 350 | | | 350 | 400 |
| 72 | | 4000 | 4000 | | 2130 | 5020 | 3430 | | 5560 | | 5055 | | | | 300 | 400 | | | 350 | 400 |

| 井编号 | $D_3$ (mm) | $D_2$ (mm) | $D_1$ (mm) | $a$ (mm) | $n$ (mm) | $c$ (mm) | $d$ (mm) | $e$ (mm) | $f$ (mm) | $g$ (mm) | $p$ (mm) | $m$ (mm) | $H_2$ (mm) | | | | $b$ (mm) | | | |
|---|---|---|---|---|---|---|---|---|---|---|---|---|---|---|---|---|---|---|---|---|
| | | | | | | | | | | | | | $H$=4m | $H$=5.5m | $H$=7m | $H$=8.5m | $H$=4m | $H$=5.5m | $H$=7m | $H$=8.5m |
| 73 | 2400 | 800~1000 | 2400 | 3250 | 1450 | 2400 | 1780 | 2300 | 4080 | 3250 | 2721 | 1000 | 200 | 250 | 250 | 300 | 250 | 250 | 250 | 300 |
| 74 | | 1200~1350 | 2400~2700 | 3570 | 1535 | 2805 | 2020 | | 4320 | | 3067 | | 200 | 250 | 300 | 300 | 250 | 250 | 300 | 300 |
| 75 | | 1500~1800 | 2400~3000 | 3910 | 1625 | 3235 | 2280 | | 4580 | | 3435 | | | 250 | 300 | 350 | | 250 | 300 | 350 |
| 76 | | 2000~2400 | 2700~3000 | | 1970 | 3580 | 2630 | | 4930 | | 3923 | | | 250 | 300 | 350 | | 300 | 300 | 350 |
| 77 | | 2700 | 3500 | 4520 | 1825 | 4045 | 2790 | | 5090 | | 4149 | | | 250 | 300 | 350 | | 300 | 350 | 400 |
| 78 | | 3000 | | | 1995 | 4215 | 2960 | | 5260 | | 4390 | | | 250 | 300 | 400 | | 300 | 350 | 400 |
| 79 | | 3500 | 4000 | 5020 | 2050 | 4770 | 3260 | | 5560 | | 4821 | | | | 300 | 400 | | | 350 | 400 |
| 80 | | 4000 | | | 2300 | 5020 | 3510 | | 5810 | | 5175 | | | | 300 | 400 | | | 400 | 400 |
| 81 | 2700 | 800~1000 | 2700 | 3570 | 1515 | 2560 | 1895 | 2525 | 4420 | 3570 | 2881 | 1120 | 200 | 250 | 300 | 300 | 250 | 250 | 300 | 300 |
| 82 | | 1200~1350 | 2700~3000 | 3910 | 1590 | 2975 | 2145 | | 4670 | | 3227 | | | 250 | 300 | 350 | | 250 | 300 | 350 |
| 83 | | 1500~2000 | 3000 | | 1960 | 3345 | 2515 | | 5040 | | 3751 | | | 250 | 300 | 350 | | 300 | 300 | 350 |
| 84 | | 2200~2400 | 3000~3500 | 4520 | 1890 | 3885 | 2745 | | 5270 | | 4083 | | | 250 | 300 | 400 | | 300 | 350 | 400 |
| 85 | | 2700 | 3500 | | 2050 | 4045 | 2905 | | 5430 | | 4309 | | | 250 | 300 | 400 | | 300 | 350 | 400 |
| 86 | | 3000 | | | 2220 | 4215 | 3075 | | 5600 | | 4550 | | | 250 | 300 | 400 | | 300 | 350 | 400 |
| 87 | | 3500 | 4000 | 5020 | 2275 | 4770 | 3385 | | 5910 | | 4981 | | | | 300 | 400 | | | 400 | 400 |
| 88 | 3000 | 800~1000 | 3000 | 3910 | 1585 | 2730 | 2025 | 2765 | 4790 | 3910 | 3051 | 1250 | | 250 | 300 | 350 | | 300 | 300 | 350 |
| 89 | | 1200~1350 | | | 1830 | 2975 | 2275 | | 5040 | | 3397 | | | 250 | 300 | 350 | | 300 | 300 | 350 |
| 90 | | 1500~1650 | | | 2005 | 3150 | 2445 | | 5210 | | 3645 | | | 250 | 300 | 350 | | 300 | 300 | 350 |

| 钢筋混凝土甲式三通交汇检查井组合及尺寸表（五） | 图集号 | 2024沪S204 |
|---|---|---|
| | 页 | 172 |

| 井编号 | $D_3$ (mm) | $D_2$ (mm) | $D_1$ (mm) | $a$ (mm) | $n$ (mm) | $c$ (mm) | $d$ (mm) | $e$ (mm) | $f$ (mm) | $g$ (mm) | $p$ (mm) | $m$ (mm) | $H_2$ (mm) | | | | $b$ (mm) | | | |
|---|---|---|---|---|---|---|---|---|---|---|---|---|---|---|---|---|---|---|---|---|
| | | | | | | | | | | | | | $H$=4m | $H$=5.5m | $H$=7m | $H$=8.5m | $H$=4m | $H$=5.5m | $H$=7m | $H$=8.5m |
| 91 | 3000 | 1800~2400 | 3500 | 4520 | 2130 | 3885 | 2875 | 2765 | 5640 | 3910 | 4253 | 1250 | / | 250 | 300 | 400 | / | 300 | 350 | 400 |
| 92 | | 2700 | | | 2290 | 4045 | 3035 | | 5800 | | 4479 | | / | 250 | 300 | 400 | / | 300 | 350 | 400 |
| 93 | | 3000 | 4000 | 5020 | 2210 | 4465 | 3205 | | 5970 | | 4720 | | / | / | 300 | 400 | / | / | 400 | 400 |
| 94 | | 3500 | | | 2515 | 4770 | 3515 | | 6280 | | 5151 | | / | / | 300 | 400 | / | / | 400 | 450 |
| 95 | 3500 | 800~1000 | 3500 | 4520 | 1715 | 3035 | 2230 | 3200 | 5430 | 4520 | 3356 | 1450 | / | 250 | 300 | 400 | / | 300 | 350 | 400 |
| 96 | | 1200~1350 | | | 1960 | 3280 | 2470 | | 5670 | | 3702 | | / | 250 | 300 | 400 | / | 300 | 350 | 400 |
| 97 | | 1500~1800 | | | 2220 | 3540 | 2730 | | 5930 | | 4070 | | / | 250 | 300 | 400 | / | 300 | 350 | 400 |
| 98 | | 2000~2400 | 4000 | 5020 | 2315 | 4135 | 3080 | | 6280 | | 4558 | | / | / | 300 | 400 | / | / | 400 | 450 |
| 99 | | 2700 | | | 2475 | 4295 | 3240 | | 6440 | | 4784 | | / | / | 300 | 400 | / | / | 400 | 450 |
| 100 | | 3000 | | | 2645 | 4465 | 3410 | | 6610 | | 5025 | | / | / | 350 | 400 | / | / | 400 | 450 |
| 101 | 4000 | 800~1000 | 4000 | 5020 | 1815 | 3285 | 2440 | 3550 | 5990 | 5020 | 3606 | 1660 | / | / | 300 | 400 | / | / | 400 | 450 |
| 102 | | 1200~1350 | | | 2060 | 3530 | 2680 | | 6230 | | 3952 | | / | / | 300 | 400 | / | / | 400 | 450 |
| 103 | | 1500~1650 | | | 2235 | 3705 | 2860 | | 6410 | | 4200 | | / | / | 300 | 400 | / | / | 400 | 450 |
| 104 | | 1800~2000 | | | 2430 | 3900 | 3050 | | 6600 | | 4476 | | / | / | 350 | 400 | / | / | 400 | 450 |
| 105 | | 2200~2400 | | | 3665 | 4135 | 3290 | | 6840 | | 4808 | | / | / | 350 | 400 | / | / | 400 | 450 |

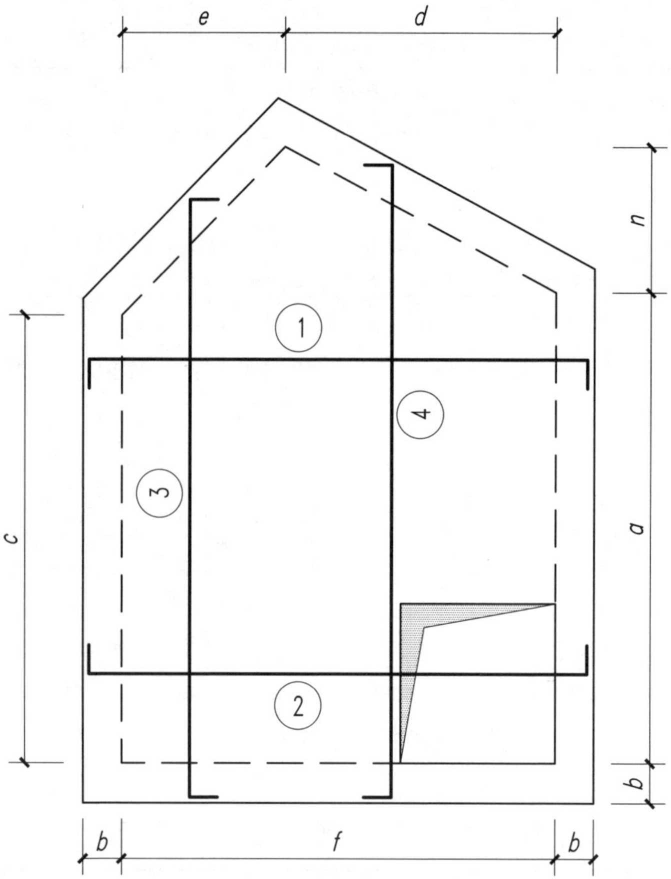


顶板配筋图 1:50

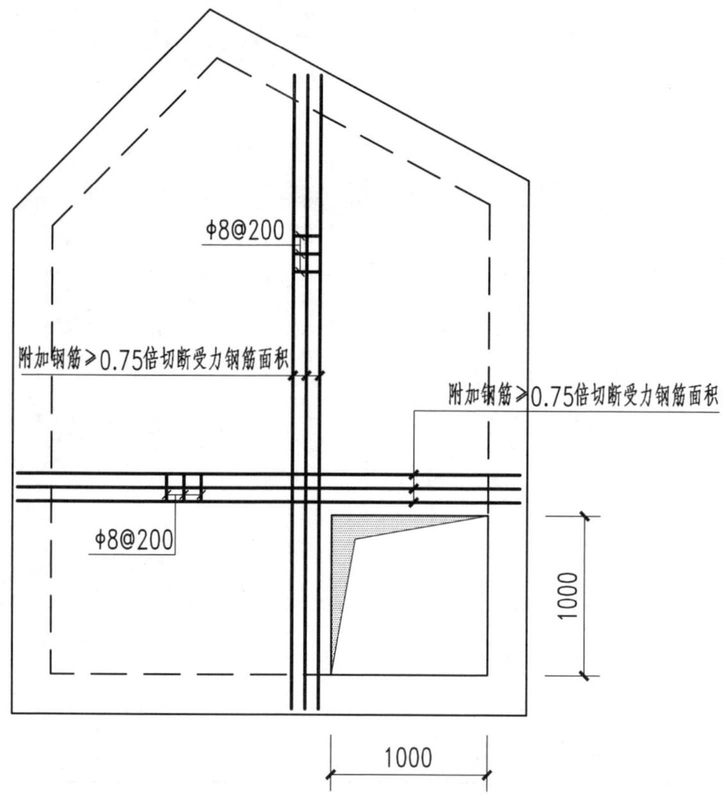


顶板孔口加固图 1:50

| 钢筋混凝土甲式三通交汇检查井<br>顶板配筋图 | 图集号 | 2024沪S204 |
| --- | --- | --- |
| | 页 | 174 |

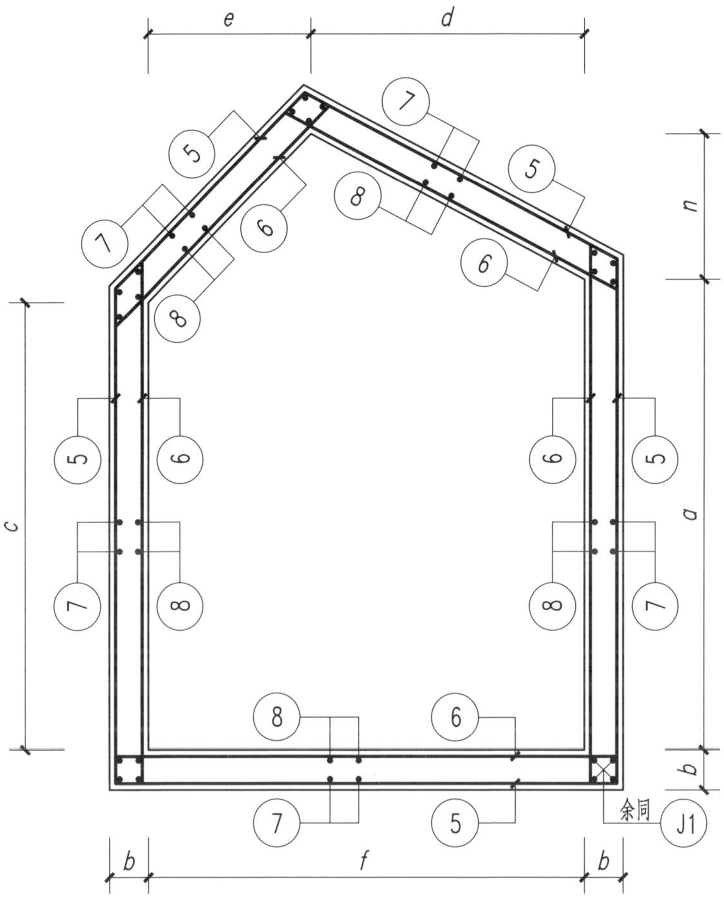


井壁配筋图 1:50

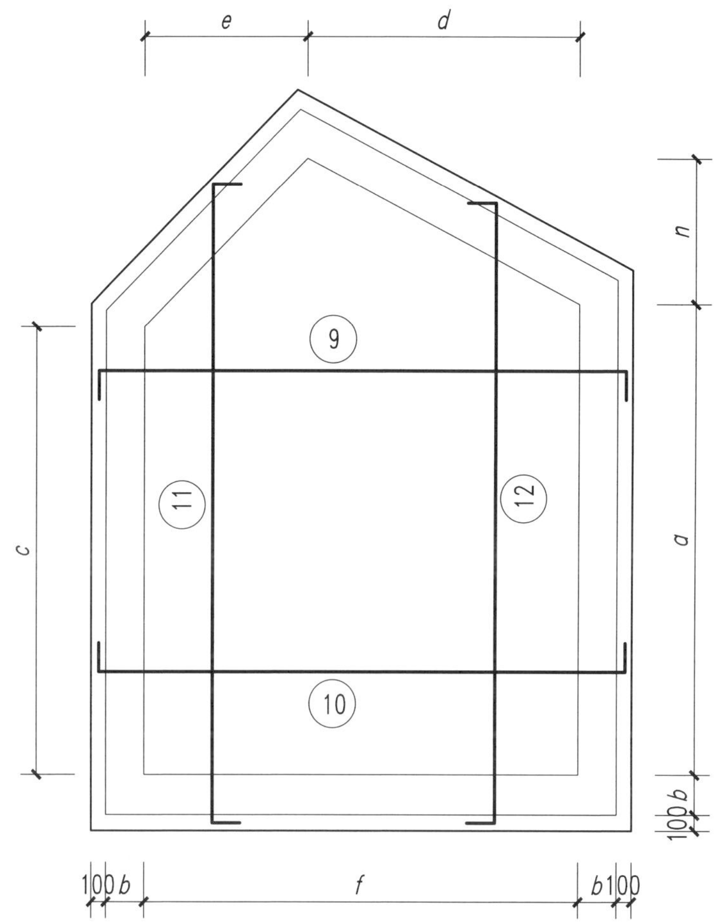


底板配筋图 1:50

说明：

Ⓙ1钢筋直径同⑦和⑧钢筋的较大值。

| 钢筋混凝土甲式三通交汇检查井<br>底板、井壁配筋图 | 图集号 | 2024沪S204 |
| --- | --- | --- |
| | 页 | 175 |

| 井编号 | 深度$H$ (m) | 顶板厚$H_2$ (mm) | 15d 按实 ① | 15d 按实 ② | 15d 按实 ③ | 15d 按实 ④ |
|---|---|---|---|---|---|---|
| 1 | 4.0 | 200 | Φ10@150 | Φ10@150 | Φ10@150 | Φ10@150 |
| | 5.5 | 200 | Φ12@150 | Φ10@150 | Φ12@150 | Φ10@150 |
| | 7.0 | 200 | Φ14@150 | Φ10@150 | Φ10@100 | Φ10@150 |
| | 8.5 | 200 | Φ12@100 | Φ12@150 | Φ12@100 | Φ10@150 |
| 2 | 4.0 | 200 | Φ10@150 | Φ10@150 | Φ10@150 | Φ10@150 |
| | 5.5 | 200 | Φ12@150 | Φ10@150 | Φ12@150 | Φ10@150 |
| | 7.0 | 200 | Φ12@100 | Φ12@150 | Φ14@150 | Φ10@150 |
| | 8.5 | 250 | Φ14@150 | Φ12@150 | Φ14@150 | Φ10@150 |
| 3 | 4.0 | 200 | Φ10@150 | Φ10@150 | Φ10@150 | Φ10@150 |
| | 5.5 | 200 | Φ14@150 | Φ10@150 | Φ12@150 | Φ10@150 |
| | 7.0 | 250 | Φ14@150 | Φ12@150 | Φ12@150 | Φ10@150 |
| | 8.5 | 250 | Φ16@150 | Φ12@150 | Φ14@150 | Φ12@150 |
| 4 | 4.0 | 200 | Φ12@150 | Φ10@150 | Φ10@150 | Φ10@150 |
| | 5.5 | 200 | Φ12@100 | Φ12@150 | Φ14@150 | Φ10@150 |
| | 7.0 | 250 | Φ12@100 | Φ12@150 | Φ14@150 | Φ10@150 |
| | 8.5 | 300 | Φ16@150 | Φ10@100 | Φ14@150 | Φ12@150 |
| 5 | 4.0 | 200 | Φ12@150 | Φ10@150 | Φ10@150 | Φ10@150 |
| | 5.5 | 200 | Φ12@100 | Φ12@150 | Φ10@100 | Φ10@150 |
| | 7.0 | 250 | Φ16@150 | Φ12@150 | Φ14@150 | Φ10@150 |
| | 8.5 | 300 | Φ14@100 | Φ10@100 | Φ14@150 | Φ12@150 |
| 6 | 4.0 | | | | | |
| | 5.5 | 250 | Φ14@150 | Φ10@150 | Φ12@150 | Φ10@150 |
| | 7.0 | 250 | Φ14@100 | Φ12@150 | Φ14@150 | Φ10@150 |
| | 8.5 | 300 | Φ14@100 | Φ10@100 | Φ14@150 | Φ12@150 |

| 井编号 | 深度$H$ (m) | 顶板厚$H_2$ (mm) | 15d 按实 ① | 15d 按实 ② | 15d 按实 ③ | 15d 按实 ④ |
|---|---|---|---|---|---|---|
| 7 | 4.0 | | | | | |
| | 5.5 | 250 | Φ14@150 | Φ10@150 | Φ10@150 | Φ10@150 |
| | 7.0 | 250 | Φ14@100 | Φ12@150 | Φ14@150 | Φ10@150 |
| | 8.5 | 300 | Φ16@100 | Φ10@100 | Φ14@150 | Φ12@150 |
| 8 | 4.0 | | | | | |
| | 5.5 | | | | | |
| | 7.0 | 300 | Φ16@150 | Φ12@150 | Φ12@150 | Φ12@150 |
| | 8.5 | 300 | Φ16@100 | Φ10@100 | Φ14@150 | Φ12@150 |
| 9 | 4.0 | 200 | Φ10@150 | Φ10@150 | Φ10@150 | Φ10@150 |
| | 5.5 | 200 | Φ12@150 | Φ10@150 | Φ12@150 | Φ10@150 |
| | 7.0 | 200 | Φ14@150 | Φ12@150 | Φ14@150 | Φ10@150 |
| | 8.5 | 200 | Φ12@100 | Φ12@150 | Φ12@100 | Φ12@150 |
| 10 | 4.0 | 200 | Φ10@150 | Φ10@150 | Φ10@150 | Φ10@150 |
| | 5.5 | 200 | Φ14@150 | Φ10@150 | Φ12@150 | Φ10@150 |
| | 7.0 | 200 | Φ12@100 | Φ12@150 | Φ12@100 | Φ12@150 |
| | 8.5 | 250 | Φ12@100 | Φ12@150 | Φ14@150 | Φ12@150 |
| 11 | 4.0 | 200 | Φ12@150 | Φ10@150 | Φ10@150 | Φ10@150 |
| | 5.5 | 200 | Φ14@150 | Φ12@150 | Φ14@150 | Φ10@150 |
| | 7.0 | 250 | Φ14@150 | Φ12@150 | Φ14@150 | Φ10@150 |
| | 8.5 | 250 | Φ14@100 | Φ14@150 | Φ12@100 | Φ12@150 |
| 12 | 4.0 | 200 | Φ12@150 | Φ10@150 | Φ10@150 | Φ10@150 |
| | 5.5 | 200 | Φ12@100 | Φ12@150 | Φ14@150 | Φ10@150 |
| | 7.0 | 250 | Φ16@150 | Φ12@150 | Φ12@100 | Φ12@150 |
| | 8.5 | 300 | Φ14@100 | Φ10@100 | Φ12@100 | Φ12@150 |

| 井编号 | 深度$H$ (m) | 顶板厚$H_2$ (mm) | 15d 按实 ① | 15d 按实 ② | 15d 按实 ③ | 15d 按实 ④ |
|---|---|---|---|---|---|---|
| 13 | 4.0 | 200 | Φ12@150 | Φ10@150 | Φ10@150 | Φ10@150 |
| | 5.5 | 250 | Φ14@150 | Φ10@150 | Φ12@150 | Φ10@150 |
| | 7.0 | 250 | Φ14@100 | Φ12@150 | Φ12@100 | Φ12@150 |
| | 8.5 | 300 | Φ14@100 | Φ14@150 | Φ12@100 | Φ12@150 |
| 14 | 4.0 | | | | | |
| | 5.5 | 250 | Φ14@150 | Φ10@150 | Φ12@150 | Φ10@150 |
| | 7.0 | 250 | Φ14@100 | Φ12@150 | Φ12@100 | Φ10@150 |
| | 8.5 | 300 | Φ16@100 | Φ14@150 | Φ16@150 | Φ12@150 |
| 15 | 4.0 | | | | | |
| | 5.5 | 250 | Φ14@150 | Φ10@150 | Φ12@150 | Φ10@150 |
| | 7.0 | 250 | Φ14@100 | Φ12@150 | Φ12@100 | Φ10@150 |
| | 8.5 | 300 | Φ16@100 | Φ14@150 | Φ16@150 | Φ12@150 |
| 16 | 4.0 | | | | | |
| | 5.5 | | | | | |
| | 7.0 | 300 | Φ16@150 | Φ12@150 | Φ10@100 | Φ12@150 |
| | 8.5 | 350 | Φ16@100 | Φ10@100 | Φ12@100 | Φ12@150 |
| 17 | 4.0 | 200 | Φ10@150 | Φ10@150 | Φ10@150 | Φ10@150 |
| | 5.5 | 200 | Φ10@100 | Φ10@150 | Φ10@100 | Φ10@150 |
| | 7.0 | 200 | Φ12@100 | Φ12@150 | Φ12@100 | Φ12@150 |
| | 8.5 | 250 | Φ12@100 | Φ12@150 | Φ12@100 | Φ12@150 |
| 18 | 4.0 | 200 | Φ10@150 | Φ10@150 | Φ10@150 | Φ10@150 |
| | 5.5 | 200 | Φ14@150 | Φ12@150 | Φ14@150 | Φ10@150 |
| | 7.0 | 250 | Φ14@150 | Φ12@150 | Φ14@150 | Φ12@150 |
| | 8.5 | 250 | Φ12@100 | Φ12@150 | Φ12@100 | Φ12@150 |
| 19 | 4.0 | 200 | Φ12@150 | Φ10@150 | Φ10@150 | Φ10@150 |
| | 5.5 | 200 | Φ14@150 | Φ12@150 | Φ14@150 | Φ10@150 |
| | 7.0 | 250 | Φ12@100 | Φ12@150 | Φ14@150 | Φ12@150 |
| | 8.5 | 250 | Φ14@100 | Φ14@150 | Φ14@100 | Φ12@150 |
| 20 | 4.0 | 200 | Φ12@150 | Φ10@150 | Φ12@150 | Φ10@150 |
| | 5.5 | 250 | Φ14@150 | Φ12@150 | Φ14@150 | Φ10@150 |
| | 7.0 | 250 | Φ14@100 | Φ10@100 | Φ16@150 | Φ12@150 |
| | 8.5 | 300 | Φ14@100 | Φ14@150 | Φ14@100 | Φ12@150 |
| 21 | 4.0 | 200 | Φ12@150 | Φ10@150 | Φ10@150 | Φ10@150 |
| | 5.5 | 250 | Φ14@150 | Φ12@150 | Φ14@150 | Φ10@150 |
| | 7.0 | 250 | Φ14@100 | Φ14@150 | Φ16@150 | Φ12@150 |
| | 8.5 | 300 | Φ14@100 | Φ14@150 | Φ14@100 | Φ12@150 |
| 22 | 4.0 | | | | | |
| | 5.5 | 250 | Φ14@150 | Φ10@150 | Φ10@100 | Φ10@150 |
| | 7.0 | 250 | Φ14@100 | Φ14@150 | Φ16@150 | Φ12@150 |
| | 8.5 | 300 | Φ16@100 | Φ14@150 | Φ14@100 | Φ12@150 |
| 23 | 4.0 | | | | | |
| | 5.5 | 250 | Φ14@150 | Φ10@150 | Φ12@150 | Φ10@150 |
| | 7.0 | 300 | Φ16@150 | Φ12@150 | Φ14@150 | Φ12@150 |
| | 8.5 | 300 | Φ16@100 | Φ14@150 | Φ14@100 | Φ12@150 |
| 24 | 4.0 | | | | | |
| | 5.5 | | | | | |
| | 7.0 | 300 | Φ14@100 | Φ12@150 | Φ14@150 | Φ12@150 |
| | 8.5 | 350 | Φ16@100 | Φ14@150 | Φ16@150 | Φ12@150 |

| 钢筋混凝土甲式三通交汇检查井顶板配筋表（二） | 图集号 | 2024沪S204 |
|---|---|---|
| | 页 | 177 |

| 井编号 | 深度$H$ (m) | 顶板厚$H_2$ (mm) | 15d 按实 ① | 15d 按实 ② | 15d 按实 ③ | 15d 按实 ④ |
|---|---|---|---|---|---|---|
| 25 | 4.0 | 200 | Φ10@150 | Φ10@150 | Φ10@150 | Φ10@150 |
| | 5.5 | 200 | Φ10@100 | Φ10@150 | Φ10@100 | Φ10@150 |
| | 7.0 | 250 | Φ10@100 | Φ12@150 | Φ10@100 | Φ12@150 |
| | 8.5 | 250 | Φ12@100 | Φ12@150 | Φ12@100 | Φ12@150 |
| 26 | 4.0 | 200 | Φ12@150 | Φ10@150 | Φ12@150 | Φ10@150 |
| | 5.5 | 200 | Φ14@150 | Φ10@150 | Φ14@150 | Φ10@150 |
| | 7.0 | 250 | Φ14@150 | Φ12@150 | Φ14@150 | Φ12@150 |
| | 8.5 | 250 | Φ14@100 | Φ10@100 | Φ14@100 | Φ12@150 |
| 27 | 4.0 | 200 | Φ12@150 | Φ10@150 | Φ12@150 | Φ10@150 |
| | 5.5 | 200 | Φ14@150 | Φ12@150 | Φ14@150 | Φ10@150 |
| | 7.0 | 250 | Φ12@100 | Φ12@150 | Φ12@100 | Φ12@150 |
| | 8.5 | 300 | Φ16@150 | Φ10@100 | Φ12@100 | Φ12@150 |
| 28 | 4.0 | 200 | Φ12@150 | Φ10@150 | Φ12@150 | Φ10@150 |
| | 5.5 | 200 | Φ12@100 | Φ12@150 | Φ12@100 | Φ10@150 |
| | 7.0 | 250 | Φ14@100 | Φ10@100 | Φ14@100 | Φ12@150 |
| | 8.5 | 300 | Φ14@100 | Φ14@150 | Φ14@100 | Φ10@100 |
| 29 | 4.0 | 200 | Φ12@150 | Φ10@150 | Φ12@150 | Φ10@150 |
| | 5.5 | 250 | Φ10@100 | Φ12@150 | Φ10@100 | Φ10@150 |
| | 7.0 | 250 | Φ14@100 | Φ10@100 | Φ14@100 | Φ12@150 |
| | 8.5 | 300 | Φ16@100 | Φ14@150 | Φ14@100 | Φ10@100 |
| 30 | 4.0 | | | | | |
| | 5.5 | 250 | Φ14@150 | Φ12@150 | Φ14@150 | Φ10@150 |
| | 7.0 | 250 | Φ14@100 | Φ10@100 | Φ14@100 | Φ12@150 |
| | 8.5 | 300 | Φ16@100 | Φ14@150 | Φ14@100 | Φ10@100 |

| 井编号 | 深度$H$ (m) | 顶板厚$H_2$ (mm) | 15d 按实 ① | 15d 按实 ② | 15d 按实 ③ | 15d 按实 ④ |
|---|---|---|---|---|---|---|
| 31 | 4.0 | | | | | |
| | 5.5 | 250 | Φ14@150 | Φ10@150 | Φ10@100 | Φ10@150 |
| | 7.0 | 300 | Φ14@100 | Φ12@150 | Φ14@150 | Φ12@150 |
| | 8.5 | 350 | Φ16@100 | Φ14@150 | Φ16@150 | Φ12@150 |
| 32 | 4.0 | | | | | |
| | 5.5 | | | | | |
| | 7.0 | 300 | Φ14@100 | Φ12@150 | Φ14@150 | Φ12@150 |
| | 8.5 | 350 | Φ16@100 | Φ14@150 | Φ16@150 | Φ12@150 |
| 33 | 4.0 | 200 | Φ12@150 | Φ10@150 | Φ12@150 | Φ10@150 |
| | 5.5 | 200 | Φ10@100 | Φ10@150 | Φ14@150 | Φ10@150 |
| | 7.0 | 250 | Φ14@150 | Φ12@150 | Φ14@150 | Φ12@150 |
| | 8.5 | 250 | Φ16@150 | Φ14@150 | Φ14@100 | Φ12@150 |
| 34 | 4.0 | 200 | Φ12@150 | Φ10@150 | Φ12@150 | Φ10@150 |
| | 5.5 | 200 | Φ14@150 | Φ12@150 | Φ12@100 | Φ10@150 |
| | 7.0 | 250 | Φ12@100 | Φ12@150 | Φ12@100 | Φ12@150 |
| | 8.5 | 250 | Φ14@100 | Φ10@100 | Φ14@100 | Φ12@150 |
| 35 | 4.0 | 200 | Φ12@150 | Φ10@150 | Φ12@150 | Φ10@150 |
| | 5.5 | 200 | Φ12@100 | Φ12@150 | Φ12@100 | Φ10@150 |
| | 7.0 | 250 | Φ16@150 | Φ12@150 | Φ16@150 | Φ12@150 |
| | 8.5 | 300 | Φ14@100 | Φ10@100 | Φ14@100 | Φ12@150 |
| 36 | 4.0 | 200 | Φ12@150 | Φ10@150 | Φ12@150 | Φ10@150 |
| | 5.5 | 250 | Φ10@100 | Φ12@150 | Φ10@100 | Φ12@150 |
| | 7.0 | 250 | Φ14@100 | Φ10@100 | Φ14@100 | Φ12@150 |
| | 8.5 | 300 | Φ14@100 | Φ14@150 | Φ14@100 | Φ10@100 |

| 钢筋混凝土甲式三通交汇检查井<br>顶板配筋表（三） | 图集号 | 2024沪S204 |
|---|---|---|
| | 页 | 178 |

| 井编号 | 深度$H$ (m) | 顶板厚$H_2$ (mm) | 15d 按实 ① | 15d 按实 ② | 15d 按实 ③ | 15d 按实 ④ | 井编号 | 深度$H$ (m) | 顶板厚$H_2$ (mm) | 15d 按实 ① | 15d 按实 ② | 15d 按实 ③ | 15d 按实 ④ |
|---|---|---|---|---|---|---|---|---|---|---|---|---|---|
| 37 | 4.0 | 200 | Φ12@150 | Φ10@150 | Φ12@150 | Φ10@150 | 43 | 4.0 | 200 | Φ12@150 | Φ10@150 | Φ12@150 | Φ10@150 |
| | 5.5 | 250 | Φ10@100 | Φ12@150 | Φ10@100 | Φ10@150 | | 5.5 | 200 | Φ12@100 | Φ12@150 | Φ12@100 | Φ10@150 |
| | 7.0 | 250 | Φ14@100 | Φ10@100 | Φ14@100 | Φ12@150 | | 7.0 | 250 | Φ14@100 | Φ12@150 | Φ14@100 | Φ12@150 |
| | 8.5 | 300 | Φ16@100 | Φ14@150 | Φ16@100 | Φ10@100 | | 8.5 | 300 | Φ14@100 | Φ14@150 | Φ14@100 | Φ10@100 |
| 38 | 4.0 | | | | | | 44 | 4.0 | 200 | Φ12@150 | Φ10@150 | Φ10@100 | Φ10@150 |
| | 5.5 | 250 | Φ14@150 | Φ12@150 | Φ14@150 | Φ10@150 | | 5.5 | 250 | Φ10@100 | Φ12@150 | Φ14@150 | Φ12@150 |
| | 7.0 | 300 | Φ12@100 | Φ10@100 | Φ12@100 | Φ12@150 | | 7.0 | 250 | Φ14@100 | Φ10@100 | Φ14@100 | Φ10@100 |
| | 8.5 | 350 | Φ10@100 | Φ14@150 | Φ14@100 | Φ16@100 | | 8.5 | 300 | Φ16@100 | Φ14@150 | Φ16@100 | Φ14@150 |
| 39 | 4.0 | | | | | | 45 | 4.0 | 200 | Φ12@150 | Φ10@150 | Φ12@150 | Φ10@150 |
| | 5.5 | 250 | Φ14@150 | Φ10@150 | Φ14@150 | Φ10@150 | | 5.5 | 250 | Φ14@150 | Φ12@150 | Φ14@150 | Φ12@150 |
| | 7.0 | 300 | Φ14@100 | Φ10@100 | Φ12@100 | Φ12@150 | | 7.0 | 300 | Φ12@100 | Φ10@100 | Φ12@100 | Φ12@150 |
| | 8.5 | 350 | Φ16@100 | Φ14@150 | Φ14@100 | Φ10@100 | | 8.5 | 300 | Φ16@100 | Φ14@150 | Φ16@100 | Φ14@150 |
| 40 | 4.0 | | | | | | 46 | 4.0 | | | | | |
| | 5.5 | | | | | | | 5.5 | 250 | Φ14@150 | Φ12@150 | Φ14@150 | Φ10@150 |
| | 7.0 | 300 | Φ14@100 | Φ12@150 | Φ12@100 | Φ12@150 | | 7.0 | 300 | Φ16@150 | Φ10@100 | Φ16@150 | Φ12@150 |
| | 8.5 | 350 | Φ16@100 | Φ14@150 | Φ14@100 | Φ12@150 | | 8.5 | 300 | Φ16@100 | Φ12@100 | Φ16@100 | Φ14@150 |
| 41 | 4.0 | 200 | Φ12@150 | Φ10@150 | Φ12@150 | Φ10@150 | 47 | 4.0 | | | | | |
| | 5.5 | 200 | Φ14@150 | Φ10@150 | Φ14@150 | Φ10@150 | | 5.5 | 250 | Φ14@150 | Φ10@150 | Φ14@150 | Φ10@150 |
| | 7.0 | 250 | Φ14@150 | Φ12@150 | Φ12@100 | Φ12@150 | | 7.0 | 300 | Φ14@100 | Φ10@100 | Φ12@100 | Φ12@150 |
| | 8.5 | 250 | Φ14@100 | Φ10@100 | Φ14@100 | Φ12@150 | | 8.5 | 350 | Φ16@100 | Φ12@100 | Φ14@100 | Φ10@100 |
| 42 | 4.0 | 200 | Φ12@150 | Φ10@150 | Φ12@150 | Φ10@150 | 48 | 4.0 | | | | | |
| | 5.5 | 200 | Φ12@100 | Φ12@150 | Φ12@100 | Φ10@150 | | 5.5 | | | | | |
| | 7.0 | 250 | Φ12@100 | Φ12@150 | Φ12@100 | Φ12@150 | | 7.0 | 300 | Φ14@100 | Φ12@150 | Φ16@150 | Φ12@150 |
| | 8.5 | 300 | Φ12@100 | Φ10@100 | Φ12@100 | Φ12@150 | | 8.5 | 350 | Φ16@100 | Φ12@100 | Φ14@100 | Φ10@100 |

| 钢筋混凝土甲式三通交汇检查井顶板配筋表（四） | 图集号 | 2024沪S204 |
|---|---|---|
| | 页 | 179 |

| 井编号 | 深度$H$ (m) | 顶板厚$H_2$ (mm) | 15d 按实 ① | 15d 按实 ② | 15d 按实 ③ | 15d 按实 ④ |
|---|---|---|---|---|---|---|
| 49 | 4.0 | 200 | Φ12@150 | Φ10@150 | Φ12@150 | Φ10@150 |
| | 5.5 | 200 | Φ12@100 | Φ10@150 | Φ12@100 | Φ10@150 |
| | 7.0 | 250 | Φ12@100 | Φ12@150 | Φ12@100 | Φ12@150 |
| | 8.5 | 300 | Φ12@100 | Φ10@100 | Φ12@100 | Φ12@150 |
| 50 | 4.0 | 200 | Φ12@150 | Φ10@150 | Φ12@150 | Φ10@150 |
| | 5.5 | 200 | Φ12@100 | Φ12@150 | Φ12@100 | Φ10@150 |
| | 7.0 | 250 | Φ14@100 | Φ12@150 | Φ14@100 | Φ12@150 |
| | 8.5 | 300 | Φ14@100 | Φ10@100 | Φ14@100 | Φ10@100 |
| 51 | 4.0 | 200 | Φ12@150 | Φ10@150 | Φ12@150 | Φ10@150 |
| | 5.5 | 250 | Φ10@100 | Φ12@150 | Φ10@100 | Φ12@150 |
| | 7.0 | 250 | Φ14@100 | Φ10@100 | Φ14@100 | Φ12@150 |
| | 8.5 | 300 | Φ14@100 | Φ14@150 | Φ14@100 | Φ10@100 |
| 52 | 4.0 | 200 | Φ12@150 | Φ10@150 | Φ14@150 | Φ10@150 |
| | 5.5 | 250 | Φ14@150 | Φ12@150 | Φ12@100 | Φ12@150 |
| | 7.0 | 300 | Φ12@100 | Φ10@100 | Φ14@100 | Φ10@100 |
| | 8.5 | 300 | Φ16@100 | Φ14@150 | Φ16@100 | Φ14@150 |
| 53 | 4.0 | | | | | |
| | 5.5 | 250 | Φ14@150 | Φ12@150 | Φ14@150 | Φ10@150 |
| | 7.0 | 300 | Φ12@100 | Φ10@100 | Φ16@150 | Φ12@150 |
| | 8.5 | 300 | Φ16@100 | Φ12@100 | Φ16@100 | Φ14@150 |
| 54 | 4.0 | | | | | |
| | 5.5 | 250 | Φ14@150 | Φ10@150 | Φ14@150 | Φ10@150 |
| | 7.0 | 300 | Φ14@100 | Φ10@100 | Φ12@100 | Φ12@150 |
| | 8.5 | 350 | Φ16@100 | Φ14@150 | Φ14@100 | Φ10@100 |

| 井编号 | 深度$H$ (m) | 顶板厚$H_2$ (mm) | 15d 按实 ① | 15d 按实 ② | 15d 按实 ③ | 15d 按实 ④ |
|---|---|---|---|---|---|---|
| 55 | 4.0 | | | | | |
| | 5.5 | | | | | |
| | 7.0 | 300 | Φ14@100 | Φ12@150 | Φ16@150 | Φ12@150 |
| | 8.5 | 350 | Φ16@100 | Φ14@150 | Φ14@100 | Φ10@100 |
| 56 | 4.0 | | | | | |
| | 5.5 | | | | | |
| | 7.0 | 300 | Φ14@100 | Φ10@100 | Φ16@150 | Φ12@150 |
| | 8.5 | 350 | Φ16@100 | Φ12@100 | Φ16@100 | Φ10@100 |
| 57 | 4.0 | 200 | Φ12@150 | Φ10@150 | Φ12@150 | Φ10@150 |
| | 5.5 | 200 | Φ12@100 | Φ12@150 | Φ12@100 | Φ10@150 |
| | 7.0 | 250 | Φ16@150 | Φ12@150 | Φ14@100 | Φ12@150 |
| | 8.5 | 300 | Φ14@100 | Φ10@100 | Φ14@100 | Φ10@100 |
| 58 | 4.0 | 200 | Φ12@150 | Φ10@150 | Φ12@150 | Φ10@150 |
| | 5.5 | 250 | Φ10@100 | Φ12@150 | Φ10@100 | Φ10@150 |
| | 7.0 | 250 | Φ14@100 | Φ12@150 | Φ14@100 | Φ12@150 |
| | 8.5 | 300 | Φ14@100 | Φ14@150 | Φ14@100 | Φ10@100 |
| 59 | 4.0 | 200 | Φ12@150 | Φ10@150 | Φ10@100 | Φ10@150 |
| | 5.5 | 250 | Φ10@100 | Φ12@150 | Φ14@150 | Φ12@150 |
| | 7.0 | 300 | Φ12@100 | Φ10@100 | Φ12@100 | Φ12@150 |
| | 8.5 | 300 | Φ14@100 | Φ14@150 | Φ16@100 | Φ14@150 |
| 60 | 4.0 | 200 | Φ12@150 | Φ10@150 | Φ12@150 | Φ10@150 |
| | 5.5 | 250 | Φ10@100 | Φ12@150 | Φ12@100 | Φ12@150 |
| | 7.0 | 300 | Φ12@100 | Φ10@100 | Φ14@100 | Φ10@100 |
| | 8.5 | 300 | Φ16@100 | Φ14@150 | Φ16@100 | Φ14@150 |

| 钢筋混凝土甲式三通交汇检查井<br>顶板配筋表（五） | 图集号 | 2024沪S204 |
|---|---|---|
| | 页 | 180 |

| 井编号 | 深度$H$ (m) | 顶板厚$H_2$ (mm) | 按实 15d ① | 按实 15d ② | 按实 15d ③ | 按实 15d ④ |
|---|---|---|---|---|---|---|
| 61 | 4.0 | 200 | Φ12@150 | Φ10@150 | Φ14@150 | Φ10@150 |
| | 5.5 | 250 | Φ14@150 | Φ12@150 | Φ12@100 | Φ12@150 |
| | 7.0 | 300 | Φ16@150 | Φ10@100 | Φ14@100 | Φ10@100 |
| | 8.5 | 350 | Φ14@100 | Φ12@100 | Φ16@100 | Φ14@150 |
| 62 | 4.0 | | | | | |
| | 5.5 | 250 | Φ12@100 | Φ12@150 | Φ16@150 | Φ12@150 |
| | 7.0 | 300 | Φ14@100 | Φ10@100 | Φ14@100 | Φ10@100 |
| | 8.5 | 350 | Φ14@100 | Φ12@100 | Φ16@100 | Φ14@150 |
| 63 | 4.0 | | | | | |
| | 5.5 | 250 | Φ14@150 | Φ12@150 | Φ12@100 | Φ10@150 |
| | 7.0 | 300 | Φ14@100 | Φ10@100 | Φ14@100 | Φ12@150 |
| | 8.5 | 350 | Φ16@100 | Φ12@100 | Φ16@100 | Φ14@150 |
| 64 | 4.0 | | | | | |
| | 5.5 | | | | | |
| | 7.0 | 300 | Φ14@100 | Φ14@150 | Φ14@100 | Φ12@150 |
| | 8.5 | 400 | Φ16@100 | Φ12@100 | Φ14@100 | Φ14@150 |
| 65 | 4.0 | 200 | Φ12@150 | Φ10@150 | Φ12@150 | Φ10@150 |
| | 5.5 | 200 | Φ12@100 | Φ12@150 | Φ16@150 | Φ12@150 |
| | 7.0 | 250 | Φ14@100 | Φ12@150 | Φ14@100 | Φ12@150 |
| | 8.5 | 300 | Φ14@100 | Φ10@100 | Φ14@100 | Φ10@100 |
| 66 | 4.0 | 200 | Φ12@150 | Φ10@150 | Φ10@100 | Φ10@150 |
| | 5.5 | 250 | Φ10@100 | Φ12@150 | Φ14@150 | Φ12@150 |
| | 7.0 | 250 | Φ14@100 | Φ10@100 | Φ14@100 | Φ10@100 |
| | 8.5 | 300 | Φ14@100 | Φ14@150 | Φ16@100 | Φ14@150 |

| 井编号 | 深度$H$ (m) | 顶板厚$H_2$ (mm) | 按实 15d ① | 按实 15d ② | 按实 15d ③ | 按实 15d ④ |
|---|---|---|---|---|---|---|
| 67 | 4.0 | 200 | Φ12@150 | Φ10@150 | Φ14@150 | Φ10@150 |
| | 5.5 | 250 | Φ14@150 | Φ12@150 | Φ12@100 | Φ12@150 |
| | 7.0 | 300 | Φ12@100 | Φ10@100 | Φ14@100 | Φ10@100 |
| | 8.5 | 300 | Φ16@100 | Φ14@150 | Φ16@100 | Φ14@150 |
| 68 | 4.0 | 200 | Φ12@150 | Φ10@150 | Φ10@100 | Φ10@150 |
| | 5.5 | 250 | Φ14@150 | Φ12@150 | Φ12@100 | Φ12@150 |
| | 7.0 | 300 | Φ12@100 | Φ10@100 | Φ14@100 | Φ10@100 |
| | 8.5 | 300 | Φ16@100 | Φ12@100 | Φ16@100 | Φ14@150 |
| 69 | 4.0 | | | | | |
| | 5.5 | 250 | Φ12@100 | Φ12@150 | Φ16@150 | Φ12@150 |
| | 7.0 | 300 | Φ14@100 | Φ10@100 | Φ14@100 | Φ10@100 |
| | 8.5 | 350 | Φ16@100 | Φ12@100 | Φ16@100 | Φ14@150 |
| 70 | 4.0 | | | | | |
| | 5.5 | 250 | Φ12@100 | Φ12@150 | Φ12@100 | Φ10@150 |
| | 7.0 | 300 | Φ14@100 | Φ10@100 | Φ14@100 | Φ12@150 |
| | 8.5 | 350 | Φ16@100 | Φ12@100 | Φ16@100 | Φ14@150 |
| 71 | 4.0 | | | | | |
| | 5.5 | | | | | |
| | 7.0 | 300 | Φ14@100 | Φ10@100 | Φ14@100 | Φ12@150 |
| | 8.5 | 350 | Φ16@100 | Φ12@100 | Φ16@100 | Φ14@150 |
| 72 | 4.0 | | | | | |
| | 5.5 | | | | | |
| | 7.0 | 300 | Φ16@100 | Φ14@150 | Φ16@100 | Φ12@150 |
| | 8.5 | 400 | Φ16@100 | Φ12@100 | Φ16@100 | Φ14@150 |

钢筋混凝土甲式三通交汇检查井顶板配筋表（六）

| 井编号 | 深度$H$ (m) | 顶板厚$H_2$ (mm) | 15d 按实 ① | 15d 按实 ② | 15d 按实 ③ | 15d 按实 ④ | 井编号 | 深度$H$ (m) | 顶板厚$H_2$ (mm) | 15d 按实 ① | 15d 按实 ② | 15d 按实 ③ | 15d 按实 ④ |
|---|---|---|---|---|---|---|---|---|---|---|---|---|---|
| 73 | 4.0 | 200 | Φ12@150 | Φ10@150 | Φ10@100 | Φ10@150 | 79 | 4.0 | | | | | |
| | 5.5 | 250 | Φ10@100 | Φ12@150 | Φ14@150 | Φ12@150 | | 5.5 | | | | | |
| | 7.0 | 250 | Φ14@100 | Φ10@100 | Φ14@100 | Φ10@100 | | 7.0 | 300 | Φ14@100 | Φ14@150 | Φ16@100 | Φ12@150 |
| | 8.5 | 300 | Φ14@100 | Φ14@150 | Φ16@100 | Φ14@150 | | 8.5 | 400 | Φ16@100 | Φ12@100 | Φ16@100 | Φ14@150 |
| 74 | 4.0 | 200 | Φ12@150 | Φ10@150 | Φ12@150 | Φ10@150 | 80 | 4.0 | | | | | |
| | 5.5 | 250 | Φ10@100 | Φ12@150 | Φ14@150 | Φ12@150 | | 5.5 | | | | | |
| | 7.0 | 300 | Φ12@100 | Φ10@100 | Φ14@100 | Φ12@150 | | 7.0 | 300 | Φ16@100 | Φ14@150 | Φ16@100 | Φ10@100 |
| | 8.5 | 300 | Φ16@100 | Φ14@150 | Φ16@100 | Φ14@150 | | 8.5 | 400 | Φ16@100 | Φ12@100 | Φ16@100 | Φ12@100 |
| 75 | 4.0 | | | | | | 81 | 4.0 | 200 | Φ12@150 | Φ10@150 | Φ12@150 | Φ10@150 |
| | 5.5 | 250 | Φ14@150 | Φ12@150 | Φ12@100 | Φ12@150 | | 5.5 | 250 | Φ10@100 | Φ12@150 | Φ12@100 | Φ12@150 |
| | 7.0 | 300 | Φ16@150 | Φ10@100 | Φ14@100 | Φ10@100 | | 7.0 | 300 | Φ12@100 | Φ10@100 | Φ14@100 | Φ10@100 |
| | 8.5 | 350 | Φ14@100 | Φ14@150 | Φ16@100 | Φ14@150 | | 8.5 | 300 | Φ16@100 | Φ14@150 | Φ16@100 | Φ14@150 |
| 76 | 4.0 | | | | | | 82 | 4.0 | | | | | |
| | 5.5 | 250 | Φ12@100 | Φ12@150 | Φ16@150 | Φ12@150 | | 5.5 | 250 | Φ14@150 | Φ12@150 | Φ12@100 | Φ12@150 |
| | 7.0 | 300 | Φ14@100 | Φ10@100 | Φ16@100 | Φ10@100 | | 7.0 | 300 | Φ16@150 | Φ10@100 | Φ14@100 | Φ12@150 |
| | 8.5 | 350 | Φ16@100 | Φ12@100 | Φ16@100 | Φ12@100 | | 8.5 | 350 | Φ14@100 | Φ14@150 | Φ16@100 | Φ14@150 |
| 77 | 4.0 | | | | | | 83 | 4.0 | | | | | |
| | 5.5 | 250 | Φ12@100 | Φ12@150 | Φ12@100 | Φ10@150 | | 5.5 | 250 | Φ12@100 | Φ12@150 | Φ16@150 | Φ12@150 |
| | 7.0 | 300 | Φ14@100 | Φ10@100 | Φ14@100 | Φ10@100 | | 7.0 | 300 | Φ14@100 | Φ10@100 | Φ16@100 | Φ10@100 |
| | 8.5 | 350 | Φ16@100 | Φ12@100 | Φ16@100 | Φ14@150 | | 8.5 | 350 | Φ16@100 | Φ12@100 | Φ16@100 | Φ12@100 |
| 78 | 4.0 | | | | | | 84 | 4.0 | | | | | |
| | 5.5 | 250 | Φ12@100 | Φ12@150 | Φ16@150 | Φ10@150 | | 5.5 | 250 | Φ12@100 | Φ12@150 | Φ16@150 | Φ10@150 |
| | 7.0 | 300 | Φ14@100 | Φ10@100 | Φ16@100 | Φ10@100 | | 7.0 | 300 | Φ14@100 | Φ10@100 | Φ16@100 | Φ10@100 |
| | 8.5 | 400 | Φ14@100 | Φ12@100 | Φ16@100 | Φ14@150 | | 8.5 | 400 | Φ14@100 | Φ12@100 | Φ16@100 | Φ14@150 |

# 钢筋混凝土甲式三通交汇检查井顶板配筋表（七）

| 井编号 | 深度$H$ (m) | 顶板厚$H_2$ (mm) | 15d 按实 ① | 15d 按实 ② | 15d 按实 ③ | 15d 按实 ④ |
|---|---|---|---|---|---|---|
| 85 | 4.0 | | | | | |
| | 5.5 | 250 | Φ12@100 | Φ12@150 | Φ16@150 | Φ12@150 |
| | 7.0 | 300 | Φ14@100 | Φ10@100 | Φ16@100 | Φ10@100 |
| | 8.5 | 400 | Φ14@100 | Φ12@100 | Φ16@100 | Φ12@100 |
| 86 | 4.0 | | | | | |
| | 5.5 | 250 | Φ12@100 | Φ12@150 | Φ16@150 | Φ12@150 |
| | 7.0 | 300 | Φ14@100 | Φ14@150 | Φ16@100 | Φ10@100 |
| | 8.5 | 400 | Φ14@100 | Φ12@100 | Φ16@100 | Φ12@100 |
| 87 | 4.0 | | | | | |
| | 5.5 | | | | | |
| | 7.0 | 300 | Φ16@100 | Φ14@150 | Φ16@100 | Φ10@100 |
| | 8.5 | 400 | Φ16@100 | Φ12@100 | Φ16@100 | Φ12@100 |
| 88 | 4.0 | | | | | |
| | 5.5 | 250 | Φ14@150 | Φ12@150 | Φ12@100 | Φ12@150 |
| | 7.0 | 300 | Φ16@150 | Φ10@100 | Φ14@100 | Φ12@150 |
| | 8.5 | 350 | Φ14@100 | Φ14@150 | Φ16@100 | Φ14@150 |
| 89 | 4.0 | | | | | |
| | 5.5 | 250 | Φ12@100 | Φ12@150 | Φ16@150 | Φ12@150 |
| | 7.0 | 300 | Φ14@100 | Φ10@100 | Φ14@100 | Φ10@100 |
| | 8.5 | 350 | Φ14@100 | Φ12@100 | Φ16@100 | Φ12@100 |
| 90 | 4.0 | | | | | |
| | 5.5 | 250 | Φ12@100 | Φ12@150 | Φ16@150 | Φ12@150 |
| | 7.0 | 300 | Φ14@100 | Φ10@100 | Φ16@100 | Φ10@100 |
| | 8.5 | 350 | Φ16@100 | Φ12@100 | Φ16@100 | Φ12@100 |
| 91 | 4.0 | | | | | |
| | 5.5 | 250 | Φ12@100 | Φ12@150 | Φ16@150 | Φ12@150 |
| | 7.0 | 300 | Φ14@100 | Φ10@100 | Φ16@100 | Φ10@100 |
| | 8.5 | 400 | Φ14@100 | Φ12@100 | Φ16@100 | Φ12@100 |
| 92 | 4.0 | | | | | |
| | 5.5 | 250 | Φ12@100 | Φ12@150 | Φ14@100 | Φ12@150 |
| | 7.0 | 300 | Φ14@100 | Φ14@150 | Φ16@100 | Φ14@150 |
| | 8.5 | 400 | Φ16@100 | Φ12@100 | Φ16@100 | Φ12@100 |
| 93 | 4.0 | | | | | |
| | 5.5 | | | | | |
| | 7.0 | 300 | Φ16@100 | Φ14@150 | Φ16@100 | Φ10@100 |
| | 8.5 | 400 | Φ16@100 | Φ12@100 | Φ16@100 | Φ12@100 |
| 94 | 4.0 | | | | | |
| | 5.5 | | | | | |
| | 7.0 | 300 | Φ16@100 | Φ14@150 | Φ16@100 | Φ14@150 |
| | 8.5 | 400 | Φ16@100 | Φ12@100 | Φ18@100 | Φ12@100 |
| 95 | 4.0 | | | | | |
| | 5.5 | 250 | Φ14@150 | Φ10@150 | Φ16@150 | Φ10@150 |
| | 7.0 | 300 | Φ14@100 | Φ10@100 | Φ16@100 | Φ10@100 |
| | 8.5 | 400 | Φ14@100 | Φ14@150 | Φ16@100 | Φ14@150 |
| 96 | 4.0 | | | | | |
| | 5.5 | 250 | Φ12@100 | Φ12@150 | Φ16@150 | Φ12@150 |
| | 7.0 | 300 | Φ14@100 | Φ10@100 | Φ16@100 | Φ10@100 |
| | 8.5 | 400 | Φ14@100 | Φ12@100 | Φ16@100 | Φ12@100 |

| 井编号 | 深度$H$ (m) | 顶板厚$H_2$ (mm) | 15d 按实 ① | 15d 按实 ② | 15d 按实 ③ | 15d 按实 ④ |
|---|---|---|---|---|---|---|
| 97 | 4.0 | | | | | |
| | 5.5 | 250 | Φ12@100 | Φ12@150 | Φ14@100 | Φ12@150 |
| | 7.0 | 300 | Φ14@100 | Φ10@100 | Φ16@100 | Φ14@150 |
| | 8.5 | 400 | Φ16@100 | Φ12@100 | Φ16@100 | Φ12@100 |
| 98 | 4.0 | | | | | |
| | 5.5 | | | | | |
| | 7.0 | 300 | Φ16@150 | Φ14@150 | Φ16@100 | Φ14@150 |
| | 8.5 | 400 | Φ14@100 | Φ12@100 | Φ18@100 | Φ12@100 |
| 99 | 4.0 | | | | | |
| | 5.5 | | | | | |
| | 7.0 | 300 | Φ14@100 | Φ14@150 | Φ16@100 | Φ14@150 |
| | 8.5 | 400 | Φ14@100 | Φ12@100 | Φ18@100 | Φ12@100 |
| 100 | 4.0 | | | | | |
| | 5.5 | | | | | |
| | 7.0 | 350 | Φ16@150 | Φ10@100 | Φ16@100 | Φ10@100 |
| | 8.5 | 400 | Φ14@100 | Φ12@100 | Φ18@100 | Φ12@100 |
| 101 | 4.0 | | | | | |
| | 5.5 | | | | | |
| | 7.0 | 300 | Φ14@100 | Φ12@150 | Φ16@100 | Φ12@150 |
| | 8.5 | 400 | Φ16@100 | Φ12@100 | Φ16@100 | Φ12@100 |
| 102 | 4.0 | | | | | |
| | 5.5 | | | | | |
| | 7.0 | 300 | Φ16@100 | Φ14@150 | Φ16@100 | Φ14@150 |
| | 8.5 | 400 | Φ16@100 | Φ12@100 | Φ18@100 | Φ12@100 |
| 103 | 4.0 | | | | | |
| | 5.5 | | | | | |
| | 7.0 | 300 | Φ16@100 | Φ14@150 | Φ16@100 | Φ14@150 |
| | 8.5 | 400 | Φ16@100 | Φ12@100 | Φ18@100 | Φ12@100 |
| 104 | 4.0 | | | | | |
| | 5.5 | | | | | |
| | 7.0 | 350 | Φ14@100 | Φ10@100 | Φ16@100 | Φ10@100 |
| | 8.5 | 400 | Φ16@100 | Φ12@100 | Φ18@100 | Φ12@100 |
| 105 | 4.0 | | | | | |
| | 5.5 | | | | | |
| | 7.0 | 350 | Φ14@100 | Φ14@150 | Φ16@100 | Φ14@150 |
| | 8.5 | 400 | Φ16@100 | Φ12@100 | Φ18@100 | Φ12@100 |

# 钢筋混凝土甲式三通交汇检查井顶板配筋表（九）

| 井编号 | 深度$H$ (m) | 井壁厚$b$ (mm) | 15d 按实 ⑤ | 15d 按实 ⑥ | 15d 按实 ⑦ | 15d 按实 ⑧ | 井编号 | 深度$H$ (m) | 井壁厚$b$ (mm) | 15d 按实 ⑤ | 15d 按实 ⑥ | 15d 按实 ⑦ | 15d 按实 ⑧ |
|---|---|---|---|---|---|---|---|---|---|---|---|---|---|
| 1 | 4.0 | 250 | Φ10@150 | Φ10@150 | Φ10@150 | Φ10@150 | 7 | 4.0 | | | | | |
| | 5.5 | 250 | Φ10@150 | Φ10@150 | Φ10@150 | Φ10@150 | | 5.5 | 300 | Φ14@150 | Φ12@150 | Φ14@100 | Φ12@150 |
| | 7.0 | 250 | Φ10@150 | Φ10@150 | Φ12@150 | Φ10@150 | | 7.0 | 300 | Φ14@100 | Φ10@100 | Φ16@100 | Φ10@100 |
| | 8.5 | 250 | Φ12@150 | Φ10@150 | Φ12@150 | Φ10@150 | | 8.5 | 400 | Φ14@100 | Φ14@150 | Φ16@100 | Φ14@150 |
| 2 | 4.0 | 250 | Φ10@150 | Φ10@150 | Φ10@150 | Φ10@150 | 8 | 4.0 | | | | | |
| | 5.5 | 250 | Φ10@150 | Φ10@150 | Φ12@150 | Φ10@150 | | 5.5 | | | | | |
| | 7.0 | 250 | Φ12@150 | Φ10@150 | Φ12@150 | Φ10@150 | | 7.0 | 350 | Φ16@150 | Φ10@100 | Φ16@100 | Φ14@150 |
| | 8.5 | 250 | Φ12@150 | Φ10@150 | Φ14@150 | Φ10@150 | | 8.5 | 400 | Φ14@100 | Φ14@150 | Φ18@100 | Φ12@100 |
| 3 | 4.0 | 250 | Φ10@150 | Φ10@150 | Φ10@150 | Φ10@150 | 9 | 4.0 | 250 | Φ10@150 | Φ10@150 | Φ10@150 | Φ10@150 |
| | 5.5 | 250 | Φ12@150 | Φ10@150 | Φ12@150 | Φ10@150 | | 5.5 | 250 | Φ10@150 | Φ10@150 | Φ12@150 | Φ10@150 |
| | 7.0 | 250 | Φ12@150 | Φ10@150 | Φ14@150 | Φ10@150 | | 7.0 | 250 | Φ10@150 | Φ10@150 | Φ12@150 | Φ10@150 |
| | 8.5 | 250 | Φ14@150 | Φ10@150 | Φ16@150 | Φ12@150 | | 8.5 | 250 | Φ12@150 | Φ10@150 | Φ14@150 | Φ10@150 |
| 4 | 4.0 | 250 | Φ12@150 | Φ10@150 | Φ12@150 | Φ10@150 | 10 | 4.0 | 250 | Φ10@150 | Φ10@150 | Φ10@150 | Φ10@150 |
| | 5.5 | 250 | Φ12@150 | Φ10@150 | Φ14@150 | Φ10@150 | | 5.5 | 250 | Φ12@150 | Φ10@150 | Φ12@150 | Φ10@150 |
| | 7.0 | 250 | Φ14@150 | Φ12@150 | Φ14@100 | Φ12@150 | | 7.0 | 250 | Φ12@150 | Φ10@150 | Φ14@150 | Φ10@150 |
| | 8.5 | 300 | Φ14@150 | Φ12@150 | Φ14@100 | Φ12@150 | | 8.5 | 250 | Φ10@100 | Φ10@150 | Φ12@100 | Φ10@150 |
| 5 | 4.0 | 250 | Φ12@150 | Φ10@150 | Φ12@150 | Φ10@150 | 11 | 4.0 | 250 | Φ10@150 | Φ10@150 | Φ12@150 | Φ10@150 |
| | 5.5 | 250 | Φ14@150 | Φ10@150 | Φ12@100 | Φ10@100 | | 5.5 | 250 | Φ12@150 | Φ10@150 | Φ12@150 | Φ10@150 |
| | 7.0 | 300 | Φ14@150 | Φ12@150 | Φ12@100 | Φ12@150 | | 7.0 | 250 | Φ14@150 | Φ10@150 | Φ12@100 | Φ12@150 |
| | 8.5 | 300 | Φ12@100 | Φ12@150 | Φ16@100 | Φ10@100 | | 8.5 | 250 | Φ12@100 | Φ12@150 | Φ14@100 | Φ12@150 |
| 6 | 4.0 | | | | | | 12 | 4.0 | 250 | Φ12@150 | Φ10@150 | Φ12@150 | Φ10@150 |
| | 5.5 | 250 | Φ14@150 | Φ12@150 | Φ14@100 | Φ12@150 | | 5.5 | 250 | Φ12@150 | Φ10@150 | Φ14@150 | Φ10@150 |
| | 7.0 | 300 | Φ12@100 | Φ12@150 | Φ14@100 | Φ12@150 | | 7.0 | 250 | Φ12@100 | Φ12@150 | Φ14@100 | Φ12@150 |
| | 8.5 | 300 | Φ14@100 | Φ10@100 | Φ16@100 | Φ10@100 | | 8.5 | 300 | Φ14@150 | Φ12@150 | Φ14@100 | Φ12@150 |

| 钢筋混凝土甲式三通交汇检查井<br>井壁配筋表（一） | 图集号 | 2024沪S204 |
|---|---|---|
| | 页 | 185 |

| 井编号 | 深度$H$ (m) | 井壁厚$b$ (mm) | 15d 按实 ⑤ | 15d 按实 ⑥ | 15d 按实 ⑦ | 15d 按实 ⑧ |
|---|---|---|---|---|---|---|
| 13 | 4.0 | 250 | Φ12@150 | Φ10@150 | Φ12@150 | Φ10@150 |
| | 5.5 | 250 | Φ14@150 | Φ10@150 | Φ12@100 | Φ12@150 |
| | 7.0 | 250 | Φ16@150 | Φ12@150 | Φ14@100 | Φ12@150 |
| | 8.5 | 300 | Φ16@150 | Φ12@150 | Φ14@100 | Φ12@150 |
| 14 | 4.0 | | | | | |
| | 5.5 | 250 | Φ14@150 | Φ12@150 | Φ14@100 | Φ12@150 |
| | 7.0 | 300 | Φ12@100 | Φ12@150 | Φ14@100 | Φ12@150 |
| | 8.5 | 300 | Φ14@100 | Φ10@100 | Φ16@100 | Φ10@100 |
| 15 | 4.0 | | | | | |
| | 5.5 | 300 | Φ14@150 | Φ12@150 | Φ14@100 | Φ12@150 |
| | 7.0 | 300 | Φ14@100 | Φ12@150 | Φ16@100 | Φ10@100 |
| | 8.5 | 400 | Φ14@100 | Φ14@150 | Φ16@100 | Φ14@150 |
| 16 | 4.0 | | | | | |
| | 5.5 | | | | | |
| | 7.0 | 350 | Φ14@100 | Φ10@100 | Φ16@100 | Φ14@150 |
| | 8.5 | 400 | Φ14@100 | Φ14@150 | Φ18@100 | Φ12@100 |
| 17 | 4.0 | 250 | Φ10@150 | Φ10@150 | Φ10@150 | Φ10@150 |
| | 5.5 | 250 | Φ10@150 | Φ10@150 | Φ12@150 | Φ10@150 |
| | 7.0 | 250 | Φ12@150 | Φ10@150 | Φ10@100 | Φ10@150 |
| | 8.5 | 250 | Φ12@150 | Φ10@150 | Φ12@100 | Φ10@150 |
| 18 | 4.0 | 250 | Φ10@150 | Φ10@150 | Φ10@150 | Φ10@150 |
| | 5.5 | 250 | Φ12@150 | Φ10@150 | Φ12@150 | Φ10@150 |
| | 7.0 | 250 | Φ12@150 | Φ10@150 | Φ14@150 | Φ10@150 |
| | 8.5 | 250 | Φ14@150 | Φ10@150 | Φ12@100 | Φ12@150 |

| 井编号 | 深度$H$ (m) | 井壁厚$b$ (mm) | 15d 按实 ⑤ | 15d 按实 ⑥ | 15d 按实 ⑦ | 15d 按实 ⑧ |
|---|---|---|---|---|---|---|
| 19 | 4.0 | 250 | Φ10@150 | Φ10@150 | Φ12@150 | Φ10@150 |
| | 5.5 | 250 | Φ12@150 | Φ10@150 | Φ12@150 | Φ10@150 |
| | 7.0 | 250 | Φ14@150 | Φ10@150 | Φ12@100 | Φ12@150 |
| | 8.5 | 250 | Φ12@100 | Φ12@150 | Φ14@100 | Φ12@150 |
| 20 | 4.0 | 250 | Φ12@150 | Φ10@150 | Φ12@150 | Φ10@150 |
| | 5.5 | 250 | Φ12@150 | Φ10@150 | Φ14@150 | Φ10@150 |
| | 7.0 | 250 | Φ12@100 | Φ12@150 | Φ14@100 | Φ12@150 |
| | 8.5 | 300 | Φ12@100 | Φ12@150 | Φ14@100 | Φ12@150 |
| 21 | 4.0 | 250 | Φ12@150 | Φ10@150 | Φ12@150 | Φ10@150 |
| | 5.5 | 250 | Φ14@150 | Φ10@150 | Φ12@100 | Φ12@150 |
| | 7.0 | 250 | Φ14@100 | Φ12@150 | Φ14@100 | Φ12@150 |
| | 8.5 | 300 | Φ16@150 | Φ12@150 | Φ14@100 | Φ12@150 |
| 22 | 4.0 | | | | | |
| | 5.5 | 250 | Φ14@150 | Φ12@150 | Φ14@100 | Φ12@150 |
| | 7.0 | 300 | Φ12@100 | Φ12@150 | Φ14@100 | Φ12@150 |
| | 8.5 | 300 | Φ14@100 | Φ10@100 | Φ16@100 | Φ10@100 |
| 23 | 4.0 | | | | | |
| | 5.5 | 300 | Φ14@150 | Φ12@150 | Φ14@100 | Φ12@150 |
| | 7.0 | 300 | Φ14@100 | Φ12@150 | Φ16@100 | Φ10@100 |
| | 8.5 | 350 | Φ14@100 | Φ10@100 | Φ16@100 | Φ14@150 |
| 24 | 4.0 | | | | | |
| | 5.5 | | | | | |
| | 7.0 | 350 | Φ14@100 | Φ10@100 | Φ16@100 | Φ14@150 |
| | 8.5 | 400 | Φ14@100 | Φ14@150 | Φ18@100 | Φ12@100 |

钢筋混凝土甲式三通交汇检查井
井壁配筋表（二）

| 井编号 | 深度H (m) | 井壁厚b (mm) | 15d 按实 ⑤ | 15d 按实 ⑥ | 15d 按实 ⑦ | 15d 按实 ⑧ |
|---|---|---|---|---|---|---|
| 25 | 4.0 | 250 | Φ10@150 | Φ10@150 | Φ10@150 | Φ10@150 |
| | 5.5 | 250 | Φ12@150 | Φ10@150 | Φ12@150 | Φ10@150 |
| | 7.0 | 250 | Φ12@150 | Φ10@150 | Φ10@100 | Φ10@150 |
| | 8.5 | 250 | Φ10@100 | Φ10@150 | Φ12@100 | Φ12@150 |
| 26 | 4.0 | 250 | Φ10@150 | Φ10@150 | Φ12@150 | Φ10@150 |
| | 5.5 | 250 | Φ12@150 | Φ10@150 | Φ12@150 | Φ10@150 |
| | 7.0 | 250 | Φ12@150 | Φ10@150 | Φ14@150 | Φ10@150 |
| | 8.5 | 250 | Φ14@150 | Φ12@150 | Φ14@100 | Φ12@150 |
| 27 | 4.0 | 250 | Φ12@150 | Φ10@150 | Φ12@150 | Φ10@150 |
| | 5.5 | 250 | Φ12@150 | Φ10@150 | Φ10@100 | Φ10@150 |
| | 7.0 | 250 | Φ12@100 | Φ12@150 | Φ12@100 | Φ12@150 |
| | 8.5 | 300 | Φ14@150 | Φ12@150 | Φ16@150 | Φ12@150 |
| 28 | 4.0 | 250 | Φ12@150 | Φ10@150 | Φ12@150 | Φ10@150 |
| | 5.5 | 250 | Φ12@150 | Φ10@150 | Φ14@150 | Φ10@150 |
| | 7.0 | 250 | Φ12@100 | Φ12@150 | Φ14@100 | Φ12@150 |
| | 8.5 | 300 | Φ12@100 | Φ12@150 | Φ14@100 | Φ12@150 |
| 29 | 4.0 | 250 | Φ12@150 | Φ10@150 | Φ12@150 | Φ10@150 |
| | 5.5 | 250 | Φ10@100 | Φ10@150 | Φ12@100 | Φ12@150 |
| | 7.0 | 250 | Φ14@100 | Φ12@150 | Φ14@100 | Φ12@150 |
| | 8.5 | 300 | Φ14@100 | Φ12@150 | Φ16@100 | Φ12@150 |
| 30 | 4.0 | | | | | |
| | 5.5 | 250 | Φ12@100 | Φ12@150 | Φ14@100 | Φ12@150 |
| | 7.0 | 300 | Φ12@100 | Φ12@150 | Φ14@100 | Φ12@150 |
| | 8.5 | 300 | Φ14@100 | Φ10@100 | Φ16@100 | Φ10@100 |

| 井编号 | 深度H (m) | 井壁厚b (mm) | 15d 按实 ⑤ | 15d 按实 ⑥ | 15d 按实 ⑦ | 15d 按实 ⑧ |
|---|---|---|---|---|---|---|
| 31 | 4.0 | | | | | |
| | 5.5 | 300 | Φ14@150 | Φ12@150 | Φ14@100 | Φ12@150 |
| | 7.0 | 300 | Φ14@100 | Φ12@150 | Φ16@100 | Φ10@100 |
| | 8.5 | 350 | Φ14@100 | Φ10@100 | Φ16@100 | Φ14@150 |
| 32 | 4.0 | | | | | |
| | 5.5 | | | | | |
| | 7.0 | 350 | Φ14@100 | Φ10@100 | Φ16@100 | Φ10@100 |
| | 8.5 | 400 | Φ14@100 | Φ14@150 | Φ18@100 | Φ12@100 |
| 33 | 4.0 | 250 | Φ10@150 | Φ10@150 | Φ10@150 | Φ10@150 |
| | 5.5 | 250 | Φ12@150 | Φ10@150 | Φ12@150 | Φ10@150 |
| | 7.0 | 250 | Φ12@150 | Φ10@150 | Φ14@150 | Φ10@150 |
| | 8.5 | 250 | Φ10@100 | Φ10@150 | Φ14@100 | Φ12@150 |
| 34 | 4.0 | 250 | Φ10@150 | Φ10@150 | Φ12@150 | Φ10@150 |
| | 5.5 | 250 | Φ12@150 | Φ10@150 | Φ12@150 | Φ10@150 |
| | 7.0 | 250 | Φ10@100 | Φ10@150 | Φ12@100 | Φ12@150 |
| | 8.5 | 250 | Φ14@150 | Φ10@150 | Φ14@100 | Φ12@150 |
| 35 | 4.0 | 250 | Φ12@150 | Φ10@150 | Φ12@150 | Φ10@150 |
| | 5.5 | 250 | Φ12@150 | Φ10@150 | Φ10@100 | Φ10@150 |
| | 7.0 | 250 | Φ12@100 | Φ12@150 | Φ14@100 | Φ12@150 |
| | 8.5 | 300 | Φ12@100 | Φ12@150 | Φ14@100 | Φ12@150 |
| 36 | 4.0 | 250 | Φ12@150 | Φ10@150 | Φ12@150 | Φ10@150 |
| | 5.5 | 250 | Φ12@150 | Φ10@150 | Φ12@100 | Φ10@150 |
| | 7.0 | 250 | Φ12@100 | Φ10@150 | Φ14@100 | Φ12@150 |
| | 8.5 | 300 | Φ12@100 | Φ12@150 | Φ14@100 | Φ12@150 |

## 钢筋混凝土甲式三通交汇检查井井壁配筋表（三）

| 井编号 | 深度H (m) | 井壁厚b (mm) | 15d 按实 ⑤ | 15d 按实 ⑥ | 15d 按实 ⑦ | 15d 按实 ⑧ | 井编号 | 深度H (m) | 井壁厚b (mm) | 15d 按实 ⑤ | 15d 按实 ⑥ | 15d 按实 ⑦ | 15d 按实 ⑧ |
|---|---|---|---|---|---|---|---|---|---|---|---|---|---|
| 37 | 4.0 | 250 | Φ12@150 | Φ10@150 | Φ12@150 | Φ10@150 | 43 | 4.0 | 250 | Φ12@150 | Φ10@150 | Φ12@150 | Φ10@150 |
| | 5.5 | 250 | Φ10@100 | Φ10@150 | Φ12@100 | Φ12@150 | | 5.5 | 250 | Φ12@150 | Φ10@150 | Φ14@150 | Φ10@150 |
| | 7.0 | 300 | Φ14@150 | Φ12@150 | Φ16@150 | Φ12@150 | | 7.0 | 250 | Φ12@100 | Φ12@150 | Φ14@100 | Φ12@150 |
| | 8.5 | 300 | Φ14@100 | Φ12@150 | Φ16@100 | Φ10@100 | | 8.5 | 300 | Φ12@100 | Φ12@150 | Φ14@100 | Φ12@150 |
| 38 | 4.0 | | | | | | 44 | 4.0 | 250 | Φ12@150 | Φ10@150 | Φ12@150 | Φ10@150 |
| | 5.5 | 250 | Φ12@100 | Φ12@150 | Φ14@100 | Φ12@150 | | 5.5 | 250 | Φ12@150 | Φ10@150 | Φ12@100 | Φ12@150 |
| | 7.0 | 300 | Φ12@100 | Φ12@150 | Φ14@100 | Φ12@150 | | 7.0 | 250 | Φ12@100 | Φ10@150 | Φ14@100 | Φ12@150 |
| | 8.5 | 300 | Φ14@100 | Φ10@100 | Φ16@100 | Φ10@100 | | 8.5 | 300 | Φ12@100 | Φ12@150 | Φ16@100 | Φ10@100 |
| 39 | 4.0 | | | | | | 45 | 4.0 | 250 | Φ12@150 | Φ10@150 | Φ10@100 | Φ10@150 |
| | 5.5 | 300 | Φ14@150 | Φ12@150 | Φ16@150 | Φ12@150 | | 5.5 | 250 | Φ10@100 | Φ10@150 | Φ16@150 | Φ12@150 |
| | 7.0 | 300 | Φ14@100 | Φ12@150 | Φ16@100 | Φ10@100 | | 7.0 | 300 | Φ14@150 | Φ12@150 | Φ14@100 | Φ12@150 |
| | 8.5 | 350 | Φ16@100 | Φ10@100 | Φ16@100 | Φ14@150 | | 8.5 | 300 | Φ14@100 | Φ12@150 | Φ16@100 | Φ10@100 |
| 40 | 4.0 | | | | | | 46 | 4.0 | | | | | |
| | 5.5 | | | | | | | 5.5 | 250 | Φ12@100 | Φ12@150 | Φ14@100 | Φ12@150 |
| | 7.0 | 350 | Φ14@100 | Φ10@100 | Φ16@100 | Φ10@100 | | 7.0 | 300 | Φ12@100 | Φ12@150 | Φ14@100 | Φ12@150 |
| | 8.5 | 400 | Φ16@100 | Φ14@150 | Φ18@100 | Φ14@150 | | 8.5 | 300 | Φ14@100 | Φ10@100 | Φ16@100 | Φ10@100 |
| 41 | 4.0 | 250 | Φ10@150 | Φ10@150 | Φ12@150 | Φ10@150 | 47 | 4.0 | | | | | |
| | 5.5 | 250 | Φ12@150 | Φ10@150 | Φ12@150 | Φ10@150 | | 5.5 | 300 | Φ14@150 | Φ12@150 | Φ16@150 | Φ12@150 |
| | 7.0 | 250 | Φ10@100 | Φ10@150 | Φ12@100 | Φ10@150 | | 7.0 | 300 | Φ14@100 | Φ12@150 | Φ16@100 | Φ10@100 |
| | 8.5 | 250 | Φ14@150 | Φ10@150 | Φ16@150 | Φ10@150 | | 8.5 | 350 | Φ16@100 | Φ10@100 | Φ16@100 | Φ14@150 |
| 42 | 4.0 | 250 | Φ10@150 | Φ10@150 | Φ12@150 | Φ10@150 | 48 | 4.0 | | | | | |
| | 5.5 | 250 | Φ12@150 | Φ10@150 | Φ10@100 | Φ10@150 | | 5.5 | | | | | |
| | 7.0 | 250 | Φ10@100 | Φ10@150 | Φ12@100 | Φ12@150 | | 7.0 | 350 | Φ14@100 | Φ10@100 | Φ16@100 | Φ10@100 |
| | 8.5 | 300 | Φ14@150 | Φ12@150 | Φ12@100 | Φ12@150 | | 8.5 | 400 | Φ16@100 | Φ14@150 | Φ18@100 | Φ14@150 |

| 井编号 | 深度H (m) | 井壁厚b (mm) | 15d 按实 ⑤ | 15d 按实 ⑥ | 15d 按实 ⑦ | 15d 按实 ⑧ |
|---|---|---|---|---|---|---|
| 49 | 4.0 | 250 | Φ10@150 | Φ10@150 | Φ12@150 | Φ10@150 |
| | 5.5 | 250 | Φ12@150 | Φ10@150 | Φ10@100 | Φ10@150 |
| | 7.0 | 250 | Φ10@100 | Φ10@150 | Φ12@100 | Φ12@150 |
| | 8.5 | 300 | Φ14@150 | Φ12@150 | Φ12@100 | Φ12@150 |
| 50 | 4.0 | 250 | Φ12@150 | Φ10@150 | Φ12@150 | Φ10@150 |
| | 5.5 | 250 | Φ12@150 | Φ10@150 | Φ14@150 | Φ10@150 |
| | 7.0 | 250 | Φ12@100 | Φ12@150 | Φ14@100 | Φ12@150 |
| | 8.5 | 300 | Φ12@100 | Φ12@150 | Φ14@100 | Φ12@150 |
| 51 | 4.0 | 250 | Φ12@150 | Φ10@150 | Φ12@150 | Φ10@150 |
| | 5.5 | 250 | Φ12@150 | Φ10@150 | Φ12@100 | Φ10@150 |
| | 7.0 | 250 | Φ12@100 | Φ10@150 | Φ14@100 | Φ12@150 |
| | 8.5 | 300 | Φ12@100 | Φ12@150 | Φ14@100 | Φ12@150 |
| 52 | 4.0 | 250 | Φ12@150 | Φ10@150 | Φ12@150 | Φ10@150 |
| | 5.5 | 250 | Φ12@150 | Φ10@150 | Φ12@100 | Φ12@150 |
| | 7.0 | 300 | Φ10@100 | Φ12@150 | Φ14@100 | Φ12@150 |
| | 8.5 | 300 | Φ12@100 | Φ12@150 | Φ16@100 | Φ10@100 |
| 53 | 4.0 | | | | | |
| | 5.5 | 250 | Φ12@100 | Φ12@150 | Φ14@100 | Φ12@150 |
| | 7.0 | 300 | Φ12@100 | Φ12@150 | Φ14@100 | Φ12@150 |
| | 8.5 | 300 | Φ14@100 | Φ10@100 | Φ16@100 | Φ10@100 |
| 54 | 4.0 | | | | | |
| | 5.5 | 300 | Φ14@150 | Φ12@150 | Φ16@150 | Φ12@150 |
| | 7.0 | 300 | Φ14@100 | Φ12@150 | Φ16@100 | Φ10@100 |
| | 8.5 | 350 | Φ14@100 | Φ10@100 | Φ16@100 | Φ10@100 |
| 55 | 4.0 | | | | | |
| | 5.5 | | | | | |
| | 7.0 | 350 | Φ14@100 | Φ12@150 | Φ16@100 | Φ10@100 |
| | 8.5 | 400 | Φ16@100 | Φ14@150 | Φ16@100 | Φ14@150 |
| 56 | 4.0 | | | | | |
| | 5.5 | | | | | |
| | 7.0 | 350 | Φ14@100 | Φ10@100 | Φ16@100 | Φ10@100 |
| | 8.5 | 400 | Φ16@100 | Φ14@150 | Φ18@100 | Φ14@150 |
| 57 | 4.0 | 250 | Φ12@150 | Φ10@150 | Φ12@150 | Φ10@150 |
| | 5.5 | 250 | Φ12@150 | Φ10@150 | Φ14@150 | Φ10@150 |
| | 7.0 | 250 | Φ12@100 | Φ12@150 | Φ14@100 | Φ12@150 |
| | 8.5 | 300 | Φ12@100 | Φ12@150 | Φ14@100 | Φ12@150 |
| 58 | 4.0 | 250 | Φ12@150 | Φ10@150 | Φ12@150 | Φ10@150 |
| | 5.5 | 250 | Φ12@150 | Φ10@150 | Φ12@100 | Φ10@150 |
| | 7.0 | 250 | Φ12@100 | Φ12@150 | Φ14@100 | Φ12@150 |
| | 8.5 | 300 | Φ12@100 | Φ12@150 | Φ14@100 | Φ12@150 |
| 59 | 4.0 | 250 | Φ12@150 | Φ10@150 | Φ12@150 | Φ10@150 |
| | 5.5 | 250 | Φ12@150 | Φ10@150 | Φ12@100 | Φ12@150 |
| | 7.0 | 300 | Φ10@100 | Φ12@150 | Φ12@100 | Φ12@150 |
| | 8.5 | 300 | Φ12@100 | Φ12@150 | Φ16@100 | Φ10@100 |
| 60 | 4.0 | 250 | Φ12@150 | Φ10@150 | Φ14@150 | Φ10@150 |
| | 5.5 | 250 | Φ10@100 | Φ10@150 | Φ14@100 | Φ12@150 |
| | 7.0 | 300 | Φ14@150 | Φ12@150 | Φ14@100 | Φ12@150 |
| | 8.5 | 300 | Φ14@100 | Φ12@150 | Φ16@100 | Φ10@100 |

| 钢筋混凝土甲式三通交汇检查井井壁配筋表（五） | 图集号 | 2024沪S204 |
|---|---|---|
| | 页 | 189 |

| 井编号 | 深度$H$ (m) | 井壁厚$b$ (mm) | 15d 按实 ⑤ | 15d 按实 ⑥ | 15d 按实 ⑦ | 15d 按实 ⑧ |
|---|---|---|---|---|---|---|
| 61 | 4.0 | 250 | Φ12@150 | Φ10@150 | Φ14@150 | Φ10@150 |
| | 5.5 | 250 | Φ10@100 | Φ10@150 | Φ14@100 | Φ12@150 |
| | 7.0 | 300 | Φ14@150 | Φ12@150 | Φ14@100 | Φ12@150 |
| | 8.5 | 350 | Φ12@100 | Φ12@150 | Φ16@100 | Φ10@100 |
| 62 | 4.0 | / | / | / | / | / |
| | 5.5 | 250 | Φ12@100 | Φ10@150 | Φ14@100 | Φ12@150 |
| | 7.0 | 300 | Φ12@100 | Φ12@150 | Φ16@100 | Φ10@100 |
| | 8.5 | 350 | Φ12@100 | Φ12@150 | Φ16@100 | Φ14@150 |
| 63 | 4.0 | / | / | / | / | / |
| | 5.5 | 300 | Φ14@150 | Φ12@150 | Φ14@100 | Φ12@150 |
| | 7.0 | 300 | Φ14@100 | Φ12@150 | Φ16@100 | Φ10@100 |
| | 8.5 | 400 | Φ14@100 | Φ14@150 | Φ16@100 | Φ14@150 |
| 64 | 4.0 | / | / | / | / | / |
| | 5.5 | / | / | / | / | / |
| | 7.0 | 350 | Φ14@100 | Φ10@100 | Φ16@100 | Φ10@100 |
| | 8.5 | 400 | Φ16@100 | Φ14@150 | Φ18@100 | Φ14@150 |
| 65 | 4.0 | 250 | Φ12@150 | Φ10@150 | Φ12@150 | Φ10@150 |
| | 5.5 | 250 | Φ12@150 | Φ10@150 | Φ12@100 | Φ12@150 |
| | 7.0 | 250 | Φ12@100 | Φ12@150 | Φ14@100 | Φ12@150 |
| | 8.5 | 300 | Φ12@100 | Φ12@150 | Φ14@100 | Φ12@150 |
| 66 | 4.0 | 250 | Φ12@150 | Φ10@150 | Φ12@150 | Φ10@150 |
| | 5.5 | 250 | Φ12@150 | Φ10@150 | Φ12@100 | Φ12@150 |
| | 7.0 | 250 | Φ12@100 | Φ12@150 | Φ14@100 | Φ12@150 |
| | 8.5 | 300 | Φ12@100 | Φ12@150 | Φ16@100 | Φ10@100 |

| 井编号 | 深度$H$ (m) | 井壁厚$b$ (mm) | 15d 按实 ⑤ | 15d 按实 ⑥ | 15d 按实 ⑦ | 15d 按实 ⑧ |
|---|---|---|---|---|---|---|
| 67 | 4.0 | 250 | Φ12@150 | Φ10@150 | Φ12@150 | Φ10@150 |
| | 5.5 | 250 | Φ12@150 | Φ10@150 | Φ12@100 | Φ12@150 |
| | 7.0 | 300 | Φ10@100 | Φ12@150 | Φ14@100 | Φ12@150 |
| | 8.5 | 300 | Φ12@100 | Φ12@150 | Φ16@100 | Φ10@100 |
| 68 | 4.0 | 250 | Φ12@150 | Φ10@150 | Φ14@150 | Φ10@150 |
| | 5.5 | 250 | Φ10@100 | Φ10@150 | Φ14@100 | Φ12@150 |
| | 7.0 | 300 | Φ14@150 | Φ12@150 | Φ14@100 | Φ12@150 |
| | 8.5 | 300 | Φ14@100 | Φ12@150 | Φ16@100 | Φ10@100 |
| 69 | 4.0 | / | / | / | / | / |
| | 5.5 | 250 | Φ12@100 | Φ12@150 | Φ14@100 | Φ12@150 |
| | 7.0 | 300 | Φ12@100 | Φ12@150 | Φ16@100 | Φ10@100 |
| | 8.5 | 350 | Φ12@100 | Φ12@150 | Φ16@100 | Φ14@150 |
| 70 | 4.0 | / | / | / | / | / |
| | 5.5 | 300 | Φ14@150 | Φ12@150 | Φ14@100 | Φ12@150 |
| | 7.0 | 300 | Φ14@100 | Φ12@150 | Φ16@100 | Φ10@100 |
| | 8.5 | 400 | Φ14@100 | Φ14@150 | Φ16@100 | Φ14@150 |
| 71 | 4.0 | / | / | / | / | / |
| | 5.5 | / | / | / | / | / |
| | 7.0 | 350 | Φ14@100 | Φ10@100 | Φ16@100 | Φ10@100 |
| | 8.5 | 400 | Φ16@100 | Φ14@150 | Φ18@100 | Φ14@150 |
| 72 | 4.0 | / | / | / | / | / |
| | 5.5 | / | / | / | / | / |
| | 7.0 | 350 | Φ14@100 | Φ10@100 | Φ16@100 | Φ14@150 |
| | 8.5 | 400 | Φ16@100 | Φ14@150 | Φ18@100 | Φ12@100 |

| 井编号 | 深度$H$ (m) | 井壁厚$b$ (mm) | 15d 按实 ⑤ | 15d 按实 ⑥ | 15d 按实 ⑦ | 15d 按实 ⑧ |
|---|---|---|---|---|---|---|
| 73 | 4.0 | 250 | Φ12@150 | Φ10@150 | Φ12@150 | Φ10@150 |
| | 5.5 | 250 | Φ12@150 | Φ10@150 | Φ12@100 | Φ12@150 |
| | 7.0 | 250 | Φ12@100 | Φ12@150 | Φ14@100 | Φ12@150 |
| | 8.5 | 300 | Φ12@100 | Φ12@150 | Φ16@100 | Φ10@100 |
| 74 | 4.0 | 250 | Φ12@150 | Φ10@150 | Φ14@150 | Φ10@150 |
| | 5.5 | 250 | Φ12@150 | Φ10@150 | Φ14@100 | Φ12@150 |
| | 7.0 | 300 | Φ14@150 | Φ12@150 | Φ14@100 | Φ12@150 |
| | 8.5 | 300 | Φ14@100 | Φ12@150 | Φ16@100 | Φ10@100 |
| 75 | 4.0 | | | | | |
| | 5.5 | 250 | Φ12@100 | Φ12@150 | Φ14@100 | Φ12@150 |
| | 7.0 | 300 | Φ12@100 | Φ12@150 | Φ16@100 | Φ10@100 |
| | 8.5 | 350 | Φ12@100 | Φ12@150 | Φ16@100 | Φ10@100 |
| 76 | 4.0 | | | | | |
| | 5.5 | 300 | Φ14@150 | Φ12@150 | Φ16@150 | Φ12@150 |
| | 7.0 | 300 | Φ12@100 | Φ12@150 | Φ16@100 | Φ10@100 |
| | 8.5 | 350 | Φ12@100 | Φ12@150 | Φ16@100 | Φ14@150 |
| 77 | 4.0 | | | | | |
| | 5.5 | 300 | Φ14@150 | Φ12@150 | Φ14@100 | Φ12@150 |
| | 7.0 | 350 | Φ12@100 | Φ12@150 | Φ16@100 | Φ10@100 |
| | 8.5 | 400 | Φ14@100 | Φ14@150 | Φ16@100 | Φ14@150 |
| 78 | 4.0 | | | | | |
| | 5.5 | 300 | Φ14@150 | Φ12@150 | Φ14@100 | Φ12@150 |
| | 7.0 | 350 | Φ12@100 | Φ12@150 | Φ16@100 | Φ10@100 |
| | 8.5 | 400 | Φ14@100 | Φ14@150 | Φ16@100 | Φ14@150 |
| 79 | 4.0 | | | | | |
| | 5.5 | | | | | |
| | 7.0 | 350 | Φ14@100 | Φ10@100 | Φ16@100 | Φ14@150 |
| | 8.5 | 400 | Φ16@100 | Φ14@150 | Φ18@100 | Φ12@100 |
| 80 | 4.0 | | | | | |
| | 5.5 | | | | | |
| | 7.0 | 400 | Φ14@100 | Φ14@150 | Φ16@100 | Φ14@150 |
| | 8.5 | 400 | Φ16@100 | Φ14@150 | Φ18@100 | Φ12@100 |
| 81 | 4.0 | 250 | Φ12@150 | Φ10@150 | Φ14@150 | Φ10@150 |
| | 5.5 | 250 | Φ10@100 | Φ10@150 | Φ14@100 | Φ12@150 |
| | 7.0 | 300 | Φ14@150 | Φ12@150 | Φ14@100 | Φ12@150 |
| | 8.5 | 300 | Φ14@100 | Φ12@150 | Φ16@100 | Φ10@100 |
| 82 | 4.0 | | | | | |
| | 5.5 | 250 | Φ12@100 | Φ12@150 | Φ14@100 | Φ12@150 |
| | 7.0 | 300 | Φ12@100 | Φ12@150 | Φ16@100 | Φ10@100 |
| | 8.5 | 350 | Φ12@100 | Φ12@150 | Φ16@100 | Φ14@150 |
| 83 | 4.0 | | | | | |
| | 5.5 | 300 | Φ14@150 | Φ12@150 | Φ16@150 | Φ12@150 |
| | 7.0 | 300 | Φ12@100 | Φ12@150 | Φ16@100 | Φ10@100 |
| | 8.5 | 350 | Φ12@100 | Φ12@150 | Φ16@100 | Φ14@150 |
| 84 | 4.0 | | | | | |
| | 5.5 | 300 | Φ14@150 | Φ12@150 | Φ14@100 | Φ12@150 |
| | 7.0 | 350 | Φ12@100 | Φ12@150 | Φ16@100 | Φ10@100 |
| | 8.5 | 400 | Φ14@100 | Φ14@150 | Φ16@100 | Φ14@150 |

| 井编号 | 深度$H$ (m) | 井壁厚$b$ (mm) | 15d 按实 ⑤ | 15d 按实 ⑥ | 15d 按实 ⑦ | 15d 按实 ⑧ | 井编号 | 深度$H$ (m) | 井壁厚$b$ (mm) | 15d 按实 ⑤ | 15d 按实 ⑥ | 15d 按实 ⑦ | 15d 按实 ⑧ |
|---|---|---|---|---|---|---|---|---|---|---|---|---|---|
| 85 | 4.0 | | | | | | 91 | 4.0 | | | | | |
| | 5.5 | 300 | Φ14@150 | Φ12@150 | Φ14@100 | Φ12@150 | | 5.5 | 300 | Φ12@100 | Φ12@150 | Φ16@100 | Φ12@150 |
| | 7.0 | 350 | Φ12@100 | Φ12@150 | Φ16@100 | Φ14@150 | | 7.0 | 350 | Φ12@100 | Φ12@150 | Φ16@100 | Φ14@150 |
| | 8.5 | 400 | Φ14@100 | Φ14@150 | Φ16@100 | Φ12@100 | | 8.5 | 400 | Φ14@100 | Φ14@150 | Φ16@100 | Φ12@100 |
| 86 | 4.0 | | | | | | 92 | 4.0 | | | | | |
| | 5.5 | 300 | Φ12@100 | Φ12@150 | Φ14@100 | Φ12@150 | | 5.5 | 300 | Φ12@100 | Φ12@150 | Φ16@100 | Φ10@100 |
| | 7.0 | 350 | Φ12@100 | Φ12@150 | Φ16@100 | Φ14@150 | | 7.0 | 350 | Φ12@100 | Φ12@150 | Φ16@100 | Φ14@150 |
| | 8.5 | 400 | Φ14@100 | Φ14@150 | Φ16@100 | Φ12@100 | | 8.5 | 400 | Φ14@100 | Φ14@150 | Φ18@100 | Φ12@100 |
| 87 | 4.0 | | | | | | 93 | 4.0 | | | | | |
| | 5.5 | | | | | | | 5.5 | | | | | |
| | 7.0 | 400 | Φ14@100 | Φ14@150 | Φ16@100 | Φ14@150 | | 7.0 | 400 | Φ14@100 | Φ14@150 | Φ16@100 | Φ14@150 |
| | 8.5 | 400 | Φ16@100 | Φ14@150 | Φ18@100 | Φ12@100 | | 8.5 | 400 | Φ16@100 | Φ14@150 | Φ18@100 | Φ12@100 |
| 88 | 4.0 | | | | | | 94 | 4.0 | | | | | |
| | 5.5 | 300 | Φ14@150 | Φ12@150 | Φ16@150 | Φ12@150 | | 5.5 | | | | | |
| | 7.0 | 300 | Φ12@100 | Φ12@150 | Φ16@100 | Φ10@100 | | 7.0 | 400 | Φ14@100 | Φ14@150 | Φ16@100 | Φ14@150 |
| | 8.5 | 350 | Φ12@100 | Φ12@150 | Φ16@100 | Φ14@150 | | 8.5 | 450 | Φ14@100 | Φ14@150 | Φ18@100 | Φ12@100 |
| 89 | 4.0 | | | | | | 95 | 4.0 | | | | | |
| | 5.5 | 300 | Φ14@150 | Φ12@150 | Φ16@150 | Φ12@150 | | 5.5 | 300 | Φ12@100 | Φ12@150 | Φ14@100 | Φ12@150 |
| | 7.0 | 300 | Φ12@100 | Φ12@150 | Φ16@100 | Φ10@100 | | 7.0 | 350 | Φ12@100 | Φ12@150 | Φ16@100 | Φ14@150 |
| | 8.5 | 350 | Φ12@100 | Φ12@150 | Φ16@100 | Φ14@150 | | 8.5 | 400 | Φ14@100 | Φ14@150 | Φ16@100 | Φ12@100 |
| 90 | 4.0 | | | | | | 96 | 4.0 | | | | | |
| | 5.5 | 300 | Φ14@150 | Φ12@150 | Φ14@100 | Φ12@150 | | 5.5 | 300 | Φ12@100 | Φ12@150 | Φ16@100 | Φ12@150 |
| | 7.0 | 300 | Φ12@100 | Φ12@150 | Φ16@100 | Φ10@100 | | 7.0 | 350 | Φ12@100 | Φ12@150 | Φ16@100 | Φ14@150 |
| | 8.5 | 350 | Φ12@100 | Φ12@150 | Φ16@100 | Φ14@150 | | 8.5 | 400 | Φ14@100 | Φ14@150 | Φ18@100 | Φ12@100 |

# 钢筋混凝土甲式三通交汇检查井井壁配筋表（八）

| 井编号 | 深度$H$ (m) | 井壁厚$b$ (mm) | 15d ⑤ 按实 | 15d ⑥ 按实 | 15d ⑦ 按实 | 15d ⑧ 按实 |
|---|---|---|---|---|---|---|
| 97 | 4.0 | | | | | |
| | 5.5 | 300 | Φ12@100 | Φ12@150 | Φ16@100 | Φ10@100 |
| | 7.0 | 350 | Φ12@100 | Φ12@150 | Φ16@100 | Φ14@150 |
| | 8.5 | 400 | Φ14@100 | Φ14@150 | Φ18@100 | Φ12@100 |
| 98 | 4.0 | | | | | |
| | 5.5 | | | | | |
| | 7.0 | 400 | Φ16@150 | Φ14@150 | Φ16@100 | Φ14@150 |
| | 8.5 | 450 | Φ14@100 | Φ14@150 | Φ18@100 | Φ12@100 |
| 99 | 4.0 | | | | | |
| | 5.5 | | | | | |
| | 7.0 | 400 | Φ14@100 | Φ14@150 | Φ16@100 | Φ12@100 |
| | 8.5 | 450 | Φ14@100 | Φ14@150 | Φ18@100 | Φ12@100 |
| 100 | 4.0 | | | | | |
| | 5.5 | | | | | |
| | 7.0 | 400 | Φ14@100 | Φ14@150 | Φ16@100 | Φ12@100 |
| | 8.5 | 450 | Φ14@100 | Φ14@150 | Φ18@100 | Φ12@100 |
| 101 | 4.0 | | | | | |
| | 5.5 | | | | | |
| | 7.0 | 400 | Φ14@100 | Φ14@150 | Φ16@100 | Φ14@150 |
| | 8.5 | 450 | Φ14@100 | Φ14@150 | Φ18@100 | Φ12@100 |
| 102 | 4.0 | | | | | |
| | 5.5 | | | | | |
| | 7.0 | 400 | Φ14@100 | Φ14@150 | Φ16@100 | Φ14@150 |
| | 8.5 | 450 | Φ14@100 | Φ14@150 | Φ18@100 | Φ12@100 |

| 井编号 | 深度$H$ (m) | 井壁厚$b$ (mm) | 15d ⑤ 按实 | 15d ⑥ 按实 | 15d ⑦ 按实 | 15d ⑧ 按实 |
|---|---|---|---|---|---|---|
| 103 | 4.0 | | | | | |
| | 5.5 | | | | | |
| | 7.0 | 400 | Φ14@100 | Φ14@150 | Φ16@100 | Φ12@100 |
| | 8.5 | 450 | Φ14@100 | Φ14@150 | Φ18@100 | Φ12@100 |
| 104 | 4.0 | | | | | |
| | 5.5 | | | | | |
| | 7.0 | 400 | Φ14@100 | Φ14@150 | Φ18@100 | Φ12@100 |
| | 8.5 | 450 | Φ14@100 | Φ14@150 | Φ18@100 | Φ12@100 |
| 105 | 4.0 | | | | | |
| | 5.5 | | | | | |
| | 7.0 | 400 | Φ14@100 | Φ14@150 | Φ18@100 | Φ12@100 |
| | 8.5 | 450 | Φ14@100 | Φ14@150 | Φ18@100 | Φ12@100 |

| 钢筋混凝土甲式三通交汇检查井井壁配筋表（九） | 图集号 | 2024沪S204 |
|---|---|---|
| | 页 | 193 |

| 井编号 | 深度$H$ (m) | 底板厚$H_b$ (mm) | 按实 200 ⑨ | 按实 200 ⑩ | 按实 200 ⑪ | 按实 200 ⑫ |
|---|---|---|---|---|---|---|
| 1 | 4.0 | 300 | Φ12@150 | Φ12@150 | Φ12@150 | Φ12@150 |
|  | 5.5 | 300 | Φ12@150 | Φ12@150 | Φ12@150 | Φ12@150 |
|  | 7.0 | 300 | Φ12@150 | Φ12@150 | Φ12@150 | Φ12@150 |
|  | 8.5 | 300 | Φ10@100 | Φ12@150 | Φ12@150 | Φ12@150 |
| 2 | 4.0 | 300 | Φ12@150 | Φ12@150 | Φ12@150 | Φ12@150 |
|  | 5.5 | 300 | Φ12@150 | Φ12@150 | Φ12@150 | Φ12@150 |
|  | 7.0 | 300 | Φ10@100 | Φ12@150 | Φ12@150 | Φ12@150 |
|  | 8.5 | 300 | Φ14@150 | Φ10@100 | Φ10@100 | Φ10@100 |
| 3 | 4.0 | 300 | Φ12@150 | Φ12@150 | Φ12@150 | Φ12@150 |
|  | 5.5 | 300 | Φ10@100 | Φ12@150 | Φ12@150 | Φ12@150 |
|  | 7.0 | 300 | Φ14@150 | Φ10@100 | Φ10@100 | Φ10@100 |
|  | 8.5 | 300 | Φ16@150 | Φ14@150 | Φ14@150 | Φ14@150 |
| 4 | 4.0 | 300 | Φ12@150 | Φ12@150 | Φ12@150 | Φ12@150 |
|  | 5.5 | 300 | Φ14@150 | Φ10@100 | Φ12@150 | Φ10@100 |
|  | 7.0 | 300 | Φ16@150 | Φ14@150 | Φ14@150 | Φ14@150 |
|  | 8.5 | 360 | Φ16@150 | Φ12@100 | Φ14@150 | Φ12@100 |
| 5 | 4.0 | 300 | Φ12@150 | Φ12@150 | Φ12@150 | Φ12@150 |
|  | 5.5 | 300 | Φ14@150 | Φ14@150 | Φ12@150 | Φ14@150 |
|  | 7.0 | 300 | Φ14@100 | Φ12@100 | Φ14@150 | Φ12@100 |
|  | 8.5 | 360 | Φ14@100 | Φ12@100 | Φ12@100 | Φ12@100 |
| 6 | 4.0 |  |  |  |  |  |
|  | 5.5 | 300 | Φ14@150 | Φ14@150 | Φ12@150 | Φ14@150 |
|  | 7.0 | 360 | Φ12@100 | Φ12@100 | Φ14@150 | Φ12@100 |
|  | 8.5 | 360 | Φ14@100 | Φ14@100 | Φ12@100 | Φ14@100 |

| 井编号 | 深度$H$ (m) | 底板厚$H_b$ (mm) | 按实 200 ⑨ | 按实 200 ⑩ | 按实 200 ⑪ | 按实 200 ⑫ |
|---|---|---|---|---|---|---|
| 7 | 4.0 |  |  |  |  |  |
|  | 5.5 | 360 | Φ12@100 | Φ12@100 | Φ10@100 | Φ12@100 |
|  | 7.0 | 360 | Φ14@100 | Φ14@100 | Φ14@150 | Φ14@100 |
|  | 8.5 | 480 | Φ14@100 | Φ14@100 | Φ12@100 | Φ14@100 |
| 8 | 4.0 |  |  |  |  |  |
|  | 5.5 |  |  |  |  |  |
|  | 7.0 | 420 | Φ14@100 | Φ14@100 | Φ14@150 | Φ14@100 |
|  | 8.5 | 480 | Φ14@100 | Φ16@100 | Φ12@100 | Φ16@100 |
| 9 | 4.0 | 300 | Φ12@150 | Φ12@150 | Φ12@150 | Φ12@150 |
|  | 5.5 | 300 | Φ12@150 | Φ12@150 | Φ12@150 | Φ12@150 |
|  | 7.0 | 300 | Φ10@100 | Φ12@150 | Φ12@150 | Φ12@150 |
|  | 8.5 | 300 | Φ14@150 | Φ10@100 | Φ10@100 | Φ10@100 |
| 10 | 4.0 | 300 | Φ12@150 | Φ12@150 | Φ12@150 | Φ12@150 |
|  | 5.5 | 300 | Φ10@100 | Φ12@150 | Φ12@150 | Φ12@150 |
|  | 7.0 | 300 | Φ14@150 | Φ10@100 | Φ10@100 | Φ10@100 |
|  | 8.5 | 300 | Φ12@100 | Φ14@150 | Φ14@150 | Φ14@150 |
| 11 | 4.0 | 300 | Φ12@150 | Φ12@150 | Φ12@150 | Φ12@150 |
|  | 5.5 | 300 | Φ10@100 | Φ12@150 | Φ12@150 | Φ12@150 |
|  | 7.0 | 300 | Φ12@100 | Φ10@100 | Φ10@100 | Φ10@100 |
|  | 8.5 | 300 | Φ14@100 | Φ12@100 | Φ14@150 | Φ12@100 |
| 12 | 4.0 | 300 | Φ12@150 | Φ12@150 | Φ12@150 | Φ12@150 |
|  | 5.5 | 300 | Φ14@150 | Φ10@100 | Φ10@100 | Φ10@100 |
|  | 7.0 | 300 | Φ14@100 | Φ14@150 | Φ14@150 | Φ14@150 |
|  | 8.5 | 360 | Φ14@100 | Φ12@100 | Φ12@100 | Φ12@100 |

钢筋混凝土甲式三通交汇检查井底板配筋表（一）

| 井编号 | 深度$H$ (m) | 底板厚$H_b$ (mm) | 按实 200 ⑨ | 按实 200 ⑩ | 按实 200 ⑪ | 按实 200 ⑫ |
|---|---|---|---|---|---|---|
| 13 | 4.0 | 300 | Φ12@150 | Φ12@150 | Φ12@150 | Φ12@150 |
| | 5.5 | 300 | Φ14@150 | Φ14@150 | Φ10@100 | Φ14@150 |
| | 7.0 | 300 | Φ14@100 | Φ12@100 | Φ14@150 | Φ12@100 |
| | 8.5 | 360 | Φ14@100 | Φ12@100 | Φ12@100 | Φ12@100 |
| 14 | 4.0 | | | | | |
| | 5.5 | 300 | Φ12@100 | Φ14@150 | Φ10@100 | Φ14@150 |
| | 7.0 | 360 | Φ16@150 | Φ12@100 | Φ14@150 | Φ12@100 |
| | 8.5 | 360 | Φ16@100 | Φ14@100 | Φ12@100 | Φ14@100 |
| 15 | 4.0 | | | | | |
| | 5.5 | 360 | Φ12@100 | Φ12@100 | Φ10@100 | Φ12@100 |
| | 7.0 | 360 | Φ16@100 | Φ14@100 | Φ12@100 | Φ14@100 |
| | 8.5 | 420 | Φ16@100 | Φ14@100 | Φ12@100 | Φ14@100 |
| 16 | 4.0 | | | | | |
| | 5.5 | | | | | |
| | 7.0 | 420 | Φ14@100 | Φ14@100 | Φ12@100 | Φ14@100 |
| | 8.5 | 480 | Φ16@100 | Φ16@100 | Φ16@150 | Φ16@100 |
| 17 | 4.0 | 300 | Φ12@150 | Φ12@150 | Φ12@150 | Φ12@150 |
| | 5.5 | 300 | Φ12@150 | Φ12@150 | Φ12@150 | Φ12@150 |
| | 7.0 | 300 | Φ14@150 | Φ12@150 | Φ10@100 | Φ12@150 |
| | 8.5 | 300 | Φ12@100 | Φ10@100 | Φ14@150 | Φ10@100 |
| 18 | 4.0 | 300 | Φ12@150 | Φ12@150 | Φ12@150 | Φ12@150 |
| | 5.5 | 300 | Φ10@100 | Φ12@150 | Φ12@150 | Φ12@150 |
| | 7.0 | 300 | Φ14@150 | Φ10@100 | Φ10@100 | Φ10@100 |
| | 8.5 | 300 | Φ16@150 | Φ14@150 | Φ14@150 | Φ14@150 |

| 井编号 | 深度$H$ (m) | 底板厚$H_b$ (mm) | 按实 200 ⑨ | 按实 200 ⑩ | 按实 200 ⑪ | 按实 200 ⑫ |
|---|---|---|---|---|---|---|
| 19 | 4.0 | 300 | Φ12@150 | Φ12@150 | Φ12@150 | Φ12@150 |
| | 5.5 | 300 | Φ14@150 | Φ12@150 | Φ10@100 | Φ12@150 |
| | 7.0 | 300 | Φ12@100 | Φ14@150 | Φ14@150 | Φ14@150 |
| | 8.5 | 360 | Φ12@100 | Φ12@100 | Φ12@100 | Φ12@100 |
| 20 | 4.0 | 300 | Φ12@150 | Φ12@150 | Φ12@150 | Φ12@150 |
| | 5.5 | 300 | Φ12@100 | Φ10@100 | Φ14@150 | Φ10@100 |
| | 7.0 | 300 | Φ14@100 | Φ14@150 | Φ12@100 | Φ14@150 |
| | 8.5 | 360 | Φ14@100 | Φ12@100 | Φ12@100 | Φ12@100 |
| 21 | 4.0 | 300 | Φ10@100 | Φ12@150 | Φ12@150 | Φ12@150 |
| | 5.5 | 300 | Φ12@100 | Φ14@150 | Φ14@150 | Φ14@150 |
| | 7.0 | 300 | Φ16@100 | Φ12@100 | Φ12@100 | Φ12@100 |
| | 8.5 | 360 | Φ16@100 | Φ16@150 | Φ16@150 | Φ16@150 |
| 22 | 4.0 | | | | | |
| | 5.5 | 300 | Φ12@100 | Φ14@150 | Φ14@150 | Φ14@150 |
| | 7.0 | 360 | Φ14@100 | Φ12@100 | Φ12@100 | Φ12@100 |
| | 8.5 | 360 | Φ16@100 | Φ14@100 | Φ16@150 | Φ14@100 |
| 23 | 4.0 | | | | | |
| | 5.5 | 360 | Φ12@100 | Φ12@100 | Φ10@100 | Φ12@100 |
| | 7.0 | 360 | Φ14@100 | Φ14@100 | Φ12@100 | Φ14@100 |
| | 8.5 | 420 | Φ16@100 | Φ14@100 | Φ16@150 | Φ14@100 |
| 24 | 4.0 | | | | | |
| | 5.5 | | | | | |
| | 7.0 | 420 | Φ14@100 | Φ14@100 | Φ12@100 | Φ14@100 |
| | 8.5 | 480 | Φ16@100 | Φ16@100 | Φ14@100 | Φ16@100 |

钢筋混凝土甲式三通交汇检查井
底板配筋表（二）

| 井编号 | 深度$H$ (m) | 底板厚$H_b$ (mm) | 按实 200 ⑨ | 按实 200 ⑩ | 按实 200 ⑪ | 按实 200 ⑫ |
|---|---|---|---|---|---|---|
| 25 | 4.0 | 300 | Φ12@150 | Φ12@150 | Φ12@150 | Φ12@150 |
| | 5.5 | 300 | Φ10@100 | Φ12@150 | Φ12@150 | Φ12@150 |
| | 7.0 | 300 | Φ14@150 | Φ10@100 | Φ10@100 | Φ10@100 |
| | 8.5 | 300 | Φ12@100 | Φ14@150 | Φ14@150 | Φ14@150 |
| 26 | 4.0 | 300 | Φ12@150 | Φ12@150 | Φ12@150 | Φ12@150 |
| | 5.5 | 300 | Φ10@100 | Φ12@150 | Φ10@100 | Φ12@150 |
| | 7.0 | 300 | Φ12@100 | Φ10@100 | Φ14@150 | Φ10@100 |
| | 8.5 | 300 | Φ14@100 | Φ12@100 | Φ12@100 | Φ12@100 |
| 27 | 4.0 | 300 | Φ12@150 | Φ12@150 | Φ12@150 | Φ12@150 |
| | 5.5 | 300 | Φ14@150 | Φ10@100 | Φ10@100 | Φ10@100 |
| | 7.0 | 300 | Φ14@100 | Φ14@150 | Φ14@150 | Φ14@150 |
| | 8.5 | 300 | Φ16@100 | Φ16@150 | Φ14@100 | Φ16@150 |
| 28 | 4.0 | 300 | Φ10@100 | Φ12@150 | Φ12@150 | Φ12@150 |
| | 5.5 | 300 | Φ12@100 | Φ10@100 | Φ14@150 | Φ10@100 |
| | 7.0 | 300 | Φ16@100 | Φ12@100 | Φ16@150 | Φ12@100 |
| | 8.5 | 360 | Φ16@100 | Φ12@100 | Φ16@150 | Φ12@100 |
| 29 | 4.0 | 300 | Φ10@100 | Φ12@150 | Φ12@150 | Φ12@150 |
| | 5.5 | 300 | Φ12@100 | Φ14@150 | Φ14@150 | Φ14@150 |
| | 7.0 | 360 | Φ16@150 | Φ12@100 | Φ12@100 | Φ12@100 |
| | 8.5 | 360 | Φ16@100 | Φ16@150 | Φ14@100 | Φ16@150 |
| 30 | 4.0 | | | | | |
| | 5.5 | 300 | Φ16@150 | Φ14@150 | Φ14@150 | Φ14@150 |
| | 7.0 | 360 | Φ14@100 | Φ12@100 | Φ12@100 | Φ12@100 |
| | 8.5 | 360 | Φ16@100 | Φ14@100 | Φ14@100 | Φ14@100 |

| 井编号 | 深度$H$ (m) | 底板厚$H_b$ (mm) | 按实 200 ⑨ | 按实 200 ⑩ | 按实 200 ⑪ | 按实 200 ⑫ |
|---|---|---|---|---|---|---|
| 31 | 4.0 | | | | | |
| | 5.5 | 360 | Φ12@100 | Φ12@100 | Φ14@150 | Φ12@100 |
| | 7.0 | 360 | Φ16@100 | Φ14@100 | Φ12@100 | Φ14@100 |
| | 8.5 | 480 | Φ16@100 | Φ14@100 | Φ14@100 | Φ14@100 |
| 32 | 4.0 | | | | | |
| | 5.5 | | | | | |
| | 7.0 | 420 | Φ14@100 | Φ14@100 | Φ12@100 | Φ14@100 |
| | 8.5 | 480 | Φ16@100 | Φ16@100 | Φ14@100 | Φ16@100 |
| 33 | 4.0 | 300 | Φ12@150 | Φ12@150 | Φ12@150 | Φ12@150 |
| | 5.5 | 300 | Φ10@100 | Φ12@150 | Φ10@100 | Φ12@150 |
| | 7.0 | 300 | Φ14@150 | Φ10@100 | Φ14@150 | Φ10@100 |
| | 8.5 | 300 | Φ12@100 | Φ14@150 | Φ12@100 | Φ14@150 |
| 34 | 4.0 | 300 | Φ12@150 | Φ12@150 | Φ12@150 | Φ12@150 |
| | 5.5 | 300 | Φ10@100 | Φ12@150 | Φ10@100 | Φ12@150 |
| | 7.0 | 300 | Φ12@100 | Φ14@150 | Φ14@150 | Φ14@150 |
| | 8.5 | 300 | Φ14@100 | Φ12@100 | Φ14@100 | Φ12@100 |
| 35 | 4.0 | 300 | Φ12@150 | Φ12@150 | Φ12@150 | Φ12@150 |
| | 5.5 | 300 | Φ14@150 | Φ10@100 | Φ10@100 | Φ10@100 |
| | 7.0 | 300 | Φ14@100 | Φ14@150 | Φ12@100 | Φ14@150 |
| | 8.5 | 360 | Φ14@100 | Φ12@100 | Φ12@100 | Φ12@100 |
| 36 | 4.0 | 300 | Φ10@100 | Φ12@150 | Φ12@150 | Φ12@150 |
| | 5.5 | 300 | Φ12@100 | Φ10@100 | Φ14@150 | Φ10@100 |
| | 7.0 | 300 | Φ16@100 | Φ12@100 | Φ14@100 | Φ12@100 |
| | 8.5 | 360 | Φ16@100 | Φ12@100 | Φ14@100 | Φ12@100 |

| 钢筋混凝土甲式三通交汇检查井底板配筋表（三） | 图集号 | 2024沪S204 |
|---|---|---|
| | 页 | 196 |

| 井编号 | 深度 $H$ (m) | 底板厚 $H_b$ (mm) | 200 按实 ⑨ | 200 按实 ⑩ | 200 按实 ⑪ | 200 按实 ⑫ |
|---|---|---|---|---|---|---|
| 37 | 4.0 | 300 | Φ10@100 | Φ12@150 | Φ12@150 | Φ12@150 |
| | 5.5 | 300 | Φ12@100 | Φ14@150 | Φ14@150 | Φ14@150 |
| | 7.0 | 360 | Φ14@100 | Φ12@100 | Φ12@100 | Φ12@100 |
| | 8.5 | 360 | Φ16@100 | Φ16@150 | Φ14@100 | Φ16@150 |
| 38 | 4.0 | | | | | |
| | 5.5 | 300 | Φ16@150 | Φ14@150 | Φ14@150 | Φ14@150 |
| | 7.0 | 360 | Φ14@100 | Φ12@100 | Φ12@100 | Φ12@100 |
| | 8.5 | 400 | Φ16@100 | Φ14@100 | Φ14@100 | Φ14@100 |
| 39 | 4.0 | | | | | |
| | 5.5 | 360 | Φ12@100 | Φ12@100 | Φ14@150 | Φ12@100 |
| | 7.0 | 360 | Φ16@100 | Φ14@100 | Φ16@150 | Φ14@100 |
| | 8.5 | 420 | Φ16@100 | Φ14@100 | Φ14@100 | Φ14@100 |
| 40 | 4.0 | | | | | |
| | 5.5 | | | | | |
| | 7.0 | 420 | Φ14@100 | Φ14@100 | Φ16@150 | Φ14@100 |
| | 8.5 | 480 | Φ16@100 | Φ16@100 | Φ14@100 | Φ16@100 |
| 41 | 4.0 | 300 | Φ12@150 | Φ12@150 | Φ12@150 | Φ12@150 |
| | 5.5 | 300 | Φ10@100 | Φ12@150 | Φ10@100 | Φ12@150 |
| | 7.0 | 300 | Φ12@100 | Φ10@100 | Φ14@150 | Φ10@100 |
| | 8.5 | 300 | Φ14@100 | Φ14@150 | Φ12@100 | Φ14@150 |
| 42 | 4.0 | 300 | Φ12@150 | Φ12@150 | Φ12@150 | Φ12@150 |
| | 5.5 | 300 | Φ14@150 | Φ10@100 | Φ10@100 | Φ10@100 |
| | 7.0 | 300 | Φ14@100 | Φ14@150 | Φ12@100 | Φ14@150 |
| | 8.5 | 360 | Φ16@150 | Φ12@100 | Φ12@100 | Φ12@100 |

| 井编号 | 深度 $H$ (m) | 底板厚 $H_b$ (mm) | 200 按实 ⑨ | 200 按实 ⑩ | 200 按实 ⑪ | 200 按实 ⑫ |
|---|---|---|---|---|---|---|
| 43 | 4.0 | 300 | Φ12@150 | Φ12@150 | Φ12@150 | Φ12@150 |
| | 5.5 | 300 | Φ12@100 | Φ10@100 | Φ14@150 | Φ10@100 |
| | 7.0 | 300 | Φ14@100 | Φ12@100 | Φ16@150 | Φ12@100 |
| | 8.5 | 360 | Φ14@100 | Φ12@100 | Φ16@150 | Φ12@100 |
| 44 | 4.0 | 300 | Φ10@100 | Φ12@150 | Φ12@150 | Φ12@150 |
| | 5.5 | 300 | Φ12@100 | Φ14@150 | Φ12@100 | Φ14@150 |
| | 7.0 | 300 | Φ16@100 | Φ12@100 | Φ14@100 | Φ12@100 |
| | 8.5 | 360 | Φ16@100 | Φ16@150 | Φ14@100 | Φ16@150 |
| 45 | 4.0 | 300 | Φ10@100 | Φ12@150 | Φ12@150 | Φ12@150 |
| | 5.5 | 300 | Φ16@150 | Φ14@150 | Φ12@100 | Φ14@150 |
| | 7.0 | 360 | Φ14@100 | Φ12@100 | Φ12@100 | Φ12@100 |
| | 8.5 | 360 | Φ16@100 | Φ14@100 | Φ16@100 | Φ14@100 |
| 46 | 4.0 | | | | | |
| | 5.5 | 300 | Φ14@100 | Φ12@100 | Φ12@100 | Φ12@100 |
| | 7.0 | 360 | Φ14@100 | Φ12@100 | Φ12@100 | Φ12@100 |
| | 8.5 | 400 | Φ16@100 | Φ14@100 | Φ14@100 | Φ14@100 |
| 47 | 4.0 | | | | | |
| | 5.5 | 360 | Φ16@150 | Φ12@100 | Φ14@150 | Φ12@100 |
| | 7.0 | 360 | Φ16@100 | Φ14@100 | Φ14@100 | Φ14@100 |
| | 8.5 | 420 | Φ18@100 | Φ14@100 | Φ14@100 | Φ14@100 |
| 48 | 4.0 | | | | | |
| | 5.5 | | | | | |
| | 7.0 | 420 | Φ16@100 | Φ14@100 | Φ14@100 | Φ14@100 |
| | 8.5 | 480 | Φ16@100 | Φ16@100 | Φ14@100 | Φ16@100 |

| 井编号 | 深度$H$ (m) | 底板厚$H_b$ (mm) | 按实 200 ⑨ | 按实 200 ⑩ | 按实 200 ⑪ | 按实 200 ⑫ |
|---|---|---|---|---|---|---|
| 49 | 4.0 | 300 | Φ12@150 | Φ12@150 | Φ12@150 | Φ12@150 |
| | 5.5 | 300 | Φ14@150 | Φ10@100 | Φ10@100 | Φ10@100 |
| | 7.0 | 300 | Φ12@100 | Φ14@150 | Φ12@100 | Φ14@150 |
| | 8.5 | 360 | Φ12@100 | Φ12@100 | Φ12@100 | Φ12@100 |
| 50 | 4.0 | 300 | Φ12@150 | Φ12@150 | Φ12@150 | Φ12@150 |
| | 5.5 | 300 | Φ14@150 | Φ10@100 | Φ14@150 | Φ10@100 |
| | 7.0 | 300 | Φ14@100 | Φ14@150 | Φ12@100 | Φ14@150 |
| | 8.5 | 360 | Φ14@100 | Φ12@100 | Φ12@100 | Φ12@100 |
| 51 | 4.0 | 300 | Φ10@100 | Φ12@150 | Φ12@150 | Φ12@150 |
| | 5.5 | 300 | Φ12@100 | Φ10@100 | Φ14@150 | Φ10@100 |
| | 7.0 | 300 | Φ14@100 | Φ12@100 | Φ14@100 | Φ12@100 |
| | 8.5 | 360 | Φ14@100 | Φ12@100 | Φ14@100 | Φ12@100 |
| 52 | 4.0 | 300 | Φ10@100 | Φ12@150 | Φ10@100 | Φ12@150 |
| | 5.5 | 300 | Φ12@100 | Φ14@150 | Φ12@100 | Φ14@150 |
| | 7.0 | 360 | Φ14@100 | Φ12@100 | Φ16@150 | Φ12@100 |
| | 8.5 | 360 | Φ16@100 | Φ14@100 | Φ16@100 | Φ14@100 |
| 53 | 4.0 | | | | | |
| | 5.5 | 300 | Φ16@150 | Φ12@100 | Φ12@100 | Φ12@100 |
| | 7.0 | 360 | Φ14@100 | Φ12@100 | Φ12@100 | Φ12@100 |
| | 8.5 | 400 | Φ16@100 | Φ14@100 | Φ14@100 | Φ14@100 |
| 54 | 4.0 | | | | | |
| | 5.5 | 360 | Φ12@100 | Φ12@100 | Φ14@150 | Φ12@100 |
| | 7.0 | 360 | Φ16@100 | Φ16@150 | Φ16@150 | Φ16@150 |
| | 8.5 | 420 | Φ16@100 | Φ14@100 | Φ14@100 | Φ14@100 |

| 井编号 | 深度$H$ (m) | 底板厚$H_b$ (mm) | 按实 200 ⑨ | 按实 200 ⑩ | 按实 200 ⑪ | 按实 200 ⑫ |
|---|---|---|---|---|---|---|
| 55 | 4.0 | | | | | |
| | 5.5 | | | | | |
| | 7.0 | 420 | Φ14@100 | Φ14@100 | Φ16@150 | Φ14@100 |
| | 8.5 | 480 | Φ16@100 | Φ14@100 | Φ14@100 | Φ14@100 |
| 56 | 4.0 | | | | | |
| | 5.5 | | | | | |
| | 7.0 | 420 | Φ16@100 | Φ14@100 | Φ14@100 | Φ14@100 |
| | 8.5 | 480 | Φ16@100 | Φ16@100 | Φ14@100 | Φ16@100 |
| 57 | 4.0 | 300 | Φ12@150 | Φ12@150 | Φ12@150 | Φ12@150 |
| | 5.5 | 300 | Φ14@150 | Φ10@100 | Φ14@150 | Φ10@100 |
| | 7.0 | 300 | Φ14@100 | Φ12@100 | Φ12@100 | Φ12@100 |
| | 8.5 | 360 | Φ14@100 | Φ12@100 | Φ12@100 | Φ12@100 |
| 58 | 4.0 | 300 | Φ12@150 | Φ12@150 | Φ12@150 | Φ12@150 |
| | 5.5 | 300 | Φ14@150 | Φ10@100 | Φ14@150 | Φ10@100 |
| | 7.0 | 300 | Φ14@100 | Φ12@100 | Φ14@100 | Φ12@100 |
| | 8.5 | 360 | Φ14@100 | Φ12@100 | Φ14@100 | Φ12@100 |
| 59 | 4.0 | 300 | Φ10@100 | Φ12@150 | Φ12@150 | Φ12@150 |
| | 5.5 | 300 | Φ12@100 | Φ14@150 | Φ12@100 | Φ14@150 |
| | 7.0 | 360 | Φ16@150 | Φ12@100 | Φ12@100 | Φ12@100 |
| | 8.5 | 360 | Φ16@100 | Φ16@150 | Φ14@100 | Φ16@150 |
| 60 | 4.0 | 300 | Φ10@100 | Φ12@150 | Φ12@150 | Φ12@150 |
| | 5.5 | 300 | Φ12@100 | Φ14@150 | Φ12@100 | Φ14@150 |
| | 7.0 | 360 | Φ14@100 | Φ12@100 | Φ16@150 | Φ12@100 |
| | 8.5 | 360 | Φ16@100 | Φ14@100 | Φ16@100 | Φ14@100 |

| 钢筋混凝土甲式三通交汇检查井<br>底板配筋表（五） | 图集号 | 2024沪S204 |
|---|---|---|
| | 页 | 198 |

| 井编号 | 深度$H$ (m) | 底板厚$H_b$ (mm) | 按实 200 ⑨ | 按实 200 ⑩ | 按实 200 ⑪ | 按实 200 ⑫ |
|---|---|---|---|---|---|---|
| 61 | 4.0 | 300 | Φ14@150 | Φ10@100 | Φ14@150 | Φ10@100 |
| | 5.5 | 300 | Φ14@100 | Φ12@100 | Φ14@100 | Φ12@100 |
| | 7.0 | 360 | Φ16@100 | Φ12@100 | Φ14@100 | Φ12@100 |
| | 8.5 | 420 | Φ16@100 | Φ14@100 | Φ14@100 | Φ14@100 |
| 62 | 4.0 | | | | | |
| | 5.5 | 300 | Φ14@100 | Φ12@100 | Φ14@100 | Φ12@100 |
| | 7.0 | 360 | Φ16@100 | Φ16@150 | Φ16@100 | Φ16@150 |
| | 8.5 | 420 | Φ16@100 | Φ14@100 | Φ16@100 | Φ14@100 |
| 63 | 4.0 | | | | | |
| | 5.5 | 360 | Φ16@150 | Φ12@100 | Φ12@100 | Φ12@100 |
| | 7.0 | 360 | Φ16@100 | Φ14@100 | Φ16@100 | Φ14@100 |
| | 8.5 | 480 | Φ16@100 | Φ14@100 | Φ16@100 | Φ14@100 |
| 64 | 4.0 | | | | | |
| | 5.5 | | | | | |
| | 7.0 | 420 | Φ16@100 | Φ14@100 | Φ14@100 | Φ14@100 |
| | 8.5 | 480 | Φ18@100 | Φ16@100 | Φ16@100 | Φ16@100 |
| 65 | 4.0 | 300 | Φ12@150 | Φ12@150 | Φ12@150 | Φ12@150 |
| | 5.5 | 300 | Φ14@150 | Φ10@100 | Φ14@150 | Φ10@100 |
| | 7.0 | 300 | Φ14@100 | Φ12@100 | Φ14@100 | Φ12@100 |
| | 8.5 | 360 | Φ14@100 | Φ12@100 | Φ14@100 | Φ12@100 |
| 66 | 4.0 | 300 | Φ10@100 | Φ12@150 | Φ12@150 | Φ12@150 |
| | 5.5 | 300 | Φ12@100 | Φ14@150 | Φ12@100 | Φ14@150 |
| | 7.0 | 300 | Φ14@100 | Φ12@100 | Φ14@100 | Φ12@100 |
| | 8.5 | 360 | Φ14@100 | Φ16@150 | Φ14@100 | Φ16@150 |

| 井编号 | 深度$H$ (m) | 底板厚$H_b$ (mm) | 按实 200 ⑨ | 按实 200 ⑩ | 按实 200 ⑪ | 按实 200 ⑫ |
|---|---|---|---|---|---|---|
| 67 | 4.0 | 300 | Φ10@100 | Φ12@150 | Φ10@100 | Φ12@150 |
| | 5.5 | 300 | Φ12@100 | Φ14@150 | Φ12@100 | Φ14@150 |
| | 7.0 | 360 | Φ16@150 | Φ12@100 | Φ16@150 | Φ12@100 |
| | 8.5 | 360 | Φ16@100 | Φ14@100 | Φ16@100 | Φ14@100 |
| 68 | 4.0 | 300 | Φ10@100 | Φ10@100 | Φ10@100 | Φ10@100 |
| | 5.5 | 300 | Φ12@100 | Φ14@150 | Φ12@100 | Φ14@150 |
| | 7.0 | 360 | Φ14@100 | Φ12@100 | Φ16@150 | Φ12@100 |
| | 8.5 | 360 | Φ16@100 | Φ14@100 | Φ16@100 | Φ14@100 |
| 69 | 4.0 | | | | | |
| | 5.5 | 300 | Φ14@100 | Φ16@150 | Φ14@100 | Φ16@150 |
| | 7.0 | 360 | Φ16@100 | Φ16@150 | Φ16@100 | Φ16@150 |
| | 8.5 | 420 | Φ16@100 | Φ14@100 | Φ16@100 | Φ14@100 |
| 70 | 4.0 | | | | | |
| | 5.5 | 360 | Φ16@150 | Φ12@100 | Φ12@100 | Φ12@100 |
| | 7.0 | 400 | Φ16@100 | Φ14@100 | Φ14@100 | Φ14@100 |
| | 8.5 | 480 | Φ16@100 | Φ14@100 | Φ14@100 | Φ14@100 |
| 71 | 4.0 | | | | | |
| | 5.5 | | | | | |
| | 7.0 | 420 | Φ16@100 | Φ14@100 | Φ14@100 | Φ14@100 |
| | 8.5 | 480 | Φ18@100 | Φ16@100 | Φ16@100 | Φ16@100 |
| 72 | 4.0 | | | | | |
| | 5.5 | | | | | |
| | 7.0 | 420 | Φ16@100 | Φ14@100 | Φ14@100 | Φ14@100 |
| | 8.5 | 480 | Φ18@100 | Φ16@100 | Φ16@100 | Φ16@100 |

钢筋混凝土甲式三通交汇检查井
底板配筋表（六）

| 井编号 | 深度$H$ (m) | 底板厚$H_b$ (mm) | 200 按实 ⑨ | 200 按实 ⑩ | 200 按实 ⑪ | 200 按实 ⑫ |
|---|---|---|---|---|---|---|
| 73 | 4.0 | 300 | Φ12@150 | Φ12@150 | Φ12@150 | Φ12@150 |
| | 5.5 | 300 | Φ12@100 | Φ14@150 | Φ12@100 | Φ14@150 |
| | 7.0 | 300 | Φ14@100 | Φ12@100 | Φ14@100 | Φ12@100 |
| | 8.5 | 360 | Φ14@100 | Φ16@150 | Φ14@100 | Φ16@150 |
| 74 | 4.0 | 300 | Φ10@100 | Φ10@100 | Φ12@150 | Φ10@100 |
| | 5.5 | 300 | Φ12@100 | Φ14@150 | Φ12@100 | Φ14@150 |
| | 7.0 | 360 | Φ16@150 | Φ12@100 | Φ16@150 | Φ12@100 |
| | 8.5 | 360 | Φ16@100 | Φ14@100 | Φ16@100 | Φ14@100 |
| 75 | 4.0 | | | | | |
| | 5.5 | 300 | Φ14@100 | Φ12@100 | Φ16@150 | Φ12@100 |
| | 7.0 | 360 | Φ14@100 | Φ16@150 | Φ14@100 | Φ16@150 |
| | 8.5 | 420 | Φ16@100 | Φ14@100 | Φ14@100 | Φ14@100 |
| 76 | 4.0 | | | | | |
| | 5.5 | 360 | Φ16@150 | Φ12@100 | Φ12@100 | Φ12@100 |
| | 7.0 | 360 | Φ16@100 | Φ16@150 | Φ16@100 | Φ16@150 |
| | 8.5 | 420 | Φ16@100 | Φ14@100 | Φ16@100 | Φ14@100 |
| 77 | 4.0 | | | | | |
| | 5.5 | 360 | Φ16@150 | Φ12@100 | Φ12@100 | Φ12@100 |
| | 7.0 | 420 | Φ14@100 | Φ14@100 | Φ14@100 | Φ14@100 |
| | 8.5 | 480 | Φ16@100 | Φ14@100 | Φ16@100 | Φ14@100 |
| 78 | 4.0 | | | | | |
| | 5.5 | 360 | Φ14@100 | Φ12@100 | Φ16@150 | Φ12@100 |
| | 7.0 | 420 | Φ16@100 | Φ14@100 | Φ14@100 | Φ14@100 |
| | 8.5 | 480 | Φ16@100 | Φ14@100 | Φ16@100 | Φ14@100 |

| 井编号 | 深度$H$ (m) | 底板厚$H_b$ (mm) | 200 按实 ⑨ | 200 按实 ⑩ | 200 按实 ⑪ | 200 按实 ⑫ |
|---|---|---|---|---|---|---|
| 79 | 4.0 | | | | | |
| | 5.5 | | | | | |
| | 7.0 | 420 | Φ16@100 | Φ14@100 | Φ14@100 | Φ14@100 |
| | 8.5 | 480 | Φ18@100 | Φ16@100 | Φ16@100 | Φ16@100 |
| 80 | 4.0 | | | | | |
| | 5.5 | | | | | |
| | 7.0 | 480 | Φ16@100 | Φ14@100 | Φ14@100 | Φ14@100 |
| | 8.5 | 480 | Φ18@100 | Φ16@100 | Φ16@100 | Φ16@100 |
| 81 | 4.0 | 300 | Φ10@100 | Φ10@100 | Φ12@150 | Φ10@100 |
| | 5.5 | 300 | Φ12@100 | Φ12@100 | Φ12@100 | Φ12@100 |
| | 7.0 | 360 | Φ16@150 | Φ12@100 | Φ16@150 | Φ12@100 |
| | 8.5 | 360 | Φ16@100 | Φ14@100 | Φ16@100 | Φ14@100 |
| 82 | 4.0 | | | | | |
| | 5.5 | 300 | Φ14@100 | Φ12@100 | Φ16@150 | Φ12@100 |
| | 7.0 | 360 | Φ14@100 | Φ16@150 | Φ14@100 | Φ16@150 |
| | 8.5 | 420 | Φ16@100 | Φ14@100 | Φ14@100 | Φ14@100 |
| 83 | 4.0 | | | | | |
| | 5.5 | 360 | Φ16@150 | Φ12@100 | Φ12@100 | Φ12@100 |
| | 7.0 | 360 | Φ16@100 | Φ14@100 | Φ16@100 | Φ14@100 |
| | 8.5 | 420 | Φ16@100 | Φ14@100 | Φ16@100 | Φ14@100 |
| 84 | 4.0 | | | | | |
| | 5.5 | 360 | Φ16@150 | Φ12@100 | Φ16@150 | Φ12@100 |
| | 7.0 | 420 | Φ14@100 | Φ14@100 | Φ14@100 | Φ14@100 |
| | 8.5 | 480 | Φ16@100 | Φ14@100 | Φ16@100 | Φ14@100 |

## 钢筋混凝土甲式三通交汇检查井底板配筋表（七）

| 井编号 | 深度$H$ (m) | 底板厚$H_b$ (mm) | 200 按实 ⑨ | 200 按实 ⑩ | 200 按实 ⑪ | 200 按实 ⑫ |
|---|---|---|---|---|---|---|
| 85 | 4.0 | | | | | |
| | 5.5 | 360 | Φ14@100 | Φ12@100 | Φ16@150 | Φ12@100 |
| | 7.0 | 420 | Φ16@100 | Φ14@100 | Φ14@100 | Φ14@100 |
| | 8.5 | 480 | Φ16@100 | Φ14@100 | Φ16@100 | Φ14@100 |
| 86 | 4.0 | | | | | |
| | 5.5 | 360 | Φ14@100 | Φ16@150 | Φ16@150 | Φ16@150 |
| | 7.0 | 420 | Φ16@100 | Φ14@100 | Φ16@100 | Φ14@100 |
| | 8.5 | 480 | Φ18@100 | Φ14@100 | Φ16@100 | Φ14@100 |
| 87 | 4.0 | | | | | |
| | 5.5 | | | | | |
| | 7.0 | 480 | Φ16@100 | Φ14@100 | Φ14@100 | Φ14@100 |
| | 8.5 | 480 | Φ18@100 | Φ16@100 | Φ16@100 | Φ16@100 |
| 88 | 4.0 | | | | | |
| | 5.5 | 360 | Φ12@100 | Φ12@100 | Φ12@100 | Φ12@100 |
| | 7.0 | 360 | Φ14@100 | Φ16@150 | Φ14@100 | Φ16@150 |
| | 8.5 | 420 | Φ16@100 | Φ14@100 | Φ14@100 | Φ14@100 |
| 89 | 4.0 | | | | | |
| | 5.5 | 360 | Φ12@100 | Φ12@100 | Φ12@100 | Φ12@100 |
| | 7.0 | 360 | Φ16@100 | Φ14@100 | Φ16@100 | Φ14@100 |
| | 8.5 | 420 | Φ16@100 | Φ14@100 | Φ16@100 | Φ14@100 |
| 90 | 4.0 | | | | | |
| | 5.5 | 360 | Φ16@150 | Φ12@100 | Φ16@150 | Φ12@100 |
| | 7.0 | 360 | Φ16@100 | Φ14@100 | Φ16@100 | Φ14@100 |
| | 8.5 | 420 | Φ16@100 | Φ14@100 | Φ16@100 | Φ14@100 |

| 井编号 | 深度$H$ (m) | 底板厚$H_b$ (mm) | 200 按实 ⑨ | 200 按实 ⑩ | 200 按实 ⑪ | 200 按实 ⑫ |
|---|---|---|---|---|---|---|
| 91 | 4.0 | | | | | |
| | 5.5 | 360 | Φ14@100 | Φ16@150 | Φ16@150 | Φ16@150 |
| | 7.0 | 420 | Φ16@100 | Φ14@100 | Φ16@100 | Φ14@100 |
| | 8.5 | 480 | Φ16@100 | Φ16@100 | Φ16@100 | Φ16@100 |
| 92 | 4.0 | | | | | |
| | 5.5 | 360 | Φ14@100 | Φ16@150 | Φ14@100 | Φ16@150 |
| | 7.0 | 420 | Φ16@100 | Φ14@100 | Φ16@100 | Φ14@100 |
| | 8.5 | 480 | Φ18@100 | Φ16@100 | Φ16@100 | Φ16@100 |
| 93 | 4.0 | | | | | |
| | 5.5 | | | | | |
| | 7.0 | 480 | Φ16@100 | Φ14@100 | Φ14@100 | Φ14@100 |
| | 8.5 | 480 | Φ18@100 | Φ16@100 | Φ16@100 | Φ16@100 |
| 94 | 4.0 | | | | | |
| | 5.5 | | | | | |
| | 7.0 | 480 | Φ16@100 | Φ14@100 | Φ16@100 | Φ14@100 |
| | 8.5 | 540 | Φ18@100 | Φ16@100 | Φ16@100 | Φ16@100 |
| 95 | 4.0 | | | | | |
| | 5.5 | 360 | Φ16@150 | Φ16@150 | Φ16@150 | Φ16@150 |
| | 7.0 | 420 | Φ14@100 | Φ14@100 | Φ14@100 | Φ14@100 |
| | 8.5 | 480 | Φ16@100 | Φ14@100 | Φ16@100 | Φ14@100 |
| 96 | 4.0 | | | | | |
| | 5.5 | 360 | Φ16@150 | Φ16@150 | Φ16@150 | Φ16@150 |
| | 7.0 | 420 | Φ16@100 | Φ14@100 | Φ14@100 | Φ14@100 |
| | 8.5 | 480 | Φ16@100 | Φ16@100 | Φ16@100 | Φ16@100 |

| 井编号 | 深度H (m) | 底板厚Hb (mm) | 按实 200 ⑨ | 按实 200 ⑩ | 按实 200 ⑪ | 按实 200 ⑫ |
|---|---|---|---|---|---|---|
| 97 | 4.0 | | | | | |
| | 5.5 | 360 | Φ14@100 | Φ16@150 | Φ14@100 | Φ16@150 |
| | 7.0 | 420 | Φ16@100 | Φ14@100 | Φ16@100 | Φ14@100 |
| | 8.5 | 480 | Φ18@100 | Φ16@100 | Φ18@100 | Φ16@100 |
| 98 | 4.0 | | | | | |
| | 5.5 | | | | | |
| | 7.0 | 480 | Φ16@100 | Φ14@100 | Φ16@100 | Φ14@100 |
| | 8.5 | 540 | Φ16@100 | Φ16@100 | Φ16@100 | Φ16@100 |
| 99 | 4.0 | | | | | |
| | 5.5 | | | | | |
| | 7.0 | 480 | Φ16@100 | Φ14@100 | Φ16@100 | Φ14@100 |
| | 8.5 | 540 | Φ16@100 | Φ16@100 | Φ16@100 | Φ16@100 |
| 100 | 4.0 | | | | | |
| | 5.5 | | | | | |
| | 7.0 | 480 | Φ16@100 | Φ16@100 | Φ16@100 | Φ16@100 |
| | 8.5 | 540 | Φ18@100 | Φ16@100 | Φ16@100 | Φ16@100 |
| 101 | 4.0 | | | | | |
| | 5.5 | | | | | |
| | 7.0 | 480 | Φ14@100 | Φ14@100 | Φ14@100 | Φ14@100 |
| | 8.5 | 540 | Φ16@100 | Φ16@100 | Φ16@100 | Φ16@100 |
| 102 | 4.0 | | | | | |
| | 5.5 | | | | | |
| | 7.0 | 480 | Φ16@100 | Φ14@100 | Φ16@100 | Φ14@100 |
| | 8.5 | 540 | Φ16@100 | Φ16@100 | Φ16@100 | Φ16@100 |
| 103 | 4.0 | | | | | |
| | 5.5 | | | | | |
| | 7.0 | 480 | Φ16@100 | Φ14@100 | Φ16@100 | Φ14@100 |
| | 8.5 | 540 | Φ16@100 | Φ16@100 | Φ16@100 | Φ16@100 |
| 104 | 4.0 | | | | | |
| | 5.5 | | | | | |
| | 7.0 | 480 | Φ16@100 | Φ16@100 | Φ16@100 | Φ16@100 |
| | 8.5 | 540 | Φ18@100 | Φ16@100 | Φ18@100 | Φ16@100 |
| 105 | 4.0 | | | | | |
| | 5.5 | | | | | |
| | 7.0 | 480 | Φ16@100 | Φ16@100 | Φ16@100 | Φ16@100 |
| | 8.5 | 540 | Φ18@100 | Φ16@100 | Φ18@100 | Φ16@100 |

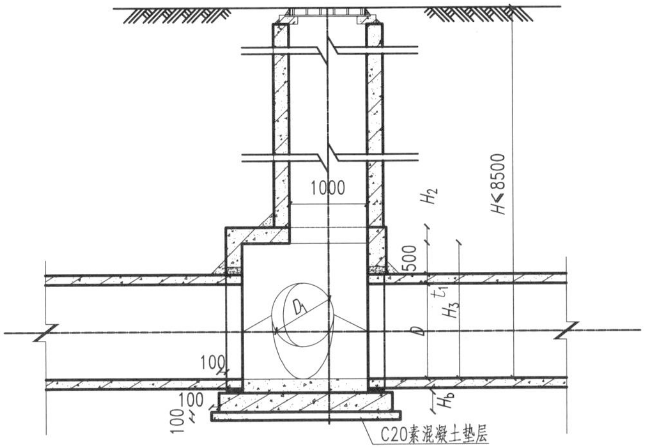


1-1剖面图

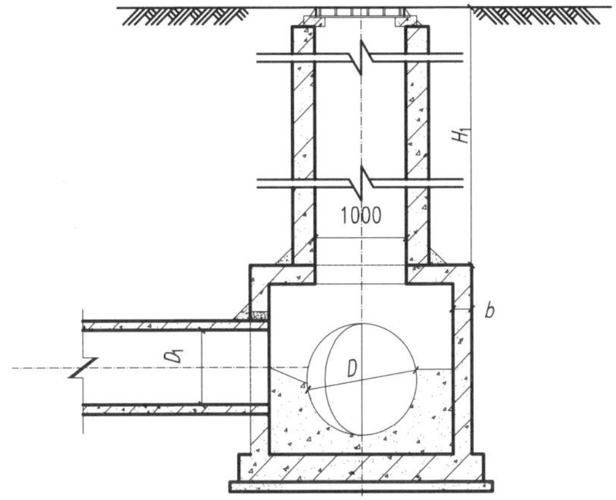


2-2剖面图

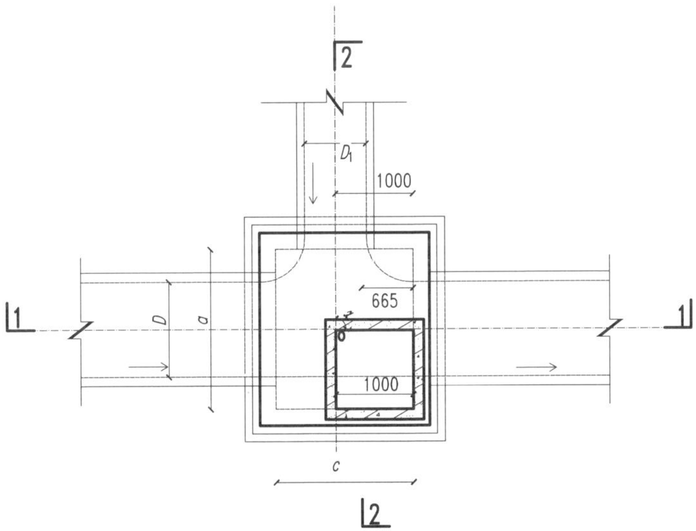


平面图

说明:

1. 本图适用于钢筋混凝土管且支管管径大于或等于$\phi$800的三通交汇检查井，其中一根支管与干管成直线，另一根支管与干管作90°~105°的交叉。
2. 本图三通检查井干管最大管径为$\phi$4000，以管内顶相平为正常情况，不设沉泥。
3. 工作室高度$H_3$按干管支管的管径标高及井深采用，即$H_3=D+t_1+500$。
4. 井筒高度$H_1=H-H_2-H_3$。
5. $H_b$详见配筋表格。
6. 采用化学建材管且支管管径大于或等于DN700时，参照本检查井。

| 钢筋混凝土乙式三通交汇检查井（$\phi$800~$\phi$4000） | 图集号 | 2024沪S204 |
| --- | --- | --- |
| | 页 | 203 |

| 井编号 | $D_1$ (mm) | $D$ (mm) | $a$ (mm) | $c$ (mm) | $H_2$ (mm) | | | | $b$ (mm) | | | |
|---|---|---|---|---|---|---|---|---|---|---|---|---|
| | | | | | $H$=4m | $H$=5.5m | $H$=7m | $H$=8.5m | $H$=4m | $H$=5.5m | $H$=7m | $H$=8.5m |
| 1 | 800~1000 | 1200~1500 | 2210 | 1775 | 200 | 200 | 200 | 200 | 250 | 250 | 250 | 250 |
| 2 | | 1650~1800 | 2560 | | 200 | 200 | 200 | 200 | 250 | 250 | 250 | 250 |
| 3 | | 2000~2200 | 3010 | | 200 | 200 | 200 | 250 | 250 | 250 | 250 | 250 |
| 4 | | 2400 | 3250 | | 200 | 200 | 200 | 250 | 250 | 250 | 250 | 300 |
| 5 | | 2700 | 3570 | | 200 | 200 | 200 | 250 | 250 | 250 | 300 | 300 |
| 6 | | 3000 | 3910 | | / | 200 | 250 | 250 | / | 250 | 300 | 300 |
| 7 | | 3500 | 4520 | | / | 200 | 250 | 250 | / | 300 | 350 | 400 |
| 8 | | 4000 | 5020 | | / | / | 250 | 300 | / | / | 400 | 400 |
| 9 | 1200 | 1350~1500 | 2305 | 2100 | 200 | 200 | 200 | 200 | 250 | 250 | 250 | 250 |
| 10 | | 1650~1800 | 2560 | | 200 | 200 | 200 | 250 | 250 | 250 | 250 | 250 |
| 11 | | 2000~2200 | 3010 | | 200 | 200 | 200 | 250 | 250 | 250 | 250 | 250 |
| 12 | | 2400 | 3250 | | 200 | 200 | 200 | 250 | 250 | 250 | 250 | 300 |
| 13 | | 2700 | 3570 | | 200 | 200 | 250 | 250 | 250 | 250 | 300 | 300 |
| 14 | | 3000 | 3910 | | / | 200 | 250 | 250 | / | 250 | 300 | 300 |
| 15 | | 3500 | 4520 | | / | 200 | 250 | 250 | / | 300 | 300 | 400 |
| 16 | | 4000 | 5020 | | / | / | 250 | 300 | / | / | 400 | 400 |
| 17 | 1350 | 1500~1800 | 2630 | 2370 | 200 | 200 | 200 | 250 | 250 | 250 | 250 | 250 |
| 18 | | 2000~2200 | 3010 | | 200 | 200 | 200 | 250 | 250 | 250 | 250 | 250 |

| 井编号 | $D_1$ (mm) | $D$ (mm) | $a$ (mm) | $c$ (mm) | $H_2$ (mm) | | | | $b$ (mm) | | | |
|---|---|---|---|---|---|---|---|---|---|---|---|---|
| | | | | | $H$=4m | $H$=5.5m | $H$=7m | $H$=8.5m | $H$=4m | $H$=5.5m | $H$=7m | $H$=8.5m |
| 19 | 1350 | 2400 | 3250 | 2370 | 200 | 200 | 200 | 250 | 250 | 250 | 250 | 300 |
| 20 | | 2700 | 3570 | | 200 | 200 | 250 | 250 | 250 | 250 | 250 | 300 |
| 21 | | 3000 | 3910 | | / | 200 | 250 | 250 | / | 250 | 300 | 300 |
| 22 | | 3500 | 4520 | | / | 200 | 250 | 250 | / | 300 | 300 | 400 |
| 23 | | 4000 | 5020 | | / | / | 200 | 250 | / | / | 400 | 400 |
| 24 | 1500 | 1650~1800 | 2780 | 2605 | 200 | 200 | 200 | 250 | 250 | 250 | 250 | 250 |
| 25 | | 2000~2200 | 3010 | | 200 | 200 | 250 | 250 | 250 | 250 | 250 | 250 |
| 26 | | 2400 | 3250 | | 200 | 200 | 250 | 250 | 250 | 250 | 250 | 300 |
| 27 | | 2700 | 3570 | | 200 | 200 | 250 | 250 | 250 | 250 | 250 | 300 |
| 28 | | 3000 | 3910 | | / | 200 | 250 | 250 | / | 250 | 300 | 300 |
| 29 | | 3500 | 4520 | | / | 200 | 250 | 300 | / | 300 | 300 | 400 |
| 30 | | 4000 | 5020 | | / | / | 250 | 300 | / | / | 350 | 400 |
| 31 | 1650 | 1800~2200 | 3155 | 2845 | 200 | 200 | 250 | 250 | 250 | 250 | 250 | 250 |
| 32 | | 2400 | 3275 | | 200 | 200 | 250 | 250 | 250 | 250 | 250 | 300 |
| 33 | | 2700 | 3570 | | 200 | 200 | 250 | 250 | 250 | 250 | 250 | 300 |
| 34 | | 3000 | 3910 | | / | 200 | 250 | 300 | / | 250 | 300 | 300 |
| 35 | | 3500 | 4520 | | / | 200 | 250 | 300 | / | 300 | 300 | 350 |
| 36 | | 4000 | 5020 | | / | / | 250 | 300 | / | / | 350 | 400 |

| 井编号 | $D_1$ (mm) | $D$ (mm) | $a$ (mm) | $c$ (mm) | $H_2$ (mm) | | | | $b$ (mm) | | | |
|---|---|---|---|---|---|---|---|---|---|---|---|---|
| | | | | | $H$=4m | $H$=5.5m | $H$=7m | $H$=8.5m | $H$=4m | $H$=5.5m | $H$=7m | $H$=8.5m |
| 37 | 1800 | 2000~2200 | 3305 | 3080 | 200 | 200 | 250 | 250 | 250 | 250 | 250 | 250 |
| 38 | | 2400 | 3425 | | 200 | 200 | 250 | 250 | 250 | 250 | 250 | 300 |
| 39 | | 2700 | 3585 | | 200 | 200 | 250 | 250 | 250 | 250 | 250 | 300 |
| 40 | | 3000 | 3910 | | / | 200 | 250 | 300 | / | 250 | 300 | 300 |
| 41 | | 3500 | 4520 | | / | 200 | 250 | 300 | / | 300 | 300 | 350 |
| 42 | | 4000 | 5020 | | / | / | 250 | 300 | / | / | 350 | 400 |
| 43 | 2000 | 3000 | 3955 | 3390 | 200 | 250 | 300 | 300 | 250 | 300 | 300 | 350 |
| 44 | | 3500 | 4520 | | / | 200 | 250 | 300 | / | 300 | 300 | 350 |
| 45 | | 4000 | 5020 | | / | / | 250 | 300 | / | / | 350 | 400 |
| 46 | 2200 | 3500 | 4520 | 3705 | / | 200 | 250 | 300 | / | 300 | 300 | 350 |
| 47 | | 4000 | 5020 | | / | / | 250 | 300 | / | / | 350 | 400 |
| 48 | 2400 | 3500 | 4660 | 4025 | / | 250 | 250 | 300 | / | 300 | 300 | 350 |
| 49 | | 4000 | 5020 | | / | / | 250 | 300 | / | / | 350 | 400 |
| 50 | 2700 | 4000 | 5210 | 4485 | / | / | 300 | 300 | / | / | 350 | 400 |

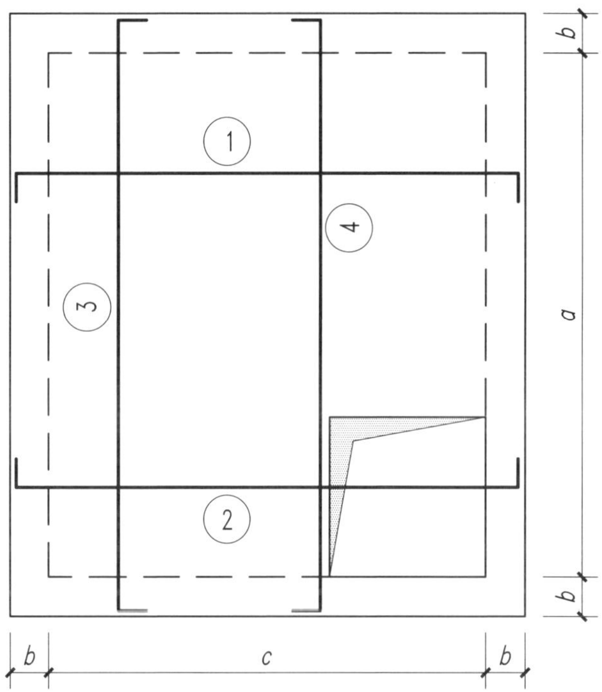


顶板配筋图 1:50

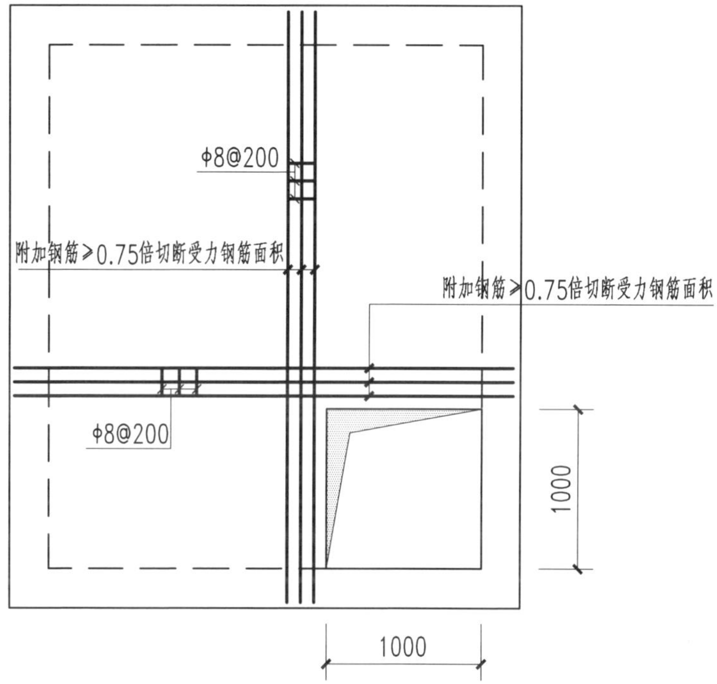


顶板孔口加固图 1:50

| 钢筋混凝土乙式三通交汇检查井<br>顶板配筋图 | 图集号 | 2024沪S204 |
| --- | --- | --- |
| | 页 | 207 |

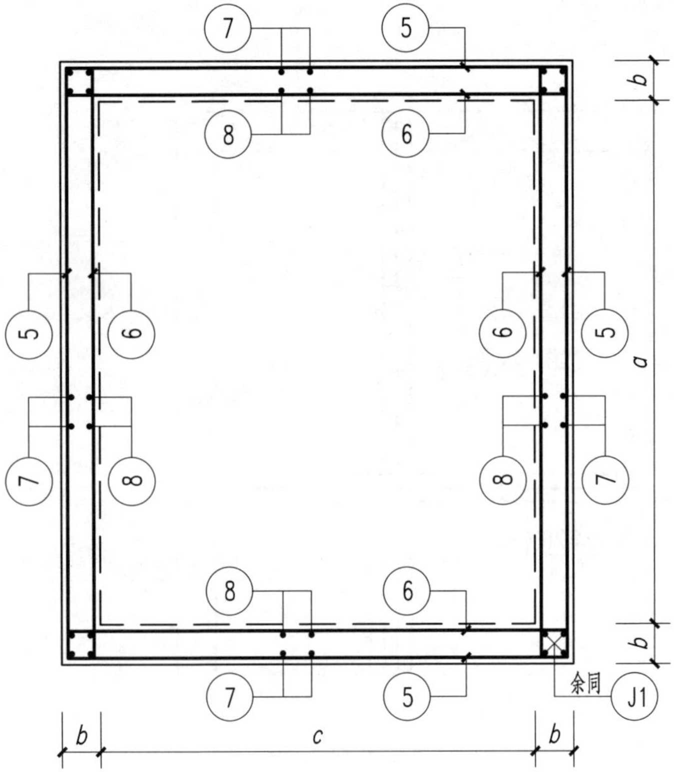


井壁配筋图 1:50

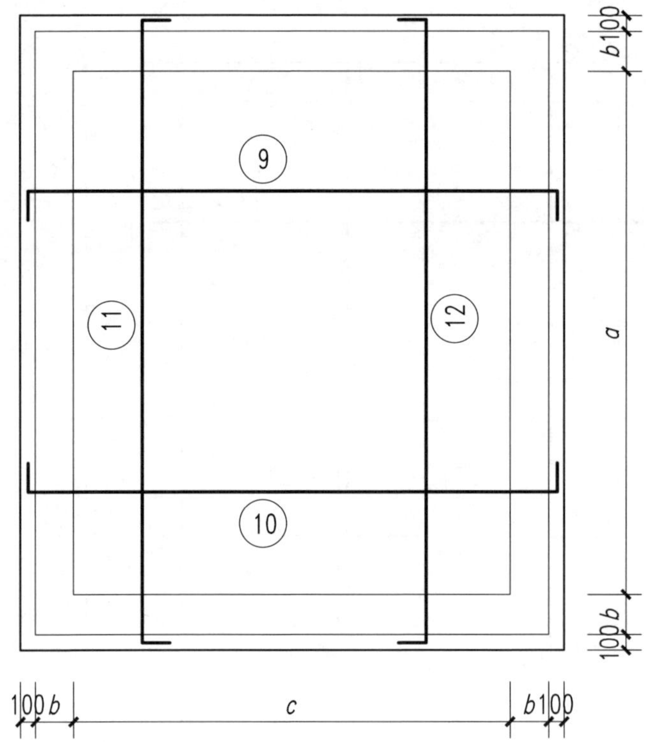


底板配筋图 1:50

说明：

Ⓙ1钢筋直径同⑦和⑧钢筋的较大值。

| 钢筋混凝土乙式三通交汇检查井<br>底板、井壁配筋图 | 图集号 | 2024沪S204 |
| --- | --- | --- |
| | 页 | 208 |

| 井编号 | 深度H (m) | 顶板厚$H_2$ (mm) | 15d 按实 ① | 15d 按实 ② | 15d 按实 ③ | 15d 按实 ④ |
|---|---|---|---|---|---|---|
| 1 | 4.0 | 200 | Φ10@150 | Φ10@150 | Φ10@150 | Φ10@150 |
| | 5.5 | 200 | Φ10@150 | Φ10@150 | Φ10@150 | Φ10@150 |
| | 7.0 | 200 | Φ12@150 | Φ10@150 | Φ12@150 | Φ10@150 |
| | 8.5 | 200 | Φ14@150 | Φ10@150 | Φ12@150 | Φ10@150 |
| 2 | 4.0 | 200 | Φ10@150 | Φ10@150 | Φ10@150 | Φ10@150 |
| | 5.5 | 200 | Φ12@150 | Φ10@150 | Φ10@150 | Φ10@150 |
| | 7.0 | 200 | Φ14@150 | Φ10@150 | Φ10@150 | Φ10@150 |
| | 8.5 | 200 | Φ12@100 | Φ10@150 | Φ12@150 | Φ10@150 |
| 3 | 4.0 | 200 | Φ10@150 | Φ10@150 | Φ10@150 | Φ10@150 |
| | 5.5 | 200 | Φ12@150 | Φ10@150 | Φ10@150 | Φ10@150 |
| | 7.0 | 200 | Φ14@150 | Φ10@150 | Φ10@150 | Φ10@150 |
| | 8.5 | 250 | Φ14@150 | Φ10@150 | Φ10@150 | Φ10@150 |
| 4 | 4.0 | 200 | Φ10@150 | Φ10@150 | Φ10@150 | Φ10@150 |
| | 5.5 | 200 | Φ12@150 | Φ10@150 | Φ10@150 | Φ10@150 |
| | 7.0 | 200 | Φ12@100 | Φ10@150 | Φ10@150 | Φ10@150 |
| | 8.5 | 250 | Φ12@100 | Φ10@150 | Φ10@150 | Φ10@150 |
| 5 | 4.0 | 200 | Φ10@150 | Φ10@150 | Φ10@150 | Φ10@150 |
| | 5.5 | 200 | Φ12@150 | Φ10@150 | Φ10@150 | Φ10@150 |
| | 7.0 | 200 | Φ12@100 | Φ10@150 | Φ10@150 | Φ10@150 |
| | 8.5 | 250 | Φ12@100 | Φ10@150 | Φ10@150 | Φ10@150 |
| 6 | 4.0 | | | | | |
| | 5.5 | 200 | Φ10@100 | Φ10@150 | Φ10@150 | Φ10@150 |
| | 7.0 | 250 | Φ14@150 | Φ10@150 | Φ10@150 | Φ10@150 |
| | 8.5 | 250 | Φ16@150 | Φ10@150 | Φ10@150 | Φ10@150 |

| 井编号 | 深度H (m) | 顶板厚$H_2$ (mm) | 15d 按实 ① | 15d 按实 ② | 15d 按实 ③ | 15d 按实 ④ |
|---|---|---|---|---|---|---|
| 7 | 4.0 | | | | | |
| | 5.5 | 200 | Φ14@150 | Φ10@150 | Φ10@150 | Φ10@150 |
| | 7.0 | 250 | Φ14@150 | Φ10@150 | Φ10@150 | Φ10@150 |
| | 8.5 | 250 | Φ14@100 | Φ10@150 | Φ10@150 | Φ10@150 |
| 8 | 4.0 | | | | | |
| | 5.5 | | | | | |
| | 7.0 | 250 | Φ12@100 | Φ10@150 | Φ10@150 | Φ10@150 |
| | 8.5 | 300 | Φ16@150 | Φ12@150 | Φ12@150 | Φ12@150 |
| 9 | 4.0 | 200 | Φ10@150 | Φ10@150 | Φ10@150 | Φ10@150 |
| | 5.5 | 200 | Φ12@150 | Φ10@150 | Φ12@150 | Φ10@150 |
| | 7.0 | 200 | Φ14@150 | Φ10@150 | Φ12@150 | Φ10@150 |
| | 8.5 | 200 | Φ12@100 | Φ12@150 | Φ14@150 | Φ10@150 |
| 10 | 4.0 | 200 | Φ10@150 | Φ10@150 | Φ10@150 | Φ10@150 |
| | 5.5 | 200 | Φ12@150 | Φ10@150 | Φ10@150 | Φ10@150 |
| | 7.0 | 200 | Φ14@150 | Φ10@150 | Φ12@150 | Φ10@150 |
| | 8.5 | 250 | Φ14@150 | Φ12@150 | Φ12@150 | Φ10@150 |
| 11 | 4.0 | 200 | Φ10@150 | Φ10@150 | Φ10@150 | Φ10@150 |
| | 5.5 | 200 | Φ12@150 | Φ10@150 | Φ10@150 | Φ10@150 |
| | 7.0 | 200 | Φ12@100 | Φ10@150 | Φ12@150 | Φ10@150 |
| | 8.5 | 250 | Φ12@100 | Φ12@150 | Φ12@150 | Φ10@150 |
| 12 | 4.0 | 200 | Φ10@150 | Φ10@150 | Φ10@150 | Φ10@150 |
| | 5.5 | 200 | Φ10@100 | Φ10@150 | Φ10@150 | Φ10@150 |
| | 7.0 | 200 | Φ12@100 | Φ10@150 | Φ12@150 | Φ10@150 |
| | 8.5 | 250 | Φ12@100 | Φ12@150 | Φ12@150 | Φ10@150 |

| 井编号 | 深度$H$ (m) | 顶板厚$H_2$ (mm) | 15d 按实 ① | 15d 按实 ② | 15d 按实 ③ | 15d 按实 ④ |
|---|---|---|---|---|---|---|
| 13 | 4.0 | 200 | Φ10@150 | Φ10@150 | Φ10@150 | Φ10@150 |
| | 5.5 | 200 | Φ14@150 | Φ10@150 | Φ10@150 | Φ10@150 |
| | 7.0 | 250 | Φ14@150 | Φ10@150 | Φ10@150 | Φ10@150 |
| | 8.5 | 250 | Φ16@150 | Φ10@150 | Φ10@150 | Φ10@150 |
| 14 | 4.0 | | | | | |
| | 5.5 | 200 | Φ14@150 | Φ10@150 | Φ10@150 | Φ10@150 |
| | 7.0 | 250 | Φ14@150 | Φ10@150 | Φ10@150 | Φ10@150 |
| | 8.5 | 250 | Φ14@100 | Φ10@150 | Φ10@150 | Φ10@150 |
| 15 | 4.0 | | | | | |
| | 5.5 | 200 | Φ14@150 | Φ10@150 | Φ10@150 | Φ10@150 |
| | 7.0 | 250 | Φ12@100 | Φ10@150 | Φ10@150 | Φ10@150 |
| | 8.5 | 250 | Φ14@100 | Φ10@150 | Φ10@150 | Φ10@150 |
| 16 | 4.0 | | | | | |
| | 5.5 | | | | | |
| | 7.0 | 250 | Φ12@100 | Φ10@150 | Φ10@150 | Φ10@150 |
| | 8.5 | 300 | Φ14@100 | Φ12@150 | Φ12@150 | Φ12@150 |
| 17 | 4.0 | 200 | Φ10@150 | Φ10@150 | Φ10@150 | Φ10@150 |
| | 5.5 | 200 | Φ12@150 | Φ10@150 | Φ12@150 | Φ10@150 |
| | 7.0 | 200 | Φ14@150 | Φ10@150 | Φ14@150 | Φ10@150 |
| | 8.5 | 250 | Φ14@150 | Φ12@150 | Φ14@150 | Φ10@150 |
| 18 | 4.0 | 200 | Φ10@150 | Φ10@150 | Φ10@150 | Φ10@150 |
| | 5.5 | 200 | Φ12@150 | Φ10@150 | Φ12@150 | Φ10@150 |
| | 7.0 | 200 | Φ12@100 | Φ10@150 | Φ14@150 | Φ10@150 |
| | 8.5 | 250 | Φ12@100 | Φ12@150 | Φ14@150 | Φ10@150 |
| 19 | 4.0 | 200 | Φ10@150 | Φ10@150 | Φ10@150 | Φ10@150 |
| | 5.5 | 200 | Φ12@150 | Φ10@150 | Φ10@150 | Φ10@150 |
| | 7.0 | 200 | Φ12@100 | Φ12@150 | Φ10@100 | Φ10@150 |
| | 8.5 | 250 | Φ12@100 | Φ12@150 | Φ10@100 | Φ10@150 |
| 20 | 4.0 | 200 | Φ10@150 | Φ10@150 | Φ10@150 | Φ10@150 |
| | 5.5 | 200 | Φ12@150 | Φ10@150 | Φ10@150 | Φ10@150 |
| | 7.0 | 250 | Φ14@150 | Φ10@150 | Φ12@150 | Φ10@150 |
| | 8.5 | 250 | Φ12@100 | Φ12@150 | Φ12@150 | Φ10@150 |
| 21 | 4.0 | | | | | |
| | 5.5 | 200 | Φ12@150 | Φ10@150 | Φ10@150 | Φ10@150 |
| | 7.0 | 250 | Φ14@150 | Φ10@150 | Φ10@150 | Φ10@150 |
| | 8.5 | 250 | Φ16@150 | Φ12@150 | Φ12@150 | Φ10@150 |
| 22 | 4.0 | | | | | |
| | 5.5 | 200 | Φ12@150 | Φ10@150 | Φ10@150 | Φ10@150 |
| | 7.0 | 250 | Φ14@150 | Φ10@150 | Φ10@150 | Φ10@150 |
| | 8.5 | 250 | Φ16@150 | Φ10@150 | Φ10@150 | Φ10@150 |
| 23 | 4.0 | | | | | |
| | 5.5 | | | | | |
| | 7.0 | 200 | Φ12@100 | Φ10@150 | Φ10@150 | Φ10@150 |
| | 8.5 | 250 | Φ16@150 | Φ10@150 | Φ10@150 | Φ10@150 |
| 24 | 4.0 | 200 | Φ10@150 | Φ10@150 | Φ10@150 | Φ10@150 |
| | 5.5 | 200 | Φ10@100 | Φ10@150 | Φ12@150 | Φ10@150 |
| | 7.0 | 200 | Φ12@100 | Φ12@150 | Φ12@100 | Φ12@150 |
| | 8.5 | 250 | Φ12@100 | Φ12@150 | Φ14@150 | Φ12@150 |

| 井编号 | 深度$H$ (m) | 顶板厚$H_2$ (mm) | 15d 按实 ① | 15d 按实 ② | 15d 按实 ③ | 15d 按实 ④ | 井编号 | 深度$H$ (m) | 顶板厚$H_2$ (mm) | 15d 按实 ① | 15d 按实 ② | 15d 按实 ③ | 15d 按实 ④ |
|---|---|---|---|---|---|---|---|---|---|---|---|---|---|
| 25 | 4.0 | 200 | ϕ10@150 | ϕ10@150 | ϕ10@150 | ϕ10@150 | 31 | 4.0 | 200 | ϕ10@150 | ϕ10@150 | ϕ10@150 | ϕ10@150 |
| | 5.5 | 200 | ϕ14@150 | ϕ10@150 | ϕ12@150 | ϕ10@150 | | 5.5 | 200 | ϕ14@150 | ϕ10@150 | ϕ10@100 | ϕ10@150 |
| | 7.0 | 250 | ϕ16@150 | ϕ12@150 | ϕ14@150 | ϕ10@150 | | 7.0 | 250 | ϕ14@150 | ϕ12@150 | ϕ14@150 | ϕ10@150 |
| | 8.5 | 250 | ϕ12@100 | ϕ12@150 | ϕ14@150 | ϕ12@150 | | 8.5 | 250 | ϕ14@100 | ϕ12@150 | ϕ12@100 | ϕ12@150 |
| 26 | 4.0 | 200 | ϕ10@150 | ϕ10@150 | ϕ10@150 | ϕ10@150 | 32 | 4.0 | 200 | ϕ10@150 | ϕ10@150 | ϕ10@150 | ϕ10@150 |
| | 5.5 | 200 | ϕ14@150 | ϕ10@150 | ϕ12@150 | ϕ10@150 | | 5.5 | 200 | ϕ14@150 | ϕ10@150 | ϕ12@150 | ϕ10@150 |
| | 7.0 | 250 | ϕ14@150 | ϕ10@150 | ϕ12@150 | ϕ10@150 | | 7.0 | 250 | ϕ14@150 | ϕ12@150 | ϕ14@150 | ϕ10@150 |
| | 8.5 | 250 | ϕ14@100 | ϕ12@150 | ϕ14@150 | ϕ10@150 | | 8.5 | 250 | ϕ14@100 | ϕ12@150 | ϕ12@100 | ϕ12@150 |
| 27 | 4.0 | 200 | ϕ10@150 | ϕ10@150 | ϕ10@150 | ϕ10@150 | 33 | 4.0 | 200 | ϕ10@150 | ϕ10@150 | ϕ10@150 | ϕ10@150 |
| | 5.5 | 200 | ϕ14@150 | ϕ10@150 | ϕ10@150 | ϕ10@150 | | 5.5 | 200 | ϕ14@150 | ϕ10@150 | ϕ12@150 | ϕ10@150 |
| | 7.0 | 250 | ϕ14@150 | ϕ10@150 | ϕ12@150 | ϕ10@150 | | 7.0 | 250 | ϕ12@100 | ϕ12@150 | ϕ12@150 | ϕ10@150 |
| | 8.5 | 250 | ϕ14@100 | ϕ12@150 | ϕ14@150 | ϕ10@150 | | 8.5 | 250 | ϕ14@100 | ϕ12@150 | ϕ14@150 | ϕ12@150 |
| 28 | 4.0 | | | | | | 34 | 4.0 | | | | | |
| | 5.5 | 200 | ϕ14@150 | ϕ10@150 | ϕ10@150 | ϕ10@150 | | 5.5 | 200 | ϕ14@150 | ϕ10@150 | ϕ10@150 | ϕ10@150 |
| | 7.0 | 250 | ϕ12@100 | ϕ10@150 | ϕ12@150 | ϕ10@150 | | 7.0 | 250 | ϕ12@100 | ϕ10@150 | ϕ12@150 | ϕ10@150 |
| | 8.5 | 250 | ϕ14@100 | ϕ12@150 | ϕ12@150 | ϕ10@150 | | 8.5 | 300 | ϕ16@150 | ϕ12@150 | ϕ10@100 | ϕ12@150 |
| 29 | 4.0 | | | | | | 35 | 4.0 | | | | | |
| | 5.5 | 200 | ϕ14@150 | ϕ10@150 | ϕ10@150 | ϕ10@150 | | 5.5 | 200 | ϕ14@150 | ϕ10@150 | ϕ10@150 | ϕ10@150 |
| | 7.0 | 250 | ϕ12@100 | ϕ10@150 | ϕ10@150 | ϕ10@150 | | 7.0 | 250 | ϕ16@150 | ϕ10@150 | ϕ10@150 | ϕ10@150 |
| | 8.5 | 300 | ϕ14@100 | ϕ12@150 | ϕ12@150 | ϕ12@150 | | 8.5 | 300 | ϕ14@100 | ϕ12@150 | ϕ12@150 | ϕ12@150 |
| 30 | 4.0 | | | | | | 36 | 4.0 | | | | | |
| | 5.5 | | | | | | | 5.5 | | | | | |
| | 7.0 | 250 | ϕ16@150 | ϕ10@150 | ϕ10@150 | ϕ10@150 | | 7.0 | 250 | ϕ16@150 | ϕ10@150 | ϕ10@150 | ϕ10@150 |
| | 8.5 | 300 | ϕ14@100 | ϕ12@150 | ϕ12@150 | ϕ12@150 | | 8.5 | 300 | ϕ14@100 | ϕ12@150 | ϕ12@150 | ϕ12@150 |

| 钢筋混凝土乙式三通交汇检查井<br>顶板配筋表（三） | 图集号 | 2024沪S204 |
|---|---|---|
| | 页 | 211 |

| 井编号 | 深度$H$ (m) | 顶板厚$H_2$ (mm) | 15d 按实 ① | 15d 按实 ② | 15d 按实 ③ | 15d 按实 ④ |
|---|---|---|---|---|---|---|
| 37 | 4.0 | 200 | Φ12@150 | Φ10@150 | Φ10@150 | Φ10@150 |
| | 5.5 | 200 | Φ14@150 | Φ10@150 | Φ14@150 | Φ10@150 |
| | 7.0 | 250 | Φ12@100 | Φ12@150 | Φ14@150 | Φ12@150 |
| | 8.5 | 250 | Φ14@100 | Φ12@150 | Φ14@100 | Φ12@150 |
| 38 | 4.0 | 200 | Φ12@150 | Φ10@150 | Φ10@150 | Φ10@150 |
| | 5.5 | 200 | Φ14@150 | Φ10@150 | Φ14@150 | Φ10@150 |
| | 7.0 | 250 | Φ12@100 | Φ12@150 | Φ14@150 | Φ12@150 |
| | 8.5 | 250 | Φ14@100 | Φ12@150 | Φ14@100 | Φ12@150 |
| 39 | 4.0 | 200 | Φ10@150 | Φ10@150 | Φ10@150 | Φ10@150 |
| | 5.5 | 200 | Φ14@150 | Φ10@150 | Φ10@100 | Φ10@150 |
| | 7.0 | 250 | Φ12@100 | Φ12@150 | Φ14@150 | Φ10@150 |
| | 8.5 | 250 | Φ14@100 | Φ12@150 | Φ16@150 | Φ12@150 |
| 40 | 4.0 | | | | | |
| | 5.5 | 200 | Φ14@150 | Φ10@150 | Φ12@150 | Φ10@150 |
| | 7.0 | 250 | Φ12@100 | Φ12@150 | Φ10@100 | Φ10@150 |
| | 8.5 | 300 | Φ16@150 | Φ12@150 | Φ14@150 | Φ12@150 |
| 41 | 4.0 | | | | | |
| | 5.5 | 200 | Φ14@150 | Φ10@150 | Φ10@150 | Φ10@150 |
| | 7.0 | 250 | Φ16@150 | Φ10@150 | Φ12@150 | Φ10@150 |
| | 8.5 | 300 | Φ14@100 | Φ12@150 | Φ10@100 | Φ12@150 |
| 42 | 4.0 | | | | | |
| | 5.5 | | | | | |
| | 7.0 | 250 | Φ14@100 | Φ10@150 | Φ10@150 | Φ10@150 |
| | 8.5 | 300 | Φ14@100 | Φ12@150 | Φ12@150 | Φ12@150 |

| 井编号 | 深度$H$ (m) | 顶板厚$H_2$ (mm) | 15d 按实 ① | 15d 按实 ② | 15d 按实 ③ | 15d 按实 ④ |
|---|---|---|---|---|---|---|
| 43 | 4.0 | 200 | Φ12@100 | Φ10@150 | Φ14@150 | Φ10@150 |
| | 5.5 | 250 | Φ16@150 | Φ12@150 | Φ14@150 | Φ10@150 |
| | 7.0 | 300 | Φ14@100 | Φ12@150 | Φ12@100 | Φ12@150 |
| | 8.5 | 300 | Φ16@100 | Φ14@150 | Φ14@100 | Φ10@100 |
| 44 | 4.0 | | | | | |
| | 5.5 | 200 | Φ12@100 | Φ10@150 | Φ12@150 | Φ10@150 |
| | 7.0 | 250 | Φ14@100 | Φ12@150 | Φ10@100 | Φ10@150 |
| | 8.5 | 300 | Φ14@100 | Φ12@150 | Φ14@150 | Φ12@150 |
| 45 | 4.0 | | | | | |
| | 5.5 | | | | | |
| | 7.0 | 250 | Φ14@100 | Φ10@150 | Φ12@150 | Φ10@150 |
| | 8.5 | 300 | Φ16@100 | Φ12@150 | Φ10@100 | Φ12@150 |
| 46 | 4.0 | | | | | |
| | 5.5 | 200 | Φ12@100 | Φ10@150 | Φ10@100 | Φ10@150 |
| | 7.0 | 250 | Φ14@100 | Φ12@150 | Φ14@150 | Φ10@150 |
| | 8.5 | 300 | Φ16@100 | Φ10@100 | Φ12@100 | Φ12@150 |
| 47 | 4.0 | | | | | |
| | 5.5 | | | | | |
| | 7.0 | 250 | Φ14@100 | Φ10@150 | Φ12@150 | Φ10@150 |
| | 8.5 | 300 | Φ16@100 | Φ12@150 | Φ14@150 | Φ12@150 |
| 48 | 4.0 | | | | | |
| | 5.5 | 250 | Φ14@150 | Φ10@150 | Φ12@150 | Φ10@150 |
| | 7.0 | 250 | Φ14@100 | Φ12@150 | Φ16@150 | Φ12@150 |
| | 8.5 | 300 | Φ16@100 | Φ10@100 | Φ14@100 | Φ12@150 |

| 井编号 | 深度$H$ (m) | 顶板厚$H_2$ (mm) | 15d 按实 ① | 15d 按实 ② | 15d 按实 ③ | 15d 按实 ④ |
|---|---|---|---|---|---|---|
| 49 | 4.0 | | | | | |
| | 5.5 | | | | | |
| | 7.0 | 250 | ⌀14@100 | ⌀12@150 | ⌀14@150 | ⌀10@150 |
| | 8.5 | 300 | ⌀16@100 | ⌀10@100 | ⌀16@150 | ⌀12@150 |
| 50 | 4.0 | | | | | |
| | 5.5 | | | | | |
| | 7.0 | 300 | ⌀16@150 | ⌀12@150 | ⌀14@150 | ⌀12@150 |
| | 8.5 | 300 | ⌀16@100 | ⌀14@150 | ⌀14@100 | ⌀12@150 |

| 井编号 | 深度$H$ (m) | 井壁厚$b$ (mm) | 15$d$ 按实 ⑤ | 15$d$ 按实 ⑥ | 15$d$ 按实 ⑦ | 15$d$ 按实 ⑧ | 井编号 | 深度$H$ (m) | 井壁厚$b$ (mm) | 15$d$ 按实 ⑤ | 15$d$ 按实 ⑥ | 15$d$ 按实 ⑦ | 15$d$ 按实 ⑧ |
|---|---|---|---|---|---|---|---|---|---|---|---|---|---|
| 1 | 4.0 | 250 | Φ10@150 | Φ10@150 | Φ10@150 | Φ10@150 | 7 | 4.0 |  |  |  |  |  |
|  | 5.5 | 250 | Φ10@150 | Φ10@150 | Φ10@150 | Φ10@150 |  | 5.5 | 300 | Φ10@100 | Φ12@150 | Φ14@100 | Φ12@150 |
|  | 7.0 | 250 | Φ12@150 | Φ10@150 | Φ12@150 | Φ10@150 |  | 7.0 | 350 | Φ14@150 | Φ10@100 | Φ16@100 | Φ10@100 |
|  | 8.5 | 250 | Φ12@150 | Φ10@150 | Φ12@150 | Φ10@150 |  | 8.5 | 400 | Φ12@100 | Φ14@150 | Φ16@100 | Φ14@150 |
| 2 | 4.0 | 250 | Φ10@150 | Φ10@150 | Φ10@150 | Φ10@150 | 8 | 4.0 |  |  |  |  |  |
|  | 5.5 | 250 | Φ10@150 | Φ10@150 | Φ12@150 | Φ10@150 |  | 5.5 |  |  |  |  |  |
|  | 7.0 | 250 | Φ12@150 | Φ10@150 | Φ10@100 | Φ10@150 |  | 7.0 | 400 | Φ14@150 | Φ14@150 | Φ16@100 | Φ14@150 |
|  | 8.5 | 250 | Φ12@150 | Φ10@150 | Φ14@150 | Φ10@150 |  | 8.5 | 400 | Φ12@100 | Φ12@100 | Φ18@100 | Φ12@100 |
| 3 | 4.0 | 250 | Φ10@150 | Φ10@150 | Φ12@150 | Φ10@150 | 9 | 4.0 | 250 | Φ10@150 | Φ10@150 | Φ10@150 | Φ10@150 |
|  | 5.5 | 250 | Φ12@150 | Φ10@150 | Φ14@150 | Φ10@150 |  | 5.5 | 250 | Φ10@150 | Φ10@150 | Φ12@150 | Φ10@150 |
|  | 7.0 | 250 | Φ12@150 | Φ10@150 | Φ12@100 | Φ12@150 |  | 7.0 | 250 | Φ12@150 | Φ10@150 | Φ12@150 | Φ10@150 |
|  | 8.5 | 250 | Φ14@150 | Φ12@150 | Φ14@100 | Φ12@150 |  | 8.5 | 250 | Φ12@150 | Φ10@150 | Φ12@150 | Φ10@150 |
| 4 | 4.0 | 250 | Φ10@150 | Φ10@150 | Φ12@150 | Φ10@150 | 10 | 4.0 | 250 | Φ10@150 | Φ10@150 | Φ10@150 | Φ10@150 |
|  | 5.5 | 250 | Φ12@150 | Φ10@150 | Φ14@150 | Φ10@150 |  | 5.5 | 250 | Φ12@150 | Φ10@150 | Φ12@150 | Φ10@150 |
|  | 7.0 | 250 | Φ10@100 | Φ12@150 | Φ14@100 | Φ12@150 |  | 7.0 | 250 | Φ12@150 | Φ10@150 | Φ12@150 | Φ10@150 |
|  | 8.5 | 300 | Φ10@100 | Φ12@150 | Φ14@100 | Φ12@150 |  | 8.5 | 250 | Φ10@100 | Φ10@150 | Φ14@150 | Φ10@150 |
| 5 | 4.0 | 250 | Φ10@150 | Φ10@150 | Φ12@150 | Φ10@150 | 11 | 4.0 | 250 | Φ10@150 | Φ10@150 | Φ12@150 | Φ10@150 |
|  | 5.5 | 250 | Φ12@150 | Φ10@150 | Φ12@100 | Φ12@150 |  | 5.5 | 250 | Φ12@150 | Φ10@150 | Φ10@100 | Φ10@150 |
|  | 7.0 | 300 | Φ10@100 | Φ12@150 | Φ16@150 | Φ12@150 |  | 7.0 | 250 | Φ10@100 | Φ10@150 | Φ12@100 | Φ10@150 |
|  | 8.5 | 300 | Φ14@150 | Φ12@150 | Φ16@100 | Φ10@100 |  | 8.5 | 250 | Φ14@150 | Φ12@150 | Φ14@100 | Φ12@150 |
| 6 | 4.0 |  |  |  |  |  | 12 | 4.0 | 250 | Φ10@150 | Φ10@150 | Φ12@150 | Φ10@150 |
|  | 5.5 | 250 | Φ12@150 | Φ12@150 | Φ14@100 | Φ12@150 |  | 5.5 | 250 | Φ12@150 | Φ10@150 | Φ14@150 | Φ10@150 |
|  | 7.0 | 300 | Φ10@100 | Φ12@150 | Φ14@100 | Φ12@150 |  | 7.0 | 250 | Φ14@150 | Φ12@150 | Φ14@100 | Φ12@150 |
|  | 8.5 | 300 | Φ12@100 | Φ10@100 | Φ16@100 | Φ10@100 |  | 8.5 | 300 | Φ14@150 | Φ12@150 | Φ16@150 | Φ12@150 |

# 钢筋混凝土乙式三通交汇检查井井壁配筋表（一）

| 井编号 | 深度$H$ (m) | 井壁厚$b$ (mm) | 15d 按实 ⑤ | 15d 按实 ⑥ | 15d 按实 ⑦ | 15d 按实 ⑧ |
|---|---|---|---|---|---|---|
| 13 | 4.0 | 250 | Φ10@150 | Φ10@150 | Φ12@150 | Φ10@150 |
| | 5.5 | 250 | Φ12@150 | Φ10@150 | Φ12@100 | Φ10@150 |
| | 7.0 | 300 | Φ10@100 | Φ12@150 | Φ12@100 | Φ12@150 |
| | 8.5 | 300 | Φ14@150 | Φ12@150 | Φ16@100 | Φ12@150 |
| 14 | 4.0 | | | | | |
| | 5.5 | 250 | Φ12@150 | Φ12@150 | Φ14@100 | Φ12@150 |
| | 7.0 | 300 | Φ14@150 | Φ12@150 | Φ14@100 | Φ12@150 |
| | 8.5 | 300 | Φ12@100 | Φ10@100 | Φ16@100 | Φ10@100 |
| 15 | 4.0 | | | | | |
| | 5.5 | 300 | Φ10@100 | Φ12@150 | Φ14@100 | Φ12@150 |
| | 7.0 | 300 | Φ14@150 | Φ10@100 | Φ16@100 | Φ10@100 |
| | 8.5 | 400 | Φ12@100 | Φ14@150 | Φ16@100 | Φ14@150 |
| 16 | 4.0 | | | | | |
| | 5.5 | | | | | |
| | 7.0 | 400 | Φ12@100 | Φ14@150 | Φ16@100 | Φ14@150 |
| | 8.5 | 400 | Φ12@100 | Φ12@100 | Φ18@100 | Φ12@100 |
| 17 | 4.0 | 250 | Φ10@150 | Φ10@150 | Φ10@150 | Φ10@150 |
| | 5.5 | 250 | Φ12@150 | Φ10@150 | Φ12@150 | Φ10@150 |
| | 7.0 | 250 | Φ12@150 | Φ10@150 | Φ10@100 | Φ10@150 |
| | 8.5 | 250 | Φ10@100 | Φ10@150 | Φ14@150 | Φ10@150 |
| 18 | 4.0 | 250 | Φ10@150 | Φ10@150 | Φ12@150 | Φ10@150 |
| | 5.5 | 250 | Φ12@150 | Φ10@150 | Φ12@150 | Φ10@150 |
| | 7.0 | 250 | Φ10@100 | Φ10@150 | Φ12@100 | Φ10@150 |
| | 8.5 | 250 | Φ12@100 | Φ12@150 | Φ14@100 | Φ12@150 |

| 井编号 | 深度$H$ (m) | 井壁厚$b$ (mm) | 15d 按实 ⑤ | 15d 按实 ⑥ | 15d 按实 ⑦ | 15d 按实 ⑧ |
|---|---|---|---|---|---|---|
| 19 | 4.0 | 250 | Φ10@150 | Φ10@150 | Φ12@150 | Φ10@150 |
| | 5.5 | 250 | Φ12@150 | Φ10@150 | Φ14@150 | Φ10@150 |
| | 7.0 | 250 | Φ14@150 | Φ12@150 | Φ16@150 | Φ12@150 |
| | 8.5 | 300 | Φ14@150 | Φ12@150 | Φ12@100 | Φ12@150 |
| 20 | 4.0 | 250 | Φ12@150 | Φ10@150 | Φ12@150 | Φ10@150 |
| | 5.5 | 250 | Φ12@150 | Φ10@150 | Φ12@100 | Φ10@150 |
| | 7.0 | 250 | Φ12@100 | Φ12@150 | Φ14@100 | Φ12@150 |
| | 8.5 | 300 | Φ12@100 | Φ12@150 | Φ14@100 | Φ12@150 |
| 21 | 4.0 | | | | | |
| | 5.5 | 250 | Φ14@150 | Φ12@150 | Φ14@100 | Φ12@150 |
| | 7.0 | 300 | Φ14@150 | Φ12@150 | Φ14@100 | Φ12@150 |
| | 8.5 | 300 | Φ12@100 | Φ10@100 | Φ16@100 | Φ10@100 |
| 22 | 4.0 | | | | | |
| | 5.5 | 300 | Φ10@100 | Φ12@150 | Φ14@100 | Φ12@150 |
| | 7.0 | 300 | Φ12@100 | Φ10@100 | Φ16@100 | Φ10@100 |
| | 8.5 | 400 | Φ12@100 | Φ14@150 | Φ16@100 | Φ14@150 |
| 23 | 4.0 | | | | | |
| | 5.5 | | | | | |
| | 7.0 | 400 | Φ12@100 | Φ14@150 | Φ16@100 | Φ14@150 |
| | 8.5 | 400 | Φ16@150 | Φ12@100 | Φ18@100 | Φ12@100 |
| 24 | 4.0 | 250 | Φ10@150 | Φ10@150 | Φ10@150 | Φ10@150 |
| | 5.5 | 250 | Φ12@150 | Φ10@150 | Φ12@150 | Φ10@150 |
| | 7.0 | 250 | Φ12@150 | Φ10@150 | Φ14@150 | Φ10@150 |
| | 8.5 | 250 | Φ14@150 | Φ10@150 | Φ12@100 | Φ12@150 |

| 井编号 | 深度H (m) | 井壁厚b (mm) | 15d ⑤ 按实 | 15d ⑥ 按实 | 15d ⑦ 按实 | 15d ⑧ 按实 | 井编号 | 深度H (m) | 井壁厚b (mm) | 15d ⑤ 按实 | 15d ⑥ 按实 | 15d ⑦ 按实 | 15d ⑧ 按实 |
|---|---|---|---|---|---|---|---|---|---|---|---|---|---|
| 25 | 4.0 | 250 | Φ10@150 | Φ10@150 | Φ12@150 | Φ10@150 | 31 | 4.0 | 250 | Φ10@150 | Φ10@150 | Φ12@150 | Φ10@150 |
| | 5.5 | 250 | Φ12@150 | Φ10@150 | Φ12@150 | Φ10@150 | | 5.5 | 250 | Φ12@150 | Φ10@150 | Φ10@100 | Φ10@150 |
| | 7.0 | 250 | Φ14@150 | Φ10@150 | Φ12@100 | Φ10@150 | | 7.0 | 250 | Φ14@150 | Φ10@150 | Φ12@100 | Φ12@150 |
| | 8.5 | 250 | Φ12@100 | Φ12@150 | Φ14@100 | Φ12@150 | | 8.5 | 250 | Φ12@100 | Φ12@150 | Φ14@100 | Φ12@150 |
| 26 | 4.0 | 250 | Φ10@150 | Φ10@150 | Φ12@150 | Φ10@150 | 32 | 4.0 | 250 | Φ10@150 | Φ10@150 | Φ12@150 | Φ10@150 |
| | 5.5 | 250 | Φ12@150 | Φ10@150 | Φ14@150 | Φ10@150 | | 5.5 | 250 | Φ12@150 | Φ10@150 | Φ14@150 | Φ10@150 |
| | 7.0 | 250 | Φ14@150 | Φ12@150 | Φ16@150 | Φ12@150 | | 7.0 | 250 | Φ14@150 | Φ12@150 | Φ16@150 | Φ12@150 |
| | 8.5 | 300 | Φ14@150 | Φ12@150 | Φ12@100 | Φ12@150 | | 8.5 | 300 | Φ14@150 | Φ12@150 | Φ12@100 | Φ12@150 |
| 27 | 4.0 | 250 | Φ12@150 | Φ10@150 | Φ12@150 | Φ10@150 | 33 | 4.0 | 250 | Φ12@150 | Φ10@150 | Φ12@150 | Φ10@150 |
| | 5.5 | 250 | Φ12@150 | Φ10@150 | Φ12@100 | Φ10@150 | | 5.5 | 250 | Φ10@100 | Φ10@150 | Φ12@100 | Φ10@150 |
| | 7.0 | 250 | Φ12@100 | Φ12@150 | Φ14@100 | Φ12@150 | | 7.0 | 250 | Φ12@100 | Φ12@150 | Φ14@100 | Φ12@150 |
| | 8.5 | 300 | Φ12@100 | Φ12@150 | Φ14@100 | Φ12@150 | | 8.5 | 300 | Φ12@100 | Φ12@150 | Φ14@100 | Φ12@150 |
| 28 | 4.0 | | | | | | 34 | 4.0 | | | | | |
| | 5.5 | 250 | Φ14@150 | Φ12@150 | Φ14@100 | Φ12@150 | | 5.5 | 250 | Φ10@100 | Φ12@150 | Φ16@150 | Φ12@150 |
| | 7.0 | 300 | Φ14@150 | Φ12@150 | Φ14@100 | Φ12@150 | | 7.0 | 300 | Φ14@150 | Φ12@150 | Φ14@100 | Φ12@150 |
| | 8.5 | 300 | Φ16@150 | Φ10@100 | Φ16@100 | Φ10@100 | | 8.5 | 300 | Φ14@100 | Φ10@100 | Φ16@100 | Φ10@100 |
| 29 | 4.0 | | | | | | 35 | 4.0 | | | | | |
| | 5.5 | 300 | Φ10@100 | Φ12@150 | Φ14@100 | Φ12@150 | | 5.5 | 300 | Φ14@150 | Φ12@150 | Φ16@150 | Φ12@150 |
| | 7.0 | 300 | Φ12@100 | Φ10@100 | Φ16@100 | Φ10@100 | | 7.0 | 300 | Φ12@100 | Φ10@100 | Φ16@100 | Φ10@100 |
| | 8.5 | 400 | Φ12@100 | Φ14@150 | Φ16@100 | Φ14@150 | | 8.5 | 350 | Φ16@150 | Φ14@150 | Φ16@100 | Φ14@150 |
| 30 | 4.0 | | | | | | 36 | 4.0 | | | | | |
| | 5.5 | | | | | | | 5.5 | | | | | |
| | 7.0 | 350 | Φ12@100 | Φ10@100 | Φ16@100 | Φ10@100 | | 7.0 | 350 | Φ12@100 | Φ10@100 | Φ16@100 | Φ10@100 |
| | 8.5 | 400 | Φ16@150 | Φ12@100 | Φ18@100 | Φ12@100 | | 8.5 | 400 | Φ14@100 | Φ14@150 | Φ18@100 | Φ12@100 |

# 钢筋混凝土乙式三通交汇检查井井壁配筋表（三）

| 井编号 | 深度H (m) | 井壁厚b (mm) | 15d 按实 ⑤ | 15d 按实 ⑥ | 15d 按实 ⑦ | 15d 按实 ⑧ |
|---|---|---|---|---|---|---|
| 37 | 4.0 | 250 | Φ10@150 | Φ10@150 | Φ12@150 | Φ10@150 |
| | 5.5 | 250 | Φ12@150 | Φ10@150 | Φ14@150 | Φ10@150 |
| | 7.0 | 250 | Φ14@150 | Φ10@150 | Φ12@100 | Φ12@150 |
| | 8.5 | 250 | Φ12@100 | Φ12@150 | Φ14@100 | Φ12@150 |
| 38 | 4.0 | 250 | Φ12@150 | Φ10@150 | Φ12@150 | Φ10@150 |
| | 5.5 | 250 | Φ12@150 | Φ10@150 | Φ14@150 | Φ10@150 |
| | 7.0 | 250 | Φ12@100 | Φ12@150 | Φ14@100 | Φ12@150 |
| | 8.5 | 300 | Φ12@100 | Φ12@150 | Φ14@100 | Φ12@150 |
| 39 | 4.0 | 250 | Φ12@150 | Φ10@150 | Φ12@150 | Φ10@150 |
| | 5.5 | 250 | Φ14@150 | Φ10@150 | Φ12@100 | Φ10@150 |
| | 7.0 | 250 | Φ12@100 | Φ12@150 | Φ14@100 | Φ12@150 |
| | 8.5 | 300 | Φ12@100 | Φ12@150 | Φ14@100 | Φ12@150 |
| 40 | 4.0 | | | | | |
| | 5.5 | 250 | Φ14@150 | Φ12@150 | Φ16@150 | Φ12@150 |
| | 7.0 | 300 | Φ12@100 | Φ12@150 | Φ14@100 | Φ12@150 |
| | 8.5 | 300 | Φ14@100 | Φ10@100 | Φ16@100 | Φ10@100 |
| 41 | 4.0 | | | | | |
| | 5.5 | 300 | Φ14@150 | Φ12@150 | Φ16@150 | Φ12@150 |
| | 7.0 | 300 | Φ16@150 | Φ10@100 | Φ16@100 | Φ10@100 |
| | 8.5 | 350 | Φ14@100 | Φ14@150 | Φ16@100 | Φ14@150 |
| 42 | 4.0 | | | | | |
| | 5.5 | | | | | |
| | 7.0 | 350 | Φ12@100 | Φ10@100 | Φ16@100 | Φ10@100 |
| | 8.5 | 400 | Φ14@100 | Φ14@150 | Φ18@100 | Φ12@100 |

| 井编号 | 深度H (m) | 井壁厚b (mm) | 15d 按实 ⑤ | 15d 按实 ⑥ | 15d 按实 ⑦ | 15d 按实 ⑧ |
|---|---|---|---|---|---|---|
| 43 | 4.0 | 250 | Φ14@150 | Φ12@150 | Φ14@100 | Φ12@150 |
| | 5.5 | 300 | Φ12@100 | Φ12@150 | Φ14@100 | Φ12@150 |
| | 7.0 | 300 | Φ14@100 | Φ10@100 | Φ16@100 | Φ10@100 |
| | 8.5 | 350 | Φ14@100 | Φ10@100 | Φ16@100 | Φ10@100 |
| 44 | 4.0 | | | | | |
| | 5.5 | 300 | Φ14@150 | Φ12@150 | Φ16@150 | Φ12@150 |
| | 7.0 | 300 | Φ14@100 | Φ10@100 | Φ16@100 | Φ10@100 |
| | 8.5 | 350 | Φ14@100 | Φ14@150 | Φ16@100 | Φ10@100 |
| 45 | 4.0 | | | | | |
| | 5.5 | | | | | |
| | 7.0 | 350 | Φ16@150 | Φ10@100 | Φ16@100 | Φ10@100 |
| | 8.5 | 400 | Φ14@100 | Φ14@150 | Φ18@100 | Φ14@150 |
| 46 | 4.0 | | | | | |
| | 5.5 | 300 | Φ14@150 | Φ12@150 | Φ16@150 | Φ12@150 |
| | 7.0 | 300 | Φ14@100 | Φ10@100 | Φ16@100 | Φ10@100 |
| | 8.5 | 350 | Φ14@100 | Φ10@100 | Φ16@100 | Φ10@100 |
| 47 | 4.0 | | | | | |
| | 5.5 | | | | | |
| | 7.0 | 350 | Φ16@150 | Φ10@100 | Φ16@100 | Φ10@100 |
| | 8.5 | 400 | Φ14@100 | Φ14@150 | Φ18@100 | Φ14@150 |
| 48 | 4.0 | | | | | |
| | 5.5 | 300 | Φ14@150 | Φ12@150 | Φ16@150 | Φ12@150 |
| | 7.0 | 300 | Φ14@100 | Φ10@100 | Φ16@100 | Φ10@100 |
| | 8.5 | 350 | Φ14@100 | Φ10@100 | Φ16@100 | Φ14@150 |

| 井编号 | 深度 $H$ (m) | 井壁厚 $b$ (mm) | 15$d$ 按实 ⑤ | 15$d$ 按实 ⑥ | 15$d$ 按实 ⑦ | 15$d$ 按实 ⑧ |
|---|---|---|---|---|---|---|
| 49 | 4.0 | | | | | |
| | 5.5 | | | | | |
| | 7.0 | 350 | Φ14@100 | Φ10@100 | Φ16@100 | Φ10@100 |
| | 8.5 | 400 | Φ14@100 | Φ14@150 | Φ16@100 | Φ14@150 |
| 50 | 4.0 | | | | | |
| | 5.5 | | | | | |
| | 7.0 | 350 | Φ14@100 | Φ10@100 | Φ16@100 | Φ10@100 |
| | 8.5 | 400 | Φ14@100 | Φ14@150 | Φ18@100 | Φ14@150 |

| 钢筋混凝土乙式三通交汇检查井<br>井壁配筋表（五） | 图集号 | 2024沪S204 |
|---|---|---|
| | 页 | 218 |

| 井编号 | 深度 $H$ (m) | 底板厚 $H_b$ (mm) | 200 按实 ⑨ | 200 按实 ⑩ | 200 按实 ⑪ | 200 按实 ⑫ |
|---|---|---|---|---|---|---|
| 1 | 4.0 | 300 | Φ12@150 | Φ12@150 | Φ12@150 | Φ12@150 |
| | 5.5 | 300 | Φ12@150 | Φ12@150 | Φ12@150 | Φ12@150 |
| | 7.0 | 300 | Φ12@150 | Φ12@150 | Φ12@150 | Φ12@150 |
| | 8.5 | 300 | Φ12@150 | Φ12@150 | Φ12@150 | Φ12@150 |
| 2 | 4.0 | 300 | Φ12@150 | Φ12@150 | Φ12@150 | Φ12@150 |
| | 5.5 | 300 | Φ12@150 | Φ12@150 | Φ12@150 | Φ12@150 |
| | 7.0 | 300 | Φ12@150 | Φ12@150 | Φ12@150 | Φ12@150 |
| | 8.5 | 300 | Φ10@100 | Φ10@100 | Φ12@150 | Φ10@100 |
| 3 | 4.0 | 300 | Φ12@150 | Φ12@150 | Φ12@150 | Φ12@150 |
| | 5.5 | 300 | Φ12@150 | Φ10@100 | Φ12@150 | Φ10@100 |
| | 7.0 | 300 | Φ10@100 | Φ14@150 | Φ12@150 | Φ14@150 |
| | 8.5 | 300 | Φ10@100 | Φ12@100 | Φ12@150 | Φ12@100 |
| 4 | 4.0 | 300 | Φ12@150 | Φ12@150 | Φ12@150 | Φ12@150 |
| | 5.5 | 300 | Φ12@150 | Φ10@100 | Φ12@150 | Φ10@100 |
| | 7.0 | 300 | Φ10@100 | Φ14@150 | Φ12@150 | Φ14@150 |
| | 8.5 | 360 | Φ14@150 | Φ12@100 | Φ12@150 | Φ12@100 |
| 5 | 4.0 | 300 | Φ12@150 | Φ12@150 | Φ12@150 | Φ12@150 |
| | 5.5 | 300 | Φ12@150 | Φ14@150 | Φ12@150 | Φ14@150 |
| | 7.0 | 360 | Φ10@100 | Φ12@100 | Φ12@150 | Φ12@100 |
| | 8.5 | 360 | Φ14@150 | Φ16@150 | Φ12@150 | Φ16@150 |
| 6 | 4.0 | | | | | |
| | 5.5 | 300 | Φ12@150 | Φ12@100 | Φ12@150 | Φ12@100 |
| | 7.0 | 360 | Φ10@100 | Φ12@100 | Φ12@150 | Φ12@100 |
| | 8.5 | 360 | Φ14@150 | Φ14@100 | Φ12@150 | Φ14@100 |
| 7 | 4.0 | | | | | |
| | 5.5 | 360 | Φ12@150 | Φ12@100 | Φ12@150 | Φ12@100 |
| | 7.0 | 420 | Φ14@150 | Φ14@100 | Φ14@150 | Φ14@100 |
| | 8.5 | 480 | Φ14@150 | Φ14@100 | Φ14@150 | Φ14@100 |
| 8 | 4.0 | | | | | |
| | 5.5 | | | | | |
| | 7.0 | 480 | Φ14@150 | Φ14@100 | Φ14@150 | Φ14@100 |
| | 8.5 | 480 | Φ14@150 | Φ16@100 | Φ14@150 | Φ16@100 |
| 9 | 4.0 | 300 | Φ12@150 | Φ12@150 | Φ12@150 | Φ12@150 |
| | 5.5 | 300 | Φ12@150 | Φ12@150 | Φ12@150 | Φ12@150 |
| | 7.0 | 300 | Φ12@150 | Φ12@150 | Φ12@150 | Φ12@150 |
| | 8.5 | 300 | Φ10@100 | Φ12@150 | Φ12@150 | Φ12@150 |
| 10 | 4.0 | 300 | Φ12@150 | Φ12@150 | Φ12@150 | Φ12@150 |
| | 5.5 | 300 | Φ12@150 | Φ12@150 | Φ12@150 | Φ12@150 |
| | 7.0 | 300 | Φ12@150 | Φ12@150 | Φ12@150 | Φ12@150 |
| | 8.5 | 300 | Φ10@100 | Φ10@100 | Φ12@150 | Φ10@100 |
| 11 | 4.0 | 300 | Φ12@150 | Φ12@150 | Φ12@150 | Φ12@150 |
| | 5.5 | 300 | Φ12@150 | Φ12@150 | Φ12@150 | Φ12@150 |
| | 7.0 | 300 | Φ10@100 | Φ14@150 | Φ12@150 | Φ14@150 |
| | 8.5 | 300 | Φ14@150 | Φ12@100 | Φ12@150 | Φ12@100 |
| 12 | 4.0 | 300 | Φ12@150 | Φ12@150 | Φ12@150 | Φ12@150 |
| | 5.5 | 300 | Φ12@150 | Φ10@100 | Φ12@150 | Φ10@100 |
| | 7.0 | 300 | Φ10@100 | Φ14@150 | Φ12@150 | Φ14@150 |
| | 8.5 | 360 | Φ14@150 | Φ12@100 | Φ12@150 | Φ12@100 |

# 钢筋混凝土乙式三通交汇检查井底板配筋表（一）

| 井编号 | 深度$H$ (m) | 底板厚$H_b$ (mm) | 200 按实 ⑨ | 200 按实 ⑩ | 200 按实 ⑪ | 200 按实 ⑫ |
|---|---|---|---|---|---|---|
| 13 | 4.0 | 300 | Φ12@150 | Φ12@150 | Φ12@150 | Φ12@150 |
|  | 5.5 | 300 | Φ12@150 | Φ14@150 | Φ12@150 | Φ14@150 |
|  | 7.0 | 360 | Φ14@150 | Φ12@100 | Φ12@150 | Φ12@100 |
|  | 8.5 | 360 | Φ12@100 | Φ12@100 | Φ12@150 | Φ12@100 |
| 14 | 4.0 |  |  |  |  |  |
|  | 5.5 | 300 | Φ12@150 | Φ14@150 | Φ12@150 | Φ14@150 |
|  | 7.0 | 360 | Φ14@150 | Φ12@100 | Φ12@150 | Φ12@100 |
|  | 8.5 | 360 | Φ12@100 | Φ14@100 | Φ12@150 | Φ14@100 |
| 15 | 4.0 |  |  |  |  |  |
|  | 5.5 | 360 | Φ10@100 | Φ12@100 | Φ12@150 | Φ12@100 |
|  | 7.0 | 360 | Φ14@150 | Φ14@100 | Φ12@150 | Φ14@100 |
|  | 8.5 | 480 | Φ12@100 | Φ14@100 | Φ14@150 | Φ14@100 |
| 16 | 4.0 |  |  |  |  |  |
|  | 5.5 |  |  |  |  |  |
|  | 7.0 | 480 | Φ14@150 | Φ14@100 | Φ14@150 | Φ14@100 |
|  | 8.5 | 480 | Φ12@100 | Φ16@100 | Φ14@150 | Φ16@100 |
| 17 | 4.0 | 300 | Φ12@150 | Φ12@150 | Φ12@150 | Φ12@150 |
|  | 5.5 | 300 | Φ12@150 | Φ12@150 | Φ12@150 | Φ12@150 |
|  | 7.0 | 300 | Φ10@100 | Φ12@150 | Φ12@150 | Φ12@150 |
|  | 8.5 | 300 | Φ10@100 | Φ10@100 | Φ10@100 | Φ10@100 |
| 18 | 4.0 | 300 | Φ12@150 | Φ12@150 | Φ12@150 | Φ12@150 |
|  | 5.5 | 300 | Φ12@150 | Φ12@150 | Φ12@150 | Φ12@150 |
|  | 7.0 | 300 | Φ10@100 | Φ10@100 | Φ12@150 | Φ10@100 |
|  | 8.5 | 300 | Φ14@150 | Φ12@100 | Φ10@100 | Φ12@100 |

| 井编号 | 深度$H$ (m) | 底板厚$H_b$ (mm) | 200 按实 ⑨ | 200 按实 ⑩ | 200 按实 ⑪ | 200 按实 ⑫ |
|---|---|---|---|---|---|---|
| 19 | 4.0 | 300 | Φ12@150 | Φ12@150 | Φ12@150 | Φ12@150 |
|  | 5.5 | 300 | Φ12@150 | Φ10@100 | Φ12@150 | Φ10@100 |
|  | 7.0 | 300 | Φ14@150 | Φ14@150 | Φ12@150 | Φ14@150 |
|  | 8.5 | 360 | Φ14@150 | Φ12@100 | Φ10@100 | Φ12@100 |
| 20 | 4.0 | 300 | Φ12@150 | Φ12@150 | Φ12@150 | Φ12@150 |
|  | 5.5 | 300 | Φ10@100 | Φ14@150 | Φ12@150 | Φ14@150 |
|  | 7.0 | 300 | Φ14@150 | Φ12@100 | Φ12@150 | Φ12@100 |
|  | 8.5 | 360 | Φ12@100 | Φ12@100 | Φ10@100 | Φ12@100 |
| 21 | 4.0 |  |  |  |  |  |
|  | 5.5 | 300 | Φ10@100 | Φ14@150 | Φ12@150 | Φ14@150 |
|  | 7.0 | 360 | Φ14@150 | Φ12@100 | Φ12@150 | Φ12@100 |
|  | 8.5 | 360 | Φ12@100 | Φ14@100 | Φ10@100 | Φ14@100 |
| 22 | 4.0 |  |  |  |  |  |
|  | 5.5 | 360 | Φ10@100 | Φ12@100 | Φ12@150 | Φ12@100 |
|  | 7.0 | 360 | Φ12@100 | Φ14@100 | Φ10@100 | Φ14@100 |
|  | 8.5 | 480 | Φ12@100 | Φ14@100 | Φ14@150 | Φ14@100 |
| 23 | 4.0 |  |  |  |  |  |
|  | 5.5 |  |  |  |  |  |
|  | 7.0 | 480 | Φ14@150 | Φ14@100 | Φ14@150 | Φ14@100 |
|  | 8.5 | 480 | Φ12@100 | Φ16@100 | Φ14@150 | Φ16@100 |
| 24 | 4.0 | 300 | Φ12@150 | Φ12@150 | Φ12@150 | Φ12@150 |
|  | 5.5 | 300 | Φ12@150 | Φ12@150 | Φ12@150 | Φ12@150 |
|  | 7.0 | 300 | Φ10@100 | Φ10@100 | Φ10@100 | Φ10@100 |
|  | 8.5 | 300 | Φ14@150 | Φ14@150 | Φ14@150 | Φ14@150 |

# 钢筋混凝土乙式三通交汇检查井底板配筋表（二）

| 井编号 | 深度$H$ (m) | 底板厚$H_b$ (mm) | 200 按实 ⑨ | 200 按实 ⑩ | 200 按实 ⑪ | 200 按实 ⑫ |
|---|---|---|---|---|---|---|
| 25 | 4.0 | 300 | Φ12@150 | Φ12@150 | Φ12@150 | Φ12@150 |
| | 5.5 | 300 | Φ12@150 | Φ12@150 | Φ12@150 | Φ12@150 |
| | 7.0 | 300 | Φ14@150 | Φ10@100 | Φ10@100 | Φ10@100 |
| | 8.5 | 300 | Φ12@100 | Φ14@150 | Φ14@150 | Φ14@150 |
| 26 | 4.0 | 300 | Φ12@150 | Φ12@150 | Φ12@150 | Φ12@150 |
| | 5.5 | 300 | Φ10@100 | Φ10@100 | Φ12@150 | Φ10@100 |
| | 7.0 | 300 | Φ14@150 | Φ14@150 | Φ10@100 | Φ14@150 |
| | 8.5 | 360 | Φ12@100 | Φ12@100 | Φ14@150 | Φ12@100 |
| 27 | 4.0 | 300 | Φ12@150 | Φ12@150 | Φ12@150 | Φ12@150 |
| | 5.5 | 300 | Φ10@100 | Φ14@150 | Φ12@150 | Φ14@150 |
| | 7.0 | 300 | Φ14@150 | Φ12@100 | Φ10@100 | Φ12@100 |
| | 8.5 | 360 | Φ12@100 | Φ12@100 | Φ10@100 | Φ12@100 |
| 28 | 4.0 | | | | | |
| | 5.5 | 300 | Φ10@100 | Φ14@150 | Φ12@150 | Φ14@150 |
| | 7.0 | 360 | Φ14@150 | Φ12@100 | Φ12@150 | Φ12@100 |
| | 8.5 | 360 | Φ12@100 | Φ14@100 | Φ10@100 | Φ14@100 |
| 29 | 4.0 | | | | | |
| | 5.5 | 360 | Φ14@150 | Φ12@100 | Φ12@150 | Φ12@100 |
| | 7.0 | 360 | Φ12@100 | Φ14@100 | Φ10@100 | Φ14@100 |
| | 8.5 | 480 | Φ12@100 | Φ14@100 | Φ14@150 | Φ14@100 |
| 30 | 4.0 | | | | | |
| | 5.5 | | | | | |
| | 7.0 | 420 | Φ12@100 | Φ14@100 | Φ14@150 | Φ14@100 |
| | 8.5 | 480 | Φ16@150 | Φ16@100 | Φ14@150 | Φ16@100 |

| 井编号 | 深度$H$ (m) | 底板厚$H_b$ (mm) | 200 按实 ⑨ | 200 按实 ⑩ | 200 按实 ⑪ | 200 按实 ⑫ |
|---|---|---|---|---|---|---|
| 31 | 4.0 | 300 | Φ12@150 | Φ12@150 | Φ12@150 | Φ12@150 |
| | 5.5 | 300 | Φ10@100 | Φ12@150 | Φ12@150 | Φ12@150 |
| | 7.0 | 300 | Φ14@150 | Φ14@150 | Φ10@100 | Φ14@150 |
| | 8.5 | 300 | Φ12@100 | Φ12@100 | Φ14@150 | Φ12@100 |
| 32 | 4.0 | 300 | Φ12@150 | Φ12@150 | Φ12@150 | Φ12@150 |
| | 5.5 | 300 | Φ10@100 | Φ10@100 | Φ12@150 | Φ10@100 |
| | 7.0 | 300 | Φ14@150 | Φ14@150 | Φ10@100 | Φ14@150 |
| | 8.5 | 360 | Φ12@100 | Φ12@100 | Φ14@150 | Φ12@100 |
| 33 | 4.0 | 300 | Φ12@150 | Φ12@150 | Φ12@150 | Φ12@150 |
| | 5.5 | 300 | Φ10@100 | Φ14@150 | Φ12@150 | Φ14@150 |
| | 7.0 | 300 | Φ12@100 | Φ12@100 | Φ10@100 | Φ12@100 |
| | 8.5 | 360 | Φ12@100 | Φ12@100 | Φ14@150 | Φ12@100 |
| 34 | 4.0 | | | | | |
| | 5.5 | 300 | Φ10@100 | Φ14@150 | Φ12@150 | Φ14@150 |
| | 7.0 | 360 | Φ12@100 | Φ12@100 | Φ10@100 | Φ12@100 |
| | 8.5 | 360 | Φ12@100 | Φ14@100 | Φ14@150 | Φ14@100 |
| 35 | 4.0 | | | | | |
| | 5.5 | 360 | Φ14@150 | Φ12@100 | Φ12@150 | Φ12@100 |
| | 7.0 | 360 | Φ12@100 | Φ14@100 | Φ10@100 | Φ14@100 |
| | 8.5 | 420 | Φ16@150 | Φ14@100 | Φ14@150 | Φ14@100 |
| 36 | 4.0 | | | | | |
| | 5.5 | | | | | |
| | 7.0 | 420 | Φ12@100 | Φ14@100 | Φ14@150 | Φ14@100 |
| | 8.5 | 480 | Φ14@100 | Φ16@100 | Φ14@150 | Φ16@100 |

| 井编号 | 深度$H$ (m) | 底板厚$H_b$ (mm) | 200 按实 ⑨ | 200 按实 ⑩ | 200 按实 ⑪ | 200 按实 ⑫ |
|---|---|---|---|---|---|---|
| 37 | 4.0 | 300 | Φ12@150 | Φ12@150 | Φ12@150 | Φ12@150 |
| | 5.5 | 300 | Φ10@100 | Φ10@100 | Φ10@100 | Φ10@100 |
| | 7.0 | 300 | Φ14@150 | Φ14@150 | Φ14@150 | Φ14@150 |
| | 8.5 | 300 | Φ14@100 | Φ12@100 | Φ12@100 | Φ12@100 |
| 38 | 4.0 | 300 | Φ12@150 | Φ12@150 | Φ12@150 | Φ12@150 |
| | 5.5 | 300 | Φ10@100 | Φ10@100 | Φ10@100 | Φ10@100 |
| | 7.0 | 300 | Φ12@100 | Φ14@150 | Φ14@150 | Φ14@150 |
| | 8.5 | 360 | Φ12@100 | Φ12@100 | Φ12@100 | Φ12@100 |
| 39 | 4.0 | 300 | Φ12@150 | Φ12@150 | Φ12@150 | Φ12@150 |
| | 5.5 | 300 | Φ10@100 | Φ14@150 | Φ12@150 | Φ14@150 |
| | 7.0 | 300 | Φ12@100 | Φ12@100 | Φ14@150 | Φ12@100 |
| | 8.5 | 360 | Φ12@100 | Φ12@100 | Φ12@100 | Φ12@100 |
| 40 | 4.0 | | | | | |
| | 5.5 | 300 | Φ14@150 | Φ14@150 | Φ12@150 | Φ14@150 |
| | 7.0 | 360 | Φ12@100 | Φ12@100 | Φ10@100 | Φ12@100 |
| | 8.5 | 360 | Φ16@150 | Φ14@100 | Φ12@100 | Φ14@100 |
| 41 | 4.0 | | | | | |
| | 5.5 | 360 | Φ14@150 | Φ12@100 | Φ12@150 | Φ12@100 |
| | 7.0 | 360 | Φ12@100 | Φ14@100 | Φ10@100 | Φ14@100 |
| | 8.5 | 420 | Φ14@100 | Φ14@100 | Φ14@150 | Φ14@100 |
| 42 | 4.0 | | | | | |
| | 5.5 | | | | | |
| | 7.0 | 420 | Φ12@100 | Φ14@100 | Φ14@150 | Φ14@100 |
| | 8.5 | 480 | Φ14@100 | Φ16@100 | Φ12@100 | Φ16@100 |

| 井编号 | 深度$H$ (m) | 底板厚$H_b$ (mm) | 200 按实 ⑨ | 200 按实 ⑩ | 200 按实 ⑪ | 200 按实 ⑫ |
|---|---|---|---|---|---|---|
| 43 | 4.0 | 300 | Φ12@150 | Φ14@150 | Φ12@150 | Φ14@150 |
| | 5.5 | 360 | Φ14@150 | Φ12@100 | Φ10@100 | Φ12@100 |
| | 7.0 | 360 | Φ12@100 | Φ14@100 | Φ14@150 | Φ14@100 |
| | 8.5 | 420 | Φ16@150 | Φ14@100 | Φ12@100 | Φ14@100 |
| 44 | 4.0 | | | | | |
| | 5.5 | 360 | Φ14@150 | Φ12@100 | Φ12@150 | Φ12@100 |
| | 7.0 | 360 | Φ12@100 | Φ14@100 | Φ14@150 | Φ14@100 |
| | 8.5 | 420 | Φ14@100 | Φ14@100 | Φ12@100 | Φ14@100 |
| 45 | 4.0 | | | | | |
| | 5.5 | | | | | |
| | 7.0 | 420 | Φ16@150 | Φ14@100 | Φ14@150 | Φ14@100 |
| | 8.5 | 480 | Φ14@100 | Φ16@100 | Φ12@100 | Φ16@100 |
| 46 | 4.0 | | | | | |
| | 5.5 | 360 | Φ14@150 | Φ12@100 | Φ10@100 | Φ12@100 |
| | 7.0 | 360 | Φ16@150 | Φ14@100 | Φ12@100 | Φ14@100 |
| | 8.5 | 420 | Φ14@100 | Φ14@100 | Φ12@100 | Φ14@100 |
| 47 | 4.0 | | | | | |
| | 5.5 | | | | | |
| | 7.0 | 420 | Φ16@150 | Φ14@100 | Φ12@100 | Φ14@100 |
| | 8.5 | 480 | Φ14@100 | Φ16@100 | Φ12@100 | Φ16@100 |
| 48 | 4.0 | | | | | |
| | 5.5 | 360 | Φ12@100 | Φ12@100 | Φ14@150 | Φ12@100 |
| | 7.0 | 360 | Φ16@150 | Φ14@100 | Φ12@100 | Φ14@100 |
| | 8.5 | 420 | Φ14@100 | Φ14@100 | Φ14@100 | Φ14@100 |

| 钢筋混凝土乙式三通交汇检查井底板配筋表（四） | 图集号 | 2024沪S204 |
|---|---|---|
| | 页 | 222 |

| 井编号 | 深度$H$ (m) | 底板厚$H_b$ (mm) | 按实 200 ⑨ | 按实 200 ⑩ | 按实 200 ⑪ | 按实 200 ⑫ |
|---|---|---|---|---|---|---|
| 49 | 4.0 | | | | | |
| | 5.5 | | | | | |
| | 7.0 | 420 | ϕ14@100 | ϕ14@100 | ϕ12@100 | ϕ14@100 |
| | 8.5 | 480 | ϕ14@100 | ϕ14@100 | ϕ16@150 | ϕ14@100 |
| 50 | 4.0 | | | | | |
| | 5.5 | | | | | |
| | 7.0 | 420 | ϕ14@100 | ϕ14@100 | ϕ12@100 | ϕ14@100 |
| | 8.5 | 480 | ϕ14@100 | ϕ16@100 | ϕ14@100 | ϕ16@100 |

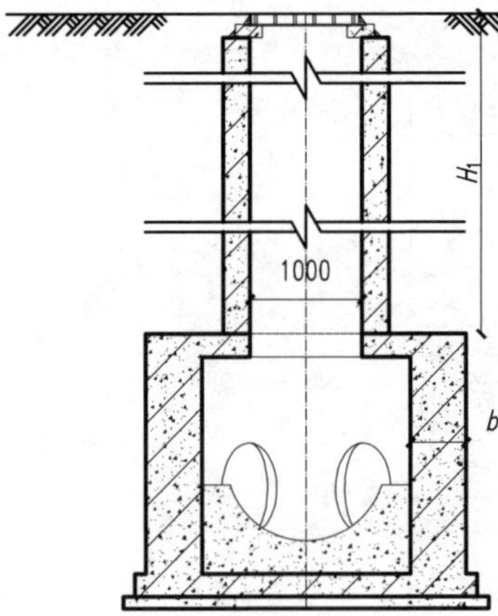


1-1剖面图

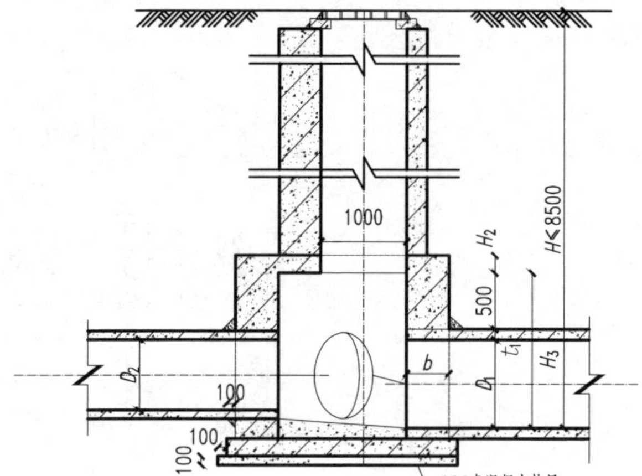


2-2剖面图

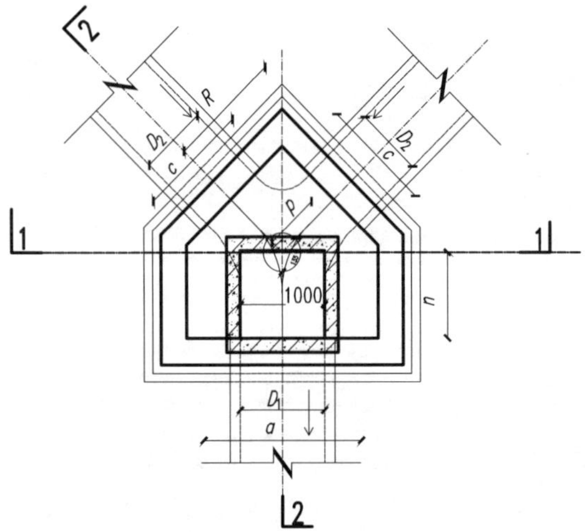


平面图

说明：

1. 本图适用于钢筋混凝土管且支管管径大于或等于$\phi$800、支管与干管的交角均为135°交叉的三通交汇检查井。
2. 本图支管最大管径为$\phi$3500，干管最大管径为$\phi$4000，以管内顶相平为正常情况，不设沉泥。
3. 当支管与干管的交汇角非135°时允许有±15°范围的偏差，其检查井的$O$点仍应按135°的交汇角放样确定。
4. 工作室高度$H_3$按干管支管的管径标高及井深采用，即$H_3=D_1+t_1+500$。
5. 井筒高度$H_1=H-H_2-H_3$。
6. $H_b$详见配筋表格。
7. 采用化学建材管且支管管径大于或等于DN700时，参照本检查井。

| 钢筋混凝土丙式三通交汇检查井（$\phi$800~$\phi$4000） | 图集号 | 2024沪S204 |
|---|---|---|
| | 页 | 224 |

| 井编号 | $D_1$ (mm) | $D_2$ (mm) | $n$ (mm) | $a$ (mm) | $c$ (mm) | $R$ (mm) | $P$ (mm) | $H_2$ (mm) | | | | $b$ (mm) | | | |
|---|---|---|---|---|---|---|---|---|---|---|---|---|---|---|---|
| | | | | | | | | $H$=4m | $H$=5.5m | $H$=7m | $H$=8.5m | $H$=4m | $H$=5.5m | $H$=7m | $H$=8.5m |
| 1 | 1000~1200 | 800 | 780 | 1867 | 1320 | 1880 | 660 | 200 | 200 | 200 | 200 | 250 | 250 | 250 | 250 |
| 2 | 1200~1350 | 1000 | 620 | 2192 | 1550 | 1485 | 775 | 200 | 200 | 200 | 200 | 250 | 250 | 250 | 250 |
| 3 | 1350~1650 | 1200 | 500 | 2546 | 1800 | 1200 | 900 | 200 | 200 | 200 | 200 | 250 | 250 | 250 | 250 |
| 4 | 1500~1800 | 1350 | 560 | 2885 | 2040 | 1350 | 1020 | 200 | 200 | 200 | 200 | 250 | 250 | 250 | 250 |
| 5 | 1650~2000 | 1500 | 630 | 3125 | 2210 | 1500 | 1105 | 200 | 200 | 200 | 250 | 250 | 250 | 250 | 250 |
| 6 | 1800~2200 | 1650 | 690 | 3380 | 2390 | 1650 | 1195 | 200 | 200 | 200 | 250 | 250 | 250 | 250 | 300 |
| 7 | 2000~2400 | 1800 | 750 | 3620 | 2560 | 1800 | 1280 | 200 | 200 | 200 | 250 | 250 | 250 | 250 | 300 |
| 8 | 2200~2400 | 2000 | 830 | 3932 | 2780 | 2000 | 1390 | 200 | 200 | 250 | 250 | 250 | 250 | 300 | 300 |
| 9 | 2400 | 2200 | 920 | 4257 | 3010 | 2200 | 1505 | 200 | 200 | 250 | 250 | 250 | 250 | 300 | 300 |
| 10 | 2700 | 2400 | 1000 | 4596 | 3250 | 2400 | 1625 | 200 | 200 | 250 | 300 | 250 | 250 | 300 | 350 |
| 11 | 3000 | 2700 | 1120 | 5049 | 3570 | 2700 | 1785 | | 250 | 250 | 300 | | 300 | 300 | 400 |
| 12 | 3500 | 3000 | 1250 | 5530 | 3910 | 3000 | 1955 | | 250 | 250 | 300 | | 300 | 350 | 400 |
| 13 | 4000 | 3500 | 1450 | 6392 | 4520 | 3500 | 2260 | | | 300 | 350 | | | 400 | 450 |

| 钢筋混凝土丙式三通交汇检查井组合及尺寸表 | 图集号 | 2024沪S204 |
|---|---|---|
| | 页 | 225 |

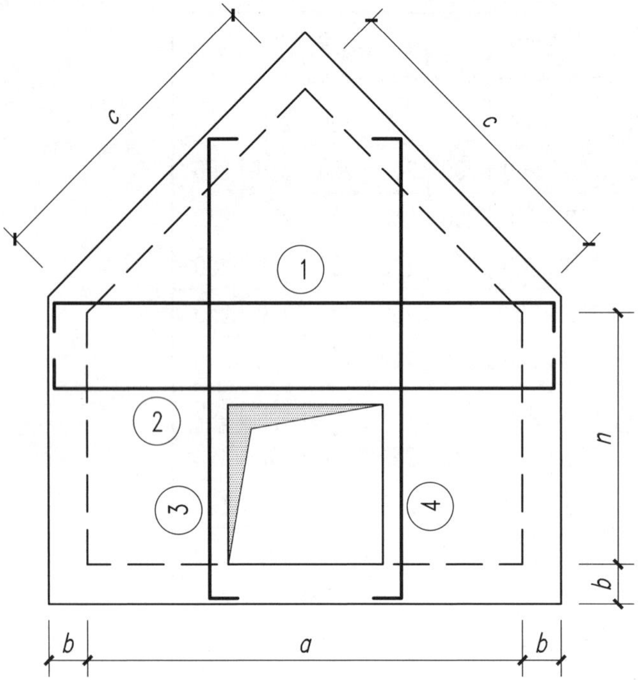


顶板配筋图 1:50

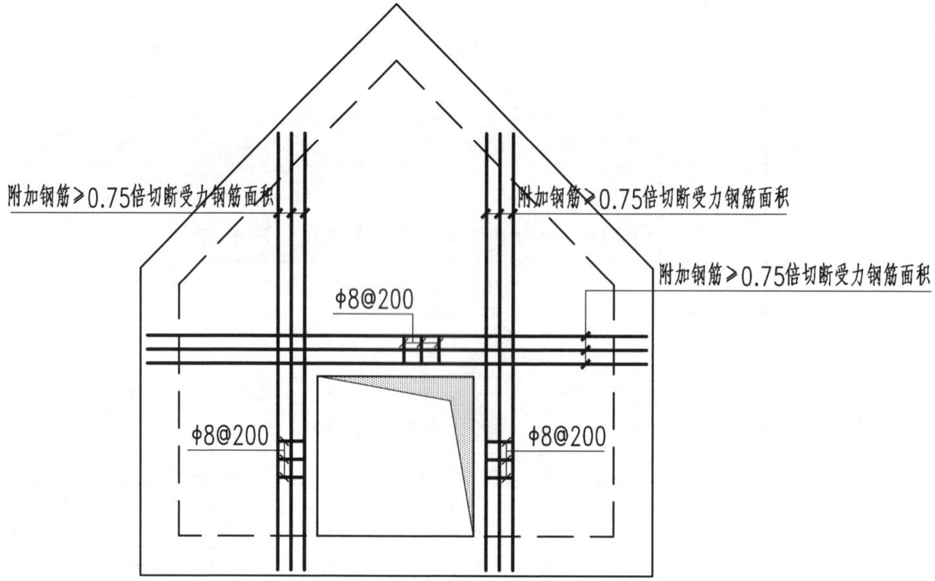


顶板孔口加固图 1:50

| 钢筋混凝土丙式三通交汇检查井<br>顶板配筋图 | 图集号 | 2024沪S204 |
| --- | --- | --- |
| | 页 | 226 |

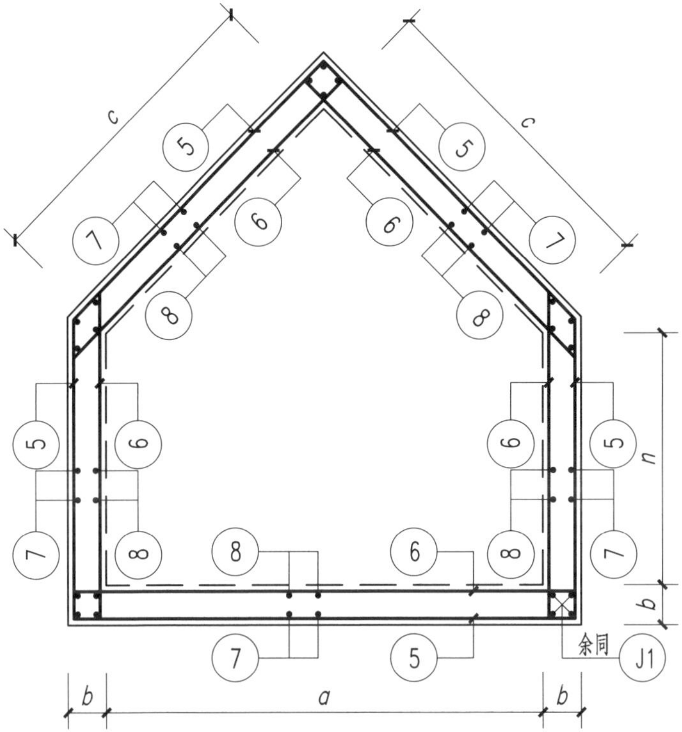


井壁配筋图 1:50

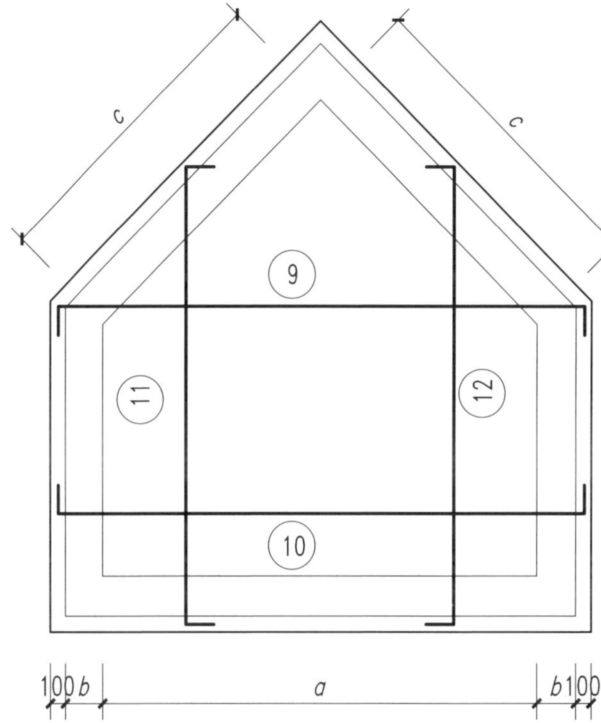


底板配筋图 1:50

说明：

Ⓙ1钢筋直径同⑦和⑧钢筋的较大值。

| 钢筋混凝土丙式三通交汇检查井<br>底板、井壁配筋图 | 图集号 | 2024沪S204 |
|---|---|---|
| | 页 | 227 |

| 井编号 | 深度$H$ (m) | 顶板厚$H_2$ (mm) | 15d 按实 ① | 15d 按实 ② | 15d 按实 ③ | 15d 按实 ④ | 井编号 | 深度$H$ (m) | 顶板厚$H_2$ (mm) | 15d 按实 ① | 15d 按实 ② | 15d 按实 ③ | 15d 按实 ④ |
|---|---|---|---|---|---|---|---|---|---|---|---|---|---|
| 1 | 4.0 | 200 | Φ10@150 | Φ10@150 | Φ10@150 | Φ10@150 | 7 | 4.0 | 200 | Φ10@150 | Φ10@150 | Φ10@150 | Φ10@150 |
| | 5.5 | 200 | Φ10@150 | Φ10@150 | Φ10@150 | Φ10@150 | | 5.5 | 200 | Φ10@150 | Φ10@150 | Φ10@100 | Φ10@150 |
| | 7.0 | 200 | Φ10@150 | Φ10@150 | Φ10@150 | Φ10@150 | | 7.0 | 200 | Φ10@150 | Φ10@150 | Φ12@100 | Φ10@150 |
| | 8.5 | 200 | Φ10@150 | Φ10@150 | Φ12@150 | Φ10@150 | | 8.5 | 250 | Φ12@150 | Φ10@150 | Φ12@100 | Φ10@150 |
| 2 | 4.0 | 200 | Φ10@150 | Φ10@150 | Φ10@150 | Φ10@150 | 8 | 4.0 | 200 | Φ10@150 | Φ10@150 | Φ10@150 | Φ10@150 |
| | 5.5 | 200 | Φ10@150 | Φ10@150 | Φ10@150 | Φ10@150 | | 5.5 | 200 | Φ10@150 | Φ10@150 | Φ14@150 | Φ10@150 |
| | 7.0 | 200 | Φ10@150 | Φ10@150 | Φ12@150 | Φ10@150 | | 7.0 | 250 | Φ10@150 | Φ10@150 | Φ14@150 | Φ10@150 |
| | 8.5 | 200 | Φ10@150 | Φ10@150 | Φ12@150 | Φ10@150 | | 8.5 | 250 | Φ12@150 | Φ10@150 | Φ14@100 | Φ10@150 |
| 3 | 4.0 | 200 | Φ10@150 | Φ10@150 | Φ10@150 | Φ10@150 | 9 | 4.0 | 200 | Φ10@150 | Φ10@150 | Φ12@150 | Φ10@150 |
| | 5.5 | 200 | Φ10@150 | Φ10@150 | Φ10@150 | Φ10@150 | | 5.5 | 200 | Φ10@150 | Φ10@150 | Φ14@150 | Φ10@150 |
| | 7.0 | 200 | Φ10@150 | Φ10@150 | Φ12@150 | Φ10@150 | | 7.0 | 250 | Φ12@150 | Φ10@150 | Φ12@100 | Φ10@150 |
| | 8.5 | 200 | Φ10@150 | Φ10@150 | Φ14@150 | Φ10@150 | | 8.5 | 250 | Φ12@150 | Φ10@150 | Φ14@100 | Φ12@150 |
| 4 | 4.0 | 200 | Φ10@150 | Φ10@150 | Φ10@150 | Φ10@150 | 10 | 4.0 | 200 | Φ10@150 | Φ10@150 | Φ12@150 | Φ10@150 |
| | 5.5 | 200 | Φ10@150 | Φ10@150 | Φ12@150 | Φ10@150 | | 5.5 | 200 | Φ10@150 | Φ10@150 | Φ12@100 | Φ10@150 |
| | 7.0 | 200 | Φ10@150 | Φ10@150 | Φ10@100 | Φ10@150 | | 7.0 | 250 | Φ12@150 | Φ10@150 | Φ16@150 | Φ10@150 |
| | 8.5 | 200 | Φ10@150 | Φ10@150 | Φ12@100 | Φ10@150 | | 8.5 | 300 | Φ12@150 | Φ12@150 | Φ14@100 | Φ12@150 |
| 5 | 4.0 | 200 | Φ10@150 | Φ10@150 | Φ10@150 | Φ10@150 | 11 | 4.0 | | | | | |
| | 5.5 | 200 | Φ10@150 | Φ10@150 | Φ12@150 | Φ10@150 | | 5.5 | 250 | Φ10@150 | Φ10@150 | Φ14@150 | Φ10@150 |
| | 7.0 | 200 | Φ10@150 | Φ10@150 | Φ14@150 | Φ10@150 | | 7.0 | 250 | Φ12@150 | Φ10@150 | Φ14@100 | Φ10@150 |
| | 8.5 | 250 | Φ10@150 | Φ10@150 | Φ14@150 | Φ10@150 | | 8.5 | 300 | Φ12@150 | Φ12@150 | Φ14@100 | Φ12@150 |
| 6 | 4.0 | 200 | Φ10@150 | Φ10@150 | Φ10@150 | Φ10@150 | 12 | 4.0 | | | | | |
| | 5.5 | 200 | Φ10@150 | Φ10@150 | Φ12@150 | Φ10@150 | | 5.5 | 250 | Φ10@150 | Φ10@150 | Φ14@150 | Φ10@150 |
| | 7.0 | 200 | Φ10@150 | Φ10@150 | Φ12@100 | Φ10@150 | | 7.0 | 250 | Φ12@150 | Φ10@150 | Φ14@100 | Φ10@150 |
| | 8.5 | 250 | Φ10@150 | Φ10@150 | Φ14@150 | Φ10@150 | | 8.5 | 300 | Φ10@100 | Φ12@150 | Φ16@100 | Φ12@150 |

| 钢筋混凝土丙式三通交汇检查井顶板配筋表（一） | 图集号 | 2024沪S204 |
|---|---|---|
| | 页 | 228 |

| 井编号 | 深度$H$ (m) | 顶板厚$H_2$ (mm) | 15d 按实 ① | 15d 按实 ② | 15d 按实 ③ | 15d 按实 ④ |
|---|---|---|---|---|---|---|
| 13 | 4.0 | | | | | |
| | 5.5 | | | | | |
| | 7.0 | 300 | Φ12@150 | Φ12@150 | Φ14@100 | Φ12@150 |
| | 8.5 | 350 | Φ10@100 | Φ12@150 | Φ16@100 | Φ12@150 |

| 井编号 | 深度$H$ (m) | 井壁厚$b$ (mm) | 15d 按实 ⑤ | 15d 按实 ⑥ | 15d 按实 ⑦ | 15d 按实 ⑧ |
|---|---|---|---|---|---|---|
| 1 | 4.0 | 250 | Φ10@150 | Φ10@150 | Φ10@150 | Φ10@150 |
| | 5.5 | 250 | Φ10@150 | Φ10@150 | Φ10@150 | Φ10@150 |
| | 7.0 | 250 | Φ10@150 | Φ10@150 | Φ12@150 | Φ10@150 |
| | 8.5 | 250 | Φ10@150 | Φ10@150 | Φ12@150 | Φ10@150 |
| 2 | 4.0 | 250 | Φ10@150 | Φ10@150 | Φ10@150 | Φ10@150 |
| | 5.5 | 250 | Φ10@150 | Φ10@150 | Φ12@150 | Φ10@150 |
| | 7.0 | 250 | Φ10@150 | Φ10@150 | Φ12@150 | Φ10@150 |
| | 8.5 | 250 | Φ12@150 | Φ10@150 | Φ12@150 | Φ10@150 |
| 3 | 4.0 | 250 | Φ10@150 | Φ10@150 | Φ10@150 | Φ10@150 |
| | 5.5 | 250 | Φ10@150 | Φ10@150 | Φ12@150 | Φ10@150 |
| | 7.0 | 250 | Φ12@150 | Φ10@150 | Φ10@100 | Φ10@150 |
| | 8.5 | 250 | Φ12@150 | Φ10@150 | Φ12@100 | Φ12@150 |
| 4 | 4.0 | 250 | Φ10@150 | Φ10@150 | Φ12@150 | Φ10@150 |
| | 5.5 | 250 | Φ10@150 | Φ10@150 | Φ12@150 | Φ10@150 |
| | 7.0 | 250 | Φ12@150 | Φ10@150 | Φ14@150 | Φ10@150 |
| | 8.5 | 250 | Φ12@150 | Φ12@150 | Φ16@150 | Φ12@150 |
| 5 | 4.0 | 250 | Φ10@150 | Φ10@150 | Φ12@150 | Φ10@150 |
| | 5.5 | 250 | Φ12@150 | Φ10@150 | Φ10@100 | Φ10@150 |
| | 7.0 | 250 | Φ12@150 | Φ10@150 | Φ12@100 | Φ12@150 |
| | 8.5 | 250 | Φ14@150 | Φ12@150 | Φ14@100 | Φ12@150 |
| 6 | 4.0 | 250 | Φ10@150 | Φ10@150 | Φ12@150 | Φ10@150 |
| | 5.5 | 250 | Φ12@150 | Φ10@150 | Φ14@150 | Φ10@150 |
| | 7.0 | 250 | Φ10@100 | Φ12@150 | Φ14@100 | Φ12@150 |
| | 8.5 | 300 | Φ10@100 | Φ12@150 | Φ14@100 | Φ12@150 |

| 井编号 | 深度$H$ (m) | 井壁厚$b$ (mm) | 15d 按实 ⑤ | 15d 按实 ⑥ | 15d 按实 ⑦ | 15d 按实 ⑧ |
|---|---|---|---|---|---|---|
| 7 | 4.0 | 250 | Φ10@150 | Φ10@150 | Φ12@150 | Φ10@150 |
| | 5.5 | 250 | Φ12@150 | Φ10@150 | Φ12@100 | Φ12@150 |
| | 7.0 | 250 | Φ14@150 | Φ12@150 | Φ14@100 | Φ12@150 |
| | 8.5 | 300 | Φ14@150 | Φ12@150 | Φ14@100 | Φ12@150 |
| 8 | 4.0 | 250 | Φ10@150 | Φ10@150 | Φ12@150 | Φ10@150 |
| | 5.5 | 250 | Φ12@150 | Φ10@150 | Φ12@100 | Φ12@150 |
| | 7.0 | 300 | Φ10@100 | Φ12@150 | Φ16@150 | Φ12@150 |
| | 8.5 | 300 | Φ14@150 | Φ12@150 | Φ16@100 | Φ10@100 |
| 9 | 4.0 | 250 | Φ12@150 | Φ10@150 | Φ14@150 | Φ10@150 |
| | 5.5 | 250 | Φ12@150 | Φ10@150 | Φ14@100 | Φ12@150 |
| | 7.0 | 300 | Φ14@150 | Φ12@150 | Φ14@100 | Φ12@150 |
| | 8.5 | 300 | Φ12@100 | Φ12@150 | Φ16@100 | Φ10@100 |
| 10 | 4.0 | 250 | Φ12@150 | Φ10@150 | Φ14@150 | Φ10@150 |
| | 5.5 | 250 | Φ14@150 | Φ10@150 | Φ14@100 | Φ12@150 |
| | 7.0 | 300 | Φ14@150 | Φ12@150 | Φ16@100 | Φ10@100 |
| | 8.5 | 350 | Φ12@100 | Φ12@150 | Φ16@100 | Φ14@150 |
| 11 | 4.0 | / | / | / | / | / |
| | 5.5 | 300 | Φ14@150 | Φ12@150 | Φ14@100 | Φ12@150 |
| | 7.0 | 300 | Φ12@100 | Φ12@150 | Φ16@100 | Φ10@100 |
| | 8.5 | 400 | Φ12@100 | Φ14@150 | Φ16@100 | Φ14@150 |
| 12 | 4.0 | / | / | / | / | / |
| | 5.5 | 300 | Φ14@150 | Φ12@150 | Φ16@100 | Φ10@100 |
| | 7.0 | 350 | Φ12@100 | Φ10@100 | Φ16@100 | Φ14@150 |
| | 8.5 | 400 | Φ14@100 | Φ14@150 | Φ18@100 | Φ12@100 |

| 井编号 | 深度$H$ (m) | 井壁厚$b$ (mm) | 15$d$ 按实 ⑤ | 15$d$ 按实 ⑥ | 15$d$ 按实 ⑦ | 15$d$ 按实 ⑧ |
|---|---|---|---|---|---|---|
| 13 | 4.0 | | | | | |
| | 5.5 | | | | | |
| | 7.0 | 400 | Φ14@100 | Φ14@150 | Φ18@100 | Φ12@100 |
| | 8.5 | 450 | Φ14@100 | Φ14@150 | Φ18@100 | Φ12@100 |

| 井编号 | 深度$H$ (m) | 底板厚$H_b$ (mm) | 200 按实 ⑨ | 200 按实 ⑩ | 200 按实 ⑪ | 200 按实 ⑫ |
|---|---|---|---|---|---|---|
| 1 | 4.0 | 300 | Φ12@150 | Φ12@150 | Φ12@150 | Φ12@150 |
|  | 5.5 | 300 | Φ12@150 | Φ12@150 | Φ12@150 | Φ12@150 |
|  | 7.0 | 300 | Φ12@150 | Φ12@150 | Φ12@150 | Φ12@150 |
|  | 8.5 | 300 | Φ12@150 | Φ12@150 | Φ12@150 | Φ12@150 |
| 2 | 4.0 | 300 | Φ12@150 | Φ12@150 | Φ12@150 | Φ12@150 |
|  | 5.5 | 300 | Φ12@150 | Φ12@150 | Φ12@150 | Φ12@150 |
|  | 7.0 | 300 | Φ12@150 | Φ12@150 | Φ12@150 | Φ12@150 |
|  | 8.5 | 300 | Φ12@150 | Φ12@150 | Φ12@150 | Φ12@150 |
| 3 | 4.0 | 300 | Φ12@150 | Φ12@150 | Φ12@150 | Φ12@150 |
|  | 5.5 | 300 | Φ12@150 | Φ12@150 | Φ12@150 | Φ12@150 |
|  | 7.0 | 300 | Φ12@150 | Φ12@150 | Φ12@150 | Φ12@150 |
|  | 8.5 | 300 | Φ12@150 | Φ10@100 | Φ12@150 | Φ10@100 |
| 4 | 4.0 | 300 | Φ12@150 | Φ12@150 | Φ12@150 | Φ12@150 |
|  | 5.5 | 300 | Φ12@150 | Φ12@150 | Φ12@150 | Φ12@150 |
|  | 7.0 | 300 | Φ12@150 | Φ10@100 | Φ12@150 | Φ10@100 |
|  | 8.5 | 300 | Φ12@150 | Φ14@150 | Φ12@150 | Φ14@150 |
| 5 | 4.0 | 300 | Φ12@150 | Φ12@150 | Φ12@150 | Φ12@150 |
|  | 5.5 | 300 | Φ12@150 | Φ12@150 | Φ12@150 | Φ12@150 |
|  | 7.0 | 300 | Φ12@150 | Φ14@150 | Φ12@150 | Φ14@150 |
|  | 8.5 | 300 | Φ12@150 | Φ12@100 | Φ12@150 | Φ12@100 |
| 6 | 4.0 | 300 | Φ12@150 | Φ12@150 | Φ12@150 | Φ12@150 |
|  | 5.5 | 300 | Φ12@150 | Φ10@100 | Φ12@150 | Φ10@100 |
|  | 7.0 | 300 | Φ12@150 | Φ14@150 | Φ12@150 | Φ14@150 |
|  | 8.5 | 360 | Φ12@150 | Φ12@100 | Φ10@100 | Φ12@100 |

| 井编号 | 深度$H$ (m) | 底板厚$H_b$ (mm) | 200 按实 ⑨ | 200 按实 ⑩ | 200 按实 ⑪ | 200 按实 ⑫ |
|---|---|---|---|---|---|---|
| 7 | 4.0 | 300 | Φ12@150 | Φ12@150 | Φ12@150 | Φ12@150 |
|  | 5.5 | 300 | Φ12@150 | Φ14@150 | Φ12@150 | Φ14@150 |
|  | 7.0 | 300 | Φ12@150 | Φ12@100 | Φ10@100 | Φ12@100 |
|  | 8.5 | 360 | Φ10@100 | Φ12@100 | Φ10@100 | Φ12@100 |
| 8 | 4.0 | 300 | Φ12@150 | Φ12@150 | Φ12@150 | Φ12@150 |
|  | 5.5 | 300 | Φ12@150 | Φ14@150 | Φ12@150 | Φ14@150 |
|  | 7.0 | 360 | Φ12@150 | Φ12@100 | Φ10@100 | Φ12@100 |
|  | 8.5 | 360 | Φ10@100 | Φ16@150 | Φ14@150 | Φ16@150 |
| 9 | 4.0 | 300 | Φ12@150 | Φ12@150 | Φ12@150 | Φ12@150 |
|  | 5.5 | 300 | Φ12@150 | Φ14@150 | Φ10@100 | Φ14@150 |
|  | 7.0 | 360 | Φ10@100 | Φ12@100 | Φ14@150 | Φ12@100 |
|  | 8.5 | 360 | Φ14@150 | Φ14@100 | Φ12@100 | Φ14@100 |
| 10 | 4.0 | 300 | Φ12@150 | Φ10@100 | Φ12@150 | Φ10@100 |
|  | 5.5 | 300 | Φ10@100 | Φ12@100 | Φ10@100 | Φ12@100 |
|  | 7.0 | 360 | Φ14@150 | Φ16@150 | Φ14@150 | Φ16@150 |
|  | 8.5 | 420 | Φ12@100 | Φ14@100 | Φ12@100 | Φ14@100 |
| 11 | 4.0 | / | / | / | / | / |
|  | 5.5 | 360 | Φ10@100 | Φ12@100 | Φ14@150 | Φ12@100 |
|  | 7.0 | 360 | Φ12@100 | Φ14@100 | Φ12@100 | Φ14@100 |
|  | 8.5 | 480 | Φ12@100 | Φ14@100 | Φ12@100 | Φ14@100 |
| 12 | 4.0 | / | / | / | / | / |
|  | 5.5 | 360 | Φ10@100 | Φ16@150 | Φ14@150 | Φ16@150 |
|  | 7.0 | 420 | Φ12@100 | Φ14@100 | Φ12@100 | Φ14@100 |
|  | 8.5 | 480 | Φ12@100 | Φ16@100 | Φ14@100 | Φ16@100 |

| 钢筋混凝土丙式三通交汇检查井底板配筋表（一） | 图集号 | 2024沪S204 |
|---|---|---|
|  | 页 | 232 |

| 井编号 | 深度$H$ (m) | 底板厚$H_b$ (mm) | 200 按实 ⑨ | 200 按实 ⑩ | 200 按实 ⑪ | 200 按实 ⑫ |
|---|---|---|---|---|---|---|
| 13 | 4.0 | / | / | / | / | / |
| | 5.5 | / | / | / | / | / |
| | 7.0 | 480 | Φ12@100 | Φ16@100 | Φ16@150 | Φ16@100 |
| | 8.5 | 540 | Φ14@100 | Φ16@100 | Φ14@100 | Φ16@100 |

| 钢筋混凝土丙式三通交汇检查井底板配筋表（二） | 图集号 | 2024沪S204 |
|---|---|---|
| | 页 | 233 |

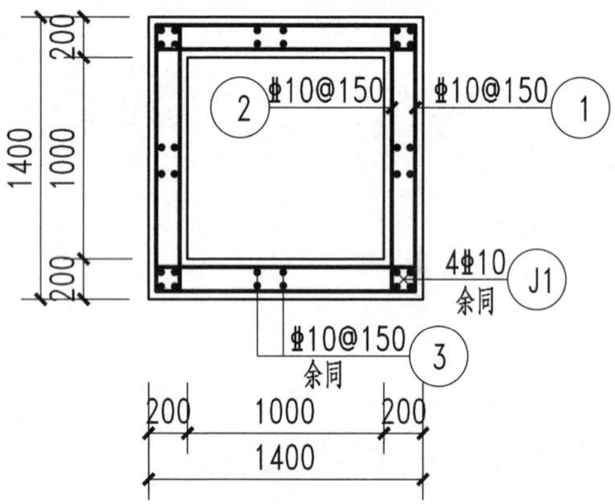


井筒配筋图 1:50

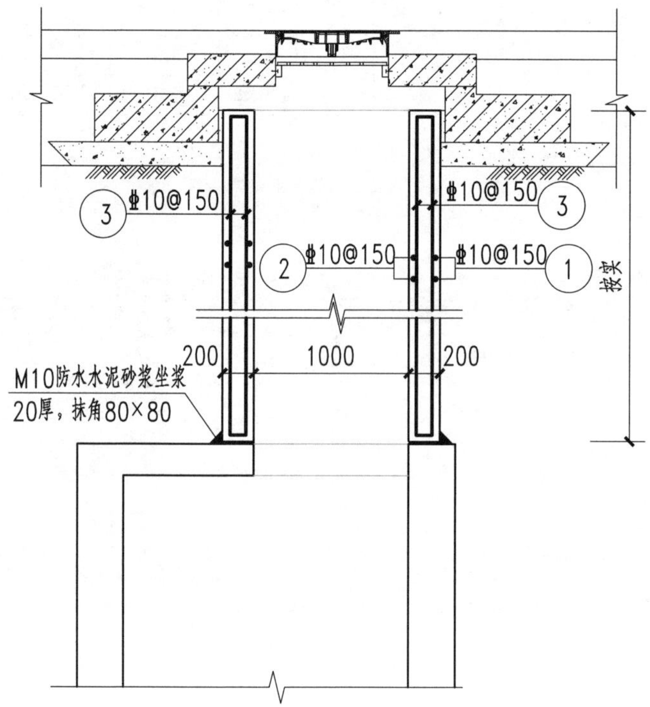


井筒剖面配筋图 1:50

| 现浇井筒设计图 | 图集号 | 2024沪S204 |
|---|---|---|
| | 页 | 234 |

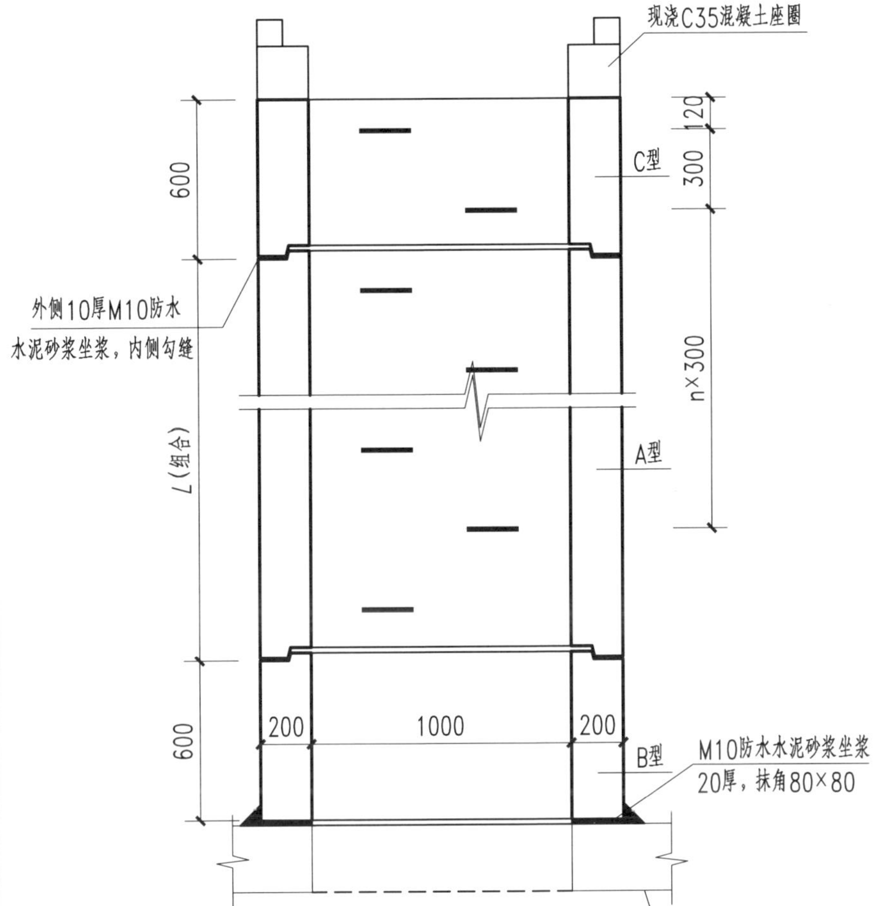


预制井筒安装大样 1:30

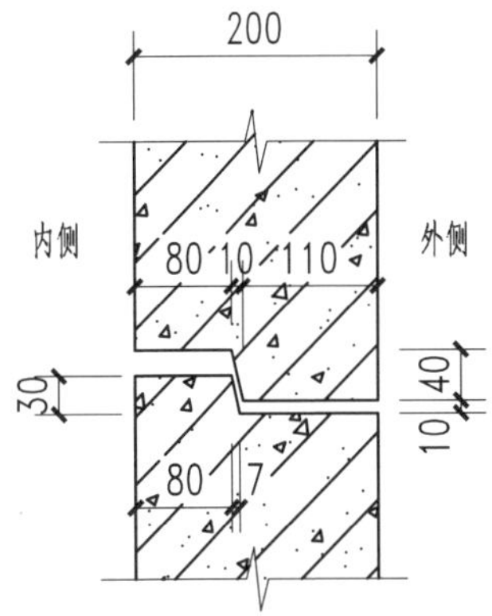


企口尺寸大样图 1:10

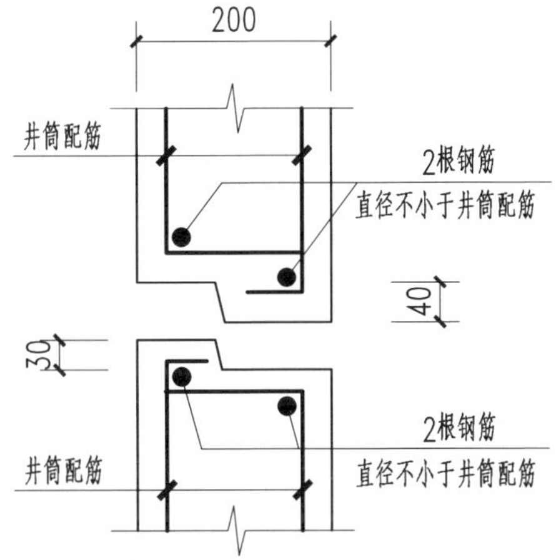


企口配筋图 1:10

预制混凝土井筒型号

| 井筒长度 L(mm) | 型号 | | | |
|---|---|---|---|---|
| | A型（上下企口） | B型（上企下平） | C型（上平下企） | D型（上平下平） |
| 600 | √ | √ | √ | √ |
| 1200 | √ | | | √ |
| 1500 | √ | | | |

注：当井筒为单节时，整个预制井筒为D型。

说明：

1. 预制混凝土井筒材料：C35。
2. 预制井筒可利用管厂模具生产，预制构件上应设置吊环（孔）。
3. 预制混凝土井筒与踏步配套使用，踏步应安装在井筒上成套供应。
4. 踏步做法见现行国家建筑标准设计图集《市政排水管道工程及附属设施》06MS201。
5. 预制井筒配筋可参考现浇井筒配筋。

| 预制井筒设计图 | 图集号 | 2024沪S204 |
|---|---|---|
| | 页 | 235 |

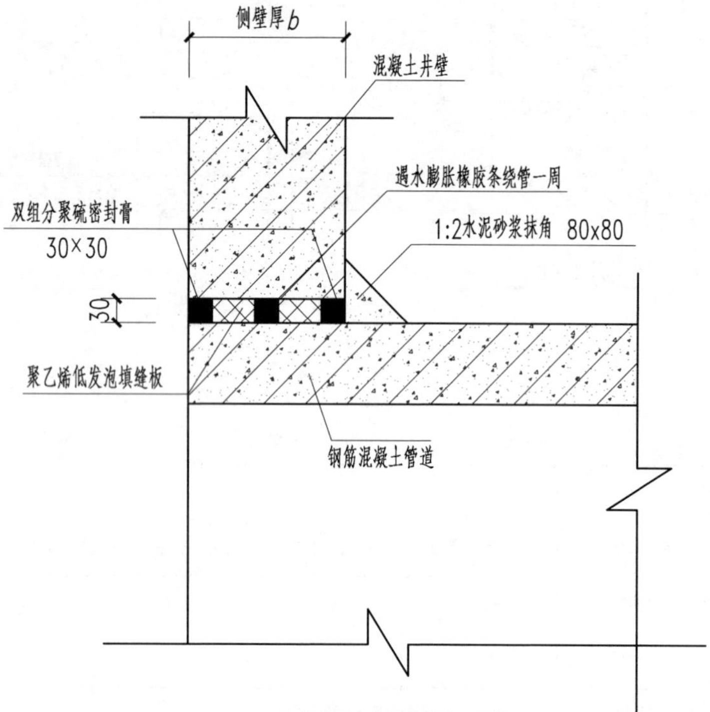


钢筋混凝土管与井壁接口详图 1:10

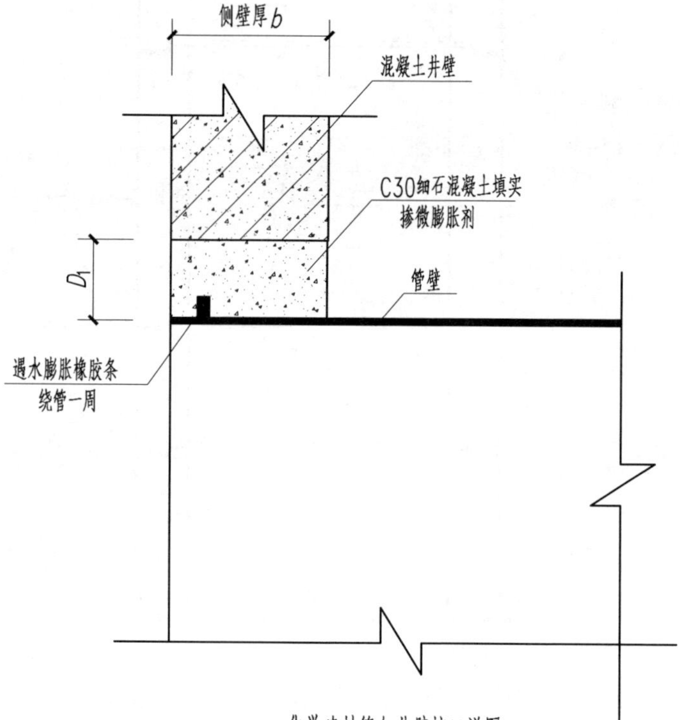


化学建材管与井壁接口详图 1:10

注：当化学管材公称直径小于或等于DN1000时，$D_1$=60mm；
当化学管材公称直径大于DN1000时，$D_1$=100mm。

说明：

钢管、球墨铸铁管与井壁连接做法见现行国家建筑标准设计图集《防水套管》02S404。

| 管道与井壁接口设计图 | 图集号 | 2024沪S204 |
| --- | --- | --- |
| | 页 | 236 |

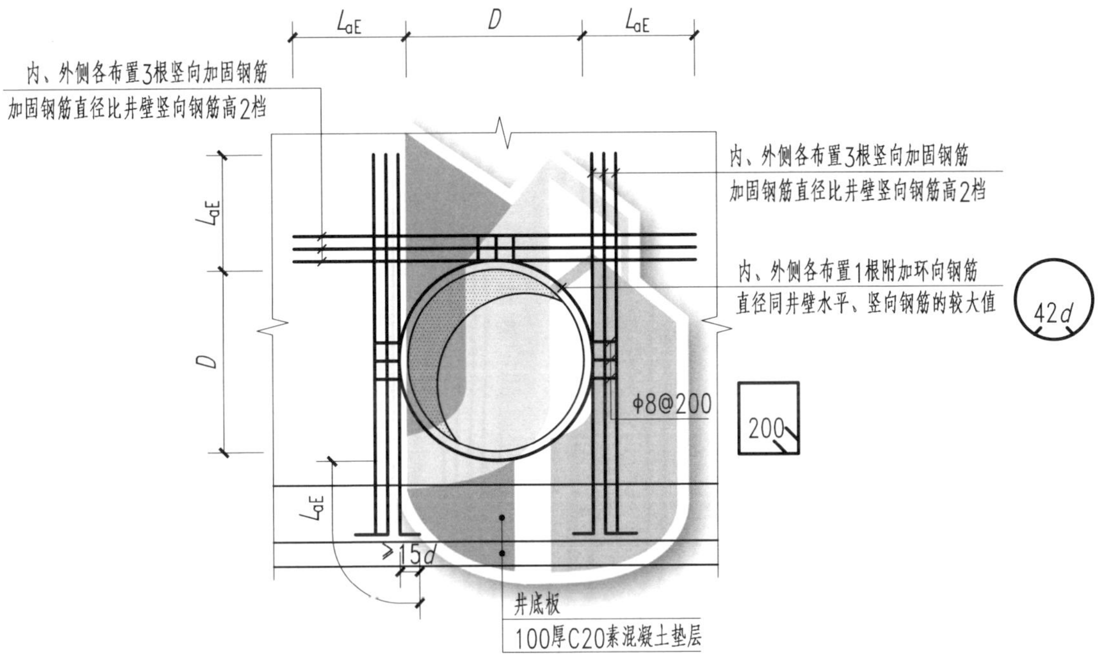


井壁孔口加固图

| 井壁孔口加固详图 | 图集号 | 2024沪S204 |
|---|---|---|
| | 页 | 237 |

# 第四册

# 四通交汇检查井

# 第四册说明

一、本册图集内容为四通交汇检查井。

二、适用范围

1.适用于上海地区市政、民用与公共建筑等室外无内压的排水检查井的设计和施工。

2.适用于管径系列范围为$\phi$800~$\phi$4000、埋深不超过8.5m的排水检查井设计和施工；支管管径小于$\phi$800时，参照与主管管径相应的二通转折井和直线井。

3.适用于一般地质条件下的排水检查井施工。当地基土为淤泥、淤泥质土、冲填土等软土地基时，应根据相关规范进行地基处理，达到本图集规定的设计条件和施工要求。

4.适用于抗震设防烈度为7度、设计基本地震加速度值为0.10$g$及以下的地区。

三、四通交汇检查井

1.类型：管道管径大于或等于$\phi$800的甲式四通交汇检查井；
管道管径大于或等于$\phi$800的乙式四通交汇检查井。

2.井座、井盖构件选型见本图集第一册内容（第75~88页）。

3.雨、污水井流槽砌筑至0.5倍大管管径高。

四、结构设计

1.设计使用年限50年，构件安全等级为二级，重要性系数为1.0。

2.土重度：$r$=18kN/m$^3$。

3.抗震设防烈度为7度，地震动峰值加速度为0.10g，抗震设防类别丙类，抗震等级三级。

4.地下水位取地面以下0.5m，侧向压力采用水土分算。

5.地面荷载：位于机动车道时取20kPa；位于绿化带和人非道时取10kPa。

6.材料要求：

（1）四通交汇检查井均采用钢筋混凝土。

（2）结构混凝土强度等级C35，抗渗等级S6；垫层采用C20，流槽采用C20。应符合现行国家标准《混凝土结构设计规范》GB 50010及《给水排水工程构筑物结构设计规范》GB 50069中对混凝土的相关要求。

（3）钢筋：ϕ-HPB300，$f_y$=270N/mm$^2$；ф-HRB400，$f_y$=360N/mm$^2$。钢筋保护层厚度：顶板、井壁为35mm，底板顶为35mm，底板底为40mm。

7.施工要求：

（1）一般情况下，地基承载力特征值不应低于80kPa；当地基承载力不满足时，应进行地基处理。

（2）基坑不属于本图集范围，施工过程中应确保基坑围护体系安全和周边环境的安全。

（3）基坑回填要求：基坑回填时，坑内不得积水，严禁带水回填。填土材料可采用粉质黏土、中粗砂回填，填土中不得含有石块、碎石、灰渣及有机杂物。回填土应采用分层压实，分层厚度不超过30cm，压实系数不小于0.94。回填时，不得使用重型及振动压实机碾压。人行道、车行道的道路结构应按照道路的设计要求。

（4）施工及验收应满足如下标准、规范：

《混凝土结构工程施工质量验收规范》 GB 50204
《给水排水构筑物工程施工及验收规范》 GB 50141
《建筑地基基础工程施工质量验收标准》 GB 50202
《给水排水管道工程施工及验收规范》 GB 50268
《钢筋焊接及验收规程》 JGJ 18
《城镇排水工程施工质量验收规范》 DG/TJ 08-2110

五、四通交汇检查井同样适用于化学建材管，其检查井结构尺寸按照下表对应关系选用。

| 化学建材管公称直径（mm） | 参见的钢筋混凝土管内径（mm） | 化学建材管公称直径（mm） | 参见的钢筋混凝土管内径（mm） | 化学建材管公称直径（mm） | 参见的钢筋混凝土管内径（mm） |
|---|---|---|---|---|---|
| DN700 | $\phi$800 | DN1400 | $\phi$1350 | DN2200 | $\phi$2200 |
| DN800 | $\phi$800 | DN1500 | $\phi$1500 | DN2400 | $\phi$2400 |
| DN900 | $\phi$1000 | DN1600 | $\phi$1500 | DN2600 | $\phi$2400 |
| DN1000 | $\phi$1000 | DN1800 | $\phi$1800 | DN2800 | $\phi$2700 |
| DN1200 | $\phi$1200 | DN2000 | $\phi$2000 | DN3000 | $\phi$3000 |

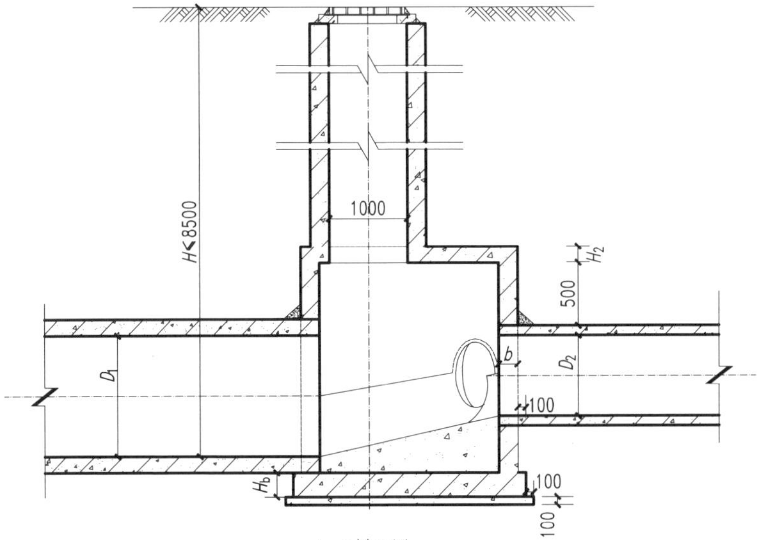


1-1剖面图

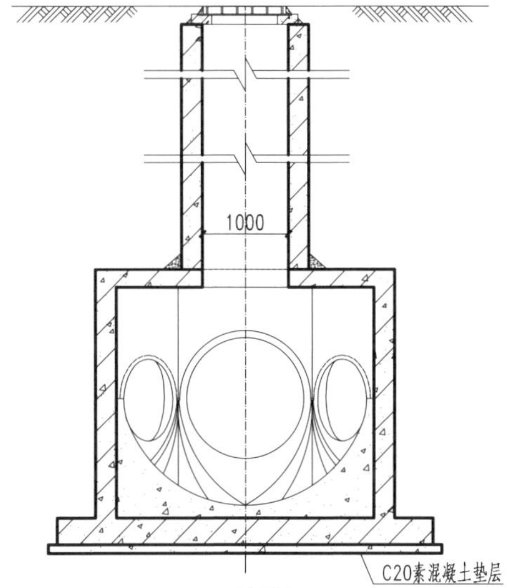


2-2剖面图

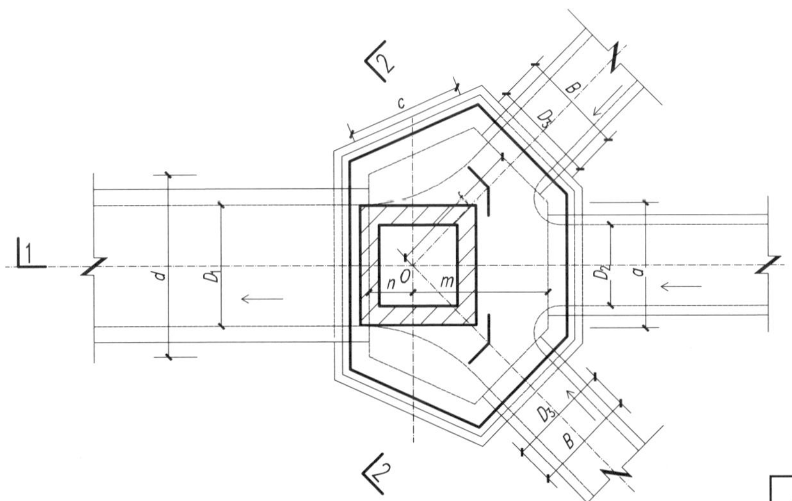


平面图

说明:

1. 本图适用于钢筋混凝土管且支管管径大于或等于 $\phi$800 的四通交汇检查井，其中一根支管与干管成直线，另两根支管与干管作 120°～150°的交叉。
2. 本图四通检查井干管及支管最大管径为 $\phi$4000，以管内顶相平为正常情况，不设沉泥。
3. 当两根 $D_3$ 支管管径不同时，按较大管径选检查井型号。
4. $H_b$ 详见配筋表格。
5. 采用化学建材管且支管管径大于或等于 DN700 时，参照本检查井。

| 钢筋混凝土甲式四通交汇检查井（$\phi$800~$\phi$4000） | 图集号 | 2024沪S204 |
|---|---|---|
| | 页 | 243 |

| 井编号 | $D_3$ (mm) | $D_2$ (mm) | $D_1$ (mm) | $a$ (mm) | $B$ (mm) | $c$ (mm) | $d$ (mm) | $f$ (mm) | $n$ (mm) | $m$ (mm) | $R$ (mm) | $H_2$ (mm) | | | | $b$ (mm) | | | |
|---|---|---|---|---|---|---|---|---|---|---|---|---|---|---|---|---|---|---|---|
| | | | | | | | | | | | | $H$=4m | $H$=5.5m | $H$=7m | $H$=8.5m | $H$=4m | $H$=5.5m | $H$=7m | $H$=8.5m |
| 1 | 800 | 800~1000 | 1200~1650 | 1550 | 1320 | 1229 | 2390 | 1756 | 340 | 1710 | 800 | 200 | 200 | 200 | 250 | 250 | 250 | 250 | 250 |
| 2 | | 1200~1350 | 1350~1800 | 2040 | | 1524 | 2560 | 2102 | | 1960 | | 200 | 200 | 250 | 250 | 250 | 250 | 250 | 250 |
| 3 | | 1500~1800 | 1650~2200 | 2560 | | 1774 | 3010 | 2470 | | 2220 | | 200 | 200 | 250 | 250 | 250 | 250 | 250 | 250 |
| 4 | | 2000~2400 | 2000~2400 | 3250 | | 2177 | 3250 | 2958 | | 2560 | | 200 | 250 | 250 | 300 | 250 | 250 | 250 | 300 |
| 5 | | 2700 | 2700 | 3570 | | 2322 | 3570 | 3184 | | 2720 | | / | 250 | 250 | 300 | / | 250 | 300 | 300 |
| 6 | | 3000 | 3000 | 3910 | | 2479 | 3910 | 3425 | | 2890 | | / | 250 | 250 | 300 | / | 250 | 300 | 350 |
| 7 | | 3500 | 3500 | 4520 | | 2769 | 4520 | 3856 | | 3200 | | / | 250 | 300 | 300 | / | 300 | 350 | 400 |
| 8 | | 4000 | 4000 | 5020 | | 3005 | 5020 | 4210 | | 3450 | | / | / | 300 | 350 | / | / | 400 | 400 |
| 9 | 1000 | 800~1000 | 1350~1800 | 1550 | 1550 | 1341 | 2560 | 1871 | 420 | 1880 | 1000 | 200 | 200 | 200 | 250 | 250 | 250 | 250 | 250 |
| 10 | | 1200~1350 | 1650~2000 | 2040 | | 1616 | 2780 | 2217 | | 2120 | | 200 | 200 | 250 | 250 | 250 | 250 | 250 | 250 |
| 11 | | 1500~1800 | 1800~2400 | 2560 | | 1862 | 3250 | 2585 | | 2380 | | 200 | 200 | 250 | 300 | 250 | 250 | 250 | 300 |
| 12 | | 2000~2400 | 2000~2400 | 3250 | | 2328 | 3250 | 3073 | | 2730 | | 200 | 250 | 250 | 300 | 250 | 250 | 250 | 300 |
| 13 | | 2700 | 2700 | 3570 | | 2470 | 3570 | 3299 | | 2890 | | / | 250 | 250 | 300 | / | 250 | 300 | 300 |
| 14 | | 3000 | 3000 | 3910 | | 2624 | 3910 | 3540 | | 3060 | | / | 250 | 300 | 300 | / | 250 | 300 | 300 |
| 15 | | 3500 | 3500 | 4520 | | 2899 | 4520 | 3971 | | 3360 | | / | 250 | 300 | 350 | / | 300 | 350 | 400 |
| 16 | | 4000 | 4000 | 5020 | | 3132 | 5020 | 4325 | | 3610 | | / | / | 300 | 350 | / | / | 400 | 400 |
| 17 | | 800~1000 | 1650~2000 | 1550 | | 1437 | 2780 | 1996 | | 2050 | | 200 | 200 | 250 | 250 | 250 | 250 | 250 | 250 |
| 18 | | 1200~1350 | 1650~2200 | 2040 | | 1718 | 3010 | 2342 | | 2300 | | 200 | 200 | 250 | 250 | 250 | 250 | 250 | 250 |

## 钢筋混凝土甲式四通交汇检查井组合及尺寸表（一）

| 井编号 | $D_3$ (mm) | $D_2$ (mm) | $D_1$ (mm) | $a$ (mm) | $B$ (mm) | $c$ (mm) | $d$ (mm) | $f$ (mm) | $n$ (mm) | $m$ (mm) | $R$ (mm) | $H_2$ (mm) | | | | $b$ (mm) | | | |
|---|---|---|---|---|---|---|---|---|---|---|---|---|---|---|---|---|---|---|---|
| | | | | | | | | | | | | $H$=4m | $H$=5.5m | $H$=7m | $H$=8.5m | $H$=4m | $H$=5.5m | $H$=7m | $H$=8.5m |
| 19 | 1200 | 1500~1800 | 1800~2400 | 2560 | 1800 | 2014 | 3250 | 2710 | 500 | 2560 | 1200 | 200 | 250 | 250 | 300 | 250 | 250 | 250 | 300 |
| 20 | | 2000~2400 | 2000~2400 | 3250 | | 2479 | 3250 | 3198 | | 2900 | | 200 | 250 | 300 | 300 | 250 | 250 | 250 | 300 |
| 21 | | 2700 | 2700 | 3570 | | 2618 | 3570 | 3424 | | 3060 | | | 250 | 300 | 300 | | 250 | 250 | 300 |
| 22 | | 3000 | 3000 | 3910 | | 2767 | 3910 | 3665 | | 3230 | | | 250 | 300 | 300 | | 250 | 300 | 300 |
| 23 | | 3500 | 3500 | 4520 | | 3046 | 4520 | 4096 | | 3540 | | | 250 | 300 | 350 | | 300 | 300 | 400 |
| 24 | | 4000 | 4000 | 5020 | | 3275 | 5020 | 4450 | | 3790 | | | | 300 | 350 | | | 400 | 400 |
| 25 | 1350 | 800~1000 | 1800~2200 | 1550 | 2040 | 1515 | 3010 | 2116 | 560 | 2220 | 1350 | 200 | 200 | 250 | 250 | 250 | 250 | 250 | 300 |
| 26 | | 1200~1350 | 1800~2400 | 2040 | | 1795 | 3250 | 2462 | | 2470 | | 200 | 200 | 250 | 300 | 250 | 250 | 250 | 300 |
| 27 | | 1500~1800 | 2000~2400 | 2560 | | 2149 | 3250 | 2830 | | 2730 | | 200 | 250 | 250 | 300 | 250 | 250 | 250 | 300 |
| 28 | | 2000~2400 | 2400~2700 | 3250 | | 2536 | 3570 | 3318 | | 3070 | | | 250 | 250 | 300 | | 250 | 250 | 300 |
| 29 | | 2700 | 3000 | 3570 | | 2670 | 3910 | 3544 | | 3230 | | | 250 | 300 | 300 | | 250 | 300 | 300 |
| 30 | | 3000 | 3000 | 3910 | | 2901 | 3910 | 3785 | | 3400 | | | 250 | 300 | 350 | | 250 | 300 | 350 |
| 31 | | 3500 | 3500 | 4520 | | 3174 | 4520 | 4216 | | 3710 | | | 250 | 300 | 350 | | 300 | 300 | 400 |
| 32 | | 4000 | 4000 | 5020 | | 3399 | 5020 | 4570 | | 3960 | | | | 300 | 400 | | | 400 | 400 |
| 33 | 1500 | 800~1000 | 1800~2200 | 1550 | 2210 | 1635 | 3010 | 2201 | 630 | 2340 | 1500 | 200 | 200 | 250 | 300 | 250 | 250 | 250 | 300 |
| 34 | | 1200~1350 | 1800~2400 | 2040 | | 1914 | 3250 | 2547 | | 2590 | | 200 | 250 | 250 | 300 | 250 | 250 | 250 | 300 |
| 35 | | 1500~1800 | 2000~2400 | 2560 | | 2271 | 3250 | 2915 | | 2850 | | 200 | 250 | 250 | 300 | 250 | 250 | 250 | 300 |
| 36 | | 2000~2400 | 2400~2700 | 3250 | | 2658 | 3570 | 3403 | | 3190 | | | 250 | 300 | 300 | | 250 | 300 | 300 |

| 井编号 | $D_3$ (mm) | $D_2$ (mm) | $D_1$ (mm) | $a$ (mm) | $B$ (mm) | $c$ (mm) | $d$ (mm) | $f$ (mm) | $n$ (mm) | $m$ (mm) | $R$ (mm) | $H_2$ (mm) | | | | $b$ (mm) | | | |
|---|---|---|---|---|---|---|---|---|---|---|---|---|---|---|---|---|---|---|---|
| | | | | | | | | | | | | $H$=4m | $H$=5.5m | $H$=7m | $H$=8.5m | $H$=4m | $H$=5.5m | $H$=7m | $H$=8.5m |
| 37 | | 2700 | 3000 | 3570 | | 2790 | 3910 | 3629 | | 3350 | | / | 250 | 300 | 350 | / | 250 | 300 | 350 |
| 38 | | 3000 | 3000 | 3910 | | 3023 | 3910 | 3870 | | 3520 | | / | 250 | 300 | 350 | / | 250 | 300 | 350 |
| 39 | | 3500 | 3500 | 4520 | | 3292 | 4520 | 4301 | | 3830 | | / | 250 | 300 | 350 | / | 300 | 300 | 400 |
| 40 | | 4000 | 4000 | 5020 | | 3514 | 5020 | 4655 | | 4080 | | / | / | 300 | 400 | / | / | 400 | 400 |
| 41 | 1650 | 800~1000 | 2000~2400 | 1550 | 2390 | 1693 | 3250 | 2291 | 690 | 2470 | 1650 | 200 | 200 | 250 | 300 | 250 | 250 | 250 | 300 |
| 42 | | 1200~1350 | 2000~2400 | 2040 | | 2025 | 3250 | 2637 | | 2710 | | 200 | 250 | 250 | 300 | 250 | 250 | 250 | 300 |
| 43 | | 1500~1800 | 2200~2400 | 2560 | | 2385 | 3250 | 3005 | | 2970 | | 200 | 250 | 250 | 300 | 250 | 250 | 250 | 300 |
| 44 | | 2000~2200 | 2400~2700 | 3010 | | 2613 | 3570 | 3323 | | 3200 | | / | 250 | 300 | 300 | / | 250 | 300 | 300 |
| 45 | | 2400~2700 | 3000 | 3570 | | 2909 | 3910 | 3719 | | 3480 | | / | 250 | 300 | 350 | / | 250 | 300 | 350 |
| 46 | | 3000 | 3500 | 3910 | | 2990 | 4520 | 3960 | | 3650 | | / | 250 | 300 | 350 | / | 300 | 300 | 350 |
| 47 | | 3500 | 4000 | 4520 | | 3283 | 5020 | 4391 | | 3950 | | / | / | 300 | 350 | / | / | 350 | 400 |
| 48 | | 4000 | 4000 | 5020 | | 3619 | 5020 | 4745 | | 4200 | | / | / | 300 | 400 | / | / | 350 | 400 |
| 49 | 1800 | 800~1000 | 2200~2400 | 1550 | 2560 | 1806 | 3250 | 2376 | 750 | 2590 | 1800 | 200 | 250 | 250 | 300 | 250 | 250 | 250 | 300 |
| 50 | | 1200~1350 | 2200~2400 | 2040 | | 2141 | 3250 | 2722 | | 2830 | | 200 | 250 | 250 | 300 | 250 | 250 | 250 | 300 |
| 51 | | 1500~1800 | 2400 | 2560 | | 2503 | 3250 | 3090 | | 3090 | | 200 | 250 | 300 | 300 | 250 | 250 | 300 | 300 |
| 52 | | 2000~2200 | 2700 | 3010 | | 2729 | 3570 | 3408 | | 3320 | | / | 250 | 300 | 300 | / | 250 | 300 | 300 |
| 53 | | 2400 | 3000 | 3250 | | 2803 | 3910 | 3578 | | 3440 | | / | 250 | 300 | 350 | / | 250 | 300 | 350 |
| 54 | | 2700 | 3500 | 3570 | | 2869 | 4520 | 3804 | | 3600 | | / | 250 | 300 | 350 | / | 300 | 300 | 350 |

# 钢筋混凝土甲式四通交汇检查井组合及尺寸表（三）

| 井编号 | $D_3$ (mm) | $D_2$ (mm) | $D_1$ (mm) | $a$ (mm) | $B$ (mm) | $c$ (mm) | $d$ (mm) | $f$ (mm) | $n$ (mm) | $m$ (mm) | $R$ (mm) | $H_2$ (mm) | | | | $b$ (mm) | | | |
|---|---|---|---|---|---|---|---|---|---|---|---|---|---|---|---|---|---|---|---|
| | | | | | | | | | | | | $H$=4m | $H$=5.5m | $H$=7m | $H$=8.5m | $H$=4m | $H$=5.5m | $H$=7m | $H$=8.5m |
| 55 | | 3000 | 3500 | 3910 | | 3100 | 4520 | 4045 | | 3770 | | / | 250 | 300 | 350 | / | 300 | 300 | 350 |
| 56 | | 3500~4000 | 4000 | 5020 | | 3729 | 5020 | 4830 | | 4320 | | / | / | 300 | 400 | / | / | 350 | 400 |
| 57 | 2000 | 800~1000 | 2400~2700 | 1550 | 2780 | 1876 | 3570 | 2486 | 830 | 2750 | 2000 | / | 250 | 250 | 300 | / | 250 | 250 | 300 |
| 58 | | 1200~1350 | 2400~2700 | 2040 | | 2209 | 3570 | 2832 | | 2990 | | / | 250 | 300 | 300 | / | 250 | 300 | 300 |
| 59 | | 1500~1650 | 2400~2700 | 2390 | | 2456 | 3570 | 3080 | | 3170 | | / | 250 | 300 | 350 | / | 250 | 300 | 300 |
| 60 | | 1800~2400 | 3000 | 3250 | | 2958 | 3910 | 3688 | | 3600 | | / | 250 | 300 | 350 | / | 250 | 300 | 350 |
| 61 | | 2700 | 3500 | 3570 | | 3018 | 4520 | 3914 | | 3760 | | / | 250 | 300 | 350 | / | 300 | 300 | 350 |
| 62 | | 3000 | 3500 | 3910 | | 3251 | 4520 | 4155 | | 3930 | | / | 250 | 300 | 400 | / | 300 | 350 | 400 |
| 63 | | 3500 | 4000 | 4520 | | 3538 | 5020 | 4586 | | 4230 | | / | / | 300 | 400 | / | / | 350 | 400 |
| 64 | 2200 | 800~1000 | 2700~3000 | 1550 | 3010 | 1948 | 3910 | 2601 | 920 | 2910 | 2200 | / | 250 | 250 | 300 | / | 250 | 300 | 300 |
| 65 | | 1200~1350 | 3000 | 2040 | | 2279 | 3910 | 2947 | | 3150 | | / | 250 | 250 | 300 | / | 250 | 300 | 300 |
| 66 | | 1500~1650 | 3000 | 2390 | | 2525 | 3910 | 3195 | | 3330 | | / | 250 | 300 | 350 | / | 250 | 300 | 350 |
| 67 | | 1800~2400 | 3500 | 3250 | | 2957 | 4520 | 3803 | | 3760 | | / | 250 | 300 | 350 | / | 300 | 300 | 350 |
| 68 | | 2700 | 3500 | 3570 | | 3176 | 4520 | 4029 | | 3920 | | / | 250 | 300 | 400 | / | 300 | 300 | 350 |
| 69 | | 3000 | 4000 | 3910 | | 3283 | 5020 | 4270 | | 4090 | | / | / | 300 | 400 | / | / | 350 | 400 |
| 70 | | 3500 | 4000 | 4520 | | 3695 | 5020 | 4701 | | 4390 | | / | / | 300 | 400 | / | / | 350 | 400 |
| 71 | | 800~1000 | 3000 | 1550 | | 2104 | 3910 | 2721 | | 3080 | | / | 250 | 250 | 300 | / | 250 | 300 | 300 |
| 72 | | 1200~1350 | 3000 | 2040 | | 2438 | 3910 | 3067 | | 3320 | | / | 250 | 300 | 300 | / | 250 | 300 | 300 |

| 钢筋混凝土甲式四通交汇检查井组合及尺寸表（四） | 图集号 | 2024沪S204 |
|---|---|---|
| | 页 | 247 |

| 井编号 | $D_3$ (mm) | $D_2$ (mm) | $D_1$ (mm) | $a$ (mm) | $B$ (mm) | $c$ (mm) | $d$ (mm) | $f$ (mm) | $n$ (mm) | $m$ (mm) | $R$ (mm) | $H_2$ (mm) | | | | $b$ (mm) | | | |
|---|---|---|---|---|---|---|---|---|---|---|---|---|---|---|---|---|---|---|---|
| | | | | | | | | | | | | $H$=4m | $H$=5.5m | $H$=7m | $H$=8.5m | $H$=4m | $H$=5.5m | $H$=7m | $H$=8.5m |
| 73 | 2400 | 1500~1800 | 3500 | 2560 | 3250 | 2635 | 4520 | 3435 | 1000 | 3580 | 2400 | | 250 | 300 | 350 | | 250 | 300 | 350 |
| 74 | | 2000~2400 | 3500 | 3250 | | 3113 | 4520 | 3923 | | 3930 | | | 250 | 300 | 350 | | 300 | 300 | 350 |
| 75 | | 2700 | 3500~4000 | 3570 | | 3205 | 5020 | 4149 | | 4090 | | | | 300 | 350 | | | 300 | 350 |
| 76 | | 3000 | 4000 | 3910 | | 3437 | 5020 | 4390 | | 4260 | | | | 300 | 400 | | | 350 | 400 |
| 77 | | 3500 | 4000 | 4520 | | 3852 | 5020 | 4821 | | 4560 | | | | 300 | 400 | | | 350 | 400 |
| 78 | 2700 | 800~1000 | 3500 | 1550 | 3570 | 2162 | 4520 | 2881 | 1120 | 3300 | 2700 | | 250 | 300 | 350 | | 300 | 300 | 350 |
| 79 | | 1200~1350 | 3500 | 2040 | | 2501 | 4520 | 3227 | | 3550 | | | 250 | 300 | 350 | | 300 | 300 | 350 |
| 80 | | 1500~1800 | 3500 | 2560 | | 2859 | 4520 | 3595 | | 3810 | | | 250 | 300 | 350 | | 300 | 300 | 350 |
| 81 | | 2200~2400 | 4000 | 3250 | | 3198 | 5020 | 4083 | | 4150 | | | | 300 | 400 | | | 350 | 400 |
| 82 | | 2700 | 4000 | 3570 | | 3418 | 5020 | 4309 | | 4310 | | | | 300 | 400 | | | 350 | 400 |
| 83 | | 3000 | 4000 | 3910 | | 3652 | 5020 | 4550 | | 4480 | | | | 300 | 400 | | | 350 | 400 |
| 84 | 3000 | 800~1000 | 4000 | 1550 | 3910 | 2272 | 5020 | 3501 | 1250 | 3540 | 3000 | | | 300 | 350 | | | 350 | 400 |
| 85 | | 1200~1350 | 4000 | 2040 | | 2608 | 5020 | 3397 | | 3790 | | | | 300 | 400 | | | 350 | 400 |
| 86 | | 1500~1800 | 4000 | 2560 | | 2964 | 5020 | 3765 | | 4050 | | | | 300 | 400 | | | 350 | 400 |
| 87 | | 2200~2400 | 4000 | 3250 | | 3435 | 5020 | 4253 | | 4390 | | | | 300 | 400 | | | 350 | 400 |

钢筋混凝土甲式四通交汇检查井组合及尺寸表（五）

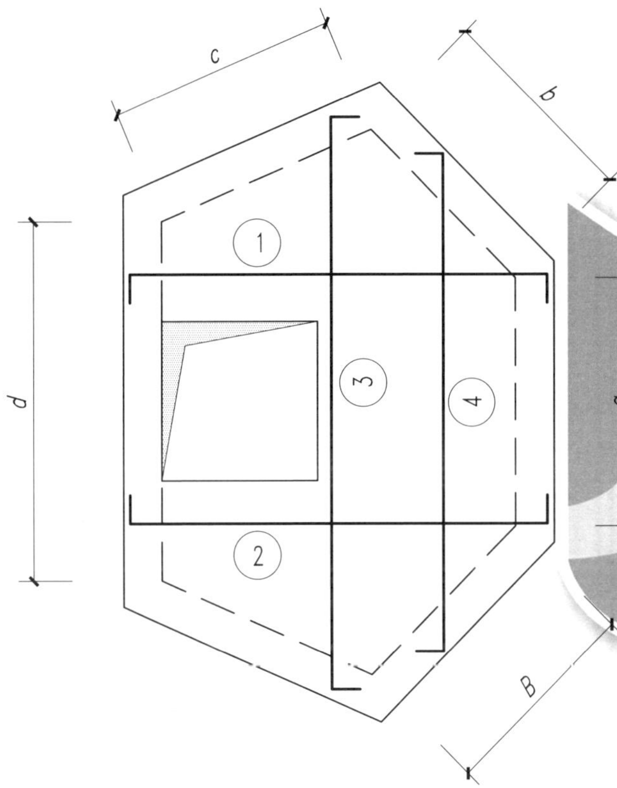


顶板配筋图 1:50

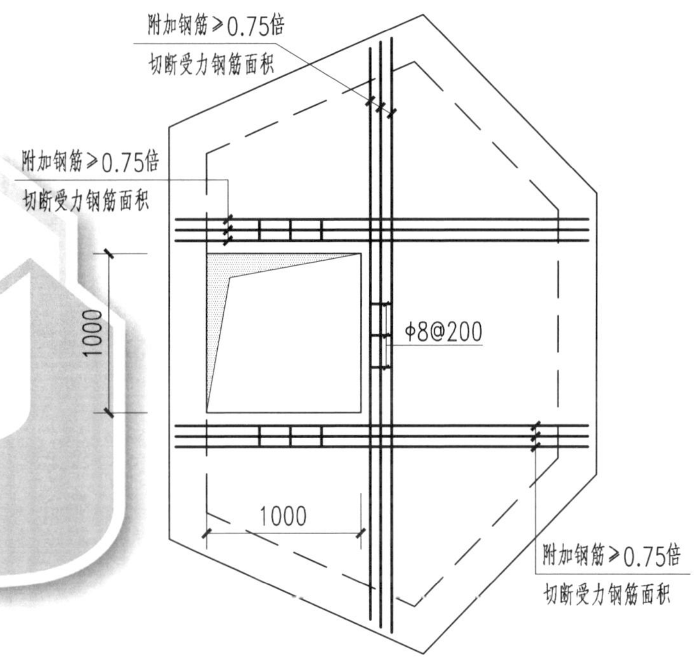


顶板孔口加固图 1:50

| 钢筋混凝土甲式四通交汇检查井<br>顶板配筋图 | 图集号 | 2024沪S204 |
|---|---|---|
| | 页 | 249 |

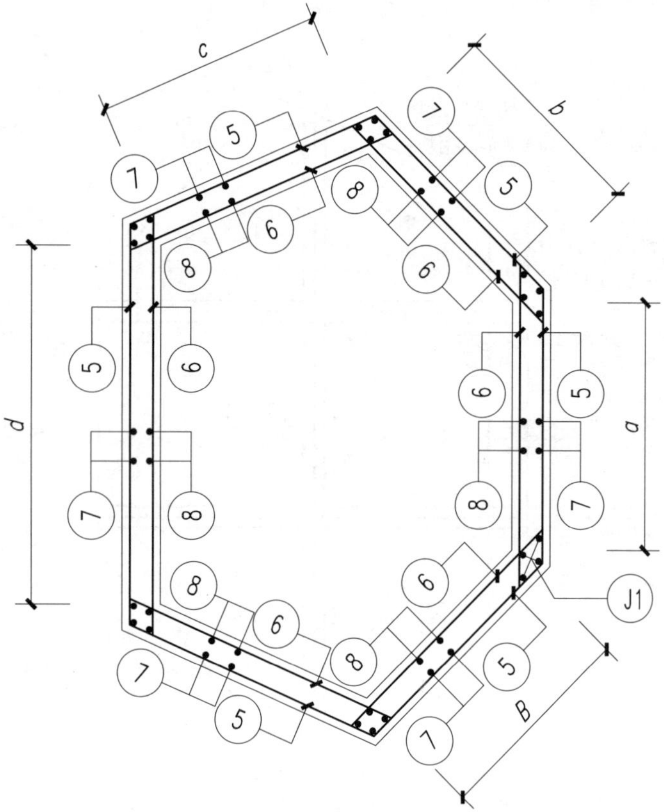


侧壁配筋图　1:50

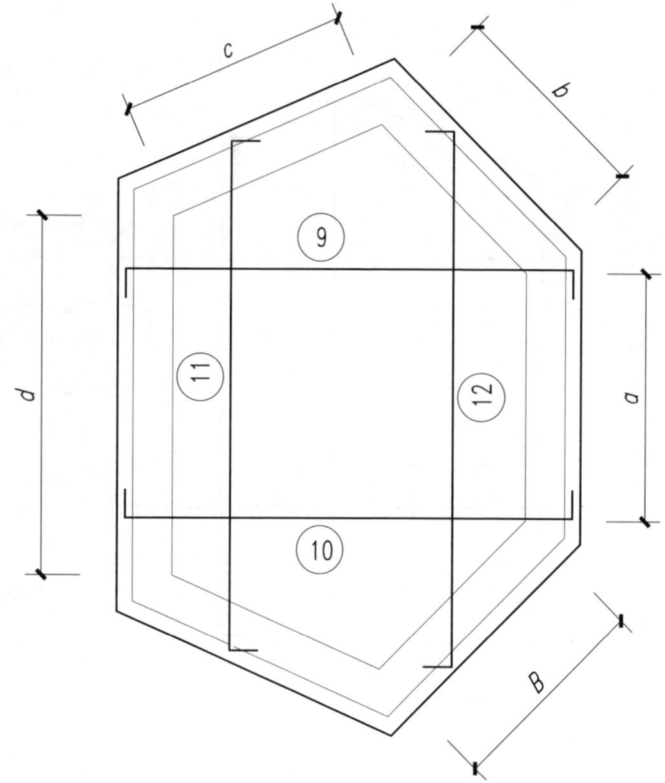


底板配筋图　1:50

| 钢筋混凝土甲式四通交汇检查井<br>底板、侧壁配筋图 | 图集号 | 2024沪S204 |
|---|---|---|
| | 页 | 250 |

| 井编号 | 深度$H$ (m) | 顶板厚$H_4$ (mm) | 15d ① 按实 | 15d ② 按实 | 15d ③ 按实 | 15d ④ 按实 | 井编号 | 深度$H$ (m) | 顶板厚$H_4$ (mm) | 15d ① 按实 | 15d ② 按实 | 15d ③ 按实 | 15d ④ 按实 |
|---|---|---|---|---|---|---|---|---|---|---|---|---|---|
| 1 | 4.0 | 200 | Φ10@150 | Φ10@150 | Φ10@150 | Φ10@150 | 7 | 4.0 | | | | | |
| | 5.5 | 200 | Φ12@150 | Φ10@150 | Φ10@150 | Φ10@150 | | 5.5 | 250 | Φ14@150 | Φ10@150 | Φ10@150 | Φ10@150 |
| | 7.0 | 200 | Φ14@150 | Φ12@150 | Φ10@150 | Φ10@150 | | 7.0 | 300 | Φ16@150 | Φ12@150 | Φ12@150 | Φ12@150 |
| | 8.5 | 250 | Φ14@150 | Φ12@150 | Φ12@150 | Φ10@150 | | 8.5 | 300 | Φ16@100 | Φ14@150 | Φ10@100 | Φ12@150 |
| 2 | 4.0 | 200 | Φ10@150 | Φ10@150 | Φ10@150 | Φ10@150 | 8 | 4.0 | | | | | |
| | 5.5 | 200 | Φ14@150 | Φ10@150 | Φ10@150 | Φ10@150 | | 5.5 | | | | | |
| | 7.0 | 250 | Φ14@150 | Φ12@150 | Φ10@150 | Φ10@150 | | 7.0 | 300 | Φ14@100 | Φ12@150 | Φ12@150 | Φ12@150 |
| | 8.5 | 250 | Φ12@100 | Φ12@150 | Φ12@150 | Φ10@150 | | 8.5 | 350 | Φ16@100 | Φ10@100 | Φ10@100 | Φ12@150 |
| 3 | 4.0 | 200 | Φ12@150 | Φ10@150 | Φ10@150 | Φ10@150 | 9 | 4.0 | 200 | Φ10@150 | Φ10@150 | Φ10@150 | Φ10@150 |
| | 5.5 | 200 | Φ14@150 | Φ10@150 | Φ10@150 | Φ10@150 | | 5.5 | 200 | Φ14@150 | Φ10@150 | Φ10@150 | Φ10@150 |
| | 7.0 | 250 | Φ12@100 | Φ12@150 | Φ12@150 | Φ10@150 | | 7.0 | 200 | Φ12@100 | Φ12@150 | Φ10@150 | Φ10@150 |
| | 8.5 | 250 | Φ14@100 | Φ12@150 | Φ12@150 | Φ10@150 | | 8.5 | 250 | Φ12@100 | Φ12@150 | Φ12@150 | Φ12@150 |
| 4 | 4.0 | 200 | Φ12@150 | Φ10@150 | Φ10@150 | Φ10@150 | 10 | 4.0 | 200 | Φ12@150 | Φ10@150 | Φ10@150 | Φ10@150 |
| | 5.5 | 250 | Φ14@150 | Φ10@150 | Φ10@150 | Φ10@150 | | 5.5 | 200 | Φ14@150 | Φ12@150 | Φ10@150 | Φ10@150 |
| | 7.0 | 250 | Φ14@100 | Φ12@150 | Φ12@150 | Φ10@150 | | 7.0 | 250 | Φ14@150 | Φ12@150 | Φ10@150 | Φ10@150 |
| | 8.5 | 300 | Φ14@100 | Φ10@100 | Φ10@100 | Φ12@150 | | 8.5 | 250 | Φ14@100 | Φ10@100 | Φ12@150 | Φ12@150 |
| 5 | 4.0 | | | | | | 11 | 4.0 | 200 | Φ12@150 | Φ10@150 | Φ10@150 | Φ10@150 |
| | 5.5 | 250 | Φ14@150 | Φ10@150 | Φ10@150 | Φ10@150 | | 5.5 | 200 | Φ12@100 | Φ12@150 | Φ10@150 | Φ10@150 |
| | 7.0 | 250 | Φ14@100 | Φ12@150 | Φ12@150 | Φ10@150 | | 7.0 | 250 | Φ12@100 | Φ12@150 | Φ12@150 | Φ10@150 |
| | 8.5 | 300 | Φ14@100 | Φ10@100 | Φ10@100 | Φ12@150 | | 8.5 | 300 | Φ16@150 | Φ10@100 | Φ12@150 | Φ12@150 |
| 6 | 4.0 | | | | | | 12 | 4.0 | 200 | Φ12@150 | Φ10@150 | Φ10@150 | Φ10@150 |
| | 5.5 | 250 | Φ14@150 | Φ10@150 | Φ10@150 | Φ10@150 | | 5.5 | 250 | Φ14@150 | Φ12@150 | Φ12@150 | Φ10@150 |
| | 7.0 | 250 | Φ14@100 | Φ12@150 | Φ12@150 | Φ10@150 | | 7.0 | 250 | Φ14@100 | Φ14@150 | Φ12@150 | Φ12@150 |
| | 8.5 | 300 | Φ16@100 | Φ14@150 | Φ10@100 | Φ12@150 | | 8.5 | 300 | Φ14@100 | Φ14@150 | Φ10@100 | Φ12@150 |

| 井编号 | 深度$H$ (m) | 顶板厚$H_4$ (mm) | 15d 按实 ① | 15d 按实 ② | 15d 按实 ③ | 15d 按实 ④ | 井编号 | 深度$H$ (m) | 顶板厚$H_4$ (mm) | 15d 按实 ① | 15d 按实 ② | 15d 按实 ③ | 15d 按实 ④ |
|---|---|---|---|---|---|---|---|---|---|---|---|---|---|
| 13 | 4.0 | | | | | | 19 | 4.0 | 200 | Φ12@150 | Φ10@150 | Φ10@150 | Φ10@150 |
| | 5.5 | 250 | Φ14@150 | Φ12@150 | Φ12@150 | Φ10@150 | | 5.5 | 250 | Φ14@150 | Φ10@150 | Φ10@150 | Φ10@150 |
| | 7.0 | 250 | Φ14@100 | Φ14@150 | Φ10@100 | Φ10@150 | | 7.0 | 250 | Φ14@100 | Φ12@150 | Φ12@150 | Φ10@150 |
| | 8.5 | 300 | Φ16@100 | Φ14@150 | Φ14@150 | Φ12@150 | | 8.5 | 300 | Φ14@100 | Φ10@100 | Φ10@100 | Φ12@150 |
| 14 | 4.0 | | | | | | 20 | 4.0 | 200 | Φ12@150 | Φ10@150 | Φ10@150 | Φ10@150 |
| | 5.5 | 250 | Φ14@150 | Φ10@150 | Φ10@150 | Φ10@150 | | 5.5 | 250 | Φ12@100 | Φ12@150 | Φ12@150 | Φ10@150 |
| | 7.0 | 300 | Φ16@150 | Φ10@100 | Φ12@150 | Φ12@150 | | 7.0 | 300 | Φ16@150 | Φ10@100 | Φ10@100 | Φ12@150 |
| | 8.5 | 300 | Φ16@100 | Φ14@150 | Φ14@150 | Φ12@150 | | 8.5 | 300 | Φ16@100 | Φ14@150 | Φ14@150 | Φ12@150 |
| 15 | 4.0 | | | | | | 21 | 4.0 | | | | | |
| | 5.5 | 250 | Φ14@150 | Φ10@150 | Φ10@150 | Φ10@150 | | 5.5 | 250 | Φ12@100 | Φ12@150 | Φ12@150 | Φ10@150 |
| | 7.0 | 300 | Φ14@100 | Φ12@150 | Φ12@150 | Φ12@150 | | 7.0 | 300 | Φ14@100 | Φ10@100 | Φ10@100 | Φ12@150 |
| | 8.5 | 350 | Φ16@100 | Φ14@150 | Φ14@150 | Φ12@150 | | 8.5 | 300 | Φ16@100 | Φ14@150 | Φ12@100 | Φ12@150 |
| 16 | 4.0 | | | | | | 22 | 4.0 | | | | | |
| | 5.5 | | | | | | | 5.5 | 250 | Φ14@150 | Φ12@150 | Φ12@150 | Φ10@150 |
| | 7.0 | 300 | Φ14@100 | Φ12@150 | Φ12@150 | Φ12@150 | | 7.0 | 300 | Φ14@100 | Φ10@100 | Φ10@100 | Φ12@150 |
| | 8.5 | 350 | Φ16@100 | Φ14@150 | Φ14@150 | Φ12@150 | | 8.5 | 300 | Φ16@100 | Φ14@150 | Φ12@100 | Φ12@150 |
| 17 | 4.0 | 200 | Φ10@150 | Φ10@150 | Φ10@150 | Φ10@150 | 23 | 4.0 | | | | | |
| | 5.5 | 200 | Φ14@150 | Φ10@150 | Φ10@150 | Φ10@150 | | 5.5 | 250 | Φ12@100 | Φ10@150 | Φ10@150 | Φ10@150 |
| | 7.0 | 250 | Φ14@150 | Φ12@150 | Φ12@150 | Φ10@150 | | 7.0 | 300 | Φ14@100 | Φ10@100 | Φ10@100 | Φ12@150 |
| | 8.5 | 250 | Φ14@100 | Φ12@150 | Φ12@150 | Φ12@150 | | 8.5 | 350 | Φ16@100 | Φ12@100 | Φ14@150 | Φ12@150 |
| 18 | 4.0 | 200 | Φ12@150 | Φ10@150 | Φ10@150 | Φ10@150 | 24 | 4.0 | | | | | |
| | 5.5 | 200 | Φ14@150 | Φ12@150 | Φ10@150 | Φ10@150 | | 5.5 | | | | | |
| | 7.0 | 250 | Φ12@100 | Φ12@150 | Φ12@150 | Φ10@150 | | 7.0 | 300 | Φ14@100 | Φ12@150 | Φ12@150 | Φ12@150 |
| | 8.5 | 250 | Φ14@100 | Φ14@150 | Φ12@150 | Φ12@150 | | 8.5 | 350 | Φ16@100 | Φ14@150 | Φ14@150 | Φ12@150 |

| 井编号 | 深度$H$ (m) | 顶板厚$H_4$ (mm) | 15d 按实 ① | 15d 按实 ② | 15d 按实 ③ | 15d 按实 ④ |
|---|---|---|---|---|---|---|
| 25 | 4.0 | 200 | Φ12@150 | Φ10@150 | Φ10@150 | Φ10@150 |
| | 5.5 | 200 | Φ14@150 | Φ12@150 | Φ10@150 | Φ10@150 |
| | 7.0 | 250 | Φ12@100 | Φ12@150 | Φ12@150 | Φ10@150 |
| | 8.5 | 250 | Φ14@100 | Φ14@150 | Φ12@150 | Φ12@150 |
| 26 | 4.0 | 200 | Φ12@150 | Φ10@150 | Φ10@150 | Φ10@150 |
| | 5.5 | 200 | Φ12@100 | Φ12@150 | Φ10@150 | Φ10@150 |
| | 7.0 | 250 | Φ16@150 | Φ12@150 | Φ12@150 | Φ10@150 |
| | 8.5 | 300 | Φ14@100 | Φ10@100 | Φ12@150 | Φ12@150 |
| 27 | 4.0 | 200 | Φ12@150 | Φ10@150 | Φ10@150 | Φ10@150 |
| | 5.5 | 250 | Φ14@150 | Φ12@150 | Φ10@150 | Φ10@150 |
| | 7.0 | 250 | Φ14@100 | Φ14@150 | Φ12@150 | Φ12@150 |
| | 8.5 | 300 | Φ14@100 | Φ14@150 | Φ10@100 | Φ12@150 |
| 28 | 4.0 | | | | | |
| | 5.5 | 250 | Φ14@150 | Φ12@150 | Φ12@150 | Φ10@150 |
| | 7.0 | 250 | Φ14@100 | Φ14@150 | Φ14@150 | Φ12@150 |
| | 8.5 | 300 | Φ16@100 | Φ12@100 | Φ14@150 | Φ10@100 |
| 29 | 4.0 | | | | | |
| | 5.5 | 250 | Φ14@150 | Φ12@150 | Φ12@150 | Φ10@150 |
| | 7.0 | 300 | Φ16@150 | Φ10@100 | Φ10@100 | Φ12@150 |
| | 8.5 | 300 | Φ16@100 | Φ12@100 | Φ14@150 | Φ12@150 |
| 30 | 4.0 | | | | | |
| | 5.5 | 250 | Φ12@100 | Φ12@150 | Φ12@150 | Φ10@150 |
| | 7.0 | 300 | Φ14@100 | Φ14@150 | Φ10@100 | Φ12@150 |
| | 8.5 | 350 | Φ16@100 | Φ12@100 | Φ14@150 | Φ10@100 |

| 井编号 | 深度$H$ (m) | 顶板厚$H_4$ (mm) | 15d 按实 ① | 15d 按实 ② | 15d 按实 ③ | 15d 按实 ④ |
|---|---|---|---|---|---|---|
| 31 | 4.0 | | | | | |
| | 5.5 | 250 | Φ12@100 | Φ12@150 | Φ12@150 | Φ10@150 |
| | 7.0 | 300 | Φ14@100 | Φ14@150 | Φ10@100 | Φ12@150 |
| | 8.5 | 350 | Φ16@100 | Φ12@100 | Φ12@100 | Φ12@150 |
| 32 | 4.0 | | | | | |
| | 5.5 | | | | | |
| | 7.0 | 300 | Φ14@100 | Φ10@100 | Φ10@100 | Φ12@150 |
| | 8.5 | 400 | Φ16@100 | Φ12@100 | Φ12@100 | Φ14@150 |
| 33 | 4.0 | 200 | Φ12@150 | Φ10@150 | Φ10@150 | Φ10@150 |
| | 5.5 | 200 | Φ12@100 | Φ12@150 | Φ10@150 | Φ10@150 |
| | 7.0 | 250 | Φ12@100 | Φ12@150 | Φ12@150 | Φ10@150 |
| | 8.5 | 300 | Φ16@150 | Φ10@100 | Φ12@150 | Φ12@150 |
| 34 | 4.0 | 200 | Φ12@150 | Φ10@150 | Φ10@150 | Φ10@150 |
| | 5.5 | 250 | Φ14@150 | Φ10@150 | Φ10@150 | Φ10@150 |
| | 7.0 | 250 | Φ14@100 | Φ12@150 | Φ12@150 | Φ10@150 |
| | 8.5 | 300 | Φ14@100 | Φ10@100 | Φ10@100 | Φ12@150 |
| 35 | 4.0 | 200 | Φ12@150 | Φ10@150 | Φ10@150 | Φ10@150 |
| | 5.5 | 250 | Φ14@150 | Φ12@150 | Φ12@150 | Φ10@150 |
| | 7.0 | 250 | Φ14@100 | Φ14@150 | Φ14@150 | Φ12@150 |
| | 8.5 | 300 | Φ16@100 | Φ14@150 | Φ14@150 | Φ12@150 |
| 36 | 4.0 | | | | | |
| | 5.5 | 250 | Φ12@100 | Φ12@150 | Φ12@150 | Φ10@150 |
| | 7.0 | 300 | Φ14@100 | Φ10@100 | Φ10@100 | Φ12@150 |
| | 8.5 | 300 | Φ16@100 | Φ12@100 | Φ12@100 | Φ12@150 |

| 钢筋混凝土甲式四通交汇检查井顶板配筋表（三） | 图集号 | 2024沪S204 |
|---|---|---|
| | 页 | 253 |

| 井编号 | 深度$H$ (m) | 顶板厚$H_4$ (mm) | 15d 按实 ① | 15d 按实 ② | 15d 按实 ③ | 15d 按实 ④ |
|---|---|---|---|---|---|---|
| 37 | 4.0 | | | | | |
| | 5.5 | 250 | Φ12@100 | Φ12@150 | Φ12@150 | Φ10@150 |
| | 7.0 | 300 | Φ14@100 | Φ10@100 | Φ14@150 | Φ12@150 |
| | 8.5 | 350 | Φ16@100 | Φ14@150 | Φ12@100 | Φ12@150 |
| 38 | 4.0 | | | | | |
| | 5.5 | 250 | Φ16@150 | Φ12@150 | Φ12@150 | Φ10@150 |
| | 7.0 | 300 | Φ14@100 | Φ14@150 | Φ14@150 | Φ12@150 |
| | 8.5 | 350 | Φ16@100 | Φ12@100 | Φ12@100 | Φ12@150 |
| 39 | 4.0 | | | | | |
| | 5.5 | 250 | Φ12@100 | Φ12@150 | Φ12@150 | Φ10@150 |
| | 7.0 | 300 | Φ14@100 | Φ14@150 | Φ14@150 | Φ12@150 |
| | 8.5 | 350 | Φ16@100 | Φ12@100 | Φ12@100 | Φ10@100 |
| 40 | 4.0 | | | | | |
| | 5.5 | | | | | |
| | 7.0 | 300 | Φ16@100 | Φ14@150 | Φ14@150 | Φ12@150 |
| | 8.5 | 400 | Φ16@100 | Φ12@100 | Φ12@100 | Φ14@150 |
| 41 | 4.0 | 200 | Φ12@150 | Φ10@150 | Φ10@150 | Φ10@150 |
| | 5.5 | 200 | Φ12@100 | Φ12@150 | Φ12@150 | Φ10@150 |
| | 7.0 | 250 | Φ16@150 | Φ12@150 | Φ12@150 | Φ12@150 |
| | 8.5 | 300 | Φ14@100 | Φ10@100 | Φ12@150 | Φ12@150 |
| 42 | 4.0 | 200 | Φ12@150 | Φ10@150 | Φ10@150 | Φ10@150 |
| | 5.5 | 250 | Φ14@150 | Φ12@150 | Φ10@150 | Φ10@150 |
| | 7.0 | 250 | Φ14@100 | Φ14@150 | Φ12@150 | Φ12@150 |
| | 8.5 | 300 | Φ14@100 | Φ14@150 | Φ10@100 | Φ12@150 |

| 井编号 | 深度$H$ (m) | 顶板厚$H_4$ (mm) | 15d 按实 ① | 15d 按实 ② | 15d 按实 ③ | 15d 按实 ④ |
|---|---|---|---|---|---|---|
| 43 | 4.0 | 200 | Φ12@150 | Φ10@150 | Φ10@150 | Φ10@150 |
| | 5.5 | 250 | Φ14@150 | Φ12@150 | Φ12@150 | Φ10@150 |
| | 7.0 | 250 | Φ14@100 | Φ12@100 | Φ14@150 | Φ12@150 |
| | 8.5 | 300 | Φ16@100 | Φ12@100 | Φ14@150 | Φ10@100 |
| 44 | 4.0 | | | | | |
| | 5.5 | 250 | Φ12@100 | Φ12@150 | Φ12@150 | Φ10@150 |
| | 7.0 | 300 | Φ14@100 | Φ14@150 | Φ10@100 | Φ12@150 |
| | 8.5 | 300 | Φ16@100 | Φ16@150 | Φ14@150 | Φ10@100 |
| 45 | 4.0 | | | | | |
| | 5.5 | 250 | Φ12@100 | Φ12@150 | Φ12@150 | Φ10@150 |
| | 7.0 | 300 | Φ14@100 | Φ14@150 | Φ14@150 | Φ12@150 |
| | 8.5 | 350 | Φ16@100 | Φ12@100 | Φ12@100 | Φ10@100 |
| 46 | 4.0 | | | | | |
| | 5.5 | 250 | Φ12@100 | Φ12@150 | Φ10@150 | Φ10@150 |
| | 7.0 | 300 | Φ14@100 | Φ14@150 | Φ10@100 | Φ12@150 |
| | 8.5 | 350 | Φ16@100 | Φ12@100 | Φ14@150 | Φ10@100 |
| 47 | 4.0 | | | | | |
| | 5.5 | | | | | |
| | 7.0 | 300 | Φ14@100 | Φ10@100 | Φ12@150 | Φ12@150 |
| | 8.5 | 350 | Φ16@100 | Φ12@100 | Φ12@100 | Φ12@150 |
| 48 | 4.0 | | | | | |
| | 5.5 | | | | | |
| | 7.0 | 300 | Φ16@100 | Φ14@150 | Φ14@150 | Φ12@150 |
| | 8.5 | 400 | Φ16@100 | Φ12@100 | Φ12@100 | Φ14@150 |

钢筋混凝土甲式四通交汇检查井顶板配筋表（四）

| 井编号 | 深度$H$ (m) | 顶板厚$H_4$ (mm) | 15d 按实 ① | 15d 按实 ② | 15d 按实 ③ | 15d 按实 ④ |
|---|---|---|---|---|---|---|
| 49 | 4.0 | 200 | Φ12@150 | Φ10@150 | Φ10@150 | Φ10@150 |
| | 5.5 | 250 | Φ14@150 | Φ12@150 | Φ10@150 | Φ10@150 |
| | 7.0 | 250 | Φ14@100 | Φ10@100 | Φ12@150 | Φ12@150 |
| | 8.5 | 300 | Φ14@100 | Φ14@150 | Φ10@100 | Φ12@150 |
| 50 | 4.0 | 200 | Φ12@150 | Φ10@150 | Φ10@150 | Φ10@150 |
| | 5.5 | 250 | Φ14@150 | Φ12@150 | Φ12@150 | Φ10@150 |
| | 7.0 | 250 | Φ14@100 | Φ14@150 | Φ12@150 | Φ12@150 |
| | 8.5 | 300 | Φ14@100 | Φ14@150 | Φ10@100 | Φ10@100 |
| 51 | 4.0 | 200 | Φ10@100 | Φ10@150 | Φ10@150 | Φ10@150 |
| | 5.5 | 250 | Φ12@100 | Φ12@150 | Φ12@150 | Φ12@150 |
| | 7.0 | 300 | Φ16@150 | Φ14@150 | Φ10@100 | Φ12@150 |
| | 8.5 | 300 | Φ16@100 | Φ16@150 | Φ14@150 | Φ14@150 |
| 52 | 4.0 | | | | | |
| | 5.5 | 250 | Φ12@100 | Φ12@150 | Φ12@150 | Φ10@150 |
| | 7.0 | 300 | Φ14@100 | Φ14@150 | Φ10@100 | Φ12@150 |
| | 8.5 | 300 | Φ16@100 | Φ14@100 | Φ12@100 | Φ14@150 |
| 53 | 4.0 | | | | | |
| | 5.5 | 250 | Φ12@100 | Φ12@150 | Φ12@150 | Φ10@150 |
| | 7.0 | 300 | Φ14@100 | Φ14@150 | Φ10@100 | Φ12@150 |
| | 8.5 | 350 | Φ16@100 | Φ12@100 | Φ14@150 | Φ10@100 |
| 54 | 4.0 | | | | | |
| | 5.5 | 250 | Φ12@100 | Φ12@150 | Φ10@150 | Φ10@150 |
| | 7.0 | 300 | Φ14@100 | Φ14@150 | Φ10@100 | Φ12@150 |
| | 8.5 | 350 | Φ16@100 | Φ12@100 | Φ14@150 | Φ10@100 |

| 井编号 | 深度$H$ (m) | 顶板厚$H_4$ (mm) | 15d 按实 ① | 15d 按实 ② | 15d 按实 ③ | 15d 按实 ④ |
|---|---|---|---|---|---|---|
| 55 | 4.0 | | | | | |
| | 5.5 | 250 | Φ12@100 | Φ12@150 | Φ12@150 | Φ10@150 |
| | 7.0 | 300 | Φ14@100 | Φ14@150 | Φ14@150 | Φ12@150 |
| | 8.5 | 350 | Φ16@100 | Φ12@100 | Φ12@100 | Φ10@100 |
| 56 | 4.0 | | | | | |
| | 5.5 | | | | | |
| | 7.0 | 300 | Φ16@100 | Φ14@150 | Φ14@150 | Φ12@150 |
| | 8.5 | 400 | Φ16@100 | Φ12@100 | Φ12@100 | Φ14@150 |
| 57 | 4.0 | | | | | |
| | 5.5 | 250 | Φ14@150 | Φ10@150 | Φ10@150 | Φ10@150 |
| | 7.0 | 250 | Φ14@100 | Φ12@150 | Φ12@150 | Φ12@150 |
| | 8.5 | 300 | Φ16@100 | Φ10@100 | Φ10@100 | Φ12@150 |
| 58 | 4.0 | | | | | |
| | 5.5 | 250 | Φ14@150 | Φ12@150 | Φ12@150 | Φ10@150 |
| | 7.0 | 300 | Φ16@150 | Φ12@150 | Φ12@150 | Φ12@150 |
| | 8.5 | 300 | Φ16@100 | Φ14@150 | Φ14@150 | Φ12@150 |
| 59 | 4.0 | | | | | |
| | 5.5 | 250 | Φ12@100 | Φ12@150 | Φ12@150 | Φ10@150 |
| | 7.0 | 300 | Φ14@100 | Φ10@100 | Φ10@100 | Φ12@150 |
| | 8.5 | 350 | Φ16@100 | Φ14@150 | Φ14@150 | Φ10@100 |
| 60 | 4.0 | | | | | |
| | 5.5 | 250 | Φ16@150 | Φ12@150 | Φ12@150 | Φ10@150 |
| | 7.0 | 300 | Φ16@100 | Φ14@150 | Φ14@150 | Φ12@150 |
| | 8.5 | 350 | Φ16@100 | Φ12@100 | Φ12@100 | Φ10@100 |

# 钢筋混凝土甲式四通交汇检查井顶板配筋表（五）

| 井编号 | 深度$H$ (m) | 顶板厚$H_4$ (mm) | ① (15d, 按实) | ② (15d, 按实) | ③ (15d, 按实) | ④ (15d, 按实) | 井编号 | 深度$H$ (m) | 顶板厚$H_4$ (mm) | ① (15d, 按实) | ② (15d, 按实) | ③ (15d, 按实) | ④ (15d, 按实) |
|---|---|---|---|---|---|---|---|---|---|---|---|---|---|
| 61 | 4.0 | | | | | | 67 | 4.0 | | | | | |
| | 5.5 | 250 | Φ12@100 | Φ12@150 | Φ12@150 | Φ10@150 | | 5.5 | 250 | Φ12@100 | Φ12@150 | Φ12@150 | Φ10@150 |
| | 7.0 | 300 | Φ14@100 | Φ14@150 | Φ10@100 | Φ12@150 | | 7.0 | 300 | Φ14@100 | Φ14@150 | Φ10@100 | Φ12@150 |
| | 8.5 | 350 | Φ16@100 | Φ12@100 | Φ12@100 | Φ10@100 | | 8.5 | 350 | Φ16@100 | Φ12@100 | Φ12@100 | Φ10@100 |
| 62 | 4.0 | | | | | | 68 | 4.0 | | | | | |
| | 5.5 | 250 | Φ16@150 | Φ12@150 | Φ12@150 | Φ10@150 | | 5.5 | 250 | Φ16@150 | Φ12@150 | Φ12@150 | Φ10@150 |
| | 7.0 | 300 | Φ16@100 | Φ14@150 | Φ14@150 | Φ12@150 | | 7.0 | 300 | Φ16@100 | Φ14@150 | Φ14@150 | Φ12@150 |
| | 8.5 | 400 | Φ16@100 | Φ12@100 | Φ12@100 | Φ14@150 | | 8.5 | 400 | Φ16@100 | Φ12@100 | Φ12@100 | Φ14@150 |
| 63 | 4.0 | | | | | | 69 | 4.0 | | | | | |
| | 5.5 | | | | | | | 5.5 | | | | | |
| | 7.0 | 300 | Φ16@100 | Φ14@150 | Φ14@150 | Φ12@150 | | 7.0 | 300 | Φ16@100 | Φ14@150 | Φ10@100 | Φ12@150 |
| | 8.5 | 400 | Φ16@100 | Φ12@100 | Φ12@100 | Φ14@150 | | 8.5 | 400 | Φ16@100 | Φ12@100 | Φ12@100 | Φ14@150 |
| 64 | 4.0 | | | | | | 70 | 4.0 | | | | | |
| | 5.5 | 250 | Φ14@150 | Φ10@150 | Φ10@150 | Φ10@150 | | 5.5 | | | | | |
| | 7.0 | 250 | Φ14@100 | Φ14@150 | Φ12@150 | Φ12@150 | | 7.0 | 300 | Φ16@100 | Φ14@150 | Φ14@150 | Φ12@150 |
| | 8.5 | 300 | Φ16@100 | Φ14@150 | Φ14@150 | Φ10@100 | | 8.5 | 400 | Φ16@100 | Φ12@100 | Φ12@100 | Φ14@150 |
| 65 | 4.0 | | | | | | 71 | 4.0 | | | | | |
| | 5.5 | 250 | Φ14@150 | Φ12@150 | Φ12@150 | Φ10@150 | | 5.5 | 250 | Φ14@150 | Φ10@150 | Φ10@150 | Φ10@150 |
| | 7.0 | 300 | Φ14@100 | Φ10@100 | Φ12@150 | Φ12@150 | | 7.0 | 250 | Φ14@100 | Φ14@150 | Φ12@150 | Φ12@150 |
| | 8.5 | 300 | Φ16@100 | Φ12@100 | Φ14@150 | Φ10@100 | | 8.5 | 300 | Φ16@100 | Φ14@150 | Φ14@150 | Φ10@100 |
| 66 | 4.0 | | | | | | 72 | 4.0 | | | | | |
| | 5.5 | 250 | Φ12@100 | Φ12@150 | Φ12@150 | Φ10@150 | | 5.5 | 250 | Φ14@150 | Φ12@150 | Φ12@150 | Φ10@150 |
| | 7.0 | 300 | Φ14@100 | Φ14@150 | Φ10@100 | Φ12@150 | | 7.0 | 300 | Φ14@100 | Φ10@100 | Φ12@150 | Φ12@150 |
| | 8.5 | 350 | Φ16@100 | Φ12@100 | Φ14@150 | Φ10@100 | | 8.5 | 300 | Φ16@100 | Φ12@100 | Φ14@150 | Φ10@100 |

| 钢筋混凝土甲式四通交汇检查井顶板配筋表（六） | 图集号 | 2024沪S204 |
|---|---|---|
| | 页 | 256 |

| 井编号 | 深度$H$ (m) | 顶板厚$H_4$ (mm) | 15d 按实 ① | 15d 按实 ② | 15d 按实 ③ | 15d 按实 ④ |
|---|---|---|---|---|---|---|
| 73 | 4.0 | | | | | |
| | 5.5 | 250 | Φ12@100 | Φ12@150 | Φ12@150 | Φ10@150 |
| | 7.0 | 300 | Φ14@100 | Φ14@150 | Φ10@100 | Φ12@150 |
| | 8.5 | 350 | Φ16@100 | Φ12@100 | Φ14@150 | Φ10@100 |
| 74 | 4.0 | | | | | |
| | 5.5 | 250 | Φ12@100 | Φ12@150 | Φ12@150 | Φ10@150 |
| | 7.0 | 300 | Φ14@100 | Φ14@150 | Φ10@100 | Φ12@150 |
| | 8.5 | 350 | Φ16@100 | Φ12@100 | Φ12@100 | Φ10@100 |
| 75 | 4.0 | | | | | |
| | 5.5 | | | | | |
| | 7.0 | 300 | Φ14@100 | Φ14@150 | Φ12@150 | Φ12@150 |
| | 8.5 | 350 | Φ16@100 | Φ12@100 | Φ14@150 | Φ10@100 |
| 76 | 4.0 | | | | | |
| | 5.5 | | | | | |
| | 7.0 | 300 | Φ16@100 | Φ14@150 | Φ10@100 | Φ12@150 |
| | 8.5 | 400 | Φ16@100 | Φ12@100 | Φ12@100 | Φ14@150 |
| 77 | 4.0 | | | | | |
| | 5.5 | | | | | |
| | 7.0 | 300 | Φ16@100 | Φ14@150 | Φ14@150 | Φ12@150 |
| | 8.5 | 400 | Φ16@100 | Φ12@100 | Φ12@100 | Φ14@150 |
| 78 | 4.0 | | | | | |
| | 5.5 | 250 | Φ14@150 | Φ10@150 | Φ10@150 | Φ10@150 |
| | 7.0 | 300 | Φ14@100 | Φ12@150 | Φ12@150 | Φ12@150 |
| | 8.5 | 350 | Φ16@100 | Φ14@150 | Φ14@150 | Φ10@100 |

| 井编号 | 深度$H$ (m) | 顶板厚$H_4$ (mm) | 15d 按实 ① | 15d 按实 ② | 15d 按实 ③ | 15d 按实 ④ |
|---|---|---|---|---|---|---|
| 79 | 4.0 | | | | | |
| | 5.5 | 250 | Φ12@100 | Φ10@150 | Φ10@150 | Φ10@150 |
| | 7.0 | 300 | Φ14@100 | Φ10@100 | Φ10@100 | Φ12@150 |
| | 8.5 | 350 | Φ16@100 | Φ12@100 | Φ14@150 | Φ10@100 |
| 80 | 4.0 | | | | | |
| | 5.5 | 250 | Φ16@150 | Φ12@150 | Φ12@150 | Φ10@150 |
| | 7.0 | 300 | Φ16@100 | Φ14@150 | Φ14@150 | Φ12@150 |
| | 8.5 | 350 | Φ16@100 | Φ12@100 | Φ12@100 | Φ14@150 |
| 81 | 4.0 | | | | | |
| | 5.5 | | | | | |
| | 7.0 | 300 | Φ16@100 | Φ14@150 | Φ10@100 | Φ12@150 |
| | 8.5 | 400 | Φ16@100 | Φ12@100 | Φ12@100 | Φ14@150 |
| 82 | 4.0 | | | | | |
| | 5.5 | | | | | |
| | 7.0 | 300 | Φ16@100 | Φ14@150 | Φ14@150 | Φ12@150 |
| | 8.5 | 400 | Φ16@100 | Φ12@100 | Φ12@100 | Φ14@150 |
| 83 | 4.0 | | | | | |
| | 5.5 | | | | | |
| | 7.0 | 300 | Φ16@100 | Φ12@100 | Φ14@150 | Φ12@150 |
| | 8.5 | 400 | Φ16@100 | Φ16@150 | Φ12@100 | Φ14@150 |
| 84 | 4.0 | | | | | |
| | 5.5 | | | | | |
| | 7.0 | 300 | Φ14@100 | Φ12@150 | Φ10@100 | Φ12@150 |
| | 8.5 | 350 | Φ16@100 | Φ14@150 | Φ12@100 | Φ10@100 |

| 井编号 | 深度$H$ (m) | 顶板厚$H_4$ (mm) | 15d 按实 ① | 15d 按实 ② | 15d 按实 ③ | 15d 按实 ④ | 井编号 | 深度$H$ (m) | 顶板厚$H_4$ (mm) | 15d 按实 ① | 15d 按实 ② | 15d 按实 ③ | 15d 按实 ④ |
|---|---|---|---|---|---|---|---|---|---|---|---|---|---|
| 85 | 4.0 | | | | | | | | | | | | |
| | 5.5 | | | | | | | | | | | | |
| | 7.0 | 300 | Φ16@100 | Φ14@150 | Φ14@150 | Φ12@150 | | | | | | | |
| | 8.5 | 400 | Φ16@100 | Φ12@100 | Φ12@100 | Φ14@150 | | | | | | | |
| 86 | 4.0 | | | | | | | | | | | | |
| | 5.5 | | | | | | | | | | | | |
| | 7.0 | 300 | Φ16@100 | Φ14@150 | Φ14@150 | Φ10@100 | | | | | | | |
| | 8.5 | 400 | Φ16@100 | Φ12@100 | Φ12@100 | Φ14@150 | | | | | | | |
| 87 | 4.0 | | | | | | | | | | | | |
| | 5.5 | | | | | | | | | | | | |
| | 7.0 | 300 | Φ16@100 | Φ12@100 | Φ14@150 | Φ14@150 | | | | | | | |
| | 8.5 | 400 | Φ18@100 | Φ14@100 | Φ12@100 | Φ12@100 | | | | | | | |
| | | | | | | | | | | | | | |
| | | | | | | | | | | | | | |
| | | | | | | | | | | | | | |
| | | | | | | | | | | | | | |
| | | | | | | | | | | | | | |
| | | | | | | | | | | | | | |
| | | | | | | | | | | | | | |
| | | | | | | | | | | | | | |
| | | | | | | | | | | | | | |
| | | | | | | | | | | | | | |
| | | | | | | | | | | | | | |
| | | | | | | | | | | | | | |

| 钢筋混凝土甲式四通交汇检查井顶板配筋表（八） | 图集号 | 2024沪S204 |
|---|---|---|
| | 页 | 258 |

| 井编号 | 深度H (m) | 侧壁厚b (mm) | 15d 按实 ⑤ | 15d 按实 ⑥ | 15d 按实 ⑦ | 15d 按实 ⑧ |
|---|---|---|---|---|---|---|
| 1 | 4.0 | 250 | Φ10@150 | Φ10@150 | Φ10@150 | Φ10@150 |
| | 5.5 | 250 | Φ10@150 | Φ10@150 | Φ12@150 | Φ10@150 |
| | 7.0 | 250 | Φ10@150 | Φ10@150 | Φ12@150 | Φ10@150 |
| | 8.5 | 250 | Φ12@150 | Φ10@150 | Φ14@150 | Φ10@150 |
| 2 | 4.0 | 250 | Φ10@150 | Φ10@150 | Φ10@150 | Φ10@150 |
| | 5.5 | 250 | Φ10@150 | Φ10@150 | Φ12@150 | Φ10@150 |
| | 7.0 | 250 | Φ12@150 | Φ10@150 | Φ10@100 | Φ10@150 |
| | 8.5 | 250 | Φ12@150 | Φ10@150 | Φ14@150 | Φ10@150 |
| 3 | 4.0 | 250 | Φ10@150 | Φ10@150 | Φ12@150 | Φ10@150 |
| | 5.5 | 250 | Φ12@150 | Φ10@150 | Φ10@100 | Φ10@150 |
| | 7.0 | 250 | Φ12@150 | Φ10@150 | Φ12@100 | Φ12@150 |
| | 8.5 | 250 | Φ14@150 | Φ12@150 | Φ14@100 | Φ12@150 |
| 4 | 4.0 | 250 | Φ10@150 | Φ10@150 | Φ12@150 | Φ10@150 |
| | 5.5 | 250 | Φ12@150 | Φ10@150 | Φ14@150 | Φ10@150 |
| | 7.0 | 250 | Φ10@100 | Φ12@150 | Φ14@100 | Φ12@150 |
| | 8.5 | 300 | Φ10@100 | Φ12@150 | Φ14@100 | Φ12@150 |
| 5 | 4.0 | | | | | |
| | 5.5 | 250 | Φ12@150 | Φ10@150 | Φ16@150 | Φ12@150 |
| | 7.0 | 300 | Φ10@100 | Φ12@150 | Φ14@100 | Φ12@150 |
| | 8.5 | 300 | Φ14@150 | Φ12@150 | Φ16@100 | Φ10@100 |
| 6 | 4.0 | | | | | |
| | 5.5 | 250 | Φ14@150 | Φ12@150 | Φ14@100 | Φ12@150 |
| | 7.0 | 300 | Φ14@150 | Φ12@150 | Φ14@100 | Φ12@150 |
| | 8.5 | 350 | Φ12@100 | Φ10@100 | Φ16@100 | Φ10@100 |

| 井编号 | 深度H (m) | 侧壁厚b (mm) | 15d 按实 ⑤ | 15d 按实 ⑥ | 15d 按实 ⑦ | 15d 按实 ⑧ |
|---|---|---|---|---|---|---|
| 7 | 4.0 | | | | | |
| | 5.5 | 300 | Φ10@100 | Φ12@150 | Φ14@100 | Φ12@150 |
| | 7.0 | 350 | Φ12@100 | Φ10@100 | Φ16@100 | Φ10@100 |
| | 8.5 | 400 | Φ12@100 | Φ14@150 | Φ16@100 | Φ14@150 |
| 8 | 4.0 | | | | | |
| | 5.5 | | | | | |
| | 7.0 | 400 | Φ12@100 | Φ14@150 | Φ16@100 | Φ14@150 |
| | 8.5 | 400 | Φ14@100 | Φ12@100 | Φ18@100 | Φ12@100 |
| 9 | 4.0 | 250 | Φ10@150 | Φ10@150 | Φ10@150 | Φ10@150 |
| | 5.5 | 250 | Φ10@150 | Φ10@150 | Φ12@150 | Φ10@150 |
| | 7.0 | 250 | Φ10@150 | Φ10@150 | Φ14@150 | Φ10@150 |
| | 8.5 | 250 | Φ12@150 | Φ10@150 | Φ12@100 | Φ10@150 |
| 10 | 4.0 | 250 | Φ10@150 | Φ10@150 | Φ12@150 | Φ10@150 |
| | 5.5 | 250 | Φ10@150 | Φ10@150 | Φ12@150 | Φ10@150 |
| | 7.0 | 250 | Φ12@150 | Φ10@150 | Φ14@150 | Φ10@150 |
| | 8.5 | 250 | Φ12@150 | Φ10@150 | Φ14@100 | Φ12@150 |
| 11 | 4.0 | 250 | Φ10@150 | Φ10@150 | Φ12@150 | Φ10@150 |
| | 5.5 | 250 | Φ12@150 | Φ10@150 | Φ14@150 | Φ10@150 |
| | 7.0 | 250 | Φ12@150 | Φ12@150 | Φ16@150 | Φ12@150 |
| | 8.5 | 300 | Φ10@100 | Φ12@150 | Φ16@150 | Φ12@150 |
| 12 | 4.0 | 250 | Φ10@150 | Φ10@150 | Φ12@150 | Φ10@150 |
| | 5.5 | 250 | Φ12@150 | Φ10@150 | Φ14@150 | Φ10@150 |
| | 7.0 | 250 | Φ12@150 | Φ10@150 | Φ14@100 | Φ12@150 |
| | 8.5 | 300 | Φ10@100 | Φ12@150 | Φ14@100 | Φ12@150 |

钢筋混凝土甲式四通交汇检查井侧壁配筋表（一）

| 井编号 | 深度$H$ (m) | 侧壁厚$b$ (mm) | 15d 按实 ⑤ | 15d 按实 ⑥ | 15d 按实 ⑦ | 15d 按实 ⑧ |
|---|---|---|---|---|---|---|
| 13 | 4.0 | | | | | |
| | 5.5 | 250 | Φ12@150 | Φ10@150 | Φ12@100 | Φ12@150 |
| | 7.0 | 300 | Φ10@100 | Φ12@150 | Φ16@150 | Φ12@150 |
| | 8.5 | 300 | Φ14@150 | Φ12@150 | Φ16@100 | Φ10@100 |
| 14 | 4.0 | | | | | |
| | 5.5 | 250 | Φ12@150 | Φ10@150 | Φ14@100 | Φ12@150 |
| | 7.0 | 300 | Φ14@150 | Φ12@150 | Φ14@100 | Φ12@150 |
| | 8.5 | 300 | Φ12@100 | Φ12@150 | Φ16@100 | Φ10@100 |
| 15 | 4.0 | | | | | |
| | 5.5 | 300 | Φ10@100 | Φ12@150 | Φ14@100 | Φ12@150 |
| | 7.0 | 350 | Φ12@100 | Φ12@150 | Φ16@100 | Φ10@100 |
| | 8.5 | 400 | Φ12@100 | Φ14@150 | Φ16@100 | Φ14@150 |
| 16 | 4.0 | | | | | |
| | 5.5 | | | | | |
| | 7.0 | 400 | Φ12@100 | Φ14@150 | Φ16@100 | Φ14@150 |
| | 8.5 | 400 | Φ14@100 | Φ14@150 | Φ18@100 | Φ12@100 |
| 17 | 4.0 | 250 | Φ10@150 | Φ10@150 | Φ10@150 | Φ10@150 |
| | 5.5 | 250 | Φ10@150 | Φ10@150 | Φ12@150 | Φ10@150 |
| | 7.0 | 250 | Φ10@150 | Φ10@150 | Φ14@150 | Φ10@150 |
| | 8.5 | 250 | Φ12@150 | Φ10@150 | Φ14@100 | Φ12@150 |
| 18 | 4.0 | 250 | Φ10@150 | Φ10@150 | Φ12@150 | Φ10@150 |
| | 5.5 | 250 | Φ10@150 | Φ10@150 | Φ12@150 | Φ10@150 |
| | 7.0 | 250 | Φ12@150 | Φ10@150 | Φ12@100 | Φ10@150 |
| | 8.5 | 250 | Φ12@150 | Φ12@150 | Φ14@100 | Φ12@150 |
| 19 | 4.0 | 250 | Φ10@150 | Φ10@150 | Φ12@150 | Φ10@150 |
| | 5.5 | 250 | Φ12@150 | Φ10@150 | Φ14@150 | Φ10@150 |
| | 7.0 | 250 | Φ12@150 | Φ10@150 | Φ12@100 | Φ12@150 |
| | 8.5 | 300 | Φ10@100 | Φ12@150 | Φ14@100 | Φ12@150 |
| 20 | 4.0 | 250 | Φ10@150 | Φ10@150 | Φ12@150 | Φ10@150 |
| | 5.5 | 250 | Φ12@150 | Φ10@150 | Φ14@150 | Φ10@150 |
| | 7.0 | 250 | Φ12@150 | Φ10@150 | Φ14@100 | Φ12@150 |
| | 8.5 | 300 | Φ10@100 | Φ12@150 | Φ16@100 | Φ12@150 |
| 21 | 4.0 | | | | | |
| | 5.5 | 250 | Φ12@150 | Φ10@150 | Φ12@100 | Φ12@150 |
| | 7.0 | 250 | Φ14@150 | Φ12@150 | Φ14@100 | Φ12@150 |
| | 8.5 | 300 | Φ14@150 | Φ12@150 | Φ16@100 | Φ10@100 |
| 22 | 4.0 | | | | | |
| | 5.5 | 250 | Φ12@150 | Φ10@150 | Φ14@100 | Φ12@150 |
| | 7.0 | 300 | Φ10@100 | Φ12@150 | Φ14@100 | Φ12@150 |
| | 8.5 | 300 | Φ12@100 | Φ12@150 | Φ16@100 | Φ10@100 |
| 23 | 4.0 | | | | | |
| | 5.5 | 300 | Φ10@100 | Φ12@150 | Φ14@100 | Φ12@150 |
| | 7.0 | 300 | Φ12@100 | Φ12@150 | Φ16@100 | Φ10@100 |
| | 8.5 | 400 | Φ12@100 | Φ14@150 | Φ16@100 | Φ14@150 |
| 24 | 4.0 | | | | | |
| | 5.5 | | | | | |
| | 7.0 | 400 | Φ12@100 | Φ14@150 | Φ16@100 | Φ14@150 |
| | 8.5 | 400 | Φ14@100 | Φ14@150 | Φ18@100 | Φ12@100 |

| 钢筋混凝土甲式四通交汇检查井侧壁配筋表（二） | 图集号 | 2024沪S204 |
|---|---|---|
| | 页 | 260 |

| 井编号 | 深度$H$ (m) | 侧壁厚$b$ (mm) | 15d 按实 ⑤ | 15d 按实 ⑥ | 15d 按实 ⑦ | 15d 按实 ⑧ |
|---|---|---|---|---|---|---|
| 25 | 4.0 | 250 | Φ10@150 | Φ10@150 | Φ12@150 | Φ10@150 |
| | 5.5 | 250 | Φ10@150 | Φ10@150 | Φ10@100 | Φ10@150 |
| | 7.0 | 250 | Φ12@150 | Φ10@150 | Φ12@100 | Φ12@150 |
| | 8.5 | 250 | Φ12@150 | Φ12@150 | Φ14@100 | Φ12@150 |
| 26 | 4.0 | 250 | Φ10@150 | Φ10@150 | Φ12@150 | Φ10@150 |
| | 5.5 | 250 | Φ12@150 | Φ10@150 | Φ14@150 | Φ10@150 |
| | 7.0 | 250 | Φ12@150 | Φ12@150 | Φ14@100 | Φ12@150 |
| | 8.5 | 300 | Φ10@100 | Φ12@150 | Φ14@100 | Φ12@150 |
| 27 | 4.0 | 250 | Φ10@150 | Φ10@150 | Φ12@150 | Φ10@150 |
| | 5.5 | 250 | Φ12@150 | Φ10@150 | Φ14@150 | Φ10@150 |
| | 7.0 | 250 | Φ12@150 | Φ10@150 | Φ14@100 | Φ12@150 |
| | 8.5 | 300 | Φ10@100 | Φ12@150 | Φ14@100 | Φ12@150 |
| 28 | 4.0 | | | | | |
| | 5.5 | 250 | Φ12@150 | Φ10@150 | Φ12@100 | Φ10@150 |
| | 7.0 | 250 | Φ14@150 | Φ12@150 | Φ14@100 | Φ12@150 |
| | 8.5 | 300 | Φ14@150 | Φ12@150 | Φ16@100 | Φ12@150 |
| 29 | 4.0 | | | | | |
| | 5.5 | 250 | Φ12@150 | Φ10@150 | Φ16@150 | Φ12@150 |
| | 7.0 | 300 | Φ12@100 | Φ12@150 | Φ14@100 | Φ12@150 |
| | 8.5 | 300 | Φ14@100 | Φ12@150 | Φ16@100 | Φ10@100 |
| 30 | 4.0 | | | | | |
| | 5.5 | 250 | Φ10@100 | Φ10@150 | Φ14@100 | Φ12@150 |
| | 7.0 | 300 | Φ14@150 | Φ12@150 | Φ14@100 | Φ12@150 |
| | 8.5 | 350 | Φ12@100 | Φ12@150 | Φ16@100 | Φ10@100 |

| 井编号 | 深度$H$ (m) | 侧壁厚$b$ (mm) | 15d 按实 ⑤ | 15d 按实 ⑥ | 15d 按实 ⑦ | 15d 按实 ⑧ |
|---|---|---|---|---|---|---|
| 31 | 4.0 | | | | | |
| | 5.5 | 300 | Φ10@100 | Φ12@150 | Φ14@100 | Φ12@150 |
| | 7.0 | 300 | Φ12@100 | Φ12@150 | Φ16@100 | Φ10@100 |
| | 8.5 | 400 | Φ12@100 | Φ14@150 | Φ16@100 | Φ14@150 |
| 32 | 4.0 | | | | | |
| | 5.5 | | | | | |
| | 7.0 | 400 | Φ12@100 | Φ14@150 | Φ16@100 | Φ14@150 |
| | 8.5 | 400 | Φ14@100 | Φ14@150 | Φ18@100 | Φ12@100 |
| 33 | 4.0 | 250 | Φ10@150 | Φ10@150 | Φ12@150 | Φ10@150 |
| | 5.5 | 250 | Φ10@150 | Φ10@150 | Φ10@100 | Φ10@150 |
| | 7.0 | 250 | Φ12@150 | Φ10@150 | Φ12@100 | Φ12@150 |
| | 8.5 | 300 | Φ12@150 | Φ12@150 | Φ16@150 | Φ12@150 |
| 34 | 4.0 | 250 | Φ10@150 | Φ10@150 | Φ12@150 | Φ10@150 |
| | 5.5 | 250 | Φ12@150 | Φ10@150 | Φ14@150 | Φ10@150 |
| | 7.0 | 250 | Φ12@150 | Φ10@150 | Φ14@100 | Φ12@150 |
| | 8.5 | 300 | Φ10@100 | Φ12@150 | Φ14@100 | Φ12@150 |
| 35 | 4.0 | 250 | Φ10@150 | Φ10@150 | Φ12@150 | Φ10@150 |
| | 5.5 | 250 | Φ12@150 | Φ10@150 | Φ14@150 | Φ10@150 |
| | 7.0 | 250 | Φ12@150 | Φ10@150 | Φ14@100 | Φ12@150 |
| | 8.5 | 300 | Φ10@100 | Φ12@150 | Φ16@100 | Φ12@150 |
| 36 | 4.0 | | | | | |
| | 5.5 | 250 | Φ12@150 | Φ10@150 | Φ12@100 | Φ10@150 |
| | 7.0 | 300 | Φ10@100 | Φ12@150 | Φ14@100 | Φ12@150 |
| | 8.5 | 300 | Φ14@150 | Φ12@150 | Φ16@100 | Φ12@150 |

| 井编号 | 深度$H$ (m) | 侧壁厚$b$ (mm) | 15d 按实 ⑤ | 15d 按实 ⑥ | 15d 按实 ⑦ | 15d 按实 ⑧ |
|---|---|---|---|---|---|---|
| 37 | 4.0 | | | | | |
| | 5.5 | 250 | Φ12@150 | Φ10@150 | Φ16@150 | Φ12@150 |
| | 7.0 | 300 | Φ14@150 | Φ12@150 | Φ14@100 | Φ12@150 |
| | 8.5 | 350 | Φ14@150 | Φ12@150 | Φ16@100 | Φ10@100 |
| 38 | 4.0 | | | | | |
| | 5.5 | 250 | Φ10@100 | Φ10@150 | Φ14@100 | Φ12@150 |
| | 7.0 | 300 | Φ14@150 | Φ12@150 | Φ14@100 | Φ12@150 |
| | 8.5 | 350 | Φ12@100 | Φ12@150 | Φ16@100 | Φ10@100 |
| 39 | 4.0 | | | | | |
| | 5.5 | 300 | Φ10@100 | Φ12@150 | Φ14@100 | Φ12@150 |
| | 7.0 | 300 | Φ12@100 | Φ12@150 | Φ16@100 | Φ10@100 |
| | 8.5 | 400 | Φ12@100 | Φ14@150 | Φ16@100 | Φ14@150 |
| 40 | 4.0 | | | | | |
| | 5.5 | | | | | |
| | 7.0 | 400 | Φ12@100 | Φ14@150 | Φ16@100 | Φ14@150 |
| | 8.5 | 400 | Φ14@100 | Φ14@150 | Φ18@100 | Φ12@100 |
| 41 | 4.0 | 250 | Φ10@150 | Φ10@150 | Φ12@150 | Φ10@150 |
| | 5.5 | 250 | Φ10@150 | Φ10@150 | Φ14@150 | Φ10@150 |
| | 7.0 | 250 | Φ12@150 | Φ12@150 | Φ14@100 | Φ12@150 |
| | 8.5 | 300 | Φ10@100 | Φ12@150 | Φ14@100 | Φ12@150 |
| 42 | 4.0 | 250 | Φ10@150 | Φ10@150 | Φ12@150 | Φ10@150 |
| | 5.5 | 250 | Φ12@150 | Φ10@150 | Φ14@150 | Φ10@150 |
| | 7.0 | 250 | Φ12@150 | Φ10@150 | Φ14@100 | Φ12@150 |
| | 8.5 | 300 | Φ10@100 | Φ12@150 | Φ14@100 | Φ12@150 |

| 井编号 | 深度$H$ (m) | 侧壁厚$b$ (mm) | 15d 按实 ⑤ | 15d 按实 ⑥ | 15d 按实 ⑦ | 15d 按实 ⑧ |
|---|---|---|---|---|---|---|
| 43 | 4.0 | 250 | Φ10@150 | Φ10@150 | Φ12@150 | Φ10@150 |
| | 5.5 | 250 | Φ12@150 | Φ10@150 | Φ14@150 | Φ10@150 |
| | 7.0 | 250 | Φ12@150 | Φ10@150 | Φ14@100 | Φ12@150 |
| | 8.5 | 300 | Φ10@100 | Φ12@150 | Φ16@100 | Φ12@150 |
| 44 | 4.0 | | | | | |
| | 5.5 | 250 | Φ12@150 | Φ10@150 | Φ12@100 | Φ10@150 |
| | 7.0 | 300 | Φ10@100 | Φ12@150 | Φ14@100 | Φ12@150 |
| | 8.5 | 300 | Φ14@150 | Φ12@150 | Φ16@100 | Φ12@150 |
| 45 | 4.0 | | | | | |
| | 5.5 | 250 | Φ12@150 | Φ10@150 | Φ12@100 | Φ12@150 |
| | 7.0 | 300 | Φ14@150 | Φ12@150 | Φ14@100 | Φ12@150 |
| | 8.5 | 350 | Φ14@150 | Φ12@150 | Φ16@100 | Φ10@100 |
| 46 | 4.0 | | | | | |
| | 5.5 | 300 | Φ10@100 | Φ12@150 | Φ16@150 | Φ12@150 |
| | 7.0 | 300 | Φ12@100 | Φ12@150 | Φ16@100 | Φ10@100 |
| | 8.5 | 350 | Φ12@100 | Φ10@100 | Φ16@100 | Φ14@150 |
| 47 | 4.0 | | | | | |
| | 5.5 | | | | | |
| | 7.0 | 350 | Φ12@100 | Φ10@100 | Φ16@100 | Φ10@100 |
| | 8.5 | 400 | Φ14@100 | Φ14@150 | Φ18@100 | Φ14@150 |
| 48 | 4.0 | | | | | |
| | 5.5 | | | | | |
| | 7.0 | 350 | Φ12@100 | Φ10@100 | Φ16@100 | Φ14@150 |
| | 8.5 | 400 | Φ14@100 | Φ14@150 | Φ18@100 | Φ12@100 |

| 井编号 | 深度*H* (m) | 侧壁厚*b* (mm) | 15d 按实 ⑤ | 15d 按实 ⑥ | 15d 按实 ⑦ | 15d 按实 ⑧ |
|---|---|---|---|---|---|---|
| 49 | 4.0 | 250 | Φ10@150 | Φ10@150 | Φ12@150 | Φ10@150 |
| | 5.5 | 250 | Φ12@150 | Φ10@150 | Φ14@150 | Φ10@150 |
| | 7.0 | 250 | Φ12@150 | Φ10@150 | Φ14@100 | Φ12@150 |
| | 8.5 | 300 | Φ10@100 | Φ12@150 | Φ14@100 | Φ12@150 |
| 50 | 4.0 | 250 | Φ10@150 | Φ10@150 | Φ12@150 | Φ10@150 |
| | 5.5 | 250 | Φ12@150 | Φ10@150 | Φ14@150 | Φ10@150 |
| | 7.0 | 250 | Φ12@150 | Φ10@150 | Φ14@100 | Φ12@150 |
| | 8.5 | 300 | Φ10@100 | Φ12@150 | Φ14@100 | Φ12@150 |
| 51 | 4.0 | 250 | Φ10@150 | Φ10@150 | Φ12@150 | Φ10@150 |
| | 5.5 | 250 | Φ12@150 | Φ10@150 | Φ12@100 | Φ10@150 |
| | 7.0 | 300 | Φ12@150 | Φ12@150 | Φ16@150 | Φ12@150 |
| | 8.5 | 300 | Φ10@100 | Φ12@150 | Φ16@100 | Φ12@150 |
| 52 | 4.0 | | | | | |
| | 5.5 | 250 | Φ12@150 | Φ10@150 | Φ12@100 | Φ10@150 |
| | 7.0 | 300 | Φ10@100 | Φ12@150 | Φ14@100 | Φ12@150 |
| | 8.5 | 300 | Φ14@150 | Φ12@150 | Φ16@100 | Φ12@150 |
| 53 | 4.0 | | | | | |
| | 5.5 | 250 | Φ12@150 | Φ10@150 | Φ16@150 | Φ12@150 |
| | 7.0 | 300 | Φ10@100 | Φ12@150 | Φ14@100 | Φ12@150 |
| | 8.5 | 350 | Φ14@150 | Φ12@150 | Φ16@100 | Φ10@100 |
| 54 | 4.0 | | | | | |
| | 5.5 | 300 | Φ10@100 | Φ12@150 | Φ16@150 | Φ12@150 |
| | 7.0 | 300 | Φ12@100 | Φ12@150 | Φ16@100 | Φ10@100 |
| | 8.5 | 350 | Φ12@100 | Φ10@100 | Φ16@100 | Φ14@150 |

| 井编号 | 深度*H* (m) | 侧壁厚*b* (mm) | 15d 按实 ⑤ | 15d 按实 ⑥ | 15d 按实 ⑦ | 15d 按实 ⑧ |
|---|---|---|---|---|---|---|
| 55 | 4.0 | | | | | |
| | 5.5 | 300 | Φ10@100 | Φ12@150 | Φ16@150 | Φ12@150 |
| | 7.0 | 300 | Φ12@100 | Φ12@150 | Φ16@100 | Φ10@100 |
| | 8.5 | 350 | Φ12@100 | Φ10@100 | Φ16@100 | Φ14@150 |
| 56 | 4.0 | | | | | |
| | 5.5 | | | | | |
| | 7.0 | 350 | Φ12@100 | Φ10@100 | Φ16@100 | Φ14@150 |
| | 8.5 | 400 | Φ14@100 | Φ14@150 | Φ18@100 | Φ12@100 |
| 57 | 4.0 | | | | | |
| | 5.5 | 250 | Φ12@150 | Φ10@150 | Φ12@100 | Φ10@150 |
| | 7.0 | 250 | Φ12@150 | Φ12@150 | Φ14@100 | Φ12@150 |
| | 8.5 | 300 | Φ10@100 | Φ12@150 | Φ16@100 | Φ12@150 |
| 58 | 4.0 | | | | | |
| | 5.5 | 250 | Φ12@150 | Φ10@150 | Φ12@100 | Φ10@150 |
| | 7.0 | 300 | Φ10@100 | Φ12@150 | Φ16@150 | Φ12@150 |
| | 8.5 | 300 | Φ14@150 | Φ12@150 | Φ16@100 | Φ12@150 |
| 59 | 4.0 | | | | | |
| | 5.5 | 250 | Φ12@150 | Φ10@150 | Φ12@100 | Φ10@150 |
| | 7.0 | 300 | Φ10@100 | Φ12@150 | Φ14@100 | Φ12@150 |
| | 8.5 | 300 | Φ14@150 | Φ12@150 | Φ16@100 | Φ12@150 |
| 60 | 4.0 | | | | | |
| | 5.5 | 250 | Φ12@150 | Φ10@150 | Φ16@150 | Φ12@150 |
| | 7.0 | 300 | Φ10@100 | Φ12@150 | Φ16@100 | Φ12@150 |
| | 8.5 | 350 | Φ14@150 | Φ12@150 | Φ16@100 | Φ10@100 |

| 钢筋混凝土甲式四通交汇检查井<br>侧壁配筋表（五） | 图集号 | 2024沪S204 |
|---|---|---|
| | 页 | 263 |

| 井编号 | 深度$H$ (m) | 侧壁厚$b$ (mm) | 15d 按实 ⑤ | 15d 按实 ⑥ | 15d 按实 ⑦ | 15d 按实 ⑧ |
|---|---|---|---|---|---|---|
| 61 | 4.0 | / | / | / | / | / |
| | 5.5 | 300 | Φ10@100 | Φ12@150 | Φ16@150 | Φ12@150 |
| | 7.0 | 300 | Φ12@100 | Φ12@150 | Φ16@100 | Φ10@100 |
| | 8.5 | 350 | Φ12@100 | Φ10@100 | Φ16@100 | Φ14@150 |
| 62 | 4.0 | / | / | / | / | / |
| | 5.5 | 300 | Φ10@100 | Φ12@150 | Φ16@150 | Φ12@150 |
| | 7.0 | 300 | Φ12@100 | Φ12@150 | Φ16@100 | Φ10@100 |
| | 8.5 | 400 | Φ12@100 | Φ14@150 | Φ16@100 | Φ14@150 |
| 63 | 4.0 | / | / | / | / | / |
| | 5.5 | / | / | / | / | / |
| | 7.0 | 350 | Φ12@100 | Φ10@100 | Φ16@100 | Φ10@100 |
| | 8.5 | 400 | Φ14@100 | Φ14@150 | Φ16@100 | Φ14@150 |
| 64 | 4.0 | / | / | / | / | / |
| | 5.5 | 250 | Φ12@150 | Φ12@150 | Φ14@100 | Φ12@150 |
| | 7.0 | 300 | Φ10@100 | Φ12@150 | Φ14@100 | Φ12@150 |
| | 8.5 | 300 | Φ14@150 | Φ10@100 | Φ16@100 | Φ10@100 |
| 65 | 4.0 | / | / | / | / | / |
| | 5.5 | 250 | Φ12@150 | Φ10@150 | Φ14@100 | Φ12@150 |
| | 7.0 | 300 | Φ10@100 | Φ12@150 | Φ14@100 | Φ12@150 |
| | 8.5 | 300 | Φ14@150 | Φ12@150 | Φ16@100 | Φ10@100 |
| 66 | 4.0 | / | / | / | / | / |
| | 5.5 | 250 | Φ12@150 | Φ10@150 | Φ16@150 | Φ12@150 |
| | 7.0 | 300 | Φ10@100 | Φ12@150 | Φ14@100 | Φ12@150 |
| | 8.5 | 350 | Φ14@150 | Φ12@150 | Φ16@100 | Φ10@100 |

| 井编号 | 深度$H$ (m) | 侧壁厚$b$ (mm) | 15d 按实 ⑤ | 15d 按实 ⑥ | 15d 按实 ⑦ | 15d 按实 ⑧ |
|---|---|---|---|---|---|---|
| 67 | 4.0 | / | / | / | / | / |
| | 5.5 | 300 | Φ10@100 | Φ12@150 | Φ16@150 | Φ12@150 |
| | 7.0 | 300 | Φ12@100 | Φ12@150 | Φ16@100 | Φ10@100 |
| | 8.5 | 350 | Φ12@100 | Φ10@100 | Φ16@100 | Φ14@150 |
| 68 | 4.0 | / | / | / | / | / |
| | 5.5 | 300 | Φ10@100 | Φ12@150 | Φ16@150 | Φ12@150 |
| | 7.0 | 300 | Φ12@100 | Φ12@150 | Φ16@100 | Φ10@100 |
| | 8.5 | 350 | Φ12@100 | Φ10@100 | Φ16@100 | Φ14@150 |
| 69 | 4.0 | / | / | / | / | / |
| | 5.5 | / | / | / | / | / |
| | 7.0 | 350 | Φ12@100 | Φ10@100 | Φ16@100 | Φ10@100 |
| | 8.5 | 400 | Φ14@100 | Φ14@150 | Φ18@100 | Φ14@150 |
| 70 | 4.0 | / | / | / | / | / |
| | 5.5 | / | / | / | / | / |
| | 7.0 | 350 | Φ12@100 | Φ10@100 | Φ16@100 | Φ10@100 |
| | 8.5 | 400 | Φ14@100 | Φ14@150 | Φ16@100 | Φ14@150 |
| 71 | 4.0 | / | / | / | / | / |
| | 5.5 | 250 | Φ12@150 | Φ12@150 | Φ14@100 | Φ12@150 |
| | 7.0 | 300 | Φ10@100 | Φ12@150 | Φ14@100 | Φ12@150 |
| | 8.5 | 300 | Φ14@150 | Φ10@100 | Φ16@100 | Φ10@100 |
| 72 | 4.0 | / | / | / | / | / |
| | 5.5 | 250 | Φ12@150 | Φ10@150 | Φ14@100 | Φ12@150 |
| | 7.0 | 300 | Φ10@100 | Φ12@150 | Φ14@100 | Φ12@150 |
| | 8.5 | 300 | Φ14@150 | Φ12@150 | Φ16@100 | Φ10@100 |

# 钢筋混凝土甲式四通交汇检查井侧壁配筋表（六）

| 井编号 | 深度H (m) | 侧壁厚b (mm) | 15d 按实 ⑤ | 15d 按实 ⑥ | 15d 按实 ⑦ | 15d 按实 ⑧ |
|---|---|---|---|---|---|---|
| 73 | 4.0 | | | | | |
| | 5.5 | 250 | Φ12@150 | Φ10@150 | Φ16@150 | Φ12@150 |
| | 7.0 | 300 | Φ10@100 | Φ12@150 | Φ14@100 | Φ12@150 |
| | 8.5 | 350 | Φ14@150 | Φ12@150 | Φ16@100 | Φ10@100 |
| 74 | 4.0 | | | | | |
| | 5.5 | 300 | Φ10@100 | Φ12@150 | Φ16@150 | Φ12@150 |
| | 7.0 | 300 | Φ12@100 | Φ12@150 | Φ16@100 | Φ10@100 |
| | 8.5 | 350 | Φ12@100 | Φ10@100 | Φ16@100 | Φ14@150 |
| 75 | 4.0 | | | | | |
| | 5.5 | | | | | |
| | 7.0 | 300 | Φ16@150 | Φ10@100 | Φ16@100 | Φ10@100 |
| | 8.5 | 350 | Φ16@150 | Φ14@150 | Φ16@100 | Φ14@150 |
| 76 | 4.0 | | | | | |
| | 5.5 | | | | | |
| | 7.0 | 350 | Φ12@100 | Φ10@100 | Φ16@100 | Φ10@100 |
| | 8.5 | 400 | Φ14@100 | Φ14@150 | Φ18@100 | Φ14@150 |
| 77 | 4.0 | | | | | |
| | 5.5 | | | | | |
| | 7.0 | 350 | Φ12@100 | Φ10@100 | Φ16@100 | Φ10@100 |
| | 8.5 | 400 | Φ14@100 | Φ14@150 | Φ16@100 | Φ14@150 |
| 78 | 4.0 | | | | | |
| | 5.5 | 300 | Φ12@150 | Φ12@150 | Φ14@100 | Φ12@150 |
| | 7.0 | 300 | Φ14@150 | Φ12@150 | Φ16@100 | Φ10@100 |
| | 8.5 | 350 | Φ12@100 | Φ10@100 | Φ16@100 | Φ14@150 |

| 井编号 | 深度H (m) | 侧壁厚b (mm) | 15d 按实 ⑤ | 15d 按实 ⑥ | 15d 按实 ⑦ | 15d 按实 ⑧ |
|---|---|---|---|---|---|---|
| 79 | 4.0 | | | | | |
| | 5.5 | 300 | Φ10@100 | Φ12@150 | Φ16@150 | Φ12@150 |
| | 7.0 | 300 | Φ14@150 | Φ12@150 | Φ16@100 | Φ10@100 |
| | 8.5 | 350 | Φ12@100 | Φ10@100 | Φ16@100 | Φ14@150 |
| 80 | 4.0 | | | | | |
| | 5.5 | 300 | Φ10@100 | Φ12@150 | Φ16@150 | Φ12@150 |
| | 7.0 | 300 | Φ14@150 | Φ12@150 | Φ16@100 | Φ10@100 |
| | 8.5 | 350 | Φ12@100 | Φ10@100 | Φ16@100 | Φ14@150 |
| 81 | 4.0 | | | | | |
| | 5.5 | | | | | |
| | 7.0 | 350 | Φ12@100 | Φ10@100 | Φ16@100 | Φ10@100 |
| | 8.5 | 400 | Φ16@150 | Φ14@150 | Φ16@100 | Φ14@150 |
| 82 | 4.0 | | | | | |
| | 5.5 | | | | | |
| | 7.0 | 350 | Φ12@100 | Φ10@100 | Φ16@100 | Φ10@100 |
| | 8.5 | 400 | Φ14@100 | Φ14@150 | Φ16@100 | Φ14@150 |
| 83 | 4.0 | | | | | |
| | 5.5 | | | | | |
| | 7.0 | 350 | Φ12@100 | Φ10@100 | Φ16@100 | Φ10@100 |
| | 8.5 | 400 | Φ14@100 | Φ14@150 | Φ16@100 | Φ14@150 |
| 84 | 4.0 | | | | | |
| | 5.5 | | | | | |
| | 7.0 | 350 | Φ12@100 | Φ10@100 | Φ16@100 | Φ10@100 |
| | 8.5 | 400 | Φ12@100 | Φ14@150 | Φ18@100 | Φ12@100 |

| 井编号 | 深度$H$ (m) | 侧壁厚$b$ (mm) | 15d 按实 ⑤ | 15d 按实 ⑥ | 15d 按实 ⑦ | 15d 按实 ⑧ |
|---|---|---|---|---|---|---|
| 85 | 4.0 | | | | | |
| | 5.5 | | | | | |
| | 7.0 | 350 | Φ12@100 | Φ10@100 | Φ16@100 | Φ10@100 |
| | 8.5 | 400 | Φ12@100 | Φ14@150 | Φ18@100 | Φ12@100 |
| 86 | 4.0 | | | | | |
| | 5.5 | | | | | |
| | 7.0 | 350 | Φ12@100 | Φ10@100 | Φ16@100 | Φ10@100 |
| | 8.5 | 400 | Φ16@150 | Φ14@150 | Φ18@100 | Φ14@150 |
| 87 | 4.0 | | | | | |
| | 5.5 | | | | | |
| | 7.0 | 350 | Φ12@100 | Φ10@100 | Φ16@100 | Φ10@100 |
| | 8.5 | 400 | Φ14@100 | Φ14@150 | Φ18@100 | Φ14@150 |

钢筋混凝土甲式四通交汇检查井侧壁配筋表（八）

| 井编号 | 深度$H$ (m) | 底板厚$H_b$ (mm) | 按实 200 ⑨ | 按实 200 ⑩ | 按实 200 ⑪ | 按实 200 ⑫ |
|---|---|---|---|---|---|---|
| 1 | 4.0 | 300 | Φ12@150 | Φ12@150 | Φ12@150 | Φ12@150 |
| | 5.5 | 300 | Φ10@100 | Φ12@150 | Φ12@150 | Φ12@150 |
| | 7.0 | 300 | Φ14@150 | Φ12@150 | Φ12@150 | Φ12@150 |
| | 8.5 | 300 | Φ12@100 | Φ10@100 | Φ10@100 | Φ10@100 |
| 2 | 4.0 | 300 | Φ12@150 | Φ12@150 | Φ12@150 | Φ12@150 |
| | 5.5 | 300 | Φ10@100 | Φ12@150 | Φ12@150 | Φ12@150 |
| | 7.0 | 300 | Φ12@100 | Φ12@150 | Φ12@150 | Φ12@150 |
| | 8.5 | 300 | Φ14@100 | Φ10@100 | Φ10@100 | Φ10@100 |
| 3 | 4.0 | 300 | Φ10@100 | Φ12@150 | Φ12@150 | Φ12@150 |
| | 5.5 | 300 | Φ14@150 | Φ12@150 | Φ12@150 | Φ12@150 |
| | 7.0 | 300 | Φ14@100 | Φ14@150 | Φ10@100 | Φ14@150 |
| | 8.5 | 300 | Φ16@100 | Φ12@100 | Φ14@150 | Φ12@100 |
| 4 | 4.0 | 300 | Φ10@100 | Φ12@150 | Φ12@150 | Φ12@150 |
| | 5.5 | 300 | Φ16@150 | Φ10@100 | Φ10@100 | Φ10@100 |
| | 7.0 | 300 | Φ16@100 | Φ12@100 | Φ14@150 | Φ12@100 |
| | 8.5 | 360 | Φ16@100 | Φ12@100 | Φ12@100 | Φ12@100 |
| 5 | 4.0 | | | | | |
| | 5.5 | 300 | Φ16@150 | Φ14@150 | Φ10@100 | Φ14@150 |
| | 7.0 | 360 | Φ14@100 | Φ12@100 | Φ14@150 | Φ12@100 |
| | 8.5 | 360 | Φ16@100 | Φ16@150 | Φ12@100 | Φ16@150 |
| 6 | 4.0 | | | | | |
| | 5.5 | 300 | Φ14@100 | Φ12@100 | Φ10@100 | Φ12@100 |
| | 7.0 | 360 | Φ14@100 | Φ12@100 | Φ14@150 | Φ12@100 |
| | 8.5 | 420 | Φ14@100 | Φ14@100 | Φ12@100 | Φ14@100 |
| 7 | 4.0 | | | | | |
| | 5.5 | 360 | Φ12@100 | Φ12@100 | Φ10@100 | Φ12@100 |
| | 7.0 | 420 | Φ14@100 | Φ14@100 | Φ14@150 | Φ14@100 |
| | 8.5 | 480 | Φ14@100 | Φ14@100 | Φ12@100 | Φ14@100 |
| 8 | 4.0 | | | | | |
| | 5.5 | | | | | |
| | 7.0 | 480 | Φ14@100 | Φ14@100 | Φ14@150 | Φ14@100 |
| | 8.5 | 480 | Φ16@100 | Φ16@100 | Φ12@100 | Φ16@100 |
| 9 | 4.0 | 300 | Φ12@150 | Φ12@150 | Φ12@150 | Φ12@150 |
| | 5.5 | 300 | Φ10@100 | Φ12@150 | Φ12@150 | Φ12@150 |
| | 7.0 | 300 | Φ14@150 | Φ10@100 | Φ10@100 | Φ10@100 |
| | 8.5 | 300 | Φ14@100 | Φ14@150 | Φ14@150 | Φ14@150 |
| 10 | 4.0 | 300 | Φ12@150 | Φ12@150 | Φ12@150 | Φ12@150 |
| | 5.5 | 300 | Φ14@150 | Φ12@150 | Φ12@150 | Φ12@150 |
| | 7.0 | 300 | Φ12@100 | Φ10@100 | Φ10@100 | Φ10@100 |
| | 8.5 | 300 | Φ14@100 | Φ14@150 | Φ14@150 | Φ14@150 |
| 11 | 4.0 | 300 | Φ10@100 | Φ12@150 | Φ12@150 | Φ12@150 |
| | 5.5 | 300 | Φ12@100 | Φ10@100 | Φ12@150 | Φ10@100 |
| | 7.0 | 300 | Φ14@100 | Φ14@150 | Φ14@150 | Φ14@150 |
| | 8.5 | 360 | Φ14@100 | Φ12@100 | Φ14@150 | Φ12@100 |
| 12 | 4.0 | 300 | Φ14@150 | Φ12@150 | Φ12@150 | Φ12@150 |
| | 5.5 | 300 | Φ14@100 | Φ10@100 | Φ10@100 | Φ10@100 |
| | 7.0 | 300 | Φ16@100 | Φ12@100 | Φ14@150 | Φ12@100 |
| | 8.5 | 360 | Φ16@100 | Φ12@100 | Φ12@100 | Φ12@100 |

# 钢筋混凝土甲式四通交汇检查井底板配筋表（一）

| 井编号 | 深度$H$ (m) | 底板厚$H_b$ (mm) | 按实 200 ⑨ | 按实 200 ⑩ | 按实 200 ⑪ | 按实 200 ⑫ |
|---|---|---|---|---|---|---|
| 1 | 4.0 | 300 | Φ12@150 | Φ12@150 | Φ12@150 | Φ12@150 |
| | 5.5 | 300 | Φ10@100 | Φ12@150 | Φ12@150 | Φ12@150 |
| | 7.0 | 300 | Φ14@150 | Φ12@150 | Φ12@150 | Φ12@150 |
| | 8.5 | 300 | Φ12@100 | Φ10@100 | Φ10@100 | Φ10@100 |
| 2 | 4.0 | 300 | Φ12@150 | Φ12@150 | Φ12@150 | Φ12@150 |
| | 5.5 | 300 | Φ10@100 | Φ12@150 | Φ12@150 | Φ12@150 |
| | 7.0 | 300 | Φ12@100 | Φ12@150 | Φ12@150 | Φ12@150 |
| | 8.5 | 300 | Φ14@100 | Φ10@100 | Φ10@100 | Φ10@100 |
| 3 | 4.0 | 300 | Φ10@100 | Φ12@150 | Φ12@150 | Φ12@150 |
| | 5.5 | 300 | Φ14@150 | Φ12@150 | Φ12@150 | Φ12@150 |
| | 7.0 | 300 | Φ14@100 | Φ14@150 | Φ10@100 | Φ14@150 |
| | 8.5 | 300 | Φ16@100 | Φ12@100 | Φ14@150 | Φ12@100 |
| 4 | 4.0 | 300 | Φ10@100 | Φ12@150 | Φ12@150 | Φ12@150 |
| | 5.5 | 300 | Φ16@150 | Φ10@100 | Φ10@100 | Φ10@100 |
| | 7.0 | 300 | Φ16@100 | Φ12@100 | Φ14@150 | Φ12@100 |
| | 8.5 | 360 | Φ16@100 | Φ12@100 | Φ12@100 | Φ12@100 |
| 5 | 4.0 | | | | | |
| | 5.5 | 300 | Φ16@150 | Φ14@150 | Φ10@100 | Φ14@150 |
| | 7.0 | 360 | Φ14@100 | Φ12@100 | Φ14@150 | Φ12@100 |
| | 8.5 | 360 | Φ16@100 | Φ16@150 | Φ12@100 | Φ16@150 |
| 6 | 4.0 | | | | | |
| | 5.5 | 300 | Φ14@100 | Φ12@100 | Φ10@100 | Φ12@100 |
| | 7.0 | 360 | Φ14@100 | Φ12@100 | Φ14@150 | Φ12@100 |
| | 8.5 | 420 | Φ14@100 | Φ14@100 | Φ12@100 | Φ14@100 |

| 井编号 | 深度$H$ (m) | 底板厚$H_b$ (mm) | 按实 200 ⑨ | 按实 200 ⑩ | 按实 200 ⑪ | 按实 200 ⑫ |
|---|---|---|---|---|---|---|
| 7 | 4.0 | | | | | |
| | 5.5 | 360 | Φ12@100 | Φ12@100 | Φ10@100 | Φ12@100 |
| | 7.0 | 420 | Φ14@100 | Φ14@100 | Φ14@150 | Φ14@100 |
| | 8.5 | 480 | Φ14@100 | Φ14@100 | Φ12@100 | Φ14@100 |
| 8 | 4.0 | | | | | |
| | 5.5 | | | | | |
| | 7.0 | 480 | Φ14@100 | Φ14@100 | Φ14@150 | Φ14@100 |
| | 8.5 | 480 | Φ16@100 | Φ16@100 | Φ12@100 | Φ16@100 |
| 9 | 4.0 | 300 | Φ12@150 | Φ12@150 | Φ12@150 | Φ12@150 |
| | 5.5 | 300 | Φ10@100 | Φ12@150 | Φ12@150 | Φ12@150 |
| | 7.0 | 300 | Φ14@150 | Φ10@100 | Φ10@100 | Φ10@100 |
| | 8.5 | 300 | Φ14@100 | Φ14@150 | Φ14@150 | Φ14@150 |
| 10 | 4.0 | 300 | Φ12@150 | Φ12@150 | Φ12@150 | Φ12@150 |
| | 5.5 | 300 | Φ14@150 | Φ12@150 | Φ12@150 | Φ12@150 |
| | 7.0 | 300 | Φ12@100 | Φ10@100 | Φ10@100 | Φ10@100 |
| | 8.5 | 300 | Φ14@100 | Φ14@150 | Φ14@150 | Φ14@150 |
| 11 | 4.0 | 300 | Φ10@100 | Φ12@150 | Φ12@150 | Φ12@150 |
| | 5.5 | 300 | Φ12@100 | Φ10@100 | Φ12@150 | Φ10@100 |
| | 7.0 | 300 | Φ14@100 | Φ14@150 | Φ14@150 | Φ14@150 |
| | 8.5 | 360 | Φ14@100 | Φ12@100 | Φ14@150 | Φ12@100 |
| 12 | 4.0 | 300 | Φ14@150 | Φ12@150 | Φ12@150 | Φ12@150 |
| | 5.5 | 300 | Φ14@100 | Φ10@100 | Φ10@100 | Φ10@100 |
| | 7.0 | 300 | Φ16@100 | Φ12@100 | Φ14@150 | Φ12@100 |
| | 8.5 | 360 | Φ16@100 | Φ12@100 | Φ12@100 | Φ12@100 |

| 井编号 | 深度$H$ (m) | 底板厚$H_b$ (mm) | 按实 200 ⑨ | 按实 200 ⑩ | 按实 200 ⑪ | 按实 200 ⑫ | 井编号 | 深度$H$ (m) | 底板厚$H_b$ (mm) | 按实 200 ⑨ | 按实 200 ⑩ | 按实 200 ⑪ | 按实 200 ⑫ |
|---|---|---|---|---|---|---|---|---|---|---|---|---|---|
| 25 | 4.0 | 300 | Φ10@100 | Φ12@150 | Φ12@150 | Φ12@150 | 31 | 4.0 | | | | | |
| | 5.5 | 300 | Φ14@150 | Φ12@150 | Φ10@100 | Φ12@150 | | 5.5 | 360 | Φ14@100 | Φ12@100 | Φ14@150 | Φ12@100 |
| | 7.0 | 300 | Φ14@100 | Φ14@150 | Φ14@150 | Φ14@150 | | 7.0 | 420 | Φ16@100 | Φ14@100 | Φ12@100 | Φ14@100 |
| | 8.5 | 300 | Φ16@100 | Φ12@100 | Φ12@100 | Φ12@100 | | 8.5 | 480 | Φ16@100 | Φ14@100 | Φ14@100 | Φ14@100 |
| 26 | 4.0 | 300 | Φ10@100 | Φ12@150 | Φ12@150 | Φ12@150 | 32 | 4.0 | | | | | |
| | 5.5 | 300 | Φ12@100 | Φ10@100 | Φ10@100 | Φ10@100 | | 5.5 | | | | | |
| | 7.0 | 300 | Φ14@100 | Φ14@150 | Φ14@150 | Φ14@150 | | 7.0 | 480 | Φ14@100 | Φ14@100 | Φ12@100 | Φ14@100 |
| | 8.5 | 360 | Φ14@100 | Φ12@100 | Φ12@100 | Φ12@100 | | 8.5 | 480 | Φ18@100 | Φ16@100 | Φ14@100 | Φ16@100 |
| 27 | 4.0 | 300 | Φ14@150 | Φ12@150 | Φ12@150 | Φ12@150 | 33 | 4.0 | 300 | Φ10@100 | Φ12@150 | Φ12@150 | Φ12@150 |
| | 5.5 | 300 | Φ14@100 | Φ10@100 | Φ14@150 | Φ10@100 | | 5.5 | 300 | Φ14@150 | Φ12@150 | Φ10@100 | Φ12@150 |
| | 7.0 | 300 | Φ16@100 | Φ12@100 | Φ12@100 | Φ12@100 | | 7.0 | 300 | Φ14@100 | Φ14@150 | Φ14@150 | Φ14@150 |
| | 8.5 | 360 | Φ16@100 | Φ12@100 | Φ12@100 | Φ12@100 | | 8.5 | 360 | Φ14@100 | Φ12@100 | Φ12@100 | Φ12@100 |
| 28 | 4.0 | | | | | | 34 | 4.0 | 300 | Φ10@100 | Φ12@150 | Φ12@150 | Φ12@150 |
| | 5.5 | 300 | Φ14@100 | Φ10@100 | Φ14@150 | Φ10@100 | | 5.5 | 300 | Φ12@100 | Φ10@100 | Φ10@100 | Φ10@100 |
| | 7.0 | 360 | Φ16@100 | Φ12@100 | Φ12@100 | Φ12@100 | | 7.0 | 300 | Φ16@100 | Φ14@150 | Φ12@100 | Φ14@150 |
| | 8.5 | 420 | Φ16@100 | Φ16@150 | Φ12@100 | Φ16@150 | | 8.5 | 360 | Φ16@100 | Φ12@100 | Φ12@100 | Φ12@100 |
| 29 | 4.0 | | | | | | 35 | 4.0 | 300 | Φ14@150 | Φ12@150 | Φ12@150 | Φ12@150 |
| | 5.5 | 300 | Φ16@100 | Φ14@150 | Φ14@150 | Φ14@150 | | 5.5 | 300 | Φ14@100 | Φ10@100 | Φ14@150 | Φ10@100 |
| | 7.0 | 360 | Φ16@100 | Φ12@100 | Φ12@100 | Φ12@100 | | 7.0 | 300 | Φ16@100 | Φ16@150 | Φ16@150 | Φ16@150 |
| | 8.5 | 420 | Φ18@100 | Φ14@100 | Φ16@150 | Φ14@100 | | 8.5 | 360 | Φ16@100 | Φ16@150 | Φ16@150 | Φ16@150 |
| 30 | 4.0 | | | | | | 36 | 4.0 | | | | | |
| | 5.5 | 300 | Φ16@100 | Φ14@150 | Φ14@150 | Φ14@150 | | 5.5 | 300 | Φ16@100 | Φ14@150 | Φ14@150 | Φ14@150 |
| | 7.0 | 420 | Φ14@100 | Φ12@100 | Φ12@100 | Φ12@100 | | 7.0 | 360 | Φ16@100 | Φ12@100 | Φ12@100 | Φ12@100 |
| | 8.5 | 420 | Φ18@100 | Φ14@100 | Φ14@100 | Φ14@100 | | 8.5 | 420 | Φ18@100 | Φ14@100 | Φ14@100 | Φ14@100 |

| 井编号 | 深度 $H$ (m) | 底板厚 $H_b$ (mm) | 200 按实 ⑨ | 200 按实 ⑩ | 200 按实 ⑪ | 200 按实 ⑫ | 井编号 | 深度 $H$ (m) | 底板厚 $H_b$ (mm) | 200 按实 ⑨ | 200 按实 ⑩ | 200 按实 ⑪ | 200 按实 ⑫ |
|---|---|---|---|---|---|---|---|---|---|---|---|---|---|
| 37 | 4.0 | / | / | / | / | / | 43 | 4.0 | 300 | Φ14@150 | Φ12@150 | Φ12@150 | Φ12@150 |
| | 5.5 | 300 | Φ16@100 | Φ14@150 | Φ14@150 | Φ14@150 | | 5.5 | 300 | Φ14@100 | Φ10@100 | Φ14@150 | Φ10@100 |
| | 7.0 | 360 | Φ16@100 | Φ12@100 | Φ12@100 | Φ12@100 | | 7.0 | 360 | Φ16@100 | Φ12@100 | Φ12@100 | Φ12@100 |
| | 8.5 | 420 | Φ18@100 | Φ14@100 | Φ14@100 | Φ14@100 | | 8.5 | 420 | Φ16@100 | Φ12@100 | Φ16@150 | Φ12@100 |
| 38 | 4.0 | / | / | / | / | / | 44 | 4.0 | / | / | / | / | / |
| | 5.5 | 300 | Φ16@100 | Φ14@150 | Φ12@100 | Φ14@150 | | 5.5 | 300 | Φ16@100 | Φ14@150 | Φ14@150 | Φ14@150 |
| | 7.0 | 420 | Φ16@100 | Φ12@100 | Φ12@100 | Φ12@100 | | 7.0 | 360 | Φ16@100 | Φ12@100 | Φ12@100 | Φ12@100 |
| | 8.5 | 420 | Φ18@100 | Φ14@100 | Φ14@100 | Φ14@100 | | 8.5 | 420 | Φ16@100 | Φ14@100 | Φ14@100 | Φ14@100 |
| 39 | 4.0 | / | / | / | / | / | 45 | 4.0 | / | / | / | / | / |
| | 5.5 | 360 | Φ14@100 | Φ12@100 | Φ14@150 | Φ12@100 | | 5.5 | 300 | Φ16@100 | Φ14@150 | Φ12@100 | Φ14@150 |
| | 7.0 | 420 | Φ16@100 | Φ14@100 | Φ12@100 | Φ14@100 | | 7.0 | 420 | Φ14@100 | Φ12@100 | Φ12@100 | Φ12@100 |
| | 8.5 | 480 | Φ18@100 | Φ14@100 | Φ14@100 | Φ14@100 | | 8.5 | 420 | Φ18@100 | Φ14@100 | Φ14@100 | Φ14@100 |
| 40 | 4.0 | / | / | / | / | / | 46 | 4.0 | / | / | / | / | / |
| | 5.5 | / | / | / | / | / | | 5.5 | 360 | Φ14@100 | Φ12@100 | Φ14@150 | Φ12@100 |
| | 7.0 | 480 | Φ16@100 | Φ14@100 | Φ12@100 | Φ14@100 | | 7.0 | 420 | Φ16@100 | Φ16@150 | Φ12@100 | Φ16@150 |
| | 8.5 | 480 | Φ18@100 | Φ16@100 | Φ14@100 | Φ16@100 | | 8.5 | 420 | Φ18@100 | Φ14@100 | Φ14@100 | Φ14@100 |
| 41 | 4.0 | 300 | Φ10@100 | Φ12@150 | Φ12@150 | Φ12@150 | 47 | 4.0 | / | / | / | / | / |
| | 5.5 | 300 | Φ12@100 | Φ10@100 | Φ10@100 | Φ10@100 | | 5.5 | / | / | / | / | / |
| | 7.0 | 300 | Φ14@100 | Φ14@150 | Φ12@100 | Φ14@150 | | 7.0 | 420 | Φ16@100 | Φ14@100 | Φ12@100 | Φ14@100 |
| | 8.5 | 360 | Φ14@100 | Φ12@100 | Φ12@100 | Φ12@100 | | 8.5 | 480 | Φ18@100 | Φ16@100 | Φ14@100 | Φ16@100 |
| 42 | 4.0 | 300 | Φ14@150 | Φ12@150 | Φ12@150 | Φ12@150 | 48 | 4.0 | / | / | / | / | / |
| | 5.5 | 300 | Φ16@150 | Φ10@100 | Φ14@150 | Φ10@100 | | 5.5 | / | / | / | / | / |
| | 7.0 | 300 | Φ16@100 | Φ12@100 | Φ12@100 | Φ12@100 | | 7.0 | 420 | Φ16@100 | Φ14@100 | Φ16@150 | Φ14@100 |
| | 8.5 | 360 | Φ16@100 | Φ12@100 | Φ12@100 | Φ12@100 | | 8.5 | 480 | Φ18@100 | Φ16@100 | Φ14@100 | Φ16@100 |

| 钢筋混凝土甲式四通交汇检查井底板配筋表（四） | 图集号 | 2024沪S204 |
|---|---|---|
| | 页 | 270 |

| 井编号 | 深度$H$ (m) | 底板厚$H_b$ (mm) | 按实 200 ⑨ | 按实 200 ⑩ | 按实 200 ⑪ | 按实 200 ⑫ |
|---|---|---|---|---|---|---|
| 49 | 4.0 | 300 | Φ10@100 | Φ12@150 | Φ12@150 | Φ12@150 |
| | 5.5 | 300 | Φ12@100 | Φ10@100 | Φ14@150 | Φ10@100 |
| | 7.0 | 300 | Φ16@100 | Φ14@150 | Φ12@100 | Φ14@150 |
| | 8.5 | 360 | Φ16@100 | Φ12@100 | Φ12@100 | Φ12@100 |
| 50 | 4.0 | 300 | Φ14@150 | Φ12@150 | Φ12@150 | Φ12@150 |
| | 5.5 | 300 | Φ14@100 | Φ10@100 | Φ14@150 | Φ10@100 |
| | 7.0 | 300 | Φ16@100 | Φ12@100 | Φ14@100 | Φ12@100 |
| | 8.5 | 360 | Φ16@100 | Φ16@150 | Φ16@150 | Φ16@150 |
| 51 | 4.0 | 300 | Φ14@150 | Φ12@150 | Φ10@100 | Φ12@150 |
| | 5.5 | 300 | Φ16@100 | Φ14@150 | Φ12@100 | Φ14@150 |
| | 7.0 | 360 | Φ16@100 | Φ12@100 | Φ12@100 | Φ12@100 |
| | 8.5 | 420 | Φ16@100 | Φ16@150 | Φ14@100 | Φ16@150 |
| 52 | 4.0 | | | | | |
| | 5.5 | 300 | Φ16@100 | Φ14@150 | Φ12@100 | Φ14@150 |
| | 7.0 | 360 | Φ16@100 | Φ12@100 | Φ16@150 | Φ12@100 |
| | 8.5 | 420 | Φ18@100 | Φ14@100 | Φ14@100 | Φ14@100 |
| 53 | 4.0 | | | | | |
| | 5.5 | 300 | Φ16@100 | Φ14@150 | Φ12@100 | Φ14@150 |
| | 7.0 | 420 | Φ14@100 | Φ12@100 | Φ12@100 | Φ12@100 |
| | 8.5 | 420 | Φ18@100 | Φ14@100 | Φ14@100 | Φ14@100 |
| 54 | 4.0 | | | | | |
| | 5.5 | 360 | Φ16@150 | Φ12@100 | Φ14@150 | Φ12@100 |
| | 7.0 | 420 | Φ16@100 | Φ16@150 | Φ12@100 | Φ16@150 |
| | 8.5 | 420 | Φ18@100 | Φ14@100 | Φ14@100 | Φ14@100 |
| 55 | 4.0 | | | | | |
| | 5.5 | 360 | Φ14@100 | Φ12@100 | Φ14@150 | Φ12@100 |
| | 7.0 | 420 | Φ16@100 | Φ16@150 | Φ12@100 | Φ16@150 |
| | 8.5 | 480 | Φ18@100 | Φ14@100 | Φ14@100 | Φ14@100 |
| 56 | 4.0 | | | | | |
| | 5.5 | | | | | |
| | 7.0 | 420 | Φ18@100 | Φ14@100 | Φ14@100 | Φ14@100 |
| | 8.5 | 480 | Φ20@100 | Φ16@100 | Φ14@100 | Φ16@100 |
| 57 | 4.0 | | | | | |
| | 5.5 | 300 | Φ16@150 | Φ14@150 | Φ14@150 | Φ14@150 |
| | 7.0 | 300 | Φ16@100 | Φ12@100 | Φ14@100 | Φ12@100 |
| | 8.5 | 360 | Φ16@100 | Φ16@150 | Φ16@150 | Φ16@150 |
| 58 | 4.0 | | | | | |
| | 5.5 | 300 | Φ14@100 | Φ14@150 | Φ14@150 | Φ14@150 |
| | 7.0 | 360 | Φ14@100 | Φ12@100 | Φ12@100 | Φ12@100 |
| | 8.5 | 420 | Φ16@100 | Φ16@150 | Φ14@100 | Φ16@150 |
| 59 | 4.0 | | | | | |
| | 5.5 | 300 | Φ16@100 | Φ14@150 | Φ12@100 | Φ14@150 |
| | 7.0 | 360 | Φ16@100 | Φ12@100 | Φ16@150 | Φ12@100 |
| | 8.5 | 420 | Φ16@100 | Φ14@100 | Φ14@100 | Φ14@100 |
| 60 | 4.0 | | | | | |
| | 5.5 | 300 | Φ16@100 | Φ14@150 | Φ16@150 | Φ14@150 |
| | 7.0 | 420 | Φ16@100 | Φ12@100 | Φ16@150 | Φ12@100 |
| | 8.5 | 420 | Φ18@100 | Φ14@100 | Φ14@100 | Φ14@100 |

## 钢筋混凝土甲式四通交汇检查井底板配筋表（五）

| 井编号 | 深度$H$ (m) | 底板厚$H_b$ (mm) | 按实 200 ⑨ | 按实 200 ⑩ | 按实 200 ⑪ | 按实 200 ⑫ |
|---|---|---|---|---|---|---|
| 61 | 4.0 | | | | | |
| | 5.5 | 360 | Φ14@100 | Φ12@100 | Φ12@100 | Φ12@100 |
| | 7.0 | 420 | Φ16@100 | Φ16@150 | Φ16@150 | Φ16@150 |
| | 8.5 | 480 | Φ18@100 | Φ14@100 | Φ14@100 | Φ14@100 |
| 62 | 4.0 | | | | | |
| | 5.5 | 360 | Φ14@100 | Φ12@100 | Φ12@100 | Φ12@100 |
| | 7.0 | 420 | Φ16@100 | Φ16@150 | Φ14@100 | Φ16@150 |
| | 8.5 | 480 | Φ18@100 | Φ14@100 | Φ14@100 | Φ14@100 |
| 63 | 4.0 | | | | | |
| | 5.5 | | | | | |
| | 7.0 | 420 | Φ16@100 | Φ14@100 | Φ14@100 | Φ14@100 |
| | 8.5 | 480 | Φ18@100 | Φ14@100 | Φ14@100 | Φ14@100 |
| 64 | 4.0 | | | | | |
| | 5.5 | 300 | Φ14@100 | Φ14@150 | Φ14@150 | Φ14@150 |
| | 7.0 | 360 | Φ14@100 | Φ12@100 | Φ12@100 | Φ12@100 |
| | 8.5 | 420 | Φ14@100 | Φ16@150 | Φ14@100 | Φ16@150 |
| 65 | 4.0 | | | | | |
| | 5.5 | 300 | Φ14@100 | Φ14@150 | Φ12@100 | Φ14@150 |
| | 7.0 | 360 | Φ16@100 | Φ12@100 | Φ16@150 | Φ12@100 |
| | 8.5 | 420 | Φ16@100 | Φ14@100 | Φ14@100 | Φ14@100 |
| 66 | 4.0 | | | | | |
| | 5.5 | 300 | Φ16@100 | Φ14@150 | Φ12@100 | Φ14@150 |
| | 7.0 | 360 | Φ16@100 | Φ12@100 | Φ16@150 | Φ12@100 |
| | 8.5 | 420 | Φ18@100 | Φ14@100 | Φ14@100 | Φ14@100 |

| 井编号 | 深度$H$ (m) | 底板厚$H_b$ (mm) | 按实 200 ⑨ | 按实 200 ⑩ | 按实 200 ⑪ | 按实 200 ⑫ |
|---|---|---|---|---|---|---|
| 67 | 4.0 | | | | | |
| | 5.5 | 360 | Φ14@100 | Φ12@100 | Φ12@100 | Φ12@100 |
| | 7.0 | 420 | Φ16@100 | Φ16@150 | Φ16@150 | Φ16@150 |
| | 8.5 | 480 | Φ18@100 | Φ14@100 | Φ14@100 | Φ14@100 |
| 68 | 4.0 | | | | | |
| | 5.5 | 360 | Φ14@100 | Φ12@100 | Φ12@100 | Φ12@100 |
| | 7.0 | 420 | Φ16@100 | Φ16@150 | Φ14@100 | Φ16@150 |
| | 8.5 | 480 | Φ18@100 | Φ14@100 | Φ14@100 | Φ14@100 |
| 69 | 4.0 | | | | | |
| | 5.5 | | | | | |
| | 7.0 | 420 | Φ16@100 | Φ14@100 | Φ16@150 | Φ14@100 |
| | 8.5 | 480 | Φ18@100 | Φ16@100 | Φ14@100 | Φ16@100 |
| 70 | 4.0 | | | | | |
| | 5.5 | | | | | |
| | 7.0 | 420 | Φ18@100 | Φ14@100 | Φ14@100 | Φ14@100 |
| | 8.5 | 480 | Φ20@100 | Φ14@100 | Φ14@100 | Φ14@100 |
| 71 | 4.0 | | | | | |
| | 5.5 | 300 | Φ16@150 | Φ14@150 | Φ14@150 | Φ14@150 |
| | 7.0 | 360 | Φ16@150 | Φ12@100 | Φ12@100 | Φ12@100 |
| | 8.5 | 360 | Φ16@100 | Φ14@100 | Φ16@150 | Φ14@100 |
| 72 | 4.0 | | | | | |
| | 5.5 | 300 | Φ14@100 | Φ14@150 | Φ14@150 | Φ14@150 |
| | 7.0 | 360 | Φ14@100 | Φ12@100 | Φ12@100 | Φ12@100 |
| | 8.5 | 420 | Φ14@100 | Φ14@100 | Φ14@100 | Φ14@100 |

| 钢筋混凝土甲式四通交汇检查井底板配筋表（六） | 图集号 | 2024沪S204 |
|---|---|---|
| | 页 | 272 |

| 井编号 | 深度$H$ (m) | 底板厚$H_b$ (mm) | 按实 200 ⑨ | 按实 200 ⑩ | 按实 200 ⑪ | 按实 200 ⑫ |
|---|---|---|---|---|---|---|
| 73 | 4.0 | | | | | |
| | 5.5 | 300 | Φ14@100 | Φ14@150 | Φ14@150 | Φ14@150 |
| | 7.0 | 360 | Φ14@100 | Φ12@100 | Φ12@100 | Φ12@100 |
| | 8.5 | 420 | Φ16@100 | Φ14@100 | Φ14@100 | Φ14@100 |
| 74 | 4.0 | | | | | |
| | 5.5 | 360 | Φ16@150 | Φ12@100 | Φ14@150 | Φ12@100 |
| | 7.0 | 420 | Φ14@100 | Φ16@150 | Φ12@100 | Φ16@150 |
| | 8.5 | 420 | Φ18@100 | Φ14@100 | Φ14@100 | Φ14@100 |
| 75 | 4.0 | | | | | |
| | 5.5 | | | | | |
| | 7.0 | 360 | Φ16@100 | Φ14@100 | Φ16@150 | Φ14@100 |
| | 8.5 | 420 | Φ18@100 | Φ14@100 | Φ14@100 | Φ14@100 |
| 76 | 4.0 | | | | | |
| | 5.5 | | | | | |
| | 7.0 | 420 | Φ16@100 | Φ14@100 | Φ12@100 | Φ14@100 |
| | 8.5 | 480 | Φ18@100 | Φ16@100 | Φ14@100 | Φ16@100 |
| 77 | 4.0 | | | | | |
| | 5.5 | | | | | |
| | 7.0 | 420 | Φ16@100 | Φ14@100 | Φ14@100 | Φ14@100 |
| | 8.5 | 480 | Φ18@100 | Φ14@100 | Φ14@100 | Φ14@100 |
| 78 | 4.0 | | | | | |
| | 5.5 | 360 | Φ12@100 | Φ12@100 | Φ12@100 | Φ12@100 |
| | 7.0 | 360 | Φ16@100 | Φ14@100 | Φ14@100 | Φ14@100 |
| | 8.5 | 420 | Φ16@100 | Φ14@100 | Φ14@100 | Φ14@100 |
| 79 | 4.0 | | | | | |
| | 5.5 | 360 | Φ16@150 | Φ12@100 | Φ12@100 | Φ12@100 |
| | 7.0 | 360 | Φ16@100 | Φ14@100 | Φ14@100 | Φ14@100 |
| | 8.5 | 420 | Φ18@100 | Φ14@100 | Φ14@100 | Φ14@100 |
| 80 | 4.0 | | | | | |
| | 5.5 | 360 | Φ14@100 | Φ12@100 | Φ12@100 | Φ12@100 |
| | 7.0 | 420 | Φ16@100 | Φ16@150 | Φ14@100 | Φ16@150 |
| | 8.5 | 480 | Φ18@100 | Φ14@100 | Φ14@100 | Φ14@100 |
| 81 | 4.0 | | | | | |
| | 5.5 | | | | | |
| | 7.0 | 420 | Φ16@100 | Φ14@100 | Φ14@100 | Φ14@100 |
| | 8.5 | 480 | Φ18@100 | Φ16@100 | Φ16@100 | Φ16@100 |
| 82 | 4.0 | | | | | |
| | 5.5 | | | | | |
| | 7.0 | 420 | Φ18@100 | Φ14@100 | Φ14@100 | Φ14@100 |
| | 8.5 | 480 | Φ20@100 | Φ14@100 | Φ16@100 | Φ14@100 |
| 83 | 4.0 | | | | | |
| | 5.5 | | | | | |
| | 7.0 | 420 | Φ18@100 | Φ14@100 | Φ14@100 | Φ14@100 |
| | 8.5 | 480 | Φ20@100 | Φ14@100 | Φ16@100 | Φ14@100 |
| 84 | 4.0 | | | | | |
| | 5.5 | | | | | |
| | 7.0 | 420 | Φ14@100 | Φ14@100 | Φ14@100 | Φ14@100 |
| | 8.5 | 480 | Φ16@100 | Φ16@100 | Φ16@100 | Φ16@100 |

| 钢筋混凝土甲式四通交汇检查井底板配筋表（七） | 图集号 | 2024沪S204 |
|---|---|---|
| | 页 | 273 |

| 井编号 | 深度$H$ (m) | 底板厚$H_b$ (mm) | 按实 200 ⑨ | 按实 200 ⑩ | 按实 200 ⑪ | 按实 200 ⑫ | 井编号 | 深度$H$ (m) | 底板厚$H_b$ (mm) | 按实 200 ⑨ | 按实 200 ⑩ | 按实 200 ⑪ | 按实 200 ⑫ |
|---|---|---|---|---|---|---|---|---|---|---|---|---|---|
| 85 | 4.0 | | | | | | | | | | | | |
| | 5.5 | | | | | | | | | | | | |
| | 7.0 | 420 | Φ16@100 | Φ14@100 | Φ14@100 | Φ14@100 | | | | | | | |
| | 8.5 | 480 | Φ18@100 | Φ16@100 | Φ16@100 | Φ16@100 | | | | | | | |
| 86 | 4.0 | | | | | | | | | | | | |
| | 5.5 | | | | | | | | | | | | |
| | 7.0 | 420 | Φ18@100 | Φ14@100 | Φ14@100 | Φ14@100 | | | | | | | |
| | 8.5 | 480 | Φ20@100 | Φ16@100 | Φ16@100 | Φ16@100 | | | | | | | |
| 87 | 4.0 | | | | | | | | | | | | |
| | 5.5 | | | | | | | | | | | | |
| | 7.0 | 420 | Φ18@100 | Φ14@100 | Φ16@100 | Φ14@100 | | | | | | | |
| | 8.5 | 480 | Φ20@100 | Φ16@100 | Φ18@100 | Φ16@100 | | | | | | | |

钢筋混凝土甲式四通交汇检查井底板配筋表（八）

| 图集号 | 2024沪S204 |
|---|---|
| 页 | 274 |

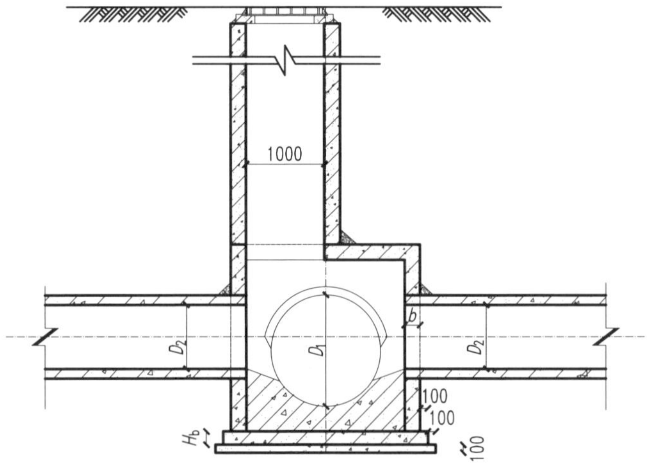


1-1剖面图

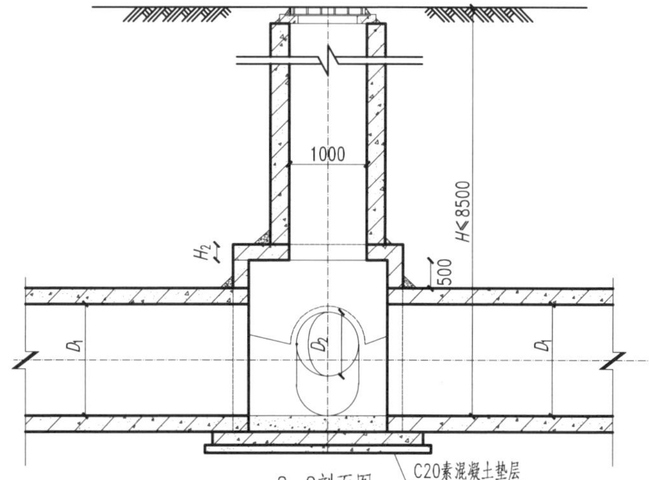


2-2剖面图

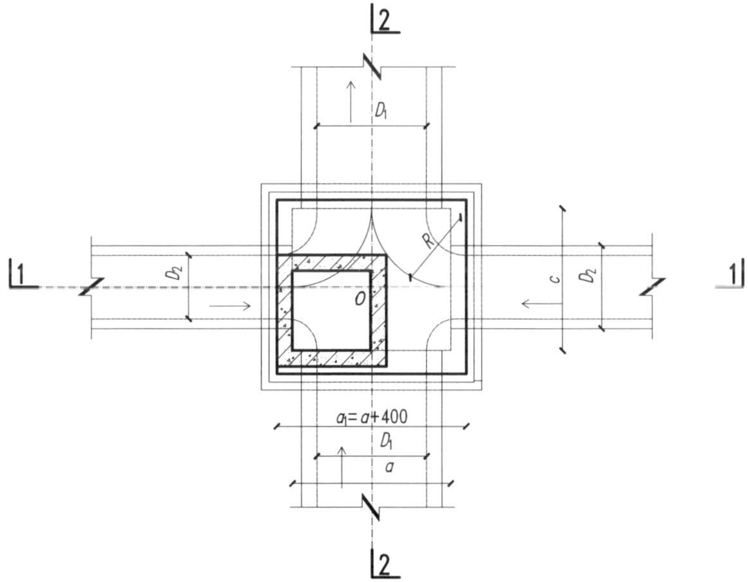


平面图

说明：

1. 本图适用于钢筋混凝土管且支管管径大于或等于$\phi$800的四通交汇检查井，其中一根支管与干管成直线，另两根$\phi$800~$\phi$2400的支管与干管作90°~105°的交叉。
2. 本图四通检查井干管最大管径为$\phi$4000，以管内顶相平为正常情况，不设沉泥。
3. 各支管不如图作垂直交汇时，检查井的$O$点不变。
4. $H_b$详见配筋表格。
5. 采用化学建材管且支管管径大于或等于DN700时，参照本检查井。

| 钢筋混凝土乙式四通交汇检查井（$\phi$800~$\phi$4000） | 图集号 | 2024沪S204 |
|---|---|---|
| | 页 | 275 |

| 井编号 | $D_2$ (mm) | $D_1$ (mm) | $a$ (mm) | $c$ (mm) | $H_2$ (mm) | | | | $b$ (mm) | | | |
|---|---|---|---|---|---|---|---|---|---|---|---|---|
| | | | | | $H$=4m | $H$=5.5m | $H$=7m | $H$=8.5m | $H$=4m | $H$=5.5m | $H$=7m | $H$=8.5m |
| 1 | 800 | 1200~1350 | 2040 | 1320 | 200 | 200 | 200 | 200 | 250 | 250 | 250 | 250 |
| 2 | 800~1000 | 1500~1800 | 2560 | 1550 | 200 | 200 | 200 | 200 | 250 | 250 | 250 | 250 |
| 3 | | 2000~2200 | 3010 | | 200 | 200 | 200 | 250 | 250 | 250 | 250 | 250 |
| 4 | | 2400 | 3250 | | 200 | 200 | 200 | 250 | 250 | 250 | 250 | 300 |
| 5 | | 2700 | 3570 | | 200 | 200 | 200 | 250 | 250 | 250 | 300 | 300 |
| 6 | | 3000 | 3910 | | | 200 | 250 | 250 | | 250 | 300 | 300 |
| 7 | | 3500 | 4520 | | | 200 | 250 | 250 | | 300 | 350 | 400 |
| 8 | | 4000 | 5020 | | | | 250 | 300 | | | 400 | 400 |
| 9 | 1200 | 2400 | 3250 | 1800 | 200 | 200 | 200 | 250 | 250 | 250 | 250 | 300 |
| 10 | | 2700 | 3570 | | 200 | 200 | 200 | 250 | 250 | 250 | 300 | 300 |
| 11 | | 3000 | 3910 | | | 200 | 250 | 250 | | 250 | 300 | 300 |
| 12 | | 3500 | 4520 | | | 200 | 250 | 250 | | 300 | 350 | 400 |
| 13 | | 4000 | 5020 | | | | 250 | 300 | | | 400 | 400 |
| 14 | 1350 | 2700 | 3570 | 2040 | 200 | 200 | 250 | 250 | 250 | 250 | 300 | 300 |

| 井编号 | $D_2$ (mm) | $D_1$ (mm) | $a$ (mm) | $c$ (mm) | $H_2$ (mm) | | | | $b$ (mm) | | | |
|---|---|---|---|---|---|---|---|---|---|---|---|---|
| | | | | | $H$=4m | $H$=5.5m | $H$=7m | $H$=8.5m | $H$=4m | $H$=5.5m | $H$=7m | $H$=8.5m |
| 15 | 1350 | 3000 | 3910 | 2040 | | 200 | 250 | 250 | | 250 | 300 | 300 |
| 16 | | 3500 | 4520 | | | 200 | 250 | 250 | | 300 | 300 | 400 |
| 17 | | 4000 | 5020 | | | | 250 | 300 | | | 400 | 400 |
| 18 | 1500 | 3000 | 3910 | 2210 | | 200 | 250 | 250 | | 250 | 300 | 300 |
| 19 | | 3500 | 4520 | | | 200 | 250 | 250 | | 300 | 300 | 400 |
| 20 | | 4000 | 5020 | | | | 250 | 300 | | | 400 | 400 |
| 21 | 1650 | 3500 | 4520 | 2390 | | 200 | 250 | 250 | | 300 | 300 | 400 |
| 22 | | 4000 | 5020 | | | | 200 | 250 | | | 400 | 400 |
| 23 | 1800 | 3500 | 4520 | 2560 | | 200 | 250 | 300 | | 300 | 300 | 400 |
| 24 | | 4000 | 5020 | | | | 250 | 300 | | | 350 | 400 |
| 25 | 2000 | 4000 | 5020 | 2780 | | | 250 | 300 | | | 350 | 400 |
| 26 | 2200 | 4000 | 5020 | 3010 | | | 250 | 300 | | | 350 | 400 |
| 27 | 2400 | 4000 | 5020 | 3250 | | | 250 | 300 | | | 350 | 400 |

| 钢筋混凝土乙式四通交汇检查井组合及尺寸表（二） | 图集号 | 2024沪S204 |
|---|---|---|
| | 页 | 277 |

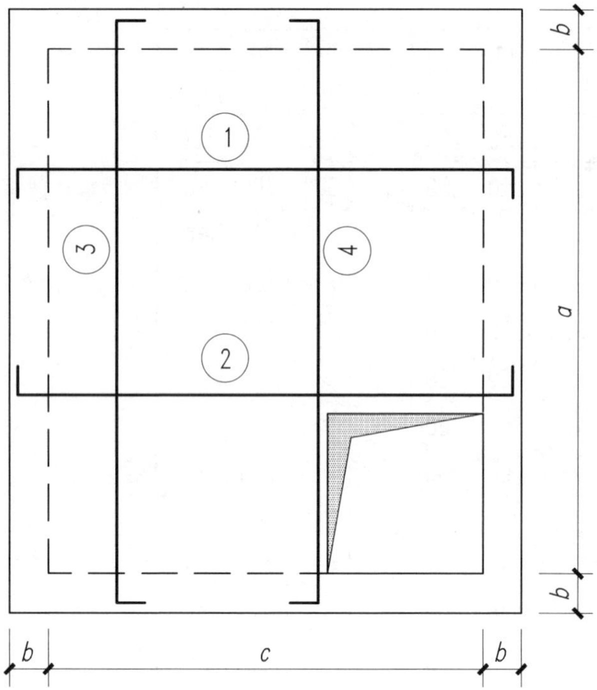


顶板配筋图 1:50

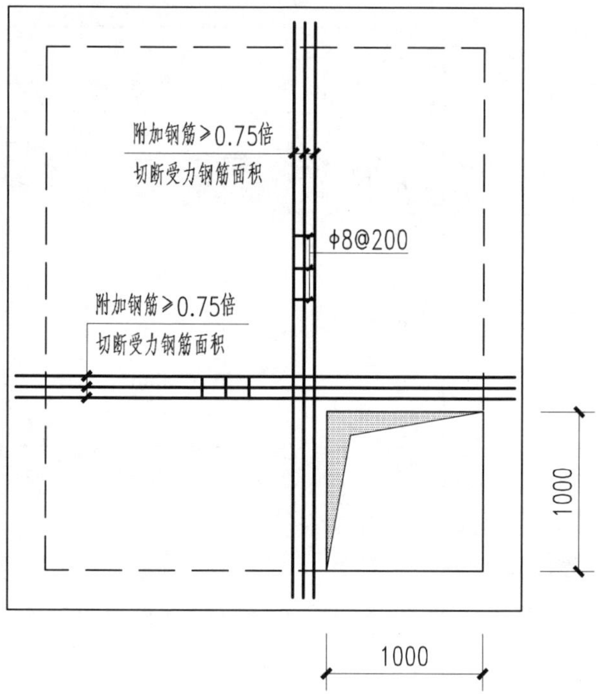


顶板孔口加固图 1:50

| 钢筋混凝土乙式四通交汇检查井<br>顶板配筋图 | 图集号 | 2024沪S204 |
|---|---|---|
| | 页 | 278 |

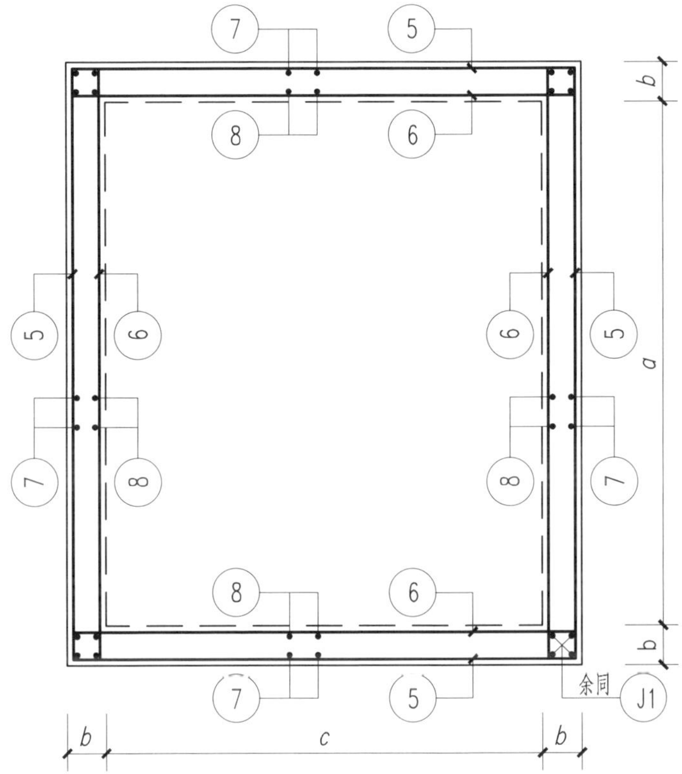


侧壁配筋图 1:50

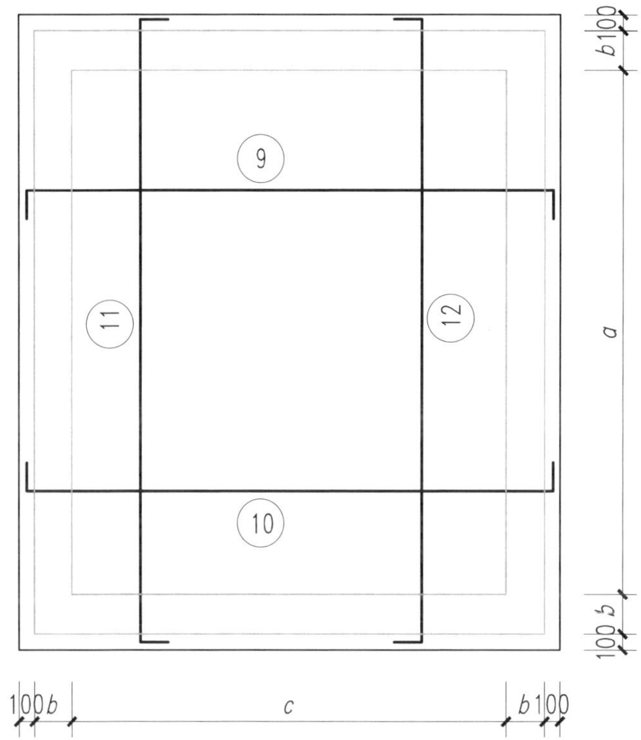


底板配筋图 1:50

说明：

(J1)钢筋直径同(7)和(8)钢筋的较大值。

| 钢筋混凝土乙式四通交汇检查井<br>底板、侧壁配筋图 | 图集号 | 2024沪S204 |
|---|---|---|
| | 页 | 279 |

| 井编号 | 深度$H$ (m) | 顶板厚$H_4$ (mm) | 15d 按实 ① | 15d 按实 ② | 15d 按实 ③ | 按实 ④ | 井编号 | 深度$H$ (m) | 顶板厚$H_4$ (mm) | 15d 按实 ① | 15d 按实 ② | 15d 按实 ③ | 按实 ④ |
|---|---|---|---|---|---|---|---|---|---|---|---|---|---|
| 1 | 4.0 | 200 | Φ10@150 | Φ10@150 | Φ10@150 | Φ10@150 | 7 | 4.0 | | | | | |
| | 5.5 | 200 | Φ10@150 | Φ10@150 | Φ10@150 | Φ10@150 | | 5.5 | 200 | Φ14@150 | Φ10@150 | Φ10@150 | Φ10@150 |
| | 7.0 | 200 | Φ12@150 | Φ10@150 | Φ12@150 | Φ10@150 | | 7.0 | 250 | Φ14@150 | Φ10@150 | Φ10@150 | Φ10@150 |
| | 8.5 | 200 | Φ14@150 | Φ10@150 | Φ12@150 | Φ10@150 | | 8.5 | 250 | Φ14@100 | Φ10@150 | Φ10@150 | Φ10@150 |
| 2 | 4.0 | 200 | Φ10@150 | Φ10@150 | Φ10@150 | Φ10@150 | 8 | 4.0 | | | | | |
| | 5.5 | 200 | Φ12@150 | Φ10@150 | Φ10@150 | Φ10@150 | | 5.5 | | | | | |
| | 7.0 | 200 | Φ14@150 | Φ10@150 | Φ10@150 | Φ10@150 | | 7.0 | 250 | Φ12@100 | Φ10@150 | Φ10@150 | Φ10@150 |
| | 8.5 | 200 | Φ12@100 | Φ10@150 | Φ12@150 | Φ10@150 | | 8.5 | 300 | Φ16@150 | Φ12@150 | Φ12@150 | Φ12@150 |
| 3 | 4.0 | 200 | Φ10@150 | Φ10@150 | Φ10@150 | Φ10@150 | 9 | 4.0 | 200 | Φ10@150 | Φ10@150 | Φ10@150 | Φ10@150 |
| | 5.5 | 200 | Φ12@150 | Φ10@150 | Φ10@150 | Φ10@150 | | 5.5 | 200 | Φ12@150 | Φ10@150 | Φ10@150 | Φ10@150 |
| | 7.0 | 200 | Φ14@150 | Φ10@150 | Φ10@150 | Φ10@150 | | 7.0 | 200 | Φ12@100 | Φ10@150 | Φ10@150 | Φ10@150 |
| | 8.5 | 250 | Φ14@150 | Φ10@150 | Φ10@150 | Φ10@150 | | 8.5 | 250 | Φ12@100 | Φ10@150 | Φ10@150 | Φ10@150 |
| 4 | 4.0 | 200 | Φ10@150 | Φ10@150 | Φ10@150 | Φ10@150 | 10 | 4.0 | 200 | Φ10@150 | Φ10@150 | Φ10@150 | Φ10@150 |
| | 5.5 | 200 | Φ12@150 | Φ10@150 | Φ10@150 | Φ10@150 | | 5.5 | 200 | Φ12@150 | Φ10@150 | Φ10@150 | Φ10@150 |
| | 7.0 | 200 | Φ12@100 | Φ10@150 | Φ10@150 | Φ10@150 | | 7.0 | 200 | Φ12@100 | Φ10@150 | Φ10@150 | Φ10@150 |
| | 8.5 | 250 | Φ12@100 | Φ10@150 | Φ10@150 | Φ10@150 | | 8.5 | 250 | Φ12@100 | Φ10@150 | Φ10@150 | Φ10@150 |
| 5 | 4.0 | 200 | Φ10@150 | Φ10@150 | Φ10@150 | Φ10@150 | 11 | 4.0 | | | | | |
| | 5.5 | 200 | Φ12@150 | Φ10@150 | Φ10@150 | Φ10@150 | | 5.5 | 200 | Φ10@100 | Φ10@150 | Φ10@150 | Φ10@150 |
| | 7.0 | 200 | Φ12@100 | Φ10@150 | Φ10@150 | Φ10@150 | | 7.0 | 250 | Φ14@150 | Φ10@150 | Φ10@150 | Φ10@150 |
| | 8.5 | 250 | Φ12@100 | Φ10@150 | Φ10@150 | Φ10@150 | | 8.5 | 250 | Φ16@150 | Φ10@150 | Φ10@150 | Φ10@150 |
| 6 | 4.0 | | | | | | 12 | 4.0 | | | | | |
| | 5.5 | 200 | Φ10@100 | Φ10@150 | Φ10@150 | Φ10@150 | | 5.5 | 200 | Φ14@150 | Φ10@150 | Φ10@150 | Φ10@150 |
| | 7.0 | 250 | Φ14@150 | Φ10@150 | Φ10@150 | Φ10@150 | | 7.0 | 250 | Φ14@150 | Φ10@150 | Φ10@150 | Φ10@150 |
| | 8.5 | 250 | Φ16@150 | Φ10@150 | Φ10@150 | Φ10@150 | | 8.5 | 250 | Φ14@100 | Φ10@150 | Φ10@150 | Φ10@150 |

| 钢筋混凝土乙式四通交汇检查井<br>顶板配筋表（一） | 图集号 | 2024沪S204 |
|---|---|---|
| | 页 | 280 |

| 井编号 | 深度$H$ (m) | 顶板厚$H_4$ (mm) | 15d 按实 ① | 15d 按实 ② | 15d 按实 ③ | 按实 ④ |
|---|---|---|---|---|---|---|
| 13 | 4.0 | | | | | |
| | 5.5 | | | | | |
| | 7.0 | 250 | Φ12@100 | Φ10@150 | Φ10@150 | Φ10@150 |
| | 8.5 | 300 | Φ16@150 | Φ12@150 | Φ12@150 | Φ12@150 |
| 14 | 4.0 | 200 | Φ10@150 | Φ10@150 | Φ10@150 | Φ10@150 |
| | 5.5 | 200 | Φ14@150 | Φ10@150 | Φ10@150 | Φ10@150 |
| | 7.0 | 250 | Φ14@150 | Φ10@150 | Φ10@150 | Φ10@150 |
| | 8.5 | 250 | Φ16@150 | Φ10@150 | Φ10@150 | Φ10@150 |
| 15 | 4.0 | | | | | |
| | 5.5 | 200 | Φ14@150 | Φ10@150 | Φ10@150 | Φ10@150 |
| | 7.0 | 250 | Φ14@150 | Φ10@150 | Φ10@150 | Φ10@150 |
| | 8.5 | 250 | Φ14@100 | Φ10@150 | Φ10@150 | Φ10@150 |
| 16 | 4.0 | | | | | |
| | 5.5 | 200 | Φ14@150 | Φ10@150 | Φ10@150 | Φ10@150 |
| | 7.0 | 250 | Φ12@100 | Φ10@150 | Φ10@150 | Φ10@150 |
| | 8.5 | 250 | Φ14@100 | Φ10@150 | Φ10@150 | Φ10@150 |
| 17 | 4.0 | | | | | |
| | 5.5 | | | | | |
| | 7.0 | 250 | Φ12@100 | Φ10@150 | Φ10@150 | Φ10@150 |
| | 8.5 | 300 | Φ14@100 | Φ12@150 | Φ12@150 | Φ12@150 |
| 18 | 4.0 | | | | | |
| | 5.5 | 200 | Φ14@150 | Φ10@150 | Φ10@150 | Φ10@150 |
| | 7.0 | 250 | Φ14@150 | Φ10@150 | Φ10@150 | Φ10@150 |
| | 8.5 | 250 | Φ14@100 | Φ10@150 | Φ10@150 | Φ10@150 |
| 19 | 4.0 | | | | | |
| | 5.5 | 200 | Φ14@150 | Φ10@150 | Φ10@150 | Φ10@150 |
| | 7.0 | 250 | Φ12@100 | Φ10@150 | Φ10@150 | Φ10@150 |
| | 8.5 | 250 | Φ14@100 | Φ10@150 | Φ10@150 | Φ10@150 |
| 20 | 4.0 | | | | | |
| | 5.5 | | | | | |
| | 7.0 | 250 | Φ12@100 | Φ10@150 | Φ10@150 | Φ10@150 |
| | 8.5 | 300 | Φ14@100 | Φ12@150 | Φ12@150 | Φ12@150 |
| 21 | 4.0 | | | | | |
| | 5.5 | 200 | Φ12@150 | Φ10@150 | Φ10@150 | Φ10@150 |
| | 7.0 | 250 | Φ14@150 | Φ10@150 | Φ10@150 | Φ10@150 |
| | 8.5 | 250 | Φ16@150 | Φ10@150 | Φ10@150 | Φ10@150 |
| 22 | 4.0 | | | | | |
| | 5.5 | | | | | |
| | 7.0 | 200 | Φ12@100 | Φ10@150 | Φ10@150 | Φ10@150 |
| | 8.5 | 250 | Φ16@150 | Φ10@150 | Φ10@150 | Φ10@150 |
| 23 | 4.0 | | | | | |
| | 5.5 | 200 | Φ14@150 | Φ10@150 | Φ10@150 | Φ10@150 |
| | 7.0 | 250 | Φ12@100 | Φ10@150 | Φ10@150 | Φ10@150 |
| | 8.5 | 300 | Φ14@100 | Φ12@150 | Φ12@150 | Φ12@150 |
| 24 | 4.0 | | | | | |
| | 5.5 | | | | | |
| | 7.0 | 250 | Φ16@150 | Φ10@150 | Φ10@150 | Φ10@150 |
| | 8.5 | 300 | Φ14@100 | Φ12@150 | Φ12@150 | Φ12@150 |

| 井编号 | 深度 $H$ (m) | 顶板厚 $H_4$ (mm) | 15d 按实 ① | 15d 按实 ② | 15d 按实 ③ | 按实 ④ |
|---|---|---|---|---|---|---|
| 25 | 4.0 | | | | | |
| | 5.5 | | | | | |
| | 7.0 | 250 | Φ16@150 | Φ10@150 | Φ10@150 | Φ10@150 |
| | 8.5 | 300 | Φ14@100 | Φ12@150 | Φ12@150 | Φ12@150 |
| 26 | 4.0 | | | | | |
| | 5.5 | | | | | |
| | 7.0 | 250 | Φ14@100 | Φ10@150 | Φ10@150 | Φ10@150 |
| | 8.5 | 300 | Φ14@100 | Φ12@150 | Φ12@150 | Φ12@150 |
| 27 | 4.0 | | | | | |
| | 5.5 | | | | | |
| | 7.0 | 250 | Φ14@100 | Φ10@150 | Φ12@150 | Φ10@150 |
| | 8.5 | 300 | Φ16@100 | Φ12@150 | Φ10@100 | Φ12@150 |

| 井编号 | 深度 $H$ (m) | 顶板厚 $H_4$ (mm) | 15d 按实 ① | 15d 按实 ② | 15d 按实 ③ | 按实 ④ |
|---|---|---|---|---|---|---|

钢筋混凝土乙式四通交汇检查井
顶板配筋表（三）

| 图集号 | 2024沪S204 |
|---|---|
| 页 | 282 |

| 井编号 | 深度$H$ (m) | 侧壁厚$b$ (mm) | 15d 按实 ⑤ | 15d 按实 ⑥ | 15d 按实 ⑦ | 15d 按实 ⑧ |
|---|---|---|---|---|---|---|
| 1 | 4.0 | 250 | Φ10@150 | Φ10@150 | Φ10@150 | Φ10@150 |
| | 5.5 | 250 | Φ10@150 | Φ10@150 | Φ10@150 | Φ10@150 |
| | 7.0 | 250 | Φ12@150 | Φ10@150 | Φ12@150 | Φ10@150 |
| | 8.5 | 250 | Φ12@150 | Φ10@150 | Φ12@150 | Φ10@150 |
| 2 | 4.0 | 250 | Φ10@150 | Φ10@150 | Φ10@150 | Φ10@150 |
| | 5.5 | 250 | Φ10@150 | Φ10@150 | Φ12@150 | Φ10@150 |
| | 7.0 | 250 | Φ12@150 | Φ10@150 | Φ10@100 | Φ10@150 |
| | 8.5 | 250 | Φ12@150 | Φ10@150 | Φ14@150 | Φ10@150 |
| 3 | 4.0 | 250 | Φ10@150 | Φ10@150 | Φ12@150 | Φ10@150 |
| | 5.5 | 250 | Φ12@150 | Φ10@150 | Φ14@150 | Φ10@150 |
| | 7.0 | 250 | Φ12@150 | Φ10@150 | Φ12@100 | Φ12@150 |
| | 8.5 | 250 | Φ14@150 | Φ12@150 | Φ14@100 | Φ12@150 |
| 4 | 4.0 | 250 | Φ10@150 | Φ10@150 | Φ12@150 | Φ10@150 |
| | 5.5 | 250 | Φ12@150 | Φ10@150 | Φ14@150 | Φ10@150 |
| | 7.0 | 250 | Φ10@100 | Φ12@150 | Φ14@100 | Φ12@150 |
| | 8.5 | 300 | Φ10@100 | Φ12@150 | Φ14@100 | Φ12@150 |
| 5 | 4.0 | 250 | Φ10@150 | Φ10@150 | Φ12@150 | Φ10@150 |
| | 5.5 | 250 | Φ12@150 | Φ10@150 | Φ12@100 | Φ12@150 |
| | 7.0 | 300 | Φ10@100 | Φ12@150 | Φ16@150 | Φ12@150 |
| | 8.5 | 300 | Φ14@150 | Φ12@150 | Φ16@100 | Φ10@100 |
| 6 | 4.0 | | | | | |
| | 5.5 | 250 | Φ12@150 | Φ12@150 | Φ14@100 | Φ12@150 |
| | 7.0 | 300 | Φ10@100 | Φ12@150 | Φ14@100 | Φ12@150 |
| | 8.5 | 300 | Φ12@100 | Φ10@100 | Φ16@100 | Φ10@100 |

| 井编号 | 深度$H$ (m) | 侧壁厚$b$ (mm) | 15d 按实 ⑤ | 15d 按实 ⑥ | 15d 按实 ⑦ | 15d 按实 ⑧ |
|---|---|---|---|---|---|---|
| 7 | 4.0 | | | | | |
| | 5.5 | 300 | Φ10@100 | Φ12@150 | Φ14@100 | Φ12@150 |
| | 7.0 | 350 | Φ14@150 | Φ10@100 | Φ16@100 | Φ10@100 |
| | 8.5 | 400 | Φ12@100 | Φ14@150 | Φ16@100 | Φ14@150 |
| 8 | 4.0 | | | | | |
| | 5.5 | | | | | |
| | 7.0 | 400 | Φ14@150 | Φ14@150 | Φ16@100 | Φ14@150 |
| | 8.5 | 400 | Φ12@100 | Φ12@100 | Φ18@100 | Φ12@100 |
| 9 | 4.0 | 250 | Φ10@150 | Φ10@150 | Φ12@150 | Φ10@150 |
| | 5.5 | 250 | Φ12@150 | Φ10@150 | Φ14@150 | Φ10@150 |
| | 7.0 | 250 | Φ10@100 | Φ12@150 | Φ14@100 | Φ12@150 |
| | 8.5 | 300 | Φ10@100 | Φ12@150 | Φ14@100 | Φ12@150 |
| 10 | 4.0 | 250 | Φ10@150 | Φ10@150 | Φ12@150 | Φ10@150 |
| | 5.5 | 250 | Φ12@150 | Φ10@150 | Φ12@100 | Φ12@150 |
| | 7.0 | 300 | Φ10@100 | Φ12@150 | Φ16@150 | Φ12@150 |
| | 8.5 | 300 | Φ14@150 | Φ12@150 | Φ16@100 | Φ10@100 |
| 11 | 4.0 | | | | | |
| | 5.5 | 250 | Φ12@150 | Φ12@150 | Φ14@100 | Φ12@150 |
| | 7.0 | 300 | Φ10@100 | Φ12@150 | Φ14@100 | Φ12@150 |
| | 8.5 | 300 | Φ12@100 | Φ10@100 | Φ16@100 | Φ10@100 |
| 12 | 4.0 | | | | | |
| | 5.5 | 300 | Φ10@100 | Φ12@150 | Φ14@100 | Φ12@150 |
| | 7.0 | 350 | Φ14@150 | Φ10@100 | Φ16@100 | Φ10@100 |
| | 8.5 | 400 | Φ12@100 | Φ14@150 | Φ16@100 | Φ14@150 |

# 钢筋混凝土乙式四通交汇检查井侧壁配筋表（一）

| 井编号 | 深度$H$ (m) | 侧壁厚$b$ (mm) | 15d 按实 ⑤ | 15d 按实 ⑥ | 15d 按实 ⑦ | 15d 按实 ⑧ |
|---|---|---|---|---|---|---|
| 13 | 4.0 | | | | | |
| | 5.5 | | | | | |
| | 7.0 | 400 | Φ14@150 | Φ14@150 | Φ16@100 | Φ14@150 |
| | 8.5 | 400 | Φ12@100 | Φ12@100 | Φ18@100 | Φ12@100 |
| 14 | 4.0 | 250 | Φ10@150 | Φ10@150 | Φ12@150 | Φ10@150 |
| | 5.5 | 250 | Φ12@150 | Φ10@150 | Φ12@100 | Φ10@150 |
| | 7.0 | 300 | Φ10@100 | Φ12@150 | Φ12@100 | Φ12@150 |
| | 8.5 | 300 | Φ14@150 | Φ12@150 | Φ16@100 | Φ12@150 |
| 15 | 4.0 | | | | | |
| | 5.5 | 250 | Φ12@150 | Φ12@150 | Φ14@100 | Φ12@150 |
| | 7.0 | 300 | Φ14@150 | Φ12@150 | Φ14@100 | Φ12@150 |
| | 8.5 | 300 | Φ12@100 | Φ10@100 | Φ16@100 | Φ10@100 |
| 16 | 4.0 | | | | | |
| | 5.5 | 300 | Φ10@100 | Φ12@150 | Φ14@100 | Φ12@150 |
| | 7.0 | 300 | Φ14@150 | Φ10@100 | Φ16@100 | Φ10@100 |
| | 8.5 | 400 | Φ12@100 | Φ14@150 | Φ16@100 | Φ14@150 |
| 17 | 4.0 | | | | | |
| | 5.5 | | | | | |
| | 7.0 | 400 | Φ12@100 | Φ14@150 | Φ16@100 | Φ14@150 |
| | 8.5 | 400 | Φ12@100 | Φ12@100 | Φ18@100 | Φ12@100 |
| 18 | 4.0 | | | | | |
| | 5.5 | 250 | Φ12@150 | Φ12@150 | Φ14@100 | Φ12@150 |
| | 7.0 | 300 | Φ14@150 | Φ12@150 | Φ14@100 | Φ12@150 |
| | 8.5 | 300 | Φ12@100 | Φ10@100 | Φ16@100 | Φ10@100 |
| 19 | 4.0 | | | | | |
| | 5.5 | 300 | Φ10@100 | Φ12@150 | Φ14@100 | Φ12@150 |
| | 7.0 | 300 | Φ14@150 | Φ10@100 | Φ16@100 | Φ10@100 |
| | 8.5 | 400 | Φ12@100 | Φ14@150 | Φ16@100 | Φ14@150 |
| 20 | 4.0 | | | | | |
| | 5.5 | | | | | |
| | 7.0 | 400 | Φ12@100 | Φ14@150 | Φ16@100 | Φ14@150 |
| | 8.5 | 400 | Φ12@100 | Φ12@100 | Φ18@100 | Φ12@100 |
| 21 | 4.0 | | | | | |
| | 5.5 | 300 | Φ10@100 | Φ12@150 | Φ14@100 | Φ12@150 |
| | 7.0 | 300 | Φ12@100 | Φ10@100 | Φ16@100 | Φ10@100 |
| | 8.5 | 400 | Φ12@100 | Φ14@150 | Φ16@100 | Φ14@150 |
| 22 | 4.0 | | | | | |
| | 5.5 | | | | | |
| | 7.0 | 400 | Φ12@100 | Φ14@150 | Φ16@100 | Φ14@150 |
| | 8.5 | 400 | Φ16@150 | Φ12@100 | Φ18@100 | Φ12@100 |
| 23 | 4.0 | | | | | |
| | 5.5 | 300 | Φ10@100 | Φ12@150 | Φ14@100 | Φ12@150 |
| | 7.0 | 300 | Φ12@100 | Φ10@100 | Φ16@100 | Φ10@100 |
| | 8.5 | 400 | Φ12@100 | Φ14@150 | Φ16@100 | Φ14@150 |
| 24 | 4.0 | | | | | |
| | 5.5 | | | | | |
| | 7.0 | 350 | Φ12@100 | Φ10@100 | Φ16@100 | Φ10@100 |
| | 8.5 | 400 | Φ16@150 | Φ12@100 | Φ18@100 | Φ12@100 |

| 井编号 | 深度$H$ (m) | 侧壁厚$b$ (mm) | 15d 按实 ⑤ | 15d 按实 ⑥ | 15d 按实 ⑦ | 15d 按实 ⑧ |
|---|---|---|---|---|---|---|
| 25 | 4.0 | | | | | |
| | 5.5 | | | | | |
| | 7.0 | 350 | Φ12@100 | Φ10@100 | Φ16@100 | Φ10@100 |
| | 8.5 | 400 | Φ14@100 | Φ14@150 | Φ18@100 | Φ12@100 |
| 26 | 4.0 | | | | | |
| | 5.5 | | | | | |
| | 7.0 | 350 | Φ12@100 | Φ10@100 | Φ16@100 | Φ10@100 |
| | 8.5 | 400 | Φ14@100 | Φ14@150 | Φ18@100 | Φ12@100 |
| 27 | 4.0 | | | | | |
| | 5.5 | | | | | |
| | 7.0 | 350 | Φ16@150 | Φ10@100 | Φ16@100 | Φ10@100 |
| | 8.5 | 400 | Φ14@100 | Φ14@150 | Φ18@100 | Φ14@150 |

| 钢筋混凝土乙式四通交汇检查井侧壁配筋表（三） | 图集号 | 2024沪S204 |
|---|---|---|
| | 页 | 285 |

| 井编号 | 深度$H$ (m) | 底板厚$H_b$ (mm) | 200 按实 ⑨ | 200 按实 ⑩ | 200 按实 ⑪ | 200 按实 ⑫ |
|---|---|---|---|---|---|---|
| 1 | 4.0 | 300 | ф12@150 | ф12@150 | ф12@150 | ф12@150 |
| | 5.5 | 300 | ф12@150 | ф12@150 | ф12@150 | ф12@150 |
| | 7.0 | 300 | ф12@150 | ф12@150 | ф12@150 | ф12@150 |
| | 8.5 | 300 | ф12@150 | ф12@150 | ф12@150 | ф12@150 |
| 2 | 4.0 | 300 | ф12@150 | ф12@150 | ф12@150 | ф12@150 |
| | 5.5 | 300 | ф12@150 | ф12@150 | ф12@150 | ф12@150 |
| | 7.0 | 300 | ф12@150 | ф12@150 | ф12@150 | ф12@150 |
| | 8.5 | 300 | ф10@100 | ф10@100 | ф12@150 | ф10@100 |
| 3 | 4.0 | 300 | ф12@150 | ф12@150 | ф12@150 | ф12@150 |
| | 5.5 | 300 | ф12@150 | ф10@100 | ф12@150 | ф10@100 |
| | 7.0 | 300 | ф10@100 | ф14@150 | ф12@150 | ф14@150 |
| | 8.5 | 300 | ф10@100 | ф12@100 | ф12@150 | ф12@100 |
| 4 | 4.0 | 300 | ф12@150 | ф12@150 | ф12@150 | ф12@150 |
| | 5.5 | 300 | ф12@150 | ф10@100 | ф12@150 | ф10@100 |
| | 7.0 | 300 | ф10@100 | ф14@150 | ф12@150 | ф14@150 |
| | 8.5 | 360 | ф14@150 | ф12@100 | ф12@150 | ф12@100 |
| 5 | 4.0 | 300 | ф12@150 | ф12@150 | ф12@150 | ф12@150 |
| | 5.5 | 300 | ф12@150 | ф14@150 | ф12@150 | ф14@150 |
| | 7.0 | 360 | ф10@100 | ф12@100 | ф12@150 | ф12@100 |
| | 8.5 | 360 | ф14@150 | ф16@150 | ф12@150 | ф16@150 |
| 6 | 4.0 | | | | | |
| | 5.5 | 300 | ф12@150 | ф12@100 | ф12@150 | ф12@100 |
| | 7.0 | 360 | ф10@100 | ф12@100 | ф12@150 | ф12@100 |
| | 8.5 | 360 | ф14@150 | ф14@100 | ф12@150 | ф14@100 |
| 7 | 4.0 | | | | | |
| | 5.5 | 360 | ф12@150 | ф12@100 | ф12@150 | ф12@100 |
| | 7.0 | 420 | ф14@150 | ф14@100 | ф14@150 | ф14@100 |
| | 8.5 | 480 | ф14@150 | ф14@100 | ф14@150 | ф14@100 |
| 8 | 4.0 | | | | | |
| | 5.5 | | | | | |
| | 7.0 | 480 | ф14@150 | ф14@100 | ф14@150 | ф14@100 |
| | 8.5 | 480 | ф14@150 | ф16@100 | ф14@150 | ф16@100 |
| 9 | 4.0 | 300 | ф12@150 | ф12@150 | ф12@150 | ф12@150 |
| | 5.5 | 300 | ф12@150 | ф10@100 | ф12@150 | ф10@100 |
| | 7.0 | 300 | ф10@100 | ф14@150 | ф12@150 | ф14@150 |
| | 8.5 | 360 | ф14@150 | ф12@100 | ф12@150 | ф12@100 |
| 10 | 4.0 | 300 | ф12@150 | ф12@150 | ф12@150 | ф12@150 |
| | 5.5 | 300 | ф12@150 | ф14@150 | ф12@150 | ф14@150 |
| | 7.0 | 360 | ф10@100 | ф12@100 | ф12@150 | ф12@100 |
| | 8.5 | 360 | ф14@150 | ф16@150 | ф12@150 | ф16@150 |
| 11 | 4.0 | | | | | |
| | 5.5 | 300 | ф12@150 | ф12@100 | ф12@150 | ф12@100 |
| | 7.0 | 360 | ф10@100 | ф12@100 | ф12@150 | ф12@100 |
| | 8.5 | 360 | ф14@150 | ф14@100 | ф12@150 | ф14@100 |
| 12 | 4.0 | | | | | |
| | 5.5 | 360 | ф12@150 | ф12@100 | ф12@150 | ф12@100 |
| | 7.0 | 420 | ф14@150 | ф14@100 | ф14@150 | ф14@100 |
| | 8.5 | 480 | ф14@150 | ф14@100 | ф14@150 | ф14@100 |

| 井编号 | 深度$H$ (m) | 底板厚$H_b$ (mm) | 按实 200 ⑨ | 按实 200 ⑩ | 按实 200 ⑪ | 按实 200 ⑫ | 井编号 | 深度$H$ (m) | 底板厚$H_b$ (mm) | 按实 200 ⑨ | 按实 200 ⑩ | 按实 200 ⑪ | 按实 200 ⑫ |
|---|---|---|---|---|---|---|---|---|---|---|---|---|---|
| 13 | 4.0 | | | | | | 19 | 4.0 | | | | | |
| | 5.5 | | | | | | | 5.5 | 360 | Φ10@100 | Φ12@100 | Φ12@150 | Φ12@100 |
| | 7.0 | 480 | Φ14@150 | Φ14@100 | Φ14@150 | Φ14@100 | | 7.0 | 360 | Φ14@150 | Φ14@100 | Φ12@150 | Φ14@100 |
| | 8.5 | 480 | Φ14@150 | Φ16@100 | Φ14@150 | Φ16@100 | | 8.5 | 480 | Φ12@100 | Φ14@100 | Φ14@150 | Φ14@100 |
| 14 | 4.0 | 300 | Φ12@150 | Φ12@150 | Φ12@150 | Φ12@150 | 20 | 4.0 | | | | | |
| | 5.5 | 300 | Φ12@150 | Φ14@150 | Φ12@150 | Φ14@150 | | 5.5 | | | | | |
| | 7.0 | 360 | Φ14@150 | Φ12@100 | Φ12@150 | Φ12@100 | | 7.0 | 480 | Φ14@150 | Φ14@100 | Φ14@150 | Φ14@100 |
| | 8.5 | 360 | Φ12@100 | Φ12@100 | Φ12@150 | Φ12@100 | | 8.5 | 480 | Φ12@100 | Φ16@100 | Φ14@150 | Φ16@100 |
| 15 | 4.0 | | | | | | 21 | 4.0 | | | | | |
| | 5.5 | 300 | Φ12@150 | Φ14@150 | Φ12@150 | Φ14@150 | | 5.5 | | | | | |
| | 7.0 | 360 | Φ14@150 | Φ12@100 | Φ12@150 | Φ12@100 | | 7.0 | 400 | Φ12@100 | Φ14@150 | Φ16@100 | Φ14@150 |
| | 8.5 | 360 | Φ12@100 | Φ14@100 | Φ12@150 | Φ14@100 | | 8.5 | 400 | Φ16@150 | Φ12@100 | Φ18@100 | Φ12@100 |
| 16 | 4.0 | | | | | | 22 | 4.0 | | | | | |
| | 5.5 | 360 | Φ10@100 | Φ12@100 | Φ12@150 | Φ12@100 | | 5.5 | 300 | Φ10@100 | Φ12@150 | Φ14@100 | Φ12@150 |
| | 7.0 | 360 | Φ14@150 | Φ14@100 | Φ12@150 | Φ14@100 | | 7.0 | 300 | Φ12@100 | Φ10@100 | Φ16@100 | Φ10@100 |
| | 8.5 | 480 | Φ12@100 | Φ14@100 | Φ14@150 | Φ14@100 | | 8.5 | 400 | Φ12@100 | Φ14@150 | Φ16@100 | Φ14@150 |
| 17 | 4.0 | | | | | | 23 | 4.0 | | | | | |
| | 5.5 | | | | | | | 5.5 | 360 | Φ14@150 | Φ12@100 | Φ12@150 | Φ12@100 |
| | 7.0 | 480 | Φ14@150 | Φ14@100 | Φ14@150 | Φ14@100 | | 7.0 | 360 | Φ12@100 | Φ14@100 | Φ10@100 | Φ14@100 |
| | 8.5 | 480 | Φ12@100 | Φ16@100 | Φ14@150 | Φ16@100 | | 8.5 | 480 | Φ12@100 | Φ14@100 | Φ14@150 | Φ14@100 |
| 18 | 4.0 | | | | | | 24 | 4.0 | | | | | |
| | 5.5 | 300 | Φ12@150 | Φ14@150 | Φ12@150 | Φ14@150 | | 5.5 | | | | | |
| | 7.0 | 360 | Φ14@150 | Φ12@100 | Φ12@150 | Φ12@100 | | 7.0 | 420 | Φ12@100 | Φ14@100 | Φ14@150 | Φ14@100 |
| | 8.5 | 360 | Φ12@100 | Φ14@100 | Φ12@150 | Φ14@100 | | 8.5 | 480 | Φ16@150 | Φ16@100 | Φ14@150 | Φ16@100 |

| 钢筋混凝土乙式四通交汇检查井底板配筋表（二） | 图集号 | 2024沪S204 |
|---|---|---|
| | 页 | 287 |

| 井编号 | 深度$H$ (m) | 底板厚$H_b$ (mm) | 按实 200 ⑨ | 按实 200 ⑩ | 按实 200 ⑪ | 按实 200 ⑫ |
|---|---|---|---|---|---|---|
| 25 | 4.0 | | | | | |
| | 5.5 | | | | | |
| | 7.0 | 420 | ϕ12@100 | ϕ14@100 | ϕ14@150 | ϕ14@100 |
| | 8.5 | 480 | ϕ14@100 | ϕ16@100 | ϕ14@150 | ϕ16@100 |
| 26 | 4.0 | | | | | |
| | 5.5 | | | | | |
| | 7.0 | 420 | ϕ12@100 | ϕ14@100 | ϕ14@150 | ϕ14@100 |
| | 8.5 | 480 | ϕ14@100 | ϕ16@100 | ϕ12@100 | ϕ16@100 |
| 27 | 4.0 | | | | | |
| | 5.5 | | | | | |
| | 7.0 | 420 | ϕ16@150 | ϕ14@100 | ϕ14@150 | ϕ14@100 |
| | 8.5 | 480 | ϕ14@100 | ϕ16@100 | ϕ12@100 | ϕ16@100 |
| | | | | | | |
| | | | | | | |
| | | | | | | |
| | | | | | | |
| | | | | | | |
| | | | | | | |
| | | | | | | |
| | | | | | | |
| | | | | | | |
| | | | | | | |
| | | | | | | |
| | | | | | | |

| 井编号 | 深度$H$ (m) | 底板厚$H_b$ (mm) | 按实 200 ⑨ | 按实 200 ⑩ | 按实 200 ⑪ | 按实 200 ⑫ |
|---|---|---|---|---|---|---|
| | | | | | | |
| | | | | | | |
| | | | | | | |
| | | | | | | |
| | | | | | | |
| | | | | | | |
| | | | | | | |
| | | | | | | |
| | | | | | | |
| | | | | | | |
| | | | | | | |
| | | | | | | |
| | | | | | | |
| | | | | | | |
| | | | | | | |
| | | | | | | |
| | | | | | | |
| | | | | | | |
| | | | | | | |
| | | | | | | |
| | | | | | | |
| | | | | | | |
| | | | | | | |
| | | | | | | |

# 钢筋混凝土乙式四通交汇检查井底板配筋表（三）

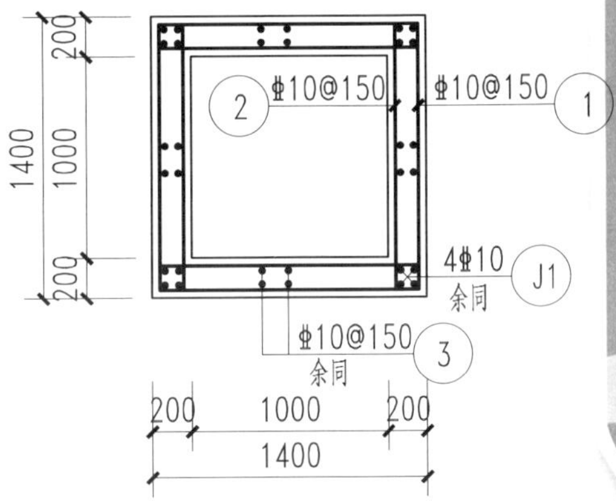


井筒配筋图 1:50

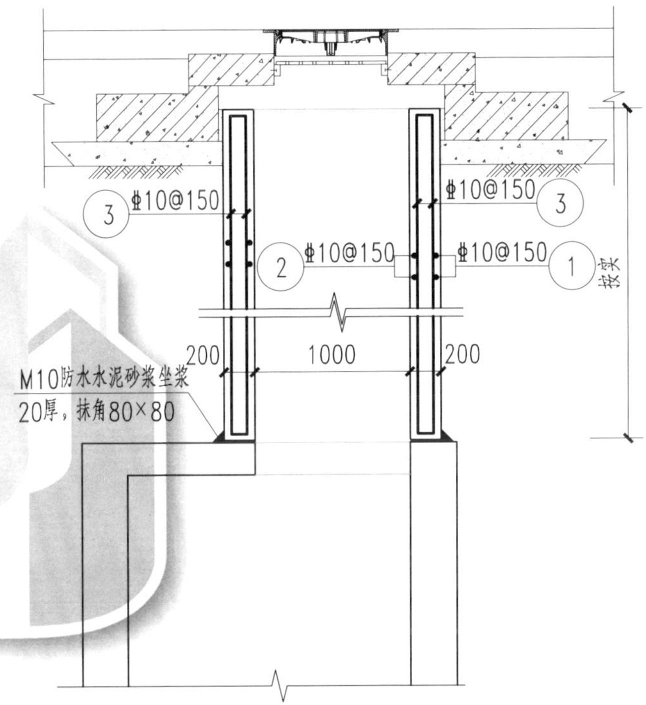


井筒剖面配筋图 1:50

| 现浇井筒设计图 | 图集号 | 2024沪S204 |
|---|---|---|
| | 页 | 289 |

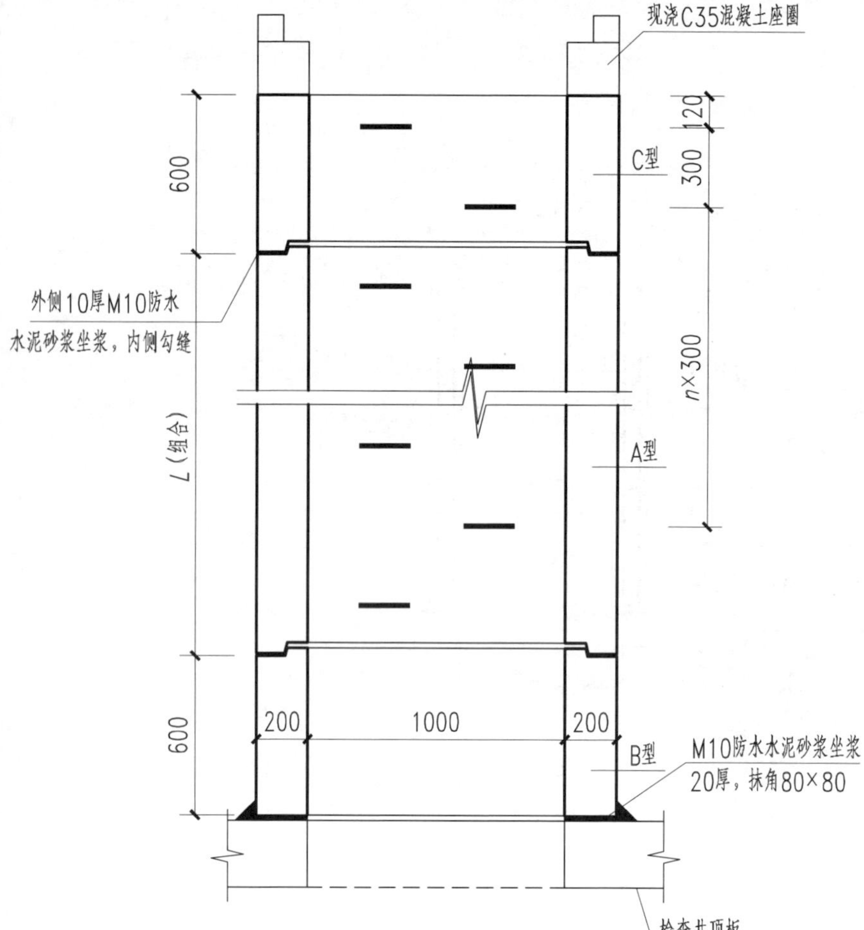


预制井筒安装大样 1:30

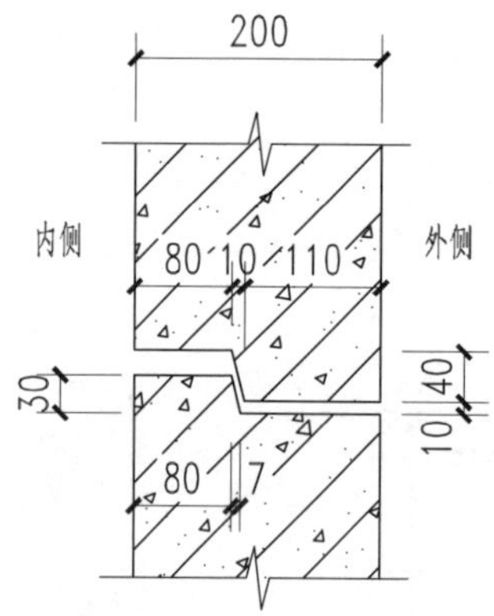


企口尺寸大样图 1:10

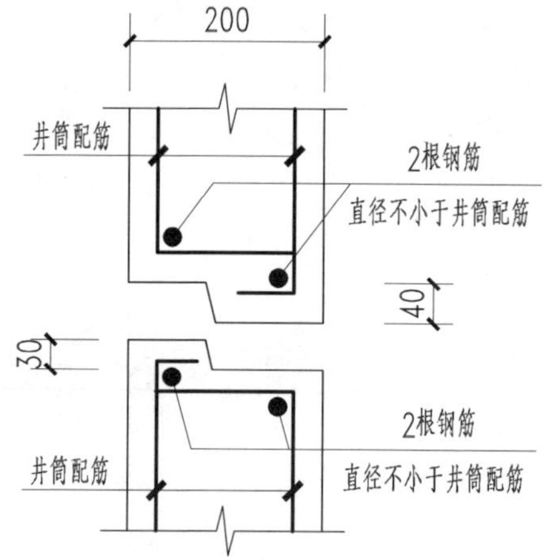


企口配筋图 1:10

预制混凝土井筒型号

| 井筒长度 L（mm） | 型号 | | | |
|---|---|---|---|---|
| | A型（上下企口） | B型（上企下平） | C型（上平下企） | D型（上平下平） |
| 600 | √ | √ | √ | √ |
| 1200 | √ | | | √ |
| 1500 | √ | | | |

注：当井筒为单节时，整个预制井筒为D型。

说明：

1. 预制混凝土井筒材料：C35。
2. 预制井筒可利用管厂模具生产，预制构件上应设置吊环（孔）。
3. 预制混凝土井筒与踏步配套使用，踏步应安装在井筒上成套供应。
4. 踏步做法见现行国家建筑标准设计图集《市政排水管道工程及附属设施》06MS201。
5. 预制井筒配筋可参考现浇井筒配筋。

| 预制井筒设计图 | 图集号 | 2024沪S204 |
|---|---|---|
| | 页 | 290 |

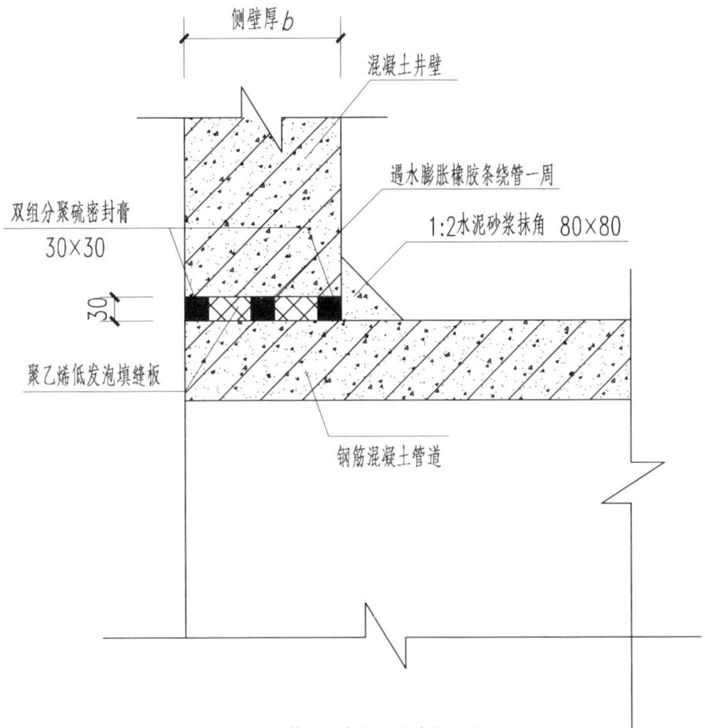


钢筋混凝土管与井壁接口详图 1:10

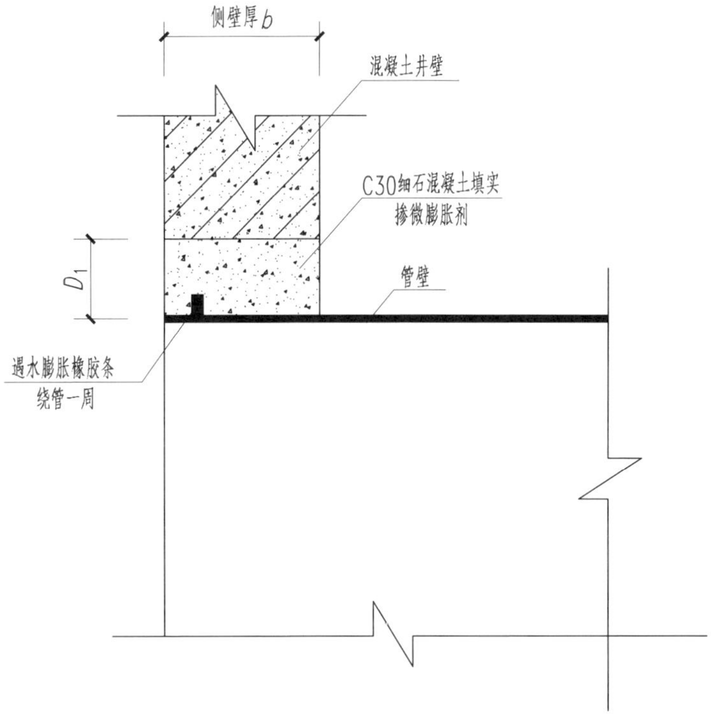


化学建材管与井壁接口详图 1:10

注：当化学管材公称直径≤DN1000时，$D_1$=60mm；
当化学管材公称直径＞DN1000时，$D_1$=100mm。

说明：

钢管、球墨铸铁管与井壁连接做法见现行国家建筑标准设计图集《防水套管》02S404。

| 管道与井壁接口设计图 | 图集号 | 2024沪S204 |
|---|---|---|
| | 页 | 291 |

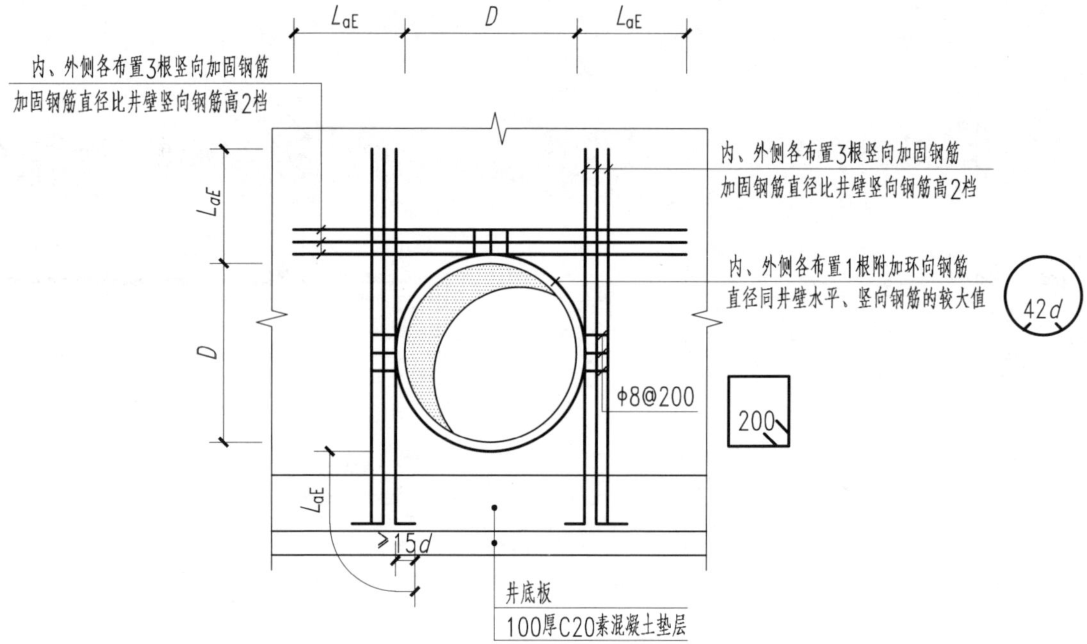


井壁孔口加固图

| 井壁孔口加固详图 | 图集号 | 2024沪S204 |
| --- | --- | --- |
| | 页 | 292 |

# 第五册
# 成品检查井、高架排水系统

# 第五册说明

一、图集内容

1.塑料成品检查井的构成、连接方法和主要材料尺寸。

2.塑料成品检查井的基础和回填。

3.塑料成品检查井井室的种类的规格尺寸。

4.塑料成品检查井井径和壁厚选用表。

二、适用范围

1.适用于排水管道公称直径不大于2000mm、埋设深度不大于6m、排水水温不超过40℃的塑料成品排水检查井工程设计、施工、验收及维护保养。

2.上海市市政雨水、污水及合流管道工程。

3.当塑料成品检查井埋设于市政道路下时，应满足现行行业标准《市政排水用塑料检查井》CJ/T 326和《塑料排水检查井应用技术规程》CJJ/T 209的要求。

4.本图集适用于一般土质、软土土质。若用于其他特殊性地区的工程，应根据有关标准和规范的规定另作处理。

三、设计条件

1.设计荷载：

当不考虑车辆荷载时：不大于10kN/m$^2$。

当考虑车辆荷载时：

城-A级：均布荷载不大于22.5kN/m$^2$，集中荷载不大于140kN；

城-B级：均布荷载不大于19.0kN/m$^2$，集中荷载不大于130kN。

2.土壤条件：容重不大于1800kg/m$^3$，内摩擦角$\varphi$=30°。

3.基础应坐落在土质良好的原状土层上，地基承载力特征值不得小于80kN/m$^2$。若有不良土层，应进行处理。

四、材料和要求

1.塑料成品检查井由井座（井底座）、井筒（井室）、井盖（或防护井盖）和检查井配件组成，除井盖外的其他配件宜选用成套组件。检查井井筒材质可采用纤维增强聚丙烯复合（PP）、聚乙烯缠绕结构壁（HDPE）和玻璃纤维增强塑料等材质，应符合现行行业标准《市政排水用塑料检查井》CJ/T 326和《塑料排水检查井应用技术规程》CJJ/T 209的要求。

2.检查井井室及配件质量应符合现行行业标准《市政排水用塑料检查井》CJ/T 326和《塑料排水检查井应用技术规程》CJJ/T 209的要求，检查井井室和井筒宜采用高分子树脂一次注塑成型，并应符合下列要求：

1）无沉泥室井座应在水流通过的底部设置顺水圆弧流槽。

2）当井径不大于700mm和管径不大于600mm时，井室的竖向承口与横向承口的交汇处应有曲率半径不小于10mm的清通圆弧。

3）井室竖向承口连接井筒处应设置360°连续环形支撑面，井座底部应有稳定的支承构造，支承构造底应低于管道接口下边缘。

4）井室腹部应设置加强筋。

3.检查井井筒采用纤维增强聚丙烯复合（PP）、聚乙烯缠绕结构壁（HDPE）和玻璃纤维增强塑料材质时，应符合下列要求：

1）纤维增强聚丙烯复合管管材性能应符合现行行业标准《纤维增强无规共聚聚丙烯复合管》CJ/T 258的要求。

2）聚丙烯性能应符合现行行业标准《冷热水用聚丙烯管道系统 第2部分：管材》GB/T 18742.2的要求。

3）聚乙烯缠绕结构壁性能应符合现行行业标准《埋地用聚乙烯（PE）结构壁管道系统 第2部分：聚乙烯缠绕结构壁管材》GB/T 19472.2的要求，同时满足井筒密封配套的要求。

4）玻璃纤维增强塑料性能应符合现行行业标准《玻璃纤维增强塑料夹砂管》GB/T 21238的要求。

4.检查井井盖应符合下列要求：

1）检查井井盖应符合现行国家标准《检查井盖》GB/T 23858的要求。

2）铸铁检查井盖应符合现行行业标准《铸铁检查井盖》CJ/T 511 的要求。

3）复合材料检查井盖应符合现行行业标准《聚合物基复合材料检查井盖》CJ/T 211 和《聚合物基复合材料水箅》CJ/T 212 的要求。

4）钢纤维混凝土检查井盖应符合现行国家标准《钢纤维混凝土检查井盖》GB 26537 的要求。

5. 检查井配件的质量应符合现行行业标准《建筑小区排水用塑料检查井》CJ/T 233、《市政排水塑料检查井》CJ/T 326 和《塑料排水检查井应用技术规程》CJJ/T 209 的要求。

6. 弹性密封材料应符合下列要求：

1）管道承插接口的弹性密封橡胶圈，应由管材生产厂配套供应。

2）特殊接口的弹性密封橡胶圈，应由检查井生产厂配套供应，并应符合现行国家标准《高分子防水材料　第 3 部分：遇水膨胀橡胶》GB/T 18173.3 和《橡胶密封件给、排水管及污水管道用接口密封圈材料规范》GB/T 21873 的要求。

7. 水泥应采用新鲜普通硅酸盐水泥，强度等级不小于 32.5 级；混凝土强度等级为 C30；钢筋 ф 为热轧钢筋 HPB300（Ⅰ级钢），$f_y$=270N/mm$^2$；ф为热轧钢筋 HRB400（Ⅱ级钢），$f_y$=3600N/mm$^2$。

8. 当检查井采用焊接连接时，焊接材料应与检查井材质相同，焊接材料物理性能应符合和现行行业标准《塑料排水检查井应用技术规程》CJJ/T 209 的要求。

9. 排水系统塑料成品检查井应安装防坠落装置。

五、检查井部件选用

1. 井室尺寸选用：塑料成品检查井为圆形检查井，井室直径指该圆柱体的直径。井室尺寸以内径（$D$）标识，宜为 700mm、800mm、1000mm、1200mm 和 1500mm 五种。

表 1　检查井井室选用表

<table>
<tr><th>汇入排水管道直径（mm）</th><th>出水管管顶覆土 $h$（m）</th><th>井室（井壁管）直径（mm）</th><th>检查井形式</th></tr>
<tr><td rowspan="2">300</td><td>$1.5 < h \leq 3.0$</td><td>700</td><td>直壁式</td></tr>
<tr><td>$h > 3.0$</td><td>1000</td><td>收口式</td></tr>
<tr><td rowspan="3">400、600</td><td>$h \leq 1.5$</td><td>700</td><td>直壁式</td></tr>
<tr><td>$1.5 < h \leq 3.0$</td><td>1000</td><td rowspan="2">收口式</td></tr>
<tr><td>$h > 3.0$</td><td>1200</td></tr>
<tr><td rowspan="2">800</td><td>$h \leq 2.0$</td><td>1000</td><td rowspan="2">收口式</td></tr>
<tr><td>$h > 2.0$</td><td>1200</td></tr>
<tr><td rowspan="2">1000、1200</td><td>$h \leq 2.0$</td><td>1200</td><td rowspan="2">收口式</td></tr>
<tr><td>$h > 2.0$</td><td>1500</td></tr>
<tr><td>1000</td><td>$h \leq 2.0$</td><td>700、800</td><td rowspan="3">管件式</td></tr>
<tr><td>1200</td><td>—</td><td>800、1000</td></tr>
<tr><td>≥ 1200</td><td>—</td><td>1000</td></tr>
</table>

注：下井作业的井径应大于或等于 700mm。

2. 井室类型选用：

1）检查井井室规格应根据所连接排水管数量、管径、管底标高，以及在检查井处的交汇角度等因素选用，井室可选用直通井、转折井、三通井、四通井等类型。

2）雨水管道上的检查井，其井室应符合下列要求：

（1）雨水检查井宜采用设有沉泥室井座。

（2）雨水检查井设置沉泥室时，井筒直径不宜小于 700mm。

（3）雨水检查井不设沉泥室时，应选用流槽检查井。

3）下列情况宜采用直通井室：

（1）排水管道管径 $D \leqslant 400$mm，且检查井井距≥30m；管径 $D \geqslant 600$mm，且井距≥40m。

（2）检查井上、下游管道偏转角小于22.5°，且汇入管不在井室上接入时。

4）排出管道水流转向选择弯头井室时，应按表2选用。

表2　弯头井室选用表

| 偏转角度 | 井室选择 |
|---|---|
| 30°~60° | 45°弯头井室 |
| 75°~105° | 90°弯头井室 |

注：当检查井与管道连接需要调整角度时，宜采用可变角接头（3°~22.5°）。

5）当排水直线管道上有汇入管接入井室时，可根据汇入管连接的角度选择三通、四通的井室。

6）当检查井上、下游管道落差大于1m时，应选用跌水井室。

7）井室与井筒及埋地塑料排水管道应采用柔性连接，连接承口形式应与井筒、埋地塑料排水管道管材相匹配，宜按表3选用。

表3　井室与埋地排水管道接口形式选用表

| 埋地管道管材 | 井室连接承口形式 |
|---|---|
| 平壁实壁管 | 带窝槽弹性密封承口 |
| 平壁结构壁管 | 带窝槽弹性密封承口 |
| 非平壁结构壁管 | 不带窝槽弹性密封承口 |

3.井筒选用：

1）井筒直径应根据汇入排水管道的管道直径确定，宜按表1选用。

2）井筒采用的管材，应根据井筒的直径、埋设深度、埋地排水管道的管材等选择平壁实壁管或平壁结构壁管。

3）塑料成品检查井应采用防沉降井盖及井室。

4）检查井（井筒、井室）强度等级选用应符合表4的规定。

表4　检查井强度等级选用表

| 埋设深度（m） | 选用等级 |
|---|---|
| ≤2 | ≥S6 |
| 2~4 | ≥S8 |
| ≥4 | ≥S10 |

4.配件选用：

1）当管道与检查井连接需变径时，可通过变径接头变径后再接入井室，变径接头应采用渐缩异径接头。

2）当检查井与金属管道、混凝土管道等其他材质管道相连接时，可设置专用过渡接头，并用弹性密封橡胶圈柔性连接的方式连接。

3）连接外径标识排水管的检查井，其承口应为外径标识；连接内径标识排水管的检查井，其承口应为内径标识，且管道外壁与检查井承口单边间隙不大于承口内径的2.5%。

4）当排水管需要调整角度、坡度时，可设置可变角接头、球形接头进行调整。

5）井筒顶部与挡圈之间应填充防水材料，以阻挡地面的水从井筒与挡圈的缝隙中渗入路基。

5.井盖选用应满足本图集第一册中的相关要求。

六、检查井施工与安装

1.井坑与基础

1）沟槽开挖宜按先深后浅顺序进行，应采取切实可靠的基坑支护措施（该措施必须征得有关部门的认可）和降水措施，确保基坑及邻近建构筑物安全。降水时，降水深度保持在基坑底面500mm以下，降排水设施必须待回填土回填完毕后方可拆除。

2）沟槽开挖应确保沟底土层不受扰动，且不得超挖，必须人工清底。沟槽开挖完毕后，必须经有关人员验槽后方可继续施工。

2. 检查井接管安装

1）检查井井室与管道连接应先从接户管上游段开始，以“井→管→井→管”的顺序安装，并逐渐向下游支管、干管延伸。

2）井室接头与管道连接施工方法，应与同类型接头的管道连接的施工方法一致。

3）井室与汇入管、排出管采用异径接头连接，当汇入管径小于井室接口管径时，应管顶平接；当井室排出管接口大于下游管道时，应管内底平接。

4）管道采用可变角接头或球形接头调整坡度时，应采用专用工具，不得使用链条扳手。

5）马鞍接头等配件安装，应根据井筒尺寸和连接管道的直径，采用专用工具在井壁上开孔，孔洞圆周边缘应平整，安装马鞍接头不得倒坡。

6）在地下水位较高或雨季施工期间，当管道（含检查井）安装完成尚未进行灌水试验时，应采取防止井体上浮的技术措施。

3. 井筒安装

1）井筒的长度应为井室连接井筒的承口底部至设计地面的高度，再减去井筒顶至地面的净距。当地面或路面标高难以精确确定时，井筒长度可适当预留余量。

2）井筒插入井室应保持垂直。井筒插接时，不得使用重锤敲打，应采用专用收紧工具。

3）井筒安装后，若设计有抗浮要求，应按设计投影面积，采取在井室和井筒底部浇捣混凝土等抗浮措施。

4. 回填

1）回填应在排水管线（含管道和检查井》验收合格后进行，并与管道沟槽的回填同时进行。

2）回填前可用砂土袋、钢钎、木支撑将井室、井筒固定，并应排除基坑、沟槽内积水。

5. 井盖安装

1）井盖安装前应测量井筒的长度，并应切割井筒的多余部分。切割后的井筒顶面应水平、齐整。

2）安装井盖应按检查井应按检查井的输送介质性质确定，污水井盖和雨水井盖等不得混淆。

七、施工及验收应满足如下标准、规范

| | |
|---|---|
| 《混凝土结构工程施工质量验收规范》 | GB 50204 |
| 《给水排水构筑物工程施工及验收规范》 | GB 50141 |
| 《建筑地基基础工程施工质量验收标准》 | GB 50202 |
| 《给水排水管道工程施工及验收规范》 | GB 50268 |
| 《钢筋焊接及验收规程》 | JGJ 18 |
| 《城镇排水工程施工质量验收规范》 | DG/TJ 08-2110 |
| 《塑料排水检查井应用技术规程》 | CJJ/T 209 |
| 《冷热水用聚丙烯管道系统　第2部分：管材》 | GB/T 18742.2 |
| 《埋地用聚乙烯（PE）结构壁管道系统　第2部分：聚乙烯缠绕结构壁管材》 | GB/T 19472.2 |
| 《玻璃纤维增强塑料夹砂管》 | GB/T 21238 |
| 《检查井盖》 | GB/T 23858 |

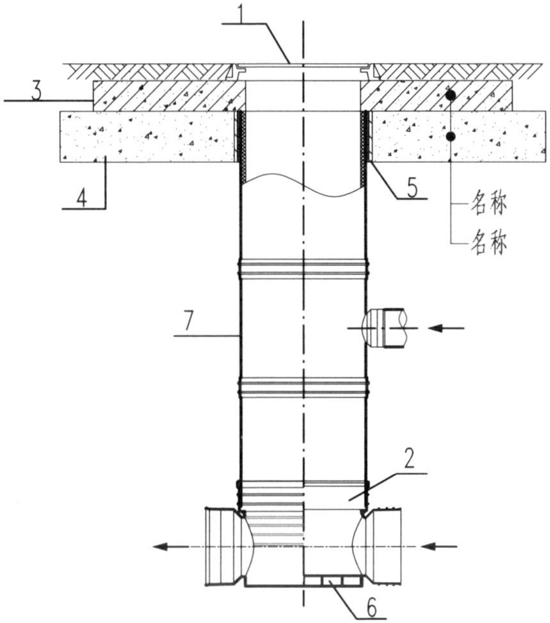


直壁式检查井

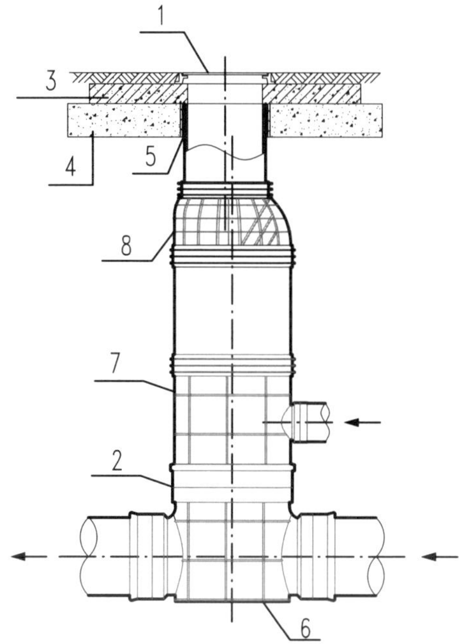


收口式检查井（流槽式）

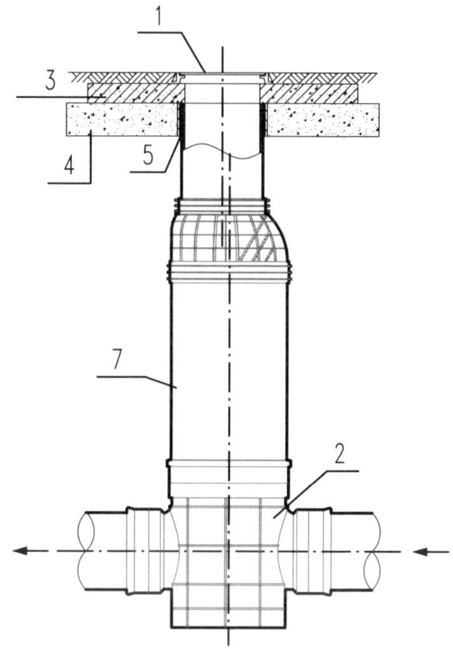


收口式检查井（有沉泥室）

部件名称表

| 序号 | 名称 | 序号 | 名称 |
|---|---|---|---|
| 1 | 防沉降井盖 | 5 | 防水材料 |
| 2 | 井室 | 6 | 流槽式井座 |
| 3 | 承压圈 | 7 | 井筒 |
| 4 | 褥垫层 | | |

说明：

本图适用于一次性注塑成型井室的检查井，分为直壁式和收口式两种。

# 成品检查井构成示意图（一）

| 图集号 | 2024沪S204 |
|---|---|
| 页 | 299 |

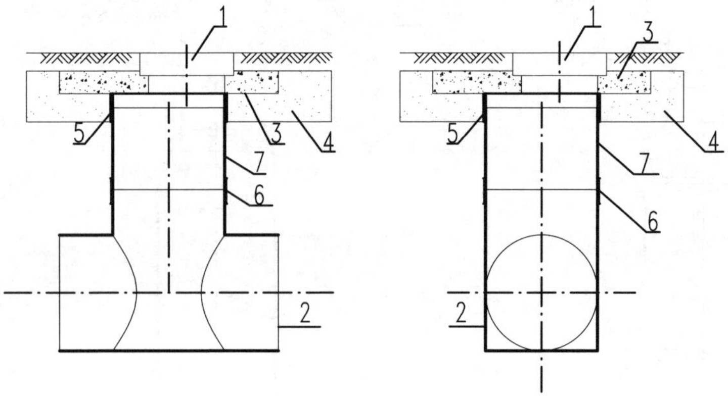


直壁式检查井

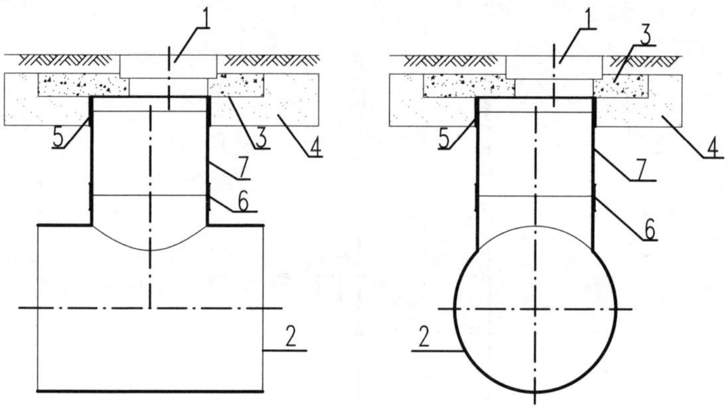


管件式检查井

部件名称表

| 序号 | 名称 | 序号 | 名称 |
|---|---|---|---|
| 1 | 防沉降井盖 | 5 | 挡圈 |
| 2 | 井室 | 6 | 井筒接头 |
| 3 | 承压圈 | 7 | 井筒 |
| 4 | 褥垫层 | | |

说明：

本图适用于非一次性注塑成型的检查井，分为直壁式和管件式两种。检查井可设置沉泥室井座，沉泥室深度不应小于500mm。

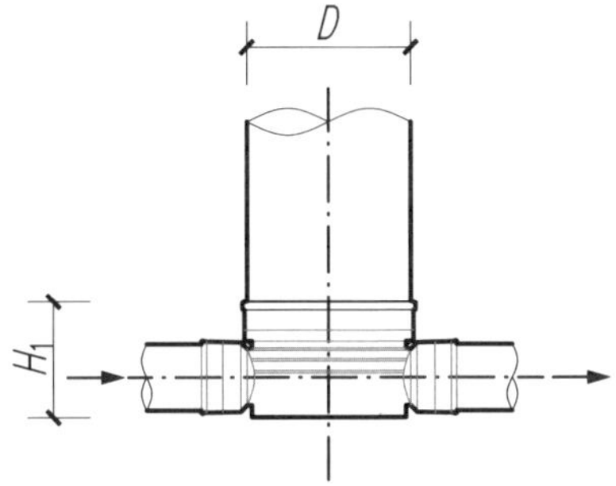


直线二通井立面图

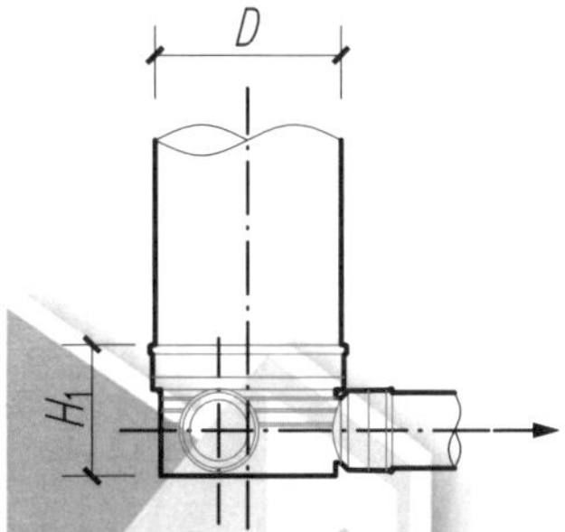


90°转折二通井立面图

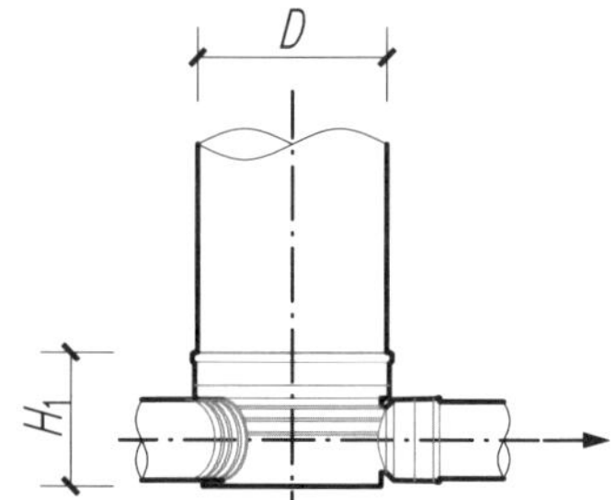


45°转折二通井立面图

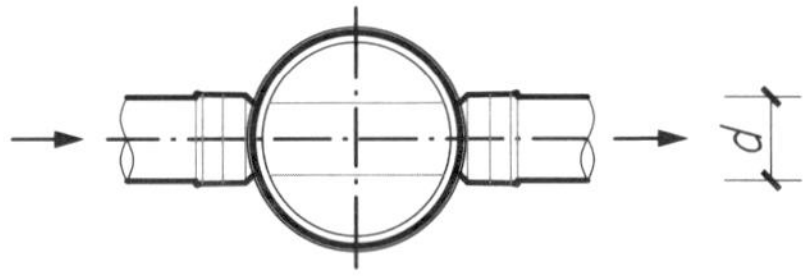


直线二通井平面图

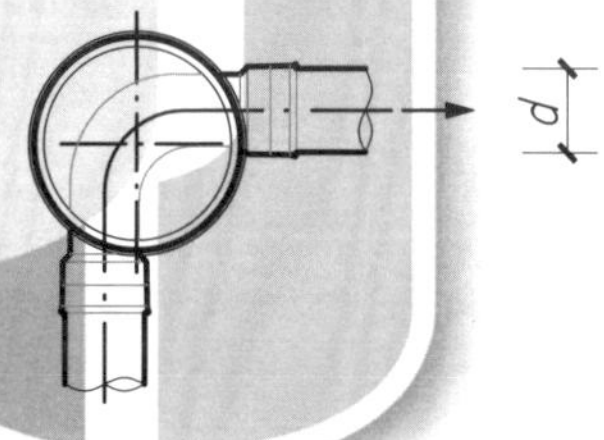


90°转折二通井平面图

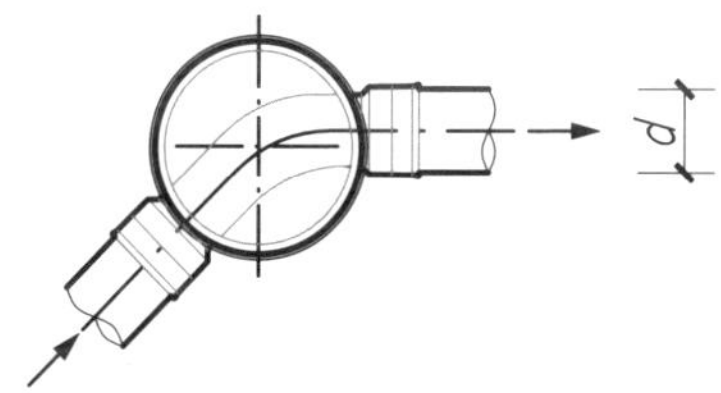


45°转折二通井平面图

说明：

图中 $D$ 为井筒直径，$d$ 为连接管道管径，$H_1$ 为井室高度，具体数据参照本图集对应型号的检查井井室规格表。

| 成品检查井连接示意图（一） | 图集号 | 2024沪S204 |
|---|---|---|
| | 页 | 301 |

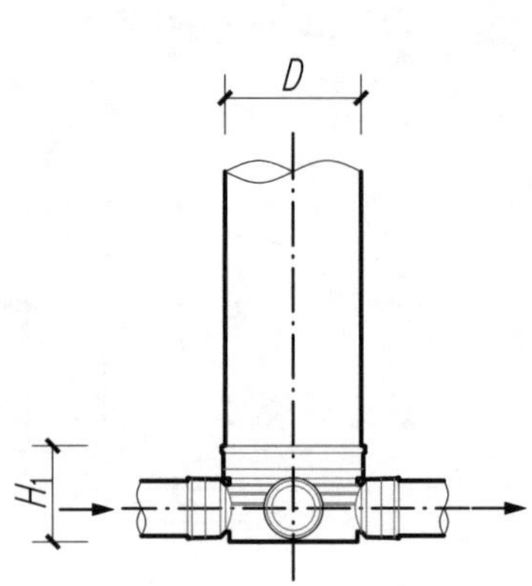


90°三通井立面图

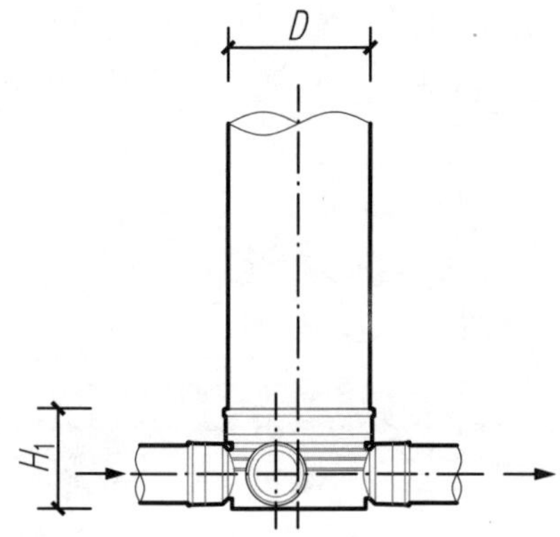


90°四通井立面图

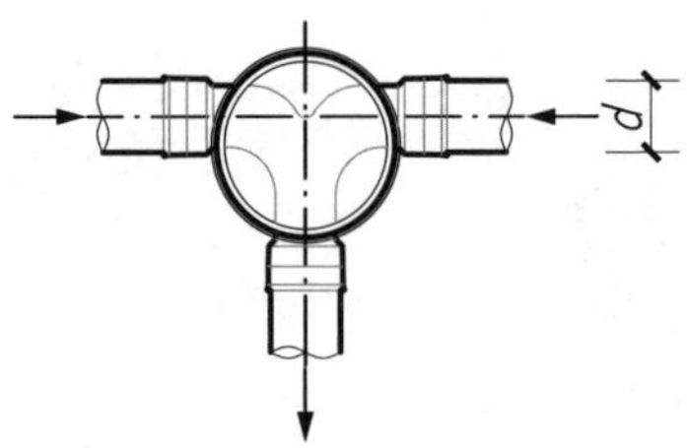


90°三通井平面图

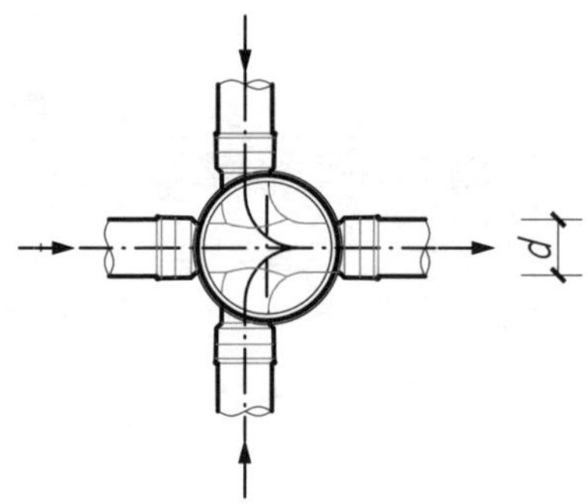


90°四通井平面图

说明：

图中$D$为井筒直径，$d$为连接管道管径，$H_1$为井室高度，具体数据参照本图集对应型号的检查井井室规格表。

| 成品检查井连接示意图（二） | 图集号 | 2024沪S204 |
| --- | --- | --- |
| | 页 | 302 |

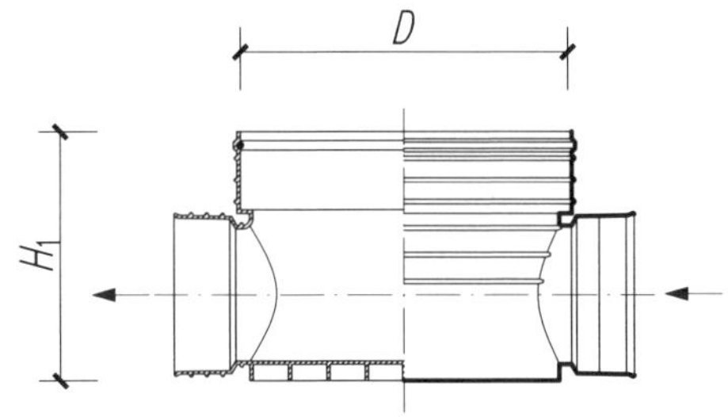


立、剖面图

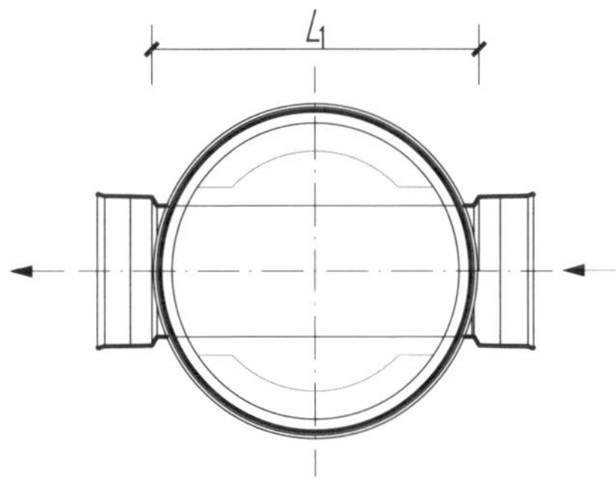


平面图

检查井井室规格表（mm）

| 检查井构造 | 代号 | 井室直径 $D$ | 汇入管径 | 流出管径 | 井室长 | 井室高 |
|---|---|---|---|---|---|---|
| | | | | | $L_1$ | $H_1$ |
| 有流槽检查井 | 直通 | 700 | 300 | 300 | ≥800 | ≥450 |
| | | | 400 | 400 | ≥800 | ≥550 |
| | | 1000 | 400 | 400 | ≥1000 | ≥600 |
| | | | 600 | 600 | ≥1100 | ≥750 |
| | | | 800 | 800 | ≥1200 | ≥950 |
| | | 1200 | 600 | 600 | ≥1300 | ≥800 |
| | | | 800 | 800 | ≥1400 | ≥950 |
| | | | 1000 | 1000 | ≥1500 | ≥1150 |
| | | 1500 | 800 | 800 | ≥1600 | ≥1000 |
| | | | 1000 | 1000 | ≥1600 | ≥1150 |
| | | | 1200 | 1200 | ≥1700 | ≥1350 |

说明：

1. 井室管道承口分为带窝槽弹性密封承口和不带窝槽弹性密封承口。
2. 井径≥1000mm 的检查井井室全身加筋，其余为部分加筋。
3. 本检查井井室规格表仅适用于一次性注塑成型井室的直壁式和收口式检查井。

# 直线二通检查井井室（一）

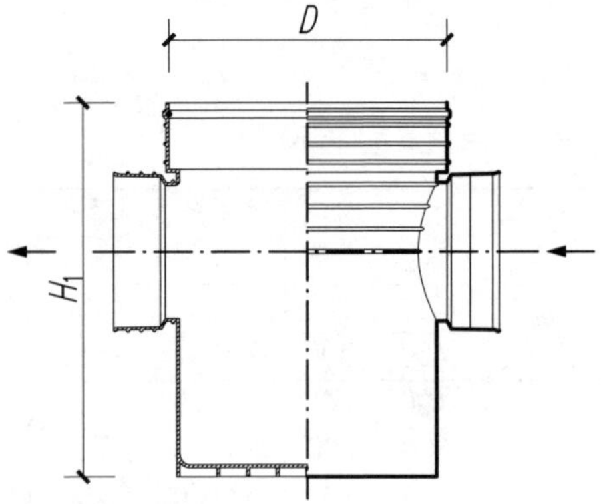


立、剖面图

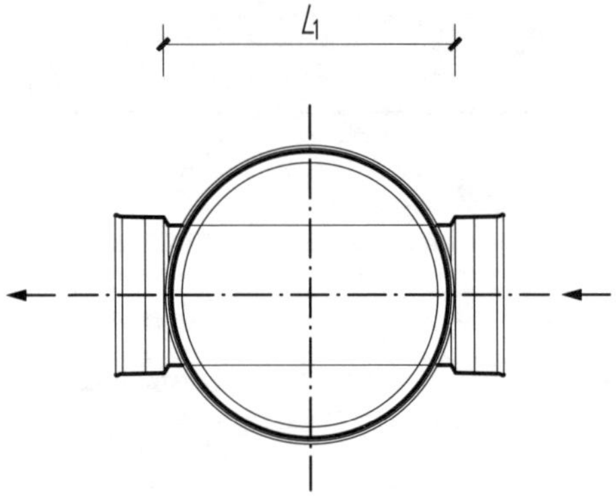


平面图

检查井井室规格表（mm）

| 检查井构造 | 代号 | 井室直径 $D$ | 汇入管径 | 流出管径 | 井室长 $L_1$ | 井室高 $H_1$ |
|---|---|---|---|---|---|---|
| 有沉泥室检查井 | 直通 | 700 | 300 | 300 | ≥800 | ≥750 |
| | | | 400 | 400 | ≥800 | ≥850 |
| | | 1000 | 400 | 400 | ≥1000 | ≥900 |
| | | | 600 | 600 | ≥1100 | ≥1050 |
| | | | 800 | 800 | ≥1200 | ≥1250 |
| | | 1200 | 600 | 600 | ≥1300 | ≥1100 |
| | | | 800 | 800 | ≥1400 | ≥1250 |
| | | | 1000 | 1000 | ≥1500 | ≥1450 |
| | | 1500 | 800 | 800 | ≥1600 | ≥1300 |
| | | | 1000 | 1000 | ≥1600 | ≥1450 |
| | | | 1200 | 1200 | ≥1700 | ≥1650 |

说明：

1. 井室管道承口分为带窝槽弹性密封承口和不带窝槽弹性密封承口。
2. 井径≥1000mm的检查井井室全身加筋，其余为部分加筋。
3. 本检查井井室规格表仅适用于一次性注塑成型井室的直壁式和收口式检查井。

| 直线二通检查井井室（二） | 图集号 | 2024沪S204 |
|---|---|---|
| | 页 | 304 |

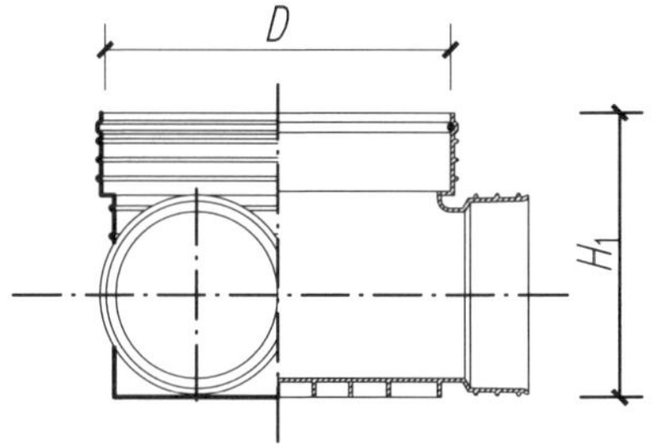


立、剖面图

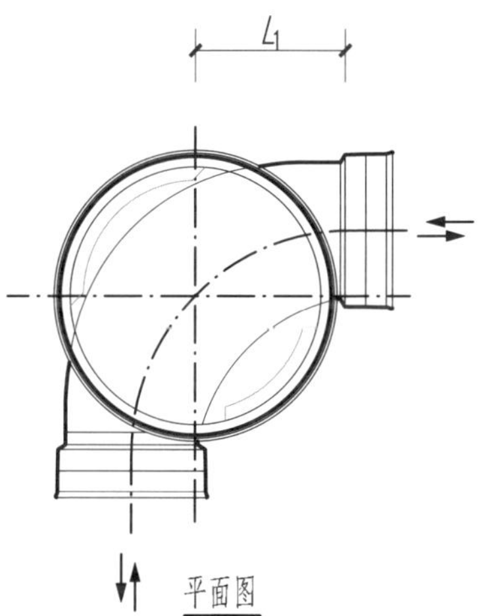


平面图

检查井井室规格表（mm）

| 检查井构造 | 代号 | 井室直径 $D$ | 汇入管径 | 流出管径 | 井室长 $L_1$ | 井室高 $H_1$ |
|---|---|---|---|---|---|---|
| 有流槽检查井 | 90°弯头 | 700 | 300 | 300 | ≥400 | ≥450 |
| | | | 400 | 400 | ≥400 | ≥550 |
| | | 1000 | 400 | 400 | ≥550 | ≥600 |
| | | | 600 | 600 | ≥600 | ≥750 |
| | | | 800 | 800 | ≥650 | ≥950 |
| | | 1200 | 600 | 600 | ≥750 | ≥800 |
| | | | 800 | 800 | ≥800 | ≥950 |
| | | | 1000 | 1000 | ≥850 | ≥1150 |
| | | 1500 | 800 | 800 | ≥950 | ≥1000 |
| | | | 1000 | 1000 | ≥1000 | ≥1150 |
| | | | 1200 | 1200 | ≥1050 | ≥1350 |

说明：

1. 井室管道承口分为带窝槽弹性密封承口和不带窝槽弹性密封承口。
2. 井径≥1000mm的检查井井室全身加筋，其余为部分加筋。
3. 本检查井井室规格表仅适用于一次性注塑成型井室的直壁式和收口式检查井。

# 转折二通检查井井室（一）

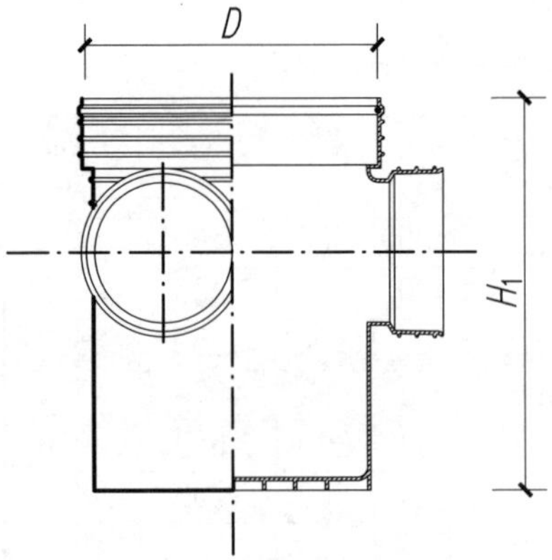


立、剖面图

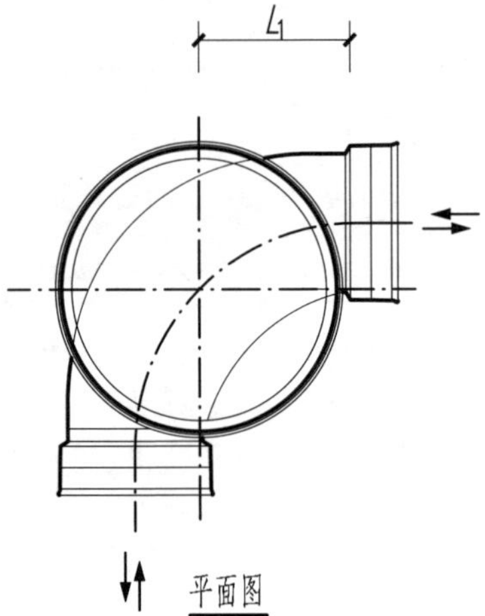


平面图

检查井井室规格表（mm）

| 检查井构造 | 代号 | 井室直径 $D$ | 汇入管径 | 流出管径 | 井室长 $L_1$ | 井室高 $H_1$ |
|---|---|---|---|---|---|---|
| 有沉泥室检查井 | 90°弯头 | 700 | 300 | 300 | ≥400 | ≥750 |
| | | | 400 | 400 | ≥400 | ≥850 |
| | | 1000 | 400 | 400 | ≥550 | ≥900 |
| | | | 600 | 600 | ≥600 | ≥1050 |
| | | | 800 | 800 | ≥650 | ≥1250 |
| | | 1200 | 600 | 600 | ≥750 | ≥1100 |
| | | | 800 | 800 | ≥800 | ≥1250 |
| | | | 1000 | 1000 | ≥850 | ≥1450 |
| | | 1500 | 800 | 800 | ≥950 | ≥1300 |
| | | | 1000 | 1000 | ≥1000 | ≥1450 |
| | | | 1200 | 1200 | ≥1050 | ≥1650 |

说明：

1. 井室管道承口分为带窝槽弹性密封承口和不带窝槽弹性密封承口。
2. 井径≥1000mm 的检查井井室全身加筋，其余为部分加筋。
3. 本检查井井室规格表仅适用于一次性注塑成型井室的直壁式和收口式检查井。

# 转折二通检查井井室（二）

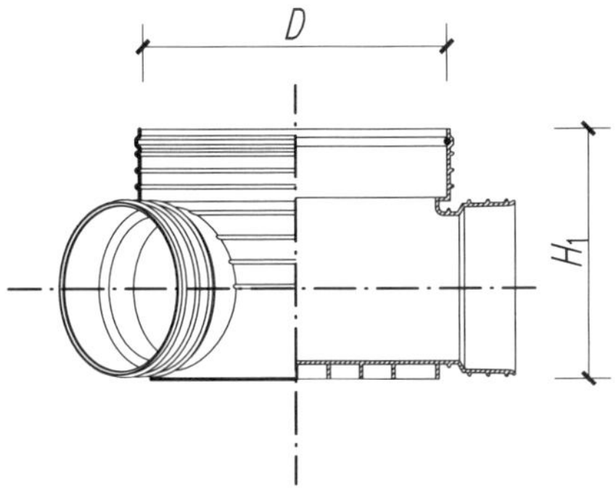


立、剖面图

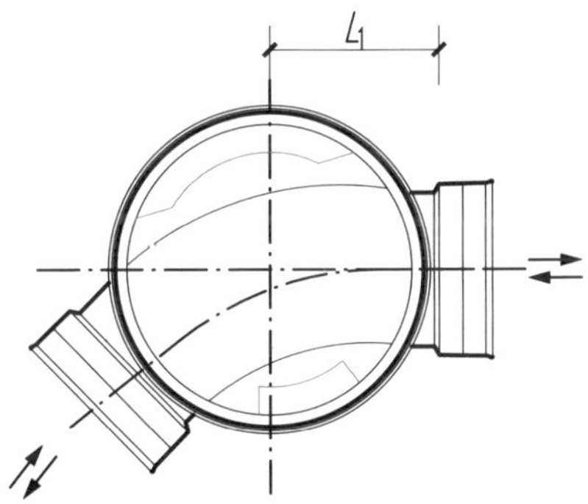


平面图

检查井井室规格表（mm）

| 检查井构造 | 代号 | 井室直径 $D$ | 汇入管径 | 流出管径 | 井室长 $L_1$ | 井室高 $H_1$ |
|---|---|---|---|---|---|---|
| 有流槽检查井 | 45°弯头 | 700 | 300 | 300 | ≥400 | ≥450 |
| | | | 400 | 400 | ≥400 | ≥550 |
| | | 1000 | 400 | 400 | ≥550 | ≥600 |
| | | | 600 | 600 | ≥600 | ≥750 |
| | | | 800 | 800 | ≥650 | ≥950 |
| | | 1200 | 600 | 600 | ≥750 | ≥800 |
| | | | 800 | 800 | ≥800 | ≥950 |
| | | | 1000 | 1000 | ≥850 | ≥1150 |
| | | 1500 | 800 | 800 | ≥950 | ≥1000 |
| | | | 1000 | 1000 | ≥1000 | ≥1150 |
| | | | 1200 | 1200 | ≥1050 | ≥1350 |

说明:

1. 井室管道承口分为带窝槽弹性密封承口和不带窝槽弹性密封承口。
2. 井径≥1000mm的检查井井室全身加筋，其余为部分加筋。
3. 本检查井井室规格表仅适用于一次性注塑成型井室的直壁式和收口式检查井。

# 转折二通检查井井室（三）

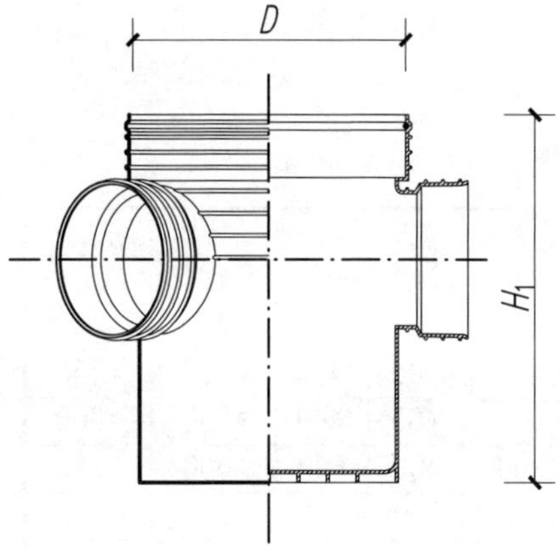


立、剖面图

检查井井室规格表（mm）

| 检查井构造 | 代号 | 井室直径 $D$ | 汇入管径 | 流出管径 | 井室长 $L_1$ | 井室高 $H_1$ |
|---|---|---|---|---|---|---|
| 有沉泥室检查井 | 45°弯头 | 700 | 300 | 300 | ≥400 | ≥750 |
| | | | 400 | 400 | ≥400 | ≥850 |
| | | 1000 | 400 | 400 | ≥550 | ≥900 |
| | | | 600 | 600 | ≥600 | ≥1050 |
| | | | 800 | 800 | ≥650 | ≥1250 |
| | | 1200 | 600 | 600 | ≥750 | ≥1100 |
| | | | 800 | 800 | ≥800 | ≥1250 |
| | | | 1000 | 1000 | ≥850 | ≥1450 |
| | | 1500 | 800 | 800 | ≥950 | ≥1300 |
| | | | 1000 | 1000 | ≥1000 | ≥1450 |
| | | | 1200 | 1200 | ≥1050 | ≥1650 |

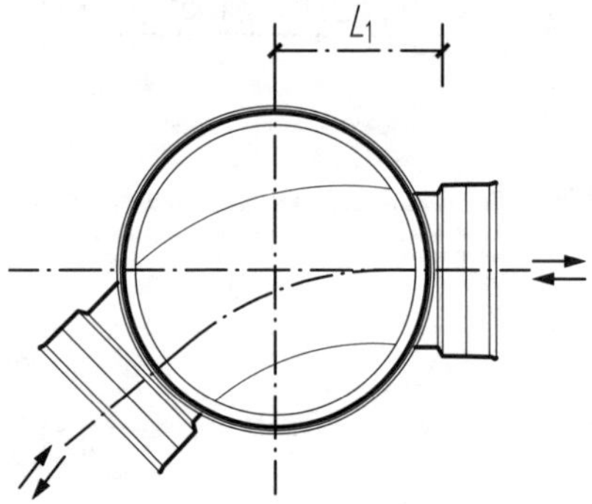


平面图

说明：

1. 井室管道承口分为带窝槽弹性密封承口和不带窝槽弹性密封承口。
2. 井径≥1000mm 的检查井井室全身加筋，其余为部分加筋。
3. 本检查井井室规格表仅适用于一次性注塑成型井室的直壁式和收口式检查井。

# 转折二通检查井井室（四）

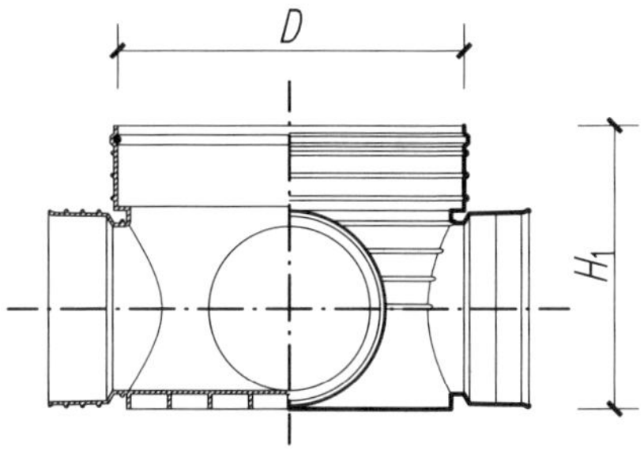


立、剖面图

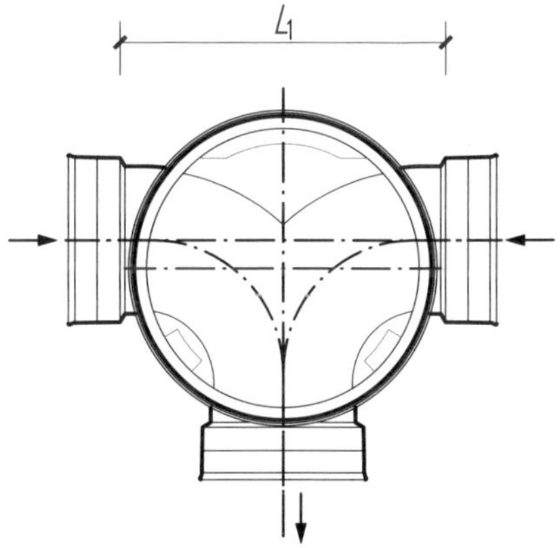


平面图

检查井井室规格表（mm）

| 检查井构造 | 代号 | 井室直径 $D$ | 汇入管径 | 流出管径 | 井室长 $L_1$ | 井室高 $H_1$ |
|---|---|---|---|---|---|---|
| 有流槽检查井 | 90°三通 | 700 | 300 | 300 | ≥800 | ≥450 |
| | | | 400 | 400 | ≥800 | ≥550 |
| | | 1000 | 400 | 400 | ≥1000 | ≥600 |
| | | | 600 | 600 | ≥1100 | ≥750 |
| | | | 800 | 800 | ≥1200 | ≥950 |
| | | 1200 | 600 | 600 | ≥1300 | ≥800 |
| | | | 800 | 800 | ≥1400 | ≥950 |
| | | | 1000 | 1000 | ≥1500 | ≥1150 |
| | | 1500 | 800 | 800 | ≥1600 | ≥1000 |
| | | | 1000 | 1000 | ≥1600 | ≥1150 |
| | | | 1200 | 1200 | ≥1700 | ≥1350 |

说明：

1. 井室管道承口分为带窝槽弹性密封承口和不带窝槽弹性密封承口。
2. 井径≥1000mm的检查井井室全身加筋，其余为部分加筋。
3. 本检查井井室规格表仅适用于一次性注塑成型井室的直壁式和收口式检查井。

# 三通检查井井室（一）

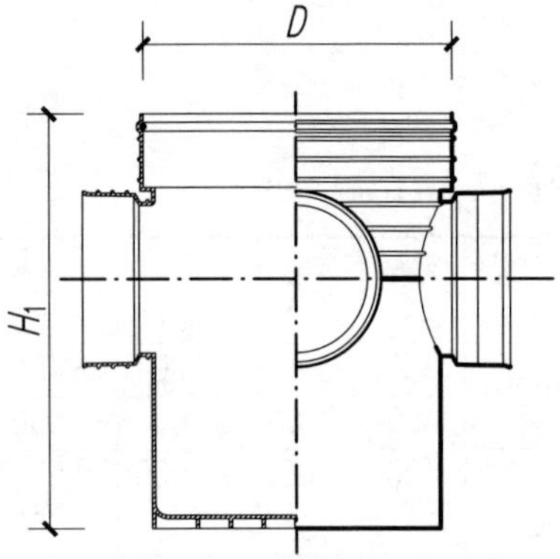


立、剖面图

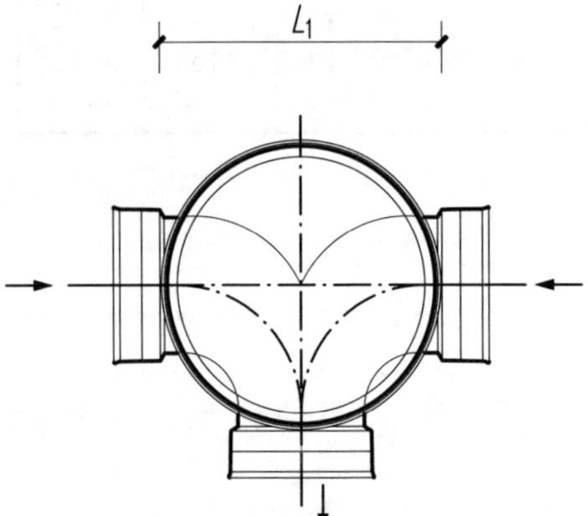


平面图

检查井井室规格表（mm）

| 检查井构造 | 代号 | 井室直径 $D$ | 汇入管径 | 流出管径 | 井室长 $L_1$ | 井室高 $H_1$ |
|---|---|---|---|---|---|---|
| 有沉泥室检查井 | 90°三通 | 700 | 300 | 300 | ≥800 | ≥750 |
| | | | 400 | 400 | ≥800 | ≥850 |
| | | 1000 | 400 | 400 | ≥1000 | ≥900 |
| | | | 600 | 600 | ≥1100 | ≥1050 |
| | | | 800 | 800 | ≥1200 | ≥1250 |
| | | 1200 | 600 | 600 | ≥1300 | ≥1100 |
| | | | 800 | 800 | ≥1400 | ≥1250 |
| | | | 1000 | 1000 | ≥1500 | ≥1450 |
| | | 1500 | 800 | 800 | ≥1600 | ≥1300 |
| | | | 1000 | 1000 | ≥1600 | ≥1450 |
| | | | 1200 | 1200 | ≥1700 | ≥1650 |

说明：

1. 井室管道承口分为带窝槽弹性密封承口和不带窝槽弹性密封承口。
2. 井径≥1000mm 的检查井井室全身加筋，其余为部分加筋。
3. 本检查井井室规格表仅适用于一次性注塑成型井室的直壁式和收口式检查井。

# 三通检查井井室（二）

| 图集号 | 2024沪S204 |
|---|---|
| 页 | 310 |

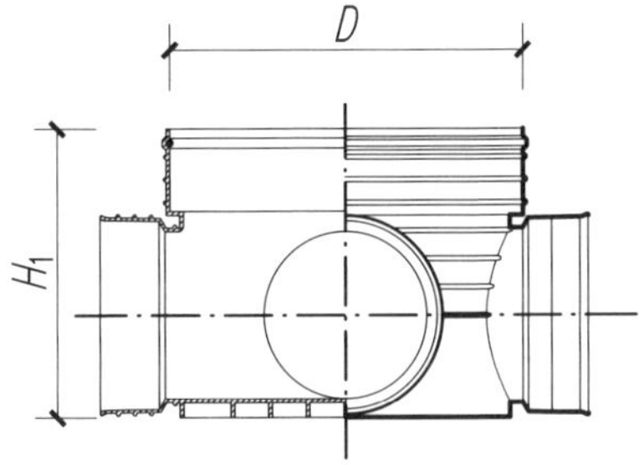


立、剖面图

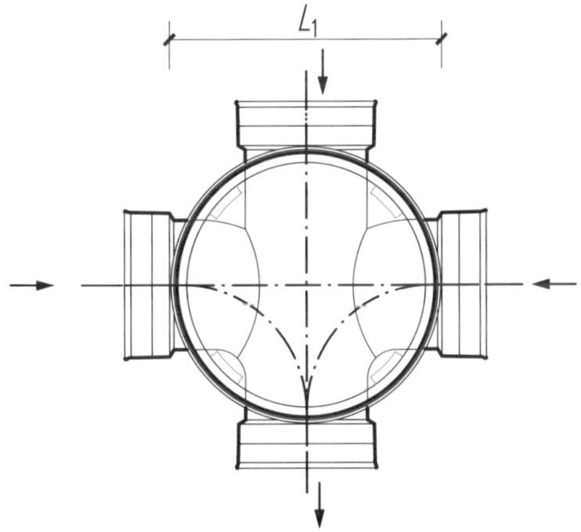


平面图

检查井井室规格表（mm）

| 检查井构造 | 代号 | 井室直径 $D$ | 汇入管径 | 流出管径 | 井室长 $L_1$ | 井室高 $H_1$ |
|---|---|---|---|---|---|---|
| 有流槽检查井 | 90°四通 | 700 | 300 | 300 | ≥800 | ≥450 |
| | | | 400 | 400 | ≥800 | ≥550 |
| | | 1000 | 400 | 400 | ≥1000 | ≥600 |
| | | | 600 | 600 | ≥1100 | ≥750 |
| | | | 800 | 800 | ≥1200 | ≥950 |
| | | 1200 | 600 | 600 | ≥1300 | ≥800 |
| | | | 800 | 800 | ≥1400 | ≥950 |
| | | | 1000 | 1000 | ≥1500 | ≥1150 |
| | | 1500 | 800 | 800 | ≥1600 | ≥1000 |
| | | | 1000 | 1000 | ≥1600 | ≥1150 |
| | | | 1200 | 1200 | ≥1700 | ≥1350 |

说明：

1. 井室管道承口分为带窝槽弹性密封承口和不带窝槽弹性密封承口。
2. 井径≥ 1000mm 的检查井井室全身加筋，其余为部分加筋。
3. 本检查井井室规格表仅适用于一次性注塑成型井室的直壁式和收口式检查井。

# 四通检查井井室（一）

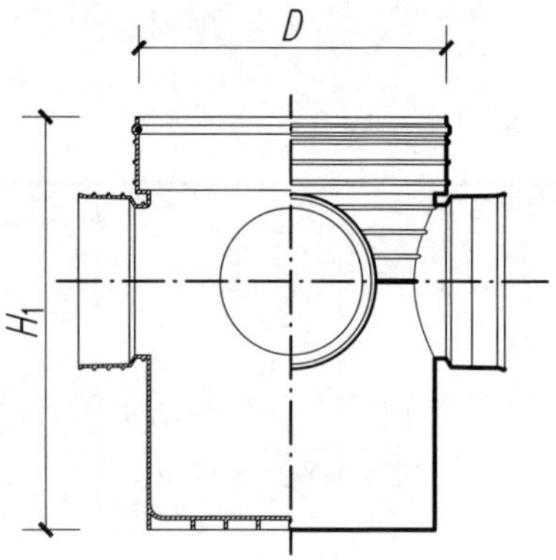


立、剖面图

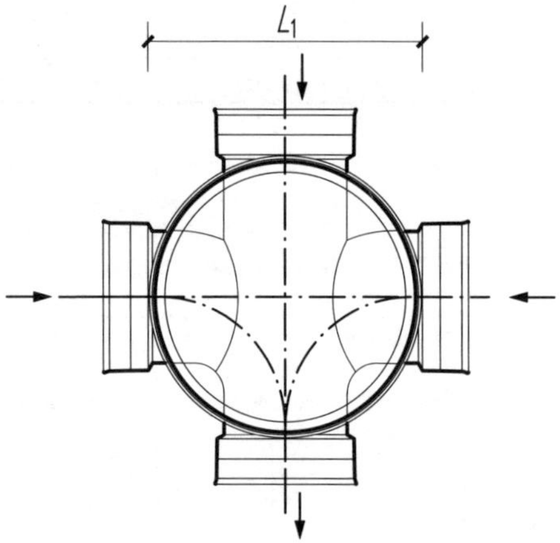


平面图

检查井井室规格表（mm）

| 检查井构造 | 代号 | 井室直径 $D$ | 汇入管径 | 流出管径 | 井室长 $L_1$ | 井室高 $H_1$ |
|---|---|---|---|---|---|---|
| 有沉泥室检查井 | 90°四通 | 700 | 300 | 300 | ≥800 | ≥750 |
| | | | 400 | 400 | ≥800 | ≥850 |
| | | 1000 | 400 | 400 | ≥1000 | ≥900 |
| | | | 600 | 600 | ≥1100 | ≥1050 |
| | | | 800 | 800 | ≥1200 | ≥1250 |
| | | 1200 | 600 | 600 | ≥1300 | ≥1100 |
| | | | 800 | 800 | ≥1400 | ≥1250 |
| | | | 1000 | 1000 | ≥1500 | ≥1450 |
| | | 1500 | 800 | 800 | ≥1600 | ≥1300 |
| | | | 1000 | 1000 | ≥1600 | ≥1450 |
| | | | 1200 | 1200 | ≥1700 | ≥1650 |

说明：

1. 井室管道承口分为带窝槽弹性密封承口和不带窝槽弹性密封承口。
2. 井径≥1000mm 的检查井井室全身加筋，其余为部分加筋。
3. 本检查井井室规格表仅适用于一次性注塑成型井室的直壁式和收口式检查井。

# 四通检查井井室（二）

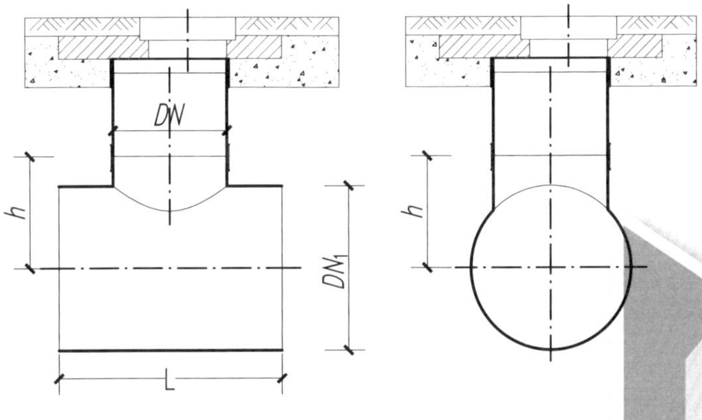


管件式检查井（流槽式）

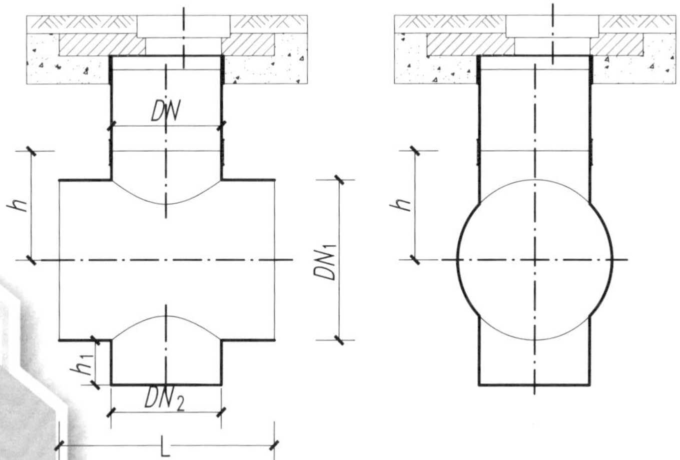


管件式检查井（有沉泥室）

管件式检查井规格尺寸表（mm）

| 井筒直径 $DN$ | 主管直径 $DN_1$ | $DN_2$ | $L$ | $h$ | $h_1$ |
|---|---|---|---|---|---|
| 1000 | 1200 | 1000 | ≥2000 | ≥1000 | ≥500 |
| 1000 | 1350 | 1200 | ≥2000 | ≥1500 | ≥500 |
| 1000 | 1500 | 1400 | ≥3000 | ≥1500 | ≥500 |
| 1000 | 1650 | 1400 | ≥3000 | ≥1500 | ≥500 |
| 1000 | 1800 | 1600 | ≥3000 | ≥1500 | ≥500 |
| 1000 | 2000 | 1800 | ≥3000 | ≥1500 | ≥500 |
| 1000 | 2200 | 2000 | ≥3000 | ≥1800 | ≥500 |
| 1000 | 2400 | 2200 | ≥3000 | ≥2000 | ≥500 |

# 管件式检查井井室

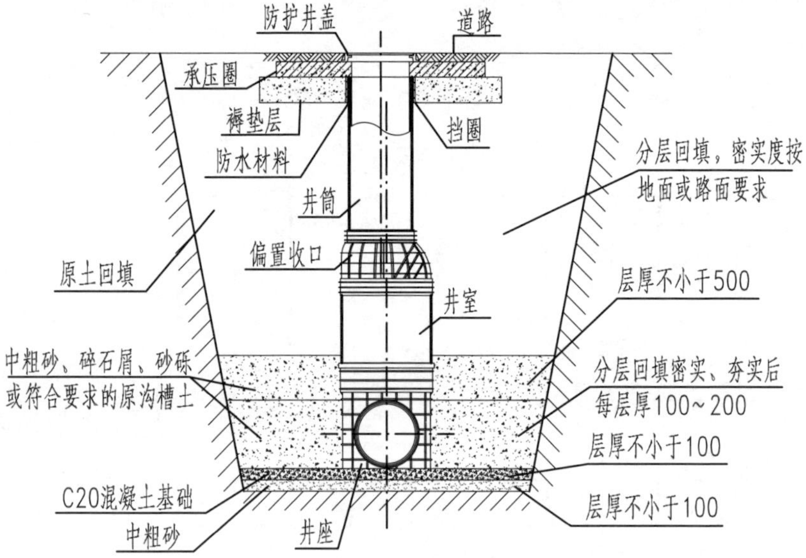


非市政道路基础回填
（回填密实度要求见下表）

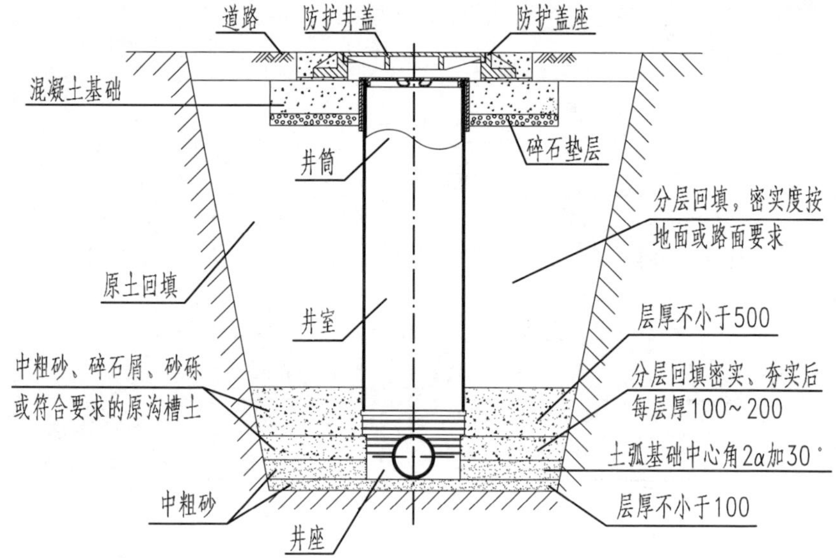


市政道路基础回填
（回填密实度要求见下表）

回填密实度要求表

| 槽内部位 | | 最佳密实度（%） | 回填土质 |
|---|---|---|---|
| 超挖部分 | | 95 | 砂石料或最大粒径小于40mm级配碎石 |
| 井坑基础 | 井底基础层 | 80~90 | 中粗砂或砾石砂 |
| | 土弧基础中心角2α加30° | 95 | 中粗砂或砾石砂 |
| | 市政检查井底部 | — | C20混凝土基础 |
| 管道两侧 | | 95 | 中砂、粗砂、碎石屑、最大粒径小于40mm级配砂砾或符合要求的原土 |
| 管顶以上0.5m范围 | | 90 | |
| 管顶0.5m以上 | | 按地面或道路要求 | — |

说明：

1. 回填应在排水管线（含管道和检查井）验收合格后进行。
2. 检查井回填应与管道沟槽的回填同时进行。
3. 回填前可用砂土袋、钢钎、木支撑将井室、井筒固定，并应排除基坑、沟槽内积水。
4. 回填土不得采用淤泥、垃圾，并不得夹带石块、砖及其他带有棱角的硬块物体。
5. 回填应采用人工回填，其密实度在管道连接处与排水管道图纸密实度相同，其余部分为90%，且不得使井筒产生位移和倾斜。严禁机械回填。
6. 分层回填时，每层虚铺回填土厚度不应大于300mm。
7. 当检查井位于城市道路或公路路基范围内时，管顶0.5m以上应分别按城市道路和公路路基密实要求填实。

| 检查井回填加固示意图 | 图集号 | 2024沪S204 |
|---|---|---|
| | 页 | 314 |

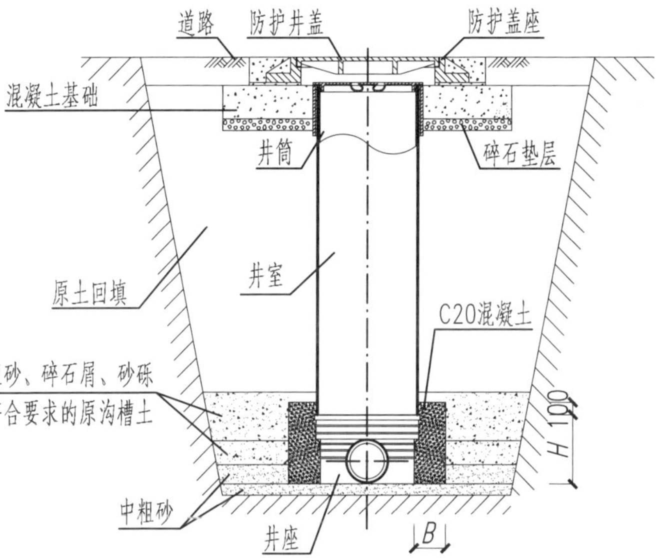


直壁型检查井抗浮处理回填

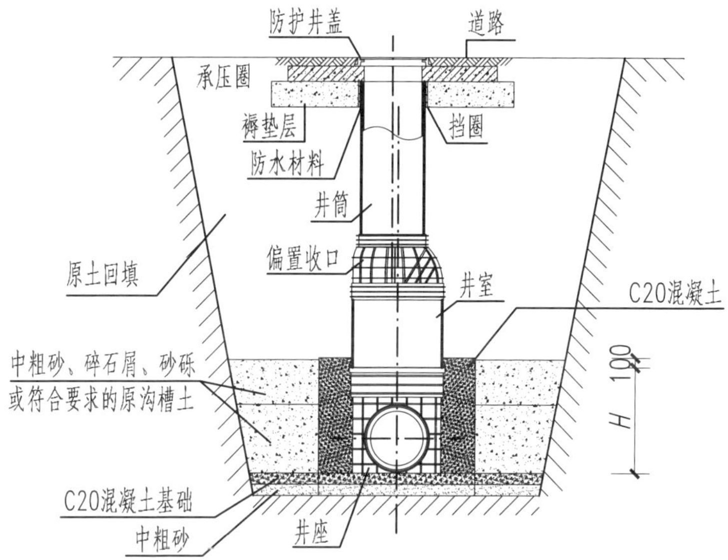


收口型检查井抗浮处理回填

说明：

1. 当塑料成品检查井在地下水位较高及井室埋深较深的条件下使用时，应进行井体抗浮计算，计算方式见中国工程建设标准化协会标准《建筑小区塑料排水检查井应用技术规程》CECS 227：2007 第 6.2 节。
2. 当井体抗浮计算结果为大于或等于 1.1 倍浮力时，不需采取抗浮措施；当井体抗浮计算结果为小于 1.1 倍浮力时，应采取在井体与井筒（井室）下端周围浇捣混凝土抗浮措施，以增加井体的抗浮力，混凝土投影圆环尺寸 *B* 应由设计计算确定，混凝土高度一般高于井室上部 100mm。

| 检查井回填抗浮示意图 | 图集号 | 2024沪S204 |
|---|---|---|
| | 页 | 315 |

## 直壁检查井井径和最小壁厚尺寸

<table>
<tr><th rowspan="4">公称直径<br>$D$(mm)</th><th rowspan="4">最小平均内径<br>$DN_{I,min}$<br>(mm)</th><th rowspan="4">井深<br>$H$(m)</th><th colspan="6">井壁结构型式</th><th rowspan="4">强度等级</th><th rowspan="4">连接管直径<br>$DN$(mm)</th></tr>
<tr><th rowspan="2">聚丙烯(带肋结构壁)</th><th colspan="4">聚乙烯(HDPE)</th><th rowspan="2">玻璃纤维增强塑料</th></tr>
<tr><th>实壁</th><th colspan="3">缠绕结构壁</th></tr>
<tr><th>最小壁厚<br>$e$(mm)</th><th>最小壁厚<br>$e$(mm)</th><th>最小壁厚<br>$e_1$(mm)</th><th>最小肋厚<br>$k$(mm)</th><th>最小总厚<br>$e$(mm)</th><th>最小壁厚<br>$e$(mm)</th></tr>
<tr><td rowspan="3">700</td><td rowspan="3">673</td><td>$H≤2$</td><td>8</td><td>8</td><td>2.3</td><td>6.5</td><td>32</td><td>13</td><td>≥S6</td><td rowspan="3">≤400</td></tr>
<tr><td>$2<H≤4$</td><td>9</td><td>9</td><td>2.8</td><td>7</td><td>35</td><td>16</td><td>≥S8</td></tr>
<tr><td>$4<H≤6$</td><td>9</td><td>—</td><td>2.8</td><td>7</td><td>40</td><td>21</td><td>≥S10</td></tr>
<tr><td rowspan="3">800</td><td rowspan="3">785</td><td>$H≤2$</td><td>9</td><td>9</td><td>2.5</td><td>7</td><td>35</td><td>14</td><td>≥S6</td><td rowspan="3">≤400</td></tr>
<tr><td>$2<H≤4$</td><td>9</td><td>10</td><td>2.8</td><td>7</td><td>40</td><td>17</td><td>≥S8</td></tr>
<tr><td>$4<H≤6$</td><td>10</td><td>—</td><td>3</td><td>8</td><td>42</td><td>21</td><td>≥S10</td></tr>
<tr><td rowspan="3">1000</td><td rowspan="3">985</td><td>$H≤2$</td><td>10</td><td>10</td><td>3</td><td>8</td><td>42</td><td>14</td><td>≥S6</td><td rowspan="3">≤600</td></tr>
<tr><td>$2<H≤4$</td><td>11</td><td>11</td><td>3.5</td><td>9</td><td>45</td><td>17</td><td>≥S8</td></tr>
<tr><td>$4<H≤6$</td><td>11</td><td>—</td><td>4.1</td><td>9.5</td><td>50</td><td>21</td><td>≥S10</td></tr>
</table>

说明:

1. 当对开孔部位采取加固措施时,连接管直径可适当加大。
2. 表中聚丙烯检查井为带肋结构壁,表中的壁厚为不包括肋条的最薄处尺寸。
3. 当聚乙烯实壁检查井采取加肋或其他结构增强措施时,井的适用深度可适当加大。
4. 塑料成品检查井环刚度、强度、变形率等材料特性和井壁壁厚应满足现行行业标准《塑料排水检查井应用技术规程》CJJ/T 209中结构设计相关要求,且不应小于连接最大管径管道的相关参数。

# 收口检查井井径和最小壁厚尺寸

| 公称直径 $D$(mm) | 最小平均内径 $DN_{l,min}$(mm) | 井深 $H$(m) | 井壁结构型式 | | | | | | 强度等级 | 连接管直径 $DN$(mm) |
|---|---|---|---|---|---|---|---|---|---|---|
| | | | 聚丙烯（带肋结构壁） | 聚乙烯（HDPE） | | | | 玻璃纤维增强塑料 | | |
| | | | | 实壁 | 缠绕结构壁 | | | | | |
| | | | 最小壁厚 $e$(mm) | 最小壁厚 $e$(mm) | 最小壁厚 $e_1$(mm) | 最小肋厚 $k$(mm) | 最小总厚 $e$(mm) | 最小壁厚 $e$(mm) | | |
| 1000 | 985 | 3<$H$≤4 | 11 | 11 | 3.5 | 9 | 45 | 17 | ≥S8 | 200~600 |
| | | 4<$H$≤6 | 11 | — | 4.1 | 9.5 | 50 | 21 | ≥S10 | |
| 1200 | 1185 | 3<$H$≤4 | 12 | 12 | 4.1 | 9.5 | 58 | 20 | ≥S8 | 400~1000 |
| | | 4<$H$≤6 | 12 | — | 5 | 12 | 62 | 25 | ≥S10 | |
| 1500 | 1485 | 3<$H$≤4 | 13 | 13 | 6.2 | 15 | 68 | 25 | ≥S8 | 800~1200 |
| | | 4<$H$≤6 | 13 | — | 6.5 | 16 | 70 | 31 | ≥S10 | |

说明：

1. 当对开孔部位采取加固措施时，连接管直径可适当加大。
2. 表中聚丙烯检查井为带肋结构壁，表中的壁厚为不包括肋条的最薄处尺寸。
3. 当聚乙烯实壁检查井采取加肋或其他结构增强措施时，井的适用深度可适当加大。
4. 检查井（井筒、井室）强度等级选用应符合本图集说明中表4的规定。若与复合管连接，不应低于连接管道的最大强度要求。
5. 塑料成品检查井环刚度、强度、变形率等材料特性和井壁壁厚应满足现行行业标准《塑料排水检查井应用技术规程》CJJ/T 209中结构设计相关要求，且不应小于连接最大管径管道的相关参数。

## 管件检查井井径和最小壁厚尺寸

| 公称直径 $D$(mm) | 最小平均内径 $DN_{I,min}$(mm) | 井深 $H$(m) | 井壁结构型式 | | | | | | 强度等级 | 连接管直径 $DN$(mm) |
|---|---|---|---|---|---|---|---|---|---|---|
| | | | 聚丙烯（带肋结构壁） | 聚乙烯（HDPE） | | | | 玻璃纤维增强塑料 | | |
| | | | | 实壁 | 缠绕结构壁 | | | | | |
| | | | 最小壁厚 $e$(mm) | 最小壁厚 $e$(mm) | 最小壁厚 $e_1$(mm) | 最小肋厚 $k$(mm) | 最小总厚 $e$(mm) | 最小壁厚 $e$(mm) | | |
| 700 | 673 | $H\leqslant2$ | 8 | 8 | 2.3 | 6.5 | 32 | 17 | ≥S6 | 1000 |
| 800 | 785 | $H\leqslant2$ | 9 | 9 | 2.5 | 7 | 35 | 17 | ≥S8 | 1000、1200 |
| | | $2<H\leqslant4$ | 10 | 10 | 2.8 | 7 | 40 | 25 | ≥S8 | |
| | | $4<H\leqslant6$ | — | — | 3 | 8 | 42 | 31 | ≥S10 | |
| 1000 | 985 | $H\leqslant2$ | 10 | 10 | 3 | 8 | 42 | 17 | ≥S8 | ≥1200 |
| | | $2<H\leqslant4$ | 11 | 11 | 3.5 | 9 | 45 | 25 | ≥S8 | |
| | | $4<H\leqslant6$ | — | — | 4.1 | 9.5 | 50 | 31 | ≥S10 | |

说明：

1. 表中聚丙烯检查井为带肋结构壁，表中的壁厚为不包括肋条的最薄处尺寸。
2. 当聚乙烯实壁检查井采取加肋或其他结构增强措施时，井的适用深度可适当加大。
3. 检查井（井筒、井室）强度等级选用应符合本图集说明中表4的规定。若与复合管连接，不应低于连接管道的最大强度要求。
4. 塑料成品检查井环刚度、强度、变形率等材料特性和井壁壁厚应满足现行行业标准《塑料排水检查井应用技术规程》CJJ/T 209中结构设计相关要求，且不应小于连接最大管径管道的相关参数。

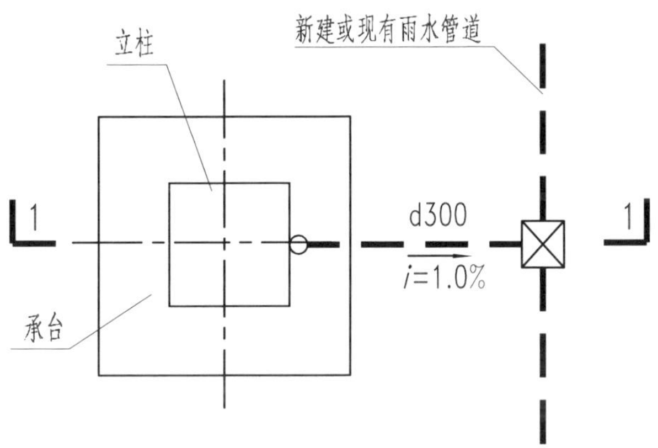

单立柱高架排水平面图（一）

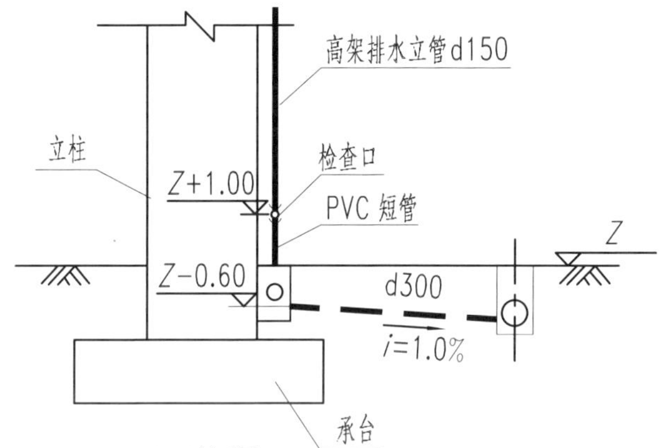

1-1剖面图

说明：

1. 本图尺寸单位：标高以米计，其余以毫米计。
2. 图中 Z 为设计地面标高。
3. 图中高架排水立管采用 PVC 管，地面连管采用 HDPE 缠绕管。
4. 图中 d300 管道覆土控制在 0.70m，覆土深度不能满足 0.70m 的管道则采用混凝土包管。
5. 窨井盖顶标高高出绿化土 0.20m。
6. Z+1.00 标高以上高架排水立管设计详见桥梁专业相关图纸。
7. 如有海绵指标要求，需有海绵城市建设措施。

| 单立柱高架排水系统（一） | 图集号 | 2024沪S204 |
|---|---|---|
| | 页 | 319 |

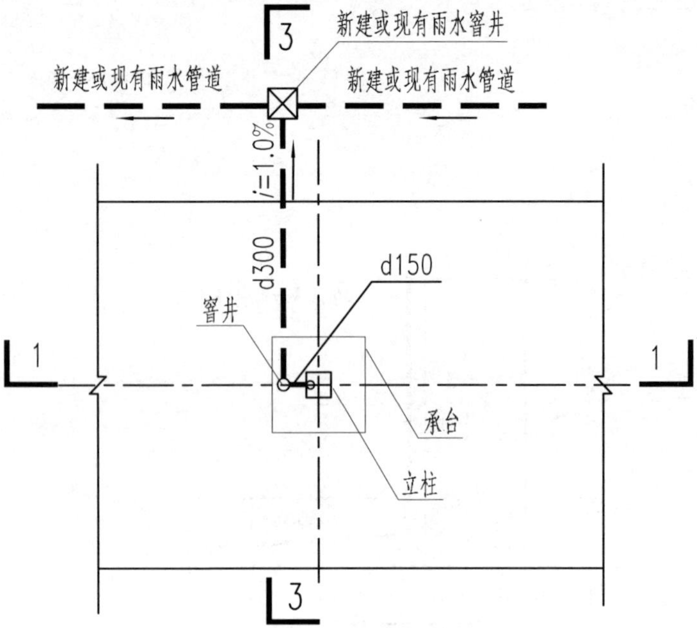


单立柱高架排水平面图（二）

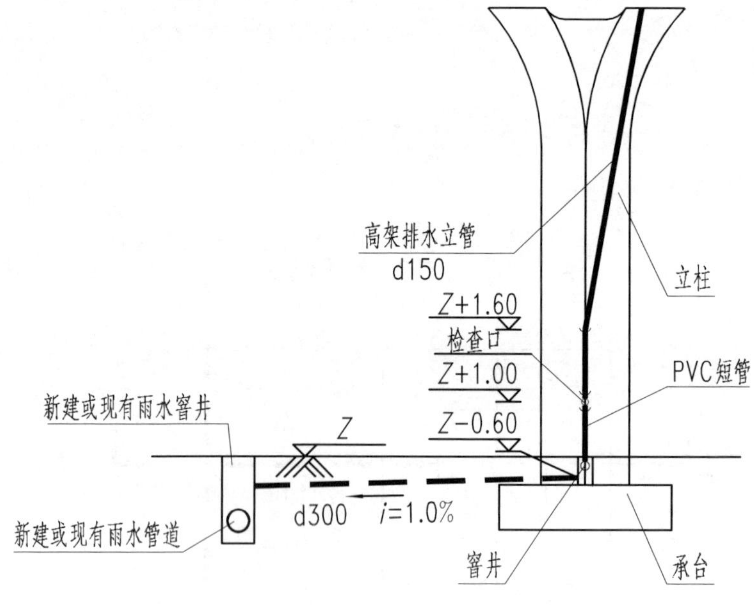


3−3剖面图

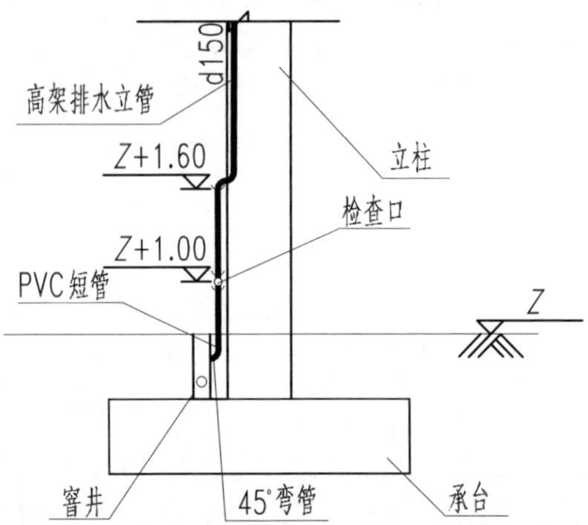


1−1剖面图

说明：

1. 本图尺寸单位：标高以米计，其余以毫米计。
2. 图中 Z 为设计地面标高。
3. 图中高架排水立管采用 PVC 管，地面连管采用 HDPE 缠绕管。
4. 图中 d300 管道覆土控制在 0.70m，覆土深度不能满足 0.70m 的管道则采用混凝土包管。
5. 窨井盖顶标高高出绿化土 0.20m。
6. Z+1.00 标高以上高架排水立管设计详见桥梁专业相关图纸。
7. 如有海绵指标要求，需有海绵城市建设措施。

| 单立柱高架排水系统（二） | 图集号 | 2024沪S204 |
| --- | --- | --- |
| | 页 | 320 |

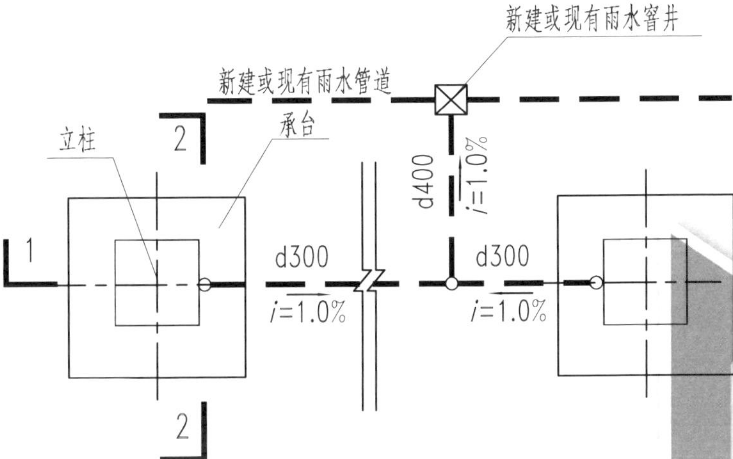


单立柱高架排水平面图（三）

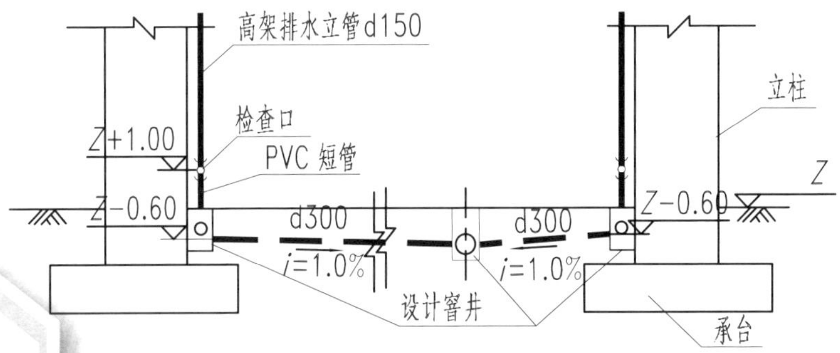


1-1剖面图

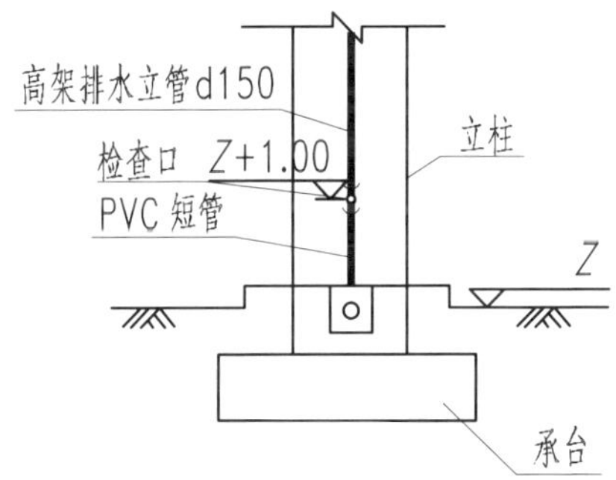


2-2剖面图

说明：

1. 本图尺寸单位：标高以米计，其余以毫米计。
2. 图中 $Z$ 为设计地面标高。
3. 图中高架排水立管采用 PVC 管，地面连管采用 HDPE 缠绕管。
4. 图中 d300 管道覆土控制在 0.70m，覆土深度不能满足 0.70m 的管道则采用混凝土包管。
5. 窨井盖顶标高高出绿化土 0.20m。
6. $Z$+1.00 标高以上高架排水立管设计详见桥梁专业相关图纸。
7. 如有海绵指标要求，需有海绵城市建设措施。

| 单立柱高架排水系统（三） | 图集号 | 2024沪S204 |
| --- | --- | --- |
| | 页 | 321 |

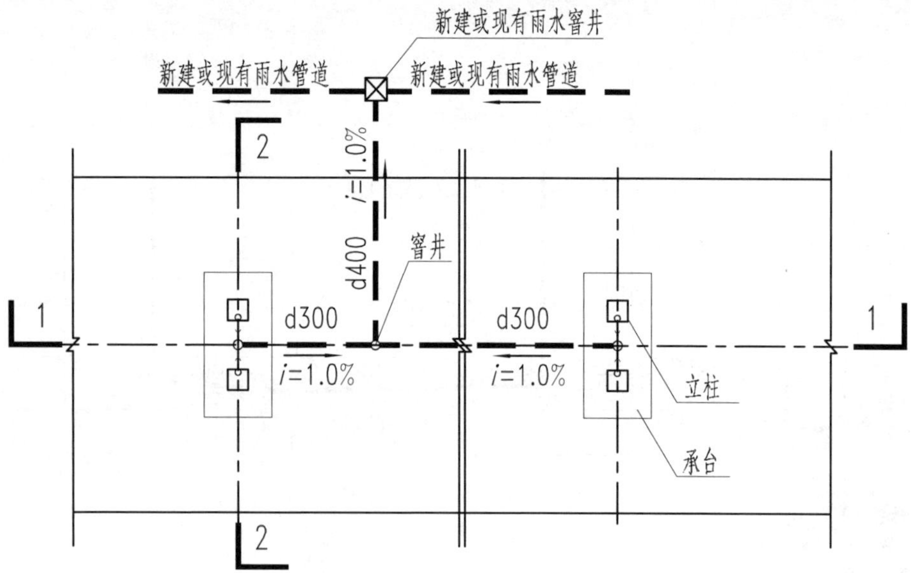


双立柱高架排水平面图（一）

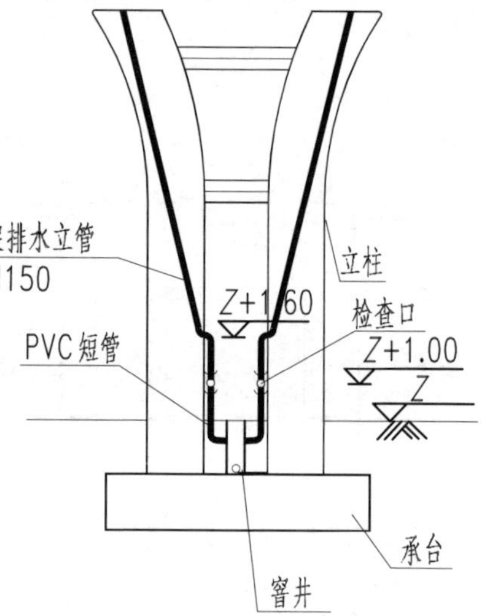


2-2剖面图

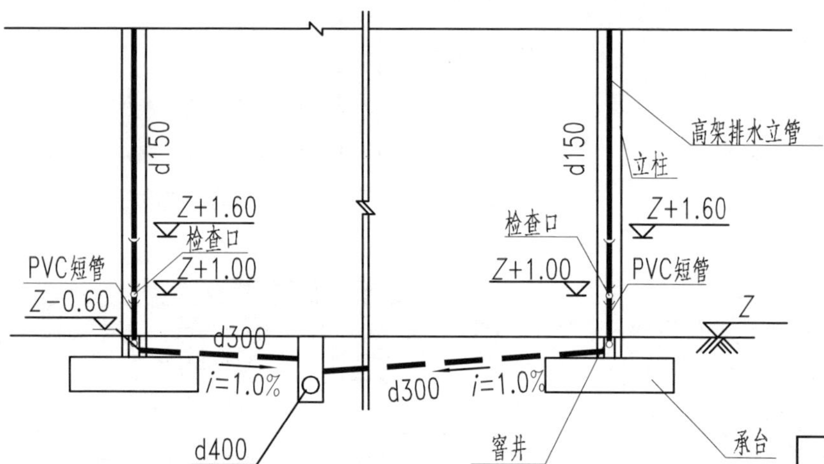


1-1剖面图

说明：

1. 本图尺寸单位：标高以米计，其余以毫米计。
2. 图中 Z 为设计地面标高。
3. 图中高架排水立管采用 PVC 管，地面连管采用 HDPE 缠绕管。
4. 图中 d300 管道覆土控制在 0.70m，覆土深度不能满足 0.70m 的管道则采用混凝土包管。
5. 窨井盖顶标高高出绿化土 0.20m。
6. Z+1.00 标高以上高架排水立管设计详见桥梁专业相关图纸。
7. 如有海绵指标要求，需有海绵城市建设措施。

| 双立柱高架排水系统（一） | 图集号 | 2024沪S204 |
| --- | --- | --- |
| | 页 | 322 |

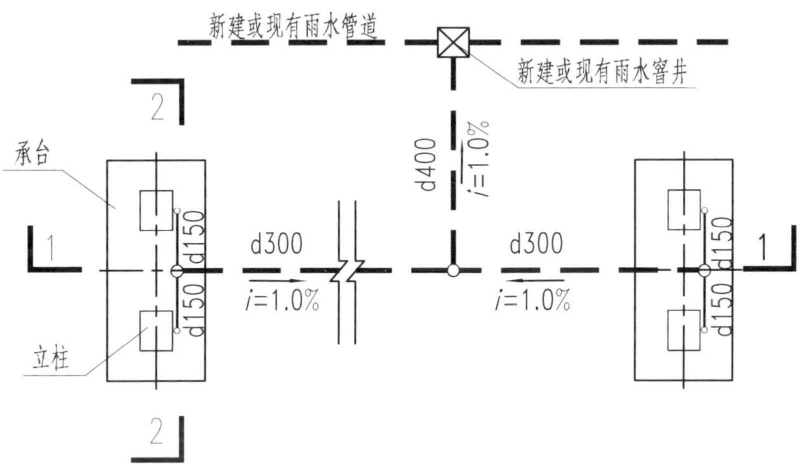


双立柱高架排水平面图（二）

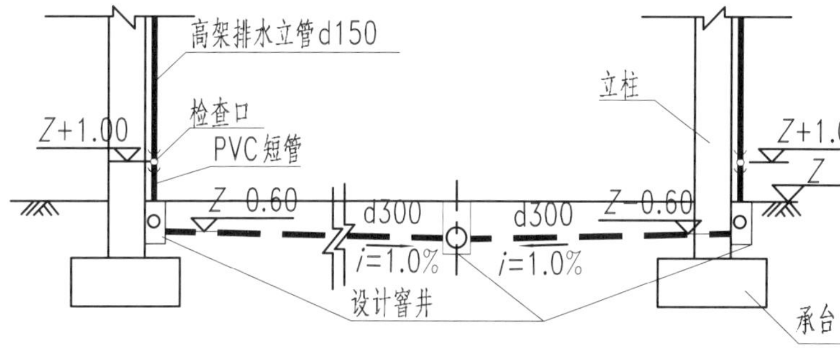


1-1剖面图

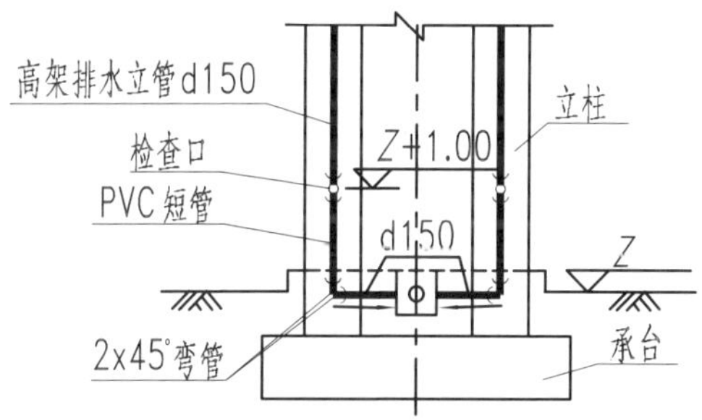


2-2剖面图

说明：

1. 本图尺寸单位：标高以米计，其余以毫米计。
2. 图中 Z 为设计地面标高。
3. 图中高架排水立管采用 PVC 管，地面连管采用 HDPE 缠绕管。
4. 图中 d300 管道覆土控制在 0.70m，覆土深度不能满足 0.70m 的管道则采用混凝土包管。
5. 窨井盖顶标高高出绿化土 0.20m。
6. Z+1.00 标高以上高架排水立管设计详见桥梁专业相关图纸。
7. 如有海绵指标要求，需有海绵城市建设措施。

| 双立柱高架排水系统（二） | 图集号 | 2024沪S204 |
|---|---|---|
| | 页 | 323 |